SOLUTIONS KEY

HOLT, RINEHART AND WINSTON
A Harcourt Education Company

Austin • Orlando • Chicago • New York • Toronto • London • San Diego

To the Teacher

Algebra 1 Solution Key contains the worked-out solutions for the exercises in the Guided Skills Practice, Practice and Apply, Look Back, Look Beyond, Chapter Review and Assessment, Chapter Test, and Cumulative Assessment sections in *Algebra 1*. Answers for the Activities and Communicate questions are found in the Additional Answer section in *Algebra 1 Teacher's Edition*.

Copyright © by Holt, Rinehart and Winston

All rights reserved. No part of this publication may be reproduced or transmitted in any form or by any means, electronic or mechanical, including photocopy, recording, or any information storage and retrieval system, without permission in writing from the publisher.

Requests for permission to make copies of any part of the work should be mailed to the following address: Permissions Department, Holt, Rinehart and Winston, 10801 N. MoPac Expressway, Building 3, Austin, Texas 78759.

Photo Credit
Front Cover: (background), Index Stock Photography Inc./Ron Russel; (bottom), Jean Miele MCMXCII/The Stock Market

Printed in the United States of America

ISBN 0-03-066374-1

6 7 066 04

Table of Contents

Chapter 1	From Patterns to Algebra	**1**
Chapter 2	Operations in Algebra	**27**
Chapter 3	Equations	**51**
Chapter 4	Proportional Reasoning and Statistics	**87**
Chapter 5	Linear Functions	**113**
Chapter 6	Inequalities and Absolute Value	**137**
Chapter 7	Systems of Equations and Inequalities	**171**
Chapter 8	Exponents and Exponential Functions	**219**
Chapter 9	Polynomials and Factoring	**247**
Chapter 10	Quadratic Functions	**273**
Chapter 11	Rational Functions	**305**
Chapter 12	Radicals, Functions & Coordinate Geometry	**333**
Chapter 13	Probability	**375**
Chapter 14	Functions and Transformations	**395**

Chapter 1

From Patterns to Algebra

1.1 PAGE 8, GUIDED SKILLS PRACTICE

4. 11, 13, 15   **5.** 20, 22, 24   **6.** 42, 33, 24   **7.** 36, 49, 64

8. 65, 82, 101   **9.** 93, 123, 157

PAGES 8–10, PRACTICE AND APPLY

10. Sequence: 18, 32, 46, 60, 74, [88], [102], [116]
First differences: 14, 14, 14, 14, 14, 14, 14

11. Sequence: 33, 49, 65, 81, 97, [113], [129], [145]
First differences: 16, 16, 16, 16, 16, 16, 16

12. Sequence: 100, 94, 88, 82, 76, [70], [64], [58]
First differences: −6, −6, −6, −6, −6, −6, −6

13. Sequence: 44, 41, 38, 35, 32, [29], [26], [23]
First differences: −3, −3, −3, −3, −3, −3, −3

14. Sequence: 20, 21, 26, 35, 48, [65], [86], [111]
First differences: 1, 5, 9, 13, 17, 21, 25
Second differences: 4, 4, 4, 4, 4, 4

15. Sequence: 30, 31, 35, 42, 52, [65], [81], [100]
First differences: 1, 4, 7, 10, 13, 16, 19
Second differences: 3, 3, 3, 3, 3, 3

16. Sequence: 1, 8, 18, 31, 47, [66], [88], [113]
First differences: 7, 10, 13, 16, 19, 22, 25
Second differences: 3, 3, 3, 3, 3, 3

17. Sequence: 4, 7, 15, 28, 46, [69], [97], [130]
First differences: 3, 8, 13, 18, 23, 28, 33
Second differences: 5, 5, 5, 5, 5, 5

18. Sequence: 1, 2.5, 4, 5.5, 7.0, [8.5], [10], [11.5]
First differences: 1.5, 1.5, 1.5, 1.5, 1.5, 1.5, 1.5

19. Sequence: 0.5, 2, 4.5, 8, 12.5, [18], [24.5], [32]
First differences: 1.5, 2.5, 3.5, 4.5, 5.5, 6.5, 7.5
Second differences: 1, 1, 1, 1, 1, 1

20. Sequence: [4], 8, [12], [16], [20]
First differences: 4, 4, 4, 4

21. Sequence: [36], [29], 22, [15], [8]
First differences: −7, −7, −7, −7

22. Sequence   [16]   29   42   [55]   [68]
    First differences   13   13   13   13

23. Sequence   [137] [119] 101 83 [65]
    First differences   −18 −18 −18 −18

24. Sequence   [2] [9] [19] [32] [48]
    First differences   7   10   13   16
    Second differences   3   3   3

25. a. Sequence   1   2   3   4   5
    First differences   1   1   1   1
    The first difference is constant. The constant difference is 1.

b. Sequence 1^2 2^2 3^2 4^2 5^2
    First differences   3   5   7   9
    Second differences   2   2   2
    The second difference is constant. The constant difference is 2.

c. Sequence 1^3 2^3 3^3 4^3 5^3
    First differences   7   19   37   61
    Second differences   12   18   24
    Third differences   6   6
    The third difference is constant. The constant difference is 6.

d. Based upon **a**, **b**, and **c**, you need to compute four differences.

26.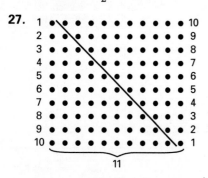

The sum is $\frac{7 \cdot 8}{2} = 28$.

27.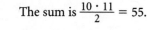

The sum is $\frac{10 \cdot 11}{2} = 55$.

28.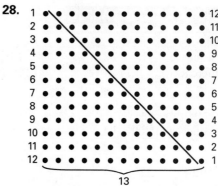

The sum is $\frac{12 \cdot 13}{2} = 78$.

29. $\frac{40 \cdot 41}{2} = 820$

30. $\frac{60 \cdot 61}{2} = 1830$

31. $\frac{80 \cdot 81}{2} = 3240$

32. Diagonals   0   2   5   9   14   [20] [27] [35]
    First differences   2   3   4   5   6   7   8
    Second differences   1   1   1   1   1   1

33. Boiling point   212 210.2 208.4 206.6 204.8 203
    First differences   −1.8   −1.8   −1.8   −1.8   −1.8

  a. The boiling point at Colorado Springs, Colorado, is approximately 201.2°.

  b. Continuing in the pattern, the boiling point is approximately 179.6°.

34. Teams   1   2   3   4   5   6   7   8   9   10   11
    Games   0   1   3   6   10 15 21 28 36 45   55
    First differences   1   2   3   4   5   6   7   8   9   10
    Second differences   1   1   1   1   1   1   1   1   1

If there are 11 teams, there will be 55 games.
Continuing the pattern, if there are 12 teams, there will be 66 games.

35.

Cities	1	2	3	4	5	6	7	8
Cables	0	2	6	12	20	30	42	56
First differences		2	4	6	8	10	12	14
Second differences			2	2	2	2	2	2

There will be 56 cables.

PAGE 10, LOOK BACK

36. $2.7 \cdot 3.1 = 8.37$ **37.** $4.31 \cdot 2 = 8.62$

38. $\frac{1}{2} \cdot \frac{2}{3} = \frac{2}{2} \cdot \frac{1}{3} = 1 \cdot \frac{1}{3} = \frac{1}{3}$

39. $2\frac{2}{3} \cdot 1\frac{1}{4} = \frac{8}{3} \cdot \frac{5}{4} = \frac{5}{3} \cdot \frac{8}{4} = \frac{5}{3} \cdot 2 = \frac{10}{3} = 3\frac{1}{3}$

40. $3.64 \div 2 = 1.82$ **41.** $0.52 \div 1.3 = 0.4$

42. $\frac{1}{2} \div \frac{1}{2} = \frac{1}{2} \cdot \frac{2}{1} = \frac{2}{2} \cdot \frac{1}{1} = 1$

43. $2\frac{3}{8} \div 2 = \frac{19}{8} \cdot \frac{1}{2} = \frac{19}{16} = 1\frac{3}{16}$

PAGE 10, LOOK BEYOND

44. a. Sequence 1 2 4 8 16 32
Each term is double the previous one. The next three terms are 64, 128, and 256.

b. Sequence 1 10 100 1000 10,000
Each term is ten times the previous one. The next three terms are 100,000, 1,000,000, and 10,000,000.

1.2 PAGES 15–16, GUIDED SKILLS PRACTICE

5.

c	1	2	3	4
$5c + 7$	$5(1) + 7$	$5(2) + 7$	$5(3) + 7$	$5(4) + 7$
Value	12	17	22	27

6. The equation representing the situation is $C = 2.5h + 7$ when $h = 1, 2, 3,$ and 4. The values are $9.50, $12, $14.50, and $17.

7. Let h equal the number of hours Bob can skate.
$2.5h + 7 = 32$
$h = 10$

8.

```
Plot1 Plot2 Plot3
\Y1=13500-500(X-
1)
\Y2=
\Y3=
\Y4=
\Y5=
\Y6=
```

X	Y1
23	2500
24	2000
25	1500
26	1000
27	500
28	0
29	-500

X=23

The 28th term of the sequence is zero.

9. $d = 24t$

PAGE 16, PRACTICE AND APPLY

10.

x	1	2	3	4	5
$4x$	4	8	12	16	20

11.

y	1	2	3	4	5
$5y$	5	10	15	20	25

12.

s	1	2	3	4	5
$7s + 4$	11	18	25	32	39

13.

n	1	2	3	4	5
$3n$	3	6	9	12	15

14.

p	1	2	3	4	5
$5p - 3$	2	7	12	17	22

15.

f	1	2	3	4	5
$2f - 1$	1	3	5	7	9

16.

q	1	2	3	4	5
$6q + 9$	15	21	27	33	39

17.

g	1	2	3	4	5
$9g - 4$	5	14	23	32	41

18.

x	1	2	3	4	5
$8x$	8	16	24	32	40

19.

r	1	2	3	4	5
$3r + 2$	5	8	11	14	17

20.

y	1	2	3	4	5
$9y + 3$	12	21	30	39	48

21.

z	1	2	3	4	5
$3z - 3$	0	3	6	9	12

22. $4x + 3 = 47$
Try $x = 11$.
$4(11) + 3 = 47$
11 is the correct number. $x = 11$

23. $19x + 13 = 51$
Try $x = 2$.
$19(2) + 13 = 51$
2 is the correct number. $x = 2$

24. $3x + 17 = 56$
Try $x = 13$.
$3(13) + 17 = 56$
13 is the correct number. $x = 13$

25. $7x - 12 = 44$
Try $x = 8$.
$7(8) - 12 = 44$
8 is the correct number. $x = 8$

26. $13x - 3 = 62$
Try $x = 5$.
$13(5) - 3 = 62$
5 is the correct number. $x = 5$

27. $21x - 17 = 193$
Try $x = 10$.
$21(10) - 17 = 193$
10 is the correct number. $x = 10$

28. $5p - 10 = 50$
Try $p = 12$.
$5(12) - 10 = 50$
12 is the correct number. $x = 12$

29. $3s + 2 = 53$
Try $s = 17$.
$3(17) + 2 = 53$
17 is the correct number. $s = 17$

30. $11a - 2 = 64$
Try $a = 6$.
$11(6) - 2 = 64$
6 is the correct number. $a = 6$

31. 0 pencils cost $0.

32. 4 pencils at 20 cents each cost $4(20) = 80$ cents.

33. 10 pencils at 20 cents each cost $10(20) = 200$ cents, or $2.00.

34. p pencils at 20 cents each cost $p(20) = 20p$ cents, or $0.20p$.

35. r pens at 30 cents each cost $r(30) = 30r$ cents, or $0.30r$.

36. r pens and p pencils cost $0.30r + 0.20p$.

37. Let t equal the number of tickets. The equation is $9t = 135$.

Try $t = 10$.
$9(10) = 90$
10 is too small.
Try a larger number.

Try $t = 20$.
$9(20) = 180$
20 is too large.
Try a smaller number.

Try $t = 15$.
$9(15) = 135$
15 is the correct number.

You can buy 15 tickets.

38. Let t equal the number of tickets. The equation is $11t = 132$.

Try $t = 10$.
$11(10) = 110$
10 is too small.
Try a larger number.

Try $t = 11$.
$11(11) = 121$
11 is too small.
Try a larger number.

Try $t = 12$.
$11(12) = 132$
12 is the correct number.

You can buy 12 tickets.

39. $c = 16g$

40. Enter 6 and repeatedly add 2.
The 20th term is 44.

41. Enter 15 and repeatedly add 10.
The 20th term is 205.

42. Enter 100 and repeatedly subtract 10.
The 20th term is -90.

43. Enter 52 and repeatedly subtract 4.
The 20th term is -24.

PAGE 17, LOOK BACK

44. $1 + 2 + 3 + 4 + 5 + 6 = 21$ and $\frac{6 \cdot 7}{2} = 21$.
$1 + 2 + 3 + 4 + 5 + 6 + 7 = 28$ and $\frac{7 \cdot 8}{2} = 28$.
The sum of the first n integers will be $\frac{n(n + 1)}{2}$.

45. Sequence   2   8   24   51   90
    First differences   6   16   27   39
    Second differences   10   11   12

46. Sequence   11   22   33   44   55   66
    First differences   11   11   11   11   11
The next two terms in the sequence are $66 + 11 = 77$ and $77 + 11 = 88$.

47. Sequence   5   [12]   [21]   [32]   [45]
    First differences   7   9   11   13
The first five terms of the sequence are 5, 12, 21, 32, and 45.

48. Sequence   11   [14]   [19]   [26]   [35]
    First differences   3   [5]   [7]   [9]
    Second differences   2   2   2
The first five terms of the sequence are 11, 14, 19, 26, and 35.

PAGE 17, LOOK BEYOND

49. $x^2 = 256$
Try $x = 16$.   Try $x = -16$.
$(16)(16) = 256$ True $(-16)(-16) = 256$ True
So $x = 16$.   So $x = -16$ also.

1.3   PAGE 21, GUIDED SKILLS PRACTICE

6. $(7 + 3^2) - 2 \cdot 4 = (7 + 9) - 2 \cdot 4$
                      $= 16 - 2 \cdot 4$
                      $= 16 - 8$
                      $= 8$

7. $4 \div 2 + 70 \div 2 = 2 + 35$
                    $= 37$

8. $12 \div 2 \cdot 3 - 4^2 = 12 \div 2 \cdot 3 - 16$
                   $= 6 \cdot 3 - 16$
                   $= 18 - 16$
                   $= 2$

9. $14 \div (5 + 2) + 8 = 10$ **10.** $(4 + 7) \cdot 3 + 1 = 34$ **11.** $(8 + 25) \cdot 2 \div 6 = 11$

12. $4^2 + 6^2 = 16 + 36$
            $= 52$

13. $\frac{4+6}{2} - \frac{6-4}{2} = \frac{10}{2} - \frac{2}{2}$
                    $= 5 - 1$
                      $= 4$

14. $4^2 - (6^2 - 4^2 - 4) = 16 - (36 - 16 - 4)$
                        $= 16 - (16)$
                        $= 0$

15. The keystrokes used are $[(]\,3\,[+]\,7\,[)]\,[\div]\,5\,[x^2]\,[+]\,2\,[=]$. The value is 2.4.

16. $2\{2[3(2) + 4]\} + 6 = 2[2[10]] + 6$
                      $= 2(20) + 6$
                      $= 40 + 6$
                      $= 46$

17. $4\{5[13 - 2(6)]\} - 19 = 4[5(1)] - 19$
                        $= 4(5) - 19$
                        $= 20 - 19$
                        $= 1$

PAGES 21–23, PRACTICE AND APPLY

18. $57 \cdot 29 + 89 = 1653 + 89$
$= 1742$

19. $72(98) + 12 = 7056 + 12$
$= 7068$

20. $89 + 57 \cdot 29 = 89 + 1653$
$= 1742$

21. $3(15) + 9 = 45 + 9$
$= 54$

22. $43 \cdot 32 + 91 \cdot 67 = 1376 + 6097$
$= 7473$

23. $45(75) + 9(24) = 3375 + 216$
$= 3591$

24. $157 - 29 + 23 \cdot 9 = 157 - 29 + 207$
$= 335$

25. $91 \div 7 + 6 = 13 + 6$
$= 19$

26. $187 - 34 \div 17 = 187 - 2$
$= 185$

27. $2(5 + 4) \div 9 = 2(9) \div 9$
$= 18 \div 9$
$= 2$

28. $12 - 7 \cdot 3 + 9^2 = 12 - 7 \cdot 3 + 81$
$= 12 - 21 + 81$
$= -9 + 81$
$= 72$

29. $3 - 1 + 24 \div 6 = 3 - 1 + 4$
$= 2 + 4$
$= 6$

30. $7 + 6 \div 2 \cdot 10 = 7 + 3 \cdot 10$
$= 7 + 30$
$= 37$

31. $3 \cdot 2 + 7 \cdot 6 = 6 + 42$
$= 48$

32. $100 - (3)(6)(4) = 100 - (18)(4)$
$= 100 - 72$
$= 28$

33. $3^2 + 7 \cdot 2 - 8 \cdot 2 = 9 + 14 - 16$
$= 7$

34. $80 \div 4(2) - 2 \cdot 2 = 20(2) - 2 \cdot 2$
$= 40 - 4$
$= 36$

35. $2 \cdot 6^2 - 100 \div 50 = 2 \cdot 36 - 2$
$= 72 - 2$
$= 70$

36. $3(2 + 7 - 8) + 16 = 3 + 16$
$= 19$

37. $4^2 \cdot 2 + [7 - (3^2 - 5)] = 16 \cdot 2 + [7 - (9 - 5)]$
$= 32 + (7 - 4)$
$= 32 + 3$
$= 35$

38. $[15(10) - 12(10)] \div 10 = (150 - 120) \div 10$
$= 30 \div 10$
$= 3$

39. $4[(3 + 2 \cdot 3) - 5] + 7 = 4(9 - 5) + 7$
$= 4(4) + 7$
$= 16 + 7$
$= 23$

40. $(8 - 4) \cdot (12 - 3) \div (2 + 1 \cdot 2) = (4 \cdot 9) \div (2 + 2)$
$= 36 \div 4$
$= 9$

41. $8^2 - 7^2 + 6^2 = 64 - 49 + 36$
$= 51$

42. $(28 - 2) \cdot 0 = 0$

43. $59 - 4 \cdot (6 - 4) = 51$

44. $(25 - 15) \cdot 6 + 4 = 64$

45. $(22 - 4) \cdot 3 = 54$

46. $81 \div (9 + 18) = 3$

47. $108 - 17 \cdot (2 + 3) = 23$

48. $a + b - c = 5 + 3 - 4$
$= 8 - 4$
$= 4$

49. $a^2 + b^2 = 5^2 + 3^2$
$= 25 + 9$
$= 34$

50. $a^2 - b^2 = 5^2 - 3^2$
$= 25 - 9$
$= 16$

51. $(a + b) \cdot c = (5 + 3) \cdot 4$
$= (8) \cdot 4$
$= 32$

52. $a^2 - b - c = 5^2 - 3 - 4$
$= 25 - 3 - 4$
$= 18$

53. $a^2 - (b + c) = 5^2 - (3 + 4)$
$= 25 - 7$
$= 18$

54. $a^2 + b^2 + c^2 = 5^2 + 3^2 + 4^2$
$= 25 + 9 + 16$
$= 50$

55. $b^2 + (c^2 - a) = 3^2 + (4^2 - 5)$
$= 9 + (16 - 5)$
$= 9 + 11$
$= 20$

56. The keystrokes used are (28 + 59) ÷ (97 − 68).
The value is 3.

57. The keystrokes used are (97 − 17) ÷ (72 + 8).
The value is 1.

58. The keystrokes used are $($ 40 $\times$ 90 $)$ $\div$ $($ 8 $\times$ 25 $)$.
The value is 18.

59. The keystrokes used are $($ 28 $+$ 59 $)$ $\div$ $($ 97 $-$ 17 $)$.
The value after rounding is 1.088.

60. The keystrokes used are $($ 97 $-$ 17 $)$ $\div$ $($ 72 $+$ 7 $)$.
The value after rounding is 1.013.

61. The keystrokes used are $($ 43 $\times$ 91 $)$ $\div$ $($ 8 $\times$ 25 $)$.
The value after rounding is 19.565.

62. $3\{4[5(4 + 7)] - 2\} = 3\{4[5(11)] - 2\}$
$\phantom{3\{4[5(4 + 7)] - 2\}} = 3[4(55) - 2]$
$\phantom{3\{4[5(4 + 7)] - 2\}} = 3(220 - 2)$
$\phantom{3\{4[5(4 + 7)] - 2\}} = 3(218)$
$\phantom{3\{4[5(4 + 7)] - 2\}} = 654$

63. $10 + 2\{44 - [3(2 + 7)]\} = 10 + 2\{44 - [3(9)]\}$
$\phantom{10 + 2\{44 - [3(2 + 7)]\}} = 10 + 2(44 - 27)$
$\phantom{10 + 2\{44 - [3(2 + 7)]\}} = 10 + 2(17)$
$\phantom{10 + 2\{44 - [3(2 + 7)]\}} = 10 + 34$
$\phantom{10 + 2\{44 - [3(2 + 7)]\}} = 44$

64. $2\{2[2(2 + 2)]\} - 2 = 2\{2[2(4)]\} - 2$
$\phantom{2\{2[2(2 + 2)]\} - 2} = 2[2(8)] - 2$
$\phantom{2\{2[2(2 + 2)]\} - 2} = 2(16) - 2$
$\phantom{2\{2[2(2 + 2)]\} - 2} = 32 - 2$
$\phantom{2\{2[2(2 + 2)]\} - 2} = 30$

65. $(100 - 99) \cdot [3 + 7 \cdot (2 + 1)] \div 24 = 1$

66. Class average $= \dfrac{4(100) + 12(90) + 7(80) + 0(70) + 1(60)}{4 + 12 + 7 + 0 + 1} = 87.5$

67. a. Total area $= 15 \times 21 + 9 \times 12$
$\phantom{\text{Total area}} = 423$
For house A, 423 ft^2 of carpet are needed.

b. Total area $= 9 \times 14 + 12 \times 15 + 15 \times 15$
$\phantom{\text{Total area}} = 531$
For house B, 531 ft^2 of carpet are needed.

c. $ 423 \text{ ft}^2 = \dfrac{423}{9} \text{ yd}^2$

$\dfrac{423}{9} \times \$12.99 = \$610.53$
For house A the cost of carpeting is $610.53.

d. $ 531 \text{ ft}^2 = \dfrac{531}{9} \text{ yd}^2$

$\dfrac{531}{9} \times \$12.99 = \$766.41$
For house B the cost of carpeting is $766.41.

68. THI $= 0.4(t + s) + 15$

a. $t = 80, s = 65$, THI $= 0.4(80 + 65) + 15 = 0.4(145) + 15 = 73$
The THI is 73.

b. $t = 86, s = 74$, THI $= 0.4(86 + 74) + 15 = 0.4(160) + 15 = 79$
The THI is 79.

c. $t = 100, s = 81$, THI $= 0.4(100 + 81) + 15 = 0.4(181) + 15 = 87.4$
The THI is 87.4.

PAGE 23, LOOK BACK

69. a. . + :. = :\. ; :. + :.. = :\.. ; :.. + :... = :\...

b. Yes; The number 1, which is both square and triangular, cannot be represented as the sum of two triangular numbers (0 is not a triangular number).

70. Sequence 2 5 8 11 14 [17] [20]
 First differences 3 3 3 3 3 3
The next two terms are 17 and 20.

71. Sequence 59 54 49 44 39 [34] [29]
 First differences -5 -5 -5 -5 -5 -5
The next two terms are 34 and 29.

72. Sequence 3 6 9 12 15 [18] [21]
 First differences 3 3 3 3 3 3
The next two terms are 18 and 21.

73. Let h = hours and C = cost.
$C = 3h + 5$
Try $h = 14$ hours.
$3(14) + 5 = 47$
Jean does not have $47.
Try $h = 13$ hours.
$3(13) + 5 = 44$
The cost is $44.
Jean can skate for 13 hours and have $1 left.

74. Let n = number of oranges and C = cost.
$C = 0.13n$
Try $n = 20$ oranges.
$(0.13)(20) = 2.6$
Twenty oranges cost $2.60, so you can buy more.
Try $n = 23$ oranges.
$(0.13)(23) = 2.99$
You can buy 23 oranges for $2.99 and have 1¢ left.

75. Let l = length and w = width.
$2l + 2w = 16$
$lw = 16$
Solve the first equation for l and substitute into the second equation.

$$2l + 2w = 16$$
$$2l = 16 - 2w$$
$$l = \frac{16 - 2w}{2}$$
$$l = 8 - w$$
$$(8 - w)w = 16$$
$$8w - w^2 = 16$$
$$w^2 - 8w + 16 = 0$$
$$(w - 4)^2 = 0$$
$$w - 4 = 0$$
$$w = 4$$
$$lw = 16$$
$$4l = 16$$
$$l = 4$$

length = 4, width = 4

PAGE 23, LOOK BEYOND

76. $(3 + 4)^2 \stackrel{?}{=} 3 + 4^2$
$7^2 \stackrel{?}{=} 3 + 16$
$49 \neq 19$
The equation is false.

77. $(3 + 4)^2 \stackrel{?}{=} (3 + 4)(3 + 4)$
$7^2 \stackrel{?}{=} (7)(7)$
$49 = 49$
The equation is true.

78. $(3 + 4)^2 \stackrel{?}{=} 3^2 + 2(3)(4) + 4^2$
$(7)^2 \stackrel{?}{=} 9 + 24 + 16$
$49 = 49$
The equation is true.

79. $(3 + 4)^2 \stackrel{?}{=} 3^2 + 4^2$
$(7)^2 \stackrel{?}{=} 9 + 16$
$49 \neq 25$
The equation is false.

1.4 PAGE 27, GUIDED SKILLS PRACTICE

6. quadrant II; $(-3, 8)$ **7.** quadrant I; $(4, 8)$ **8.** quadrant II; $(-5, 2)$ **9.** quadrant I; $(7, 9)$
10. quadrant III; $(-8, -5)$ **11.** quadrant IV; $(6, -8)$ **12.** quadrant III; $(-4, -3)$ **13.** quadrant I; $(5, 5)$
14. quadrant IV; $(9, -3)$ **15.** quadrant IV; $(2, -5)$ **16.** quadrant III; $(-2, -3)$ **17.** quadrant II; $(-8, 6)$

18.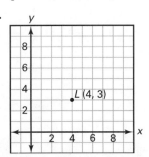

19.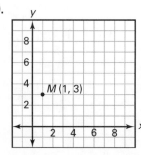

20.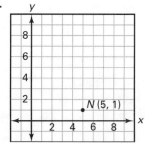

21.

x	1	2	3	4	5
y	3	6	9	12	15

22.

x	1	2	3	4	5
y	3	5	7	9	11

23.

x	1	2	3	4	5
y	1	4	7	10	13

PAGES 27–28, PRACTICE AND APPLY

24.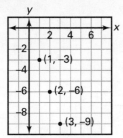

The points lie on a straight line.

25.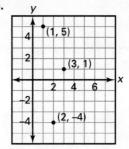

The points do not lie on a straight line.

26.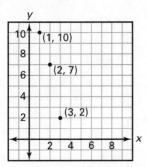

The points do not lie on a straight line.

27.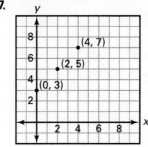

The points lie on a straight line.

28.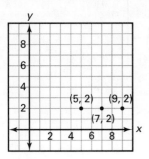

The points lie on a straight line.

29.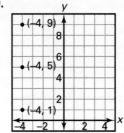

The points lie on a straight line.

30. quadrant III; $(-8, -4)$ **31.** quadrant I; $(10, 7)$ **32.** quadrant II; $(-9, 4)$ **33.** quadrant IV; $(7, -8)$

34. quadrant III; $(-6, -9)$ **35.** quadrant I; $(4, 10)$ **36.** quadrant I; $(5, 3)$ **37.** quadrant II; $(-2, 5)$

38. quadrant IV; $(10, -3)$ **39.** quadrant III; $(-3, -5)$ **40.** quadrant II; $(-4, 1)$ **41.** quadrant II; $(-6, 8)$

42. quadrant I; $(7, 9)$ **43.** quadrant IV; $(4, -3)$

44.

x	x + 3	y
1	1 + 3	4
2	2 + 3	5
3	3 + 3	6
4	4 + 3	7
5	5 + 3	8

45.

x	x − 4	y
1	1 − 4	−3
2	2 − 4	−2
3	3 − 4	−1
4	4 − 4	0
5	5 − 4	1

46.

x	$2x$	y
1	2·1	2
2	2·2	4
3	2·3	6
4	2·4	8
5	2·5	10

47.

x	$2x+5$	y
1	2·1+5	7
2	2·2+5	9
3	2·3+5	11
4	2·4+5	13
5	2·5+5	15

48.

x	$4x-3$	y
1	4·1−3	1
2	4·2−3	5
3	4·3−3	9
4	4·4−3	13
5	4·5−3	17

49.

x	$5x+2$	y
1	5·1+2	7
2	5·2+2	12
3	5·3+2	17
4	5·4+2	22
5	5·5+2	27

50.

x	$x+1$	y
1	1+1	2
2	2+1	3
3	3+1	4
4	4+1	5
5	5+1	6

51.

x	$7x-5$	y
1	7·1−5	2
2	7·2−5	9
3	7·3−5	16
4	7·4−5	23
5	7·5−5	30

52.

x	$\frac{1}{2}x + \frac{3}{4}$	y
1	$\frac{1}{2}\cdot 1 + \frac{3}{4}$	$\frac{5}{4}$
2	$\frac{1}{2}\cdot 2 + \frac{3}{4}$	$\frac{7}{4}$
3	$\frac{1}{2}\cdot 3 + \frac{3}{4}$	$\frac{9}{4}$
4	$\frac{1}{2}\cdot 4 + \frac{3}{4}$	$\frac{11}{4}$
5	$\frac{1}{2}\cdot 5 + \frac{3}{4}$	$\frac{13}{4}$

53. $y = 3 + x$

x	1	2	3	4	5
y	4	5	6	7	8

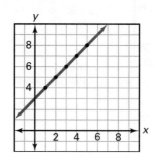

54. $y = 3 - x$

x	1	2	3	4	5
y	2	1	0	−1	−2

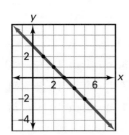

When the operation before the x is addition, the line is going up (from left to right). When the operation before the x is subtraction, the line is going down (from left to right). Both lines go through the point (0, 3).

55. $y = x + 7$

x	1	3
y	8	10

56. $y = x - 7$

x	5	7
y	−2	0

57. $y = 7 - x$

x	2	5
y	5	2

58. $y = -7 - x$

x	−5	−7
y	−2	0

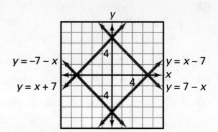

When the sign of x is positive, the line is going up (from left to right). The lines $y = x + 7$ and $y = x - 7$ are going up at the same angle, but at different heights on the y-axis, depending on the constant term. When the sign of x is negative, the line is going down (from left to right). The lines $y = 7 - x$ and $y = -7 - x$ are going down at the same angle, but at different heights on the y-axis, depending on the constant term.

59. a. Let x be the number of T-shirts.
Cost = $8x + 3$
= $8(2) + 3$
= $16 + 3$
= 19
An order for 2 T-shirts costs $19.

b. Cost = $8x + 3$
= $8(5) + 3$
= $40 + 3$
= 43
An order for 5 T-shirts costs $43.

c.

x	$8x + 3$	C
1	$8(1) + 3$	11
2	$8(2) + 3$	19
5	$8(5) + 3$	43

d. From the graph it seems that with $75 you can buy 9 T-shirts.

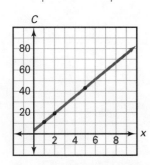

The points lie on a straight line.

60.

Time (hours)	1	2	3	4	5
Distance (miles)	24.5	49	73.5	98	122.5

The ordered pairs are (1, 24.5), (2, 49), (3, 73.5), (4, 98), and (5, 122.5).

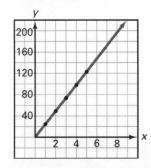

From the graph it appears that the bicyclist would travel about 195 miles in 8 hours. (The exact answer is 196 miles.)

PAGE 29, LOOK BACK

61. The sum of $1 + 2 + 3 + \cdots + 18$ is $\frac{(18)(19)}{2} = 9 \cdot 19 = 171$.

62.

Sequence	43		49		55		61		67		[73]		[79]		[85]
First differences		6		6		6		6		6		6		6	

The next three terms are 73, 79, and 85.

63. 49 pairs of numbers can be formed without repetition.

64. The numbers 50 and 100 would not appear in any pairs.

65. $49(100) + 50 + 100 = 4900 + 50 + 100 = 5050$

PAGE 29, LOOK BEYOND

66.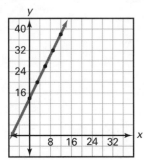

67. The points lie on the line.

1.5 PAGE 34, GUIDED SKILLS PRACTICE

5. The first differences are 12. Use c for cost and h for hours.
The equation is $c = 12h + 25$.

6. $d = 47t$

Time, t	0	1	2	3
Distance, d	0	47	94	141

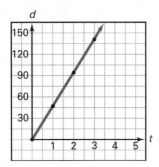

7. profit $= 200 - 6b$

PAGES 34–36, PRACTICE AND APPLY

8.

0	1	2	3	4	5	6
17	23	29	35	41	47	53

    6   6   6   6   6   6

The equation is $y = 6x + 17$.

9.

0	1	2	3	4	5	6
25	31	37	43	49	55	61

    6   6   6   6   6   6

The equation is $y = 6x + 25$.

10.

0	1	2	3	4	5	6
60	180	300	420	540	660	880

    120   120   120   120   120   120

The equation is $y = 120x + 60$.

11.

0	1	2	3	4	5	6
0	3	6	9	12	15	18

    3   3   3   3   3   3

The equation is $y = 3x + 0$, or $y = 3x$.

12.

0	1	2	3	4	5	6
0	110	220	330	440	550	660

    110   110   110   110   110   110

The equation is $y = 110x$.

13.

0	1	2	3	4	5	6
500	455	410	365	320	275	230

    −45   −45   −45   −45   −45   −45

The equation is $y = 500 - 45x$.

14.

0	1	2	3	4	5	6
250	240	230	220	210	200	190

    −10   −10   −10   −10   −10   −10

The equation is $y = 250 - 10x$.

15.

0	1	2	3	4	5	6
5	26	47	68	89	110	131

    21   21   21   21   21   21

The equation is $y = 21x + 5$.

16.

0	1	2	3	4	5	6
201	181	161	141	121	101	81

    −20   −20   −20   −20   −20   −20

The equation is $y = 201 - 20x$.

17. $y = 12 + 7x$

x	1	2	3	4	5
y	19	26	33	40	47

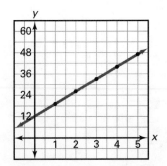

18. $y = 220 - 7x$

x	1	2	3	4	5
y	213	206	199	192	185

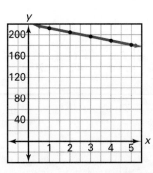

19. $y = 30x$

x	1	2	3	4	5
y	30	60	90	120	150

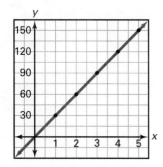

20. $y = 12x$

x	1	2	3	4	5
y	12	24	36	48	60

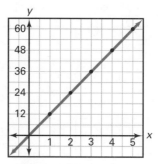

21. $y = 300 - 2x$

x	1	2	3	4	5
y	298	296	294	292	290

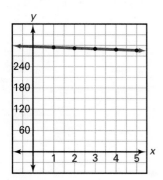

22. $y = 23 + 5x$

x	1	2	3	4	5
y	28	33	38	43	48

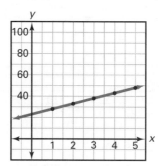

23. $y = 15 + 7x$

x	1	2	3	4	5
y	22	29	36	43	50

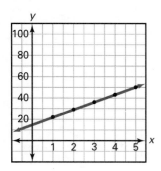

24. $y = 425 - 5x$

x	1	2	3	4	5
y	420	415	410	405	400

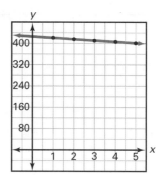

25. $y = 120 - 10x$

x	1	2	3	4	5
y	110	100	90	80	70

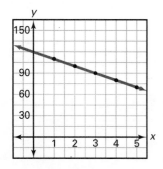

26. $y = 65x$

x	1	2	3	4	5
y	65	130	195	260	325

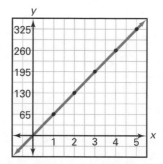

27. $y = 110x$

x	1	2	3	4	5
y	110	220	330	440	550

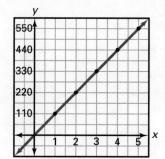

28. $y = 53 + 11x$

x	1	2	3	4	5
y	64	75	86	97	108

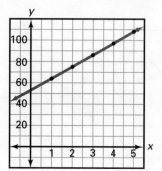

29. $c = 13d + 26$
$c = 15d + 20$

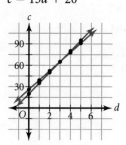

From the graphs, the lines intersect at $d = 3$, $c = 65$. This point represents when the costs are the same.

30. a.

Number of years experience	0	1	2	3	4	5
Total Salary	30,000	32,500	35,000	37,500	40,000	42,500

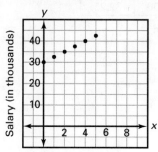

Years Experience

b. Using the graph, the average salary in the career after 10 years of experience is $55,000.

31. $d = 14h$

h, hours	0	1	2	3	4	5
d, miles	0	14	28	42	56	70

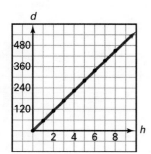

32. $d = 58h$

h, hours	0	1	2	3	4	5	6	7	8
d, miles	0	58	116	174	232	290	348	406	464

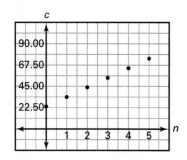

If the family drove for 10 hours, they could travel 580 miles.

33.

Number of CDs, n	1	2	3	4	5
Total Cost including Membership, c	37.25	48.50	59.75	71.00	82.25
		11.25	11.25	11.25	11.25

The equation is $c = 11.25n + 26$.

34. a. distance = $3h$

b.

Hours Don walks	1	2	3	4	5
Distance Don walks	3	6	9	12	15

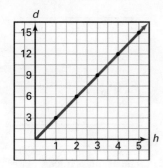

35. The maximum heart rate for a 36-year-old person should be
$r = 220 - a = 220 - 36 = 184$ beats per minute.

36. If each ticket costs $5 and n is the number of tickets you purchase, the number of tickets you can buy is $5n$. The total cost is $c = 5n$. When $n = 6$, the cost is $30. You can buy 6 tickets and have $2 left.

37. Each raffle ticket sells for $5. The total sales is $5n$, where n is the number of tickets sold. The equation is $s = 5n$. To raise $32, you must sell 7 tickets. $s = \$35$.

38. Each of the five people pays one-fifth of $32.
$32 \div 5 = 6.40$. Each person pays $6.40.

39. Exercises 36 and 37 deal with whole numbers of objects, but Exercise 38 allows for a decimal answer.

PAGE 36, LOOK BACK

40.
Sequence	1		1		4		10		19		[31]		[46]		[64]
First differences		0		3		6		9		12		15		18		
Second differences			3		3		3		3		3		3			

The next three terms are 31, 46, and 64.

41.
Sequence	1		2		6		15		31
First differences		1		4		9		16	
Second differences			3		5		7		
Third differences				2		2			

Three differences are needed to reach a constant difference. The constant is 2.

42.

x	4	5	6
$7x + 5$	33	40	47

If $7x + 5 = 40$, x is 5.

43. $2 \cdot 14 \div 2 + 5 = 28 \div 2 + 5$
$= 14 + 5$
$= 19$

44. $6 + 12 \div 6 - 4 = 6 + 2 - 4$
$= 8 - 4$
$= 4$

45. $4[(12 - 3) \cdot 2] \div 12 = 4(9 \cdot 2) \div 12$
$= 4 \cdot 18 \div 12$
$= 72 \div 12$
$= 6$

46. $[3(4) - 6] - [(15 - 7) \div 4] = (12 - 6) - (8 \div 4)$
$= 6 - 2$
$= 4$

PAGE 36, LOOK BEYOND

47. $y = \frac{x}{3}$

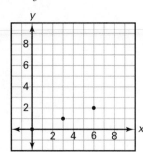

The graph is linear.

48. $y = \frac{3}{x}$

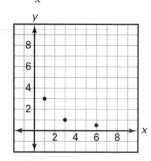

The graph is not linear.

49. $x + y = 12$, or $y = 12 - x$

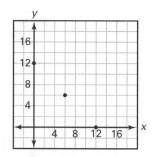

The graph is linear.

50. $x - y = 12$, or $y = x + 12$

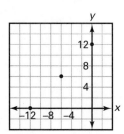

The graph is linear.

51.

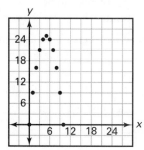

The vertex is (5, 25)

1.6 PAGE 41, GUIDED SKILLS PRACTICE

5.

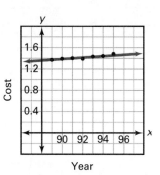

6. There is a strong positive correlation between the rising cost of milk and passing time.

7. $1.50

PAGES 41–43, PRACTICE AND APPLY

8. little to none

9. strong positive

10. Graph 1   Graph 2

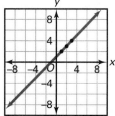 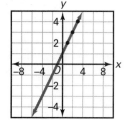

a. Graph 2 is steeper than Graph 1.

b. The y-axis of Graph 2 ranges from −4 to 4, while all the other axes range from −8 to 8.

c. The scale on the y-axis of Graph 2 is "stretched out" compared to Graph 1. This makes the distance between the plotted points appear greater, and hence changes the steepness of the line connecting them.

d. No, the scale does not affect the correlation. The comparison of whether the variables are increasing or decreasing does not change when the scale changes.

11.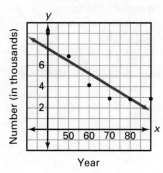

There is a strong negative correlation between the number of people working on farms as the years pass.

12.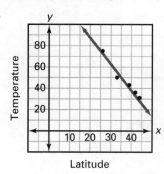

There is a strong negative correlation.

13.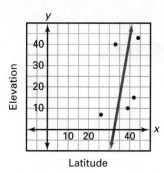

There is little to no correlation.

14.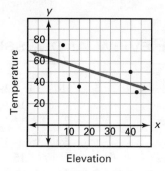

There is a slight negative correlation.

15.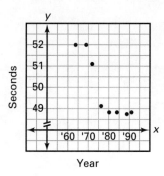

16. There is a strong negative correlation between the year and the time.

17.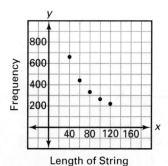

18. As the length of the string increases, the frequency decreases. There is a strong negative correlation between the length of the string and the frequency.

CHAPTER 1   **19**

PAGE 43, LOOK BACK

19. $\sqrt{144} = 12$

20. $\sqrt{7+2} = \sqrt{9}$
$= 3$

21. $\sqrt{170-1} = \sqrt{169}$
$= 13$

22. $2\sqrt{16} = 2 \cdot 4$
$= 8$

23. 15

24. **a** and **d** both mean
$2 \times 2 \times 2 \times 2$ and have a value of 16.
b and **c** both mean
$2 + 2 + 2 + 2$ and have a value of 8.

PAGE 43, LOOK BEYOND

25. $2x^2 + 4 = 12$
If $x = 2$ or $x = -2$, then $x^2 = 4$ so
$2x^2 + 4 = 2(4) + 4 = 12$

26. $42 - 2n^2 = 10$
If $n = 4$ or $n = -4$, then $n^2 = 16$ so
$42 - 2n^2 = 42 - 2(16) = 10$.

CHAPTER 1 REVIEW AND ASSESSMENT   PAGES 46–48

1. Sequence 1 5 11 19 29 [41] [55]
First differences 4 6 8 10 12 14
Second differences 2 2 2 2 2

2. Sequence 1 1 6 16 31 [51] [76]
First differences 0 5 10 15 20 25
Second differences 5 5 5 5 5

3. Sequence 90 70 54 42 34 [30] [30]
First differences −20 −16 −12 −8 −4 0
Second differences 4 4 4 4 4

4. Sequence 1 4 7 10 [13] [16]
First differences 3 3 3 3 3

5. Sequence 8 16 26 38 [52] [68]
First differences 8 10 12 14 16
Second differences 2 2 2 2

6. Sequence 100 99 97 94 [90] [85]
First differences −1 −2 −3 −4 −5
Second differences −1 −1 −1 −1

7. Sequence [6] [8] [13] 21 32
First differences 2 5 8 11
Second differences 3 3 3
The first 5 terms are 6, 8, 13, 21, and 32.

8. $3x$
$3(1) = 3$
$3(2) = 6$
$3(3) = 9$
$3(4) = 12$

9. $5x + 2$
$5(1) + 2 = 5 + 2 = 7$
$5(2) + 2 = 10 + 2 = 12$
$5(3) + 2 = 15 + 2 = 17$
$5(4) + 2 = 20 + 2 = 22$

10. $10 - x$
$10 - 1 = 9$
$10 - 2 = 8$
$10 - 3 = 7$
$10 - 4 = 6$

11. $2x + 4$
$2(1) + 4 = 2 + 4 = 6$
$2(2) + 4 = 4 + 4 = 8$
$2(3) + 4 = 6 + 4 = 10$
$2(4) + 4 = 8 + 4 = 12$

12. $x + 7$
$1 + 7 = 8$
$2 + 7 = 9$
$3 + 7 = 10$
$4 + 7 = 11$

13. $4x - 5$
$4(1) - 5 = 4 - 5 = -1$
$4(2) - 5 = 8 - 5 = 3$
$4(3) - 5 = 12 - 5 = 7$
$4(4) - 5 = 16 - 5 = 11$

14. $t = 50c + 7$

15. $17 - 4 \cdot 3 = 17 - 12$
$= 5$

16. $32 - 24 \div 6 - 4 = 32 - 4 - 4$
$= 24$

17. $3 \cdot 4^2 - [24 \div (6 - 4)] = 3 \cdot 16 - (24 \div 2)$
$= 48 - 12$
$= 36$

18. $3(4 + 7 \cdot 2) - 100 \div 50 = 3(4 + 14) - 100 \div 50$
$= 3(18) - 2$
$= 54 - 2$
$= 52$

19. $2[3(4 \cdot 5 + 2) - 1] - 4 = 2[3(20 + 2) - 1] - 4$
$= 2[3(22) - 1] - 4$
$= 2(66 - 1) - 4$
$= 2(65) - 4$
$= 130 - 4$
$= 126$

20. $(3^2 + 2^2) - 2(3^2 - 2^2) = 9 + 4 - 2(9 - 4)$
$= 13 - 2(5)$
$= 13 - 10$
$= 3$

21.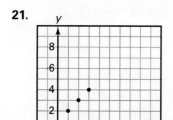

Yes, the points lie on a straight line.

22.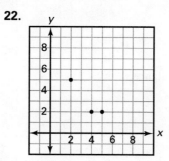

No, the points do not lie on a straight line.

23.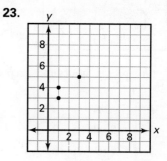

No, the points do not lie on a straight line.

24. Substitute values for x and solve for y. Points may vary.

x	$x + 2$	y
1	$1 + 2$	3
2	$2 + 2$	4
3	$3 + 2$	5
4	$4 + 2$	6

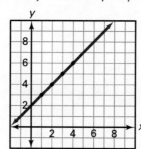

25. $y = 3x - 1$

x	$3x - 1$	y
1	$3 \cdot 1 - 1$	2
2	$3 \cdot 2 - 1$	5
3	$3 \cdot 3 - 1$	8
4	$3 \cdot 4 - 1$	11

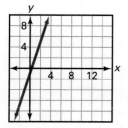

26. $y = x + 2$

x	$x + 2$	y
1	$1 + 2$	3
2	$2 + 2$	4
3	$3 + 2$	5
4	$4 + 2$	6

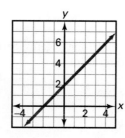

27. $y = x$

x	y
1	1
2	2
3	3
4	4

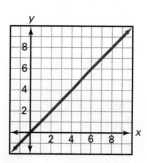

28.

Number of books purchased, n	0	1	2	3	4
Cost in dollars, c	15	27	39	51	63

                            12   12   12   12

$c = 15 + 12n$

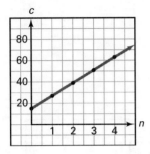

29. Let h represent hours and d represent distance.
$d = 5h$

h	$5h$	d
0	$5 \cdot 0$	0
1	$5 \cdot 1$	5
2	$5 \cdot 2$	10
3	$5 \cdot 3$	15

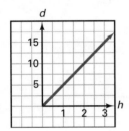

30.

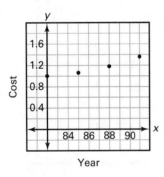

31. There is a strong positive correlation between the cost of food items and the passing of time.

32.

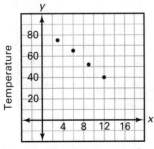

33. There is a strong negative correlation between the temperature and decreasing altitude.

22   Chapter 1

34. Solve the equation $13x = 98$.

Try $x = 5$.	Try $x = 8$.	Try $x = 7$.
$13(5) = 65$	$13(8) = 104$	$13(7) = 91$
5 is too small.	8 is too large.	7 is too small.

The number is between 7 and 8. For $98 seven people can enter the amusement park. There will be $7 left over.

35. a. Cost $= 22(4) + 5$ **b.** Cost $= 22(8) + 5$ **c.** $c = 22t + 5$
          $= 88 + 5$ $= 176 + 5$
          $= 93$ $= 181$

An order of 4 tickets costs $93.   An order of 8 tickets costs $181.

Chapter 1 Chapter Test

PAGE 49

1. 3, 7, 11, 15, 19, <u>23</u>, <u>27</u>   **2.** 2, 13, 24, 35, 46, <u>57</u>, <u>68</u>   **3.** 101, 96, 91, 86, 81, <u>76</u>, <u>71</u>

4. −3, 0, 5, 12, 21, <u>32</u>, <u>45</u>   **5.** 4, 12, 25, 43, 66

6.
s	1	3	6
$s + 19$	20	22	25

7.
x	1	3	6
$2x + 5$	7	11	17

8.
p	1	3	6
$15p - 9$	6	36	81

9.
y	1	3	6
$12 + 3y$	15	21	30

10.
r	1	3	6
$2 + 7r$	9	23	44

11.
q	1	3	6
$4q - 7$	−3	5	17

12. $7x = 112$
     $x = 16$

13. $2 + 5 \cdot 3 = 2 + 15$
                  $= 17$

14. $3(5 - 2) + 7 = 3(3) + 7$
                     $= 9 + 7$
                     $= 16$

15. $2 + 8 - 3^2 = 2 + 8 - 9$
                   $= 10 - 9$
                   $= 1$

16. $3 \cdot 42 - 25 \div 5 = 126 - 25 \div 5$
                         $= 126 - 5$
                         $= 121$

17. $[12 + (4 - 3) \cdot 2] + 12 \div 3 = [12 + 2] + 12 \div 3$
                                    $= 14 + 4$
                                    $= 18$

18. $5[(3 \cdot 8 \div 2 + 6) - 5] + 9 = 5[(24 \div 2 + 6) - 5] + 9$
                                $= 5[(12 + 6) - 5] + 9$
                                $= 5(13) + 9$
                                $= 74$

19. $(17 + 3) \div 10 = 2$

20. $24 \div (8 + 4) + (16 \div 2) = 10$

21. $a^2 + b + c = 6^2 + 3 + 5$
                   $= 36 + 3 + 5$
                   $= 44$

22. $a^2 - c^2 = 6^2 - 5^2$
              $= 36 - 25$
              $= 11$

23. The points lie on a straight line.

24. The points do not lie on a straight line.

25. The points lie on a straight line.

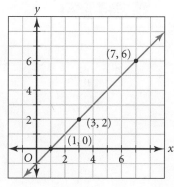
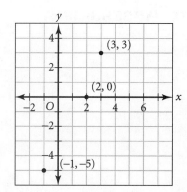
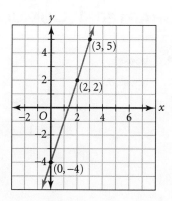

26.

x	x − 4	y
1	1 − 4	−3
2	2 − 4	−2
3	3 − 4	−1
4	4 − 4	0
5	5 − 4	1

27.

x	3x − 8	y
1	3(1) − 8	−5
2	3(2) − 8	−2
3	3(3) − 8	1
4	3(4) − 8	4
5	3(5) − 8	7

28.

x	5x	y
1	5(1)	5
2	5(2)	10
3	5(3)	15
4	5(4)	20
5	5(5)	25

29.

x	10 − 2x	y
1	10 − 2(1)	8
2	10 − 2(2)	6
3	10 − 2(3)	4
4	10 − 2(4)	2
5	10 − 2(5)	0

30. The first differences are 4.
$y = 4x + 7$

31. $y = 47x$

x	0	1	2	3	4	5	6
y	0	47	94	141	188	235	282

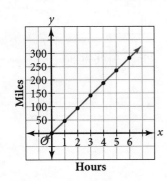

32. There is a negative correlation.

33. There is a strong positive correlation.

34.

Chapter 1 Cumulative Assessment

PAGES 50–51

1. Choose a.
2. Choose b.

3. Choose c.

4. Choose a.

5. Let h represent hours.

distance $= 50h$

When $h = 6$, distance $= 50(6) = 300$ miles.
When $h = 8$, distance $= 50(8) = 400$ miles.
When $h = 10$, distance $= 50(10) = 500$ miles.

It will take Shelly approximately 10 hours to drive 500 miles. Choose answer c.

6. $(90 \div 3^2) - 9 + 5^2 = (90 \div 9) - 9 + 25$
$ = 10 - 9 + 25$
$ = 26$

Choose answer b.

7. Sequence 232 343 [ ] 565 676 787
First differences 111   111 111

The missing term is $343 + 111 = 454$. Choose answer c.

8. cost $= 59(2) = 118$ cents, or \$1.18

9. cost $= 59(5) = 295$ cents, or \$2.95

10. cost $= 59(12) = 708$ cents, or \$7.08

11. Let n represent the number of notebooks.
$14.75 = 0.59n$

12. $P = 250 + 20m$

13.

Number of memberships, m	1	2	3	4	5
Weekly pay in dollars, $250 + 20m$	270	290	310	330	350

14. If Alice's weekly pay is \$330, then we know from the table that she sold 4 memberships.

15.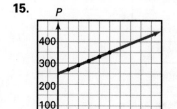

16. From the graph, Alice must sell 7 memberships to earn at least \$380.

17.

x	1	2	3	4	5
$5x + 7$	12	17	22	27	32

18. From the table, $5x + 7 = 22$ when $x = 3$.

19. 20: 1, <u>2</u>, 4, <u>5</u>, 10, 20

20. 42: 1, <u>2</u>, <u>3</u>, 6, <u>7</u>, 14, 21, 42

21. 76: 1, <u>2</u>, 4, <u>19</u>, 38, 76

22. 19 is a prime number.

23. 30 is a composite number.

24. 31 is a prime number.

25. $\frac{3}{4} - \frac{3}{5} = \frac{15}{20} - \frac{12}{20} = \frac{3}{20}$

26. $1\frac{2}{3} - \frac{7}{8} = \frac{5}{3} - \frac{7}{8} = \frac{40}{24} - \frac{21}{24} = \frac{19}{24}$

27. $\frac{7}{15} \cdot \frac{3}{28} = \frac{3}{15} \cdot \frac{7}{28} = \frac{1}{5} \cdot \frac{1}{4} = \frac{1}{20}$

28. $\frac{1}{2} \div \frac{3}{5} = \frac{1}{2} \cdot \frac{5}{3} = \frac{5}{6}$

29. $3 + 27 \div 3^2 - (7 - 5) = 3 + 27 \div 9 - 2$
$ = 3 + 3 - 2$
$ = 6 - 2$
$ = 4$

30. $(9 + 37) + 11 = 46 + 11 = 57$

31. $20 \cdot (5 \cdot 19) = 20 \cdot 95 = 1900$

32.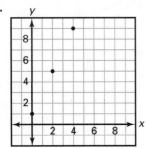

The points lie on a straight line.

33.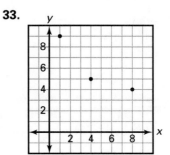

The points do not lie on a straight line.

34. There is a strong negative correlation in the scatter plot.

35. There is little to no correlation in the scatter plot.

36.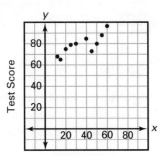

37.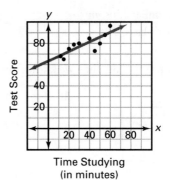

38.
Sequence	1		2		5		10		17		26
First differences		1		3		5		7		9	
Second differences			2		2		2		2		

39. The next term is $2 + 9 + 26 = 37$.

40.
Sequence	12		17		24		33		[44]
First differences		5		7		9		11	
Second differences			2		2		2		

The fifth term of the sequence is 44.

41.
Sequence	1		3		7		13		[21]
First differences		2		4		6		8	
Second differences			2		2		2		

The next term in the sequence is 21.

42.
Sequence	99		93		86		78		[69]
First differences		−6		−7		−8		−9	
Second differences			−1		−1		−1		

The next term in the sequence is 69.

CHAPTER 2
Operations in Algebra

2.1 PAGE 58, GUIDED SKILLS PRACTICE

4. Terminating
5. Repeating
6. Repeating
7. Terminating
8. $7 > 3$
9. $2\frac{1}{2} > -3$
10. $-0.2 < -0.1$
11. $\frac{1}{2} > \frac{1}{3}$
12. The opposite of 2 is -2.
13. The opposite of $-\frac{4}{5}$ is $\frac{4}{5}$.
14. The opposite of 0.5 is -0.5.
15. The opposite of 0 is 0.
16. $|15| = 15$
17. $\left|-12\frac{1}{2}\right| = 12\frac{1}{2}$
18. $|2 + 6| = |8| = 8$
19. $|6 - 7| = |-1| = 1$

PAGES 58–59, PRACTICE AND APPLY

20. $0 < 5$
21. $-4\frac{1}{4} < -4$
22. $-0.6 < 0.6$
23. $5.4 < 5\frac{1}{2}$
24. $-2 < 1$
25. $-7 > -9$
26. $\frac{2}{3} > -1\frac{1}{3}$
27. $6.7 < 6\frac{3}{4}$
28. $-4.62 < -4.6$
29. $7.94 < 7.95$
30. $-\frac{1}{5} > -\frac{1}{4}$
31. $-8.2 > -8\frac{1}{4}$
32. The opposite of 17 is -17.
33. The opposite of -17 is 17.
34. The opposite of 0 is 0.
35. The opposite of $(12.8 - 5)$ is $-(12.8 - 5) = -7.8$
36. The opposite of x is $-x$.
37. The opposite of -1.2 is 1.2.
38. The opposite of $\frac{4}{5}$ is $-\frac{4}{5}$.
39. The opposite of $-\frac{13}{20}$ is $\frac{13}{20}$.
40. $|-6| = 6$
41. $|18| = 18$
42. $|0| = 0$
43. $|-10.3| = 10.3$
45. $\left|\frac{9}{19}\right| = \frac{9}{19}$
45. $|-3.8| = 3.8$
46. $|17.1| = 17.1$
47. $\left|-\frac{3}{4}\right| = \frac{3}{4}$
48. a. Answers may vary.
    Sample answer: $x = 7$
    b. Answers may vary.
    Sample answer: $x = -7$
    c. $x = 0$
49. $-(-10) = 10$
50. $-(6.8 - 4.9) = -1.9$
51. $-(3 \cdot 8) = -24$
52. $-(17 - 17) = -(0) = 0$
53. $|3| = 3$
54. $|-20| = 20$
55. $\left|\frac{20}{5}\right| = |4| = 4$
56. $|-(-3)| = |3| = 3$
57. $|6| + |-6| = 6 + 6 = 12$
58. $\left|-2\frac{1}{3}\right| = 2\frac{1}{3}$
59. $|-1| \cdot |8| = 1 \cdot 8 = 8$
60. $-|16 - 10| = -|6| = -6$
61. True
62. False
63. False
64. True
65. $-7 - 3 + 4\frac{1}{2} = -10 + 4\frac{1}{2} = -5\frac{1}{2}$. The final point is $-5\frac{1}{2}$.

PAGE 59, LOOK BACK

66.
Sequence	6		13		22		33		[46]		[61]
First Differences		7		9		11		13		15		
Second Differences			2		2		2		2			

The next two numbers in the sequence are 46 and 61.

67.
Sequences	1		7		23		50		89		[141]		[207]
First Differences		6		16		27		39		52		66		
Second Differences			10		11		12		13		14			
Third Differences				1		1		1		1				

The next two numbers in the sequence are 141 and 207.

68. $c = 25 + 0.3m$

69.
m	25	50	75	100	125
c	\$32.50	\$40	\$47.50	\$55	\$62.50

70. The solution is between 100 and 125 miles.
Try 110 miles:
$58 = 25 + 0.3 \cdot 110$
$ = 25 + 33$
$ = 58$
You can drive 110 miles.

PAGE 59, LOOK BEYOND

71.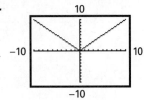

The graph is V-shaped, with the point of the V at the origin.

2.2 PAGE 64, GUIDED SKILLS PRACTICE

5. $|-3| = 3, |-15| = 15, 3 + 15 = 18, -3 + (-15) = -18$
6. $|12| = 12, |-7| = 7, 12 - 7 = 5, 12 + (-7) = 5$
7. $|-24| = 24, |37| = 37, 37 - 24 = 13, -24 + 37 = 13$
8. $|-2.35| = 2.35, |-1.76| = 1.76, 2.35 + 1.76 = 4.11, -2.35 + (-1.76) = -4.11$
9. $|-5.77| = 5.77, |12.5| = 12.5, 12.5 - 5.77 = 6.73, -5.77 + 12.5 = 6.73$
10. $\left|-5\frac{3}{4}\right| = 5\frac{3}{4}, \left|1\frac{1}{4}\right| = 1\frac{1}{4}, 5\frac{3}{4} - 1\frac{1}{4} = 4\frac{1}{2}, -5\frac{3}{4} + 1\frac{1}{4} = -4\frac{1}{2}$

PAGE 65, PRACTICE AND APPLY

11. $-5 + (-2) = -5 - 2$
$ = -7$

12. $-3 + 3 = 0$

13. $2 + (-6) = 2 - 6$
$ = -4$

14. $-2 + 9 = 7$

15. $7 + (-3) = 7 - 3$
$ = 4$

16. $-2 + (-6) = -2 - 6$
$ = -8$

17. $8 + (-5) = 8 - 5$
$ = 3$

18. $6 + (-6) = 6 - 6$
$ = 0$

19. $-7 + (-15) = -7 - 15$
$ = -22$

20. $-10 + 7 = -3$

21. $23 + (-15) = 23 - 15$
$ = 8$

22. $28 + (-50) = -22$

23. $5.7 + (-3.2) = 5.7 - 3.2$
$ = 2.5$

24. $-17 + (-34) = -17 - 34$
$ = -51$

25. $\frac{4}{17} + \left(-\frac{12}{17}\right) = \frac{4}{17} - \frac{12}{17}$
$\phantom{\frac{4}{17} + \left(-\frac{12}{17}\right)} = -\frac{8}{17}$

26. $84 + (-18) = 84 - 18$
$ = 66$

27. $-29 + 14 = -15$

28. $-43 + (-82) = -43 - 82$
$ = -125$

29. $-308 + (-80) = -308 - 80$
$ = -388$

30. $-56 + 107 = 51$

31. $-5 + (-5) = -5 - 5$
$= -10$

32. $-5 + 5 = 0$

33. $-13 + 20 = 7$

34. $13 + -20 = 13 - 20$
$= -7$

35. $2.85 + 4.96 = 7.81$

36. $-5.3 + 1.4 = -3.9$

37. $6.98 + (-0.2) = 6.98 - 0.2$
$= 6.78$

38. $0.17 + (-3.45) = 0.17 - 3.45$
$= -3.28$

39. $-0.5 + 0.25 = -0.25$

40. $0.26 + (-1.5) = 0.26 - 1.5$
$= -1.24$

41. $3.7 + (-0.7) = 3.7 - 0.7$
$= 3$

42. $5.6 + (-3.2) = 5.6 - 3.2$
$= 2.4$

43. $-8.27 + (-3.2) = -8.27 - 3.2$
$= -11.47$

44. $5.23 + (-2.7) = 5.23 - 2.7$
$= 2.53$

45. $-3.4 + 7 = 3.6$

46. $-14 + 2.5 = -11.5$

47. $-\frac{4}{15} + \left(-\frac{7}{15}\right) = -\frac{4}{15} - \frac{7}{15}$
$= -\frac{11}{15}$

48. $\frac{11}{25} + \left(-\frac{13}{25}\right) = \frac{11}{25} - \frac{13}{25}$
$= -\frac{2}{25}$

49. $-\frac{1}{2} + \frac{1}{3} = -\frac{3}{6} + \frac{2}{6}$
$= -\frac{1}{6}$

50. $-\frac{3}{4} + \frac{1}{5} = -\frac{15}{20} + \frac{4}{20}$
$= -\frac{11}{20}$

51. $-1\frac{2}{5} + 3\frac{1}{4} = -\frac{7}{5} + \frac{13}{4}$
$= -\frac{28}{20} + \frac{65}{20}$
$= \frac{37}{20} = 1\frac{17}{20}$

52. $2\frac{1}{4} + \left(-5\frac{2}{5}\right) = 2\frac{1}{4} - 5\frac{2}{5}$
$= \frac{9}{4} - \frac{27}{5}$
$= \frac{45}{20} - \frac{108}{20}$
$= -\frac{63}{20} = -3\frac{3}{20}$

53. $\frac{11}{3} + \left(-\frac{11}{3}\right) = \frac{11}{3} - \frac{11}{3}$
$= 0$

54. $-\frac{3}{2} + \left(-\frac{10}{7}\right) = -\frac{3}{2} - \frac{10}{7}$
$= -\frac{21}{14} - \frac{20}{14}$
$= -\frac{41}{14}$

55. $a + b = 2 + 3$
$= 5$

56. $a + (-b) = 2 + (-3)$
$= 2 - 3$
$= -1$

57. $-a + b = -2 + 3$
$= 1$

58. $-a + (-b) = -2 + (-3)$
$= -2 - 3$
$= -5$

59. $a + c = 2 + (-5)$
$= 2 - 5$
$= -3$

60. $a + (-c) = 2 + [-(-5)]$
$= 2 + 5$
$= 7$

61. $-b + c = -3 + (-5)$
$= -3 - 5$
$= -8$

62. $-b + (-c) = -3 + [-(-5)]$
$= -3 + 5$
$= 2$

63. $a + b + c = 2 + 3 + (-5)$
$= 2 + 3 - 5$
$= 0$

64. $(a + b) + (-a) + (-b) = (2 + 3) + (-2) + (-3)$
$= 5 - 2 - 3$
$= 0$

65. $-c + (-b) + a + (-b) = -(-5) + (-3) + 2 + (-3)$
$= 5 - 3 + 2 - 3$
$= 1$

66. $2(a^2 - b) + 3c - 5ab = 2(2^2 - 3) + 3(-5) - 5(2)(3)$
$= 2(4 - 3) - 15 - 5(6)$
$= 2(1) - 15 - 30$
$= 2 - 15 - 30$
$= -43$

67. a. $7 + (-2) + 6 + (-13) = 7 - 2 + 6 - 13$
$= -2$ yards
$= 2$ yards lost

b. $-2 + 24 + (-17) = -2 + 24 - 17$
$= 5$ yards
$= 5$ yards gained

68. $57 + 32 + (-45) = 57 + 32 - 45$
$= 44$
$= \$44$ balance

69. a. $12 + (-10) = 12 - 10$
$= 2$
$=$ positive 2

b. $6 + (-18) = 16 - 18$
$= -2$
$=$ negative 2

c. $10 + (-10) = 10 - 10$
$= 0$
$=$ no charge

PAGE 66, LOOK BACK

70. $1 + 2 + 3 + \cdots + 38 + 39 + 40 = \frac{n(n+1)}{2} = \frac{(40)(41)}{2} = 820$

The sum of the series is 820.

71. Sequence   40   37   34   31   [28]   [25]
First Differences -3 -3 -3 -3 -3
To obtain the next number in the sequence, subtract 3 from the previous term.
$31 - 3 = 28, 28 - 3 = 25$
The next two numbers are 28 and 25.

72. Sequence -1 3   7   [11]   [15]
First Differences $+4$ $+4$ $+4$ $+4$
To obtain the next number in the sequence, add 4 to the previous term.
$7 + 4 = 11, 11 + 4 = 15$
The next two numbers are 11 and 15.

73. Sequence   1   3   6   10   [15]   [21]
First Differences $+2$ $+3$ $+4$ $+5$ $+6$
To obtain the next number in the sequence, add the next consecutive number of the difference to the last term.
$10 + 5 = 15, 15 + 6 = 21$
The next two numbers in the sequence are 15 and 21.

74. Sequence   5   11   18   26   [35]   [45]
First Differences   6   7   8   9   10
To obtain the next number in the sequence, add the next consecutive number of the first differences to the last term.
$26 + 9 = 35, 35 + 10 = 45$
The next two numbers are 35 and 45.

75. Sequence   2   4   8   16   [32]   [64]
First Differences   2   4   8   16   32
To obtain the next number in the sequence, add the last term of the sequence to itself.
$16 + 16 = 32, 32 + 32 = 64$
The next two numbers are 32 and 64.

76. Sequence   2   4   7   11   [16]   [22]
First Differences   2   3   4   5   6
To obtain the next number in the sequence, add the next consecutive number of the first differences to the last term.
$11 + 5 = 16, 16 + 6 = 22$
The next two numbers in the sequence are 16 and 22.

77. $15 \cdot 2 - 7 = 30 - 7$
$= 23$

78. $[3(4-2)^2] + 7 = [3(2)^2] + 7$
$= [3(4)] + 7$
$= 12 + 7$
$= 19$

79. $12 + 3^2 + (9 - 6) = 12 + 9 + 3$
$= 21 + 3$
$= 24$

80. $5^2 + 2^2 + 4^2 = 25 + 4 + 16$
$= 29 + 16$
$= 45$

81. $(7 + 3 \cdot 2) - 2^2 = (7 + 6) - 4$
$= 13 - 4$
$= 9$

82. $100 - 99 \div 33 \div 3 = 100 - 3 \div 3$
$= 100 - 1$
$= 99$

83–86.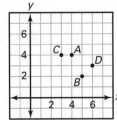

87. $|17| = 17$

88. $|-1.2| = 1.2$

89. $\left|-\frac{13}{20}\right| = \frac{13}{20}$

90. $|12.8 - 5| = |7.8|$
$= 7.8$

PAGE 66, LOOK BEYOND

91. $7(-2) = (-2) + (-2) + (-2) + (-2) + (-2) + (-2) + (-2)$
$= -2 - 2 - 2 - 2 - 2 - 2 - 2$
$= -14$

2.3 PAGE 70, GUIDED SKILLS PRACTICE

6. $-8 - 5 = -8 + (-5)$
$= -13$

7. $-9 - (-11) = -9 + 11$
$= 2$

8. $-5 - 14 = -5 + (-14)$
$= -19$

9. $6 - (-8) = 6 + 8$
$= 14$

10. $-98 - 89 = -98 + (-89)$
$= -187$
The new depth is 187 feet.

11. $|3 - (-7)| = |3 + 7|$
$= |10|$
$= 10$

12. $|-5 - (-6)| = |-5 + 6|$
$= |1|$
$= 1$

13. $|13 - (-13)| = |13 + 13|$
$= |26|$
$= 26$

14. $|-3 - 13| = |-16|$
$= 16$

15. $|8 - (-6)| = |8 + 6|$
$= |14|$
$= 14$

PAGES 71–72, PRACTICE AND APPLY

16. $12 - 7 = 5$

17. $-9 - 4 = -13$

18. $-15 - (-12) = -15 + 12$
$= -3$

19. $11 - (-3) = 11 + 3$
$= 14$

20. $-10 - 7 = -17$

21. $24 - (-11) = 24 + 11$
$= 35$

22. $-86 - (-92) = -86 + 92$
$= 6$

23. $-57 - 14 = -71$

24. $-117 - 82 = -199$

25. $84.2 - (-12.5) = 84.2 + 12.5$
$= 96.7$

26. $-65.4 - 32.8 = -98.2$

27. $94 - (-16) = 94 + 16$
$= 110$

28. $67 - 3 = 64$

29. $42 - (-9) = 42 + 9$
$= 51$

30. $-10 - (-21) = -10 + 21$
$= 11$

31. $-35 - 17 = -52$

32. $33 - (-33) = 33 + 33$
$= 66$

33. $-78 + (-45) = -78 - 45$
$= -123$

34. $990 - (-155) = 990 + 155$
$= 1145$

35. $-97 - 88 = -185$

36. $-43 + (-15) = -43 - 15$
$= -58$

37. $-77 - (-77) = -77 + 77$
$= 0$

38. $-108 + 118 = 10$

39. $85 - (-12) = 85 + 12$
$= 97$

40. $-2.05 - 30.4 = -32.45$

41. $1.08 - (-6.79) = 1.08 + 6.79$
$= 7.87$

42. $-0.012 - 0.65 = -0.662$ **43.** $64.5 - 65 = -0.5$ **44.** $\frac{1}{5} - \frac{4}{5} = -\frac{3}{5}$

45. $-\frac{3}{16} - \left(-\frac{7}{16}\right) = \frac{3}{16} + \frac{7}{16}$ **46.** $-\frac{1}{2} - \frac{1}{3} = -\frac{3}{6} - \frac{2}{6}$ **47.** $\frac{3}{8} - \left(-\frac{3}{4}\right) = \frac{3}{8} + \frac{3}{4}$
$\quad\quad = \frac{10}{16}$ $\quad\quad\quad\quad\quad\quad\quad\quad = -\frac{5}{6}$ $\quad\quad\quad\quad\quad\quad\quad\quad = \frac{3}{8} + \frac{6}{8}$
$\quad\quad = \frac{5}{8}$ $\quad\quad\quad\quad\quad\quad\quad\quad\quad\quad\quad\quad\quad\quad\quad\quad\quad = \frac{9}{8}$

48. $x - y = 5 - (-3)$ **49.** $-x - y = -5 - (-3)$ **50.** $-x - z = -5 - (-10)$
$\quad\quad = 5 + 3$ $\quad\quad\quad\quad\quad = -5 + 3$ $\quad\quad\quad\quad\quad\quad = -5 + 10$
$\quad\quad = 8$ $\quad\quad\quad\quad\quad\quad\quad = -2$ $\quad\quad\quad\quad\quad\quad\quad\quad = 5$

51. $x - (-x) = 5 - (-5)$ **52.** $y - z = -3 - (-10)$ **53.** $-z - y = -(-10) - (-3)$
$\quad\quad = 5 + 5$ $\quad\quad\quad\quad\quad\quad = -3 + 10$ $\quad\quad\quad\quad\quad\quad = 10 + 3$
$\quad\quad = 10$ $\quad\quad\quad\quad\quad\quad\quad\quad = 7$ $\quad\quad\quad\quad\quad\quad\quad\quad = 13$

54. $-z - (-y) = -(-10) - [-(-3)]$ **55.** $x - (-y) = 5 - [-(-3)]$
$\quad\quad\quad = 10 - (3)$ $\quad\quad\quad\quad\quad\quad\quad = 5 - (3)$
$\quad\quad\quad = 10 - 3$ $\quad\quad\quad\quad\quad\quad\quad = 5 - 3$
$\quad\quad\quad = 7$ $\quad\quad\quad\quad\quad\quad\quad\quad\quad = 2$

56. 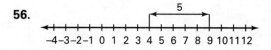   **57.**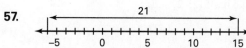

$9 - 4 = 5$ units $\quad\quad\quad\quad\quad\quad\quad\quad\quad 15 - (-6) = 15 + 6$
$\quad\quad\quad\quad\quad\quad\quad\quad\quad\quad\quad\quad\quad\quad\quad\quad\quad\quad = 21$ units

58. 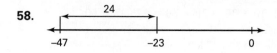   **59.**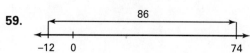

$-23 - (-47) = -23 + 47$ $\quad\quad\quad\quad 74 - (-12) = 74 + 12$
$\quad\quad\quad\quad\quad = 24$ units $\quad\quad\quad\quad\quad\quad\quad\quad\quad = 86$ units

60. 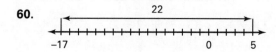   **61.**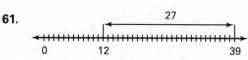

$5 - (-17) = 5 + 17$ $\quad\quad\quad\quad\quad\quad 39 - 12 = 27$ units
$\quad\quad\quad = 22$ units

62. 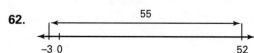   **63.**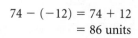

$52 - (-3) = 52 + 3$ $\quad\quad\quad\quad\quad\quad -23 - (-86) = -23 + 86$
$\quad\quad\quad = 55$ units $\quad\quad\quad\quad\quad\quad\quad\quad\quad\quad = 63$ units

64. a. To determine her goal, subtract 22 minutes from 2 hours 17 minutes.
$\quad\quad 17 - 22 = -5$
$\quad\quad\quad\quad\quad\quad = 5$ minutes less than 2 hours
$\quad\quad$ 1 hour 55 minutes

b. 1 hour 53 minutes, two minutes less than her goal

65. a. Sequence $\quad -10 \quad -7 \quad -4 \quad -1 \quad [2] \quad [5] \quad [8]$
$\quad\quad$ First Differences $\quad\quad 3 \quad\quad 3 \quad\quad 3 \quad\quad 3 \quad\quad 3 \quad\quad 3$
$\quad\quad$ To obtain the next number in the sequence, add 3 to the previous term.
$\quad\quad -1 + 3 = 2, 2 + 3 = 5, 5 + 3 = 8$
$\quad\quad$ The next three numbers are 2, 5, and 8.

b. Sequence $\quad 60 \quad 45 \quad 30 \quad 15 \quad [0] \quad [-15] \quad [-30]$
$\quad\quad$ First Differences $\quad\quad -15 \quad -15 \quad -15 \quad -15 \quad -15 \quad -15$
$\quad\quad$ To obtain the next number in the sequence, subtract 15 from the previous term.
$\quad\quad 15 - 15 = 0, 0 - 15 = -15, -15 - 15 = -30$
$\quad\quad$ The next three numbers are $0, -15$, and -30.

c. Sequence   −20 −11 −3   4   [10] [15] [19]
First Differences   9   8   7   6   5   4
To obtain the next number in the sequence, subtract 1 from the previous difference and add the result to the previous term.
$4 + 6 = 10, 10 + 5 = 15, 15 + 4 = 19$
The next three numbers are 10, 15, and 19.

66. To determine the number of cases of juice used, subtract the number of cases left from number of cases before lunch.
$27 - 14 = 13$
13 cases were used.

67. To determine the final temperature, subtract the first temperature from initial temperature, then subtract the second temperature drop from the difference.
$5 - 7 - 2 = 5 - 9$
$= -4$
The final temperature was $-4°F$.

68. a. To determine how much Mike has to spend this month, subtract his bills from his account balance.
$205 - 42.5 - 37.23 = 205 - 79.73$
$= 125.27$
Mike has $125.27 left.

b. To determine how many times he can withdraw $20, subtract $20 from $125.27 until the balance is less than $20.
$125.27 - 20 = 105.27$
$105.27 - 20 = 85.27$
$85.27 - 20 = 65.27$
$65.27 - 20 = 45.27$
$45.27 - 20 = 25.27$
$25.27 - 20 = 5.27$
Mike can withdraw $20 six times.
If he withdraws $20 twice and then $50, his balance is:
$125.27 - 20 - 20 - 50 = 125.27 - 90$
$= 35.27$
Mike has $35.27 left.

PAGE 72, LOOK BACK

69. $36 - 12 \div 3 - 20 = 36 - (12 \div 3) - 20$
$= 36 - 4 - 20$
$= 36 - 24$
$= 12$

70. $3 \cdot 5 + 7 \div 2 = (3 \cdot 5) + (7 \div 2)$
$= 15 + 3.5$
$= 18.5$

71. $28 \div 2 \cdot 7 + 4 = [(28 \div 2) \cdot 7] + 4$
$= [14 \cdot 7] + 4$
$= 98 + 4$
$= 102$

72. $100 - 99 \div 3 = 100 - (99 \div 3)$
$= 100 - 33$
$= 67$

73. $(8^2 + 3 \cdot 2) - 16 \cdot 2 = (64 + 6) - (16 \cdot 2)$
$= 70 - 32$
$= 38$

74. $100 \div [5 - (2 \cdot 3 - 6)] = 100 \div [5 - (6 - 6)]$
$= 100 \div (5 - 0)$
$= 100 \div 5$
$= 20$

75.

The points lie on a straight line.

76.

The points do not lie on a straight line.

77.

The points lie on a straight line.

78. $-18 + (-23) = -18 - 23$
$= -41$

79. $-95 + 78 = -17$

80. $-31 + (-27) = -31 - 27$
$ = -58$

81. $53 + (-29) = 53 - 29$
$ = 24$

82. $-3.2 + (-2.7) = -3.2 - 2.7$
$ = -5.9$

83. $5 + (-3.6) = 5 - 3.6$
$ = 1.4$

84. $-10.11 + (-3.9) = -10.11 - 3.9$
$ = -14.01$

85. $3.7 + (-5.9) = 3.7 - 5.9$
$ = -2.2$

PAGE 72, LOOK BEYOND

86.

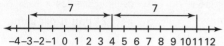

If the distance between x and 4 is 7, then $x = 11$ or $x = -3$.

87.

If the distance between x and 4 is 10, then $x = -6$ or $x = 14$.

2.4 PAGE 77, GUIDED SKILLS PRACTICE

6. $(-3)(-8) = 24$

7. $(-5)(-6) = 30$

8. $(-15)(9) = -135$

9. $(-3)(17) = -51$

10. $\frac{15}{-3} = -5$

11. $-42 \div 6 = -7$

12. $\frac{-18}{-6} = 3$

13. $\frac{3}{7} \div \frac{6}{14} = \frac{3}{7} \cdot \frac{14}{6}$
$\phantom{\frac{3}{7} \div \frac{6}{14}} = \frac{42}{42}$
$\phantom{\frac{3}{7} \div \frac{6}{14}} = 1$

14. $7 \cdot 0 = 0$

15. $0 \cdot (-9) = 0$

16. $\frac{-3}{0}$ is undefined.

17. $\frac{0}{3} = 0$

PAGE 78, PRACTICE AND APPLY

18. $(-4)(6) = -24$

19. $(5)(-7) = -35$

20. $(-14) \div (-2) = 7$

21. $(12)(-11) = -132$

22. $27 \div (-3) = -9$

23. $(-17)(-3) = 51$

24. $(-21)(-6) = 126$

25. $(-17)(6) = -102$

26. $(115) \div (-5) = -23$

27. $(-84) \div 7 = -12$

28. $(-1.2)(4.8) = -5.76$

29. $(-8)(-8) = 64$

30. $(10.7)(-0.5) = -5.35$

31. $8.8 \div (-1.1) = -8$

32. $-2.7 \div (-0.3) = 9$

33. $(-5.2)(-3.6) = 18.72$

34. $(-23)(56) = -1288$

35. $(-0.591)(3.6) = -2.1276$

36. $(-220.345) \div (-34.7) = 6.35$

37. $\left(\frac{7}{8}\right)\left(-\frac{23}{12}\right) = -\frac{161}{96} = -1\frac{65}{96}$

38. $\frac{412.59}{-17} = -24.27$

39. $\left(\frac{10}{3}\right) \div \left(-\frac{3}{10}\right) = \left(\frac{10}{3}\right) \cdot \left(-\frac{10}{3}\right)$
$\phantom{\left(\frac{10}{3}\right) \div \left(-\frac{3}{10}\right)} = -\frac{100}{9} = -11\frac{1}{9}$

40. $-\frac{1}{12}$

41. $\frac{1}{17}$

42. $\frac{25}{6}$

43. $\frac{-9}{4}$

44. $\frac{8}{-2} = -4$

45. $(-22) \div (-1) = 22$

46. $(-12)6 = -72$

47. $-1.2 \div (-6) = 0.2$

48. $\frac{3.4}{-17} = -0.2$

49. $(-5)(6)(-6) = (-30)(-6)$
$ = 180$

50. $-(-8)(-6) = -(8 \cdot 6)$
$ = -48$

51. $-(4)(-7) = -(4 \cdot -7)$
$= -(-28)$
$= 28$

52. $\frac{-8+10}{-2} = \frac{2}{-2}$
$= -1$

53. $\frac{-4+7}{-6} = \frac{3}{-6}$
$= -\frac{1}{2}$

54. $\frac{-225}{-5} = 45$

55. $(-47)(23) = -1081$

56. $\frac{-1208}{24} = -50\frac{1}{3}$

57. $\frac{(7)(-1)}{(-7)} = \frac{-7}{-7}$
$= 1$

58. $\frac{(-6)(-12)}{3} = \frac{72}{3}$
$= 24$

59. $96 \div \left(-\frac{2}{3}\right) = 96 \cdot \left(-\frac{3}{2}\right)$
$= -144$

60. False

61. False

62. True

63. True

64. a. $27 \times 6 = 162$
162 points from touchdowns
$27 \times 2 = 54$
54 points from two-point conversions
b. $162 + 54 = 216$
216 total points
c. $\frac{216}{9} = 24$
24 points per game

65. a. $20 + 4(20) = 20 + 80 = 100$
$100
b. $5(10) = 50$
$50
c. $\frac{200}{25} = 8$
8 deposits of $25

66. a. $50 \div 3\frac{1}{3} = 50 \div \frac{10}{3} = 50 \cdot \frac{3}{10} = 15$ bags
b. $50 \div 1\frac{2}{3} = 50 \div \frac{5}{3} = 50 \cdot \frac{3}{5} = 30$ bags

PAGE 79, LOOK BACK

67. Sequence 1 3 7 13 21
First Differences +2 +4 +6 +8
Second Differences +2 +2 +2

68. Sequence 17 16 14 11
First Differences −1 −2 −3
Second Differences −1 −1

69. Sequence −24 −20 −12 0
First Differences +4 +8 +12
Second Differences +4 +4

70. $14 \cdot 2 - 7 = 28 - 7$
$= 21$

71. $15 \div 3 - 2 \cdot 2 = 5 - 4$
$= 1$

72. $3^2 \cdot 2 + 14 \div 7 = 9 \cdot 2 + 2$
$= 18 + 2$
$= 20$

73. $-23 + (-51) = -23 - 51$
$= -74$

74. $-17 - (-17) = -17 + 17$
$= 0$

75. $-18 + (-83) = -18 - 83$
$= -101$

76. $-32 - (-5) = -32 + 5$
$= -27$

77. $q - r = 8 - (-2)$
$= 8 + 2$
$= 10$

78. $-q - r = -8 - (-2)$
$= -8 + 2$
$= -6$

79. $-r - (-s) = -(-2) - [-(-5)]$
$= 2 - (5)$
$= -3$

80. $s - (-r) = -5 - [-(-2)]$
$= -5 - 2$
$= -7$

PAGE 79, LOOK BEYOND

81. $\frac{3w+24}{-3} = -\frac{3w}{3} - \frac{24}{3}$
$= -w - 8$

82. $\frac{-5y-45}{5} = -\frac{5y}{5} - \frac{45}{5}$
$= -y - 9$

83. $\frac{6x+12}{2} = \frac{6x}{2} + \frac{12}{2}$
$= 3x + 6$

2.5 PAGE 86, GUIDED SKILLS PRACTICE

5. $(36 + 15) + 64 = (15 + \underline{36}) + 64$ Commutative Property
$= 15 + (36 + \underline{64})$ Associative Property
$= 15 + \underline{100}$
$= \underline{115}$

6. $20 \cdot (72 \cdot 5) = 20 \cdot (\underline{5} \cdot 72)$ Commutative Property
$= (\underline{20} \cdot 5) \cdot 72$ Associative Property
$= \underline{100} \cdot 72$
$= \underline{7200}$

7. $(9 + 6.5)12 = 15.5 \cdot 12$
$= (15 + 0.5)12$
$= 15 \cdot 12 + 0.5 \cdot 12$
$= 180 + 6$
$= 186$

Jarrel's total wages are $186.

8. $-(x + y) = -x - y$

9. $-(-a - b) = a + b$

10. $-(x - y) = -x + y$

11. $a + (b + c) = a + (c + b)$ Commutative Property
$= (a + c) + b$ Associative Property

PAGES 86–87, PRACTICE AND APPLY

12. $(24 + 27) + 56 = (27 + \underline{24}) + 56$ Commutative Property
$= 27 + (24 + \underline{56})$ Associative Property
$= 27 + \underline{80}$
$= \underline{107}$

13. $25(7 + 4) = 25 \cdot \underline{7} + (\underline{25} \cdot 4)$ Distributive Property
$= \underline{175} + \underline{100}$
$= \underline{275}$

14. $(27 + 98) + 73 = (98 + 27) + 73$ Commutative Property
$= 98 + (27 + 73)$ Associative Property
$= 98 + 100$
$= 198$

15. $(45 \cdot 32) \cdot 0 = 0$

16. $(87 \cdot 5) \cdot 2 = 87 \cdot (5 \cdot 2)$ Associative Property
$= 87 \cdot 10$
$= 870$

17. $50 \cdot (118 \cdot 20) = 50 \cdot (20 \cdot 118)$ Commutative Property
$= (50 \cdot 20) \cdot 118$ Associative Property
$= 1000 \cdot 118$
$= 118{,}000$

18. $-(3 + 4x) = -3 - 4x$

19. $-(2y - 9) = -2y + 9$

20. $-(15x + y - 7) = -15x - y + 7$

21. $-(-a + 2b + 8) = a - 2b - 8$

22. $4 \cdot 28 = 4(20 + 8)$
$= 4 \cdot 20 + 4 \cdot 8$
$= 80 + 32$
$= \underline{112}$

23. $40 \cdot 18 = 40(10 + 8)$
$= 40 \cdot \underline{10} + 40 \cdot \underline{8}$
$= \underline{400} + \underline{320}$
$= \underline{720}$

24. $9 \cdot 680 = 9(600 + 80)$
$= \underline{9} \cdot 600 + \underline{9} \cdot 80$
$= \underline{5400} \cdot \underline{720}$
$= \underline{6120}$

25. $70 \cdot 540 = 70(500 + 40)$
$= \underline{70} \cdot \underline{500} + \underline{70} \cdot \underline{40}$
$= \underline{35{,}000} + \underline{2800}$
$= \underline{37{,}800}$

26. $9xy - 21xyz = 3xy(3 - 7z)$

27. $rs + rq = r(s + q)$

28. $xy - wy = y(x - w)$

29. $4pq + pr = p(4q + r)$

30. $3de - 15df = 3d(e - 5f)$

31. $35st + 20rs = 5s(7t + 4r)$

32. Commutative

33. Distributive

34. Distributive

35. Associative

36. Commutative

37. Distributive

38. $(a + b) + c = (b + a) + c$ Commutative Property
$= b + (a + c)$ Associative Property
$= b + (c + a)$ Commutative Property
$= (b + c) + a$ Associative Property
$= (c + b) + a$ Commutative Property

39. $(ab)c = a(bc)$ Associative Property
$= a(cb)$ Commutative Property

40. $a = b$ Given
$a + c = a + c$ Reflexive Property of Equality
$a + c = b + c$ Substitution Property of Equality

41. $a = b$ Given
$c + a = c + a$ Reflexive Property of Equality
$c + a = c + b$ Substitution Property of Equality

42. a. $2 \cdot 57 + 2 \cdot 43 = 2(57 + 43)$
$= 2 \cdot 100$
$= 200$

b. $3 \cdot 2(167 + 133) + 3 \cdot 2(82 + 68) = 6(300) + 6(150)$
$= 6 \cdot 450$
$= 2700$

43. $15 \cdot 4 + 15 \cdot 6 = 60 + 90$ or $15(4 + 6) = 15 \cdot 10$
$= 150$ $= 150$
$150 for Friday and Saturday

44. $12(5 + 4.5) = 12 \cdot 5 + 12 \cdot 4.5$ or $12 \cdot 9.5 = 114$
$= 60 + 54$
$= 114$

45. $12(876) = 12(800 + 70 + 6)$
$= 12 \cdot 800 + 12 \cdot 70 + 12 \cdot 6$
$= 9600 + 840 + 72$
$= 10{,}512$
The total value of the CDs is $10,512.

46. $(26 + 24) + (21 + 39) + 28$
$= 50 + 60 + 28$
$= 138$
The total number of baked goods is 138.

PAGE 88, LOOK BACK

47. $y = 3x$

x	1	2	3	4	5	10
y	3	6	9	12	15	30

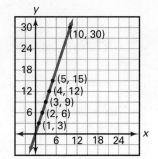

48. $y = 2x - 1$

x	1	2	3	4	5	10
y	1	3	5	7	9	19

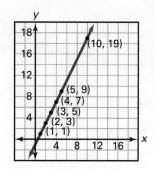

49. $c = 100 + 45h$

h	1	2	3	4	5	6	7	8
c	145	190	235	280	325	370	415	460

50. $-5 + (-3) = -5 - 3$
$= -8$

51. $8 - (-17) = 8 + 17$
$= 25$

52. $14 \cdot (-3) = -42$

PAGE 88, LOOK BEYOND

53. $25 \cdot 76 = (20 + 5) \cdot (70 + 6)$
$= 20 \cdot (70 + 6) + 5 \cdot (70 + 6)$
$= 20 \cdot 70 + 20 \cdot 6 + 5 \cdot 70 + 5 \cdot 6$
$= 1400 + 120 + 350 + 30$
$= 1900$

54. $26 \cdot 34 = (30 - 4) \cdot (30 + 4)$
$= (30 - 4) \cdot 30 + (30 - 4) \cdot 4$
$= 30 \cdot 30 - 4 \cdot 30 + 30 \cdot 4 - 4 \cdot 4$
$= 900 - 120 + 120 - 16$
$= 884$

2.6 PAGE 92, GUIDED SKILLS PRACTICE

5. $-7x + 10x = (-7 + 10)x$
$= 3x$

6. $5h - 9h = (5 - 9)h$
$= -4h$

7. $3d + (-2d) = (3 - 2)d$
$= d$

8. $(2x + 5) + (8x - 9) = (2x + 8x) + (5 - 9)$
$= 10x - 4$

9. $(6c + 2) - (-3c + 7) = (6c + 2) + (3c - 7)$
$= (6c + 3c) + (2 - 7)$
$= 9c - 5$

10. $(5f - g) - (3f + g) = (5f - g) + (-3f - g)$
$= (5f - 3f) + (-g - g)$
$= 2f - 2g$

11. $(8x + 2y) + (8x - 2y) = (8x + 8x) + (2y - 2y)$
$= 16x + 0$
$= 16x$

PAGES 92–93, PRACTICE AND APPLY

12. $3x + 4x = (3 + 4)x$
$= 7x$

13. $4m - 10m = (4 - 10)m$
$= -6m$

14. $5z + (-2z) = (5 - 2)z$
$= 3z$

15. $\frac{1}{3}p + \frac{2}{3}p = \left(\frac{1}{3} + \frac{2}{3}\right)p$
$= p$

16. $4.7d - 6.7d = (4.7 - 6.7)d$
$= -2d$

17. $11f - 15f = (11 - 15)f$
$= -4f$

18. $0.3r + 4.6r = (0.3 + 4.6)r$
$ = 4.9r$

19. $-8x - 4x = (-8 - 4)x$
$ = -12x$

20. $\frac{1}{4}y - \frac{1}{2}y = \left(\frac{1}{4} - \frac{1}{2}\right)y$
$\phantom{\frac{1}{4}y - \frac{1}{2}y} = \left(\frac{1}{4} - \frac{2}{4}\right)y$
$\phantom{\frac{1}{4}y - \frac{1}{2}y} = -\frac{1}{4}y$

21. $9x - 3x = (9 - 3)x$
$ = 6x$

22. $8y - 2y = (8 - 2)y$
$ = 6y$

23. $5c - (3 - 2c) = 5c + (-3 + 2c)$
$ = (5c + 2c) - 3$
$ = 7c - 3$

24. $7d - (1 - d) = 7d - 1 + d$
$ = (7d + d) - 1$
$ = 8d - 1$

25. $(7r + 2s) + (6r + 3s) = (7r + 6r) + (2s + 3s)$
$ = 13r + 5s$

26. $(9k + 2j) + (11k - 2j) = (9k + 11k) + (2j - 2j)$
$ = 20k + 0$
$ = 20k$

27. $(2a - 1) - (-5a - 5) = (2a - 1) + (5a + 5)$
$ = (2a + 5a) + (-1 + 5)$
$ = 7a + 4$

28. $(4m - 2n) + (-3m - 4n) = (4m - 3m) + (-2n - 4n)$
$ = m - 6n$

29. $(5x + 7) - (2x - 7) = 5x + 7 - 2x + 7$
$ = (5x - 2x) + (7 + 7)$
$ = 3x + 14$

30. $(-x + 2y) + (2x + 3y) = (-x + 2x) + (2y + 3y)$
$ = x + 5y$

31. $(3r - 7) + (17r - 6) = (3r + 17r) + (-7 - 6)$
$ = 20r - 13$

32. $(-7f + 2) - (6f + 3) = -7f + 2 - 6f - 3$
$ = (-7f - 6f) + (2 - 3)$
$ = -13f - 1$

33. $(5x - 1) + (-3x - 1) = (5x - 3x) + (-1 - 1)$
$ = 2x - 2$

34. $(-4x - 2y) - (4x + 2y) = -4x - 2y - 4x - 2y$
$ = (-4x - 4x) + (-2y - 2y)$
$ = -8x - 4y$

35. $(3.7x + 2) - (1.7x + 3) = 3.7x + 2 - 1.7x - 3$
$ = (3.7x - 1.7x) + (2 - 3)$
$ = 2x - 1$

36. $(-5x + 2y) - (3x + 2y) = -5x + 2y - 3x - 2y$
$ = (-5x - 3x) + (2y - 2y)$
$ = -8x + 0$
$ = -8x$

37. $(9v - 8w) - (8v - 9w) = 9v - 8w - 8v + 9w$
$ = (9v - 8v) + (-8w + 9w)$
$ = v + w$

38. $(2q + 3) - (-4q + 5) + (6q - 7) = 2q + 3 + 4q - 5 + 6q - 7$
$ = (2q + 4q + 6q) + 3 - 5 - 7$
$ = 12q - 9$

39. $(9 + 4y) - (-1 + 8y) + (7 - y) = 9 + 4y + 1 - 8y + 7 - y$
$ = (4y - 8y - y) + (9 + 1 + 7)$
$ = -5y + 17$

40. $(1.1a + 1.2b) + (2a - 0.8b) = 1.1a + 1.2b + 2a - 0.8b$
$ = (1.1a + 2a) + (1.2b - 0.8b)$
$ = 3.1a + 0.4b$

41. $(5x + 5y) - (5x + 7y) = 5x + 5y - 5x - 7y$
$ = (5x - 5x) + (5y - 7y)$
$ = -2y$

42. $(-x - y) + (-x - y) = -x - y - x - y$
$ = (-x - x) + (-y - y)$
$ = -2x - 2y$

43. $(3.5m - 2.5n) + (2.7m - 3.7n) = 3.5m - 2.5n + 2.7m - 3.7n$
$ = (3.5m + 2.7m) + (-2.5n - 3.7n)$
$ = 6.2m - 6.2n$

44. $(5p - 6r) - (p + r) = 5p - 6r - p - r$
$ = (5p - p) + (-6r - r)$
$ = 4p - 7r$

45. $(2x + 7y) + (2x + 7y) = 2x + 7y + 2x + 7y$
$ = (2x + 2x) + (7y + 7y)$
$ = 4x + 14y$

46. $(515x + 755y) - (350x + 250y) = 515x + 755y - 350x - 250y$
$= (515x - 350x) + (755y - 250y)$
$= 165x + 505y$

47. $\left(\frac{x}{2} + 1\right) - \left(\frac{x}{3} - 1\right) = \frac{x}{2} + 1 - \frac{x}{3} + 1$
$= \left(\frac{x}{2} - \frac{x}{3}\right) + (1 + 1)$
$= \frac{3x}{6} - \frac{2x}{6} + 2$
$= \frac{x}{6} + 2$

48. $\left(\frac{2m}{5} + \frac{1}{2}\right) + \left(\frac{m}{10} + \frac{5}{2}\right) = \frac{2m}{5} + \frac{1}{2} + \frac{m}{10} + \frac{5}{2}$
$= \left(\frac{2m}{5} + \frac{m}{10}\right) + \left(\frac{1}{2} + \frac{5}{2}\right)$
$= \frac{4m}{10} + \frac{m}{10} + \frac{6}{2}$
$= \frac{5m}{10} + 3$
$= \frac{m}{2} + 3$

49. Let A represent the area of the whole rectangle.
Then $A = xy + xz$.
You can use the Distributive Property to find the area of the whole rectangle. The area of a rectangle can be determined by multiplying its length by its width.
$A = xy + xz$
$A = x(y + z)$

50. $(3m + 2r) + (5r - m) + (4r + 2m) + (r - 5m) = 3m + 2r + 5r - m + 4r + 2m + r - 5m$
$= (3m - m + 2m - 5m) + (2r + 5r + 4r + r)$
$= -m + 12r$

51. $2(4b - 2c) + 2(3a + b + c) = 8b - 4c + 6a + 2b + 2c$
$= 6a + (8b + 2b) + (-4c + 2c)$
$= 6a + 10b - 2c$

52. $(3s - 3t) + (5t - 4s + p) + (2p - 5s) = 3s - 3t + 5t - 4s + p + 2p - 5s$
$= (3s - 4s - 5s) + (-3t + 5t) + (p + 2p)$
$= -6s + 2t + 3p$

53. x = length of each piece (inches)
l = original length of the uncut cloth (inches)
$l = 12x + 3$

54. c = one case of juice (24 cans)
n = number of cans of juice left after lunch
$n = (11c + 3) - 6c$
$= 11c + 3 - 6c$
$= 11c - 6c + 3$
$= 5c + 3$
$= 5 \cdot 24 + 3$
$= 123$
123 cans were sold.

PAGE 93, LOOK BACK

55. Sequence   10   20   40   80   160   [320]   [640]   [1280]
First Differences   10   20   40   80
Double each term to obtain the next.
The next three terms are 320, 640, and 1280.

56. $28 \div 2 - 4 \cdot 1 = 10$

57. $16 \div (5 + 3) \div 2 = 1$

58. $40 \cdot (2 + 10 \cdot 4) = 1680$

59. $-2 + (-3) = -2 - 3$
$= -5$

60. $-7 + 6 = -1$

61. $-5 - 5(-2) = -5 + 10$
$= 5$

62. $-10 - 5 = -15$

63. $67 + 25 + 33 = (60 + 7) + (20 + 5) + (30 + 3)$
$= (60 + 20 + 30) + (7 + 5 + 3)$
$= 110 + 15$
$= 125$

64. $5 \cdot 11 \cdot 2 = 5 \cdot 2 \cdot 11$
$= 10 \cdot 11$
$= 110$

PAGE 93, LOOK BEYOND

65.

	(x + y)	
	x	y
x	x^2	xy
y	xy	y^2

(x + y) on left side

2.7 PAGE 101, GUIDED SKILLS PRACTICE

6. $3(4x - 2) = 3(4x) - 3(2)$
$= 12x - 6$

7. $-3(5x + 2) = -3(5x) + (-3)(2)$
$= -15x - 6$

8. $-8(4 - x) = -8(4) - (-8)(x)$
$= -32 + 8x$

9. $(2x + 3y - 6) + 3(2x + y) = 2x + 3y - 6 + 3(2x) + 3(y)$
$= 2x + 3y - 6 + 6x + 3y$
$= 2x + 6x + 3y + 3y - 6$
$= 8x + 6y - 6$

10. $5(b + c) - 4(3b - 2c + 1) = 5(b) + 5(c) + (-4)(3b) + (-4)(-2c) + (-4)(1)$
$= 5b + 5c - 12b + 8c - 4$
$= -7b + 13c - 4$

11.
$\underbrace{}_{2x + 8}$ $x + 4$ (top row), $x + 4$ (bottom row)

$\dfrac{2x + 8}{2} = x + 4$

12.
$2x^2 + 5$ (top row), $2x^2 + 5$ (bottom row)
$\underbrace{}_{4x^2 + 10}$

$\dfrac{4x^2 + 10}{2} = 2x^2 + 5$

13.
$y^2 + 4$ (five rows)
$\underbrace{}_{5y^2 + 20}$

$\dfrac{5y^2 + 20}{5} = y^2 + 4$

14. $\dfrac{-6x + 10}{-2} = \dfrac{-6x}{-2} + \dfrac{10}{-2}$
$= 3x - 5$

15. $\dfrac{12x - 18}{-6} = \dfrac{12x}{-6} + \dfrac{-18}{-6}$
$= -2x + 3$

16. $\dfrac{3x^2 - 21}{3} = \dfrac{3x^2}{3} - \dfrac{21}{3}$
$= x^2 - 7$

PAGES 101–102, PRACTICE AND APPLY

17. $2 \cdot 6x = (2 \cdot 6)x$
$= 12x$

18. $-6x \cdot 2 = (-6 \cdot 2)x$
$= -12x$

19. $6x \cdot 2x = (6 \cdot 2)(x \cdot x)$
$= 12x^2$

20. $12x \cdot 3x = (12 \cdot 3)(x \cdot x)$
$= 36x^2$

21. $-66x \div 2 = \left(\frac{-66}{2}\right)x$
$= -33x$

22. $-12x \div 3 = \left(\frac{-12}{3}\right)x$
$= -4x$

23. $-1.2x \cdot 3x = (-1.2 \cdot 3)(x \cdot x)$
$= -3.6x^2$

24. $-2(6x + 3) = (-2 \cdot 6)x + (-2 \cdot 3)$
$= -12x + (-6)$
$= -12x - 6$

25. $7x^2 - (3 - x^2) = 7x^2 - 3 + x^2$
$= 7x^2 + x^2 - 3$
$= 8x^2 - 3$

26. $2x^2 - (4 - x^2) = 2x^2 - 4 + x^2$
$= 2x^2 + x^2 - 4$
$= 3x^2 - 4$

27. $x^2 - 2(3 - x^2) = x^2 - 6 + 2x^2$
$= x^2 + 2x^2 - 6$
$= 3x^2 - 6$

28. $3x \cdot 5 + 2x \cdot 2 = (3 \cdot 5)x + (2 \cdot 2)x$
$= 15x + 4x$
$= 19x$

29. $-2 \cdot 8x = (-2 \cdot 8)x$
$= -16x$

30. $-2(4x - 1) = (-2 \cdot 4x) + (-2 \cdot -1)$
$= (-2 \cdot 4)x + 2$
$= -8x + 2$

31. $8x \cdot 2x = (8 \cdot 2)(x \cdot x)$
$= 16x^2$

32. $-8x \div 2 = \left(\frac{-8}{2}\right)x$
$= -4x$

33. $-3(7x - 3) = -21x + 9$

34. $-21x \cdot 3x = (-21 \cdot 3)(x \cdot x)$
$= -63x^2$

35. $21x \cdot 3x = (21 \cdot 3)(x \cdot x)$
$= 63x^2$

36. $-21x \div 3 = \left(\frac{-21}{3}\right)x$
$= -7x$

37. $8x^2 - (2 - 5x^2) = 8x^2 - 2 + 5x^2$
$= 8x^2 + 5x^2 - 2$
$= 13x^2 - 2$

38. $8x^2 - 10(2 - 5x^2) = 8x^2 - 20 + 50x^2$
$= 8x^2 + 50x^2 - 20$
$= 58x^2 - 20$

39. $\frac{11 - 33y}{11} = \frac{11}{11} + \left(\frac{-33}{11}\right)y$
$= 1 + (-3y)$
$= 1 - 3y$

40. $\frac{-10x + 35}{5} = \left(\frac{-10}{5}\right)x + \frac{35}{5}$
$= -2x + 7$

41. $\frac{-90x + 2.7}{-9} = \left(\frac{-90}{-9}\right)x + \left(\frac{2.7}{-9}\right)$
$= 10x - 0.3$

42. $\frac{5w + 15}{-5} = \left(\frac{5}{-5}\right)w + \left(\frac{15}{-5}\right)$
$= -w + (-3)$
$= -w - 3$

43. $\frac{8m + 10}{2} = \left(\frac{8}{2}\right)m + \frac{10}{2}$
$= 4m + 5$

44. $\frac{30x + 20}{-5} = \left(\frac{30}{-5}\right)x + \frac{20}{-5}$
$= -6x - 4$

45. $\frac{4y^2 + 4}{4} = \left(\frac{4}{4}\right)y^2 + \frac{4}{4}$
$= 1y^2 + 1$
$= y^2 + 1$

46. $\frac{27x - 18}{-9} = \left(\frac{27}{-9}\right)x + \left(\frac{-18}{-9}\right)$
$= -3x + 2$

47. $\frac{30x^2 + 20x - 8}{-5} = \left(\frac{30}{-5}\right)x^2 + \left(\frac{20}{-5}\right)x + \left(\frac{-8}{-5}\right)$
$= -6x^2 - 4x + 1.6$

48. $\frac{36y - 30}{12} = \left(\frac{36}{12}\right)y + \left(\frac{-30}{12}\right)$
$= 3y - 2.5$

49. $\frac{49.5 + 10x}{10x} = \frac{49.5}{10x} + \frac{10x}{10x}$
$ = \frac{4.95}{x} + 1$

50. a. $5(3x - 7) = 15x - 35$ **b.** $5 \cdot (3x - 7) = 15x - 35$
    c. $5(7 - 3x) = 35 - 15x$ **d.** $5(3x + 7) = 15x + 35$

    (a) and **(b)** are equivalent.

51. a. $(6 - 12x) \div 6 = 6 \div 6 - 12x \div 6$ **b.** $(6 - 12x) \cdot \frac{1}{6} = 6 \cdot \frac{1}{6} - 12x \cdot \frac{1}{6}$
$ = \frac{6}{6} - \frac{12x}{6}$ $ = \frac{6}{6} - \frac{12x}{6}$
$ = 1 - 2x$ $ = 1 - 2x$

    c. $\frac{6 - 12x}{6} = \frac{6}{6} - \frac{12x}{6}$ **d.** $1 - 12x$
$ = 1 - 2x$

    (a), **(b)**, and **(c)** are equivalent.

52. $A = lw$
$ = 6 \cdot 4$
$ = 24$
The area is 24 cm².

53. $A = lw$
$ = 10 \cdot 3.5$
$ = 35$
The area is 35 in².

54. $A = lw$
$ = 3x \cdot 2x$
$ = (3 \cdot 2) \cdot (x \cdot x)$
The area is $6x^2$.

55. $V = lwh$
$ = 8 \cdot 3 \cdot 4$
$ = 24 \cdot 4$
$ = 96$
The volume is 96 in³.

56. $V = lwh$
$ = 20 \cdot 8 \cdot 7$
$ = 160 \cdot 7$
$ = 1120$
The volume is 1120 cm³.

57. $V = lwh$
$ = 3x \cdot 2y \cdot 3z$
$ = (3 \cdot 2 \cdot 3) \cdot (x \cdot y \cdot z)$
$ = 18xyz$
The volume is $18xyz$.

58. a. $E = 5.25h$
$ = 5.25(4)$
$ = 21.00$
Nicole earned $21.00 on Friday.

    b. $E = 5.25h$
$ = 5.25(7)$
$ = 36.75$
Nicole earned $36.75 on Saturday.

    c. $E = 5.25h$
    d. $E = 5.25(h + 1)$ or $5.25h + 5.25$

59. hours worked $= 4 + 7 + h + (h + 1)$
$ = 12 + 2h$
The expression $12 + 2h$ shows the number of hours Nicole worked.

60. a. $C = 35h + 20$
$ = 35(1) + 20$
$ = 35 + 20$
$ = 55$
The plumber would charge $55.00 for a 1-hour job.

    b. $C = 35h + 20$
$ = 35(3) + 20$
$ = 105 + 20$
$ = 125$
The plumber would charge $125.00 for a 3-hour job.

    c. $C = 35h + 20$
$ = 35(7.5) + 20$
$ = 262.5 + 20$
$ = 282.5$
The plumber would charge $282.50 for a 7.5-hour job.

61. a. $C = 70h + 20$
$ = 70(1) + 20$
$ = 70 + 20$
$ = 90$
The plumber would charge $90.00.

    b. $C = 70h + 20$
$ = 70(3) + 20$
$ = 210 + 20$
$ = 230$
The plumber would charge $230.00.

    c. $C = 70h + 20$
$ = 70(7.5) + 20$
$ = 525 + 20$
$ = 545$
The plumber would charge $545.00.

PAGE 103, LOOK BACK

62. $3 + (-2) = 3 - 2$
$ = 1$

63. $1.4 - (-5) = 1.4 + 5$
$ = 6.4$

64. $-10 \cdot 21 = -210$

65. $4.7 \cdot (-2) = -9.4$

66. $3.6 - (-3.6) = 3.6 + 3.6$
$ = 7.2$

67. $2.7 + (-5) = 2.7 - 5$
$ = -2.3$

68. $1\frac{1}{2} - 2 = \frac{3}{2} - \frac{4}{2}$
$= -\frac{1}{2}$

69. $87 \div (-3) = \frac{-87}{3}$
$= -29$

70. $\frac{-8}{4} = -2$

71. $-150 \div (-15) = \frac{-150}{-15}$
$= 10$

72. $-15 \cdot 2.1 = -31.5$

73. $3.7 - (-2.6) = 3.7 + 2.6$
$= 6.3$

74. $-8.5 \div 5 = \frac{-8.5}{5}$
$= -1.7$

75. $0.1 - 2.7 = -2.6$

76. $15 \cdot (-3) = -45$

77. $86 + (-92) = 86 - 92$
$= -6$

78. $19 + (-2) = 19 - 2$
$= 17$

79. $3\frac{1}{3} + \left(-1\frac{1}{2}\right) = \frac{10}{3} - \frac{3}{2}$
$= \frac{20}{6} - \frac{9}{6}$
$= \frac{11}{6}$
$= 1\frac{5}{6}$

80. $5\frac{1}{2} - (-5) = 5\frac{1}{2} + 5$
$= 10\frac{1}{2}$

81. $-3.25 \div (-2.5) = \frac{-3.25}{-2.5}$
$= 1.3$

82. $(-3x + 7) + (2x - 1) = -3x + 7 + 2x - 1$
$= -3x + 2x + 7 - 1$
$= -x + 6$

83. $(5m - 2) + (5m - 2) = 5m - 2 + 5m - 2$
$= 5m + 5m - 2 - 2$
$= 10m - 4$

84. $(-4x - 2y) - (-3x - 4y) = -4x - 2y + 3x + 4y$
$= -4x + 3x - 2y + 4y$
$= -x + 2y$

85. $(3x + 2y) + (3x - 2y) - (3x - 2y) = 3x + 2y + 3x - 2y - 3x + 2y$
$= 3x + 3x - 3x + 2y - 2y + 2y$
$= 3x + 2y$

86. $(x^2 + 2y + 4) - (2x - 3y - 2) = x^2 + 2y + 4 - 2x + 3y + 2$
$= x^2 - 2x + 2y + 3y + 4 + 2$
$= x^2 - 2x + 5y + 6$

PAGE 103, LOOK BEYOND

87. $\frac{2x^2 + 4x}{4x} = \frac{2x^2}{4x} + \frac{4x}{4x}$
$= \frac{2 \cdot x \cdot x}{4x} + 1$
$= \frac{x}{2} + 1$
$= \frac{1}{2}x + 1$

88. $3x = 9a - 6b$
$\frac{3x}{3} = \frac{9a - 6b}{3}$
$x = \frac{9a}{3} - \frac{6b}{3}$
$x = 3a - 2b$

CHAPTER 2 REVIEW AND ASSESSMENT   PAGES 106–108

1. $12 < 15$

2. $-19 < 0.2$

3. $23.4 > 23$

4. $-1\frac{2}{3} < \frac{23}{47}$

5. $|-73| = 73$

6. $|12| = 12$

7. $|-15.2| = 15.2$

8. $\left|-\frac{16}{53}\right| = \frac{16}{53}$

9. $\left|\frac{23}{54}\right| = \frac{23}{54}$

10. $|0| = 0$

11. $-17 + 6 = -11$

12. $48 + (-15) = 48 - 15$
$= 33$

13. $-23 + (-25) + 3 = -23 - 25 + 3$
$= -48 + 3$
$= -45$

14. $-39 + 68 = 29$

15. $33 + (-55) = 33 - 55$
$= -22$

16. $-214 + 214 = 0$

17. $6 + (-7) + (-9) = 6 - 7 - 9$
$= 6 - 16$
$= -10$

18. $-8 + 8 + (-12) = -8 + 8 - 12$
$= 0 - 12$
$= -12$

19. $9 - (-15) = 9 + 15$
$= 24$

20. $48 - (-48) = 48 + 48$
$= 96$

21. $-13 - 28 = -41$

22. $39 - (-18) = 39 + 18$
$= 57$

23. $-67 - (-42) = -67 + 42$
$= -25$

24. $-23 - (-72) = -23 + 72$
$= 49$

25. $(-12)(-5) = 60$

26. $(-0.9)(3) = -2.7$

27. $(54) \div (-18) = -3$

28. $(-121) \div (-11) = 11$

29. $(-2)(-2)(-2)(-2) = 16$

30. $(-6)(-3) \div (-9) = 18 \div (-9)$
$= -2$

31. $45[8 + (-8)] = 45[8 - 8]$
$= 45(0)$
$= 0$

32. $(-4)(4) \div (-1) = -16 \div -1$
$= 16$

33. $(-5)(-5)(-1)(1) = 25(-1)$
$= -25$

34. $(-3)(4 + 7) = (-3)(4) + (-3)(7)$
$= -12 + (-21)$
$= -12 - 21$
$= -33$

35. $(27 + 8) + 12 = 27 + (8 + 12)$
$= 27 + 20$
$= 47$ (Associative)

36. $(25 \cdot 87) \cdot 4 = (25 \cdot 4) \cdot 87$
$= 100 \cdot 87$
$= 8700$ (Associative and Commutative)

37. $(6.2 + 7.1) + 3.8 = (6.2 + 3.8) + 7.1$
$= 10.0 + 7.1$
$= 17.1$ (Associative and Commutative)

38. $(63 \cdot 20) \cdot 5 = 63 \cdot (20 \cdot 5)$
$= 63 \cdot 100$
$= 6300$ (Associative)

39. $(3 + 10) + 7 = (3 + 7) + 10$
$= 10 + 10$
$= 20$ (Associative and Commutative)

40. $(3 \cdot 5) \cdot 20 = 3 \cdot (5 \cdot 20)$
$= 3 \cdot 100$
$= 300$ (Associative)

41. $(8.7 + 21.1) + 1.3 = (8.7 + 1.3) + 21.1$
$= 10 + 21.1$
$= 31.1$ (Associative and Commutative)

42. $(7 + 15) + 13 = (7 + 13) + 15$
$= 20 + 15$
$= 35$ (Associative and Commutative)

43. $(7 + 48) + 23 = (48 + 7) + 23$
$= 48 + (7 + 23)$ Associative
$= 48 + 30$
$= 78$

44. $25 \cdot (18 \cdot 4) = 25 \cdot (4 \cdot 18)$ Commutative
$= (25 \cdot 4) \cdot 18$ Associative
$= 100 \cdot 18$
$= 1800$

45. $(6a - 1) + (5a - 4) = 6a - 1 + 5a - 4$
$= (6a + 5a) + (-1 - 4)$
$= 11a - 5$

46. $(7 - t) + (3t + 4) = 7 - t + 3t + 4$
$= (-t + 3t) + (7 + 4)$
$= 2t + 11$

47. $(8n - 4) - (6n - 3) = 8n - 4 - 6n + 3$
$= (8n - 6n) + (-4 + 3)$
$= 2n - 1$

48. $(6d + 3a) - (4d - 7a) = 6d + 3a - 4d + 7a$
$= (6d - 4d) + (3a + 7a)$
$= 2d + 10a$

49. $\left(\frac{x}{3} - 2\right) + \left(\frac{x}{2} + 4\right) = \frac{x}{3} - 2 + \frac{x}{2} + 4$
$= \left(\frac{x}{3} + \frac{x}{2}\right) + (-2 + 4)$
$= \left(\frac{2x}{6} + \frac{3x}{6}\right) + 2$
$= \frac{5}{6}x + 2$

50. $(4a - 3b - c) - (4b - 7) + (9a + 5) = 4a - 3b - c - 4b + 7 + 9a + 5$
$= (4a + 9a) + (-3b - 4b) - c + (7 + 5)$
$= 13a - 7b - c + 12$

51. $(3x + 2) - (2x - 1) = 3x + 2 - 2x + 1$
$= (3x - 2x) + (2 + 1)$
$= x + 3$

52. $(7y - 3) + (6y + 2) - (3y - 7) = 7y - 3 + 6y + 2 - 3y + 7$
$ = (7y + 6y - 3y) + (-3 + 2 + 7)$
$ = 10y + 6$

53. $3 \cdot 9x = 27x$

54. $-33d \div 3 = \frac{-33}{3}d$
$ = -11d$

55. $-2(7b - 2) = -2(7b) + (-2)(-2)$
$ = -14b + 4$

56. $-2.4f \cdot 2f = (-2.4)(2) \cdot (f \cdot f)$
$ = -4.8f^2$

57. $\frac{-30v + 3.6}{-3} = \frac{-30v}{-3} + \frac{3.6}{-3}$
$\phantom{\frac{-30v + 3.6}{-3}} = 10v - 1.2$

58. $9r^2 - 8(4 - 3r^2) = 9r^2 - (8)(4) - (8)(-3r^2)$
$ = 9r^2 - 32 + 24r^2$
$ = 33r^2 - 32$

59. $\frac{6(x + 1)}{3} = \frac{6}{3}(x + 1)$
$\phantom{\frac{6(x + 1)}{3}} = 2(x + 1)$
$\phantom{\frac{6(x + 1)}{3}} = 2x + 2$

60. $(5a^2 + 2a)(6m^2) = (5a^2)(6m^2) + (2a)(6m^2)$
$ = 30a^2m^2 + 12am^2$

61. $\frac{-90w + 24w}{-3} = \frac{-66w}{-3}$
$\phantom{\frac{-90w + 24w}{-3}} = 22w$

62. $\frac{3x^2 + 30}{3} = \frac{3x^2}{3} + \frac{30}{3}$
$\phantom{\frac{3x^2 + 30}{3}} = x^2 + 10$

63. $P = (x + 7) + (y - 8) + (3x + 2y)$
$ = x + 7 + y - 8 + 3x + 2y$
$ = (x + 3x) + (y + 2y) + 7 - 8$
$ = 4x + 3y - 1$

64. $P = (x + 3) + (x + 7) + (x - 10)$
$ = x + 3 + x + 7 + x - 10$
$ = (x + x + x) + (3 + 7 - 10)$
$ = 3x + 0$
$ = 3x$

Chapter 2 Chapter Test

PAGE 109

1. $23 < 32$

2. $-5 > -15$

3. $19.9 > 19.7$

4. $5\frac{3}{5} < 5\frac{2}{3}$

5. $|3 \cdot (-4)| = |-12|$
$ = 12$

6. $-|7 - 3| = -|4|$
$ = -4$

7. $-x$

8. $729 + (-201) = 528$

9. $-54 + (-103) = -157$

10. $-3.14 + 2.72 = -0.42$

11. $-\frac{5}{4} + \left(-\frac{7}{8}\right) = -\frac{10}{8} + \left(-\frac{7}{8}\right)$
$\phantom{-\frac{5}{4} + \left(-\frac{7}{8}\right)} = -\frac{17}{8} = -2\frac{1}{8}$

12. $2c + 7a = 2(-4) + 7(3)$
$ = -8 + 21$
$ = 13$

13. $c + (-3b) = -4 + (-3 \cdot 5)$
$ = -4 + (-15)$
$ = -19$

14. $20 + (-18) = 2$

15. $2 - 5 = -3$

16. $5 - (-2) = 5 + 2$
$ = 7$

17. $12\frac{1}{2} - 10\frac{2}{5} = 12\frac{5}{10} - 10\frac{4}{10}$
$\phantom{12\frac{1}{2} - 10\frac{2}{5}} = 2\frac{1}{10}$

18. $1.62 - (-7.29) = 1.62 + 7.29$
$ = 8.91$

19. $x - y = -4 - (2)$
$ = -6$

20. $-y - (-z) = -2 - [-(-3)]$
$ = -2 - 3$
$ = -5$

21. $5 + 6 - 14 = -3$
The temp. at 8 PM is $-3°$ F.

22. $3(-6) = -18$

23. $14 \div (-7) = -2$

24. $(-25)(-8) = 200$

25. $(-11.61) \div (-0.9) = 12.9$

26. $-[(-3)(5)(-6)] = -[90]$
$ = -90$

27. $\frac{3 + (-18)}{5} = \frac{-15}{5} = -3$

28. $12a - 9b = 3(4a - 3b)$

29. $4a - 10ac = 2a(2 - 5c)$

30. Associative Prop. of Add.

31. Commutative Prop. of Add.

32. Distributive Prop. of Mult. over Subtraction

33. $45(5 + 6.5) = 225 + 292.50$
$= 517.50$
Khoi's earnings are $517.50 for 2 days.

34. $12r - 7r = 5r$

35. $2.1c - 3.5c = -1.4c$

36. $(2a - 3b) - (5a - 7b) = 2a - 3b - 5a + 7b$
$= (2a - 5a) + (-3b + 7b)$
$= -3a + 4b$

37. $(3r + 4s) + (2s - 5t) + (-5r - 3s) = (3r - 5r) + (4s + 2s - 3s) - 5t$
$= -2r + 3s - 5t$

38. $3x \cdot 8x = 24x^2$

39. $-7y \cdot 8 = -56y$

40. $5x^2 - 2(7x - 3x^2) = 5x^2 - 14x + 6x^2$
$= 11x^2 - 14x$

41. $-2q^2 + 3(5 + 4q^2) = -2q^2 + 15 + 12q^2$
$= 10q^2 + 15$

42. $\frac{18x - 27}{-3} = \frac{18x}{-3} + \frac{-27}{-3}$
$= -6x + 9$

43. $\frac{24t^2 + 48t - 16}{8} = \frac{24t^2}{8} + \frac{48t}{8} - \frac{16}{8}$
$= 3t^2 + 6t - 2$

CHAPTERS 1–2 CUMULATIVE ASSESSMENT   PAGES 110–111

1. Choose c.

2. $-17 - (-46) = -17 + 46$
$= 29$
$-17 - 46 = -63$
Choose a.

3. Choose c.

4. Choose b.

5. a. $a + (-b) = 2 + [-(-5)]$
$= 2 + 5$
$= 7$
Choose answer b.

6.
Sequence	4	19	44	79	124
First Differences		15	25	35	45
Second Differences			10	10	10

The constant difference is 10. Choose answer b.

7. $(8x - 4z) - (5z + x) = 8x - 4z - 5z - x$
Choose answer c.

8. The Associative Property
Choose answer a.

9. The opposite of -7 is $-(-7) = 7$
Choose answer b.

10. $|-6| = 6$
Choose answer a.

11. $2x(3x - 1) = 2x(3x) - 2x(1)$
$= 6x^2 - 2x$

12. $(4x + 5y) + (x + 7y) = 4x + 5y + x + 7y$
$= (4x + x) + (5y + 7y)$
$= 5x + 12y$

13. $(x + y + z) + (2w + 3y + 7) = x + y + z + 2w + 3y + 7$
$= x + (y + 3y) + z + 2w + 7$
$= x + 4y + z + 2w + 7$

14. $(2a - 3) - (a - 5) = 2a - 3 - a + 5$
$= (2a - a) + (-3 + 5)$
$= a + 2$

15. $(4y + 9) - (7y - 2) + (13 - y) = 4y + 9 - 7y + 2 + 13 - y$
$= (4y - 7y - y) + (9 + 2 + 13)$
$= -4y + 24$

16. $(3x + 7) - (2x - 2) = 3x + 7 - 2x + 2$
$= (3x - 2x) + (7 + 2)$
$= x + 9$

17. $(8x + 2y) + (3x + 5y) = 8x + 2y + 3x + 5y$
$= (8x + 3x) + (2y + 5y)$
$= 11x + 7y$

18. $(17x - 2y + z) + (3x - y) + (2y - z) = 17x - 2y + z + 3x - y + 2y - z$
$= (17x + 3x) + (-2y - y + 2y) + (z - z)$
$= 20x - y$

19. $(8x - 3y) + (8x - 3y) - (2x + 2y) = 8x - 3y + 8x - 3y - 2x - 2y$
$= (8x + 8x - 2x) + (-3y - 3y - 2y)$
$= 14x - 8y$

20. $(1, 3)$ **21.** $(10, 1)$ **22.** $(7, 2)$

23. $(5, 8)$ **24.** $-39 + 68 = 29$ **25.** $8 - 14 - 27 = -33$

26. $-23 - (-72) = 49$ **27.** $-8 + 8 + (-12) = -12$

28. $y = 2x + 3$

x	1	2	3	4	5
y	5	7	9	11	13

29. $y = x - 7$

x	1	2	3	4	5
y	-6	-5	-4	-3	-2

30.

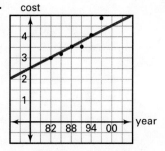

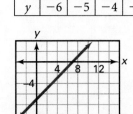

31. $(3b + 109) - (2b + 53) = 3b + 109 - 2b - 53$
$= (3b - 2b) + (109 - 53)$
$= b + 56$

32. $\frac{4x - 12}{2} = \frac{4}{2}x - \frac{12}{2}$
$= 2x - 6$

33. $(8x + 3y - 2z) + (4x - y + 5z) = 8x + 3y - 2z + 4x - y + 5z$
$= (8x + 4x) + (3y - y) + (-2z + 5z)$
$= 12x + 2y + 3z$

34. $(5 + 2^3) - (-3)(2 + 4) = (5 + 8) - (-3)(6)$
$= 13 - (-18)$
$= 13 + 18$
$= 31$

35.
Sequence   1   5   11   19   [29] [41] [55]
First Differences   4   6   8   10   12   14
Second Differences   2   2   2   2   2
The next three terms are 29, 41, and 55.

36.
Sequence   7   16   25   34   43   [52]
First Differences   9   9   9   9   9
The next term is 52.

CHAPTER 2   **49**

37. $42 = 6t$
Try $t = 7$
$42 = 6 \cdot 7$
You can buy 7 tickets.

38. $(6 + 3^2) - 5(4 - 7) = (6 + 9) - 5(-3)$
$= 15 + 15$
$= 30$

39. The opposite of -5 is $-(-5) = 5$.

40. $8 - 3.4 = 4.6$

41. The reciprocal of $-\frac{1}{2}$ is -2.
$-14 \div \left(-\frac{1}{2}\right) = -14 \cdot \left(-\frac{2}{1}\right)$
$= -14 \cdot (-2)$
$= 28$

42. $q + r - s = 6 + (-3) - (-2)$
$= 6 - 3 + 2$
$= 5$

43. $3p = 3(4)$
$= 12$

44. $6y - 7 = 6(4) - 7$
$= 24 - 7$
$= 17$

45. $2m + 13 = 2(4) + 13$
$= 8 + 13$
$= 21$

46. $-2s + 9 = -2(4) + 9$
$= -8 + 9$
$= 1$

47.
Sequence	1	3	8	16	27
First Differences		2	5	8	11
Second Differences			3	3	3

The second difference is 3.

48. $|-7| = (7) = 7$

49. $\frac{(-3)(-7)}{42} = \frac{21}{42} = \frac{1}{2}$

CHAPTER 3

Equations

3.1 PAGE 118–119, GUIDED SKILLS PRACTICE

5. $x + 7 = 31$
    $x + 7 - 7 = 31 - 7$
    $x = 24$

    Check: $24 + 7 \stackrel{?}{=} 31$
    $31 = 31$ True

6. $-7.2 = x + 3.5$
    $-7.2 - 3.5 = x + 3.5 - 3.5$
    $-10.7 = x$
    $x = -10.7$

    Check: $-7.2 \stackrel{?}{=} -10.7 + 3.5$
    $-7.2 = -7.2$ True

7. $3\frac{1}{4} + m = 5\frac{3}{8}$
    $\frac{13}{4} + m = \frac{43}{8}$
    $\frac{26}{8} + m - \frac{26}{8} = \frac{43}{8} - \frac{26}{8}$
    $m = \frac{17}{8}$ or $2\frac{1}{8}$

    Check: $3\frac{1}{4} + 2\frac{1}{8} \stackrel{?}{=} 5\frac{3}{8}$
    $\frac{13}{4} + \frac{17}{8} \stackrel{?}{=} \frac{43}{8}$
    $\frac{26}{8} + \frac{17}{8} \stackrel{?}{=} \frac{43}{8}$
    $\frac{43}{8} = \frac{43}{8}$ True

8. $x + 137 = 547$
    $x + 137 - 137 = 547 - 137$
    $x = 410$

    Jill needs $410.

9. $y - 7.5 = -2.7$
    $y - 7.5 + 7.5 = -2.7 + 7.5$
    $y = 4.8$

    Check: $4.8 - 7.5 \stackrel{?}{=} -2.7$
    $-2.7 = -2.7$ True

10. $32 = m - 3$
    $32 + 3 = m - 3 + 3$
    $35 = m$
    $m = 35$

    Check: $32 \stackrel{?}{=} 35 - 3$
    $32 = 32$ True

11. $r - 4\frac{1}{3} = 1\frac{1}{2}$
    $r - \frac{13}{3} = \frac{3}{2}$
    $r - \frac{26}{6} + \frac{26}{6} = \frac{9}{6} + \frac{26}{6}$
    $r = \frac{35}{6}$ or $5\frac{5}{6}$

    Check: $5\frac{5}{6} - 4\frac{1}{3} \stackrel{?}{=} 1\frac{1}{2}$
    $\frac{35}{6} - \frac{13}{3} \stackrel{?}{=} \frac{3}{2}$
    $\frac{35}{6} - \frac{26}{6} \stackrel{?}{=} \frac{9}{6}$
    $\frac{9}{6} = \frac{9}{6}$ True

12. $x - 7 = 10$
    $x - 7 + 7 = 10 + 7$
    $x = 17$

    Check: $17 - 7 \stackrel{?}{=} 10$
    $10 = 10$ True

13. $p - 10 = -15$
    $p - 10 + 10 = -15 + 10$
    $p = -5$

    Check: $-5 - 10 \stackrel{?}{=} -15$
    $-15 = -15$ True

14. $m - 3.5 = 7.5$
$m - 3.5 + 3.5 = 7.5 + 3.5$
$m = 11$
Check: $11 - 3.5 \stackrel{?}{=} 7.5$
$7.5 = 7.5$ True

15. $4 - m = 7$
$4 - m - 4 = 7 - 4$
$-m = 3$
$m = -3$
Check: $4 - (-3) \stackrel{?}{=} 7$
$4 + 3 \stackrel{?}{=} 7$
$7 = 7$ True

16. $10 - x = 2$
$10 - x - 10 = 2 - 10$
$-x = -8$
$x = 8$
Check: $10 - 8 \stackrel{?}{=} 2$
$2 = 2$ True

17. $13 = 7 - x$
$13 - 7 = 7 - x - 7$
$6 = -x$
$-6 = x$
$x = -6$
Check: $13 \stackrel{?}{=} 7 - (-6)$
$13 \stackrel{?}{=} 7 + 6$
$13 = 13$ True

18. $690 = x - 29$
$690 + 29 = x - 29 + 29$
$719 = x$
$x = 719$
The flood level is 719 feet.

PAGES 119–120, PRACTICE AND APPLY

19. $a - 16 = 15$
$a - 16 + 16 = 15 + 16$
$a = 31$
Check: $31 - 16 \stackrel{?}{=} 15$
$15 = 15$ True

20. $a - 4 = -10$
$a - 4 + 4 = -10 + 4$
$a = -6$
Check: $-6 - 4 \stackrel{?}{=} -10$
$-10 = -10$ True

21. $11 = t + 29$
$11 - 29 = t + 29 - 29$
$-18 = t$
$t = -18$
Check: $11 \stackrel{?}{=} -18 + 29$
$11 = 11$ True

22. $m + 54 = 36$
$m + 54 - 54 = 36 - 54$
$m = -18$
Check: $-18 + 54 \stackrel{?}{=} 36$
$36 = 36$ True

23. $r - 10 = -80$
$r - 10 + 10 = -80 + 10$
$r = -70$
Check: $-70 - 10 \stackrel{?}{=} -80$
$-80 = -80$ True

24. $g - 27 = 148$
$g - 27 + 27 = 148 + 27$
$g = 175$
Check: $175 - 27 \stackrel{?}{=} 148$
$148 = 148$ True

25. $b - 109 = 58$
$b - 109 + 109 = 58 + 109$
$b = 167$
Check: $167 - 109 \stackrel{?}{=} 58$
$58 = 58$ True

26. $24 = h - 53$
$24 + 53 = h - 53 + 53$
$77 = h$
$h = 77$
Check: $24 \stackrel{?}{=} 77 - 53$
$24 = 24$ True

27. $y + 37 = -110$
$y + 37 - 37 = -110 - 37$
$y = -147$
Check: $-147 + 37 \stackrel{?}{=} -110$
$-110 = -110$ True

28.
$396 = z + 256$
$396 - 256 = z + 256 - 256$
$140 = z$
$z = 140$

Check: $396 \stackrel{?}{=} 140 + 256$
$396 = 396$ True

29.
$819 = g + 75$
$819 - 75 = g + 75 - 75$
$744 = g$
$g = 744$
Check: $819 \stackrel{?}{=} 744 + 75$
$819 = 819$ True

30.
$\frac{5}{4} = x + \frac{3}{4}$
$\frac{5}{4} - \frac{3}{4} = x + \frac{3}{4} - \frac{3}{4}$
$\frac{2}{4} = x$
$\frac{1}{2} = x$
$x = \frac{1}{2}$

Check: $\frac{5}{4} \stackrel{?}{=} \frac{1}{2} + \frac{3}{4}$
$\frac{5}{4} \stackrel{?}{=} \frac{2}{4} + \frac{3}{4}$
$\frac{5}{4} = \frac{5}{4}$ True

31.
$x + 9 = 6$
$x + 9 - 9 = 6 - 9$
$x = -3$

Check: $-3 + 9 \stackrel{?}{=} 6$
$6 = 6$ True

32.
$x - 10 = -4$
$x - 10 + 10 = -4 + 10$
$x = 6$

Check: $6 - 10 \stackrel{?}{=} -4$
$-4 = -4$ True

33.
$x + 6 = -4$
$x + 6 - 6 = -4 - 6$
$x = -10$

Check: $-10 + 6 \stackrel{?}{=} -4$
$-4 = -4$ True

34.
$y + \frac{2}{3} = \frac{7}{9}$
$y + \frac{2}{3} - \frac{2}{3} = \frac{7}{9} - \frac{2}{3}$
$y = \frac{7}{9} - \frac{6}{9}$
$y = \frac{1}{9}$

Check: $\frac{1}{9} + \frac{2}{3} \stackrel{?}{=} \frac{7}{9}$
$\frac{1}{9} + \frac{6}{9} \stackrel{?}{=} \frac{7}{9}$
$\frac{7}{9} = \frac{7}{9}$ True

35.
$3 = g - 1.2$
$3 + 1.2 = g - 1.2 + 1.2$
$4.2 = g$
$g = 4.2$
Check: $3 \stackrel{?}{=} 4.2 - 1.2$
$3 = 3$ True

36.
$b - 4.4 = 7$
$b - 4.4 + 4.4 = 7 + 4.4$
$b = 11.4$
Check: $11.4 - 4.4 \stackrel{?}{=} 7$
$7 = 7$ True

37.
$c + 2.1 = 3.5$
$c + 2.1 - 2.1 = 3.5 - 2.1$
$c = 1.4$
Check: $1.4 + 2.1 \stackrel{?}{=} 3.5$
$3.5 = 3.5$ True

38.
$d + 8.7 = 11.9$
$d + 8.7 - 8.7 = 11.9 - 8.7$
$d = 3.2$
Check: $3.2 + 8.7 \stackrel{?}{=} 11.9$
$11.9 = 11.9$ True

39.
$k - 2.1 = -6.3$
$k - 2.1 + 2.1 = -6.3 + 2.1$
$k = -4.2$
Check: $-4.2 - 2.1 \stackrel{?}{=} -6.3$
$-6.3 = -6.3$ True

40.
$j - 6.8 = -12.4$
$j - 6.8 + 6.8 = -12.4 + 6.8$
$j = -5.6$
Check:
$-5.6 - 6.8 \stackrel{?}{=} -12.4$
$-12.4 = -12.4$ True

41.
$g - \frac{2}{6} = \frac{5}{6}$
$g - \frac{2}{6} + \frac{2}{6} = \frac{5}{6} + \frac{2}{6}$
$g = \frac{7}{6}$, or $1\frac{1}{6}$

Check: $\frac{7}{6} - \frac{2}{6} \stackrel{?}{=} \frac{5}{6}$
$\frac{5}{6} = \frac{5}{6}$ True

42.
$\frac{9}{7} = x + \frac{4}{5}$
$\frac{9}{7} - \frac{4}{5} = x + \frac{4}{5} - \frac{4}{5}$
$\frac{45}{35} - \frac{28}{35} = x$
$\frac{17}{35} = x$
$x = \frac{17}{35}$

Check: $\frac{9}{7} \stackrel{?}{=} \frac{17}{35} + \frac{4}{5}$
$\frac{45}{35} \stackrel{?}{=} \frac{17}{35} + \frac{28}{35}$
$\frac{45}{35} = \frac{45}{35}$ True

43.
$$y - 7.4 = 8.3$$
$$y - 7.4 + 7.4 = 8.3 + 7.4$$
$$y = 15.7$$
Check: $15.7 - 7.4 \stackrel{?}{=} 8.3$
$8.3 = 8.3$ True

44.
$$-3.7 = y - 1.2$$
$$-3.7 + 1.2 = y - 1.2 + 1.2$$
$$-2.5 = y$$
$$y = -2.5$$
Check: $-3.7 \stackrel{?}{=} -2.5 - 1.2$
$-3.7 = -3.7$ True

45.
$$x + 4.2 = -6.1$$
$$x + 4.2 - 4.2 = -6.1 - 4.2$$
$$x = -10.3$$
Check: $-10.3 + 4.2 \stackrel{?}{=} -6.1$
$-6.1 = -6.1$ True

46.
$$5 + m = 10$$
$$5 + m - 5 = 10 - 5$$
$$m = 5$$
Check: $5 + 5 \stackrel{?}{=} 10$
$10 = 10$ True

47.
$$-8 + x = 4$$
$$-8 + x + 8 = 4 + 8$$
$$x = 12$$
Check: $-8 + 12 \stackrel{?}{=} 4$
$4 = 4$ True

48.
$$9 - x = 3$$
$$9 - x - 9 = 3 - 9$$
$$-x = -6$$
$$x = 6$$
Check: $9 - 6 \stackrel{?}{=} 3$
$3 = 3$ True

49.
$$-3 - p = 2$$
$$-3 - p + 3 = 2 + 3$$
$$-p = 5$$
$$p = -5$$
Check: $-3 - (-5) \stackrel{?}{=} 2$
$-3 + 5 \stackrel{?}{=} 2$
$2 = 2$ True

50.
$$6 - y = -3$$
$$6 - y - 6 = -3 - 6$$
$$-y = -9$$
$$y = 9$$
Check: $6 - 9 \stackrel{?}{=} -3$
$-3 = -3$ True

51.
$$-4 - m = -3$$
$$-4 - m + 4 = -3 + 4$$
$$-m = 1$$
$$m = -1$$
Check: $-4 - (-1) \stackrel{?}{=} -3$
$-4 + 1 \stackrel{?}{=} -3$
$-3 = -3$ True

52.
$$x + 6.2 = -5.3$$
$$x + 6.2 - 6.2 = -5.3 - 6.2$$
$$x = -11.5$$
Check:
$-11.5 + 6.2 \stackrel{?}{=} -5.3$
$-5.3 = -5.3$ True

53.
$$456 = a - 529$$
$$456 + 529 = a - 529 + 529$$
$$985 = a$$
$$a = 985$$
Check: $456 \stackrel{?}{=} 985 - 529$
$456 = 456$ True

54.
$$d + 904 = -759$$
$$d + 904 - 904 = -759 - 904$$
$$d = -1663$$
Check:
$-1663 + 904 \stackrel{?}{=} -759$
$-759 = -759$ True

55.
$$t + \frac{6}{7} = \frac{2}{3}$$
$$t + \frac{6}{7} - \frac{6}{7} = \frac{2}{3} - \frac{6}{7}$$
$$t = \frac{14}{21} - \frac{18}{21}$$
$$t = -\frac{4}{21}$$
Check: $-\frac{4}{21} + \frac{6}{7} \stackrel{?}{=} \frac{2}{3}$
$-\frac{4}{21} + \frac{18}{21} \stackrel{?}{=} \frac{14}{21}$
$\frac{14}{21} = \frac{14}{21}$ True

56.
$$t - \frac{3}{5} = \frac{1}{2}$$
$$t - \frac{3}{5} + \frac{3}{5} = \frac{1}{2} + \frac{3}{5}$$
$$t = \frac{5}{10} + \frac{6}{10}$$
$$t = \frac{11}{10}, \text{ or } 1\frac{1}{10}$$
Check: $\frac{11}{10} - \frac{3}{5} \stackrel{?}{=} \frac{1}{2}$
$\frac{11}{10} - \frac{6}{10} \stackrel{?}{=} \frac{5}{10}$
$\frac{5}{10} = \frac{5}{10}$ True

57.
$$k + 5.8 = -3.2$$
$$k + 5.8 - 5.8 = -3.2 - 5.8$$
$$k = -9.0$$
Check: $-9.0 + 5.8 \stackrel{?}{=} -3.2$
$-3.2 = -3.2$ True

58.
$$h + 9.1 = -5.3$$
$$h + 9.1 - 9.1 = -5.3 - 9.1$$
$$h = -14.4$$
Check:
$-14.4 + 9.1 \stackrel{?}{=} -5.3$
$-5.3 = -5.3$ True

59.
$$n - \frac{7}{9} = \frac{1}{6}$$
$$n - \frac{7}{9} + \frac{7}{9} = \frac{1}{6} + \frac{7}{9}$$
$$n = \frac{3}{18} + \frac{14}{18}$$
$$n = \frac{17}{18}$$
Check: $\frac{17}{18} - \frac{7}{9} \stackrel{?}{=} \frac{1}{6}$
$\frac{17}{18} - \frac{14}{18} \stackrel{?}{=} \frac{1}{6}$
$\frac{3}{18} = \frac{3}{18}$ True

60.
$$-\frac{1}{3} = j + \frac{1}{5}$$
$$-\frac{1}{3} - \frac{1}{5} = j + \frac{1}{5} - \frac{1}{5}$$
$$-\frac{5}{15} - \frac{3}{15} = j$$
$$-\frac{8}{15} = j$$
$$j = -\frac{8}{15}$$
Check: $-\frac{1}{3} \stackrel{?}{=} -\frac{8}{15} + \frac{1}{5}$
$-\frac{5}{15} \stackrel{?}{=} -\frac{8}{15} + \frac{3}{15}$
$-\frac{5}{15} = -\frac{5}{15}$ True

61.
$$m + 2.3 = 7$$
$$m + 2.3 - 2.3 = 7 - 2.3$$
$$m = 4.7$$
Check: $4.7 + 2.3 \stackrel{?}{=} 7$
$7 = 7$ True

62.
$$15 = x - 4.6$$
$$15 + 4.6 = x - 4.6 + 4.6$$
$$19.6 = x$$
$$x = 19.6$$
Check: $15 \stackrel{?}{=} 19.6 - 4.6$
$15 = 15$ True

63.
$$x + \tfrac{1}{2} = 1$$
$$x + \tfrac{1}{2} - \tfrac{1}{2} = 1 - \tfrac{1}{2}$$
$$x = \tfrac{2}{2} - \tfrac{1}{2}$$
$$x = \tfrac{1}{2}$$
Check: $\tfrac{1}{2} + \tfrac{1}{2} \stackrel{?}{=} 1$
$1 = 1$ True

64. Let L represent the lowest score.
$$28 = 47 - L$$
$$28 - 47 = 47 - L - 47$$
$$-19 = -L$$
$$19 = L$$
$$L = 19$$
The lowest score is 19.

65. Let s represent the measure of the supplementary angle in degrees.
$$92 + s = 180$$
$$92 + s - 92 = 180 - 92$$
$$s = 88$$
The measure of the angle is 88°.

66. Let a represent the measure of the third angle in degrees.
$$50 + 50 + a = 180$$
$$100 + a = 180$$
$$100 + a - 100 = 180 - 100$$
$$a = 80$$
The measure of the third angle is 80°.

67. Let x represent the measure of the angle SRT in degrees.
$$x + 30 = 70$$
$$x + 30 - 30 = 70 - 30$$
$$x = 40$$
The measure of angle SRT is 40°.

68. Let x represent the measure of angle SRT in degrees.
$$x + 18 = 70$$
$$x + 18 - 18 = 70 - 18$$
$$x = 52$$
The measure of angle SRT is 52°.

69. Let m represent the money Lisa will have left.
$$m + 53 = 67$$
$$m + 53 - 53 = 67 - 53$$
$$m = 14$$
Lisa will have $14 left.

70. Let s represent the amount Rebecca saved.
$$s - 23 = 49$$
$$s - 23 + 23 = 49 + 23$$
$$s = 72$$
Rebecca saved $72.

71. Let s represent the amount Sandy saved.
$$s + 23 = 49$$
$$s + 23 - 23 = 49 - 23$$
$$s = 26$$
Sandy saved $26.

72. Let y represent the number of yards the second-string running back ran.
$$89 + y = 94$$
$$89 + y - 89 = 94 - 89$$
$$y = 5$$
The second-string running back ran 5 yards.

73. Let m represent the odometer reading, in miles, at the start of the trip.
$$m + 149 = 23{,}580$$
$$m + 149 - 149 = 23{,}580 - 149$$
$$m = 23{,}431$$
The odometer reading was 23,431 mi.

74. Let m represent the odometer reading, in miles, at the end of the trip.
$$m - 149 = 23{,}580$$
$$m - 149 + 149 = 23{,}580 + 149$$
$$m = 23{,}729$$
The odometer reading was 23,729 mi.

75. Let d represent the number of days until Carl's birthday.
$$d + 288 = 355$$
$$d + 288 - 288 = 355 - 288$$
$$d = 67$$
Carl's birthday is 67 days away.

76. Let t represent the tax amount in dollars and cents.
$$12.98 + 14.95 + t + 0.39 = 30.00$$
$$28.32 + t = 30.00$$
$$28.32 + t - 28.32 = 30.00 - 28.32$$
$$t = 1.68$$
The tax was $1.68.

PAGE 121, LOOK BACK

77. The sum of $1 + 2 + 3 + \cdots + 12$ fits $\frac{n(n+1)}{2}$, for $n = 12$; $\frac{12(13)}{2} = 78$

78. Sequence   6   0   12   6   18   12   [24]   [18]   [30]
Difference -6 $+12$ -6 $+12$ -6 $+12$ -6 $+12$

Subtract 6 from the first term to get the second. Add 12 to the second term to get the third. Subtract 6 from the third term to get the fourth, and so on. The next three terms are 24, 18, and 30.

79. Let t represent the elapsed time for the rocket to reach maximum height in seconds.
The time taken is one-half of the total time.
$t = 23 \cdot \frac{1}{2} = \frac{23}{2} = 11.5$
The time taken to reach maximum height is 11.5 seconds after takeoff.

80. Let P represent the perimeter of the square and s represent the length of each side in inches.
$P = s + s + s + s$
$ = 4 \cdot s$
$ = 4 \cdot 2.5$
$ = 10.0$
The perimeter of the square is 10 in.

81. Let n represent the number of poster boards that can be bought.
$n = 2.50 \div 0.39 \approx 6.4$
Shannon can purchase 6 poster boards.

82. $(3x - 7) - (x - 4) = 3x - 7 - x + 4$
$ = 3x - x - 7 + 4$
$ = 2x - 3$

83. $(8 - 7y) + 2y = 8 - 7y + 2y$
$ = 8 - 5y$

84. $(n - 2) - (-3n + 4) = n - 2 + 3n - 4$
$ = n + 3n - 2 - 4$
$ = 4n - 6$

PAGE 121, LOOK BEYOND

85. Model the left side of the equation with 3 x-tiles and the right side with 18 positive unit tiles. Separate the x-tiles on the left side into 3 groups, and separate the unit tiles on the right into 3 equal groups, one group for each of the x-tiles on the left side. There are 6 positive unit tiles in each group. $x = 6$

86. Model the left side of the equation with 2 x-tiles and the right side with 12 positive unit tiles. Separate the x-tiles on the left side into two groups and separate the 12 positive unit tiles on the right side into 2 equal groups, one group for each of the x-tiles on the left side. There are 6 positive unit tiles in each group. $x = 6$

87. Model the left side of the equation with 2 x-tiles and 5 positive unit tiles and the right side with 11 positive unit tiles. Take away 5 positive unit tiles from each side. Separate the 6 positive unit tiles on the right side into 2 equal groups, one for each of the x-tiles on the right side. There are 3 positive unit tiles in each group. $x = 3$

3.2   PAGES 126–127, GUIDED SKILLS PRACTICE

6. $-14x = 28$
$\frac{-14x}{-14} = \frac{28}{-14}$
$x = -2$
Check: $-14(-2) \stackrel{?}{=} 28$
$ 28 = 28$ True

7. $0.5x = -10$
$\frac{0.5x}{0.5} = \frac{-10}{0.5}$
$x = -20$
Check: $0.5(-20) \stackrel{?}{=} -10$
$ -10 = -10$ True

8. $4 = 16x$
$\frac{4}{16} = \frac{16x}{16}$
$\frac{1}{4} = x$
$x = \frac{1}{4}$
Check: $4 \stackrel{?}{=} 16\left(\frac{1}{4}\right)$
$ 4 = 4$ True

9. $-3m = 15$
$\dfrac{-3m}{-3} = \dfrac{15}{-3}$
$m = -5$
Check: $-3(-5) \stackrel{?}{=} 15$
$15 = 15$ True

10. Let a represent the measure of each angle in degrees.
$8a = 940$
$\dfrac{8a}{8} = \dfrac{940}{8}$
$a = 117.5$
The measure of each angle is $117.5°$.

11. $\dfrac{x}{2} = -3$
$\left(\dfrac{2}{1}\right)\dfrac{x}{2} = (2)(-3)$
$x = -6$
Check: $\dfrac{-6}{2} \stackrel{?}{=} -3$
$-3 = -3$ True

12. $\dfrac{x}{-5} = 1.2$
$\left(\dfrac{-5}{1}\right)\left(\dfrac{x}{-5}\right) = (-5)1.2$
$x = -6$
Check: $\dfrac{-6}{-5} \stackrel{?}{=} 1.2$
$1.2 = 1.2$ True

13. $4 = \dfrac{x}{2.1}$
$(2.1)4 = \left(\dfrac{2.1}{1}\right)\dfrac{x}{2.1}$
$8.4 = x$
$x = 8.4$
Check: $4 \stackrel{?}{=} \dfrac{8.4}{2.1}$
$4 = 4$ True

14. $\dfrac{m}{-3} = -2.1$
$\left(\dfrac{-3}{1}\right)\left(\dfrac{m}{-3}\right) = (-3)(-2.1)$
$m = 6.3$
Check: $\dfrac{6.3}{-3} \stackrel{?}{=} -2.1$
$-2.1 = -2.1$ True

15. $\dfrac{3x}{2} = -18$
$\left(\dfrac{2}{3}\right)\dfrac{3x}{2} = \left(\dfrac{2}{3}\right)(-18)$
$x = \dfrac{-36}{3}$
$x = -12$
Check: $\dfrac{3(-12)}{2} \stackrel{?}{=} -18$
$\dfrac{-36}{2} \stackrel{?}{=} -18$
$-18 = -18$ True

16. $5x = \dfrac{1}{4}$
$\left(\dfrac{1}{5}\right)5x = \left(\dfrac{1}{5}\right)\dfrac{1}{4}$
$x = \dfrac{1}{20}$
Check: $5\left(\dfrac{1}{20}\right) \stackrel{?}{=} \dfrac{1}{4}$
$\dfrac{5}{20} \stackrel{?}{=} \dfrac{1}{4}$
$\dfrac{1}{4} = \dfrac{1}{4}$ True

17. $\dfrac{x}{4} = \dfrac{3}{4}$
$\left(\dfrac{4}{1}\right)\dfrac{x}{4} = (4)\dfrac{3}{4}$
$x = 3$
Check: $\dfrac{3}{4} = \dfrac{3}{4}$ True

18. $\dfrac{2}{3}m = -\dfrac{3}{2}$
$\left(\dfrac{3}{2}\right)\dfrac{2}{3}m = \left(\dfrac{3}{2}\right)\left(-\dfrac{3}{2}\right)$
$m = -\dfrac{9}{4}$
Check: $\dfrac{2}{3}\left(-\dfrac{9}{4}\right) \stackrel{?}{=} -\dfrac{3}{2}$
$-\dfrac{18}{12} \stackrel{?}{=} -\dfrac{3}{2}$
$-\dfrac{3}{2} = -\dfrac{3}{2}$ True

19. Let c represent the number of grams of fat in the whole cake.
$\dfrac{c}{8} = 14$
$8\left(\dfrac{c}{8}\right) = 8(14)$
$c = 112$
There are 112 grams of fat in the whole cake.

PAGE 127, PRACTICE AND APPLY

20. $7x = 56$
$\dfrac{7x}{7} = \dfrac{56}{7}$
$x = 8$
Check: $7 \cdot 8 \stackrel{?}{=} 56$
$56 = 56$ True

21. $-7m = -14$
$\dfrac{-7m}{-7} = \dfrac{-14}{-7}$
$m = 2$
Check: $(-7)(2) \stackrel{?}{=} -14$
$-14 = -14$ True

22. $-3x = 9$
$\dfrac{-3x}{-3} = \dfrac{9}{-3}$
$x = -3$
Check: $(-3)(-3) \stackrel{?}{=} 9$
$9 = 9$ True

23. $5.6v = 7$
$\dfrac{5.6v}{5.6} = \dfrac{7}{5.6}$
$v = 1.25$
Check: $(5.6)(1.25) \stackrel{?}{=} 7$
$7 = 7$ True

24. $-13 = \dfrac{y}{3}$
$(-13)(3) = \left(\dfrac{y}{3}\right)\left(\dfrac{3}{1}\right)$
$-39 = y$
$y = -39$
Check: $-13 \stackrel{?}{=} \dfrac{-39}{3}$
$-13 = -13$ True

25. $\dfrac{b}{-9} = 6$
$\left(\dfrac{-9}{1}\right)\left(\dfrac{b}{-9}\right) = (-9)(6)$
$b = -54$
Check: $\dfrac{-54}{-9} \stackrel{?}{=} 6$
$6 = 6$ True

26. $\dfrac{x}{27} = -26$
$27\left(\dfrac{x}{27}\right) = 27(-26)$
$x = -702$
Check: $\dfrac{-702}{27} \stackrel{?}{=} -26$
$-26 = -26$ True

27. $\dfrac{p}{-9} = 0.9$
$(-9)\dfrac{p}{-9} = (-9)(0.9)$
$p = -8.1$
Check: $\dfrac{-8.1}{-9} \stackrel{?}{=} 0.9$
$0.9 = 0.9$ True

28. $84 = -12y$
$\dfrac{84}{-12} = \dfrac{-12y}{-12}$
$-7 = y$
$y = -7$
Check: $84 \stackrel{?}{=} (-12)(-7)$
$84 = 84$ True

29. $111x = -888$
$\dfrac{111x}{111} = \dfrac{-888}{111}$
$x = -8$
Check: $(111)(-8) \stackrel{?}{=} -888$
$-888 = -888$ True

30. $-3x = -4215$
$\dfrac{-3x}{-3} = \dfrac{-4215}{-3}$
$x = 1405$
Check: $-3(1405) \stackrel{?}{=} -4215$
$-4215 = -4215$ True

31. $-4x = -3228$
$\dfrac{-4x}{-4} = \dfrac{-3228}{-4}$
$x = 807$
Check:
$(-4)(807) \stackrel{?}{=} -3228$
$-3228 = -3228$ True

32. $\dfrac{x}{-7} = -1.4$
$(-7)\left(\dfrac{x}{-7}\right) = (-7)(-1.4)$
$x = 9.8$
Check: $\dfrac{9.8}{-7} \stackrel{?}{=} -1.4$
$-1.4 = -1.4$ True

33. $6 = \dfrac{x}{0.5}$
$(0.5)6 = (0.5)\left(\dfrac{x}{0.5}\right)$
$3 = x$
$x = 3$
Check: $6 \stackrel{?}{=} \dfrac{3}{0.5}$
$6 = 6$ True

34. $7 = -56w$
$\dfrac{7}{-56} = \dfrac{-56w}{-56}$
$-\dfrac{1}{8} = w$
$w = -\dfrac{1}{8}$
Check: $7 \stackrel{?}{=} -56\left(-\dfrac{1}{8}\right)$
$7 = 7$ True

35. $-3f = 15$
$\dfrac{-3f}{-3} = \dfrac{15}{-3}$
$f = -5$
Check: $(-3)(-5) \stackrel{?}{=} 15$
$15 = 15$ True

36. $888x = 111$
$\dfrac{888x}{888} = \dfrac{111}{888}$
$x = \dfrac{1}{8}$
Check: $(888)\left(\dfrac{1}{8}\right) \stackrel{?}{=} 111$
$111 = 111$ True

37. $0.505 = 0.505x$
$\dfrac{0.505}{0.505} = \dfrac{0.505x}{0.505}$
$1 = x$
$x = 1$
Check: $0.505 \stackrel{?}{=} 0.505(1)$
$0.505 = 0.505$ True

38. $4b = -15$
$\dfrac{4b}{4} = -\dfrac{15}{4}$
$b = -\dfrac{15}{4}$
Check: $(4)\left(-\dfrac{15}{4}\right) \stackrel{?}{=} -15$
$-15 = -15$ True

39. $2a = 1$
$\dfrac{2a}{2} = \dfrac{1}{2}$
$a = \dfrac{1}{2}$
Check: $2\left(\dfrac{1}{2}\right) \stackrel{?}{=} 1$
$1 = 1$ True

40. $\dfrac{p}{111} = -10$
$\left(\dfrac{p}{111}\right)(111) = -10(111)$
$p = -1110$
Check: $\dfrac{-1110}{111} \stackrel{?}{=} -10$
$-10 = -10$ True

41. $2a = 13$
$\left(\dfrac{1}{2}\right)(2a) = \left(\dfrac{1}{2}\right)(13)$
$a = \dfrac{13}{2} = 6\dfrac{1}{2}$
Check: $2\left(6\dfrac{1}{2}\right) \stackrel{?}{=} 13$
$2\left(\dfrac{13}{2}\right) \stackrel{?}{=} 13$
$13 = 13$ True

42. $\dfrac{m}{-9} = 0$
$(-9)\left(\dfrac{m}{-9}\right) = (-9)(0)$
$m = 0$
Check: $\dfrac{0}{-9} \stackrel{?}{=} 0$
$0 = 0$ True

43. $\dfrac{b}{15} = 1$
$(15)\left(\dfrac{b}{15}\right) = (15)(1)$
$b = 15$
Check: $\dfrac{15}{15} \stackrel{?}{=} 1$
$1 = 1$ True

44. $\dfrac{2x}{3} = \dfrac{3}{4}$
$\left(\dfrac{3}{2}\right)\left(\dfrac{2x}{3}\right) = \left(\dfrac{3}{2}\right)\left(\dfrac{3}{4}\right)$
$x = \dfrac{9}{8} = 1\dfrac{1}{8}$
Check: $\left(\dfrac{2}{3}\right)\left(\dfrac{9}{8}\right) \stackrel{?}{=} \dfrac{3}{4}$
$\dfrac{18}{24} = \dfrac{18}{24}$ True

45. $-\dfrac{7x}{5} = \dfrac{3}{10}$
$\left(-\dfrac{5}{7}\right)\left(-\dfrac{7x}{5}\right) = \left(-\dfrac{5}{7}\right)\left(\dfrac{3}{10}\right)$
$x = -\dfrac{3}{14}$
Check: $\left(-\dfrac{7}{5}\right)\left(-\dfrac{3}{14}\right) \stackrel{?}{=} \dfrac{3}{10}$
$\dfrac{3}{10} = \dfrac{3}{10}$ True

46. $-\dfrac{1}{4} = \dfrac{x}{2}$
$2\left(-\dfrac{1}{4}\right) = (2)\left(\dfrac{x}{2}\right)$
$-\dfrac{1}{2} = x$
$x = -\dfrac{1}{2}$
Check: $-\dfrac{1}{4} \stackrel{?}{=} \left(-\dfrac{1}{2}\right)\left(\dfrac{1}{2}\right)$
$-\dfrac{1}{4} = -\dfrac{1}{4}$ True

47. $\dfrac{-m}{4} = 2$
$(4)\left(\dfrac{-m}{4}\right) = (4)2$
$-m = 8$
$m = -8$
Check: $\dfrac{-(-8)}{4} \stackrel{?}{=} 2$
$\dfrac{8}{4} \stackrel{?}{=} 2$
$2 = 2$ True

48. $-4p = 16$
$\dfrac{-4p}{-4} = \dfrac{16}{-4}$
$p = -4$
Check: $(-4)(-4) \stackrel{?}{=} 16$
$16 = 16$ True

49. $\dfrac{x}{-7} = 5$
$(-7)\left(\dfrac{x}{-7}\right) = (-7)5$
$x = -35$
Check: $\dfrac{-35}{-7} \stackrel{?}{=} 5$
$5 = 5$ True

50. $-2w = 13$
$\dfrac{-2w}{-2} = \dfrac{13}{-2}$
$w = -\dfrac{13}{2}$
Check: $-2\left(-\dfrac{13}{2}\right) \stackrel{?}{=} 13$
$13 = 13$ True

51. $\dfrac{w}{-5} = 10$
$(-5)\left(\dfrac{w}{-5}\right) = (-5)(10)$
$w = -50$
Check: $\dfrac{-50}{-5} \stackrel{?}{=} 10$
$10 = 10$ True

52. $\dfrac{-x}{3} = 10$
$3\left(\dfrac{-x}{3}\right) = (3)10$
$-x = 30$
$x = -30$
Check: $\dfrac{-(-30)}{3} \stackrel{?}{=} 10$
$\dfrac{30}{3} \stackrel{?}{=} 10$
$10 = 10$ True

53. Let t represent the number of rolls of tape that Max can buy.
$1.15t = 6.00$
$\dfrac{1.15t}{1.15} = \dfrac{6.00}{1.15}$
$t \approx 5.2$
Max can buy five rolls of tape.

54. Let r represent the cost of one roll of tape.
$4r = 4.32$
$\dfrac{4r}{4} = \dfrac{4.32}{4}$
$r = 1.08$

One roll of tape costs $1.08. Yes, it costs more to buy a single roll.

55. Let t represent the number of tape measures that can be purchased.
$4.50t = 19.00$
$\dfrac{4.50t}{4.50} = \dfrac{19.00}{4.50}$
$t = 4$
He can buy 4 tape measures.

56. Let e represent the cost of one extension cord.
$6e = 7.26$
$\dfrac{6e}{6} = \dfrac{7.26}{6}$
$e = 1.21$
One extension cord costs $1.21.

57. Let b represent the price of one battery.
$$4b = 2.52$$
$$\frac{4b}{4} = \frac{2.52}{4}$$
$$b = 0.63$$
The price of one battery is 63¢.

58. Let s represent the average speed Natalie's family must travel.
$$8s = 400$$
$$\frac{8s}{8} = \frac{400}{8}$$
$$x = 50$$
They must travel 50 mph.

59. Let s represent the speed that Maria should drive.
$$8s = 320$$
$$\frac{8s}{8} = \frac{320}{8}$$
$$s = 40$$
Maria should drive 40 mph.

PAGE 128, LOOK BACK

60. $30 \cdot (7 - 4) \cdot 10 \div 2 \div 2$
$= 30 \cdot 3 \cdot 10 \div 2 \div 2$
$= 90 \cdot 10 \div 2 \div 2$
$= 900 \div 2 \div 2$
$= 450 \div 2$
$= 225$

61. $|0| = 0$

62. $|-5| = 5$

63. $\left|-\frac{1}{6}\right| = \frac{1}{6}$

64. $|9| = 9$

65. $\frac{a + b \cdot c}{-3} = \frac{-3 + 2 \cdot 0}{-3}$
$= \frac{-3 + 0}{-3}$
$= \frac{-3}{-3} = 1$

66. $\frac{a \cdot b}{b + c} = \frac{-3 \cdot 2}{2 + 0}$
$= \frac{-6}{2} = -3$

67. $\frac{a + b}{b + c} = \frac{-3 + 2}{2 + 0}$
$= -\frac{1}{2}$

68. Let 0 represent ground level.
$0 - 13 + 47 - 27 = 7$
Shawna is 7 steps above ground level.

69. $x + 5 = 7$
$x + 5 - 5 = 7 - 5$
$x = 2$
Check: $2 + 5 \stackrel{?}{=} 7$
$7 = 7$ True

70. $x - 2.4 = 5.7$
$x - 2.4 + 2.4 = 5.7 + 2.4$
$x = 8.1$
Check: $8.1 - 2.4 \stackrel{?}{=} 5.7$
$5.7 = 5.7$ True

71. $x + \frac{7}{5} = \frac{2}{3}$
$x + \frac{7}{5} - \frac{7}{5} = \frac{2}{3} - \frac{7}{5}$
$x = \frac{10}{15} - \frac{21}{15}$
$x = -\frac{11}{15}$
Check: $-\frac{11}{15} + \frac{7}{5} \stackrel{?}{=} \frac{2}{3}$
$-\frac{11}{15} + \frac{21}{15} \stackrel{?}{=} \frac{10}{15}$
$\frac{10}{15} = \frac{10}{15}$ True

PAGE 128, LOOK BEYOND

72. $3y = 10 + 5y$
$3y - 5y = 10 + 5y - 5y$
$-2y = 10$
$y = -5$
$y = -5$
Check: $3(-5) \stackrel{?}{=} 10 + 5(-5)$
$-15 \stackrel{?}{=} 10 - 25$
$-15 = -15$ True

73. $4x + 0.5 = 5x$
$4x - 4x + 0.5 = 5x - 4x$
$0.5 = x$
$x = 0.5$
Check: $4(0.5) + 0.5 \stackrel{?}{=} 5(0.5)$
$2.0 + 0.5 \stackrel{?}{=} 2.5$
$2.5 = 2.5$ True

74. $x + 4 = 3x - 2$
$x + 4 - x = 3x - 2 - x$
$4 = 2x - 2$
$4 + 2 = 2x - 2 + 2$
$6 = 2x$
$3 = x$
$x = 3$
Check: $3 + 4 \stackrel{?}{=} 3(3) - 2$
$7 \stackrel{?}{=} 9 - 2$
$7 = 7$ True

3.3 PAGE 132, GUIDED SKILLS PRACTICE

6.
$$4p - 13 = 27$$
$$4p - 13 + 13 = 27 + 13$$
$$4p = 40$$
$$\tfrac{1}{4}(4p) = \tfrac{1}{4}(40)$$
$$p = 10$$

7.
$$-2 = 6x + 4$$
$$-2 - 4 = 6x + 4 - 4$$
$$-6 = 6x$$
$$\tfrac{1}{6}(-6) = \tfrac{1}{6}(6x)$$
$$-1 = x$$
$$x = -1$$

8.
$$15 + 2.5m = 70$$
$$15 + 2.5m - 15 = 70 - 15$$
$$2.5m = 55$$
$$\tfrac{2.5m}{2.5} = \tfrac{55}{2.5}$$
$$m = 22$$

9.
$$\tfrac{x}{4} - 3 = 21$$
$$\tfrac{x}{4} - 3 + 3 = 21 + 3$$
$$\tfrac{x}{4} = 24$$
$$4\left(\tfrac{x}{4}\right) = 4(24)$$
$$x = 96$$

10.
$$-40 = \tfrac{g}{-3} - 20$$
$$-40 + 20 = \tfrac{g}{-3} - 20 + 20$$
$$-20 = \tfrac{g}{-3}$$
$$-3(-20) = -3\left(\tfrac{g}{-3}\right)$$
$$60 = g$$
$$g = 60$$

11.
$$\tfrac{m}{-4} + 5.5 = -3.2$$
$$\tfrac{m}{-4} + 5.5 - 5.5 = -3.2 - 5.5$$
$$\tfrac{m}{-4} = -8.7$$
$$-4\left(\tfrac{m}{-4}\right) = -4(-8.7)$$
$$m = 34.8$$

12. Let g represent the cost of each glass, in dollars.
$$6g + 6(3.99) = 65.88$$
$$6g + 23.94 = 65.88$$
$$6g + 23.94 - 23.94 = 65.88 - 23.94$$
$$6g = 41.94$$
$$\tfrac{6g}{6} = \tfrac{41.94}{6}$$
$$g = 6.99$$

Each glass cost $6.99.

PAGES 133–134, PRACTICE AND APPLY

13.
$$5x + 9 = 39$$
$$5x + 9 - 9 = 39 - 9$$
$$5x = 30$$
$$\tfrac{5x}{5} = \tfrac{30}{5}$$
$$x = 6$$

14.
$$9p + 11 = -7$$
$$9p + 11 - 11 = -7 - 11$$
$$9p = -18$$
$$\tfrac{9p}{9} = \tfrac{-18}{9}$$
$$p = -2$$

15.
$$6 - 2d = 42$$
$$6 - 2d - 6 = 42 - 6$$
$$-2d = 36$$
$$\tfrac{-2d}{-2} = \tfrac{36}{-2}$$
$$d = -18$$

16.
$$9 - c = -13$$
$$9 - c - 9 = -13 - 9$$
$$-c = -22$$
$$c = 22$$

17.
$$2m + 5 = 17$$
$$2m + 5 - 5 = 17 - 5$$
$$2m = 12$$
$$\tfrac{2m}{2} = \tfrac{12}{2}$$
$$m = 6$$

18.
$$9p + 20 = -7$$
$$9p + 20 - 20 = -7 - 20$$
$$9p = -27$$
$$\tfrac{9p}{9} = -\tfrac{27}{9}$$
$$p = -3$$

19.
$$5x + 9 = 54$$
$$5x + 9 - 9 = 54 - 9$$
$$5x = 45$$
$$\frac{5x}{5} = \frac{45}{5}$$
$$x = 9$$

20.
$$3 + 2x = 21$$
$$3 + 2x - 3 = 21 - 3$$
$$2x = 18$$
$$\frac{2x}{2} = \frac{18}{2}$$
$$x = 9$$

21.
$$6 - 8d = -42$$
$$6 - 8d - 6 = -42 - 6$$
$$-8d = -48$$
$$\frac{-8d}{-8} = \frac{-48}{-8}$$
$$d = 6$$

22.
$$9 - 14z = 51$$
$$9 - 14z - 9 = 51 - 9$$
$$-14z = 42$$
$$\frac{-14z}{-14} = \frac{42}{-14}$$
$$z = -3$$

23.
$$12 = 9x - 6$$
$$12 + 6 = 9x - 6 + 6$$
$$18 = 9x$$
$$\frac{18}{9} = \frac{9x}{9}$$
$$2 = x$$
$$x = 2$$

24.
$$16 = 5w - 9$$
$$16 + 9 = 5w - 9 + 9$$
$$25 = 5w$$
$$\frac{25}{5} = \frac{5w}{5}$$
$$5 = w$$
$$w = 5$$

25.
$$-4 - 11w = 18$$
$$-4 - 11w + 4 = 18 + 4$$
$$-11w = 22$$
$$\frac{-11w}{-11} = \frac{22}{-11}$$
$$w = -2$$

26.
$$-7 - 13y = 32$$
$$-7 - 13y + 7 = 32 + 7$$
$$-13y = 39$$
$$\frac{-13y}{-13} = \frac{39}{-13}$$
$$y = -3$$

27.
$$36 = -3y + 12$$
$$36 - 12 = -3y + 12 - 12$$
$$24 = -3y$$
$$\frac{24}{-3} = \frac{-3y}{-3}$$
$$-8 = y$$
$$y = -8$$

28.
$$4y + 3 = 13$$
$$4y + 3 - 3 = 13 - 3$$
$$4y = 10$$
$$\frac{4y}{4} = \frac{10}{4}$$
$$y = 2.5$$

29.
$$10m + 3.4 = 7$$
$$10m + 3.4 - 3.4 = 7 - 3.4$$
$$10m = 3.6$$
$$\frac{10m}{10} = \frac{3.6}{10}$$
$$m = 0.36$$

30.
$$-3.7 = 2m + 5.1$$
$$-3.7 - 5.1 = 2m + 5.1 - 5.1$$
$$-8.8 = 2m$$
$$\frac{-8.8}{2} = \frac{2m}{2}$$
$$-4.4 = m$$
$$m = -4.4$$

31.
$$127 = 2x + 17$$
$$127 - 17 = 2x + 17 - 17$$
$$110 = 2x$$
$$\frac{110}{2} = \frac{2x}{2}$$
$$55 = x$$
$$x = 55$$

32.
$$4m + 3 = 15$$
$$4m + 3 - 3 = 15 - 3$$
$$4m = 12$$
$$\frac{4m}{4} = \frac{12}{4}$$
$$m = 3$$

33.
$$-8m - 12 = 20$$
$$-8m - 12 + 12 = 20 + 12$$
$$-8m = 32$$
$$\frac{-8m}{-8} = \frac{32}{-8}$$
$$m = -4$$

34.
$$47 = 2f - 3$$
$$47 + 3 = 2f - 3 + 3$$
$$50 = 2f$$
$$\frac{50}{2} = \frac{2f}{2}$$
$$25 = f$$
$$f = 25$$

35.
$$5.2 + 1.3x = -1.3$$
$$5.2 + 1.3x - 5.2 = -1.3 - 5.2$$
$$1.3x = -6.5$$
$$\frac{1.3x}{1.3} = \frac{-6.5}{1.3}$$
$$x = -5$$

36.
$$8p - 15 = 87$$
$$8p - 15 + 15 = 87 + 15$$
$$8p = 102$$
$$\frac{8p}{8} = \frac{102}{8}$$
$$p = 12.75$$

37.
$$\frac{x}{5} - 2 = 3.7$$
$$\frac{x}{5} - 2 + 2 = 3.7 + 2$$
$$\frac{x}{5} = 5.7$$
$$5\left(\frac{x}{5}\right) = 5(5.7)$$
$$x = 28.5$$

38.
$$4 - \frac{m}{2} = 10$$
$$4 - \frac{m}{2} - 4 = 10 - 4$$
$$-\frac{m}{2} = 6$$
$$-2\left(-\frac{m}{2}\right) = -2(6)$$
$$m = -12$$

39.
$$15 = \frac{a}{3} - 2$$
$$15 + 2 = \frac{a}{3} - 2 + 2$$
$$17 = \frac{a}{3}$$
$$3(17) = 3\left(\frac{a}{3}\right)$$
$$51 = a$$
$$a = 51$$

40.
$$10 = \frac{x}{4} + 5$$
$$10 - 5 = \frac{x}{4} + 5 - 5$$
$$5 = \frac{x}{4}$$
$$4(5) = 4\left(\frac{x}{4}\right)$$
$$20 = x$$
$$x = 20$$

41.
$$\frac{p}{3} - 2 = -56$$
$$\frac{p}{3} - 2 + 2 = -56 + 2$$
$$\frac{p}{3} = -54$$
$$3\left(\frac{p}{3}\right) = 3(-54)$$
$$p = -162$$

42.
$$45 + \frac{x}{3} = -20$$
$$45 + \frac{x}{3} - 45 = -20 - 45$$
$$\frac{x}{3} = -65$$
$$3\left(\frac{x}{3}\right) = 3(-65)$$
$$x = -195$$

43.
$$\frac{z}{5} - 22 = -20$$
$$\frac{z}{5} - 22 + 22 = -20 + 22$$
$$\frac{z}{5} = 2$$
$$5\left(\frac{z}{5}\right) = 5(2)$$
$$z = 10$$

44.
$$\frac{v}{4} + 8 = 11$$
$$\frac{v}{4} + 8 - 8 = 11 - 8$$
$$\frac{v}{4} = 3$$
$$4\left(\frac{v}{4}\right) = 4(3)$$
$$v = 12$$

45.
$$\frac{d}{10} - 1 = -31$$
$$\frac{d}{10} - 1 + 1 = -31 + 1$$
$$\frac{d}{10} = -30$$
$$10\left(\frac{d}{10}\right) = 10(-30)$$
$$d = -300$$

46.
$$\frac{h}{12} - 5 = -17$$
$$\frac{h}{12} - 5 + 5 = -17 + 5$$
$$\frac{h}{12} = -12$$
$$(12)\frac{h}{12} = -12(12)$$
$$h = -144$$

47.
$$-4 = \frac{x}{2} - 5$$
$$-4 + 5 = \frac{x}{2} - 5 + 5$$
$$1 = \frac{x}{2}$$
$$2(1) = 2\left(\frac{x}{2}\right)$$
$$2 = x$$
$$x = 2$$

48.
$$-45 = \frac{m}{-2} + 4$$
$$-45 - 4 = \frac{m}{-2} - 4 + 4$$
$$-49 = \frac{m}{-2}$$
$$-2(-49) = -2\left(\frac{m}{-2}\right)$$
$$98 = m$$
$$m = 98$$

49.
$$\frac{x}{-5} + 3.2 = 1.4$$
$$\frac{x}{-5} + 3.2 - 3.2 = 1.4 - 3.2$$
$$\frac{x}{-5} = -1.8$$
$$-5\left(\frac{x}{-5}\right) = -5(-1.8)$$
$$x = 9$$

50.
$$1\frac{1}{2} + \frac{m}{-2} = 3\frac{1}{2}$$
$$1\frac{1}{2} + \frac{m}{-2} - 1\frac{1}{2} = 3\frac{1}{2} - 1\frac{1}{2}$$
$$\frac{m}{-2} = 2$$
$$-2\left(\frac{m}{-2}\right) = -2(2)$$
$$m = -4$$

51.
$$\frac{x}{2} - 4\frac{1}{3} = -2\frac{1}{4}$$
$$\frac{x}{2} - \frac{13}{3} = -\frac{9}{4}$$
$$\frac{x}{2} - \frac{13}{3} + \frac{13}{3} = -\frac{9}{4} + \frac{13}{3}$$
$$\frac{x}{2} = -\frac{27}{12} + \frac{52}{12}$$
$$\frac{x}{2} = \frac{25}{12}$$
$$2\left(\frac{x}{2}\right) = 2\left(\frac{25}{12}\right)$$
$$x = \frac{25}{6}$$
$$x = 4\frac{1}{6}$$

52. Let t represent the number of trees planted in March.
$$2t + 3 = 71$$
$$2t + 3 - 3 = 71 - 3$$
$$2t = 68$$
$$\frac{2t}{2} = \frac{68}{2}$$
$$t = 34$$
34 trees were planted in March.

53. Let c represent the wholesale cost.
$$3c + 35 = 347$$
$$3c + 35 - 35 = 347 - 35$$
$$3c = 312$$
$$\frac{3c}{3} = \frac{312}{3}$$
$$c = 104$$
The wholesale cost is $104.

54. Let m represent the number of minutes used.
$$0.10m + 4.99 = 16.99$$
$$0.10m + 4.99 - 4.99 = 16.99 - 4.99$$
$$0.10m = 12$$
$$\frac{0.10m}{0.10} = \frac{12}{0.10}$$
$$m = 120$$
120 minutes were used.

55. Let c represent the number of compact discs Kara purchased.
$$15.95c + 2.95 = 98.65$$
$$15.95c + 2.95 - 2.95 = 98.65 - 2.95$$
$$15.95c = 95.70$$
$$\frac{15.95c}{15.95} = \frac{95.70}{15.95}$$
$$c = 6$$
Kara purchased 6 compact discs.

56. Let s represent the price for each pair of socks.
$$8s + 7.50 = 31.50$$
$$8s + 7.50 - 7.50 = 31.50 - 7.5$$
$$8s = 24$$
$$\frac{8s}{8} = \frac{24}{8}$$
$$s = 3$$
Each pair of socks cost $3.

57. Let x represent the number of hekats in the basket.

$$\left(1\tfrac{1}{2}\right)x + 4 = 10$$
$$\left(1\tfrac{1}{2}\right)x + 4 - 4 = 10 - 4$$
$$\left(1\tfrac{1}{2}\right)x = 6$$
$$\tfrac{3}{2}x = 6$$
$$\tfrac{2}{3}\left(\tfrac{3}{2}x\right) = \tfrac{2}{3}(6)$$
$$x = 4$$

The basket holds 4 hekats.

PAGE 134, LOOK BACK

58. $-4(-9) = 36$ **59.** $-7(-8) = 56$ **60.** $-13(7) = -91$ **61.** $6(-5) = -30$

62. $(-5)(-0.5) = 2.5$ **63.** $(4.2)(-3) = -12.6$ **64.** $(-1.5)(-1.5) = 2.25$ **65.** $(45)(-0.5) = -22.5$

66. $\tfrac{27}{-3} = -9$ **67.** $-45 \div 9 = -5$ **68.** $\tfrac{-42}{-6} = 7$ **69.** $-96 \div 12 = -8$

70. $\tfrac{-30}{-6} = 5$ **71.** $\tfrac{40}{-5} = -8$ **72.** $-10 \div 2 = -5$ **73.** $\tfrac{-55}{11} = -5$

74.
$$d + 23 = 54$$
$$d + 23 - 23 = 54 - 23$$
$$d = 31$$
Check: $31 + 23 \stackrel{?}{=} 54$
$54 = 54$ True

75.
$$g - 18 = -16$$
$$g - 18 + 18 = -16 + 18$$
$$g = 2$$
Check: $2 - 18 \stackrel{?}{=} -16$
$-16 = -16$ True

76.
$$x + 73 = -853$$
$$x + 73 - 73 = -853 - 73$$
$$x = -926$$
Check: $-926 + 73 \stackrel{?}{=} -853$
$-853 = -853$ True

77.
$$h - \tfrac{7}{12} = \tfrac{5}{12}$$
$$h - \tfrac{7}{12} + \tfrac{7}{12} = \tfrac{5}{12} + \tfrac{7}{12}$$
$$h = \tfrac{12}{12}$$
$$h = 1$$

78.
$$x + 14 = 24$$
$$x + 14 - 14 = 24 - 14$$
$$x = 10$$

79.
$$5 - m = 2$$
$$5 - m - 5 = 2 - 5$$
$$-m = -3$$
$$m = 3$$

80.
$$m + 17 = -3$$
$$m + 17 - 17 = -3 - 17$$
$$m = -20$$

81.
$$p - 13 = -3.2$$
$$p - 13 + 13 = -3.2 + 13$$
$$p = 9.8$$

82.
$$3x = 18$$
$$\tfrac{3x}{3} = \tfrac{18}{3}$$
$$x = 6$$
Check: $3 \cdot 6 \stackrel{?}{=} 18$
$18 = 18$ True

83.
$$\tfrac{2}{3}x = 8$$
$$\left(\tfrac{3}{2}\right)\left(\tfrac{2}{3}x\right) = \left(\tfrac{3}{2}\right)8$$
$$x = 12$$
Check: $\tfrac{2}{3}(12) \stackrel{?}{=} 8$
$8 = 8$ True

84.
$$\tfrac{x}{5} = -17$$
$$5\left(\tfrac{x}{5}\right) = (-17)(5)$$
$$x = -85$$
Check: $\tfrac{-85}{5} \stackrel{?}{=} -17$
$-17 = -17$ True

85.
$$-17y = -51$$
$$\tfrac{-17y}{-17} = \tfrac{-51}{-17}$$
$$y = 3$$
Check: $(-17)(3) \stackrel{?}{=} -51$
$-51 = -51$ True

86.
$$-5x = 20$$
$$\tfrac{-5x}{-5} = \tfrac{20}{-5}$$
$$x = -4$$
Check: $-5(-4) \stackrel{?}{=} 20$
$20 = 20$ True

87.
$$\tfrac{m}{-2} = 30$$
$$-2\left(\tfrac{m}{-2}\right) = -2(30)$$
$$m = -60$$
Check: $\tfrac{-60}{-2} \stackrel{?}{=} 30$
$30 = 30$ True

88. $\frac{n}{5} = -15$
$5\left(\frac{n}{5}\right) = 5(-15)$
$n = -75$

Check: $\frac{-75}{5} \stackrel{?}{=} -15$
$-15 = -15$ True

89. $-13p = 26$
$\frac{-13p}{-13} = \frac{26}{-13}$
$p = -2$

Check: $-13(-2) \stackrel{?}{=} 26$
$26 = 26$ True

PAGE 134, LOOK BEYOND

90. $2x + 3 = 4x - 5$
$2x + 3 - 2x = 4x - 5 - 2x$
$3 = 2x - 5$
$3 + 5 = 2x - 5 + 5$
$8 = 2x$
$\frac{8}{2} = \frac{2x}{2}$
$4 = x$
$x = 4$

91. $7(x - 2) = 4x$
$7x - 14 = 4x$
$7x - 14 - 4x = 4x - 4x$
$3x - 14 = 0$
$3x - 14 + 14 = 0 + 14$
$3x = 14$
$\frac{3x}{3} = \frac{14}{3}$
$x = \frac{14}{3}$

92. $7x - 2 = x + 16$
$7x - 2 - x = x + 16 - x$
$6x - 2 = 16$
$6x - 2 + 2 = 16 + 2$
$6x = 18$
$\frac{6x}{6} = \frac{18}{6}$
$x = 3$

93. $3(x - 3) + 10 = 4x - 3x + 8$
$3x - 9 + 10 = x + 8$
$3x + 1 = x + 8$
$3x + 1 - x = x + 8 - x$
$2x + 1 = 8$
$2x + 1 - 1 = 8 - 1$
$2x = 7$
$\frac{2x}{2} = \frac{7}{2}$
$x = \frac{7}{2}$

3.4 PAGES 138–139, GUIDED SKILLS PRACTICE

6. $2b + 4 = -8$
$2b + 4 - 4 = -8 - 4$
$2b = -12$
$\frac{2b}{2} = \frac{-12}{2}$
$b = -6$

Check: $2(-6) + 4 \stackrel{?}{=} -8$
$-12 + 4 \stackrel{?}{=} -8$
$-8 = -8$ True

7. $3 - 7h = 10$
$3 - 7h - 3 = 10 - 3$
$-7h = 7$
$\frac{-7h}{-7} = \frac{7}{-7}$
$h = -1$

Check: $3 - 7(-1) \stackrel{?}{=} 10$
$3 + 7 \stackrel{?}{=} 10$
$10 = 10$ True

8. $f = -6 + 2f$
$f - 2f = -6 + 2f - 2f$
$-f = -6$
$f = 6$

Check: $6 \stackrel{?}{=} -6 + 2(6)$
$6 \stackrel{?}{=} -6 + 12$
$6 = 6$ True

9. $4x - 1 = 2x + 5$
$4x - 1 - 2x = 2x + 5 - 2x$
$2x - 1 = 5$
$2x - 1 + 1 = 5 + 1$
$2x = 6$
$\frac{2x}{2} = \frac{6}{2}$
$x = 3$

Check: $4(3) - 1 \stackrel{?}{=} 2(3) + 5$
$12 - 1 \stackrel{?}{=} 6 + 5$
$11 = 11$ True

10.
$$\frac{2}{3} - 3x = \frac{1}{3} + 2x$$
$$3\left(\frac{2}{3} - 3x\right) = 3\left(\frac{1}{3} + 2x\right)$$
$$3\left(\frac{2}{3}\right) - 3(3x) = 3\left(\frac{1}{3}\right) + 3(2x)$$
$$2 - 9x = 1 + 6x$$
$$2 - 9x - 6x = 1 + 6x - 6x$$
$$2 - 15x = 1$$
$$2 - 15x - 2 = 1 - 2$$
$$-15x = -1$$
$$\frac{-15x}{-15} = \frac{-1}{-15}$$
$$x = \frac{1}{15}$$

Check: $\frac{2}{3} - 3\left(\frac{1}{15}\right) \stackrel{?}{=} \frac{1}{3} + 2\left(\frac{1}{15}\right)$
$$\frac{2}{3} - \frac{3}{15} \stackrel{?}{=} \frac{1}{3} + \frac{2}{15}$$
$$\frac{10}{15} - \frac{3}{15} \stackrel{?}{=} \frac{5}{15} + \frac{2}{15}$$
$$\frac{7}{15} = \frac{7}{15} \text{ True}$$

11.
$$\frac{1}{6} + 3n = \frac{7}{24} + n$$
$$24\left(\frac{1}{6} + 3n\right) = 24\left(\frac{7}{24} + n\right)$$
$$24\left(\frac{1}{6}\right) + 24(3n) = 24\left(\frac{7}{24}\right) + 24n$$
$$4 + 72n = 7 + 24n$$
$$4 + 72n - 24n = 7 + 24n - 24n$$
$$4 + 48n = 7$$
$$4 + 48n - 4 = 7 - 4$$
$$48n = 3$$
$$\frac{48n}{48} = \frac{3}{48}$$
$$n = \frac{1}{16}$$

Check: $\frac{1}{6} + 3\left(\frac{1}{16}\right) \stackrel{?}{=} \frac{7}{24} + \frac{1}{16}$
$$\frac{1}{6} + \frac{3}{16} \stackrel{?}{=} \frac{7}{24} + \frac{1}{16}$$
$$\frac{8}{48} + \frac{9}{48} \stackrel{?}{=} \frac{14}{48} + \frac{3}{48}$$
$$\frac{17}{48} = \frac{17}{48} \text{ True}$$

12.
$$\frac{3a}{4} + \frac{7}{6} = -a + \frac{7}{24}$$
$$24\left(\frac{3a}{4} + \frac{7}{6}\right) = 24\left(-a + \frac{7}{24}\right)$$
$$24\left(\frac{3a}{4}\right) + 24\left(\frac{7}{6}\right) = 24(-a) + 24\left(\frac{7}{24}\right)$$
$$18a + 28 = -24a + 7$$
$$18a + 28 + 24a = -24a + 7 + 24a$$
$$42a + 28 = 7$$
$$42a + 28 - 28 = 7 - 28$$
$$42a = -21$$
$$\frac{42a}{42} = \frac{-21}{42}$$
$$a = -\frac{1}{2}$$

Check: $\frac{3\left(-\frac{1}{2}\right)}{4} + \frac{7}{6} \stackrel{?}{=} -\left(-\frac{1}{2}\right) + \frac{7}{24}$
$$\frac{-\frac{3}{2}}{4} + \frac{7}{6} \stackrel{?}{=} \frac{1}{2} + \frac{7}{24}$$
$$-\frac{3}{8} + \frac{7}{6} \stackrel{?}{=} \frac{1}{2} + \frac{7}{24}$$
$$-\frac{9}{24} + \frac{28}{24} \stackrel{?}{=} \frac{12}{24} + \frac{7}{24}$$
$$\frac{19}{24} = \frac{19}{24} \text{ True}$$

13. Let s represent the score Steve needs on his fifth test.
$$\frac{84 + 92 + 71 + 94 + s}{5} = 85$$
$$\frac{341 + s}{5} = 85$$
$$5\left(\frac{341 + s}{5}\right) = 5(85)$$
$$341 + s = 425$$
$$341 + s - 341 = 425 - 341$$
$$s = 84$$

Steve needs to score 84 on his fifth test to have an average of exactly 85.

Check: $\frac{84 + 92 + 71 + 94 + 84}{5} \stackrel{?}{=} 85$
$$\frac{425}{5} \stackrel{?}{=} 85$$
$$85 = 85 \text{ True}$$

PAGES 139–140 PRACTICE AND APPLY

14.
$2x - 2 = 4x + 6$
$2x - 2 - 4x = 4x + 6 - 4x$
$-2x - 2 = 6$
$-2x - 2 + 2 = 6 + 2$
$-2x = 8$
$\frac{-2x}{-2} = \frac{8}{-2}$
$x = -4$

Check: $2(-4) - 2 \stackrel{?}{=} 4(-4) + 6$
$-8 - 2 \stackrel{?}{=} -16 + 6$
$-10 = -10$ True

15.
$3x + 5 = 2x + 2$
$3x + 5 - 2x = 2x + 2 - 2x$
$x + 5 = 2$
$x + 5 - 5 = 2 - 5$
$x = -3$

Check: $3(-3) + 5 \stackrel{?}{=} 2(-3) + 2$
$-9 + 5 \stackrel{?}{=} -6 + 2$
$-4 = -4$ True

16.
$4x + 3 = 5x - 4$
$4x + 3 - 5x = 5x - 4 - 5x$
$-x + 3 = -4$
$-x + 3 - 3 = -4 - 3$
$-x = -7$
$x = 7$

Check: $4(7) + 3 \stackrel{?}{=} 5(7) - 4$
$28 + 3 \stackrel{?}{=} 35 - 4$
$31 = 31$ True

17.
$2x - 5 = 4x - 1$
$2x - 5 - 4x = 4x - 1 - 4x$
$-2x - 5 = -1$
$-2x - 5 + 5 = -1 + 5$
$-2x = 4$
$\frac{-2x}{-2} = \frac{4}{-2}$
$x = -2$

Check: $2(-2) - 5 \stackrel{?}{=} 4(-2) - 1$
$-4 - 5 \stackrel{?}{=} -8 - 1$
$-9 = -9$ True

18.
$5x + 24 = 2x + 15$
$5x + 24 - 2x = 2x + 15 - 2x$
$3x + 24 = 15$
$3x + 24 - 24 = 15 - 24$
$3x = -9$
$\frac{3x}{3} = \frac{-9}{3}$
$x = -3$

Check: $5(-3) + 24 \stackrel{?}{=} 2(-3) + 15$
$-15 + 24 \stackrel{?}{=} -6 + 15$
$9 = 9$ True

19.
$5y - 10 = 14 - 3y$
$5y - 10 + 3y = 14 - 3y + 3y$
$8y - 10 = 14$
$8y - 10 + 10 = 14 + 10$
$8y = 24$
$\frac{8y}{8} = \frac{24}{8}$
$y = 3$

Check: $5(3) - 10 \stackrel{?}{=} 14 - 3(3)$
$15 - 10 \stackrel{?}{=} 14 - 9$
$5 = 5$ True

20.
$12 - 6z = 10 - 5z$
$12 - 6z + 5z = 10 - 5z + 5z$
$12 - z = 10$
$12 - z - 12 = 10 - 12$
$-z = -2$
$z = 2$

Check: $12 - 6(2) \stackrel{?}{=} 10 - 5(2)$
$12 - 12 \stackrel{?}{=} 10 - 10$
$0 = 0$ True

21.
$5m - 7 = -6m - 29$
$5m - 7 + 6m = -6m - 29 + 6m$
$11m - 7 = -29$
$11m - 7 + 7 = -29 + 7$
$11m = -22$
$\frac{11m}{11} = \frac{-22}{11}$
$m = -2$

Check: $5(-2) - 7 \stackrel{?}{=} -6(-2) - 29$
$-10 - 7 \stackrel{?}{=} 12 - 29$
$-17 = -17$ True

22.
$$-10x + 3 = -3x + 12 - 4x$$
$$-10x + 3 = -7x + 12$$
$$-10x + 3 + 7x = -7x + 12 + 7x$$
$$-3x + 3 = 12$$
$$-3x + 3 - 3 = 12 - 3$$
$$-3x = 9$$
$$\frac{-3x}{-3} = \frac{9}{-3}$$
$$x = -3$$

Check: $-10(-3) + 3 \stackrel{?}{=} -3(-3) + 12 - 4(-3)$
$$30 + 3 \stackrel{?}{=} 9 + 12 + 12$$
$$33 = 33 \text{ True}$$

23.
$$6p - 12 = -4p + 18$$
$$6p - 12 + 4p = -4p + 18 + 4p$$
$$10p - 12 = 18$$
$$10p - 12 + 12 = 18 + 12$$
$$10p = 30$$
$$\frac{10p}{10} = \frac{30}{10}$$
$$p = 3$$

Check: $6(3) - 12 \stackrel{?}{=} -4(3) + 18$
$$18 - 12 \stackrel{?}{=} -12 + 18$$
$$6 = 6 \text{ True}$$

24.
$$1.8x + 2.8 = 2.5x + 2.1$$
$$1.8x + 2.8 - 2.5x = 2.5x + 2.1 - 2.5x$$
$$-0.7x + 2.8 = 2.1$$
$$-0.7x + 2.8 - 2.8 = 2.1 - 2.8$$
$$-0.7x = -0.7$$
$$\frac{-0.7x}{-0.7} = \frac{-0.7}{-0.7}$$
$$x = 1$$

Check: $1.8(1) + 2.8 \stackrel{?}{=} 2.5(1) + 2.1$
$$1.8 + 2.8 \stackrel{?}{=} 2.5 + 2.1$$
$$4.6 = 4.6 \text{ True}$$

25.
$$2.6h + 18 = 2.4h + 22$$
$$2.6h + 18 - 2.4h = 2.4h + 22 - 2.4h$$
$$0.2h + 18 = 22$$
$$0.2h + 18 - 18 = 22 - 18$$
$$0.2h = 4$$
$$\frac{0.2h}{0.2} = \frac{4}{0.2}$$
$$h = 20$$

Check: $2.6(20) + 18 \stackrel{?}{=} 2.4(20) + 22$
$$52 + 18 \stackrel{?}{=} 48 + 22$$
$$70 = 70 \text{ True}$$

26.
$$5h - 7 = 2h + 2$$
$$5h - 7 - 2h = 2h + 2 - 2h$$
$$3h - 7 = 2$$
$$3h - 7 + 7 = 2 + 7$$
$$3h = 9$$
$$\frac{3h}{3} = \frac{9}{3}$$
$$h = 3$$

Check: $5(3) - 7 \stackrel{?}{=} 2(3) + 2$
$$15 - 7 \stackrel{?}{=} 6 + 2$$
$$8 = 8 \text{ True}$$

27.
$$4n + 1 = 12 + 5n$$
$$4n + 1 - 5n = 12 + 5n - 5n$$
$$-n + 1 = 12$$
$$-n + 1 - 1 = 12 - 1$$
$$-n = 11$$
$$n = -11$$

Check: $4(-11) + 1 \stackrel{?}{=} 12 + 5(-11)$
$$-44 + 1 \stackrel{?}{=} 12 - 55$$
$$-43 = -43 \text{ True}$$

28.
$$1 - 3x = 2x + 8$$
$$1 - 3x - 2x = 2x + 8 - 2x$$
$$1 - 5x = 8$$
$$1 - 5x - 1 = 8 - 1$$
$$-5x = 7$$
$$\frac{-5x}{-5} = \frac{7}{-5}$$
$$x = -\frac{7}{5}$$

Check: $1 - 3\left(-\frac{7}{5}\right) \stackrel{?}{=} 2\left(-\frac{7}{5}\right) + 8$
$$1 + \frac{21}{5} \stackrel{?}{=} -\frac{14}{5} + 8$$
$$\frac{5}{5} + \frac{21}{5} \stackrel{?}{=} -\frac{14}{5} + \frac{40}{5}$$
$$\frac{26}{5} = \frac{26}{5} \text{ True}$$

29.
$$3a - 8 = \frac{a}{2} + 2$$
$$2(3a - 8) = 2\left(\frac{a}{2} + 2\right)$$
$$2(3a) - 2(8) = 2\left(\frac{a}{2}\right) + 2(2)$$
$$6a - 16 = a + 4$$
$$6a - 16 - a = a + 4 - a$$
$$5a - 16 = 4$$
$$5a - 16 + 16 = 4 + 16$$
$$5a = 20$$
$$\frac{5a}{5} = \frac{20}{5}$$
$$a = 4$$

Check: $3(4) - 8 \stackrel{?}{=} \frac{4}{2} + 2$
$$12 - 8 \stackrel{?}{=} 2 + 2$$
$$4 = 4 \text{ True}$$

30.
$$\frac{w}{2} + 7 = \frac{w}{3} + 9$$
$$6\left(\frac{w}{2} + 7\right) = 6\left(\frac{w}{3} + 9\right)$$
$$6\left(\frac{w}{2}\right) + 6(7) = 6\left(\frac{w}{3}\right) + 6(9)$$
$$3w + 42 = 2w + 54$$
$$3w + 42 - 2w = 2w + 54 - 2w$$
$$w + 42 = 54$$
$$w + 42 - 42 = 54 - 42$$
$$w = 12$$
Check: $\frac{12}{2} + 7 \stackrel{?}{=} \frac{12}{3} + 9$
$$6 + 7 \stackrel{?}{=} 4 + 9$$
$$13 = 13 \text{ True}$$

31.
$$6 - \frac{t}{4} = 8 + \frac{t}{2}$$
$$4\left(6 - \frac{t}{4}\right) = 4\left(8 + \frac{t}{2}\right)$$
$$4(6) - 4\left(\frac{t}{4}\right) = 4(8) + 4\left(\frac{t}{2}\right)$$
$$24 - t = 32 + 2t$$
$$24 - t - 2t = 32 + 2t - 2t$$
$$24 - 3t = 32$$
$$24 - 3t - 24 = 32 - 24$$
$$-3t = 8$$
$$\frac{-3t}{-3} = \frac{8}{-3}$$
$$t = -\frac{8}{3}$$
Check: $6 - \frac{-\frac{8}{3}}{4} \stackrel{?}{=} 8 + \frac{-\frac{8}{3}}{2}$
$$6 + \frac{8}{12} \stackrel{?}{=} 8 - \frac{8}{6}$$
$$\frac{72}{12} + \frac{8}{12} \stackrel{?}{=} \frac{48}{6} - \frac{8}{6}$$
$$\frac{80}{12} \stackrel{?}{=} \frac{40}{6}$$
$$\frac{20}{3} = \frac{20}{3} \text{ True}$$

32.
$$x + \frac{5}{8} + \frac{3x}{4} = \frac{2}{3} + 5x$$
$$24\left(x + \frac{5}{8} + \frac{3x}{4}\right) = 24\left(\frac{2}{3} + 5x\right)$$
$$24x + 24\left(\frac{5}{8}\right) + 24\left(\frac{3x}{4}\right) = 24\left(\frac{2}{3}\right) + 24(5x)$$
$$24x + 15 + 18x = 16 + 120x$$
$$42x + 15 = 16 + 120x$$
$$42x + 15 - 120x = 16 + 120x - 120x$$
$$-78x + 15 = 16$$
$$-78x + 15 - 15 = 16 - 15$$
$$-78x = 1$$
$$\frac{-78x}{-78} = \frac{1}{-78}$$
$$x = -\frac{1}{78}$$
Check: $-\frac{1}{78} + \frac{5}{8} + \frac{3\left(-\frac{1}{78}\right)}{4} \stackrel{?}{=} \frac{2}{3} + 5\left(-\frac{1}{78}\right)$
$$-\frac{1}{78} + \frac{5}{8} - \frac{1}{104} \stackrel{?}{=} \frac{2}{3} - \frac{5}{78}$$
$$312\left(-\frac{1}{78} + \frac{5}{8} - \frac{1}{104}\right) \stackrel{?}{=} 312\left(\frac{2}{3} - \frac{5}{78}\right)$$
$$-4 + 195 - 3 \stackrel{?}{=} 208 - 20$$
$$188 = 188 \text{ True}$$

33. Let A represent the area of the rectangle.
$$A + 5 = 2A - 3$$
$$A + 5 - 2A = 2A - 3 - 2A$$
$$-A + 5 = -3$$
$$-A + 5 - 5 = -3 - 5$$
$$-A = -8$$
$$A = 8$$
The area of the rectangle is 8 square units.

34. Let P represent the perimeter of the triangle.
$$P + 3 = 35 - 7P$$
$$P + 3 + 7P = 35 - 7P + 7P$$
$$8P + 3 = 35$$
$$8P + 3 - 3 = 35 - 3$$
$$8P = 32$$
$$\frac{8P}{8} = \frac{32}{8}$$
$$P = 4$$
The perimeter of the triangle is 4 units.

35. Let s represent the number of points Rachel must score.
$$\frac{27 + 18 + 27 + 32 + 21 + s}{6} = 25$$
$$\frac{125 + s}{6} = 25$$
$$6\left(\frac{125 + s}{6}\right) = 6(25)$$
$$125 + s = 150$$
$$125 + s - 125 = 150 - 125$$
$$s = 25$$
Rachel must score 25 points in the sixth game.

36. Let h represent the number of hours for which the costs would be the same.
$$360 + 12h = 279 + 15h$$
$$360 + 12h - 15h = 279 + 15h - 15h$$
$$360 - 3h = 279$$
$$360 - 3h - 360 = 279 - 360$$
$$-3h = -81$$
$$\frac{-3h}{-3} = \frac{-81}{-3}$$
$$h = 27$$
The costs would be the same for 27 hours.

37. Let t represent the temperature.
$$t + 80 = 6t$$
$$t + 80 - 6t = 6t - 6t$$
$$-5t + 80 = 0$$
$$-5t + 80 - 80 = 0 - 80$$
$$-5t = -80$$
$$\frac{-5t}{-5} = \frac{-80}{-5}$$
$$t = 16$$
The temperature is 16 degrees.

38. Let h represent the number of hours of planting.
$$44h + 60 = 32h + 96$$
$$44h + 60 - 32h = 32h + 96 - 32h$$
$$12h + 60 = 96$$
$$12h + 60 - 60 = 96 - 60$$
$$12h = 36$$
$$\frac{12h}{12} = \frac{36}{12}$$
$$h = 3$$
Jake and Sergio will have planted the same number of bulbs after 3 hours.

$44(3) + 60 = 132 + 60 = 192$
$32(3) + 96 = 96 + 96 = 192$
Jake and Sergio will each have planted 192 bulbs, for a total of 384 bulbs.

PAGE 140, LOOK BACK

39.
$$x - 3 = 4$$
$$x - 3 + 3 = 4 + 3$$
$$x = 7$$
Check: $7 - 3 \stackrel{?}{=} 4$
$4 = 4$ True

40.
$$y + 17 = 2$$
$$y + 17 - 17 = 2 - 17$$
$$y = -15$$
Check: $-15 + 17 \stackrel{?}{=} 2$
$2 = 2$ True

41.
$$-3 = m + 12$$
$$-3 - 12 = m + 12 - 12$$
$$-15 = m$$
$$m = -15$$
Check: $-3 \stackrel{?}{=} -15 + 12$
$-3 = -3$ True

42.
$$5 - x = 10$$
$$5 - x - 5 = 10 - 5$$
$$-x = 5$$
$$x = -5$$
Check: $5 - (-5) \stackrel{?}{=} 10$
$5 + 5 \stackrel{?}{=} 10$
$10 = 10$ True

43. $3m = 24$
$$\frac{3m}{3} = \frac{24}{3}$$
$$m = 8$$
Check: $3(8) \stackrel{?}{=} 24$
$24 = 24$ True

44.
$$\frac{x}{-3} = 5$$
$$-3\left(\frac{x}{-3}\right) = -3(5)$$
$$x = -15$$
Check: $\frac{-15}{-3} \stackrel{?}{=} 5$
$5 = 5$ True

45.
$$35 = -3.5x$$
$$\frac{35}{-3.5} = \frac{-3.5x}{-3.5}$$
$$-10 = x$$
$$x = -10$$
Check: $35 \stackrel{?}{=} -3.5(-10)$
$35 = 35$ True

46.
$$-8.2 = \frac{m}{-2}$$
$$-2(-8.2) = -2\left(\frac{m}{-2}\right)$$
$$16.4 = m$$
$$m = 16.4$$
Check: $-8.2 \stackrel{?}{=} \frac{16.4}{-2}$
$-8.2 = -8.2$ True

47.
$$4x + 3 = 20$$
$$4x + 3 - 3 = 20 - 3$$
$$4x = 17$$
$$\frac{4x}{4} = \frac{17}{4}$$
$$x = 4.25$$
Check: $4(4.25) + 3 \stackrel{?}{=} 20$
$17 + 3 \stackrel{?}{=} 20$
$20 = 20$ True

48.
$\frac{2}{3}x - 4 = 12$
$\frac{2}{3}x - 4 + 4 = 12 + 4$
$\frac{2}{3}x = 16$
$\frac{3}{2}(\frac{2}{3}x) = \frac{3}{2}(16)$
$x = 24$

Check: $\frac{2}{3}(24) - 4 \stackrel{?}{=} 12$
$16 - 4 \stackrel{?}{=} 12$
$12 = 12$ True

49.
$-2.3 = 3y + 0.7$
$-2.3 - 0.7 = 3y + 0.7 - 0.7$
$-3 = 3y$
$\frac{-3}{3} = \frac{3y}{3}$
$-1 = y$
$y = -1$

Check: $-2.3 \stackrel{?}{=} 3(-1) + 0.7$
$-2.3 \stackrel{?}{=} -3 + 0.7$
$-2.3 = -2.3$ True

50.
$15 = \frac{m}{8} + 12$
$15 - 12 = \frac{m}{8} + 12 - 12$
$3 = \frac{m}{8}$
$8(3) = 8(\frac{m}{8})$
$24 = m$
$m = 24$

Check: $15 \stackrel{?}{=} \frac{24}{8} + 12$
$15 \stackrel{?}{=} 3 + 12$
$15 = 15$ True

PAGE 140, LOOK BEYOND

51. $\frac{1}{x} = \frac{2}{x-2}$

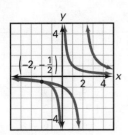

The solution is $x = -2$.

52.
$\frac{1}{x} = \frac{2}{x-2}$
$x(x-2)(\frac{1}{x}) = x(x-2)(\frac{2}{x-2})$
$x - 2 = 2x$
$x - 2 - 2x = 2x - 2x$
$-x - 2 = 0$
$-x - 2 + 2 = 0 + 2$
$-x = 2$
$x = -2$

53. $\frac{6}{x+2} = \frac{3}{x-2}$

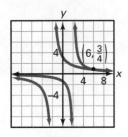

The solution is $x = 6$.

54.
$\frac{6}{x+2} = \frac{3}{x-2}$
$(x-2)(x+2)(\frac{6}{x+2}) = (x-2)(x+2)(\frac{3}{x-2})$
$(x-2)(6) = (x+2)(3)$
$6x - 12 = 3x + 6$
$6x - 12 - 3x = 3x + 6 - 3x$
$3x - 12 = 6$
$3x - 12 + 12 = 6 + 12$
$3x = 18$
$\frac{3x}{3} = \frac{18}{3}$
$x = 6$

3.5 PAGES 144–145, GUIDED SKILLS PRACTICE

5.
$5s + 7 - 2s = 16$
$3s + 7 = 16$
$3s + 7 - 7 = 16 - 7$
$3s = 9$
$\frac{3s}{3} = \frac{9}{3}$
$s = 3$

6.
$4(f + 2) = 20$
$4f + 8 = 20$
$4f + 8 - 8 = 20 - 8$
$4f = 12$
$\frac{4f}{4} = \frac{12}{4}$
$f = 3$

7.
$5r - 3(r + 6) = 24$
$5r - 3r - 18 = 24$
$2r - 18 = 24$
$2r - 18 + 18 = 24 + 18$
$2r = 42$
$\frac{2r}{2} = \frac{42}{2}$
$r = 21$

8. $4(m + 3) + 7 = 4m + 19$
$4m + 12 + 7 = 4m + 19$
$4m + 19 = 4m + 19$
$4m + 19 - 4m = 4m + 19 - 4m$
$19 = 19$
All real numbers are solutions to this equation.

9. $3p - 7 + 2p = 5p + 12$
$5p - 7 = 5p + 12$
$5p - 7 - 5p = 5p + 12 - 5p$
$-7 = 12$
There are no solutions to this equation.

10. $3y + 7(2y - 4) = y - 12$
$3y + 14y - 28 = y - 12$
$17y - 28 = y - 12$
$17y - 28 - y = y - 12 - y$
$16y - 28 = -12$
$16y - 28 + 28 = -12 + 28$
$16y = 16$
$\frac{16y}{16} = \frac{16}{16}$
$y = 1$

11. $5(y + 4) - 3y = 4y + 12$
$5y + 20 - 3y = 4y + 12$
$2y + 20 = 4y + 12$
$2y + 20 - 4y = 4y + 12 - 4y$
$-2y + 20 = 12$
$-2y + 20 - 20 = 12 - 20$
$-2y = -8$
$\frac{-2y}{-2} = \frac{-8}{-2}$
$y = 4$

PAGES 145–146, PRACTICE AND APPLY

12. $4n - 2 + 7n = 20$
$11n - 2 = 20$
$11n - 2 + 2 = 20 + 2$
$11n = 22$
$\frac{11n}{11} = \frac{22}{11}$
$n = 2$

13. $3(r - 4) = 9$
$3r - 12 = 9$
$3r - 12 + 12 = 9 + 12$
$3r = 21$
$\frac{3r}{3} = \frac{21}{3}$
$r = 7$

14. $6x - 4(2x + 1) = 12$
$6x - 8 - 4 = 12$
$-2x - 4 = 12$
$-2x - 4 + 4 = 12 + 4$
$-2x = 16$
$\frac{-2x}{-2} = \frac{16}{-2}$
$x = -8$

15. $6(t + 7) - 20 = 6t$
$6t + 42 - 20 = 6t$
$6t + 22 = 6t$
$6t + 22 - 6t = 6t - 6t$
$22 = 0$
No solution

16. $4x + 3 - 2x = 2x + 7$
$2x + 3 = 2x + 7$
$2x + 3 - 2x = 2x + 7 - 2x$
$3 = 7$
No solution

17. $3y - 2(3y + 2) = 8$
$3y - 6y - 4 = 8$
$-3y - 4 = 8$
$-3y - 4 + 4 = 8 + 4$
$-3y = 12$
$\frac{-3y}{-3} = \frac{12}{-3}$
$y = -4$

18. $3(x + 1) = 2x + 7$
$3x + 3 = 2x + 7$
$3x + 3 - 2x = 2x + 7 - 2x$
$x + 3 = 7$
$x + 3 - 3 = 7 - 3$
$x = 4$

19. $3w - 1 - 4w = 4 - 2w$
$-w - 1 = 4 - 2w$
$-w - 1 + 2w = 4 - 2w + 2w$
$w - 1 = 4$
$w - 1 + 1 = 4 + 1$
$w = 5$

20. $8x - 5 = 4x + 4 - 2x$
$8x - 5 = 2x + 4$
$8x - 5 - 2x = 2x + 4 - 2x$
$6x - 5 = 4$
$6x - 5 + 5 = 4 + 5$
$6x = 9$
$\frac{6x}{6} = \frac{9}{6}$
$x = 1.5$

21. $15 - 3y = y + 13 + y$
$15 - 3y = 2y + 13$
$15 - 3y - 2y = 2y + 13 - 2y$
$15 - 5y = 13$
$15 - 5y - 15 = 13 - 15$
$-5y = -2$
$\frac{-5y}{-5} = \frac{-2}{-5}$
$y = 0.4$

22. $4a - 4 = -2a + 14$
$4a - 4 + 2a = -2a + 14 + 2a$
$6a - 4 = 14$
$6a - 4 + 4 = 14 + 4$
$6a = 18$
$\frac{6a}{6} = \frac{18}{6}$
$a = 3$

23. $4m - 5 = 3m + 7$
$4m - 5 - 3m = 3m + 7 - 3m$
$m - 5 = 7$
$m - 5 + 5 = 7 + 5$
$m = 12$

24.
$2(x + 1) = 3x - 3$
$2x + 2 = 3x - 3$
$2x + 2 - 3x = 3x - 3 - 3x$
$-x + 2 = -3$
$-x + 2 - 2 = -3 - 2$
$-x = -5$
$x = 5$

25.
$2m - 4 = 2(6 - 7m)$
$2m - 4 = 12 - 14m$
$2m - 4 + 14m = 12 - 14m + 14m$
$16m - 4 = 12$
$16m - 4 + 4 = 12 + 4$
$16m = 16$
$\frac{16m}{16} = \frac{16}{16}$
$m = 1$

26.
$8y - 3 = 5(2y + 1)$
$8y - 3 = 10y + 5$
$8y - 3 - 10y = 10y + 5 - 10y$
$-2y - 3 = 5$
$-2y - 3 + 3 = 5 + 3$
$-2y = 8$
$\frac{-2y}{-2} = \frac{8}{-2}$
$y = -4$

27.
$9y - 8 + 4y = 7y + 16$
$13y - 8 = 7y + 16$
$13y - 8 - 7y = 7y + 16 - 7y$
$6y - 8 = 16$
$6y - 8 + 8 = 16 + 8$
$6y = 24$
$\frac{6y}{6} = \frac{24}{6}$
$y = 4$

28.
$0.3w - 4 = 0.8 - 0.2w$
$0.3w - 4 + 0.2w = 0.8 - 0.2w + 0.2w$
$0.5w - 4 = 0.8$
$0.5w - 4 + 4 = 0.8 + 4$
$0.5w = 4.8$
$\frac{0.5w}{0.5} = \frac{4.8}{0.5}$
$w = 9.6$

29.
$5x + 32 = 8 - x$
$5x + 32 + x = 8 - x + x$
$6x + 32 = 8$
$6x + 32 - 32 = 8 - 32$
$6x = -24$
$\frac{6x}{6} = \frac{-24}{6}$
$x = -4$

30.
$4y + 2 = 3(6 - 4y)$
$4y + 2 = 18 - 12y$
$4y + 2 + 12y = 18 - 12y + 12y$
$16y + 2 = 18$
$16y + 2 - 2 = 18 - 2$
$16y = 16$
$\frac{16y}{16} = \frac{16}{16}$
$y = 1$

31.
$m - 12 = 3m + 4$
$m - 12 - 3m = 3m + 4 - 3m$
$-2m - 12 = 4$
$-2m - 12 + 12 = 4 + 12$
$-2m = 16$
$\frac{-2m}{-2} = \frac{16}{-2}$
$m = -8$

32.
$2(8y - 7) = 2(3 + 8y)$
$16y - 14 = 6 + 16y$
$16y - 14 - 16y = 6 + 16y - 16y$
$-14 = 6$
No solution

33.
$2(2x + 3) = 8x + 5$
$4x + 6 = 8x + 5$
$4x + 6 - 8x = 8x + 5 - 8x$
$-4x + 6 = 5$
$-4x + 6 - 6 = 5 - 6$
$-4x = -1$
$\frac{-4x}{-4} = \frac{-1}{-4}$
$x = 0.25$

34. $3 - 2(y - 1) = 2 + 4y$
$3 - 2y + 2 = 2 + 4y$
$5 - 2y = 2 + 4y$
$5 - 2y - 4y = 2 + 4y - 4y$
$5 - 6y = 2$
$5 - 6y - 5 = 2 - 5$
$-6y = -3$
$\frac{-6y}{-6} = \frac{-3}{-6}$
$y = 0.5$

35. $3(2r - 1) + 5 = 5(r + 1)$
$6r - 3 + 5 = 5r + 5$
$6r + 2 = 5r + 5$
$6r + 2 - 5r = 5r + 5 - 5r$
$r + 2 = 5$
$r + 2 - 2 = 5 - 2$
$r = 3$

36. $5(x + 1) + 2 = 2x + 11$
$5x + 5 + 2 = 2x + 11$
$5x + 7 = 2x + 11$
$5x + 7 - 2x = 2x + 11 - 2x$
$3x + 7 = 11$
$3x + 7 - 7 = 11 - 7$
$3x = 4$
$\frac{3x}{3} = \frac{4}{3}$
$x = \frac{4}{3}$

37. $4z - (z + 6) = 3z - 4$
$4z - z - 6 = 3z - 4$
$3z - 6 = 3z - 4$
$3z - 6 - 3z = 3z - 4 - 3z$
$-6 = -4$
No solution

38. $3x - 2(x + 6) = 4x - (x - 10)$
$3x - 2x - 12 = 4x - x + 10$
$x - 12 = 3x + 10$
$x - 12 - 3x = 3x + 10 - 3x$
$-2x - 12 = 10$
$-2x - 12 + 12 = 10 + 12$
$-2x = 22$
$\frac{-2x}{-2} = \frac{22}{-2}$
$x = -11$

39. $8y - 4 + 3(y + 7) = 6y - 3(y - 3)$
$8y - 4 + 3y + 21 = 6y - 3y + 9$
$11y + 17 = 3y + 9$
$11y + 17 - 3y = 3y + 9 - 3y$
$8y + 17 = 9$
$8y + 17 - 17 = 9 - 17$
$8y = -8$
$\frac{8y}{8} = \frac{-8}{8}$
$y = -1$

40. $1.4m - 0.6(m - 2) = 2.4m$
$1.4m - 0.6m + 1.2 = 2.4m$
$0.8m + 1.2 = 2.4m$
$0.8m + 1.2 - 2.4m = 2.4m - 2.4m$
$-1.6m + 1.2 = 0$
$-1.6m + 1.2 - 1.2 = 0 - 1.2$
$-1.6m = -1.2$
$\frac{-1.6m}{-1.6} = \frac{-1.2}{-1.6}$
$m = 0.75$

41. $16x - 3(4x + 7) = 6x - (2x + 21)$
$16x - 12x - 21 = 6x - 2x - 21$
$4x - 21 = 4x - 21$
$4x - 21 - 4x = 4x - 21 - 4x$
$-21 = -21$
All real numbers

42. $6.3y = 5.2y - 1.1y + 12.1$
$6.3y = 4.1y + 12.1$
$6.3y - 4.1y = 4.1y + 12.1 - 4.1y$
$2.2y = 12.1$
$\frac{2.2y}{2.2} = \frac{12.1}{2.2}$
$y = 5.5$

43. $(w - 3) - 5(w + 7) = 10(w + 3) - (7w + 5)$
$w - 3 - 5w - 35 = 10w + 30 - 7w - 5$
$-4w - 38 = 3w + 25$
$-4w - 38 - 3w = 3w + 25 - 3w$
$-7w - 38 = 25$
$-7w - 38 + 38 = 25 + 38$
$-7w = 63$
$\frac{-7w}{-7} = \frac{63}{-7}$
$w = -9$

44. $2(2x + x) = 2(x + 12 + x + 3)$
$4x + 2x = 2x + 24 + 2x + 6$
$6x = 4x + 30$
$6x - 4x = 4x + 30 - 4x$
$2x = 30$
$\frac{2x}{2} = \frac{30}{2}$
$x = 15$

$2(2 \cdot 15 + 15) = 2(30 + 15) = 2(45) = 90$
The perimeter of each rectangle is 90 units.

45. $2(7) + 2(x + 6) = 4x$
$14 + 2x + 12 = 4x$
$26 + 2x = 4x$
$26 + 2x - 4x = 4x - 4x$
$26 - 2x = 0$
$26 - 2x - 26 = 0 - 26$
$-2x = -26$
$\frac{-2x}{-2} = \frac{-26}{-2}$
$x = 13$

46. $4x + 34 + 7x - 10 + 5x + 12 = 180$
$16x + 36 = 180$
$16x + 36 - 36 = 180 - 36$
$16x = 144$
$\frac{16x}{16} = \frac{144}{16}$
$x = 9°$

m∠A = 4(9) + 34 = 36 + 34 = 70°
m∠B = 7(9) − 10 = 63 − 10 = 53°
m∠C = 5(9) + 12 = 45 + 12 = 57°

47. $x + 2x + 2x + 7 = 327$
$5x + 7 = 327$
$5x + 7 - 7 = 327 - 7$
$5x = 320$
$\frac{5x}{5} = \frac{320}{5}$
$x = 64$

Jill: 64 votes
Morgan: 2 · 64 = 128 votes
Trisha: 128 + 7 = 135 votes

48. Let p represent the original price of a single-game CD.
$4(p - 5) = 80$
$4p - 20 = 80$
$4p - 20 + 20 = 80 + 20$
$4p = 100$
$\frac{4p}{4} = \frac{100}{4}$
$p = 25$

The original price of a single-game CD is $25.

PAGE 146, LOOK BACK

49. Sequence   1   3   7   13   [21]   [31]   [43]
First differences   2   4   6   8   10   12
Second differences   2   2   2   2   2

50. Sequence   50   41   32   23   [14]   [5]   [−4]
First differences   −9   −9   −9   −9   −9   −9

51. Sequence $1 \ \frac{1}{2} \ \frac{1}{4} \ \frac{1}{8}$

The pattern for each term is to multiply the previous term by $\frac{1}{2}$.

The next three terms are $\frac{1}{16}, \frac{1}{32},$ and $\frac{1}{64}$.

52. $-3 + (-7) = -3 - 7 = -10$

53. $4.6 + (-2.7) = 4.6 - 2.7 = 1.9$

54. $-1\frac{1}{2} + \left(-1\frac{1}{2}\right) = -1\frac{1}{2} - 1\frac{1}{2} = -\frac{3}{2} - \frac{3}{2} = -\frac{6}{2} = -3$

55. $3 + (-2.1) = 3 - 2.1 = 0.9$

56. $3 - (-7) = 3 + 7 = 10$

57. $3 - 4 = -1$

58. $-1\frac{2}{3} - \left(-3\frac{1}{3}\right) = -\frac{5}{3} - \left(-\frac{10}{3}\right) = -\frac{5}{3} + \frac{10}{3} = \frac{5}{3} = 1\frac{2}{3}$

59. $0 - 3 = -3$

60. $(3)(-2) = -6$

61. $(-2.7)(-2.3) = 6.21$

62. $(5)(-0.3) = -1.5$

63. $\left(-\frac{1}{2}\right)\left(-\frac{1}{2}\right) = \frac{1}{4}$

64. $\frac{-30}{5} = -6$

65. $-\frac{1}{5} \div \frac{1}{5} = -\frac{1}{5} \cdot \frac{5}{1} = -1$

66. $-5.2 \div (-1.3) = 4$

67. $300 \div (-2.5) = -120$

68. $3x = 9$
$\frac{3x}{3} = \frac{9}{3}$
$x = 3$

69. $\frac{x}{5} = 2$
$5\left(\frac{x}{5}\right) = 5(2)$
$x = 10$

70. $4 = x - 7.2$
$4 + 7.2 = x - 7.2 + 7.2$
$11.2 = x$
$x = 11.2$

71. $4 - x = -2.1$
$4 - x - 4 = -2.1 - 4$
$-x = -6.1$
$x = 6.1$

72. $5m = -20$
$\frac{5m}{5} = \frac{-20}{5}$
$m = -4$

73. $\frac{r}{-2} = 10$
$-2\left(\frac{r}{-2}\right) = -2(10)$
$r = -20$

74. $m + 4.7 = -2.5$
$m + 4.7 - 4.7 = -2.5 - 4.7$
$m = -7.2$

75. $-15 = x + 2$
$15 - 2 = x + 2 - 2$
$-17 = x$
$x = -17$

76. $27p = 81$
$\frac{27p}{27} = \frac{81}{27}$
$p = 3$

77. $100x = 50$
$\frac{100x}{100} = \frac{50}{100}$
$x = 0.5$

78. $3 - x = 2$
$3 - x - 3 = 2 - 3$
$-x = -1$
$x = 1$

79. $-7 = 4 - x$
$-7 - 4 = 4 - x - 4$
$-11 = -x$
$x = 11$

80. $-5p = 35$
$\frac{-5p}{-5} = \frac{35}{-5}$
$p = -7$

81. $202 = -101m$
$\frac{202}{-101} = \frac{-101m}{-101}$
$-2 = m$
$m = -2$

82. $m + 7.6 = 14$
$m + 7.6 - 7.6 = 14 - 7.6$
$m = 6.4$

83. $p - 3.1 = -2.7$
$p - 3.1 + 3.1 = -2.7 + 3.1$
$p = 0.4$

PAGE 146, LOOK BEYOND

84. $3x > 4$
$\frac{3x}{3} > \frac{4}{3}$
$x > 1\frac{1}{3}$

85. $-4x < 32$
$\frac{-4x}{-4} > \frac{32}{-4}$
$x > -8$

86. $x - 3 \leq 5$
$x - 3 + 3 \leq 5 + 3$
$x \leq 8$

87. $2y - 7 \geq 11$
$2y - 7 + 7 \geq 11 + 7$
$2y \geq 18$
$\frac{2y}{2} \geq \frac{18}{2}$
$y \geq 9$

3.6 PAGE 151, GUIDED SKILLS PRACTICE

5. $59°$ F
$C = \frac{5}{9}(59 - 32)$
$C = \frac{5}{9}(27)$
$C = 15$
$59°F = 15° C$

6. $14°$ F
$C = \frac{5}{9}(14 - 32)$
$C = \frac{5}{9}(-18)$
$C = -10$
$14° F = -10° C$

7. $149°$ F
$C = \frac{5}{9}(149 - 32)$
$C = \frac{5}{9}(117)$
$C = 65$
$149° F = 65° C$

8. $A - P = I$
$A - P + P = I + P$
$A = I + P$

9. $y = mx$
$\frac{y}{x} = \frac{mx}{m}$
$\frac{y}{x} = m$
$m = \frac{y}{x}$

10. $a + bc = d$
$a + bc - a = d - a$
$bc = d - a$
$\frac{bc}{c} = \frac{d - a}{c}$
$b = \frac{d - a}{c}$

11. $P = 2l + 2w$
$32 = 2(3w) + 2w$
$32 = 6w + 2w$
$32 = 8w$
$\frac{32}{8} = \frac{8w}{8}$
$4 = w$
$w = 4$ units
$l = 3w$
$l = 3(4)$
$l = 12$ units

12. $A = \frac{1}{2}h(b_1 + b_2)$
$22 = \frac{1}{2}(4)(6 + b)$
$22 = 2(6 + b)$
$22 = 12 + 2b$
$22 - 12 = 12 + 2b - 12$
$10 = 2b$
$\frac{10}{2} = \frac{2b}{2}$
$5 = b$

13. $C = 2\pi r$
$30 = 2(3.14)r$
$30 = 6.28r$
$\frac{30}{6.28} = \frac{6.28r}{6.28}$
$4.78 \approx r$
$r \approx 4.78$

PAGES 151–152, PRACTICE AND APPLY

14. $23° F$
$C = \frac{5}{9}(23 - 32)$
$C = \frac{5}{9}(-9)$
$C = -5$
$23° F = -5° C$

15. $86° F$
$C = \frac{5}{9}(86 - 32)$
$C = \frac{5}{9}(54)$
$C = 30$
$86° F = 30° C$

16. $18° F$
$C = \frac{5}{9}(18 - 32)$
$C = \frac{5}{9}(-14)$
$C = -7.8$
$18° F = -7.8° C$

17. $125° F$
$C = \frac{5}{9}(125 - 32)$
$C = \frac{5}{9}(93)$
$C = 51.7$
$125° F = 51.7° C$

18. $T + M = R$
$T + M - M = R - M$
$T = R - M$

19. $M = T - R$
$M + R = T - R + R$
$M + R = T$
$T = M + R$

20. $R + T = M$
$R + T - R = M - R$
$T = M - R$

21. $a + b = c$
$a + b - a = c - a$
$b = c - a$

22. $c = a - b$
$c - a = a - b - a$
$c - a = -b$
$b = a - c$

23. $a + b = -c$
$a + b - b = -c - b$
$a = -c - b$

24. $a - b = c$
$a - b + b = c + b$
$a = c + b$

25. $C = \pi d$
$\frac{C}{\pi} = \frac{\pi d}{\pi}$
$\frac{C}{\pi} = d$
$d = \frac{C}{\pi}$

26. $y = mx + 6$
$y - 6 = mx + 6 - 6$
$y - 6 = mx$
$\frac{y - 6}{x} = \frac{mx}{x}$
$\frac{y - 6}{x} = m$
$m = \frac{y - 6}{x}$

27. $A = lw$
$\frac{A}{l} = \frac{lw}{l}$
$\frac{A}{l} = w$
$w = \frac{A}{l}$

28. $3t = r$
$\frac{3t}{3} = \frac{r}{3}$
$t = \frac{r}{3}$

29. $5p + 9c = p$
$5p + 9c - 5p = p - 5p$
$9c = -4p$
$\frac{9c}{9} = \frac{-4p}{9}$
$c = -\frac{4p}{9}$

30. $ma = q$
$\frac{ma}{m} = \frac{q}{m}$
$a = \frac{q}{m}$

31. $ax + r = 7$
$ax + r - r = 7 - r$
$ax = 7 - r$
$\frac{ax}{a} = \frac{7 - r}{a}$
$x = \frac{7 - r}{a}$

32. $2a + 2b = c$
$2a + 2b - 2a = c - 2a$
$2b = c - 2a$
$\frac{2b}{2} = \frac{c - 2a}{2}$
$b = \frac{c - 2a}{2}$

33. $4y + 3x = 5$
$4y + 3x - 4y = 5 - 4y$
$3x = 5 - 4y$
$\frac{3x}{3} = \frac{5 - 4y}{3}$
$x = \frac{5 - 4y}{3}$

34. $3x + 7y = 2$
$3x + 7y - 3x = 2 - 3x$
$7y = 2 - 3x$
$\frac{7y}{7} = \frac{2 - 3x}{7}$
$y = \frac{2 - 3x}{7}$

35. $y = 3x + 3b$
$y - 3x = 3x + 3b - 3x$
$y - 3x = 3b$
$\frac{y - 3x}{3} = \frac{3b}{3}$
$\frac{y - 3x}{3} = b$
$b = \frac{y - 3x}{3}$

36. $C = 2\pi r$
$30 = 2(3.14)r$
$30 = 6.28r$
$\frac{30}{6.28} = \frac{6.28r}{6.28}$
$4.78 \approx r$
$r \approx 4.78$ inches

37. $C = 2\pi r$
$5 = 2(3.14)r$
$5 = 6.28r$
$\frac{5}{6.28} = \frac{6.28r}{6.28}$
$0.80 \approx r$
$r \approx 0.80$ centimeters

38. $C = 2\pi r$
$100 = 2(3.14)r$
$100 = 6.28r$
$\frac{100}{6.28} = \frac{6.28r}{6.28}$
$15.92 \approx r$
$r \approx 15.92$ meters

39. $C = 2\pi r$
$15 = 2(3.14)r$
$15 = 6.28r$
$\frac{15}{6.28} = \frac{6.28r}{6.28}$
$2.39 \approx r$
$r \approx 2.39$ meters

40. $C = 2\pi r$
$71 = 2(3.14)r$
$71 = 6.28r$
$\frac{71}{6.28} = \frac{6.28r}{6.28}$
$11.31 \approx r$
$r \approx 11.31$ inches

41. $C = 2\pi r$
$52 = 2(3.14)r$
$52 = 6.28r$
$\frac{52}{6.28} = \frac{6.28r}{6.28}$
$8.28 \approx r$
$r \approx 8.28$ feet

42. $C = 2\pi r$
$3 = 2(3.14)r$
$3 = 6.28r$
$\frac{3}{6.28} = \frac{6.28r}{6.28}$
$0.48 \approx r$
$r \approx 0.48$ feet

43. $C = 2\pi r$
$11 = 2(3.14)r$
$11 = 6.28r$
$\frac{11}{6.28} = \frac{6.28r}{6.28}$
$1.75 \approx r$
$r \approx 1.75$ inches

44. $C = 2\pi r$
$200 = 2(3.14)r$
$200 = 6.28r$
$\frac{200}{6.28} = \frac{6.28r}{6.28}$
$31.85 \approx r$
$r \approx 31.85$ meters

45. $A = \frac{1}{2}h(b_1 + b_2)$
$200 = \frac{1}{2}(10)(24 + b_2)$
$200 = 5(24 + b_2)$
$200 = 120 + 5b_2$
$200 - 120 = 120 + 5b_2 - 120$
$80 = 5b_2$
$\frac{80}{5} = \frac{5b_2}{5}$
$16 = b_2$
$b_2 = 16$

46. $A = \frac{1}{2}h(b_1 + b_2)$
$150 = \frac{1}{2}(9)(20 + b_2)$
$150 = 4.5(20 + b_2)$
$150 = 90 + 4.5b_2$
$150 - 90 = 90 + 4.5b_2 - 90$
$60 = 4.5b_2$
$\frac{60}{4.5} = \frac{4.5b_2}{4.5}$
$13\frac{1}{3} = b_2$
$b_2 = 13\frac{1}{3}$

47. $A = \frac{1}{2}h(b_1 + b_2)$
$28 = \frac{1}{2}(4)(8 + b_2)$
$28 = 2(8 + b_2)$
$28 = 16 + 2b_2$
$28 - 16 = 16 + 2b_2 - 16$
$12 = 2b_2$
$\frac{12}{2} = \frac{2b_2}{2}$
$6 = b_2$
$b_2 = 6$

48. $A = \frac{1}{2}h(b_1 + b_2)$
$50 = \frac{1}{2}(6)(10 + b_2)$
$50 = 3(10 + b_2)$
$50 = 30 + 3b_2$
$50 - 30 = 30 + 3b_2 - 30$
$20 = 3b_2$
$\frac{20}{3} = \frac{3b_2}{3}$
$6\frac{2}{3} = b_2$
$b_2 = 6\frac{2}{3}$

49. $A = \frac{1}{2}h(b_1 + b_2)$
$120 = \frac{1}{2}(10)(20 + b_2)$
$120 = 5(20 + b_2)$
$120 = 100 + 5b_2$
$120 - 100 = 100 + 5b_2 - 100$
$20 = 5b_2$
$\frac{20}{5} = \frac{5b_2}{5}$
$4 = b_2$
$b_2 = 4$

50. $A = \frac{1}{2}h(b_1 + b_2)$
$200 = \frac{1}{2}(5)(50 + b_2)$
$200 = 2.5(50 + b_2)$
$200 = 125 + 2.5b_2$
$200 - 125 = 125 + 2.5b_2 - 125$
$75 = 2.5b_2$
$\frac{75}{2.5} = \frac{2.5b_2}{2.5}$
$30 = b_2$
$b_2 = 30$

51. $P = 2l + 2w$
$P = 2(4w) + 2w$
$P = 8w + 2w$
$P = 10w$
$200 = 10w$
$\frac{200}{10} = \frac{10w}{10}$
$20 = w$
$w = 20$
$l = 4w$
$l = 4(20) = 80$

52. a. $t = \frac{d}{500} + \frac{1}{2}$

$t = \frac{1300}{500} + \frac{1}{2}$

$t = 3.1$ hours

b. $\quad t = \frac{d}{500} + \frac{1}{2}$

$500t = 500\left(\frac{d}{500} + \frac{1}{2}\right)$

$500t = d + 250$

$500t - 250 = d + 250 - 250$

$500t - 250 = d$

$d = 500t - 250$

c. $d = 500t - 250$

$d = 500(4) - 250$

$d = 2000 - 250$

$d = 1750$ miles

53. $A = 2(lw + hw + lh)$

$A = 2(3 \cdot 2 + 1 \cdot 2 + 3 \cdot 1)$

$A = 2(6 + 2 + 3)$

$A = 2(11)$

$A = 22$ square feet

PAGE 153, LOOK BACK

54. $89 - (-14) = 89 + 14 = 103$

55. $400 - (-111) = 400 + 111 = 511$

56. $-674 - (-900) = -674 + 900 = 226$

57. $(-3)(-3)(-1)(-1) = (9)(-1)(-1) = (-9)(-1) = 9$

58. $(1)(-1)(-1)(-1) = (-1)(-1)(-1) = (1)(-1) = -1$

59. $\frac{-22}{2} = -11$

60. $\frac{-16}{-4} = 4$

61. $(3x - 2y + 1) - 3(x + 2y - 1) = 3x - 2y + 1 - 3x - 6y + 3$

$= (3x - 3x) - (2y + 6y) + (1 + 3)$

$= -8y + 4$

62. $3(a + b) - 2(a - b) = 3a + 3b - 2a + 2b$

$= (3a - 2a) + (3b + 2b)$

$= a + 5b$

63. $3x - 2 = 19$

$3x - 2 + 2 = 19 + 2$

$3x = 21$

$\frac{3x}{3} = \frac{21}{3}$

$x = 7$

64. $-4x + 15 = -45$

$-4x + 15 - 15 = -45 - 15$

$-4x = -60$

$\frac{-4x}{-4} = \frac{-60}{-4}$

$x = 15$

65. $18x + 53 = 7x - 68$

$18x + 53 - 7x = 7x - 68 - 7x$

$11x + 53 = -68$

$11x + 53 - 53 = -68 - 53$

$11x = -121$

$\frac{11x}{11} = \frac{-121}{11}$

$x = -11$

PAGE 153, LOOK BEYOND

66. If $y = \frac{1}{x-2}$, then $x - 2 \neq 0$, or $x \neq 2$.

67. If $y = \sqrt{x + 3}$, then $x + 3 \geq 0$, or $x \geq -3$.

CHAPTER 3 REVIEW AND ASSESSMENT   PAGES 156–158

1. $r + 26 = 16$

$r + 26 - 26 = 16 - 26$

$r = -10$

Check: $-10 + 26 \stackrel{?}{=} 16$

$16 = 16$ True

2. $a + 1.5 = 3.6$

$a + 1.5 - 1.5 = 3.6 - 1.5$

$a = 2.1$

Check: $2.1 + 1.5 \stackrel{?}{=} 3.6$

$3.6 = 3.6$ True

3. $t + 7 = -5$

$t + 7 - 7 = -5 - 7$

$t = -12$

Check: $-12 + 7 \stackrel{?}{=} -5$

$-5 = -5$ True

4.
$$y - 13 = 12$$
$$y - 13 + 13 = 12 + 13$$
$$y = 25$$
Check: $25 - 13 \stackrel{?}{=} 12$
$\qquad 12 = 12$ True

5.
$$24 = x - 19$$
$$24 + 19 = x - 19 + 19$$
$$43 = x$$
Check: $24 \stackrel{?}{=} 43 - 19$
$\qquad 24 = 24$ True

6.
$$m + \tfrac{1}{2} = \tfrac{5}{6}$$
$$m + \tfrac{1}{2} - \tfrac{1}{2} = \tfrac{5}{6} - \tfrac{1}{2}$$
$$m = \tfrac{5}{6} - \tfrac{3}{6}$$
$$m = \tfrac{2}{6}$$
$$m = \tfrac{1}{3}$$
Check: $\tfrac{1}{3} + \tfrac{1}{2} \stackrel{?}{=} \tfrac{5}{6}$
$\qquad \tfrac{2}{6} + \tfrac{3}{6} \stackrel{?}{=} \tfrac{5}{6}$
$\qquad \tfrac{5}{6} = \tfrac{5}{6}$ True

7.
$$h - \tfrac{1}{6} = \tfrac{2}{3}$$
$$h - \tfrac{1}{6} + \tfrac{1}{6} = \tfrac{2}{3} + \tfrac{1}{6}$$
$$h = \tfrac{4}{6} + \tfrac{1}{6}$$
$$h = \tfrac{5}{6}$$
Check: $\tfrac{5}{6} - \tfrac{1}{6} \stackrel{?}{=} \tfrac{2}{3}$
$\qquad \tfrac{4}{6} = \tfrac{2}{3}$ True

8.
$$k + 5 = 7$$
$$k + 5 - 5 = 7 - 5$$
$$k = 2$$
Check: $2 + 5 \stackrel{?}{=} 7$
$\qquad 7 = 7$ True

9.
$$m - 3 = 15$$
$$m - 3 + 3 = 15 + 3$$
$$m = 18$$
Check: $18 - 3 \stackrel{?}{=} 15$
$\qquad 15 = 15$ True

10.
$$x + 17 = 2$$
$$x + 17 - 17 = 2 - 17$$
$$x = -15$$
Check: $-15 + 17 \stackrel{?}{=} 2$
$\qquad 2 = 2$ True

11.
$$17x = -85$$
$$\tfrac{17x}{17} = \tfrac{-85}{17}$$
$$x = -5$$

12.
$$-4g = -56$$
$$\tfrac{-4g}{-4} = \tfrac{-56}{-4}$$
$$g = 14$$

13.
$$-2.2h = 33$$
$$\tfrac{-2.2h}{-2.2} = \tfrac{33}{-2.2}$$
$$h = -15$$

14.
$$24f = 150$$
$$\tfrac{24f}{24} = \tfrac{150}{24}$$
$$f = 6\tfrac{1}{4}$$

15.
$$-8w = 0.5$$
$$\tfrac{-8w}{-8} = \tfrac{0.5}{-8}$$
$$w = -0.0625$$

16.
$$\tfrac{y}{-2.4} = -10$$
$$-2.4\left(\tfrac{y}{-2.4}\right) = -2.4(-10)$$
$$y = 24$$

17.
$$\tfrac{t}{5} = -24$$
$$5\left(\tfrac{t}{5}\right) = 5(-24)$$
$$t = -120$$

18.
$$\tfrac{-c}{3} = 12$$
$$3\left(\tfrac{-c}{3}\right) = 3(12)$$
$$-c = 36$$
$$c = -36$$

19.
$$\tfrac{w}{8} = -19$$
$$8\left(\tfrac{w}{8}\right) = 8(-19)$$
$$w = -152$$

20.
$$\tfrac{x}{-3} = 0$$
$$-3\left(\tfrac{x}{-3}\right) = -3(0)$$
$$x = 0$$

21.
$$3a + 7 = 31$$
$$3a + 7 - 7 = 31 - 7$$
$$3a = 24$$
$$\tfrac{3a}{3} = \tfrac{24}{3}$$
$$a = 8$$

22.
$$-2x + 10 = -4$$
$$-2x + 10 - 10 = -4 - 10$$
$$-2x = -14$$
$$\tfrac{-2x}{-2} = \tfrac{-14}{-2}$$
$$x = 7$$

23.
$$\tfrac{y}{5} + 4 = 40.5$$
$$\tfrac{y}{5} + 4 - 4 = 40.5 - 4$$
$$\tfrac{y}{5} = 36.5$$
$$5\left(\tfrac{y}{5}\right) = 5(36.5)$$
$$y = 182.5$$

24.
$$5x + 3 = -17$$
$$5x + 3 - 3 = -17 - 3$$
$$5x = -20$$
$$\tfrac{5x}{5} = \tfrac{-20}{5}$$
$$x = -4$$

25.
$$-7 = 4 + \tfrac{x}{3}$$
$$-7 - 4 = 4 + \tfrac{x}{3} - 4$$
$$-11 = \tfrac{x}{3}$$
$$3(-11) = 3\left(\tfrac{x}{3}\right)$$
$$-33 = x$$
$$x = -33$$

26.
$$-8 = \tfrac{x}{2} - 5$$
$$-8 + 5 = \tfrac{x}{2} - 5 + 5$$
$$-3 = \tfrac{x}{2}$$
$$2(-3) = 2\left(\tfrac{x}{2}\right)$$
$$-6 = x$$
$$x = -6$$

27.
$$-3x - 2 = -4$$
$$-3x - 2 + 2 = -4 + 2$$
$$-3x = -2$$
$$\tfrac{-3x}{-3} = \tfrac{-2}{-3}$$
$$x = \tfrac{2}{3}$$

28.
$$5x + 17 = -17$$
$$5x + 17 - 17 = -17 - 17$$
$$5x = -34$$
$$\tfrac{5x}{5} = \tfrac{-34}{5}$$
$$x = -6.8$$

29.
$$3 - 2x = 3$$
$$3 - 2x - 3 = 3 - 3$$
$$-2x = 0$$
$$\tfrac{-2x}{-2} = \tfrac{0}{-2}$$
$$x = 0$$

30.
$$\tfrac{x}{4} - 5 = 5$$
$$\tfrac{x}{4} - 5 + 5 = 5 + 5$$
$$\tfrac{x}{4} = 10$$
$$4\left(\tfrac{x}{4}\right) = 4(10)$$
$$x = 40$$

31.
$$4x + 3 = 23$$
$$4x + 3 - 3 = 23 - 3$$
$$4x = 20$$
$$\tfrac{4x}{4} = \tfrac{20}{4}$$
$$x = 5$$

32.
$$45 = 2w - 32$$
$$45 + 32 = 2w - 32 + 32$$
$$77 = 2w$$
$$\tfrac{77}{2} = \tfrac{2w}{2}$$
$$38.5 = w$$
$$w = 38.5$$

33.
$$60 = 5 - \tfrac{m}{7}$$
$$60 - 5 = 5 - \tfrac{m}{7} - 5$$
$$55 = -\tfrac{m}{7}$$
$$-7(55) = -7\left(-\tfrac{m}{7}\right)$$
$$-385 = m$$
$$m = -385$$

34.
$$n - 6 = 2n - 14$$
$$n - 6 - 2n = 2n - 14 - 2n$$
$$-n - 6 = -14$$
$$-n - 6 + 6 = -14 + 6$$
$$-n = -8$$
$$n = 8$$

35.
$$2m + 5 = \tfrac{m}{5} - 4$$
$$5(2m + 5) = 5\left(\tfrac{m}{5} - 4\right)$$
$$10m + 25 = m - 20$$
$$10m + 25 - m = m - 20 - m$$
$$9m + 25 = -20$$
$$9m + 25 - 25 = -20 - 25$$
$$9m = -45$$
$$\tfrac{9m}{9} = \tfrac{-45}{9}$$
$$m = -5$$

36.
$$4x + 18 = x$$
$$4x + 18 - x = x - x$$
$$3x + 18 = 0$$
$$3x + 18 - 18 = 0 - 18$$
$$3x = -18$$
$$\tfrac{3x}{3} = \tfrac{-18}{3}$$
$$x = -6$$

37.
$$5m - 3 = 2m - 9$$
$$5m - 3 - 2m = 2m - 9 - 2m$$
$$3m - 3 = -9$$
$$3m - 3 + 3 = -9 + 3$$
$$3m = -6$$
$$\tfrac{3m}{3} = \tfrac{-6}{3}$$
$$m = -2$$

38.
$$15p + 4 = 5p$$
$$15p + 4 - 5p = 5p - 5p$$
$$10p + 4 = 0$$
$$10p + 4 - 4 = 0 - 4$$
$$10p = -4$$
$$\tfrac{10p}{10} = \tfrac{-4}{10}$$
$$p = -0.4$$

39.
$$\tfrac{m}{2} + 3 = \tfrac{m}{5} + 5$$
$$10\left(\tfrac{m}{2} + 3\right) = 10\left(\tfrac{m}{5} + 5\right)$$
$$5m + 30 = 2m - 50$$
$$5m + 30 - 2m = 2m + 50 - 2m$$
$$3m + 30 = 50$$
$$3m + 30 - 30 = 50 - 30$$
$$3m = 20$$
$$\tfrac{3m}{3} = \tfrac{20}{3}$$
$$m = 6\tfrac{2}{3}$$

40.
$$8x - 1.5 = 2x$$
$$8x - 1.5 - 2x = 2x - 2x$$
$$6x - 1.5 = 0$$
$$6x - 1.5 + 1.5 = 0 + 1.5$$
$$6x = 1.5$$
$$\tfrac{6x}{6} = \tfrac{1.5}{6}$$
$$x = 0.25$$

41.
$$3f - 2 = 7$$
$$3f - 2 + 2 = 7 + 2$$
$$3f = 9$$
$$\frac{3f}{3} = \frac{9}{3}$$
$$f = 3$$

42.
$$2x + 3 = 3x + 5$$
$$2x + 3 - 3x = 3x + 5 - 3x$$
$$-x + 3 = 5$$
$$-x + 3 - 3 = 5 - 3$$
$$-x = 2$$
$$x = -2$$

43.
$$5m - 3 = 2$$
$$5m - 3 + 3 = 2 + 3$$
$$5m = 5$$
$$\frac{5m}{5} = \frac{5}{5}$$
$$m = 1$$

44.
$$-14x = 3x + 17$$
$$-14x - 3x = 3x + 17 - 3x$$
$$-17x = 17$$
$$\frac{-17x}{-17} = \frac{17}{-17}$$
$$x = -1$$

45.
$$-2x + 3 = x - 6$$
$$-2x + 3 - x = x - 6 - x$$
$$-3x + 3 = -6$$
$$-3x + 3 - 3 = -6 - 3$$
$$-3x = -9$$
$$\frac{-3x}{-3} = \frac{-9}{-3}$$
$$x = 3$$

46.
$$8f + 7 = 15$$
$$8f + 7 - 7 = 15 - 7$$
$$8f = 8$$
$$\frac{8f}{8} = \frac{8}{8}$$
$$f = 1$$

47.
$$11m + 2 = 9m - 18$$
$$11m + 2 - 9m = 9m - 18 - 9m$$
$$2m + 2 = -18$$
$$2m + 2 - 2 = -18 - 2$$
$$2m = -20$$
$$\frac{2m}{2} = \frac{-20}{2}$$
$$m = -10$$

48.
$$7x - 2(x + 6) = -2$$
$$7x - 2x - 12 = -2$$
$$5x - 12 = -2$$
$$5x - 12 + 12 = -2 + 12$$
$$5x = 10$$
$$\frac{5x}{5} = \frac{10}{5}$$
$$x = 2$$

49.
$$3x + 4(x - 2) = 7 + x$$
$$3x + 4x - 8 = 7 + x$$
$$7x - 8 = 7 + x$$
$$7x - 8 - x = 7 + x - x$$
$$6x - 8 = 7$$
$$6x - 8 + 8 = 7 + 8$$
$$6x = 15$$
$$\frac{6x}{6} = \frac{15}{6}$$
$$x = 2.5$$

50.
$$5(x - 3) = 10$$
$$5x - 15 = 10$$
$$5x - 15 + 15 = 10 + 15$$
$$5x = 25$$
$$\frac{5x}{5} = \frac{25}{5}$$
$$x = 5$$

51.
$$6(2x + 7) = 102$$
$$12x + 42 = 102$$
$$12x + 42 - 42 = 102 - 42$$
$$12x = 60$$
$$\frac{12x}{12} = \frac{60}{12}$$
$$x = 5$$

52.
$$3 - 4x = 5(x + 6)$$
$$3 - 4x = 5x + 30$$
$$3 - 4x - 5x = 5x + 30 - 5x$$
$$3 - 9x = 30$$
$$3 - 9x - 3 = 30 - 3$$
$$-9x = 27$$
$$\frac{-9x}{-9} = \frac{27}{-9}$$
$$x = -3$$

53.
$$x + 7 = 2(x - 1)$$
$$x + 7 = 2x - 2$$
$$x + 7 - 2x = 2x - 2 - 2x$$
$$-x + 7 = -2$$
$$-x + 7 - 7 = -2 - 7$$
$$-x = -9$$
$$x = 9$$

54.
$$5m - 3(m - 3) = 2(m + 3)$$
$$5m - 3m + 9 = 2m + 6$$
$$2m + 9 = 2m + 6$$
$$2m + 9 - 2m = 2m + 6 - 2m$$
$$9 = 6$$
No solution

55.
$$6(x + 2x + 1) = 12x$$
$$6x + 12x + 6 = 12x$$
$$18x + 6 = 12x$$
$$18x + 6 - 12x = 12x - 12x$$
$$6x + 6 = 0$$
$$6x + 6 - 6 = 0 - 6$$
$$6x = -6$$
$$\frac{6x}{6} = \frac{-6}{6}$$
$$x = -1$$

56.
$A + B = C$
$A + B - B = C - B$
$A = C - B$

57.
$y = mx + b$
$y - b = mx + b - b$
$y - b = mx$
$\frac{y-b}{x} = \frac{mx}{x}$
$m = \frac{y-b}{x}$

58.
$9x + 3y = 10$
$9x + 3y - 9x = 10 - 9x$
$3y = 10 - 9x$
$\frac{3y}{3} = \frac{10-9x}{3}$
$y = \frac{10-9x}{3}$

59.
$ax + b = c$
$ax + b - ax = c - ax$
$b = c - ax$

60.
$T + \frac{S}{3} = R$
$T + \frac{S}{3} - T = R - T$
$\frac{S}{3} = R - T$
$3\left(\frac{S}{3}\right) = 3(R - T)$
$S = 3(R - T)$

61.
$C = 2\pi r$
$100 \approx 2(3.14)r$
$100 \approx 6.28r$
$\frac{100}{6.28} \approx \frac{6.28r}{6.28}$
$15.92 \approx r$
$r \approx 15.92$ meters

62.
$C = 2\pi r$
$10 \approx 2(3.14)r$
$10 \approx 6.28r$
$\frac{10}{6.28} \approx \frac{6.28r}{6.28}$
$1.59 \approx r$
$r \approx 1.59$ centimeters

63.
$C = 2\pi r$
$15 \approx 2(3.14)r$
$15 \approx 6.28r$
$\frac{15}{6.28} \approx \frac{6.28r}{6.28}$
$2.39 \approx r$
$r \approx 2.39$ feet

64.
$C = 2\pi r$
$25 \approx 2(3.14)r$
$25 \approx 6.28r$
$\frac{25}{6.28} \approx \frac{6.28r}{6.28}$
$3.98 \approx r$
$r \approx 3.98$ centimeters

65.
$C = 2\pi r$
$28 \approx 2(3.14)r$
$28 \approx 6.28r$
$\frac{28}{6.28} \approx \frac{6.28r}{6.28}$
$4.46 \approx r$
$r \approx 4.46$ inches

66.
$s = 1.75b + 2.45j$
$125 = 1.75(22) + 2.45j$
$125 = 38.5 + 2.45j$
$125 - 38.5 = 38.5 + 2.45j - 38.5$
$86.5 = 2.45j$
$\frac{86.5}{2.45} = \frac{2.45j}{2.45}$
$35.31 \approx j$
Marsha can buy 35 jars of paint.

Chapter 3 Chapter Test

PAGE 159

1.
$g + 17 = 35$
$g + 17 - 17 = 35 - 17$
$g = 18$

2.
$13 = a - 6$
$13 + 6 = a - 6 + 6$
$19 = a$

3.
$8 - x = 15$
$8 - x - 8 = 15 - 8$
$-x = 7$
$x = -7$

4.
$g + \frac{2}{3} = \frac{7}{9}$
$g + \frac{2}{3} - \frac{2}{3} = \frac{7}{9} - \frac{2}{3}$
$g = \frac{1}{9}$

5.
$-1.7 + d = -3.2$
$-1.7 + d + 1.7 = -3.2 + 1.7$
$d = -1.5$

6.
$J + A = G$
$J + 12 = 27$
$J + 12 - 12 = 27 - 12$
$J = 15$

7.
$3x = 9$
$\frac{3x}{3} = \frac{9}{3}$
$x = 3$

8.
$-5p = -110$
$\frac{-5p}{-5} = \frac{-110}{-5}$
$p = 22$

9.
$\frac{h}{5} = -12$
$5\left(\frac{h}{5}\right) = (-12)(5)$
$h = -60$

10.
$-\frac{v}{3} = \frac{3}{8}$
$-3\left(\frac{-v}{3}\right) = \left(\frac{3}{8}\right)(-3)$
$v = -\frac{9}{8}$

11.
$12t = 41.88$
$\frac{12t}{12} = \frac{41.88}{12}$
$t = 3.49$
Each tape costs $3.49.

12.
$2x + 5 = 9$
$2x + 5 - 5 = 9 - 5$
$2x = 4$
$x = 2$

13.
$5p - 9 = 11$
$5p - 9 + 9 = 11 + 9$
$5p = 20$
$p = 4$

14.
$\frac{h}{3} - 7 = 40$
$\frac{h}{3} - 7 + 7 = 40 + 7$
$\frac{h}{3} = 47$
$h = 141$

15.
$12 + 3y = -21$
$12 + 3y - 12 = -21 - 12$
$3y = -33$
$y = -11$

16.
$5s + 1.9 = 16.9$
$5s + 1.9 - 1.9 = 16.9 - 1.9$
$5s = 15$
$s = 3$

17.
$5y + 7 = \frac{3}{2}$
$5y + 7 - 7 = \frac{3}{2} - 7$
$5y = -\frac{11}{2}$
$y = -\frac{11}{10}$

18.
$2.3 - 7r = -25.7$
$2.3 - 7r - 2.3 = -25.7 - 2.3$
$-7r = -28$
$r = 4$

19.
$102.50 = 15 + 25x$
$102.50 - 15 = 15 + 25x - 15$
$87.5 = 25x$
$3.5 = x$
It will take 3.5 hours to repair the VCR.

20.
$3x + 4 = 5x - 2$
$3x + 4 - 5x = 5x - 2 - 5x$
$-2x + 4 = -2$
$-2x + 4 - 4 = -2 - 4$
$-2x = -6$
$x = 3$

21.
$8 - 3z = 2z + 9$
$8 - 3z - 2z = 2z + 9 - 2z$
$8 - 5z = 9$
$8 - 5z - 8 = 9 - 8$
$-5z = 1$
$z = -\frac{1}{5}$

22.
$\frac{d}{3} + 5 = \frac{d}{4} - 7$
$12\left(\frac{d}{3} + 5\right) = \left(\frac{d}{4} - 7\right)12$
$4d + 60 = 3d - 84$
$4d + 60 - 3d = 3d - 84 - 3d$
$d + 60 = -84$
$d = -144$

23.
$8k - 4.7 = 3k + 0.3$
$8k - 4.7 - 3k = 3k + 0.3 - 3k$
$5k - 4.7 = 0.3$
$5k - 4.7 + 4.7 = 0.3 + 4.7$
$5k = 5$
$k = 1$

24.
$3\frac{1}{5} + \frac{v}{-5} = 18$
$5\left(\frac{16}{5} + \frac{v}{-5}\right) = 18(5)$
$16 - v = 90$
$16 - v - 16 = 90 - 16$
$-v = 74$
$v = -74$

25.
$3x + 9 = 5x$
$3x + 9 - 5x = 5x - 5x$
$-2x + 9 = 0$
$-2x + 9 - 9 = 0 - 9$
$-2x = -9$
$x = \frac{9}{2}$
One ink cartridge is $4.50.

26.
$5x + 3(x + 6) = 66$
$5x + 3x + 18 = 66$
$8x + 18 = 66$
$8x + 18 - 18 = 66 - 18$
$8x = 48$
$x = 6$

27.
$4(m - 3) = 10m - 6(m - 7)$
$4m - 12 = 10m - 6m + 42$
$4m - 12 = 4m + 42$
$4m - 12 - 4m = 4m + 42 - 4m$
$-12 = 42$
False; no solution

28.
$t + u = v$
$t + u - t = v - t$
$u = v - t$

29.
$ax - r = 12$
$ax - r + r = 12 + r$
$ax = 12 + r$
$x = \frac{12 + r}{a}$

30.
$15 = \frac{5}{9}(F - 32)$
$\frac{9}{5}(15) = \left[\frac{5}{9}(F - 32)\right]\frac{9}{5}$
$27 = F - 32$
$59 = F$
$59°$ F

Chapters 1–3 Cumulative Assessment

PAGES 160–161

1. $2(6) + 1 = 13$; $4(6) - 3 = 21$ Choose b.

2. Choose b.

3. $(3y + 2) + (2y - 5) = 5y - 3$; $(2y + 6) - (y + 7) = y - 1$ Choose d.

4. $\frac{-3}{4}x = 3$ $\qquad$ $\frac{-4}{3}x = -4$
$x = -4$ $\qquad\qquad$ $x = 3$
Choose b.

5. a. $15 \cdot (6 + 4) - 57 = 15 \cdot 10 - 57$
$ = 93$

b. $2^3 - 6 \cdot (3 + 2) = 8 - 6(5)$
$ = -22$

c. $4^2 - 5^2 \div 5 + 2(0) = 16 - \frac{25}{5}$
$ = 11$

d. $9 \div 3 \cdot 2^3 - 5 = 3 \cdot 8 - 5$
$ = 19$

Choose d

6. $-5\frac{5}{6} \cdot \frac{3}{5} = \frac{-35}{6} \cdot \frac{3}{5}$
$\phantom{-5\frac{5}{6} \cdot \frac{3}{5}} = \frac{-105}{30}$
$\phantom{-5\frac{5}{6} \cdot \frac{3}{5}} = -3\frac{1}{2}$
Choose c

7. $\frac{32 - 8x}{4} = 8 - 2x$

a. $8 - 2x$

b. $\frac{16 - 4x}{2} = 8 - 2x$

c. $(32 - 8x) \div 4 = \frac{32}{4} - \frac{8x}{4} = 8 - 2x$

d. none of these
Choose d

8. a. $3x - 2(x - 3) = 3x - 2x + 6$
$ = x + 6$

b. $3x + 2(3 - x) = 3x + 6 - 2x$
$ = x + 6$

c. $3x - 2(x + 3) = 3x - 2x - 6$
$ = x - 6$

d. $3x - 2(-3 + x) = 3x + 6 - 2x$
$ = x + 6$

Choose c

9. $\frac{q}{139.2} = -58$
$q = (139.2)(-58)$
$ = -8073.6$
Choose b

10. $-25 + (-4) = -29$

11. $-36 + 6 + (-6)$
$= -36 + 6 - 6$
$= -30 - 6$
$= -36$

12. $452 + (-452) = 0$

13. $-3w + 5 = -16$
$-3w = -21$
$w = 7$

14. Let l represent the length of the rectangle and w represent its width.
The width is: $w = l - 6$
$52 = 2(l - 6) + 2l$
$ = 2l - 12 + 2l$
$ = 4l - 12$
$64 = 4l$
$16 = l$
$10 = w$
The length is 16, the width is 10.

15. $6 - (3 + 2x) = -3x + (2x - 4)$
$6 - 3 - 2x = -3x + 2x - 4$
$3 - 2x = -x - 4$
$3 - 2x + 2x = -x - 4 + 2x$
$3 = x - 4$
$7 = x$
$x = 7$

16. $y + 4.5 = 6$
$y + 4.5 - 4.5 = 6 - 4.5$
$y = 1.5$

17. $2(x + 7) = 15$
$2x + 14 = 15$
$2x = 1$
$x = \frac{1}{2}$

18. $3p - 2 + 2p = 8$
$5p - 2 = 8$
$5p = 10$
$p = 2$

19. $x + 7 = 6$
$x = -1$

20. $t - 9 = 11$
$t = 20$

21. $z - 8.4 = 1.25$
$z = 9.65$

22. $82 = 21 + r$
$61 = r$

23.

Sequence	1		4		8		13		19		[26]		[34]		[43]
First differences		3		4		5		6		7		8		9		
Second differences			1		1		1		1		1		1			

24.

Sequence	2		4		8		14		22		[32]		[44]		[58]
First differences		2		4		6		8		10		12		14		
Second differences			2		2		2		2		2		2			

25.

Sequence	10		5		0		−5		[−10]		[−15]		[−20]
First differences		−5		−5		−5		−5		−5		−5		

26. Sequence 3   6   12   24

The pattern for each term is to double the previous term so the next three terms are 48, 96, and 192.

27. From the graph, if Ellen works 12 hours she will make $12 \cdot 6 = 72$, or $72.

28.
$a + 7.5 = 3.2$
$a + 7.5 - 7.5 = 3.2 - 7.5$
$a = -4.3$

29.
$-6.5 = x + 1.7$
$-6.5 - 1.7 = x + 1.7 - 1.7$
$-8.2 = x$

30.
$T = I + P$
$T - I = I + P - I$
$T - I = P$
$P = T - I$

31.
$d = rt$
$\frac{d}{t} = \frac{rt}{t}$
$\frac{d}{t} = r$
$r = \frac{d}{t}$

32.
$3x + 7 = 2x - 6$
$3x + 7 - 2x = 2x - 6 - 2x$
$x + 7 = -6$
$x = -13$

33.
$\frac{x}{4} + 2 = 3x + 35$
$4\left(\frac{x}{4} + 2\right) = 4(3x + 35)$
$x + 8 = 12x + 140$
$8 = 11x + 140$
$-132 = 11x$
$-12 = x$
$x = -12$

34.
$-5 + 2p = 3p$
$-5 + 2p - 2p = 3p - 2p$
$-5 = p$
$p = -5$

35. $\frac{11 \cdot 12}{2} = 66$
66 games will be played

36. $(-4)(4) \div (-1) = -16 \div -1 = 16$

37.
Sequence	45	42	37	30	21	[10]
First differences		−3	−5	−7	−9	−11
Second differences			−2	−2	−2	−2

38. $(45 + 23) + 107 = 175$

39. 3   **40.** 4   **41.** 2   **42.** 1

CHAPTER 4
Proportional Reasoning and Statistics

4.1 PAGE 168, GUIDED SKILLS PRACTICE

5. $\frac{3}{4} \stackrel{?}{=} \frac{6}{8}$
$3 \cdot 8 = 24 \quad 4 \cdot 6 = 24$
$24 = 24$
true

6. $\frac{12}{19} \stackrel{?}{=} \frac{5}{7}$
$12 \cdot 7 = 84 \quad 19 \cdot 5 = 95$
$84 \neq 95$
not true

7. $\frac{4}{21} \stackrel{?}{=} \frac{16}{84}$
$4 \cdot 84 = 336 \quad 21 \cdot 16 = 336$
$336 = 336$
true

8. $\frac{5}{7} = \frac{x}{21}$
$7x = 5 \cdot 21$
$7x = 105$
$x = 15$

9. $\frac{10}{p} = \frac{85}{153}$
$85p = 10 \cdot 153$
$85p = 1530$
$p = 18$

10. $\frac{12}{14} = \frac{84}{m}$
$12m = 14 \cdot 84$
$12m = 1176$
$m = 98$

11. $\frac{27}{12} = \frac{42}{b}$
$27b = 12 \cdot 42$
$27b = 504$
$b = \frac{56}{3}$ or $18\frac{2}{3}$

12. $\frac{2}{3} = \frac{256}{B}$
$2B = 3 \cdot 256$
$2B = 768$
$B = 384$
384 fish of species B are needed.

PAGES 168–169, PRACTICE AND APPLY

13. $\frac{15}{9} \stackrel{?}{=} \frac{35}{21}$
$15 \cdot 21 = 315 \quad 9 \cdot 35 = 315$
$315 = 315$
true

14. $\frac{12}{9} \stackrel{?}{=} \frac{18}{12}$
$12 \cdot 12 = 144 \quad 9 \cdot 18 = 162$
$144 \neq 162$
not true

15. $\frac{56}{24} \stackrel{?}{=} \frac{49}{21}$
$56 \cdot 21 = 1176 \quad 24 \cdot 49 = 1176$
$1176 = 1176$
true

16. $\frac{27}{21} \stackrel{?}{=} \frac{35}{28}$
$27 \cdot 28 = 756 \quad 21 \cdot 35 = 735$
$756 \neq 735$
not true

17. $\frac{18}{8} \stackrel{?}{=} \frac{108}{48}$
$18 \cdot 48 = 864 \quad 8 \cdot 108 = 864$
$864 = 864$
true

18. $\frac{3}{5} \stackrel{?}{=} \frac{81}{135}$
$3 \cdot 135 = 405 \quad 5 \cdot 81 = 405$
$405 = 405$
true

19. $\frac{3}{13} \stackrel{?}{=} \frac{10}{65}$
$3 \cdot 65 = 195 \quad 13 \cdot 10 = 130$
$195 \neq 130$
not true

20. $\frac{12}{20} \stackrel{?}{=} \frac{27}{45}$
$12 \cdot 45 = 540 \quad 20 \cdot 27 = 540$
$540 = 540$
true

21. $\frac{8}{10} \stackrel{?}{=} \frac{24}{30}$
$8 \cdot 30 = 240 \quad 10 \cdot 24 = 240$
$240 = 240$
true

22. $\frac{12}{8} \stackrel{?}{=} \frac{48}{34}$
$12 \cdot 34 = 408 \quad 8 \cdot 48 = 384$
$408 \neq 384$
not true

23. $\frac{24}{3} \stackrel{?}{=} \frac{72}{12}$
$24 \cdot 12 = 288 \quad 3 \cdot 72 = 216$
$288 \neq 216$
not true

24. $\frac{12}{16} \stackrel{?}{=} \frac{60}{80}$
$12 \cdot 80 = 960 \quad 16 \cdot 60 = 960$
$960 = 960$
true

25. $\frac{27}{18} = \frac{42}{n}$
$27n = 18 \cdot 42$
$27n = 756$
$n = 28$

26. $\frac{38}{19} = \frac{n}{20}$
$19n = 38 \cdot 20$
$19n = 760$
$n = 40$

27. $\frac{42}{28} = \frac{36}{n}$
$42n = 28 \cdot 36$
$42n = 1008$
$n = 24$

28. $\frac{n}{48} = \frac{72}{96}$
$96n = 48 \cdot 72$
$96n = 3456$
$n = 36$

29. $\frac{21.5}{x} = \frac{64.5}{18}$
$64.5x = 21.5 \cdot 18$
$64.5x = 387$
$x = 6$

30. $\frac{x}{37.2} = \frac{16}{24.8}$
$24.8x = 37.2 \cdot 16$
$24.8x = 595.2$
$x = 24$

31. $\frac{30.8}{112} = \frac{y}{10}$
$112y = 30.8 \cdot 10$
$112y = 308$
$y = 2.75$

32. $\frac{t}{25} = \frac{471}{15}$
$15t = 25 \cdot 471$
$15t = 11{,}775$
$t = 785$

33. $\frac{1.2}{1.5} = \frac{8}{m}$
$1.2m = 1.5 \cdot 8$
$1.2m = 12$
$m = 10$

34. $\frac{72}{34} = \frac{9}{g}$
$72g = 34 \cdot 9$
$72g = 306$
$g = 4.25$

35. $\frac{7}{15} = \frac{f}{48}$
$15f = 7 \cdot 48$
$15f = 336$
$f = 22.4$

36. $\frac{4}{m} = \frac{1.6}{22}$
$1.6m = 4 \cdot 22$
$1.6m = 88$
$m = 55$

37. $\frac{21}{36} = \frac{4.8}{d}$
$21d = 36 \cdot 4.8$
$21d = 172.8$
$d \approx 8.23$

38. $\frac{21}{56} = \frac{x}{7.2}$
$56x = 21 \cdot 7.2$
$56x = 151.2$
$x = 2.7$

39. $\frac{p}{12} = \frac{21}{63}$
$63p = 12 \cdot 21$
$63p = 252$
$p = 4$

40. $\frac{45}{18} = \frac{3}{k}$
$45k = 18 \cdot 3$
$45k = 54$
$k = 1.2$

41. $\frac{22}{36} = \frac{x}{198}$
$36x = 22 \cdot 198$
$36x = 4356$
$x = 121$

42. $\frac{60}{21} = \frac{20}{s}$
$60s = 21 \cdot 20$
$60s = 420$
$s = 7$

43. $\frac{52}{13} = \frac{8}{q}$
$52q = 13 \cdot 8$
$52q = 104$
$q = 2$

44. $\frac{y}{16} = \frac{12}{4}$
$4y = 16 \cdot 12$
$4y = 192$
$y = 48$

45. $\frac{74}{p} = \frac{92}{46}$
$92p = 74 \cdot 46$
$92p = 3404$
$p = 37$

46. Let s = height of statue
$\frac{6}{10} = \frac{s}{16}$
$10s = 6 \cdot 16$
$10s = 96$
$s = 9.6$ ft

47. Let s = height of statue
$\frac{52}{48} = \frac{s}{18}$
$48s = 52 \cdot 18$
$48s = 936$
$s = 19.5$ ft

48. $\frac{1.26}{s} = \frac{1.12}{2.24}$
$1.12s = 1.26 \cdot 2.24$
$1.12s = 2.8224$
$s = 2.52$ in.

49. Let p = number of pounds
$\frac{4}{1500} = \frac{p}{2400}$
$1500p = 4 \cdot 2400$
$1500p = 9600$
$p = 6.4$ pounds

50. Let g = number of gallons
$\frac{425}{18.2} = \frac{640}{g}$
$425g = 18.2 \cdot 640$
$425g = 11{,}648$
$g \approx 27.4$ gallons

51. a. Let B = pounds of ground beef
$\frac{12}{50} = \frac{3}{B}$
$12B = 50 \cdot 3$
$12B = 150$
$B = 12.5$ pounds

b. Let B = pounds of ground beef
$\frac{12}{65} = \frac{3}{B}$
$12B = 65 \cdot 3$
$12B = 195$
$B = 16.25$ pounds

PAGE 170, LOOK BACK

52. $\frac{1}{12} - \frac{2}{30} = \frac{5}{60} - \frac{4}{60}$
$= \frac{1}{60}$

53. $3 \cdot 5x = 15x$

54. $-2y \cdot 3y = -6y^2$

55. $7(x-3) - (5-4x) = 7x - 21 - 5 + 4x$
$= 7x + 4x - 21 - 5$
$= 11x - 26$

56. $45 + 7 - 2s - 5 = 4s - 2s + 7 - 5$
$= 2s + 2$

57. $4t \cdot (-3t) = -12t^2$

58. $\frac{4y+2}{2} = \frac{2(2y+1)}{2}$
$= 2y + 1$

59. $\frac{w}{-12} = 13$
$w = -12 \cdot 13$
$w = -156$

60. $-18 = \frac{x}{12}$
$x = 12 \cdot -18$
$x = -216$

61. $\frac{12}{100} = \frac{x}{18}$
$900 \cdot \frac{12}{100} = 900 \cdot \frac{x}{18}$
$108 = 50x$
$x = 2.16$

62. $3p = -18$
$p = \frac{-18}{3}$
$p = -6$

63. $-4y = 124$
$y = \frac{124}{-4}$
$y = -31$

64. $5t = 123$
$t = \frac{123}{5}$
$t = 24.6$

PAGE 170, LOOK BEYOND

65. $\frac{9 \cdot 10}{27 \cdot 30} = \frac{90}{810}$
$= \frac{1}{9}$

66. No; the ratio of the areas is $\left(\frac{1}{3}\right)^2 = \frac{1}{9}$, and the ratios of the lengths and widths are $\frac{10}{30} = \frac{1}{3}$ and $\frac{9}{27} = \frac{1}{3}$, respectively.

4.2 PAGES 175–176, GUIDED SKILLS PRACTICE

5. $34\% = \frac{34}{100} = 0.34$
$34\% = \frac{34}{100} = \frac{17}{50}$

6. $20\% = \frac{20}{100} = 0.2$
$20\% = \frac{20}{100} = \frac{1}{5}$

7. $130\% = \frac{130}{100} = 1.3$
$130\% = \frac{130}{100} = \frac{13}{10}$ or $1\frac{3}{10}$

8. $7.5\% = \frac{7.5}{100} = 0.075$
$7.5\% = \frac{7.5}{100} = \frac{75}{1000} = \frac{3}{40}$

9. $0.70 \cdot 150 = x$
$x = 105$

10. $0.14 \cdot 50 = x$
$x = 7$

11. Let c = new cholesterol level
Tim's new cholesterol is 80% of his original level.
$c = 80\% \cdot 238$
$= 0.80 \cdot 238$
$= 190.4$

12. $\frac{50}{100} = \frac{17}{x}$
$50x = 100 \cdot 17$
$50x = 1700$
$x = 34$

13. $\frac{40}{100} = \frac{25}{x}$
$40x = 100 \cdot 25$
$40x = 2500$
$x = 62.5$

14. $\frac{x}{100} = \frac{5}{50}$
$50x = 100 \cdot 5$
$50x = 500$
$x = 10\%$

15. $\frac{x}{100} = \frac{70}{350}$
$350x = 100 \cdot 70$
$350x = 7000$
$x = 20\%$

16. Let t = tax rate
tax paid = $25.85 - 23.50 = 2.35$

$$\frac{t}{100} = \frac{2.35}{23.50}$$
$$23.50t = 100 \cdot 2.35$$
$$23.50t = 235$$
$$t = 10\%$$

17. Let x = percent increase
actual increase = $240 - 200 = 40$

$$\frac{x}{100} = \frac{40}{200}$$
$$200x = 100 \cdot 40$$
$$200x = 4000$$
$$x = 20\%$$

18. Let x = percent increase
actual increase = $230 - 200 = 30$

$$\frac{x}{100} = \frac{30}{200}$$
$$200x = 100 \cdot 30$$
$$200x = 3000$$
$$x = 15\%$$

19. Let x = percent increase
actual increase = $280 - 200 = 80$

$$\frac{x}{100} = \frac{80}{200}$$
$$200x = 100 \cdot 80$$
$$200x = 8000$$
$$x = 40\%$$

20. Let x = percent decrease
actual decrease = $30{,}000 - 24{,}000 = 6{,}000$

$$\frac{x}{100} = \frac{6000}{30{,}000}$$
$$30{,}000x = 100 \cdot 6{,}000$$
$$30{,}000x = 600{,}000$$
$$x = 20\%$$

21. Let x = percent decrease
actual increase = $30{,}000 - 27{,}500 = 2500$

$$\frac{x}{100} = \frac{2500}{30{,}000}$$
$$30{,}000x = 100 \cdot 2500$$
$$30{,}000x = 250{,}000$$
$$x = 8\tfrac{1}{3}\%$$

22. Let x = percent decrease
actual decrease = $30{,}000 - 16{,}500 = 13{,}500$

$$\frac{x}{100} = \frac{13{,}500}{30{,}000}$$
$$30{,}000x = 100 \cdot 13{,}500$$
$$30{,}000x = 1{,}350{,}000$$
$$x = 45\%$$

PAGES 176–177, PRACTICE AND APPLY

23. $55\% = \frac{55}{100} = 0.55$

24. $1.2\% = \frac{1.2}{100} = 0.012$

25. $8\% = \frac{8}{100} = 0.08$

26. $45.3\% = \frac{45.3}{100} = 0.453$

27. $0.5\% = \frac{0.5}{100} = 0.005$

28. $73\% = \frac{73}{100} = 0.73$

29. $186\% = \frac{186}{100} = 1.86$

30. $24\% = \frac{24}{100} = 0.24$

31. $4.5\% = \frac{4.5}{100} = 0.045$

32. $17.2\% = \frac{17.2}{100} = 0.172$

33. $47\% = \frac{47}{100}$

34. $18\% = \frac{18}{100} = \frac{9}{50}$

35. $3.5\% = \frac{3.5}{100} = \frac{35}{1000} = \frac{7}{200}$

36. $0.01\% = \frac{0.01}{100} = \frac{1}{10{,}000}$

37. $125\% = \frac{125}{100} = \frac{5}{4}$ or $1\tfrac{1}{4}$

38. $52\% = \frac{52}{100} = \frac{13}{25}$

39. $38\% = \frac{38}{100} = \frac{19}{50}$

40. $0.8\% = \frac{0.8}{100} = \frac{8}{1000} = \frac{1}{125}$

41. $210\% = \frac{210}{100} = \frac{21}{10}$ or $2\tfrac{1}{10}$

42. $7.3\% = \frac{7.3}{100} = \frac{73}{1000}$

43.

$\frac{35}{100} = \frac{x}{80}$
$100x = 35 \cdot 80$
$100x = 2800$
$x = 28$

44.

$\frac{20}{100} = \frac{18}{x}$
$20x = 100 \cdot 18$
$20x = 1800$
$x = 90$

45.

$\frac{x}{100} = \frac{60}{40}$
$40x = 100 \cdot 60$
$40x = 6000$
$x = 150$

46.

$\frac{x}{100} = \frac{50}{20}$
$20x = 100 \cdot 50$
$20x = 5000$
$x = 250$

47.

$\frac{40}{100} = \frac{48}{x}$
$40x = 100 \cdot 48$
$40x = 4800$
$x = 120$

48.

$\frac{45}{100} = \frac{x}{120}$
$100x = 45 \cdot 120$
$100x = 5400$
$x = 54$

49. $x = 0.40 \cdot 50$
$x = 20$

50. $x = 2 \cdot 50$
$x = 100$

51. $\frac{x}{100} = \frac{2}{100}$
$100x = 100 \cdot 2$
$100x = 200$
$x = 2\%$

52. $x = 0.45 \cdot 80$
$x = 36$

53. $\frac{60}{100} = \frac{30}{x}$
$60x = 100 \cdot 30$
$60x = 3000$
$x = 50$

54. $\frac{x}{100} = \frac{10}{80}$
$80x = 100 \cdot 10$
$80x = 1000$
$x = 12.5\%$

55. $x = 1.8 \cdot 40$
$x = 72$

56. $\frac{20}{100} = \frac{8}{x}$
$20x = 100 \cdot 8$
$20x = 800$
$x = 40$

57. $x = 0.30 \cdot 120$
$x = 36$

58. $x = 0.50 \cdot 124$
$x = 62$

59. $\frac{x}{100} = \frac{60}{80}$
$80x = 100 \cdot 60$
$80x = 6000$
$x = 75\%$

60. $x = 1.75 \cdot 92$
$x = 161$

61. $\frac{60}{100} = \frac{27}{x}$
$60x = 100 \cdot 27$
$60x = 2700$
$x = 45$

62. $\frac{x}{100} = \frac{105}{35}$
$35x = 100 \cdot 105$
$35x = 10{,}500$
$x = 300\%$

63. Let $x =$ percent increase
actual increase $= 1955 - 1700 = 255$

$\frac{x}{100} = \frac{255}{1700}$
$1700x = 100 \cdot 255$
$1700x = 25{,}500$
$x = 15\%$

64. Let $x =$ percent increase
actual increase $= 1870 - 1700 = 170$

$\frac{x}{100} = \frac{170}{1700}$
$1700x = 100 \cdot 170$
$1700x = 17{,}000$
$x = 10\%$

65. Let x = percent increase
actual increase = $1785 - 1700 = 85$

$$\frac{x}{100} = \frac{85}{1700}$$
$$1700x = 100 \cdot 85$$
$$1700x = 8500$$
$$x = 5\%$$

66. Let x = percent increase
actual increase = $2057 - 1700 = 357$

$$\frac{x}{100} = \frac{357}{1700}$$
$$1700x = 100 \cdot 357$$
$$1700x = 35{,}700$$
$$x = 21\%$$

67. Let x = percent decrease
actual decrease = $15{,}000 - 14{,}250 = 750$

$$\frac{x}{100} = \frac{750}{15{,}000}$$
$$15{,}000x = 100 \cdot 750$$
$$15{,}000x = 75{,}000$$
$$x = 5\%$$

68. Let x = percent decrease
actual decrease = $15{,}000 - 13{,}050 = 1950$

$$\frac{x}{100} = \frac{1950}{15{,}000}$$
$$15{,}000x = 100 \cdot 1950$$
$$150{,}00x = 195{,}000$$
$$x = 13\%$$

69. Let x = percent decrease
actual decrease = $15{,}000 - 13{,}650 = 1350$

$$\frac{x}{100} = \frac{1350}{15{,}000}$$
$$15{,}000x = 100 \cdot 1350$$
$$15{,}000x = 135{,}000$$
$$x = 9\%$$

70. Let x = percent decrease
actual decrease = $15{,}000 - 12{,}300 = 2700$

$$\frac{x}{100} = \frac{2700}{15{,}000}$$
$$15{,}000x = 100 \cdot 2700$$
$$15{,}000x = 270{,}000$$
$$x = 18\%$$

71. Let p = homework points

$$\frac{40}{100} = \frac{p}{500}$$
$$100p = 40 \cdot 500$$
$$100p = 20{,}000$$
$$p = 200 \text{ points}$$

72. total popular votes = $91{,}273{,}294$
total electoral votes = 538

  a. Clinton $\Rightarrow x = \frac{45{,}590{,}703}{91{,}273{,}294} \times 100 \approx 50\%$

  Dole $\Rightarrow x = \frac{37{,}816{,}307}{91{,}273{,}294} \times 100 \approx 41\%$

  Perot $\Rightarrow x = \frac{7{,}866{,}284}{91{,}273{,}294} \times 100 \approx 9\%$

  b. Clinton $\Rightarrow x = \frac{379}{538} \times 100 \approx 70\%$

  Dole $\Rightarrow x = \frac{159}{538} \times 100 \approx 30\%$

  Perot $\Rightarrow x = \frac{0}{538} \times 100 = 0\%$

  c. Clinton $\Rightarrow \frac{33{,}290{,}703}{91{,}273{,}294} \times 100 \approx 36\%$

  Dole $\Rightarrow \frac{29{,}716{,}307}{91{,}273{,}294} \times 100 \approx 33\%$

  Perot $\Rightarrow \frac{28{,}266{,}284}{91{,}273{,}294} \times 100 \approx 31\%$

73. Let x = percent of discount
actual discount = $20 - 15 = 5$

$$\frac{x}{100} = \frac{5}{20}$$
$$20x = 100 \cdot 5$$
$$20x = 500$$
$$x = 25\%$$

74. Let x = original price
The coat is selling for 60% of the original cost.

$$\frac{60}{100} = \frac{160}{x}$$
$$60x = 100 \cdot 160$$
$$60x = 16{,}000$$
$$x \approx \$267$$

75. Let x = total cost
$x = 160 + .05 \cdot 160$
$x = \$168$

76. Let x = total registered voters

$$\frac{42}{100} = \frac{11{,}960}{x}$$
$$42x = 100 \cdot 11{,}960$$
$$42x = 1{,}196{,}000$$
$$x \approx 28{,}476 \text{ registered voters}$$

PAGE 177, LOOK BACK

77. $-3 + 7 = 4$

78. $(-3)(7) = -21$

79. $-3 - (-7) = -3 + 7$
$-3 - (-7) = 4$

80. $(-3)(-7) = 21$

81. $(4x + 7) + (9x - 9) = 4x + 9x + 7 - 9$
$(4x + 7) + (9x - 9) = 13x - 2$

82. $(3x^2 + 2x) + (3x^2 - 2x) = 3x^2 + 3x^2 + 2x - 2x$
$(3x^2 + 2x) + (3x^2 - 2x) = 6x^2$

83. $(-6c + 5) - (-3c + 8) = -6c + 5 + 3c - 8$
$= -6c + 3c + 5 - 8$
$= -3c - 3$

84. $(-y + 2z) + (-3y + 3z) = -y + 2z - 3y + 3z$
$= -y - 3y + 2z + 3z$
$= -4y + 5z$

85. $\frac{4x + 18x^2}{2} = \frac{2(2x + 9x^2)}{2}$
$= 2x + 9x^2$

86. $\frac{15f^2 + 35}{-5} = \frac{5(3f^2 + 7)}{-5}$
$= -(3f^2 + 7)$
$= -3f^2 - 7$

87. $\frac{3x^2 - 21}{3} = \frac{3(x^2 - 7)}{3}$
$= x^2 - 7$

PAGE 177, LOOK BEYOND

88. 2 Years
$1080 + 0.08 \cdot 1080 = 1166.40$
3 Years
$1166.4 + 0.08 \cdot 1166.4 = 1259.712$
4 Years
$1259.712 + 0.08 \cdot 1259.712 = 1360.48896$

Years	0	1	2	3	4
Value ($)	1000	1080	1166.40	1259.71	1360.49

4.3 PAGE 183, GUIDED SKILLS PRACTICE

6. $\frac{53}{100} = 0.53$ or 53%

7. $\frac{7}{100} = 0.07$ or 7%

8. $\frac{29}{100} = 0.29$ or 29%

9. $\frac{46}{200} = 0.23$ or 23%

10. $\frac{51}{200} = 0.255$ or 25.5%

11. $\frac{106}{200} = 0.53$ or 53%

PAGES 183–184, PRACTICE AND APPLY

12. $\frac{18}{100} = 0.18$ or 18%

13. $\frac{76}{100} = 0.76$ or 76%

14. $\frac{13}{100} = 0.13$ or 13%

15. $\frac{24}{100} = 0.24$ or 24%

16. $\frac{21}{100} = 0.21$ or 21%

17. $\frac{3}{100} = 0.03$ or 3%

18. $\frac{178}{200} = 0.89$ or 89%

19. $\frac{173}{200} = 0.865$ or 86.5%

20. $\frac{84}{200} = 0.42$ or 42%

21. $\frac{67}{200} = 0.335$ or 33.5%

22. $\frac{27}{200} = 0.135$ or 13.5%

23. $\frac{22}{200} = 0.11$ or 11%

24. $\frac{7}{20} = 0.35$ or 35%

25. $\frac{5}{20} = 0.25$ or 25%

26. $\frac{18}{20} = 0.9$ or 90%

27. $\frac{2}{20} = 0.1$ or 10%

28. Answers may vary.

29. Answers may vary.

30. Yes. If Fred gets 15 successful trials and Ted gets 16 successful trials, they will both get a probability of 1.

31. Let f = number of favorable outcomes and let u = number of unfavorable outcomes
The total number of outcomes is $20 \times 30 = 600$.

$$\frac{f}{600} = 11.5\%$$
$$\frac{f}{600} = 0.115$$
$$f = 69$$

There were 69 favorable outcomes. $600 - 69 = 531$, so there were 531 unfavorable outcomes.

32. Let t = total number of trials
$$\frac{46}{t} = 0.115$$
$$t = 400$$

There were 400 trials. $400 \div 20 = 20$, so each group performed 20 trials.

33. Answers will vary. Roll a pair of number cubes and record the results. Repeat for 5, 10, 15, 20, 25, and 30 trials. Divide the number of trials where doubles occurred by 5, 10, 15, 20, 25, 30 respectively.

34. Yes. Since you probably won't roll the number cubes in an actual game more than the number of trials performed, the results are most likely reliable.

PAGE 185, LOOK BACK

35. $-1 = 4 - x$
Try $x = 5$
$-1 \stackrel{?}{=} 4 - 5$
$-1 = -1$
so, $x = 5$

36. $2x + 1 = 1$
Try $x = 0$
$2(0) + 1 \stackrel{?}{=} 1$
$0 + 1 \stackrel{?}{=} 1$
$1 = 1$
so, $x = 0$

37. $-17 + (-12) = -17 - 12$
$= -29$

38. $(-3) \cdot (-13) + (-41) = 39 + (-41)$
$= -2$

39. $\frac{-4}{12} - \left(\frac{3}{-6}\right) = -\frac{4}{12} - \left(\frac{6}{-12}\right)$
$= -\frac{4}{12} + \frac{6}{12}$
$= \frac{2}{12}$
$= \frac{1}{6}$

40. $7(t - r) = 2r - 3(4r + t)$
$7t - 7r = 2r - 12r - 3t$
$7t + 3t = 7r + 2r - 12r$
$10t = -3r$
$t = -\frac{3}{10}r$

41. $\frac{3(4t - 2)}{2} = \frac{3}{2} - (5 - t)$
$3(4t - 2) = 3 - 2(5 - t)$
$12t - 6 = 3 - 10 + 2t$
$12t - 2t = 6 + 3 - 10$
$10t = -1$
$t = -\frac{1}{10}$

PAGE 185, LOOK BEYOND

42. $6 \times 6 = 36$

43. $(1, 2)$ and $(2, 1)$, so 2 pairs

4.4 PAGE 190, GUIDED SKILLS PRACTICE

5. mean $= \dfrac{2 + 2 + 3 + 4 + 5 + 6 + 7 + 8 + 8}{9}$

$= \dfrac{45}{9}$

$= 5$

2, 2, 3, 4, <u>5</u>, 6, 7, 8, 8
median = 5
modes = 2 and 8
range = 8 − 2 = 6

6. mean $= \dfrac{8 + 12 + 14 + 15 + 26 + 29 + 36}{7}$

$= \dfrac{140}{7}$

$= 20$

8, 12, 14, <u>15</u>, 26, 29, 36
median = 15
mode = none
range = 36 − 8 = 28

7. mean $= \dfrac{3 + 5 + 7 + 8 + 9 + 10}{6}$

$= \dfrac{42}{6}$

$= 7$

3, 5, <u>7, 8</u>, 9, 10
median $= \dfrac{7 + 8}{2} = 7.5$
mode = none
range = 10 − 3 = 7

8. mean $= \dfrac{0.21 + 0.25 + 0.63 + 0.65 + 0.73 + 0.82 + 0.91}{7}$

$= \dfrac{4.2}{7}$

$= 0.6$

0.21, 0.25, 0.63, <u>0.65</u>, 0.73, 0.82, 0.91
median = 0.65
mode = none
range = 0.91 − 0.21 = 0.7

9. mean $= \dfrac{1.7 + 2.5 + 3.1 + 4 + 5.2 + 7.6 + 8.3 + 9}{8}$

$= \dfrac{41.4}{8}$

$= 5.175$

1.7, 2.5, 3.1, <u>4, 5.2</u>, 7.6, 8.3, 9
median $= \dfrac{4 + 5.2}{2} = 4.6$
mode = none
range = 9 − 1.7 = 7.3

10. mean $= \dfrac{1 + 2 + 2 + 3 + 4 + 4 + 5 + 6 + 9 + 12}{10}$

$= \dfrac{48}{10}$

$= 4.8$

1, 2, 2, 3, <u>4, 4</u>, 5, 6, 9, 12
median = 4
modes = 2 and 4
range = 12 − 1 = 11

11. The number of games equals the sum of the tick marks. 27 games

12. Multiply each run scored by the number of tick marks below it and then find the sum. Divide by the total number of tick marks.
$0 \cdot 2 + 1 \cdot 4 + 2 \cdot 3 + 3 \cdot 5 + 4 \cdot 3 + 5 \cdot 3 + 6 \cdot 2 + 7 \cdot 4 + 8 \cdot 1 = 100$
mean $= 100 \div 27 \approx 3.7$

13. Since there are 27 games, the middle number will be at the 14th tick mark.
median $= 3$
mode $= 3$
range $= 8 - 0 = 8$

PAGES 190–192, PRACTICE AND APPLY

14. mean $= \dfrac{18 + 15 + 12 + 14 + 16}{5} = \dfrac{75}{5} = 15$

15. mean $= \dfrac{5 + 10 + 12 + 13 + 10}{5} = \dfrac{50}{5} = 10$

16. mean $= \dfrac{18 + 24 + 16 + 13 + 27 + 22}{6} = \dfrac{120}{6} = 20$

17. mean $= \dfrac{87 + 86 + 92 + 95 + 75}{5} = \dfrac{435}{5} = 87$

18. mean $= \dfrac{45 + 54 + 53 + 47 + 38 + 63}{6} = \dfrac{300}{6} = 50$

19. mean $= \dfrac{91 + 46 + 85 + 96 + 78 + 84}{6} = \dfrac{480}{6} = 80$

20. mean $= \dfrac{1.4 + 2.6 + 3.2 + 1.8 + 4.2 + 3.3}{6} = \dfrac{16.5}{6} = 2.75$

21. mean $= \dfrac{123 + 114 + 98 + 102 + 115}{5} = \dfrac{552}{5} = 110.4$

22. mean $= \dfrac{0.25 + 0.68 + 0.12 + 0.45 + 0.5}{5} = \dfrac{2}{5} = 0.4$

23. mean $= \dfrac{45 + 57 + 78 + 23 + 59 + 43 + 52}{7} = \dfrac{357}{7} = 51$

24. 12, 14, <u>15</u>, 16, 18
median $= 15$

25. 5, 10, <u>10</u>, 12, 13
median $= 10$

26. 13, 16, <u>18, 22</u>, 24, 27
median $= \dfrac{18 + 22}{2} = 20$

27. 75, 86, <u>87</u>, 92, 95
median $= 87$

28. 38, 45, <u>47, 53</u>, 54, 63
median $= \dfrac{47 + 53}{2} = 50$

29. 46, 78, <u>84, 85</u>, 91, 96
median $= \dfrac{84 + 85}{2} = 84.5$

30. 1.4, 1.8, <u>2.6, 3.2</u>, 3.3, 4.2
median $= \dfrac{2.6 + 3.2}{2} = 2.9$

31. 98, 102, <u>114</u>, 115, 123
median $= 114$

32. 0.12, 0.25, <u>0.45</u>, 0.5, 0.68
median $= 0.45$

33. 23, 43, 45, <u>52</u>, 57, 59, 78
median $= 52$

34. range $= 18 - 12 = 6$

35. range $= 13 - 5 = 8$

36. range $= 27 - 13 = 14$

37. range $= 95 - 75 = 20$

38. range $= 63 - 38 = 25$

39. range $= 96 - 46 = 50$

40. range $= 4.2 - 1.4 = 2.8$

41. range $= 123 - 98 = 25$

42. range $= 0.68 - 0.12 = 0.56$

43. range $= 78 - 23 = 55$

44. 1, 2, 2, 2, 3, 3, 4, 5, 6, 7, 8, 9
mode $= 2$

45. 6, 12, 15, 16, 17, 18, 19, 19, 19, 23, 23
mode $= 19$

46. 48, 48, 50, 50, 55, 56, 57
modes $= 48$ and 50

47. 97, 97, 98, 98, 98, 101, 101, 103, 107
mode $= 98$

48. 87, 91, 91, 94, 97, 98, 100
mode $= 91$

49. mean = $\dfrac{1+2+2+2+3+3+4+5+6+7+8+9}{12}$

$= \dfrac{52}{12}$

$= 4\dfrac{1}{3}$

1, 2, 2, 2, 3, <u>3, 4</u>, 5, 6, 7, 8, 9

median = $\dfrac{3+4}{2}$ = 3.5

range = 9 − 1 = 8

50. mean = $\dfrac{6+12+15+16+17+18+19+19+19+23+23}{11}$

$= \dfrac{187}{11}$

$= 17$

6, 12, 15, 16, 17, <u>18</u>, 19, 19, 19, 23, 23
median = 18
range = 23 − 6 = 17

51. mean = $\dfrac{48+48+50+50+55+56+57}{7}$

$= \dfrac{364}{7}$

$= 52$

48, 48, 50, <u>50</u>, 55, 56, 57

median = 50

range = 57 − 48 = 9

52. mean = $\dfrac{97+97+98+98+98+101+101+103+107}{9}$

$= \dfrac{900}{9}$

$= 100$

97, 97, 98, 98, <u>98</u>, 101, 101, 103, 107
median = 98
range = 107 − 97 = 10

53. mean = $\dfrac{87+91+91+94+97+98+100}{7}$

$= \dfrac{658}{7}$

$= 94$

87, 91, 91, <u>94</u>, 97, 98, 100
median = 94
range = 100 − 87 = 13

54. a.

Test scores	55	60	65	70	73	75	80	81	85	90	95	100
Frequency	I	IIII	IIII	IIII	I	IIII	III	II	IIII	III	II	II

b. Multiply each score by the number of tick marks below it, and find the sum of the products. Then divide by the number of total tick marks.

$$\text{mean} = \frac{55 + 240 + 260 + 280 + 73 + 300 + 240 + 162 + 425 + 270 + 190 + 200}{35}$$

$$= \frac{2695}{35}$$

$$= 77$$

c. Since there are 35 scores, the median is the 18th score listed.
median = 75

d. mode = 85

55. Let x = final test score

$$\frac{84 + 92 + 89 + 93 + x}{5} = 90$$

$$\frac{358 + x}{5} = 90$$

$$358 + x = 450$$

$$x = 92$$

56. a.

Points scored	4	5	6	8	9	11	18	26
Frequency	II	I	I	I	I	I	III	I

b. There are 11 scores. The 6th score is the median.
median = 9

c. Multiply each score by the number of tick marks below it and find the sum of the products. Next divide by the number of total tick marks.

$$\text{mean} = \frac{8 + 5 + 6 + 8 + 9 + 11 + 54 + 26}{11}$$

$$= \frac{127}{11}$$

$$= 11.\overline{54}$$

d. mode = 18

e. mode; it has the highest value.

57. mode

58. a. $\text{mean} = \dfrac{24 + 20 + 21 + 25 + 30 + 44 + 21 + 22 + 28 + 38}{10}$

$$= \frac{273}{10}$$

$$= 27.3$$

b. 20, 21, 21, 22, 24, 25, 28, 30, 38, 44

$$\text{median} = \frac{24 + 25}{2} = 24.5$$

c. mode = 21

d. range = 44 − 20 = 24

e. The mean would change from 27.3 to 27.5.

PAGE 192, LOOK BACK

59. $7x = 91$
Try $x = 12$ Try $x = 13$
$7(12) = 84$ $7(13) = 91$
12 is too small.   You can buy 13 tickets.

60. $-12 + (-7) = -19$

61. $23.4 + 142.7 = 166.1$

62. $-302 + (-128) + 23 = -430 + 23$
$= -407$

63. $2a + 3 = 27$
$2a = 24$
$a = 12$
Check $2(12) + 3 = 27$
$24 + 3 = 27$
$27 = 27$

64. $413y = 1239$
$y = 3$
Check $413(3) = 1239$
$1239 = 1239$

65. $\dfrac{x}{-16} = 23$
$x = -368$
Check $\dfrac{(-368)}{-16} = 23$
$23 = 23$

66. $3x - 14 = 88$
$3x = 102$
$x = 34$
Check $3(34) - 14 \stackrel{?}{=} 88$
$102 - 14 \stackrel{?}{=} 88$
$88 = 88$

67. $4.3b + 12.7 = 29.9$
$4.3b = 17.2$
$b = 4$
Check $4.3(4) + 12.7 \stackrel{?}{=} 29.9$
$17.2 + 12.7 \stackrel{?}{=} 29.9$
$29.9 = 29.9$

68. $\dfrac{5}{7} = \dfrac{d}{56}$
$7d = 5 \cdot 56$
$7d = 280$
$d = 40$

69. $\dfrac{20}{q} = \dfrac{45}{36}$
$45q = 20 \cdot 36$
$45q = 720$
$q = 16$

PAGE 192, LOOK BEYOND

70. a. Percent who scored below 60 = $\frac{5}{35} \cdot \frac{100}{1} \approx 14\%$

Percent who scored from 61 to 70 = $\frac{8}{35} \cdot \frac{100}{1} \approx 23\%$

Percent who scored from 71 to 80 = $\frac{8}{35} \cdot \frac{100}{1} \approx 23\%$

Percent who scored from 81 to 90 = $\frac{10}{35} \cdot \frac{100}{1} \approx 29\%$

Percent who scored from 91 to 100 = $\frac{4}{35} \cdot \frac{100}{1} \approx 11\%$

b.

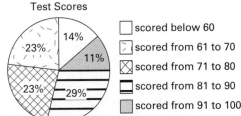

4.5 PAGE 198, GUIDED SKILLS PRACTICE

5. smallest = under 5
second smallest = 65 and over

6. Northeast: 0.35(253,000,000) = 88,550,000 people
West: 0.24(253,000,000) = 60,720,000 people
South: 0.21(253,000,000) = 53,130,000 people
Midwest: 0.20(253,000,000) = 50,600,000 people

7. 0.35(265,000,000) = 92,750,000 people

8. liked the movie: $\frac{45}{90} = 0.5 = 50\%$,
$0.5 \cdot 360 = 180°$
did not like the movie: $\frac{30}{90} = \frac{1}{3} = 33\frac{1}{3}\%$,
$\frac{1}{3} \cdot 360 = 120°$
unsure: $\frac{15}{90} = \frac{1}{6} = 0.1\overline{6} = 16\frac{2}{3}\%$,
$\frac{1}{6} \cdot 360 = 60°$

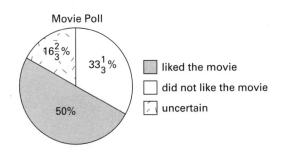

PAGES 199–200, PRACTICE AND APPLY

9. High Technology Products

10. New Century Software

11. The scales of the two graphs are different.

12. Madrid; July

13. Moscow; January

14. Moscow; the approximate increase was 79.21 ≈ 60°F.

15. Golden retriever: $\frac{105}{340} \approx 31\%$
Yellow lab: $\frac{73}{340} \approx 21\%$
Collie: $\frac{24}{340} \approx 7\%$
Cocker spaniel: $\frac{47}{340} \approx 14\%$
Dalmation: $\frac{91}{340} \approx 27\%$

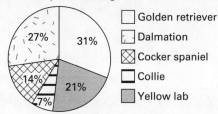

16. $957{,}000 \cdot 10\% = 957{,}000 \cdot 0.10$
$= 95{,}700$

17. $957{,}000 \cdot 26\% = 957{,}000 \cdot 0.26$
$= 248{,}820$

18. Electrical wiring, because it has the largest wedge in the circle graph

19. Answers may vary. Sample answer: You could check the electrical wiring in your home.

20. orthopedic injury

21. other

22. orthopedic injury: ≈ 980
spinal cord injury: ≈ 150

23. approximately $400 - 300$, or about 100

24. Calculate the percent increases for each type of injury. The percent increase is the increase in the number of patients divided by the number of patients in 1998.

Orthopedic Injury: $\frac{980 - 750}{750} \approx 0.31$

Stroke: $\frac{400 - 300}{300} \approx 0.33$

Head Injury: $\frac{200 - 120}{120} \approx 0.67$

Spinal Cord Injury: $\frac{150 - 100}{100} = 0.50$

Other: $\frac{90 - 60}{60} = 0.50$

Thus orthopedic injuries and strokes increased by about 31%, head injuries increased by about 67%, and spinal cord injuries and other injuries increased by about 50%.

PAGE 200, LOOK BACK

25. $(3x - 7) + (5x + 2) = 3x + 5x - 7 + 2$
$= 8x - 5$

26. $4(7s - 3) - 8(s + 2) = 28s - 12 - 8s - 16$
$= 28s - 8s - 12 - 16$
$= 20s - 28$

27. $\quad 4t + 7 = 23 + 2t$
$4t + 7 - 2t = 23 + 2t - 2t$
$2t + 7 - 7 = 23 - 7$
$2t = 16$
$\frac{2t}{2} = \frac{16}{2}$
$t = 8$
Check $4(8) + 7 \stackrel{?}{=} 23 + 2(8)$
$32 + 7 \stackrel{?}{=} 23 + 16$
$39 = 39$

28. $3(5h - 12) = 9$
$15h - 36 = 9$
$15h = 45$
$h = 3$
Check $3(5 \cdot 3 - 12) \stackrel{?}{=} 9$
$3(15 - 12) \stackrel{?}{=} 9$
$3(3) \stackrel{?}{=} 9$
$9 = 9$

29. $2x + 3(x + 7) = 41$
$2x + 3x + 21 = 41$
$5x + 21 - 21 = 41 - 21$
$5x = 20$
$\frac{5x}{5} = \frac{20}{5}$
$x = 4$

Check $2(4) + 3(4 + 7) \stackrel{?}{=} 41$
$8 + 3(11) \stackrel{?}{=} 41$
$8 + 33 \stackrel{?}{=} 41$
$41 = 41$

30. $4y + 17 = 3y - 26$
$4y + 17 - 3y = 3y - 26 - 3y$
$y + 17 = -26$
$y + 17 - 17 = -26 - 17$
$y = -43$

Check $4(-43) + 17 \stackrel{?}{=} 3(-43) - 26$
$-172 + 17 \stackrel{?}{=} -129 - 26$
$-155 = -155$

31. $4(m + 7) + 3m - 5 = 2m + 23$
$4m + 28 + 3m - 5 = 2m + 23$
$7m + 23 = 2m + 23$
$7m + 23 - 2m = 2m + 23 - 2m$
$5m + 23 - 23 = 23 - 23$
$5m = 0$
$\frac{5m}{5} = \frac{0}{5}$
$m = 0$

Check $4(0 + 7) + 3(0) - 5 \stackrel{?}{=} 2(0) + 23$
$4(7) + 0 - 5 \stackrel{?}{=} 0 + 23$
$28 - 5 \stackrel{?}{=} 23$
$23 = 23$

32. $3(x + 5) = 5(x + 3)$
$3x + 15 = 5x + 15$
$3x + 15 - 3x = 5x + 15 - 3x$
$15 - 15 = 2x + 15 - 15$
$0 = 2x$
$\frac{0}{2} = \frac{2x}{2}$
$0 = x$
$x = 0$

Check $3(0 + 5) \stackrel{?}{=} 5(0 + 3)$
$3(5) \stackrel{?}{=} 5(3)$
$15 = 15$

33. $35\% \cdot 160 = 0.35(160)$
$= 56$

34. $\frac{14}{200} = \frac{x}{100}$
$1400 = 200x$
$\frac{1400}{200} = \frac{200x}{200}$
$7 = x$
$x = 7$

35. mean $= \frac{4 + 4 + 5 + 6 + 10 + 12 + 15 + 18}{8}$
$= \frac{74}{8}$
$= 9.25$

4, 4, 5, 6, 10, 12, 15, 18
median $= \frac{6 + 10}{2} = 8$
mode $= 4$
range $= 18 - 4 = 14$

36. mean $= \frac{87 + 88 + 90 + 92 + 94 + 100 + 100}{7}$
$= \frac{651}{7}$
$= 93$

87, 88, 90, 92, 94, 100, 100
median $= 92$
mode $= 100$
range $= 100 - 87 = 13$

PAGE 200, LOOK BEYOND

37. Let C_1 = circumference of small circle
C_2 = circumference of large circle

$C_1 = 2\pi \cdot 9$ $C_2 = 2\pi \cdot 12$
$= 18 \cdot \pi$ $= 24 \cdot \pi$
$\approx 18 \cdot 3.14$ $\approx 24 \cdot 3.14$
≈ 56.52 cm ≈ 75.36 cm

$C_1 + C_2 \approx 56.52 + 75.36$
≈ 131.88 cm

4.6 PAGE 205, GUIDED SKILLS PRACTICE

5. Stems: one
Leaves: tenths

Stems	Leaves
10	3, 7
11	5
12	1, 1, 2, 6
13	4, 7, 8, 8, 9
14	1, 3, 4
15	2, 2, 2, 5
16	6, 7
17	3

6. least = 10.3
greatest = 17.3
median = 13.85
lower quartile = 12.2
upper quartile = 15.2

interquartile range: $15.2 - 12.2 = 3$

PAGES 205–206, PRACTICE AND APPLY

7. Stems: ones
Leaves: tenths

Stems	Leaves
12	2, 5
13	3
14	8
15	1, 7, 9
16	3, 4, 4, 6
17	2
18	7, 9
19	1
20	3

8. Stems: tens
Leaves: ones

Stems	Leaves
1	1, 4
2	3
3	6, 6, 7, 9
4	1, 2, 4, 4, 7, 8, 8
5	3, 3, 3, 5, 9
6	1, 1, 2, 8

9. Stems: tens
Leaves: ones

Stems	Leaves
12	5, 7, 7, 8
13	3, 5, 6, 6, 8, 9
14	1, 2, 4, 7, 8
15	3, 3, 3, 4, 9
16	2
17	5, 6, 9
18	3, 4

10. Stems: tens
Leaves: ones

Stems	Leaves
1	1, 1, 2, 3, 3, 4, 7
2	2, 3, 8
3	2, 2, 7, 8
4	1, 6, 7, 8, 9
5	6
6	5
7	3, 6, 8
8	2, 3, 4

11. Stems: ones
Leaves: tenths

Stems	Leaves
1	2
2	5, 5, 7
3	4
4	6, 8
5	2, 6
6	3, 5, 7, 8
7	8
8	4, 4
9	1, 2, 7

12. Stems: tens
Leaves: ones

Stems	Leaves
1	2, 3, 6, 8, 9
2	0, 1, 4, 4, 5, 5, 6, 6, 7, 7, 8, 9, 9
3	2, 4, 7, 8

13. Stems: tens
Leaves: ones

Stems	Leaves
0	4, 5, 5, 5, 6, 7, 7, 8, 9
1	0, 2, 2, 6, 7, 8, 8, 9, 9
2	3, 6, 9

14. Stems: tens
Leaves: ones

Stems	Leaves
1	1, 2, 2, 4, 4, 6, 6, 6, 7, 8, 8, 9
2	0, 1, 4, 8
3	4

15. Stems: ones
Leaves: tenths

Stems	Leaves
20	8
21	4, 6
23	1, 6, 9
24	7
25	8
26	1, 4
27	6
29	4, 4, 5, 6

16. Stems: tens
Leaves: ones

Stems	Leaves
30	3, 7
31	4
32	2, 8
33	5, 6, 7, 9
34	9
35	5, 9
36	6
37	1, 4, 8
39	3
40	7

17. least = 12.2; greatest = 20.3
median = 16.35
lower quartile = 14.95
upper quartile = 17.95
interquartile range: 17.95 − 14.95 = 3

18. least = 11; greatest = 68
median = 47
lower quartile = 37
upper quartile = 55
interquartile range: 55 − 37 = 18

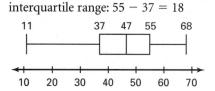

19. least = 125; greatest = 184
median = 145.5
lower quartile = 136
upper quartile = 159
interquartile range: 159 − 136 = 23

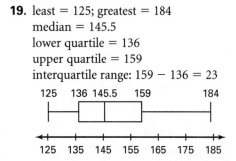

20. least = 11; greatest = 84
median = 38
lower quartile = 17
upper quartile = 65
interquartile range: 65 − 17 = 48

21. least = 1.2; greatest = 9.7
median = 6.3
lower quartile = 3.4
upper quartile = 8.4
interquartile range: 8.4 − 3.4 = 5

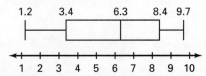

22. least = 12; greatest = 38
median = 25.5
lower quartile = 20
upper quartile = 29
interquartile range: 29 − 20 = 9

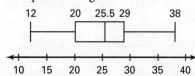

23. least = 4; greatest = 29
median = 12
lower quartile = 6.5
upper quartile = 18.5
interquartile range: 18.5 − 6.5 = 12

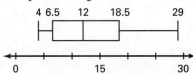

24. least = 11; greatest = 34
median = 17
lower quartile = 14
upper quartile = 20.5
interquartile range: 20.5 − 14 = 6.5

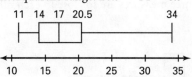

25. least = 20.8; greatest = 29.6
median = 25.8
lower quartile = 23.1
upper quartile = 29.4
interquartile range: 29.4 − 23.1 = 6.3

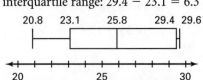

26. least = 303; greatest = 407
median = 344
lower quartile = 328
upper quartile = 371
interquartile range: 371 − 328 = 43

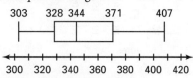

27. The new mean would be slightly lower since the new data is less than the original mean. The new modes would be 59 and 60. The median and range would stay the same.

28. $\frac{5}{29} \approx 0.172413 \approx 17.2\%$

29. $\frac{13}{29} \approx 0.448275 \approx 44.8\%$

30.

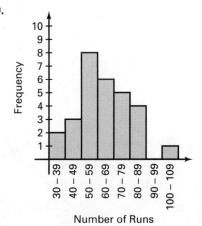

31. least = 35
greatest = 104
median = 60
lower quartile = 53.5
upper quartile = 78
interquartile range: 78 − 53.5 = 24.5

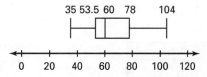

32. Stems: ones
Leaves: tenths

Stems	Leaves
14	1, 5, 9
15	0, 2, 3, 5, 6
16	1, 2, 3, 6
17	2, 2, 4, 8
18	1, 2, 9
19	3, 3, 7, 9
20	0

33. range = 20.0 − 14.1 = 5.9

34. mean = $\frac{408.3}{24}$ = 17.0125; median = $\frac{16.6 + 17.2}{2}$ = 16.9

35. modes = 17.2 and 19.3

36. Since all three measures are so close to each other, any one of them could be used.

37.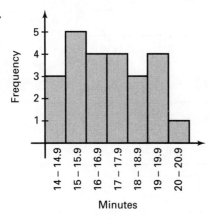

38. least = 14.1
greatest = 20.0
median = 16.9
lower quartile = 15.4
upper quartile = 18.55

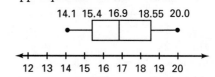

interquartile range: 18.55 − 15.4 = 3.15

39. Stems: tens
Leaves: ones

Stems	Leaves
24	9
27	5
34	3, 5
38	3
39	9
47	8
48	4
49	1, 7, 7, 9
51	2
54	9
56	7
57	4, 6
58	6, 8, 9

40. range = 589 − 249 = 340

41. median = $\frac{497 + 497}{2}$ = 497

42. mean = $\frac{9481}{20}$ = 474.05

43. Yes; mode = 497

44. Interquartile range: upper quartile − lower quartile = 570.5 − 391 = 179.5

PAGE 207, LOOK BACK

45. $8 \cdot 1\frac{1}{4} = 8 \cdot \frac{5}{4}$
$= \frac{40}{4}$
$= 10$

46. $\frac{2}{3} \cdot 2\frac{3}{5} = \frac{2}{3} \cdot \frac{13}{5}$
$= \frac{26}{15}$ or $1\frac{11}{15}$

47. $6\frac{1}{5} \cdot 3\frac{3}{10} = \frac{31}{5} \cdot \frac{33}{10}$
$= \frac{1023}{50}$ or $20\frac{23}{50}$

48. $2(3x + 7) - x = 6x + 14 - x$
$= 5x + 14$

49. $5y - 7 + 2y + 3 = 5y + 2y - 7 + 3$
$= 7y - 4$

50. $\frac{3x + 18}{x + 6} - 2x + 4 = \frac{3(x + 6)}{x + 6} - 2x + 4$
$= 3 - 2x + 4$
$= -2x + 7$

51. $4y - 3 = 6y - 2$
$-3 = 2y - 2$
$2y = -1$
$y = -\frac{1}{2}$

52. $80\% = \frac{80}{100} = \frac{4}{5}$

53. $38\% = \frac{38}{100} = \frac{19}{50}$

54. $3.5\% = \frac{3.5}{100} = \frac{35}{1000} = \frac{7}{200}$

PAGE 207, LOOK BEYOND

55. Let d = distance
r = rate
t = time
$d = r \cdot t$

Mary's rate is 40 miles per hour, so the formula is $d = 40t$.

56.

t	$40 \cdot t$	d
1	40(1)	40
2	40(2)	80
3	40(3)	120
4	40(4)	160
5	40(5)	200

$(1, 40), (2, 80), (3, 120), (4, 160), (5, 200)$

57. The graph moves up 40 for every 1 that it moves to the right.
Thus, the slope is $\frac{40}{1} = 40$.

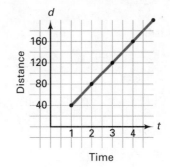

CHAPTER 4 REVIEW AND ASSESSMENT — PAGES 210–212

1. $\frac{n}{6} = \frac{12}{9}$
$9n = 6 \cdot 12$
$9n = 72$
$n = 8$

2. $\frac{13}{n} = \frac{39}{27}$
$39n = 13 \cdot 27$
$39n = 351$
$n = 9$

3. $\frac{11.4}{8} = \frac{45.6}{x}$
$11.4x = 8 \cdot 45.6$
$11.4x = 364.8$
$x = 32$

4. $\frac{16}{41} = \frac{x}{820}$
$41x = 16 \cdot 820$
$41x = 13,120$
$x = 320$

5. $\frac{x}{5} = \frac{3}{15}$
$15x = 5 \cdot 3$
$15x = 15$
$x = 1$

6. $\frac{n}{2} = \frac{18}{3}$
$3n = 2 \cdot 18$
$3n = 36$
$n = 12$

7. $\frac{4}{5} = \frac{3}{x}$
$4x = 5 \cdot 3$
$4x = 15$
$x = 3.75$

8. $\frac{15}{3} = \frac{m}{30}$
$3m = 15 \cdot 30$
$3m = 450$
$m = 150$

CHAPTER 4   **107**

9. $x = 55\% \cdot 60$
$x = 0.55 \cdot 60$
$x = 33$

10. $\frac{70}{100} = \frac{28}{x}$
$70x = 100 \cdot 28$
$70x = 2800$
$x = 40$

11. $x = 200\% \cdot 40$
$x = 2 \cdot 40$
$x = 80$

12. $x = 35\% \cdot 140$
$x = 0.35 \cdot 140$
$x = 49$

13. $\frac{x}{100} = \frac{40.5}{90}$
$90x = 100 \cdot 40.5$
$90x = 4050$
$x = 45\%$

14. $\frac{x}{100} = \frac{4}{50}$
$50x = 100 \cdot 4$
$50x = 400$
$x = 8\%$

15. $\frac{x}{100} = \frac{10}{40}$
$40x = 100 \cdot 10$
$40x = 1000$
$x = 25\%$

16. $\frac{47}{100} = \frac{x}{250}$
$100x = 47 \cdot 250$
$100x = 11{,}750$
$x = 117.50$

17. $\frac{50}{100} = \frac{31}{x}$
$50x = 100 \cdot 31$
$50x = 3100$
$x = 62$

18. $\frac{200}{100} = \frac{2}{x}$
$200x = 100 \cdot 2$
$200x = 200$
$x = 1$

19. $x = 87\% \cdot 1500$
$x = 0.87 \cdot 1500$
$x = 1305$

20. $x = 14\% \cdot 350$
$x = 0.14 \cdot 350$
$x = 49$

21. $\frac{67}{150} = 0.44\overline{6} \approx 44.7\%$ **22.** $\frac{4}{150} = 0.02\overline{6} \approx 2.7\%$ **23.** $\frac{11}{150} = 0.07\overline{3} \approx 7.3\%$ **24.** $\frac{23}{150} = 0.15\overline{3} \approx 15.3\%$

25. mean $= \frac{6 + 7 + 8 + 8 + 11}{5} = \frac{40}{5} = 8$

6, 7, <u>8</u>, 8, 11
median = 8
mode = 8
range = 11 − 6 = 5

26. mean $= \frac{3 + 5 + 7 + 10 + 13 + 21}{6} = \frac{59}{6} = 9.8\overline{3}$

3, 5, <u>7, 10</u>, 13, 21
median $= \frac{7 + 10}{2} = 8.5$
mode = none
range = 21 − 3 = 18

27. mean $= \frac{55 + 55 + 55 + 85 + 85 + 96 + 96 + 102 + 135 + 206}{10} = \frac{970}{10} = 97$

55, 55, 55, 85, <u>85, 96</u>, 96, 102, 135, 206
median $= \frac{85 + 96}{2} = 90.5$
mode = 55
range = 206 − 55 = 151

28. mean $= \frac{32 + 59 + 65 + 87 + 103}{5} = \frac{346}{5} = 69.2$

32, 59, <u>65</u>, 87, 103
median = 65
mode = none
range = 103 − 32 = 71

29. mean $= \frac{0.352 + 0.368 + 0.376 + 0.385 + 0.395}{5} = \frac{1.876}{5} = 0.3752$

0.352, 0.368, <u>0.376</u>, 0.385, 0.395
median = 0.376
mode = none
range = 0.395 − 0.352 = 0.043

30. mean $= \frac{1.1 + 1.4 + 1.5 + 1.6 + 1.8}{5} = \frac{7.4}{5} = 1.48$

1.1, 1.4, <u>1.5</u>, 1.6, 1.8
median = 1.5
mode = none
range = 1.8 − 1.1 = 0.7

31. mean $= \frac{8 + 8 + 8 + 10 + 12 + 12 + 24 + 36 + 47}{9} = \frac{165}{9} = 18.\overline{3}$

8, 8, 8, 10, <u>12</u>, 12, 24, 36, 47
median = 12
mode = 8
range = 47 − 8 = 39

32. Let x = amount spent on insurance

$$\frac{42}{100} = \frac{x}{2500}$$
$$100x = 42 \cdot 2500$$
$$100x = 105{,}000$$
$$x = \$1050$$

The total amount spent on insurance was $1050.

33. gas: $\frac{800}{2200} = 0.\overline{36} \approx 36\%$,
$\quad 0.36 \cdot 360 \approx 130°$

maintenance: $\frac{200}{2200} = 0.\overline{09} \approx 9\%$,
$\quad 0.09 \cdot 360 \approx 32°$

repairs: $\frac{200}{2200} = 0.\overline{09} \approx 9\%$,
$\quad 0.09 \cdot 360 \approx 32°$

insurance: $\frac{900}{2200} = 0.\overline{409} \approx 41\%$,
$\quad 0.41 \cdot 360 \approx 148°$

misc.: $\frac{100}{2200} = 0.0\overline{45} \approx 5\%$,
$\quad 0.05 \cdot 360 \approx 18°$

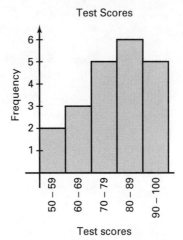

34. The median of the data is $\frac{31 + 34}{2} = 32.5$.

The median of the data below 32.5 is 23.
The lower quartile is 23.

35. The median of the data is $\frac{31 + 34}{2} = 32.5$.

The median of the data above 32.5 is 46.
The upper quartile is 46.

36. median $= \frac{31 + 34}{2} = 32.5$

37. range $= 56 - 18 = 38$

38. Interquartile range: upper quartile $-$ lower quartile $= 46 - 23 = 23$

39. Stems: tens

Leaves: ones

Stems	Leaves
5	0, 8
6	0, 5, 8
7	4, 5, 6, 8, 9
8	0, 1, 4, 5, 5, 8
9	2, 2, 3, 8, 9

40. Test Scores

(histogram with frequencies: 50–59: 2, 60–69: 3, 70–79: 5, 80–89: 6, 90–100: 5)

41.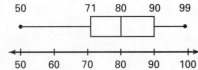

42. mean $= \frac{11{,}800 + 12{,}500 + 14{,}500 + 17{,}000 + 18{,}600}{5}$

$= \frac{74{,}400}{5}$

$= \$14{,}880$

11,800, 12,500, <u>14,500</u>, 17,000, 18,600
median $= \$14{,}500$
mode $=$ none
range $= 18{,}600 - 11{,}800 = \$6{,}800$

43. food: $\frac{6500}{30,100} \approx 0.22 \approx 22\%$,
$0.22 \cdot 360 \approx 79°$
housing: $\frac{10,300}{30,100} \approx 0.34 \approx 34\%$,
$0.34 \cdot 360 \approx 122°$
clothing: $\frac{2500}{30,100} \approx 0.08 \approx 8\%$,
$0.08 \cdot 360 \approx 29°$
transportation: $\frac{7000}{30,100} \approx 0.23 \approx 23\%$,
$0.23 \cdot 360 \approx 83°$
health care: $\frac{1800}{30,100} \approx 0.06 \approx 6\%$,
$0.06 \cdot 360 \approx 22°$
misc.: $\frac{2000}{30,100} \approx 0.07 \approx 7\%$,
$.07 \cdot 360 \approx 25°$

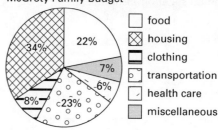

44.

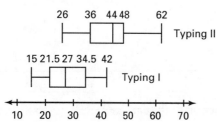

Chapter 4 Chapter Test

PAGE 213

1. $\frac{x}{5} = \frac{9}{15}$
$15x = 9 \cdot 5$
$15x = 45$
$x = 3$

2. $\frac{12}{r} = \frac{48}{16}$
$48r = 12 \cdot 16$
$48r = 192$
$r = 4$

3. $\frac{2}{3} = \frac{k}{18}$
$3k = 2 \cdot 18$
$3k = 36$
$k = 12$

4. $\frac{6}{8} = \frac{27}{m}$
$6m = 8 \cdot 27$
$6m = 216$
$m = 36$

5. $\frac{1.8}{3} = \frac{2.4}{p}$
$1.8p = 3 \cdot 2.4$
$1.8p = 7.2$
$p = 4$

6. $\frac{c}{1.6} = \frac{0.8}{6.4}$
$6.4c = 1.6 \cdot 0.8$
$6.4c = 1.28$
$c = 0.2$

7. Let g = pounds of grass seed
$\frac{4}{3} = \frac{g}{5}$
$3g = 4 \cdot 5$
$3g = 20$
$g = 6\frac{2}{3}$ $6\frac{2}{3}$ pounds of grass seed covers 5 acres.

8. $5\% = \frac{5}{100} = \frac{1}{20}$

9. $34\% = \frac{34}{100} = \frac{17}{50}$

10. $230\% = \frac{230}{100} = 2\frac{3}{10}$

11. $x = 0.3 \cdot 18$
$x = 5.4$

12. $\frac{60}{100} = \frac{54}{x}$
$60x = 54 \cdot 100$
$60x = 5400$
$x = 90$

13. $\frac{x}{100} = \frac{28}{84}$
$84x = 28 \cdot 100$
$84x = 2800$
$x = 33\frac{1}{3}\%$

14. Let x = percent of depreciation
actual depreciation = $9600 - 8160 = 1440$
$\frac{x}{100} = \frac{1440}{9600}$
$9600x = 144,000$
$x = 15\%$

15. $\frac{7}{30} = 0.23\overline{3}$ or 23.3%

16. mean = $\frac{1+3+4+4+5+5+5+5+6+7}{10}$
= $\frac{45}{10}$
= 4.5
1, 3, 4, 4, 5, 5, 5, 5, 6, 7
median = $\frac{5+5}{2}$ = 5
mode = 5
range = 7 − 1 = 6

17. mean = $\frac{3.3+3.4+3.5+3.6+3.8+4.0}{6}$
= $\frac{21.6}{6}$
= 3.6
3.3, 3.4, 3.5, 3.6, 3.8, 4.0
median = $\frac{3.5+3.6}{2}$ = 3.55
mode = none
range = 4.0 − 3.3 = 0.7

18. Let x = 6th data point
the 5th data point is 87 (mode)
$\frac{78+83+86+87+87+x}{6}$ = 85
$\frac{421+x}{6}$ = 85
421 + x = 510
x = 89

19. Senior Class

20. $\frac{30}{100} = \frac{x}{860}$
100x = 25800
x = 258

21. 50 · 26% = 50 · 0.26
= 13

22. Stems: tens
Leaves: ones

Stems	Leaves
5	1, 4, 5, 7, 7
6	2, 2, 5, 6, 9
7	1, 1, 1, 3, 4

23. a. 45   **b.** 85   **c.** 60   **d.** 50

24.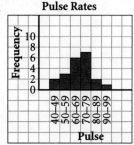
Pulse Rates

CHAPTERS 1–4 CUMULATIVE ASSESSMENT   PAGES 214–215

1. 14x = 86
Try x = 6
14 · 6 = 84
6 CDs, $2 left
Choose c.

12x = 75
Try x = 6
12 · 6 = 72
6 CDs, $3 left

2. Choose c.

3. Choose a.

4. Choose b.

5. v + 10 = 7
v = −3
Choose b.

v − 6 = 5
v = 11

6. Choose a.

7. A strong positive correlation means that as one variable increases, the other also increases.
Choose a.

8. 64, 58, 52, 46, 40
The sequence decreases by 6.
Choose d.

9. $\dfrac{5^2 + 11}{9 \cdot 3 + 9} = \dfrac{25 + 11}{27 + 9}$
$= \dfrac{36}{36}$
$= 1$
Choose c.

10. $0.5 = \dfrac{50}{100} = 50\%$
Choose b.

11. $x = 0.8 \cdot 15$
$x = 12$
12 free throws
Choose c.

12. $\dfrac{q}{139.2} = -58$
$q = -58 \cdot 139.2$
$q = -8073.6$
Choose b.

13. Stems: tens
Leaves: ones

Stems	Leaves
1	1, 2, 2, 4, 6, 8
2	4, 6, 7, 9, 9
3	0, 2, 4, 7

14. It is an expression. $18t$ is not a solitary symbol (letter), so it is not a variable, and no equal sign is present, so it is not an equation.

15. $(-2, 2)$

16. $(1, -4)$

17. $(-3, -1)$

18. $\dfrac{g}{12} = \dfrac{-3}{20}$
$20g = 12 \cdot (-3)$
$20g = -36$
$g = -1.8$

19. -9

20. $(9w - 5) - (3w - 4) = 9w - 5 - 3w + 4$
$= 9w - 3w - 5 + 4$
$= 6w - 1$

21. $(-54s) \div (6s) = -9$

22. $4x^2 - 4(3x^2 + 7) = 4x^2 - 12x^2 - 28$
$= -8x^2 - 28$

23. $16x^2 - 8x^2 = 8x^2$

24. $\dfrac{15}{n} = \dfrac{20}{32}$
$20n = 15 \cdot 32$
$20n = 480$
$n = 24$

25. $y + 4.5 = 6$
$y = 1.5$

26. $\dfrac{c}{16} = \dfrac{3}{8}$
$8c = 16 \cdot 3$
$8c = 48$
$c = 6$

27. $x - 3 = 14$
$x - 3 + 3 = 14 + 3$
$x = 17$

28. $y + 4 = 23$
$y + 4 - 4 = 23 - 4$
$y = 19$

29. $3x = -39$
$x = -13$

30. $6p = 24$
$p = 4$

31. $3d - 15 = 30$
$3d = 45$
$d = 15$

32. $\dfrac{(-5)(-10)}{(-2)(5)} = \dfrac{50}{-10}$
$= -5$

33. $-(3x - 7) = -3x + 7$

34. $(74 + 23) + 26 = (23 + \underline{74}) + 26$ Commutative
$= 23 + (74 + \underline{26})$ Associative
$= 23 + \underline{100}$ addition
$= \underline{123}$ addition

35. $3r + 2(r - 4) = 12$
$3r + 2r - 8 = 12$
$5r - 8 = 12$
$5r = 20$
$r = 4$

36. mean $= \dfrac{96 + 83 + 92 + 79 + 94 + 87}{6}$
$= \dfrac{531}{6}$
$= 88.5$

37. Let $x = $ number of correct answers
$x = 84\% \cdot 50$
$x = 0.84 \cdot 50$
$x = 42$

38. $\dfrac{29}{100} = 0.29$

CHAPTER 5

Linear Functions

5.1 PAGE 223, GUIDED SKILLS PRACTICE

5. The domain is {3, 4, 9}.
The range is {−5, −2, 5}.
This relation is a function.

6. The domain is {1, 2, 3, 4}.
The range is {1}.
This relation is a function.

7. $4(5) + y = 21$
$20 + y = 21$
$y = 1$
The ordered pair is (5, 1).

8. $4x + 9 = 21$
$4x = 12$
$x = 3$
The ordered pair is (3, 9).

9. $4(0) + y = 21$
$0 + y = 21$
$y = 21$
The ordered pair is (0, 21).

10. $4x + 0 = 21$
$4x = 21$
$x = \frac{21}{4}$, or $5\frac{1}{4}$
The ordered pair is $\left(5\frac{1}{4}, 0\right)$.

11. For each minute, the cost increases by $.50.
The equation is $y = 0.5x + 2$.
The domain is {1, 2, 3, 4, 5, 6}.
The range is {2.50, 3.00, 3.50, 4.00, 4.50, 5.00}.

12.

x	0	2	4
y	0	4	8

The dependent variable is twice the independent variable. $y = 2x$

PAGES 224–225, PRACTICE AND APPLY

13. Domain: {−2, 5.7, 9.2}
Range: {−3.4, 3.4, 4}
This relation is a function, since no element of the domain is repeated.

14. Domain: {0, 3, 4}
Range: {0, 3, 4}
This relation is not a function, since 0 is paired with two elements of the range.

15. Domain: {−3, −1, 0, 1, 3}
Range: {−2, −1, 4}
This relation is a function, since no element of the domain is repeated.

16. Domain: {2}
Range: {1, 1000}
This relation is not a function, since 2 is paired with two elements of the range.

17. Domain: {3, 4, 5, 9, 12}
Range: {3, 4, 5, 9, 12}
This relation is a function, since no element of the domain is repeated.

18. $2(8) − y = 14$
$16 − y = 14$
$−y = −2$
$y = 2$
The ordered pair is (8, 2).

19. $2(10) - y = 14$
$20 - y = 14$
$-y = -6$
$y = 6$
The ordered pair is $(10, 6)$.

20. $2(0) - y = 14$
$0 - y = 14$
$-y = 14$
$y = -14$
The ordered pair is $(0, -14)$.

21. $2x - 0 = 14$
$2x = 14$
$x = 7$
The ordered pair is $(7, 0)$.

22. $2(5) - y = 14$
$10 - y = 14$
$-y = 4$
$y = -4$
The ordered pair is $(5, -4)$.

23. $2(-5) - y = 14$
$-10 - y = 14$
$-y = 24$
$y = -24$
The ordered pair is $(-5, -24)$.

24. $2(3) - y = 14$
$6 - y = 14$
$-y = 8$
$y = -8$
The ordered pair is $(3, -8)$.

25. $2x - 3 = 14$
$2x = 17$
$x = \frac{17}{2}$ or $8\frac{1}{2}$
The ordered pair is $\left(8\frac{1}{2}, 3\right)$.

26. $2x - 6 = 14$
$2x = 20$
$x = 10$
The ordered pair is $(10, 6)$.

27. $2x - (-4) = 14$
$2x + 4 = 14$
$2x = 10$
$x = 5$
The ordered pair is $(5, -4)$.

28. $2x - (-7) = 14$
$2x + 7 = 14$
$2x = 7$
$x = \frac{7}{2}$ or $3\frac{1}{2}$
The ordered pair is $\left(3\frac{1}{2}, -7\right)$.

29. $2x - 10 = 14$
$2x = 24$
$x = 12$
The ordered pair is $(12, 10)$.

30.

Games x	0	10	20	30
Cost y (dollars)	5	7.50	10	12.50

The equation is $y = 0.25x + 5$.

31.

Time x (hours)	0	1	2	3	4
Distance y (miles)	0	5	10	15	20

The equation is $y = 5x$.
The domain and range are both the set of real numbers greater than or equal to zero.

32. Since the cost of 2 CDs is $45, including the $25 membership fee, then the cost per CD is
$\frac{45-25}{2} = \frac{20}{2} = 10$ dollars.
$y = 10x + 25$

33. Since the cost of 2 CDs is $51, including the $35 membership fee, then the cost per CD is
$\frac{51-35}{2} = \frac{16}{2} = 8$ dollars.
$y = 8x + 35$

34.

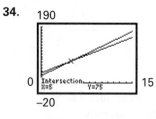

We can trace on the calculator to see that the graph of $y = 10x + 25$ is below the graph of $y = 8x + 35$ for values of x between 0 and 5. So the CD club in Exercise 32 is a better deal for buying fewer than 5 CDs. However, for values of x greater than 5, the graph of $y = 8x + 35$ lies below the graph of $y = 10x + 25$. So the CD club in Exercise 33 is a better deal for buying more than 5 CDs. The cost is the same for buying exactly 5 CDs.

PAGE 225, LOOK BACK

35.

x	1	2	3	4	5	10
y	3	5	7	9	11	21

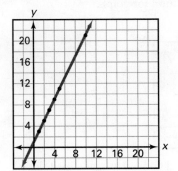

36.

x	1	2	3	4	5	10
y	4	9	14	19	24	49

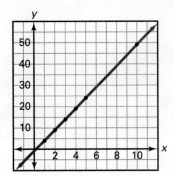

37.

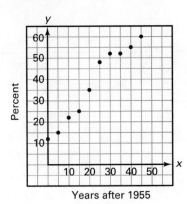

38.

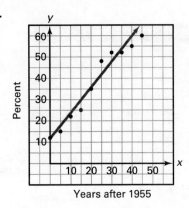

Using the line of best fit, the percentages will be 72% in the year 2000, and 84% in the year 2010.

39. Using the graph, the line of best fit is approximately $y = 1.2x + 12$.

40. No. Answers may vary.
Sample answer: The line eventually predicts percentages greater than 100, which is impossible.

41. $300 - 196 = 104$

42. $10 \cdot 30 = 300$

43. $\frac{480}{16} = \frac{16 \cdot 3 \cdot 10}{16} = 30$

44. $1000 \cdot 1000 = 1{,}000{,}000$

45. $A = s^2$
$= 7^2$
$= 49 \text{ cm}^2$

PAGE 225, LOOK BEYOND

46. No, the relation is not linear. Answers may vary.
Sample answer: The first differences are not constant, so the relation is not linear.

47. $y = x^2$

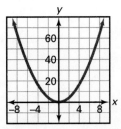

Answers may vary.
Sample answer: The graph is curved like a wide "U", with its lowest point at the origin.

5.2 PAGE 231, GUIDED SKILLS PRACTICE

6. slope $= \dfrac{\text{rise}}{\text{run}} = \dfrac{-60}{70} = -\dfrac{6}{7}$

7. slope $= \dfrac{\text{rise}}{\text{run}} = \dfrac{1}{2}$

8. slope $= \dfrac{y_2 - y_1}{x_2 - x_1} = \dfrac{-3 - 7}{8 - (-1)} = -\dfrac{10}{9}$

9. See Teacher's Edition for graph.

10. a.

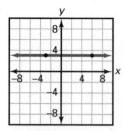

b.

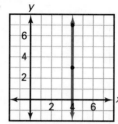

The line is horizontal and has a slope of zero.

The line is vertical and has an undefined slope.

PAGES 231–233, PRACTICE AND APPLY

11. slope $= \dfrac{\text{rise}}{\text{run}} = \dfrac{1}{1} = 1$

12. slope $= \dfrac{\text{rise}}{\text{run}} = -\dfrac{1}{3}$

13. slope $= \dfrac{\text{rise}}{\text{run}} = 0$

14. slope $= \dfrac{\text{rise}}{\text{run}} = \dfrac{2}{1} = 2$

15. slope $= \dfrac{\text{rise}}{\text{run}} = \dfrac{-2}{1} = -2$

16. slope $= \dfrac{\text{rise}}{\text{run}} = \dfrac{1}{2}$

17. The slope is undefined since the line is vertical.

18. slope $= \dfrac{\text{rise}}{\text{run}} = \dfrac{-1}{1} = -1$

19. slope $= \dfrac{\text{rise}}{\text{run}} = \dfrac{2}{1} = 2$

20. slope $= \dfrac{\text{rise}}{\text{run}} = \dfrac{1}{5}$

21. slope $= \dfrac{\text{rise}}{\text{run}} = \dfrac{3}{10}$

22. slope $= \dfrac{\text{rise}}{\text{run}} = -\dfrac{1}{7}$

23. slope $= \dfrac{\text{rise}}{\text{run}} = \dfrac{-6}{3} = -2$

24. slope $= \dfrac{\text{rise}}{\text{run}} = -\dfrac{5}{3}$

25. slope $= \dfrac{\text{rise}}{\text{run}} = -\dfrac{5}{2}$

26. slope $= \dfrac{\text{rise}}{\text{run}} = \dfrac{-9}{-5} = \dfrac{9}{5}$

27. slope $= \dfrac{\text{rise}}{\text{run}} = \dfrac{-4}{-3} = \dfrac{4}{3}$

28. slope $= \dfrac{y_2 - y_1}{x_2 - x_1} = \dfrac{4 - 6}{1 - 9} = \dfrac{-2}{-8} = \dfrac{1}{4}$

29. slope $= \dfrac{y_2 - y_1}{x_2 - x_1} = \dfrac{6 - 1}{2 - 23} = -\dfrac{5}{21}$

30. slope $= \dfrac{y_2 - y_1}{x_2 - x_1} = \dfrac{9 - 24}{2 - 2} = \dfrac{-15}{0} =$ undefined

31. slope $= \dfrac{y_2 - y_1}{x_2 - x_1} = \dfrac{7 - 10}{8 - 8} = \dfrac{-3}{0} =$ undefined

32. slope $= \dfrac{y_2 - y_1}{x_2 - x_1} = \dfrac{-4 - 2}{4 - (-2)} = \dfrac{-6}{6} = -1$

33. slope $= \dfrac{y_2 - y_1}{x_2 - x_1} = \dfrac{4 - 4}{7 - 10} = \dfrac{0}{-3} = 0$

34. slope $= \dfrac{y_2 - y_1}{x_2 - x_1} = \dfrac{16 - 16}{-11 - (-9)} = \dfrac{0}{-2} = 0$

35. slope $= \dfrac{y_2 - y_1}{x_2 - x_1} = \dfrac{0 - 7}{0 - 2} = \dfrac{7}{2}$

36–43. See Teacher's Edition for graphs.

44. slope $= \dfrac{y_2 - y_1}{x_2 - x_1} = \dfrac{d - 0}{c - 0} = \dfrac{d}{c}$

45. slope $= \dfrac{y_2 - y_1}{x_2 - x_1}$
$= \dfrac{d - b}{c - a}$ or $\dfrac{b - d}{a - c}$

46. Answers may vary. Students should show roofs with different steepness, and calculate slope by measuring $\dfrac{\text{rise}}{\text{run}}$.

47. slope = $\frac{150-200}{10-0} = \frac{-50}{10} = -5$

The beverage is cooling at a rate of 5° F per minute (a change of −5° F per minute).

48. 70 miles = 369,600 feet

slope = $\frac{11{,}990 - 5280}{369{,}600 - 0} = \frac{6710}{369{,}600} \approx 0.018$, or 96 feet per mile

49. slope = $\frac{\text{rise}}{\text{run}} = \frac{27}{25} = 1.08$

50. slope = $\frac{\text{rise}}{\text{run}} = \frac{29.7}{27.5} = 1.08$

The slope of a step is the same as the slope of the stairway.

PAGE 233, LOOK BACK

51. $|-7| = 7$ **52.** $|50| = 50$ **53.** $-|29| = -29$ **54.** $-|-99| = -99$

55. $\frac{\text{total raised}}{\text{people contributing}} = \frac{98}{8} = 12.25$

$12.25 per person

56. $3x + 16 = 19$
$3x = 3$
$x = 1$

57. $28 = -4 + 4x$
$32 = 4x$
$x = 8$

58. $4x + 5 = 2x + 5$
$4x = 2x$
$2x = 0$
$x = 0$

59. $-2x + 10 = 5x$
$-7x + 10 = 0$
$-7x = -10$
$x = \frac{10}{7}$

60. $a + x = 3x + b$
$a + x - 3x = b$
$a - 2x = b$
$-2x = b - a$
$x = -\frac{b-a}{2}$
$x = \frac{a-b}{2}$

61. $2x - 7 = a + 8$
$2x = a + 15$
$x = \frac{a+15}{2}$

PAGE 233, LOOK BEYOND

62.

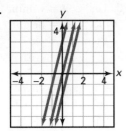

The slope for all three lines is 4. The lines are parallel; they never intersect.

63.

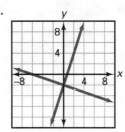

The slope for $y = 3x - 2$ is 3.

The slope for $y = -\frac{1}{3}x - 2$ is $-\frac{1}{3}$.

The lines are perpendicular; they intersect at $(0, -2)$.

5.3 PAGE 240, GUIDED SKILLS PRACTICE

5. rate of change = $\frac{\text{change in cost}}{\text{change in number of videos}} = \frac{3-0}{1-0} = 3$

The cost per video is $3.

6. hourly rate of pay = $\frac{\text{change in wages earned}}{\text{change in time worked}} = \frac{80}{8} = 10$
The hourly rate of pay is $10 per hour.

7. hourly rate of overtime pay = $\frac{\text{change in wages earned}}{\text{change in time worked}} = \frac{60}{4} = 15$
The hourly rate for overtime is $15 per hour.

8. $k = \frac{y}{x} = \frac{7}{28} = \frac{1}{4}$; $y = \frac{1}{4}x$

9. $\frac{30}{15} = \frac{50}{x}$
$30x = 750$
$x = 25$

10. $F = kd$
$8 = k(0.25)$
$\frac{8}{0.25} = k$
$32 = k$
$k = 32$

PAGES 241–242, PRACTICE AND APPLY

11. cost per video = $\frac{\text{change in cost}}{\text{change in number of videos}} = \frac{20 - 10}{4 - 0} = \frac{10}{4} = 2.50$; $2.50 per video

12. Amy's hourly wage = $\frac{\text{change in wages}}{\text{change in time worked}} = \frac{120 - 0}{10 - 0} = 12$; $12 per hour

Amy's overtime hourly wage = $\frac{\text{change in wages}}{\text{change in time worked}} = \frac{840 - 480}{60 - 40} = 18$; $18 per hour

13. $k = \frac{y}{x} = \frac{14}{2} = 7$
so $y = 7x$

14. $k = \frac{y}{x} = \frac{2.6}{13} = 0.2$
so $y = 0.2x$

15. $k = \frac{y}{x} = \frac{5}{8} = 0.625$
so $y = 0.625x$

16. $k = \frac{y}{x} = \frac{3}{5} = 0.6$
so $y = 0.6x$

17. $k = \frac{y}{x} = \frac{132}{12} = 11$
so $y = 11x$

18. $k = \frac{y}{x} = \frac{-2}{5} = -0.4$
so $y = -0.4x$

19. $k = \frac{y}{x} = \frac{4.5}{15} = 0.3$
so $y = 0.3x$

20. $k = \frac{y}{x} = \frac{84}{21} = 4$
so $y = 4x$

21. $k = \frac{y}{x} = \frac{84}{12} = 7$
so $y = 7x$

22. $k = \frac{y}{x} = \frac{2}{8} = 0.25$
so $y = 0.25x$

23. $\frac{14}{2} = \frac{21}{x}$
$14x = 42$
$x = 3$

24. $\frac{5}{8} = \frac{y}{28}$
$8y = 140$
$y = 17.5$

25. $\frac{56}{7} = \frac{8}{x}$
$56x = 56$
$x = 1$

26. $\frac{27}{3} = \frac{4.5}{x}$
$27x = 13.5$
$x = 0.5$

27. $p = 4l$

28. Let V = volume
h = height
then $V = kh$
$27 = k(3)$
$k = 9$
so $V = 9h$
substitute 12 for h
$V = 9(12)$
$V = 108$ cm³

29. $y = 8x$
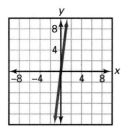

30. Let f = feet ascended
m = minutes
$f = 2000m$
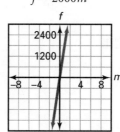

31. $y = 4x$
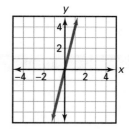

32. rate of travel = $\frac{\text{change in distance}}{\text{change in time}} = \frac{20 - 5}{5 - 0} = 3$ miles per hour

33. rate of travel = $\frac{\text{change in distance}}{\text{change in time}} = \frac{20 - 10}{5 - 0} = 2$ miles per hour

34. The lines intersect at (5, 20) so after 5 hours they will have traveled the same total distance.

35. Hiker A gains 1 mile every hour on hiker B. Hiker A is 5 miles behind hiker B at the start. After 8 hours hiker A will be 3 miles ahead of hiker B.

36. Answers may vary. Students should find that the line of best fit is of the form $y = kx$, where k is the constant of the rubber band or spring.

PAGE 242, LOOK BACK

37.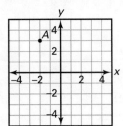

38.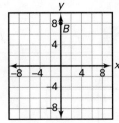

39.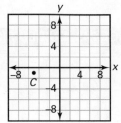

40.
x	1	2	3	4	5
y	7	14	21	28	35

41.
x	1	2	3	4	5
y	−2.5	−2	−1.5	−1	−0.5

42. Let d = distance
t = time
$d = 35t$

t	0	1	2	3
d	0	35	70	105

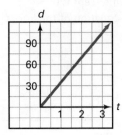

43. $-7x + 11x = (-7 + 11)x$
    $= 4x$

44. $8h - 9h = (8 - 9)h$
    $= -1h$
    $= -h$

45. $3d + 5d = (3 + 5)d$
    $= 8d$

46. $(3x + 7) + (4x - 9)$
    $= 3x + 4x + 7 - 9$
    $= 7x - 2$

47. $(9c + 3) - (-8c + 2)$
    $= 9c + 3 + 8c - 2$
    $= 17c + 1$

48. $(-3d - 12) - (-2d + 4)$
    $= -3d - 12 + 2d - 4$
    $= -d - 16$

49. $(6h - 2) - (4h + 3)$
    $= 6h - 2 - 4h - 3$
    $= 2h - 5$

50. $(-5t + 2) + (t - 12)$
    $= -5t + 2 + t - 12$
    $= -4t - 10$

51. $(f + 3) - (6f - 45)$
    $= f + 3 - 6f + 45$
    $= -5f + 48$

52. $(2a + b - c) + (a - 3b + 5c)$
    $= 2a + a + b - 3b - c + 5c$
    $= 3a - 2b + 4c$

53. $(b + 9f - 2g) - (5b - 4f + 12g)$
    $= b + 9f - 2g - 5b + 4f - 12g$
    $= -4b + 13f - 14g$

PAGE 243, LOOK BEYOND

54. a.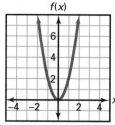

The graph is not linear. It looks like a U, with the lowest point at the origin.

b.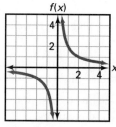

The graph is not linear. It has two separate pieces, both curved and never touches either axis.

c.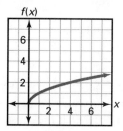

The graph is not linear. It starts at the origin and goes up to the right, then curves almost to the point of leveling off.

5.4 PAGE 249, GUIDED SKILLS PRACTICE

6.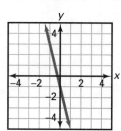

7.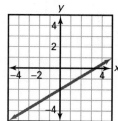

8. $m = \dfrac{y_2 - y_1}{x_2 - x_1} = \dfrac{-2 - 5}{6 - 4} = -\dfrac{7}{2}$

$y = -\dfrac{7}{2}x + b$

$y = mx + b$

Choose the point $(4, 5)$.

$5 = -\dfrac{7}{2}(4) + b$

$5 = -14 + b$

$b = 19$

so $y = -\dfrac{7}{2}x + 19$

9. The y-intercept is 7.
$0 = -x + 7$
$x = 7$
The x-intercept is 7.
See Teacher's Edition for graph.

10. The y-intercept is 0 so the equation of the line is $y = 0$.

11. The x-intercept is 0 so the equation of the line is $x = 0$.

PAGES 249–251, PRACTICE AND APPLY

See Teacher's Edition for graphs for Exercises 12–17.

12. $y = 4x + 5$
The y-intercept is 5.
$0 = 4x + 5$
$-4x = 5$
$x = -\dfrac{5}{4}$
The x-intercept is $-\dfrac{5}{4}$.

13. $y = 8x - 1$
The y-intercept is -1.
$0 = 8x - 1$
$1 = 8x$
$\dfrac{1}{8} = x$
The x-intercept is $\dfrac{1}{8}$.

14. $y = -3x + 5$
The y-intercept is 5.
$0 = -3x + 5$
$3x = 5$
$x = \dfrac{5}{3}$
The x-intercept is $\dfrac{5}{3}$.

15. $y = -2x + 13$
The y-intercept is 13.
$0 = -2x + 13$
$3x = 13$
$x = \dfrac{13}{2}$
The x-intercept is $\dfrac{13}{2}$.

16. $y = 17x - 4$
The y-intercept is -4.
$0 = 17x - 4$
$4 = 17x$
$\dfrac{4}{17} = x$
The x-intercept is $\dfrac{4}{17}$.

17. $y = -5x - 9$
The y-intercept is -9.
$0 = -5x - 9$
$5x = -9$
$x = -\dfrac{9}{5}$
The x-intercept is $-\dfrac{9}{5}$.

18.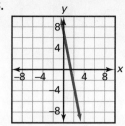

19.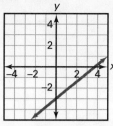

20.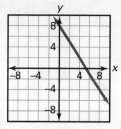

21.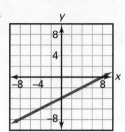

22.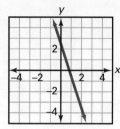

23.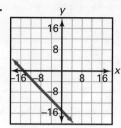

24. $m = \dfrac{y_2 - y_1}{x_2 - x_1} = \dfrac{0 - 6}{5 - 0} = \dfrac{-6}{5}$

Choose $(x, y) = (0, 6)$
$y = mx + b$
$6 = -\dfrac{6}{5}(0) + b$
$b = 6$
so $y = -\dfrac{6}{5}x + 6$

25. $m = \dfrac{y_2 - y_1}{x_2 - x_1} = \dfrac{-2 - 4}{-1 - 3} = \dfrac{-6}{-4} = \dfrac{3}{2}$

Choose $(x, y) = (3, 4)$
$y = mx + b$
$4 = \dfrac{3}{2}(3) + b$
$b = -\dfrac{1}{2}$
so $y = \dfrac{3}{2}x - \dfrac{1}{2}$

26. $m = \dfrac{y_2 - y_1}{x_2 - x_1} = \dfrac{3 - 7}{5 - 1} = \dfrac{-4}{4} = -1$

Choose $(x, y) = (1, 7)$
$y = mx + b$
$7 = -1(1) + b$
$b = 8$
so $y = -x + 8$

27. $m = \dfrac{y_2 - y_1}{x_2 - x_1} = \dfrac{-2 - 2}{-4 - 7} = \dfrac{-4}{-11} = \dfrac{4}{11}$

Choose $(x, y) = (7, 2)$
$y = mx + b$
$2 = \dfrac{4}{11}(7) + b$
$b = -\dfrac{6}{11}$
so $y = \dfrac{4}{11}x - \dfrac{6}{11}$

28. $m = \dfrac{y_2 - y_1}{x_2 - x_1} = \dfrac{-4 - 0}{8 - (-5)} = \dfrac{-4}{13}$

Choose $(x, y) = (-5, 0)$

$y = mx + b$
$0 = -\dfrac{4}{13}(-5) + b$
$b = -\dfrac{20}{13}$
so $y = -\dfrac{4}{13}x - \dfrac{20}{13}$

29. $m = \dfrac{y_2 - y_1}{x_2 - x_1} = \dfrac{-3 - (-7)}{-4 - 7} = \dfrac{4}{-11}$

Choose $(x, y) = (7, -7)$

$y = mx + b$
$-7 = -\dfrac{4}{11}(7) + b$
$b = -\dfrac{49}{11}$
so $y = -\dfrac{4}{11}x - \dfrac{49}{11}$

30. $m = \dfrac{y_2 - y_1}{x_2 - x_1} = \dfrac{-6 - (-3)}{-2 - (-4)} = \dfrac{-3}{2}$

Choose $(x, y) = (-4, -3)$
$y = mx + b$
$-3 = -\dfrac{3}{2}(-4) + b$
$b = -9$
so $y = -\dfrac{3}{2}x - 9$

31. $m = \dfrac{y_2 - y_1}{x_2 - x_1} = \dfrac{-2 - 6}{-2 - 6} = \dfrac{-8}{-8} = 1$

Choose $(x, y) = (6, 6)$
$y = mx + b$
$6 = 1(6) + b$
$b = 0$
so $y = x$

32. $m = \dfrac{y_2 - y_1}{x_2 - x_1} = \dfrac{-7 - 1}{5 - (-1)} = \dfrac{-8}{6} = -\dfrac{4}{3}$

Choose $(x, y) = (-1, 1)$

$y = mx + b$

$1 = -\dfrac{4}{3}(-1) + b$

$b = -\dfrac{1}{3}$

so $y = -\dfrac{4}{3}x - \dfrac{1}{3}$

33. $y = -x$

34. $y = \dfrac{2}{3}x$

35. $y = \dfrac{1}{2}x - 2$

36. $y = -\dfrac{3}{2}x + 4$

37. $y = \dfrac{3}{2}x + 4$

38. $y = -x - 4$

39. $m = \dfrac{y_2 - y_1}{x_2 - x_1} = \dfrac{-3 - 4}{3 - 3} = \dfrac{-7}{0}$, undefined

The line is vertical and the x-intercept is 3, so $x = 3$.

40. $m = \dfrac{y_2 - y_1}{x_2 - x_1} = \dfrac{1 - 1}{6 - (-4)} = \dfrac{0}{10} = 0$

The line is horizontal and the y-intercept is 1, so $y = 1$.

41. $m = \dfrac{y_2 - y_1}{x_2 - x_1} = \dfrac{-5 - (-5)}{10 - 2} = \dfrac{0}{8} = 0$

The line is horizontal and the y-intercept is -5, so $y = -5$.

42. $m = \dfrac{y_2 - y_1}{x_2 - x_1} = \dfrac{1 - (-3)}{5 - 5} = \dfrac{4}{0}$

The line is vertical and the x-intercept is 5, so $x = 5$.

43. $y = mx + b$

$y = -2x + b$

The y-intercept, or b, is 0 since the line contains the origin.

$y = -2x + 0$

$y = -2x$

44. $y = mx + b$

$y = \dfrac{2}{3}x + b$

The y-intercept, or b, is 0 since the line contains the origin.

$y = \dfrac{2}{3}x + 0$

$y = \dfrac{2}{3}x$

45. $y = mx + b$

$y = 5x - 1$

46. $y = mx + b$

The y-intercept, or b, is 0 since the line contains the origin.

$5 = m(4) + 0$

$m = \dfrac{5}{4}$

so $y = \dfrac{5}{4}x$

47. $m = \dfrac{y_2 - y_1}{x_2 - x_1} = \dfrac{6 - 2}{6 - (-3)} = \dfrac{4}{9}$

Choose $(x, y) = (6, 6)$

$y = mx + b$

$6 = \dfrac{4}{9}(6) + b$

$b = \dfrac{10}{3}$

so $y = \dfrac{4}{9}x + \dfrac{10}{3}$

48. $m = \dfrac{y_2 - y_1}{x_2 - x_1} = \dfrac{1 - (-2)}{7 - 0} = \dfrac{3}{7}$

Choose $(x, y) = (0, -2)$

$y = mx + b$

$-2 = \dfrac{3}{7}(0) + b$

$b = -2$

so $y = \dfrac{3}{7}x - 2$

49. $m = \dfrac{y_2 - y_1}{x_2 - x_1} = \dfrac{4 - 8}{-3 - 6} = \dfrac{-4}{-9} = \dfrac{4}{9}$

Choose $(x, y) = (6, 8)$

$y = mx + b$

$8 = \dfrac{4}{9}(6) + b$

$b = \dfrac{16}{3}$

so $y = \dfrac{4}{9}x + \dfrac{16}{3}$

50. slope $= -5$
y-intercept $= 0$
slopes down from left to right and passes through the origin

51. slope $= -5$
y-intercept $= 3$
slopes down from left to right and passes through $(0, 3)$

52. slope $= 0$
y-intercept $= 7$
horizontal line through $(0, 7)$

53. slope is undefined
no y-intercept
vertical line through $(7, 0)$

54. slope $= -1$
y-intercept $= -3$
slopes down from left to right and passes through $(10, -3)$

55. slope $= 2$
y-intercept $= -8$
slopes up from left to right and passes through $(0, -8)$

56. slope = $\frac{1}{4}$
y-intercept = 10
slopes up from left to right and passes through (0, 10)

57. slope = $\frac{4}{5}$
y-intercept = 9
slopes up from left to right and passes through (0, 9)

58. slope = -1
y-intercept = 7
slopes down from left to right and passes through (0, 7)

59. slope = $\frac{1}{8}$
y-intercept = 3
slopes up from left to right and passes through (0, 3)

60. slope = $-\frac{2}{3}$
y-intercept = 0
slopes down from left to right and passes through the origin

61. slope = $\frac{6}{2} = 3$
y-intercept = -1
slopes up from left to right and passes through (0, -1)

62. $x + y = 9$
$y = -x + 9$
$m = -1, b = 9$
Answer: d

63. $xy = 9$
$y = \frac{9}{x}$
not a straight line
Answer: e

64. b

65. a

66. $y = 9x$
$m = 9, b = 0$
Answer: c

67. Let L represent the water level, and let d represent the number of days.
$$L = -0.5d + 34$$
$$26 = -0.5d + 34$$
$$-0.5d = -8$$
$$d = 16$$
16 days

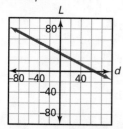

68. Let C represent the total cost, and let m represent the number of matinees attended.

With Pass   Without Pass
$C = m + 40$ $C = 3.5m$

Substitute $C = 3.5m$ into $C = m + 40$.
$$3.5m = m + 40$$
$$2.5m = 40$$
$$m = 16$$

It will cost the same amount if Saul goes 16 times, so if he goes 17 times or more, buying the pass would benefit his father.

PAGE 251, LOOK BACK

69. $\frac{\$250}{25} = \$10$

70. $\frac{\$250}{15} = \$16.\overline{6}$; each person would have to contribute $16.67 to reach the goal.

71. $\frac{\$250}{20} = \$12.50$

72. $\frac{\$250}{150} = \$1.\overline{6}$; each person would have to contribute $1.67 to reach the goal.

73. $3a + 9d = 7$
$9d = 7 - 3a$
$d = \frac{7 - 3a}{9}$

74. Let B represent the number of boxes sold.
$$(0.15)20B = 100$$
$$3B = 100$$
$$B = \frac{100}{3}$$
$$B = 33.\overline{3}$$

Dan must sell at least 34 boxes.

PAGE 251, LOOK BEYOND

75. slope $= \frac{250}{1260}$

seked $= \frac{1260}{250}$

The seked is $\frac{\text{run}}{\text{rise}}$ and the slope is $\frac{\text{rise}}{\text{run}}$. The seked and the slope are reciprocals of each other.

5.5 PAGE 256, GUIDED SKILLS PRACTICE

5. $y = 3x + 7$
$3x - y = -7$

6. $2y = 3x - 4$
$3x - 2y = 4$

7. $3x = -7y - 17$
$3x + 7y = -17$

8. $y - y_1 = m(x - x_1)$
$y - 4 = 2(x - 3)$

9. $y - y_1 = m(x - x_1)$
$y - 4 = -2(x - (-3))$

10. $y - y_1 = m(x - x_1)$
$y - (-4) = \frac{1}{3}(x - 3)$

11. <u>Slope-intercept form</u>
$y - 50 = 8(x - 4)$
$y - 50 = 8x - 32$
$y = 8x + 18$

<u>Standard form</u>
$y = 8x + 18$
$8x - y = -18$

12. <u>Slope-intercept form</u>
$3y = 9x + 15$
$y = 3x + 5$

<u>Standard form</u>
$y = 3x + 5$
$3x - y = -5$

13. <u>Slope-intercept form</u>
$y = 10(-4x + 3)$
$y = -40x + 30$

<u>Standard form</u>
$y = -40x + 30$
$40x + y = 30$

14. $m = \frac{y_2 - y_1}{x_2 - x_1} = \frac{5 - (-2)}{-2 - 5} = \frac{7}{-7} = -1$
Choose $(x_1, y_1) = (5, -2)$
$y - y_1 = m(x - x_1)$
$y - (-2) = -1(x - 5); y = -x + 3$

15. $m = \frac{y_2 - y_1}{x_2 - x_1} = \frac{4 - 3}{-4 - (-3)} = \frac{1}{-1} = -1$
Choose $(x_1, y_1) = (-3, 3)$
$y - y_1 = m(x - x_1)$
$y - 3 = -1(x - (-3)); y = -x$

16. $m = \frac{y_2 - y_1}{x_2 - x_1} = \frac{-2 - 2}{-3 - 3} = \frac{-4}{-6} = \frac{2}{3}$
Choose $(x_1, y_1) = (3, 2)$
$y - y_1 = m(x - x_1)$
$y - 2 = \frac{2}{3}(x - 3); y = \frac{2}{3}x$

PAGES 256–257, PRACTICE AND APPLY

17. $4x = -3y + 24$
$4x + 3y = 24$

18. $7y = -5x - 35$
$5x + 7y = -35$

19. $6x + 4y + 12 = 0$
$6x + 4y = -12$

20. $2x = 4y$
$2x - 4y = 0$

21. $6x - 8 = 2y + 6$
$6x - 2y = 14$

22. $x = \frac{2}{3}y + 6$
$x - \frac{2}{3}y = 6$
$3x - 2y = 18$

23. $7x + 14y = 3x - 10$
$4x + 14y = -10$

24. $5 = y - x$
$x - y = -5$

25. $7x + 2y + 14 = 0$
$7x + 2y = -14$

26. $2x - 4 = 3y + 6$
$2x - 3y = 10$

27. $6 = x - y$
$x - y = 6$

28. $3 + 9y = -x - 12$
$x + 9y = -15$

29. $y - y_1 = m(x - x_1)$
$y - 6 = 3(x - 2)$
$y = 3x$

30. $y - y_1 = m(x - x_1)$
$y - 1 = -4(x - (-3))$
$y = -4x - 11$

31. $y - y_1 = m(x - x_1)$
$y - (-2) = \frac{1}{5}(x - (-4))$
$y = \frac{1}{5}x - \frac{6}{5}$

See Teacher's Edition for graphs for Exercises 32–37.

32. <u>x-intercept</u> <u>y-intercept</u>
$x + y = 10$ $x + y = 10$
$x + (0) = 10$ $(0) + y = 10$
$x = 10$ $y = 10$

33. <u>x-intercept</u> <u>y-intercept</u>
$3x - 2y = 12$ $3x - 2y = 12$
$3x - 2(0) = 12$ $3(0) - 2y = 12$
$3x = 12$ $-2y = 12$
$x = 4$ $y = -6$

34. <u>x-intercept</u> <u>y-intercept</u>
$5x + 4y = 12$ $5x + 4y = 12$
$5x + 4(0) = 12$ $5(0) + 4y = 12$
$5x = 12$ $4y = 12$
$x = \frac{12}{5}$ $y = 3$

35. <u>x-intercept</u> <u>y-intercept</u>
$4x - 5y = 20$ $4x - 5y = 20$
$4x - 5(0) = 20$ $4(0) - 5y = 20$
$4x = 20$ $-5y = 20$
$x = 5$ $y = -4$

36. <u>x-intercept</u> <u>y-intercept</u>
$2x - 7y = 14$ $2x - 7y = 14$
$2x - 7(0) = 14$ $2(0) - 7y = 14$
$2x = 14$ $-7y = 14$
$x = 7$ $y = -2$

37. <u>x-intercept</u> <u>y-intercept</u>
$9x + y = 18$ $9x + y = 18$
$9x + (0) = 18$ $9(0) + y = 18$
$9x = 18$ $y = 18$
$x = 2$

38. $m = \frac{y_2 - y_1}{x_2 - x_1} = \frac{8 - (-2)}{7 - 7} = \frac{10}{0}$ undefined
The x-intercept = 7
so $x = 7$

39. $m = \frac{y_2 - y_1}{x_2 - x_1} = \frac{-1 - 3}{-2 - 0} = \frac{-4}{-2} = 2$
Choose $(x_1, y_1) = (0, 3)$
$y - y_1 = m(x - x_1)$
$y - 3 = 2(x - 0)$
$y - 3 = 2x$
$y = 2x + 3$

40. $m = \frac{y_2 - y_1}{x_2 - x_1} = \frac{5 - 5}{16 - (-7)} = \frac{0}{23} = 0$
y-intercept = 5
so $y = 5$

41. $6x + 2y = 40$
$2y = -6x + 40$
$y = -3x + 20$
slope = -3

42. $4a + 2s = 588$ $2a + s = 294$
$4a = -2s + 588$ $2a = -s + 294$
$a = -\frac{1}{2}s + 147$ $a = -\frac{1}{2}s + 147$

The two graphs are identical since they reduce to the same equation.

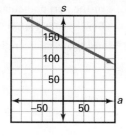

43. <u>Slope-intercept form</u> <u>Standard form</u>
undefined slope $1x + 0y = 1$

44. <u>Slope-intercept form</u> <u>Standard form</u>
$y = 0x + 4$ $0x + 1y = 4$

45. <u>Slope-intercept form</u> <u>Standard form</u>
$y = -x + 5$ $1x + 1y = 5$

46. <u>Slope-intercept form</u> <u>Standard form</u>
$y = 4x + 0$ $4x - 1y = 0$

47. <u>Slope-intercept form</u> <u>Standard form</u>
$y = \frac{1}{4}x + 0$ $1x - 4y = 0$

48. $3s + 5a = 700$

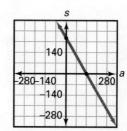

CHAPTER 5 **125**

PAGE 257, LOOK BACK

49. A scatter plot with a strong negative correlation indicates that the data is nearly linear, and as the x-value increases, the y-value decreases.

50. $x^2 + y + z^2$
$= (1)^2 + (1) + (2)^2$
$= 1 + 1 + 4$
$= 6$

51. $x - y + z$
$= (1) - (1) + (2)$
$= 0 + 2$
$= 2$

52. $x + y - z$
$= (1) + (1) - (2)$
$= 2 - 2$
$= 0$

53. $-(x + y + z)$
$= -((1) + (1) + (2))$
$= -(2 + 2)$
$= -4$

54. $-5y = 30$
$y = -6$

55. $3x = 420$
$x = 140$

56. $\frac{y}{9} = 36$
$y = 324$

57. $\frac{x}{2} = 108$
$x = 216$

58. $m = \frac{y_2 - y_1}{x_2 - x_1} = \frac{6 - 0}{3 - 0} = \frac{6}{3} = 2; y = 2x$

59. $m = \frac{y_2 - y_1}{x_2 - x_1} = \frac{8 - 0}{2 - 0} = \frac{8}{2} = 4; y = 4x$

60. $m = \frac{y_2 - y_1}{x_2 - x_1} = \frac{3 - 0}{6 - 0} = \frac{3}{6} = \frac{1}{2}; y = \frac{1}{2}x$

61. $m = \frac{y_2 - y_1}{x_2 - x_1} = \frac{-7 - 0}{-5 - 0} = \frac{-7}{-5} = \frac{7}{5}; y = \frac{7}{5}x$

PAGE 257, LOOK BEYOND

62. no

63. right angle

5.6 PAGE 261, GUIDED SKILLS PRACTICE

5. Parallel lines have equal slopes, so $m = 2$.
$y = 2x + 5$

6. Parallel lines have equal slopes, so $m = -3$.
$y = -3x + 5$

7. $4y = x$
$y = \frac{1}{4}x$
Parallel lines have equal slopes, so $m = \frac{1}{4}$.
$y = \frac{1}{4}x + 5$

8. $-y = -6x + 2$
$y = 6x - 2$
Parallel lines have equal slopes, so $m = 6$.
$y = 6x + 5$

9. The slope of the perpendicular line is the negative reciprocal of 3, or $-\frac{1}{3}$, and the y-intercept is 4, so $y = -\frac{1}{3}x + 4$

10. The slope of the perpendicular line is the negative reciprocal of -3, or $\frac{1}{3}$, and the y-intercept is 4, so $y = \frac{1}{3}x + 4$

11. $5y = x$
$y = \frac{1}{5}x$
The negative reciprocal of $\frac{1}{5}$ is -5 and the y-intercept is 4, so $y = -5x + 4$.

12. $-6y = x$
$y = -\frac{1}{6}x$
The negative reciprocal of $-\frac{1}{6}$ is 6 and the y-intercept is 4, so $y = 6x + 4$.

13. $2x + 3y = 4$
$3y = -2x + 4$
$y = -\frac{2}{3}x + \frac{4}{3}$
$m = \frac{3}{2}$
$y - y_1 = m(x - x_1)$
$y - 5 = \frac{3}{2}(x - 4)$

14. $x - 3y = 8$
$3y = x - 8$
$y = \frac{1}{3}x - \frac{8}{3}$
$m = -3$
$y - y_1 = m(x - x_1)$
$y - 5 = -3(x - 4)$

15. $-2x - 8y = 16$
$8y = -2x - 16$
$y = -\frac{1}{4}x - 2$
$m = 4$
$y - y_1 = m(x - x_1)$
$y - 5 = 4(x - 4)$

PAGES 261–262, PRACTICE AND APPLY

16. $y = 4x + 10$
$m = 4$

17. $3x + y = 7$
$y = -3x + 7$
$m = -3$

18. $10 = -5x + 2y$
$2y = 5x + 10$
$y = \frac{5}{2}x + 5$
$m = \frac{5}{2}$

19. $4x - 3y = 12$
$3y = 4x - 12$
$y = \frac{4}{3}x - 4$
$m = \frac{4}{3}$

20. $y = \frac{1}{3}x - 3$
$m = \frac{1}{3}$

21. $3x - y = 7$
$-y = -3x + 7$
$y = 3x - 7$
$m = 3$

22. $2x - y = 14$
$-y = -2x + 14$
$y = 2x - 14$
$m = 2$

23. $3x + 2y = 51$
$2y = -3x + 51$
$y = -\frac{3}{2}x + \frac{51}{2}$
$m = -\frac{3}{2}$

24. $13 = 20x - 5y$
$5y = 20x - 13$
$y = 4x - \frac{13}{5}$
$m = 4$

25. $3y = -4x + 2$
$y = -\frac{4}{3}x + \frac{2}{3}$
$m = -\frac{4}{3}$

26. $\frac{2}{3}x + 6y = 1$
$6y = -\frac{2}{3}x + 1$
$y = -\frac{2}{18}x + \frac{1}{6}$
$y = -\frac{1}{9}x + \frac{1}{6}$
$m = -\frac{1}{9}$

27. $4x - \frac{1}{4}y = 8$
$-\frac{1}{4}y = -4x + 8$
$y = 16x - 32$
$m = 16$

28. $y = -\frac{1}{3}x + 10$
$m = 3$

29. $-\frac{1}{2}x - y = 20$
$-y = \frac{1}{2}x + 20$
$y = -\frac{1}{2}x - 20$
$m = 2$

30. $13 = -x + y$
$y = x + 13$
$m = -1$

31. $3x + 12y = 12$
$12y = -3x + 12$
$y = -\frac{3}{12}x + \frac{12}{12}$
$y = -\frac{1}{4}x + 1$
$m = 4$

32. $y = 5x + 10$
$m = -\frac{1}{5}$

33. $3x + y = 2$
$y = -3x + 2$
$m = \frac{1}{3}$

34. $20 = -5x + 2y$
$2y = 5x + 20$
$y = \frac{5}{2}x + 10$
$m = -\frac{2}{5}$

35. $4x - 4y = 12$
$-4y = -4x + 12$
$y = x - 3$
$m = -1$

36. $2y = 5x + 11$
$y = \frac{5}{2}x + \frac{11}{2}$
$m = -\frac{2}{5}$

37. $-4x + 8y = 17$
$8y = 4x + 17$
$y = \frac{1}{2}x + \frac{17}{8}$
$m = -2$

38. $12x - 3y = 10$
$-3y = -12x + 10$
$y = 4x - \frac{10}{3}$
$m = -\frac{1}{4}$

39. $4y = 20x - 3$
$y = 5x - \frac{3}{4}$
$m = -\frac{1}{5}$

40. $x + y = 1$
$y = -x + 1$
$m = -1$
$y - y_1 = m(x - x_1)$
$y - 3 = -1(x - 2)$

41. $3x = 7y + 2$
$7y = 3x - 2$
$y = \frac{3}{7}x - \frac{2}{7}$
$m = \frac{3}{7}$
$y - y_1 = m(x - x_1)$
$y - 3 = \frac{3}{7}(x - 2)$

42. $y = 2x - 3$
$m = 2$
$y - y_1 = m(x - x_1)$
$y - 3 = 2(x - 2)$

43. $3y = 2x$
$y = \frac{2}{3}x$
$m = \frac{2}{3}$
$y - y_1 = m(x - x_1)$
$y - 3 = \frac{2}{3}(x - 2)$

44.
$7x - 2y = 10$
$2y = 7x - 10$
$y = \frac{7}{2}x - 5$
$m = \frac{7}{2}$
$y - y_1 = m(x - x_1)$
$y - 3 = \frac{7}{2}(x - 2)$

45.
$11 = 3y + 2x$
$3y = -2x + 11$
$y = -\frac{2}{3}x + \frac{11}{3}$
$m = -\frac{2}{3}$
$y - y_1 = m(x - x_1)$
$y - 3 = -\frac{2}{3}(x - 2)$

46.
$5x - 2y = 10$
$-2y = -5x + 10$
$y = \frac{5}{2}x - 5$
$m = \frac{5}{2}$
$y - y_1 = m(x - x_1)$
$y - (-5) = \frac{5}{2}(x - 3)$
$y + 5 = \frac{5}{2}x - \frac{15}{2}$
$y = \frac{5}{2}x - \frac{25}{2}$

47.
$y = 3x - 4$
$m = 3$
$y - y_1 = m(x - x_1)$
$y - 7 = 3(x - (-2))$
$y - 7 = 3x + 6$
$y = 3x + 13$

48.
$y = 7$
$y = 0x + 7$
$m = 0$
$y - y_1 = m(x - x_1)$
$y - 4 = 0(x - 2)$
$y = 4$

49.
$y = 3x - 4$
$m = 3$
$y - y_1 = m(x - x_1)$
$y - (-4) = 3(x - 2)$
$y + 4 = 3x - 6$
$y = 3x - 10$

50.
$y = 2x + 5$
$m = 2$
$y - y_1 = m(x - x_1)$
$y - 4 = 2(x - (-1))$
$y - 4 = 2x + 2$
$y = 2x + 6$

51. $5x + 2y = 10$
$2y = -5x + 10$
$y = -\frac{5}{2}x + 5$
$m = \frac{2}{5}$
$y - y_1 = m(x - x_1)$
$y - (-5) = \frac{2}{5}(x - 3)$
$y + 5 = \frac{2}{5}x - \frac{6}{5}$
$y = \frac{2}{5}x - \frac{31}{5}$

52.
$y = 3x - 4$
$m = -\frac{1}{3}$
$y - y_1 = m(x - x_1)$
$y - 7 = -\frac{1}{3}(x - 2)$
$y - 7 = -\frac{1}{3}x + \frac{2}{3}$
$y = -\frac{1}{3}x + \frac{23}{3}$

53. $y = 7$
m is undefined
$x = 2$

54. $3x + y = 5$
$y = -3x + 5$
$m = \frac{1}{3}$
$y - y_1 = m(x - x_1)$
$y - (-4) = \frac{1}{3}(x - 2)$
$y + 4 = \frac{1}{3}x - \frac{2}{3}$
$y = \frac{1}{3}x - \frac{14}{3}$

55.
$y = 2x - 5$
$m = -\frac{1}{2}$
$y - y_1 = m(x - x_1)$
$y - 4 = -\frac{1}{2}(x - (-1))$
$y - 4 = -\frac{1}{2}x - \frac{1}{2}$
$y = -\frac{1}{2}x + \frac{7}{2}$

56.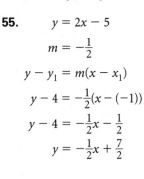
Sample answer:
$y = 5x - 2$
Any answer of the form $y = 5x + b$ is acceptable.

57.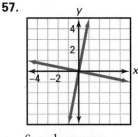
Sample answer:
$y = -\frac{1}{5}x$
Any answer of the form $y = -\frac{1}{5}x + b$ is acceptable.

58. Zero; any line parallel to a horizontal line is also a horizontal line, and all horizontal lines have slope 0.

59. Undefined; any line perpendicular to a horizontal line is a vertical line, and all vertical lines have undefined slope.

60. Undefined; any line parallel to a vertical line is also a vertical line, and all vertical lines have undefined slope.

61. Zero; any line perpendicular to a vertical line is a horizontal line, and all horizontal lines have slope 0.

62. Answers may vary.
Sample answer:
$x = 4$
$x = -4$
$y = 4$
$y = -4$

63. Answers may vary.
Sample answer:
$y = x$
$y = x + 3$
$y = -x$
$y = -x + 3$
Any answer of the form $y = \pm ax + b$, $y = \pm cx + d$ is acceptable provided a and c are negative reciprocals of each other.

64. $y = \frac{3}{4}x + 5$
Answers may vary.
Sample answer:
$y = \frac{3}{4}x - \frac{5}{4}$
$y = -\frac{4}{3}x + 5$
$y = -\frac{4}{3}x - \frac{10}{3}$

Answers must consist of two lines with slope $-\frac{4}{3}$ and one line with slope $\frac{3}{4}$. The y-intercepts may vary but the intersection points of the four lines must be spaced so that the lines form a square.

65. $y = \frac{5}{9}x - \frac{160}{9}$
$y = \frac{5}{9}x + \frac{2300}{9}$

66. Each line has a slope of $\frac{5}{9}$. The lines are parallel.

67. These lines are less steep.

PAGE 263, LOOK BACK

68. $2 \cdot (7 + 35) \div 7 - 10 = 2$

69. $-4 + (-3) + 1 = -7 + 1$
$= -6$

70. $-2 + 3 + (-7) + 3 = 1 + (-7) + 3$
$= -6 + 3$
$= -3$

71. $-12 + 4 - (-4) = -8 + 4$
$= -4$

72. $-3 + (-11) - (-8) = -14 + 8$
$= -6$

73. $-5 + (-2) - 13 = -7 - 13$
$= -20$

74. $8 - (-5) + 23 = 13 + 23$
$= 36$

75. $15 + (-11) - 6 = 4 - 6$
$= -2$

76. $26 + (-16) - (-8) = 10 + 8$
$= 18$

77. $2x^2 + 3y + 4y + 3x^2$
$= 5x^2 + 7y$

78. $3x + 2 + 4y + 2 + 3y$
$= 3x + 7y + 4$

79. $2x + 3xy + 5x^2 + 7xy$
$= 5x^2 + 10xy + 2x$

80. $3x + 4y + 2x + 5 + 6y$
$= 5x + 10y + 5$

81. $4x^2 + 5x + 8 + 11x^2 + 3x$
$= 15x^2 + 8x + 8$

82. $3xy + 2x + 4y + xy$
$= 4xy + 2x + 4y$

83. $9x^2 + 5xy + 2x + 4x^2$
$= 13x^2 + 5xy + 2x$

84. $4y^2 + 12y + 6xy + 3y$
$= 4y^2 + 15y + 6xy$

PAGE 263, LOOK BEYOND

85. zero, since parallel lines will never intersect

86. one, since perpendicular lines intersect at exactly one point

Chapter 5 Review and Assessment   PAGES 266–270

1. The ordered pairs (7, 12) and (7, 8) have the same first coordinate. This is not a function.

2. This relation is a function because none of the ordered pairs have the same first coordinate.

3. The ordered pairs (8, 5) and (8, 12) have the same first coordinate. This is not a function.

4. This relation is a function because none of the ordered pairs have the same first coordinate.

5. The domain is {2, 3, 6, 8}.
   The range is {5, 12}.

6. The domain is {5, 7, 12, 13}.
   The range is {5, 6, 7, 24}.

7. The domain is {1, 2, 4, 8}.
   The range is {5, 7, 9}.

8. The domain is {4, 9, 10, 34}.
   The range is {4, 15, 17}.

9. slope $= \dfrac{\text{rise}}{\text{run}} = \dfrac{4}{8} = \dfrac{1}{2}$

10. slope $= \dfrac{\text{rise}}{\text{run}} = \dfrac{16}{4} = 4$

11. slope $= \dfrac{\text{rise}}{\text{run}} = \dfrac{12}{18} = \dfrac{2}{3}$

12. slope $= \dfrac{\text{rise}}{\text{run}} = \dfrac{8}{12} = \dfrac{2}{3}$

13. $m = \dfrac{y_2 - y_1}{x_2 - x_1} = \dfrac{3 - 2}{2 - (-3)} = \dfrac{1}{5}$

14. $m = \dfrac{y_2 - y_1}{x_2 - x_1} = \dfrac{1 - 5}{4 - 2} = \dfrac{-4}{2} = -2$

15. $m = \dfrac{y_2 - y_1}{x_2 - x_1} = \dfrac{4 - 4}{1 - (-5)} = \dfrac{0}{6} = 0$

16. Choose $(x_1, y_1) = (0, 0)$
    $(x_2, y_2) = (2, 2)$
    $m = \dfrac{y_2 - y_1}{x_2 - x_1} = \dfrac{2 - 0}{2 - 0} = \dfrac{2}{2} = 1$

17. Choose $(x_1, y_1) = (-2, 0)$
    $(x_2, y_2) = (0, -1)$
    $m = \dfrac{y_2 - y_1}{x_2 - x_1} = \dfrac{-1 - 0}{0 - (-2)} = -\dfrac{1}{2}$

18. Choose $(x_1, y_1) = (0, 1)$
    $(x_2, y_2) = (1, -2)$
    $m = \dfrac{y_2 - y_1}{x_2 - x_1} = \dfrac{-2 - 1}{1 - 0} = \dfrac{-3}{1} = -3$

19. Choose $(x_1, y_1) = (1, -2)$
    $(x_2, y_2) = (3, 1)$
    $m = \dfrac{y_2 - y_1}{x_2 - x_1} = \dfrac{1 - (-2)}{3 - 1} = \dfrac{3}{2}$

20. Choose $(x_1, y_1) = (0, 2)$
    $(x_2, y_2) = (1, 0)$
    $m = \dfrac{y_2 - y_1}{x_2 - x_1} = \dfrac{0 - 2}{1 - 0} = \dfrac{-2}{1} = -2$

21. Choose $(x_1, y_1) = (0, 1)$
    $(x_2, y_2) = (-1, -1)$
    $m = \dfrac{y_2 - y_1}{x_2 - x_1} = \dfrac{-1 - 1}{-1 - 0} = \dfrac{-2}{-1} = 2$

22. Choose $(x_1, y_1) = (0, -2)$
    $(x_2, y_2) = (4, 0)$
    $m = \dfrac{y_2 - y_1}{x_2 - x_1} = \dfrac{0 - (-2)}{4 - 0} = \dfrac{2}{4} = \dfrac{1}{2}$

23. Choose $(x_1, y_1) = (0, 2)$
    $(x_2, y_2) = (-2, 1)$
    $m = \dfrac{y_2 - y_1}{x_2 - x_1} = \dfrac{1 - 2}{-2 - 0} = \dfrac{-1}{-2} = \dfrac{1}{2}$

24. $F = kd$
    $2 = k(0.6)$
    $3\dfrac{1}{3} = k$
    $k = 3\dfrac{1}{3}$

25. $F = kd$
    $10 = k(0.4)$
    $25 = k$
    $k = 25$

26. $F = kd$
    $10 = k(1)$
    $10 = k$
    $k = 10$

27. $F = kd$
    $5 = k(0.1)$
    $50 = k$
    $k = 50$

28. $F = kd$
    $20 = k(0.8)$
    $25 = k$
    $k = 25$

29. $\dfrac{y}{x} = k$
    $\dfrac{4}{10} = k$
    $k = \dfrac{2}{5}$
    $y = \dfrac{2}{5}x$

30. $\dfrac{y}{x} = k$
    $\dfrac{16}{8} = k$
    $k = 2$
    $y = 2x$

31. $\dfrac{y}{x} = k$
    $\dfrac{-5}{15} = k$
    $k = -\dfrac{1}{3}$
    $y = -\dfrac{1}{3}x$

32. $\dfrac{y}{x} = k$
    $\dfrac{-12}{18} = k$
    $k = -\dfrac{2}{3}$
    $y = -\dfrac{2}{3}x$

33. $\frac{y}{x} = k$
$\frac{-4}{-16} = k$
$k = \frac{1}{4}$
$y = \frac{1}{4}x$

34. $\frac{y}{x} = k$
$\frac{2}{2} = k$
$k = 1$
$y = x$

35. $\frac{y}{x} = k$
$\frac{4}{-12} = k$
$k = -\frac{1}{3}$
$y = -\frac{1}{3}x$

36. $\frac{y}{x} = k$
$\frac{6}{9} = k$
$k = \frac{2}{3}$
$y = \frac{2}{3}x$

37. $y = mx + b$
$y = 2x + 1$

38. $y = mx + b$
$y = -\frac{1}{2}x + 5$

39. $y = mx + b$
$y = 8x + b$
$-4 = 8(0) + b$
$b = -4$
$y = 8x - 4$

40. $m = \frac{y_2 - y_1}{x_2 - x_1} = \frac{-4 - 2}{5 - 4} = \frac{-6}{1} = -6$
$y = mx + b$
$y = -6x + b$
$2 = -6(4) + b$
$b = 26$
$y = -6x + 26$

41. $m = \frac{y_2 - y_1}{x_2 - x_1} = \frac{-1 - (-1)}{-3 - 2} = \frac{0}{-5} = 0$
$y = mx + b$
$y = 0x + b = b$
$-1 = 0(2) + b$
$b = -1$
$y = -1$

42. $m = \frac{y_2 - y_1}{x_2 - x_1} = \frac{-2 - 0}{0 - (-6)} = \frac{-2}{6} = -\frac{1}{3}$
$y = mx + b$
$y = -\frac{1}{3}x + b$
$0 = -\frac{1}{3}(-6) + b$
$b = -2$
$y = -\frac{1}{3}x - 2$

43. $y = mx + b$
$y = -3x + 6$

44. $m = \frac{y_2 - y_1}{x_2 - x_1} = \frac{0 - 6}{-2 - 4} = \frac{-6}{-6} = 1$
$y = mx + b$
$y = 1x + b$
$6 = 1(4) + b$
$b = 2$
$y = x + 2$

45. $y = mx + b$
$y = 5x - 2$

46. $m = \frac{y_2 - y_1}{x_2 - x_1} = \frac{9 - 5}{-6 - 2} = \frac{4}{-8} = -\frac{1}{2}$
$y = mx + b$
$y = -\frac{1}{2}x + b$
$5 = -\frac{1}{2}(2) + b$
$b = 6$
$y = -\frac{1}{2}x + 6$

47. $y = -\frac{1}{2}x - 2$

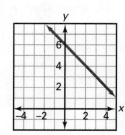

48. $y = -x + 6$

49. $y = \frac{3}{4}x + 4$

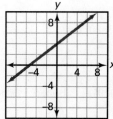

50. $y = 4x - 1$

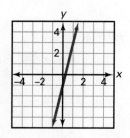

51. $y = \frac{2}{3}x + 5$ **52.** $y = -\frac{5}{4}x + 5$ **53.** $y = \frac{1}{2}x + 6$ **54.** $y = x + 4$

 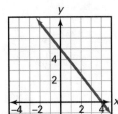 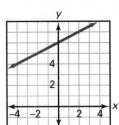 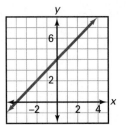

55. $y = -2x - 3$ **56.** $y = -4x + 1$

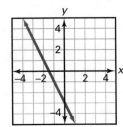 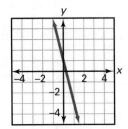

57. $y + 9 = 4x - 8$
$4x - y = 17$

58. $y - 4 = -x + 1$
$x + y = 5$

59. $y - 13 = 2x + 4$
$2x - y = -17$

60. $3x + y + 6 = 9$
$3x + y = 3$

61. $y - y_1 = m(x - x_1)$
$y - (-1) = 2(x - 0)$

62. $m = \frac{y_2 - y_1}{x_2 - x_1} = \frac{2 - 4}{1 - 0} = \frac{-2}{1} = -2$
$y - y_1 = m(x - x_1)$
$y - 2 = -2(x - 1)$ or $y - 4 = -2(x - 0)$

63. $y - y_1 = m(x - x_1)$
$y - 5 = 4(x - 3)$

64. $m = \frac{y_2 - y_1}{x_2 - x_1} = \frac{1 - 0}{0 - (-2)} = \frac{1}{2}$
$y - y_1 = m(x - x_1)$
$y - 1 = \frac{1}{2}(x - 0)$ or $y - 0 = \frac{1}{2}(x - (-2))$

65. $y - y_1 = m(x - x_1)$
$y - (-3) = 3(x - 0)$

66. $y - y_1 = m(x - x_1)$
$y - 4 = -2(x - (-2))$

67. $m = \frac{y_2 - y_1}{x_2 - x_1} = \frac{6 - 0}{0 - 3} = \frac{6}{-3} = -2$
$y - y_1 = m(x - x_1)$
$y - 0 = -2(x - 3)$ or $y - 6 = -2(x - 0)$

68. $-y_1 = m(x - x_1)$
$y - (-1) = -4(x - 0)$

69. slope of parallel line: $\frac{2}{3}$
slope of perpendicular line: $-\frac{3}{2}$

70. slope of parallel line: -7
slope of perpendicular line: $\frac{1}{7}$

71. $2x + y = -1$
$y = -2x - 1$
$m = -2$
$y - y_1 = m(x - x_1)$
$y - 5 = -2(x - 1)$

72. $2x + y = -1$
$y = -2x - 1$
$m = \frac{1}{2}$
$y - y_1 = m(x - x_1)$
$y - 5 = \frac{1}{2}(x - 1)$

73. The rise is $4000 - 120 = 3880$ feet.
3880 feet $= \frac{3880}{5280}$ miles ≈ 0.7 miles
run $= 760$ miles
slope $= \frac{\text{rise}}{\text{run}} = \frac{0.7}{760} \approx 0.00097$, or about 5 feet per mile

For Problems 74–76
Let D = total distance traveled
h = hours driven after stopping
$D = 50h + 110$

74. $D = 50(1.6) + 110$
$D = 80 + 110$
$D = 190$ miles

75. $D = 50(2.9) + 110$
$D = 145 + 110$
$D = 255$ miles

76. $D = 50(3.3) + 110$
$D = 165 + 110$
$D = 275$ miles

77. The change in time from 8 A.M. to 4 P.M. is 8 hours. The change in temperature is 92°–76°, or 16 degrees. Thus, the change in temperature per hour is $\frac{16}{8}$, or 2 degrees per hour.

78. Answers may vary. Sample answer: The rate of change doesn't change, but it's numerical value does because the units of measurement are different.

79. $\frac{\$500}{40 \text{ hours}} = \$12.50$ per hour

CHAPTER 5 CHAPTER TEST   PAGE 271

1. Domain: {2, 3, 4, 5}
Range: {4, 9}
This relation is a function, since no element of the domain is repeated.

2. Domain: {3, 5, 7, 9}
Range: {6}
This relation is a function, since no element of the domain is repeated.

3. Domain: {8}
Range: {−5, −3, 3, 5}
This relation is not a function, since 8 is paired with more than 1 element in the range.

4. Domain: {2, 3, 4, 5}
Range: {1, 6, 9}
This relation is a function, since no element of the domain is repeated.

5. $3(1) + y = 7$
$3 + y = 7$
$y = 4$
The ordered pair is (1, 4).

6. $3(-2) + y = 7$
$-6 + y = 7$
$y = 13$
The ordered pair is (−2, 13).

7. $3x + 2 = 7$
$3x = 5$
$x = \frac{5}{3}$
The ordered pair is $\left(\frac{5}{3}, 2\right)$.

8. slope = $\frac{\text{rise}}{\text{run}} = \frac{7}{3}$

9. slope = $\frac{y_2 - y_1}{x_2 - x_1} = \frac{8 - 5}{4 - 1} = \frac{3}{3} = 1$

10. slope = $\frac{y_2 - y_1}{x_2 - x_1} = \frac{d - 0}{c - 0} = \frac{d}{c}$

11. The slope of a horizontal line is zero.

12. slope = $\frac{\text{rise}}{\text{run}} = \frac{3}{2}$

13. slope = $\frac{1500}{4200} = \frac{5}{14}$

14. rate of pay = $\frac{\text{change in earnings}}{\text{change in hours}} = \frac{8 - 0}{1 - 0} = 8$
The rate of pay is $8 per hour.

15. $\frac{21}{3} = \frac{28}{x}$
$21x = 84$
$x = 4$

16. $\frac{48}{6} = \frac{y}{15}$
$6y = 720$
$y = 120$

17. $\frac{25}{0.8} = \frac{40}{x}$
$25x = 32$
$x = 1.28$ m

18. The slope is $\frac{2}{3}$ with a y-intercept of −7.

19. $y - 8 = 3x + 4$
$-3x + y = 12$
$3x - y = -12$

20. $3 - 2x = 5 - 7y$
$-2x + 7y = 2$
$2x - 7y = -2$

21. $y = mx + b$
$y = 5x - 3$

22. $y - y_1 = m(x - x_1)$
$y - 9 = \frac{5}{8}(x - 2)$
$y - 9 = \frac{5}{8}x - \frac{5}{4}$
$y = \frac{5}{8}x + \frac{31}{4}$

23. $m = \frac{5 + 3}{0 - 9} = \frac{8}{-9} = -\frac{8}{9}$
choose (0, 5) as (x_1, y_1)
$y - y_1 = m(x - x_1)$
$y - 5 = -\frac{8}{9}(x - 0)$
$y = -\frac{8}{9}x + 5$

24. $m = \frac{8 - 4}{5 - 3} = \frac{4}{2} = 2$
choose (3, 4) as (x_1, y_1)
$y - y_1 = m(x - x_1)$
$y - 4 = 2(x - 3)$
$y = 2x - 2$

25. $m = \frac{6-9}{-5+5} = \frac{-3}{0}$; undefined
The x-intercept is -5 so the equation is $x = -5$.

26. $m = \frac{3-0}{0-5} = \frac{3}{-5} = -\frac{3}{5}$
Since the y-intercept is 3, use $y = mx + b$.
$y = -\frac{3}{5}x + 3$

27. $L = -\frac{3}{2}w + 27$

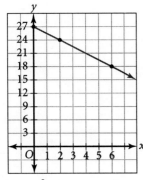

$18 = -\frac{3}{2}w + 27$
$-9 = -\frac{3}{2}w$
$6 = w$

28. $y = 4x + 5$; $m = 4$
$y - y_1 = m(x - x_1)$
$y - (-1) = 4(x - 2)$
$y + 1 = 4x - 8$
$y = 4x - 9$

29. $y = \frac{2}{3}x - 8$; $m = -\frac{3}{2}$
$y - y_1 = m(x - x_1)$
$y - 2 = -\frac{3}{2}(x - (-1))$
$y - 2 = -\frac{3}{2}x - \frac{3}{2}$
$y = -\frac{3}{2}x + \frac{1}{2}$

CHAPTERS 1–5 CUMULATIVE ASSESSMENT   PAGES 272–273

1. $4x + 7 = -13$
$4x = -20$
$x = -5$

   $-3x + 11 = 29$
$-3x = 18$
$x = -6$

   Choose a.

2. $m = \frac{y_2 - y_1}{x_2 - x_1} = \frac{7-2}{8-7} = \frac{5}{1} = 5$
$m = \frac{y_2 - y_1}{x_2 - x_1} = \frac{9-(-3)}{2-(-1)} = \frac{12}{3} = 4$
Choose a.

3. $(-21)(-4) = 84$
$(-7)(12) = -84$
Choose a.

4. Choose d.

5. $(0.20)(120) = 24$
$(0.35)(70) = 24.5$
Choose b.

6. The slope of a horizontal line is 0.
$m = \frac{y_2 - y_1}{x_2 - x_1} = \frac{1-1}{9-0} = \frac{0}{9} = 0$
Choose c.

7. $3p - 173 = 220$
$3p = 393$
$p = 131$
Choose b.

8. Sequence   12   36   [60]   84   108   132
First differences   24   24   24   24   24
Choose c.

9. $-s + 2t$
$= -(-3) + 2(7)$
$= 3 + 14$
$= 17$
Choose b.

10. $\frac{x}{7} = \frac{52}{13}$
$13x = 7(52)$
$13x = 364$
$x = 28$

11. $\frac{1.2}{y} = \frac{2.3}{13.8}$
$2.3y = 1.2(13.8)$
$2.3y = 16.56$
$y = 7.2$

12. $\frac{63}{102} = \frac{p}{64}$
$102p = 4032$
$p = \frac{672}{17}$ or $39\frac{9}{17}$

13. $m = \frac{y_2 - y_1}{x_2 - x_1} = \frac{1 - 0}{2 - 0} = \frac{1}{2}$
$y = mx + b$
$y = \frac{1}{2}x + 0$
$y = \frac{1}{2}x$

14. $m = \frac{y_2 - y_1}{x_2 - x_1} = \frac{6 - 0}{-3 - 0} = -2$
$y = mx + b$
$y = -2x + 0$
$y = -2x$

15. $m = \frac{y_2 - y_1}{x_2 - x_1} = \frac{-12 - 0}{4 - 0} = -3$
$y = mx + b$
$y = -3x + 0$
$y = -3x$

16. $m = \frac{y_2 - y_1}{x_2 - x_1} = \frac{-13 - 0}{-1 - 0} = 13$
$y = mx + b$
$y = 13x + 0$
$y = 13x$

17. $-4w + 17 = 65$
$-4w = 48$
$w = -12$

18. $4 \cdot 3 + 12 \div 2 = 12 + 12 \div 2$
$= 12 + 6$
$= 18$

19. $[14(8 \div 4) + 7] \div 5 = [14(2) + 7] \div 5$
$= (28 + 7) \div 5$
$= 35 \div 5$
$= 7$

20. $x = 0.15(110)$
$x = 16.5$

21. $105 = 0.70x$
$x = \frac{105}{0.70}$
$x = 150$

22. $12 = \frac{x}{100}(50)$
$12 = \frac{1}{2}x$
$x = 24$
24%

23. $3(0.29) = \$0.87$

24. $5(0.29) = \$1.45$

25. $14(0.29) = \$4.06$

26. Let c = total cost in dollars
p = number of pencils
$c = 0.29\,p$
$8.70 = 0.29p$

27. Choose $(x_1, y_1) = (1.5, 0)$
$(x_2, y_2) = (-1.5, 1.5)$
slope $= \frac{y_2 - y_1}{x_2 - x_1} = \frac{1.5 - 0}{-1.5 - 1.5} = \frac{1.5}{-3} = -0.5$
$y - y_1 = m(x - x_1)$
$y - 0 = -0.5(x - 1.5)$
$y = -0.5x + 0.75$
$0.5x + y = 0.75$

28. $y = mx + b$
$y = -3x + 4$

29. $y - y_1 = m(x - x_1)$
$y - (-2) = 7(x - 0)$
$y + 2 = 7x$
$y = 7x - 2$

30. $m = \frac{y_2 - y_1}{x_2 - x_1} = \frac{5 - 2}{2 - 0} = \frac{3}{2}$
$y - y_1 = m(x - x_1)$
$y - 2 = \frac{3}{2}(x - 0)$
$y - 2 = \frac{3}{2}x$
$y = \frac{3}{2}x + 2$

31. $y - 7 = 24$
$y = 31$

32. mean $= \frac{5 + 7 + 8 + 9 + 11}{5} = \frac{40}{5} = 8$
median $= 8$
mode $=$ none
range $= 11 - 5 = 6$

33. mean = $\frac{87+88+91+98+100}{5} = \frac{464}{5} = 92.8$
median = 91
mode = none
range = 100 − 87 = 13

34. mean = $\frac{0.14+0.17+0.21+0.28}{4} = \frac{0.8}{4} = 0.2$
median = $\frac{0.17+0.21}{2} = \frac{0.38}{2} = 0.19$
mode = none
range = 0.28 − 0.14 = 0.14

35. $2x + 4y = 1$
$4y = -2x + 1$
$y = -\frac{1}{2}x + \frac{1}{4}$
slope = $-\frac{1}{2}$

36. $3x - 5 = 13$
$3x = 18$
$x = 6$

37. $4 + x = 6$
$x = 2$

38. $2x - 5 = 7$
$2x = 12$
$x = 6$

39. $x - 5 = 13$
$x = 18$

40. $\frac{38}{14} = \frac{a}{7}$
$14a = 266$
$a = 19$

41. $(0.60)(180) = 108$

42.
Sequence   1   4   8   13   19   [26]   [34]   [43]
First differences   3   4   5   6   7   8   9
Second differences   1   1   1   1   1   1

43. $2 - [(3 \cdot 4 - 6 \cdot 7) \cdot 3 - 4] = 2 - [(12 - 42) \cdot 3 - 4]$
$= 2 - (-30) \cdot 3 - 4]$
$= 2 - (-90 - 4)$
$= 2 - (-94)$
$= 96$

44. $(0.30)(180) = 54$

45. $m = \frac{y_2 - y_1}{x_2 - x_1} = \frac{2-5}{-2-4} = \frac{-3}{-6} = \frac{1}{2}$

46. $5(7+13) - 40 \div 8 = 5(20) - 40 \div 8$
$= 100 - 40 \div 8$
$= 100 - 5$
$= 95$

47. $(0.55)(20) = 11$

48. $\frac{t}{3.5} = 14.2$
$t = 14.2 \cdot 3.5$
$t = 49.7$

CHAPTER 6

Inequalities and Absolute Value

6.1 PAGES 279–280, GUIDED SKILLS PRACTICE

5. Let s represent the amount Jerry can spend on the rest of his school supplies. Since Jerry has already spent $18, his situation can be modeled by the inequality $18 + s \leq 27$.

6. $b + 1 \leq -11$
$b + 1 - 1 \leq -11 - 1$
$b \leq -12$

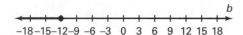

7. $x - 9 > 5$
$x - 9 + 9 > 5 + 9$
$x > 14$

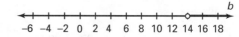

8. $m - 14 \geq -8$
$m - 14 + 14 \geq -8 + 14$
$m \geq 6$

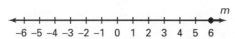

9. $-2 < t + 3$
$-2 - 3 < t + 3 - 3$
$-5 < t$
$t > -5$

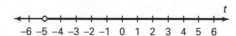

10. $x - 3 \geq 4$
$x - 3 + 3 \geq 4 + 3$
$x \geq 7$

11. $y + 7 < 2$
$y + 7 - 7 < 2 - 7$
$y < -5$

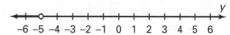

12. $3 \leq x - 17$
$3 + 17 \leq x - 17 + 17$
$20 \leq x$
$x \geq 20$

13. $-5 > 4 + x$
$-5 - 4 > 4 + x - 4$
$-9 > x$
$x < -9$

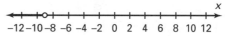

14. The number line shows a ray including all real numbers less than 4. Since the endpoint at 4 is an open circle, 4 is not included in the solution set. So the inequality that describes the graph is $x < 4$.

PAGES 280–281, PRACTICE AND APPLY

See Teacher's Edition for graphs for Exercises 15–35.

15. $x + 8 > -1$
$x + 8 - 8 > -1 - 8$
$x > -9$

16. $x - 6 \leq 7$
$x - 6 + 6 \leq 7 + 6$
$x \leq 13$

17. $x - 7 > 18$
$x - 7 + 7 > 18 + 7$
$x > 25$

CHAPTER 6   137

18. $b + 4 \leq 18$
    $b + 4 - 4 \leq 18 - 4$
    $b \leq 14$

19. $67 \geq y + 28$
    $67 - 28 \geq y + 28 - 28$
    $39 \geq y$

20. $a + 18 > -3$
    $a + 18 - 18 > -3 - 18$
    $a > -21$

21. $m - 9 \leq 40$
    $m - 9 + 9 \leq 40 + 9$
    $m \leq 49$

22. $a - 7 > 2.3$
    $a - 7 + 7 > 2.3 + 7$
    $a > 9.3$

23. $x + 0.04 > 0.6$
    $x + 0.04 - 0.04 > 0.6 - 0.04$
    $x > 0.56$

24. $x - 0.1 < 8$
    $x - 0.1 + 0.1 < 8 + 0.1$
    $x < 8.1$

25. $x + \frac{3}{4} \geq \frac{1}{2}$
    $x + \frac{3}{4} - \frac{3}{4} \geq \frac{2}{4} - \frac{3}{4}$
    $x \geq -\frac{1}{4}$

26. $x + \frac{3}{4} < 1$
    $x + \frac{3}{4} - \frac{3}{4} < 1 - \frac{3}{4}$
    $x < \frac{1}{4}$

27. $v - 3 \leq 17$
    $v - 3 + 3 \leq 17 + 3$
    $v \leq 20$

28. $17 > b - 5$
    $17 + 5 > b - 5 + 5$
    $22 > b$

29. $t - 76 \leq 50$
    $t - 76 + 76 \leq 50 + 76$
    $t \leq 126$

30. $h + 15 \geq 5$
    $h + 15 - 15 \geq 5 - 15$
    $h \geq -10$

31. $v + 6.2 \geq 8.1$
    $v + 6.2 - 6.2 \geq 8.1 - 6.2$
    $v \geq 1.9$

32. $m - 2.2 < -12.2$
    $m - 2.2 + 2.2 < -12.2 + 2.2$
    $m < -10$

33. $x + \frac{2}{3} \leq \frac{5}{9}$
    $x + \frac{2}{3} - \frac{2}{3} \leq \frac{5}{9} - \frac{2}{3}$
    $x \leq \frac{5}{9} - \frac{6}{9}$
    $x \leq -\frac{1}{9}$

34. $t - \frac{7}{4} \leq \frac{3}{4}$
    $t - \frac{7}{4} + \frac{7}{4} \leq \frac{3}{4} + \frac{7}{4}$
    $t \leq \frac{10}{4}$
    $t \leq 2\frac{1}{2}$

35. $c - \frac{3}{7} \geq \frac{6}{13}$
    $c - \frac{3}{7} + \frac{3}{7} \geq \frac{6}{13} + \frac{3}{7}$
    $c \geq \frac{42}{91} + \frac{39}{91}$
    $c \geq \frac{81}{91}$

36. $x \geq -1$

37. $x \leq 3.5$

38. $x > -2$

39. Let x be the number.
    $2x + 8 < x + 6$
    $2x + 8 - x < x + 6 - x$
    $x + 8 < 6$
    $x + 8 - 8 < 6 - 8$
    $x < -2$

    The number can be any number less than -2.

40. Let x be the number.
    $4x - 3 \geq 7x - 3$
    $4x - 3 - 4x \geq 7x - 3 - 4x$
    $-3 \geq 3x - 3$
    $-3 + 3 \geq 3x - 3 + 3$
    $0 \geq 3x$
    $\frac{0}{3} \geq \frac{3x}{3}$
    $0 \geq x$

    The largest the number can be is 0.

41. Let P represent the number of additional people that can be seated.
    $P + 74 \leq 450$
    $P + 74 - 74 \leq 450 - 74$
    $P \leq 376$

42. Let r represent the interest rate.
    $r \geq 0.035$

43. $t \geq 40$

44. $t \leq 54$

45. $t > 34$

46. $t = 78$

47. $70 \leq t + 5 \leq 80$ or $65 \leq t \leq 75$

PAGE 281, LOOK BACK

48. The correlation is positive.

49. The correlation is negative.

50. $|-4.5| = 4.5$

51. $|-9| = 9$

52. $|-3 + 4| = |1| = 1$

53. $x + 7 = 10$
    $x + 7 - 7 = 10 - 7$
    $x = 3$

54. $15 - x = 25$
    $15 - x - 15 = 25 - 15$
    $-x = 10$
    $x = -10$

55. $3 - 2x = 17$
    $3 - 2x - 3 = 17 - 3$
    $-2x = 14$
    $\frac{-2x}{-2} = \frac{14}{-2}$
    $x = -7$

PAGE 281, LOOK BEYOND

56.
$$bx + c = a$$
$$bx + c - c = a - c$$
$$bx = a - c$$
$$\frac{bx}{b} = \frac{a-c}{b}$$
$$x = \frac{a-c}{b}$$

57.
$$tx - 7 = r$$
$$tx - 7 + 7 = r + 7$$
$$tx = r + 7$$
$$\frac{tx}{t} = \frac{r+7}{t}$$
$$x = \frac{r+7}{t}$$

58.
$$Ax + Bx = C$$
$$(A + B)x = C$$
$$\frac{(A+B)x}{A+B} = \frac{C}{A+B}$$
$$x = \frac{C}{A+B}$$

59. Answers may vary. True values will be less than 4. False values will be 4 or greater.
Sample answer:
Three values of x that make the inequality $2x < 8$ true are $-1, 0,$ and 1.
Three values of x that make the inequality false are $5, 6,$ and 7.

60. Answers may vary. True values will be less than or equal to $\frac{11}{4}$. False values will be greater than $\frac{11}{4}$. Sample answer:
Three values of x that make the inequality $4x + 5 \leq 16$ true are $0, 1,$ and 2.
Three values of x that make the inequality false are $3, 4,$ and 5.

61. Answers may vary. True values will be greater than $4\frac{1}{2}$. False values will be less than or equal to $4\frac{1}{2}$. Sample answer:
Three values of x that make the inequality $8x - 3 > 33$ true are $5, 6,$ and 7.
Three values of x that make the inequality false are $1, 2,$ and 3.

6.2 PAGE 286, GUIDED SKILLS PRACTICE

8. $8x \leq 48$
$\frac{8x}{8} \leq \frac{48}{8}$
$x \leq 6$

9. $3x < 48$
$\frac{3x}{3} < \frac{48}{3}$
$x < 16$

10. $\frac{x}{5} \geq -4$
$5\left(\frac{x}{5}\right) \geq 5(-4)$
$x \geq -20$

11. $\frac{d}{7} \geq -9$
$7\left(\frac{d}{7}\right) \geq 7(-9)$
$d \geq -63$

12. $-3b > 27$
$\frac{-3b}{-3} < \frac{27}{-3}$
$b < -9$

13. $-4x < -16$
$\frac{-4x}{-4} > \frac{-16}{-4}$
$x > 4$

14. $-\frac{x}{3} \geq 12$
$(-3)\left(-\frac{x}{3}\right) \leq (-3)(12)$
$x \leq -36$

15. $-\frac{x}{7} < -3$
$(-7)\left(-\frac{x}{7}\right) > (-7)(-3)$
$x > 21$

16. $2x - (4x + 2) \leq 38$
$2x - 4x - 2 \leq 38$
$-2x - 2 \leq 38$
$-2x - 2 + 2 \leq 38 + 2$
$-2x \leq 40$
$\frac{-2x}{-2} \geq \frac{40}{-2}$
$x \geq -20$

17.
$-18y - 4 > 50$
$-18y - 4 + 4 > 50 + 4$
$-18y > 54$
$\frac{-18y}{-18} < \frac{54}{-18}$
$y < -3$

18. Let m represent the number of minutes used.
Plan A: $30 + 0.50m$
Plan B: $10 + 0.75m$
$$10 + 0.75m < 30 + 0.50m$$
$$10 + 0.75m - 0.50m < 30 + 0.50m - 0.50m$$
$$10 + 0.25m < 30$$
$$10 + 0.25m - 10 < 30 - 10$$
$$0.25m < 20$$
$$\frac{0.25m}{0.25} < \frac{20}{0.25}$$
$$m < 80$$

Plan B costs less when less than 80 minutes are used.

PAGES 286–287, PRACTICE AND APPLY

See Teacher's Edition for graphs for Exercises 19–30.

19. $2h > 32$
$\frac{2h}{2} > \frac{32}{2}$
$h > 16$

20. $8x \leq -56$
$\frac{8x}{8} \leq \frac{-56}{8}$
$x \leq -7$

21. $5y \leq 22$
$\frac{5y}{5} \leq \frac{22}{5}$
$y \leq \frac{22}{5}$

22. $-12b > 3$
$\frac{-12b}{-12} < \frac{3}{-12}$
$b < -\frac{1}{4}$

23. $\frac{y}{6} > 17$
$6\left(\frac{y}{6}\right) > 6(17)$
$y > 102$

24. $\frac{z}{4} \leq -8$
$4\left(\frac{z}{4}\right) \leq 4(-8)$
$z \leq -32$

25. $\frac{x}{8} < 1$
$8\left(\frac{x}{8}\right) < 8(1)$
$x < 8$

26. $\frac{u}{-3} \geq 21$
$(-3)\left(\frac{u}{-3}\right) \leq (-3)(21)$
$u \leq -63$

27. $-3y \geq 48$
$\frac{-3y}{-3} \leq \frac{48}{-3}$
$y \leq -16$

28. $-6z \leq 96$
$\frac{-6z}{-6} \geq \frac{96}{-6}$
$z \geq -16$

29. $-\frac{1}{5}m \geq 8$
$(-5)\left(-\frac{1}{5}m\right) \leq -5(8)$
$m \leq -40$

30. $-\frac{g}{14} \leq 7$
$(-14)\left(-\frac{g}{14}\right) \geq (-14)(7)$
$g \geq -98$

31. $2x + 8 \geq 11$
$2x + 8 - 8 \geq 11 - 8$
$2x \geq 3$
$\frac{2x}{2} \geq \frac{3}{2}$
$x \geq \frac{3}{2}$, or $1\frac{1}{2}$

32. $4x - 11 < 20$
$4x - 11 + 11 < 20 + 11$
$4x < 31$
$\frac{4x}{4} < \frac{31}{4}$
$x < \frac{31}{4}$, or $7\frac{3}{4}$

33. $3x - 7 > 18$
$3x - 7 + 7 > 18 + 7$
$3x > 25$
$\frac{3x}{3} > \frac{25}{3}$
$x > \frac{25}{3}$, or $8\frac{1}{3}$

34. $2.4z + 9.6 \geq 21.3$
$2.4z + 9.6 - 9.6 \geq 21.3 - 9.6$
$2.4z \geq 11.7$
$\frac{2.4z}{2.4} \geq \frac{11.7}{2.4}$
$z \geq 4.875$

35. $8 - h > 9$
$8 - h - 8 > 9 - 8$
$-h > 1$
$(-1)(-h) < -1$
$h < -1$

36. $6 - x > -1$
$6 - x - 6 > -1 - 6$
$-x > -7$
$(-1)(-x) < (-1)(-7)$
$x < 7$

37. $-5b + 4 \leq 18$
$-5b + 4 - 4 \leq 18 - 4$
$-5b \leq 14$
$\frac{-5b}{-5} \geq \frac{14}{-5}$
$b \geq -\frac{14}{5}$, or $-2\frac{4}{5}$

38. $-3a - 7 > 2.3$
$-3a - 7 + 7 > 2.3 + 7$
$-3a > 9.3$
$\frac{-3a}{-3} < \frac{9.3}{-3}$
$a < -3.1$

39. $6y + 7 \geq 2y + 28$
$6y + 7 - 2y \geq 2y + 28 - 2y$
$4y + 7 \geq 28$
$4y + 7 - 7 \geq 28 - 7$
$4y \geq 21$
$\frac{4y}{4} \geq \frac{21}{4}$
$y \geq \frac{21}{4}$, or $5\frac{1}{4}$

40.
$$1.3b - 9.2 < 7.7$$
$$1.3b - 9.2 + 9.2 < 7.7 + 9.2$$
$$1.3b < 16.9$$
$$\frac{1.3b}{1.3} < \frac{16.9}{1.3}$$
$$b < 13$$

41.
$$4m + 1 < 5m - 7$$
$$4m + 1 - 4m < 5m - 7 - 4m$$
$$1 < m - 7$$
$$1 + 7 < m - 7 + 7$$
$$8 < m$$
$$m > 8$$

42.
$$10.8 \leq 2c - 11.3$$
$$10.8 + 11.3 \leq 2c - 11.3 + 11.3$$
$$22.1 \leq 2c$$
$$\frac{22.1}{2} \leq \frac{2c}{2}$$
$$11.05 \leq c$$
$$c \geq 11.05$$

43.
$$38.25 > -2q + 29.5$$
$$38.25 - 29.5 > -2q + 29.5 - 29.5$$
$$8.75 > -2q$$
$$\frac{8.75}{-2} < \frac{-2q}{-2}$$
$$-4.375 < q$$
$$q > -4.375$$

44.
$$\frac{-d}{3} + 4 < 10$$
$$\frac{-d}{3} + 4 - 4 < 10 - 4$$
$$\frac{-d}{3} < 6$$
$$3\left(\frac{-d}{3}\right) < 3(6)$$
$$-d < 18$$
$$d > -18$$

45.
$$\frac{-f}{5} - 1 < 3$$
$$\frac{-f}{5} - 1 + 1 < 3 + 1$$
$$\frac{-f}{5} < 4$$
$$(-5)\left(\frac{-f}{5}\right) > (-5)(4)$$
$$f > -20$$

46.
$$15 - \frac{t}{4} > 10$$
$$15 - \frac{t}{4} - 15 > 10 - 15$$
$$-\frac{t}{4} > -5$$
$$4\left(-\frac{t}{4}\right) > 4(-5)$$
$$-t > -20$$
$$t < 20$$

47.
$$\frac{x}{4} - 2 \leq 13$$
$$\frac{x}{4} - 2 + 2 \leq 13 + 2$$
$$\frac{x}{4} \leq 15$$
$$4\left(\frac{x}{4}\right) \leq 4(15)$$
$$x \leq 60$$

48.
$$\frac{5}{7}x + 27 \leq 12$$
$$\frac{5}{7}x + 27 - 27 \leq 12 - 27$$
$$\frac{5}{7}x \leq -15$$
$$\frac{7}{5}\left(\frac{5}{7}x\right) \leq \frac{7}{5}(-15)$$
$$x \leq -21$$

49.
$$2x + 5 \leq -3$$
$$2x + 5 - 5 \leq -3 - 5$$
$$2x \leq -8$$
$$\frac{2x}{2} \leq \frac{-8}{2}$$
$$x \leq -4$$

50.
$$-3t > 8$$
$$\frac{-3t}{-3} < \frac{8}{-3}$$
$$t < -\frac{8}{3}, \text{ or } -2\frac{2}{3}$$

51.
$$5c - 9 > 20$$
$$5c - 9 + 9 > 20 + 9$$
$$5c > 29$$
$$\frac{5c}{5} > \frac{29}{5}$$
$$c > 5\frac{4}{5}, \text{ or } 5.8$$

52.
$$3(m + 7) \leq 28$$
$$3m + 21 \leq 28$$
$$3m + 21 - 21 \leq 28 - 21$$
$$3m \leq 7$$
$$\frac{3m}{3} \leq \frac{7}{3}$$
$$m \leq \frac{7}{3}, \text{ or } 2\frac{1}{3}$$

53.
$$4p + 7 - p \leq 31$$
$$3p + 7 \leq 31$$
$$3p + 7 - 7 \leq 31 - 7$$
$$3p \leq 24$$
$$\frac{3p}{3} \leq \frac{24}{3}$$
$$p \leq 8$$

54.
$$7m - 2(m - 1) > -48$$
$$7m - 2m + 2 > -48$$
$$5m + 2 > -48$$
$$5m + 2 - 2 > -48 - 2$$
$$5m > -50$$
$$\frac{5m}{5} > \frac{-50}{5}$$
$$m > -10$$

55. $3p + (2 - 3p) > 28$
$3p + 2 - 3p > 28$
$2 > 28$
There are no solutions since the inequality is always false.

56. $y + 5 + 5y \geq -7$
$6y + 5 \geq -7$
$6y + 5 - 5 \geq -7 - 5$
$6y \geq -12$
$\frac{6y}{6} \geq \frac{-12}{6}$
$y \geq -2$

57. $2(m - 3) + 8m \leq 11$
$2m - 6 + 8m \leq 11$
$10m - 6 \leq 11$
$10m - 6 + 6 \leq 11 + 6$
$10m \leq 17$
$\frac{10m}{10} \leq \frac{17}{10}$
$m \leq \frac{17}{10}$, or $1\frac{7}{10}$

58. $-3b + 12 \leq 16$
$-3b + 12 - 12 \leq 16 - 12$
$-3b \leq 4$
$\frac{-3b}{-3} \geq \frac{4}{-3}$
$b \geq -\frac{4}{3}$, or $-1\frac{1}{3}$

59. $4y + 5 \geq y + 26$
$4y + 5 - y \geq y + 26 - y$
$3y + 5 \geq 26$
$3y + 5 - 5 \geq 26 - 5$
$3y \geq 21$
$\frac{3y}{3} \geq \frac{21}{3}$
$y \geq 7$

60. $-6r - 10 < 3r - 8$
$-6r - 10 - 3r < 3r - 8 - 3r$
$-9r - 10 < -8$
$-9r - 10 + 10 < -8 + 10$
$-9r < 2$
$\frac{-9r}{-9} > \frac{2}{-9}$
$r > -\frac{2}{9}$

61. $3.3q - 8.4 < 10.8$
$3.3q - 8.4 + 8.4 < 10.8 + 8.4$
$3.3q < 19.2$
$\frac{3.3q}{3.3} < \frac{19.2}{3.3}$
$q < 5.8\overline{1}$

62. $-5.6h + 8.6 > 2.3$
$-5.6h + 8.6 - 8.6 > 2.3 - 8.6$
$-5.6h > -6.3$
$\frac{-5.6h}{-5.6} < \frac{-6.3}{-5.6}$
$h < 1.125$

63. $\frac{p}{7} - \frac{1}{14} \leq \frac{1}{2}$
$\frac{p}{7} - \frac{1}{14} + \frac{1}{14} \leq \frac{1}{2} + \frac{1}{14}$
$\frac{p}{7} \leq \frac{7}{14} + \frac{1}{14}$
$\frac{p}{7} \leq \frac{8}{14}$
$\frac{p}{7} \leq \frac{4}{7}$
$7\left(\frac{p}{7}\right) \leq 7\left(\frac{4}{7}\right)$
$p \leq 4$

64. $-\frac{2}{3}n + 12 < 21$
$-\frac{2}{3}n + 12 - 12 < 21 - 12$
$-\frac{2}{3}n < 9$
$\left(-\frac{3}{2}\right)\left(-\frac{2}{3}n\right) > \left(-\frac{3}{2}\right)(9)$
$n > -\frac{27}{2}$, or $-13\frac{1}{2}$

65. $\frac{1}{4}d - \frac{3}{9} > 2$
$\frac{1}{4}d - \frac{3}{9} + \frac{3}{9} > 2 + \frac{3}{9}$
$\frac{1}{4}d > \frac{18}{9} + \frac{3}{9}$
$\frac{1}{4}d > \frac{21}{9}$
$\frac{1}{4}d > \frac{7}{3}$
$4\left(\frac{1}{4}d\right) > 4\left(\frac{7}{3}\right)$
$d > \frac{28}{3}$, or $9\frac{1}{3}$

66. $-\frac{7}{8}m - 9 \leq 40$
$-\frac{7}{8}m - 9 + 9 \leq 40 + 9$
$-\frac{7}{8}m \leq 49$
$\left(-\frac{8}{7}\right)\left(-\frac{7}{8}\right)m \geq \left(-\frac{8}{7}\right)(49)$
$m \geq -56$

67. a. $l \geq w + 5$

b. $w = 20$
$l \geq w + 5$
$l \geq 20 + 5$
$l \geq 25$

68. a. Brian: $c = 15 + 5.50h$
Greg: $c = 12 + 6.25h$

b.
$15 + 5.5h > 12 + 6.25h$
$15 + 5.5h - 5.5h > 12 + 6.25h - 5.5h$
$15 > 12 + 0.75h$
$15 - 12 > 12 + 0.75h - 12$
$3 > 0.75h$
$\frac{3}{0.75} > \frac{0.75h}{0.75}$
$4 > h$
$h < 4$

Brian's charge is greater than Greg's when the job takes less than 4 hours.

c.
$15 + 5.5h = 12 + 6.25h$
$15 + 5.5h - 5.5h = 12 + 6.25h - 5.5h$
$15 = 12 + 0.75h$
$15 - 12 = 12 + 0.75h - 12$
$3 = 0.75h$
$\frac{3}{0.75} = \frac{0.75h}{0.75}$
$4 = h$
$h = 4$

Brian's and Greg's charges are equal at 4 hours.

69. Let g represent the number of gallons of gasoline.

$18g \leq 450$
$\frac{18g}{18} \leq \frac{450}{18}$
$g \leq 25$

Jeff will need at most 25 gallons of gasoline.

70. Let t represent the number of tickets sold.

$7t > 560$
$\frac{7t}{7} > \frac{560}{7}$
$t > 80$

The drama club must sell at least 81 tickets to make a profit.

71. a. $550 + 6.50g \leq 1200$

b. $550 + 6.50g \leq 1200$
$550 + 6.50g - 550 \leq 1200 - 550$
$6.50g \leq 650$
$\frac{6.50g}{6.50} \leq \frac{650}{6.50}$
$g \leq 100$

The Hiroshiges can invite a maximum of 100 guests to the reception.

PAGE 288, LOOK BACK

72. $76 - (-43) = 76 + 43 = 119$

73. $-400 - 111 = -511$

74. $12 - 546 = 12 + (-546) = -534$

75. $80 - (-31) = 80 + 31 = 111$

76. $-1 - 99 = -1 + (-99) = -100$

77. $-31 - (-50) = -31 + 50 = 19$

78. $(-3)(4)(-3) = (-12)(-3) = 36$

79. $(-2)(-2)(-2)(-2) = (4)(-2)(-2) = (-8)(-2) = 16$

80. $(5)(-3)(-3)(5) = (-15)(-3)(5) = (45)(5) = 225$

81. $(-4)(-4)(-4) = (16)(-4) = -64$

82. $(-2)(5)(-3) = (-10)(-3) = 30$

83. $(-25)(2)(-2)(-25) = (-50)(-2)(-25) = (100)(-25) = -2500$

84. $3x + 2y + 5x + 7y = (3x + 5x) + (2y + 7y) = 8x + 9y$

85. $3(x + 2y) + 4(2x + y) = 3x + 6y + 8x + 4y = (3x + 8x) + (6y + 4y) = 11x + 10y$

86.
$2x + 7 = 15$
$2x + 7 - 7 = 15 - 7$
$\frac{2x}{2} = \frac{8}{2}$
$x = 4$

87.
$65 = 3x - 7$
$65 + 7 = 3x - 7 + 7$
$\frac{72}{3} = \frac{3x}{3}$
$24 = x$
$x = 24$

88.
$6y + 17 = 32$
$6y + 17 - 17 = 32 - 17$
$\frac{6y}{6} = \frac{15}{6}$
$y = \frac{5}{2}$

89.
$3m - 10 = 23$
$3m - 10 + 10 = 23 + 10$
$\frac{3m}{3} = \frac{33}{3}$
$m = 11$

90.
$130 = 4p - 30$
$130 + 30 = 4p - 30 + 30$
$\frac{160}{4} = \frac{4p}{4}$
$40 = p$
$p = 40$

91.
$8x + 7 = -17$
$8x + 7 - 7 = -17 - 7$
$\frac{8x}{8} = \frac{-24}{8}$
$x = -3$

PAGE 288, LOOK BEYOND

92.
$5(y + 2x) \leq 15x + 1$
$5y + 10x \leq 15x + 1$
$5y + 10x - 10x \leq 15x + 1 - 10x$
$5y \leq 5x + 1$
$\frac{1}{5}(5y) \leq \frac{1}{5}(5x + 1)$
$y \leq x + \frac{1}{5}$
$0 \stackrel{?}{\leq} 0 + \frac{1}{5}$
$0 \leq \frac{1}{5}$

Yes, (0, 0) satisfies the inequality.

93.
$y - 6x - \frac{1}{2}(y - 3x) + 1 \leq \frac{3}{2}(y - 3x)$
$y - 6x - \frac{1}{2}y + \frac{3}{2}x + 1 \leq \frac{3}{2}y - \frac{9}{2}x$
$\frac{1}{2}y - \frac{9}{2}x + 1 \leq \frac{3}{2}y - \frac{9}{2}x$
$\frac{1}{2}y - \frac{9}{2}x + 1 - \frac{3}{2}y \leq \frac{3}{2}y - \frac{9}{2}x - \frac{3}{2}y$
$-y - \frac{9}{2}x + 1 + \frac{9}{2}x \leq -\frac{9}{2}x + \frac{9}{2}x$
$-y + 1 - 1 \leq 0 - 1$
$-y \leq -1$
$y \geq 1$
$0 \stackrel{?}{\geq} 1$
$0 \not\geq 1$

No, (0, 0) does not satisfy the inequality.

94.
$4x - 2(y + 1) > -30x$
$4x - 2y - 2 > -30x$
$4x - 2y - 2 - 4x > -30x - 4x$
$-2y - 2 > -34x$
$-2y - 2 + 2 > -34x + 2$
$-2y > -34x + 2$
$-\frac{1}{2}(-2y) < -\frac{1}{2}(-34x + 2)$
$y < 17x - 1$
$0 \stackrel{?}{<} 17(0) - 1$
$0 \stackrel{?}{<} 0 - 1$
$0 \not< -1$

No, (0, 0) does not satisfy the inequality.

95.
$y - 2x + 1 < 1 - x$
$y - 2x + 1 + 2x < 1 - x + 2x$
$y + 1 - 1 < 1 + x - 1$
$y < x$
$0 \stackrel{?}{<} 0$
$0 \not< 0$

No, (0, 0) does not satisfy the inequality.

6.3 PAGE 293, GUIDED SKILLS PRACTICE

5. $-7 < x < 5$

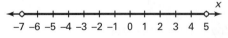

6. $-2 \leq y \leq 4$

7. $q < 5$ OR $q \geq 7$

8. $45 < z \leq 47$

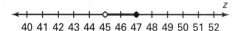

9. $v < 4$ OR $v \geq 12$

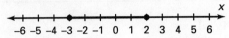

10. $-5 \leq x \leq 5$

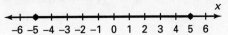

11. $-7 \leq 3x + 2 \leq 8$

$\quad -7 \leq 3x + 2 \qquad\qquad$ AND $\qquad\qquad 3x + 2 \leq 8$
$\quad -7 - 2 \leq 3x + 2 - 2 \qquad\qquad\qquad\qquad 3x + 2 - 2 \leq 8 - 2$
$\quad -9 \leq 3x \qquad\qquad\qquad\qquad\qquad\qquad\quad 3x \leq 6$
$\quad \frac{-9}{3} \leq \frac{3x}{3} \qquad\qquad\qquad\qquad\qquad\qquad \frac{3x}{3} \leq \frac{6}{3}$
$\quad -3 \leq x \qquad\qquad\qquad\qquad\qquad\qquad\quad x \leq 2$

The compound solution is $-3 \leq x \leq 2$.

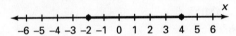

12. $-2 \leq 4x + 6 \leq 22$

$\quad -2 \leq 4x + 6 \qquad\qquad$ AND $\qquad\qquad 4x + 6 \leq 22$
$\quad -2 - 6 \leq 4x + 6 - 6 \qquad\qquad\qquad\qquad 4x + 6 - 6 \leq 22 - 6$
$\quad -8 \leq 4x \qquad\qquad\qquad\qquad\qquad\qquad\quad 4x \leq 16$

$\quad \frac{-8}{4} \leq \frac{4x}{4} \qquad\qquad\qquad\qquad\qquad\qquad \frac{4x}{4} \leq \frac{16}{4}$
$\quad -2 \leq x \qquad\qquad\qquad\qquad\qquad\qquad\quad x \leq 4$

The compound solution is $-2 \leq x \leq 4$.

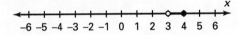

13. $8 < 3x - 1 \leq 11$

$\quad 8 < 3x - 1 \qquad\qquad$ AND $\qquad\qquad 3x - 1 \leq 11$
$\quad 8 + 1 < 3x - 1 + 1 \qquad\qquad\qquad\qquad 3x - 1 + 1 \leq 11 + 1$
$\quad 9 < 3x \qquad\qquad\qquad\qquad\qquad\qquad\quad 3x \leq 12$
$\quad \frac{9}{3} < \frac{3x}{3} \qquad\qquad\qquad\qquad\qquad\qquad \frac{3x}{3} \leq \frac{12}{3}$
$\quad 3 < x \qquad\qquad\qquad\qquad\qquad\qquad\quad x \leq 4$

The compound solution is $3 < x \leq 4$.

14. $2x \leq 6$ OR $3x > 12$

$\quad \frac{2x}{2} \leq \frac{6}{2} \qquad \frac{3x}{3} > \frac{12}{3}$
$\quad x \leq 3$ OR $x > 4$

15. $7x > 21$ OR $2x < -2$

$\quad \frac{7x}{7} > \frac{21}{7} \qquad \frac{2x}{2} < \frac{-2}{2}$
$\quad x > 3$ OR $x < -1$

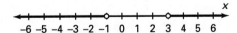

16. $2x > 7$ OR $3x < 7$

$\quad \frac{2x}{2} > \frac{7}{2} \qquad \frac{3x}{3} < \frac{7}{3}$
$\quad x > 3\frac{1}{2}$ OR $x < 2\frac{1}{3}$

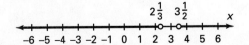

17. $\quad 3x - 4 \leq 11 \qquad\qquad$ OR $\qquad\qquad 2x + 5 > 5$
$\quad 3x - 4 + 4 \leq 11 + 4 \qquad\qquad\qquad 2x + 5 - 5 > 5 - 5$
$\quad 3x \leq 15 \qquad\qquad\qquad\qquad\qquad\qquad 2x > 0$
$\quad \frac{3x}{3} \leq \frac{15}{3} \qquad\qquad\qquad\qquad\qquad\qquad \frac{2x}{2} > \frac{0}{2}$
$\quad x \leq 5 \qquad\qquad\qquad\qquad\qquad\qquad\quad x > 0$

All real numbers

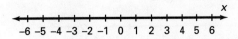

CHAPTER 6   145

18.
$$2x - 4 > -2 \quad \text{OR} \quad 2x - 6 < -2$$
$$2x - 4 + 4 > -2 + 4 \quad 2x - 6 + 6 < -2 + 6$$
$$2x > 2 \quad 2x < 4$$
$$\frac{2x}{2} > \frac{2}{2} \quad \frac{2x}{2} < \frac{4}{2}$$
$$x > 1 \quad x < 2$$
All real numbers

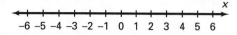

PAGE 293, PRACTICE AND APPLY

19. $2 < x < 5$

20. $x > 4$ AND $x < 2$
No solution

21. $-1 \leq x < 7$

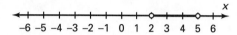

22. $z < 4$ OR $z \geq 7$

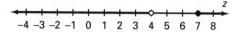

23. $-4 < n \leq 6$

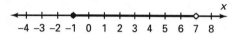

24. $x > -14$ OR $x < -18$

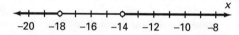

25. $-6 < v \leq 3$

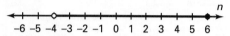

26. $x < 4$ AND $x \geq 6$
No solution

27. $3.5 < t \leq 7.5$

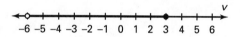

28. $y > -4.5$ OR $y < -6.2$

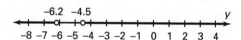

29. $t < 6$ OR $t \geq 8.4$

30. $-4.3 < t \leq 6.9$

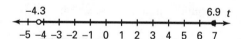

31. $-3 \leq 2x + 15 < 21$
$$-3 \leq 2x + 15 \quad \text{AND} \quad 2x + 15 < 21$$
$$-3 - 15 \leq 2x + 15 - 15 \quad 2x + 15 - 15 < 21 - 15$$
$$-18 \leq 2x \quad 2x < 6$$
$$\frac{-18}{2} \leq \frac{2x}{2} \quad \frac{2x}{2} < \frac{6}{2}$$
$$-9 \leq x \quad x < 3$$
The solution is $-9 \leq x < 3$.

32. $5 \leq z - 8 < 7$
$$5 \leq z - 8 \quad \text{AND} \quad z - 8 < 7$$
$$5 + 8 \leq z - 8 + 8 \quad z - 8 + 8 < 7 + 8$$
$$13 \leq z \quad z < 15$$
The solution is $13 \leq z < 15$.

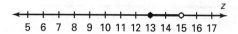

33. $2x < 14$ OR $3x \geq 18$
$\frac{2x}{2} < \frac{14}{2}$ $\frac{3x}{3} \geq \frac{18}{3}$
$x < 7$ $x \geq 6$

All real numbers

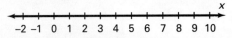

34. $-14 < 2x - 6 \leq 12$
$-14 < 2x - 6$ AND $2x - 6 \leq 12$
$-14 + 6 < 2x - 6 + 6$ $2x - 6 + 6 \leq 12 + 6$
$-8 < 2x$ $2x \leq 18$
$\frac{-8}{2} < \frac{2x}{2}$ $\frac{2x}{2} \leq \frac{18}{2}$
$-4 < x$ $x \leq 9$

The solution is $-4 < x \leq 9$.

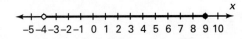

35. $-5 < 2x - 7 < 7$
$-5 < 2x - 7$ AND $2x - 7 < 7$
$-5 + 7 < 2x - 7 + 7$ $2x - 7 + 7 < 7 + 7$
$2 < 2x$ $2x < 14$
$\frac{2}{2} < \frac{2x}{2}$ $\frac{2x}{2} < \frac{14}{2}$
$1 < x$ $x < 7$

The solution is $1 < x < 7$.

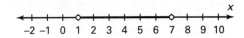

36. $-2x > 16$ OR $-3x \leq 18$
$\frac{-2x}{-2} < \frac{16}{-2}$ $\frac{-3x}{-3} \geq \frac{18}{-3}$
$x < -8$ OR $x \geq -6$

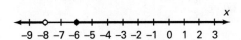

37. $-5 < 2x < 7$
$-5 < 2x$ AND $2x < 7$
$\frac{-5}{2} < \frac{2x}{2}$ $\frac{2x}{2} < \frac{7}{2}$
$-2\frac{1}{2} < x$ $x < 3\frac{1}{2}$

The solution is $-2\frac{1}{2} < x < 3\frac{1}{2}$.

38. $-2x < 14$ OR $3x < -12$
$\frac{-2x}{-2} > \frac{14}{-2}$ $\frac{3x}{3} < \frac{-12}{3}$
$x > -7$ $x < -4$

All real numbers

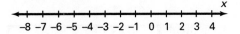

39. $78 \leq t \leq 98$

40. Let t represent the number of T-shirts sold.
$3t \geq 400$
$\frac{3t}{3} \geq \frac{400}{3}$
$t \geq 133\frac{1}{3}$

At least 134 T-shirts must be sold.

PAGE 293, LOOK BACK

41. The sum $1 + 2 + 3 + 4 + 5 + 6$ can be represented by drawing a triangle of dots as shown. A rectangle can be formed by copying the triangle and rotating it. The sum of the counting numbers from 1 to 6 is half of the number of dots in the rectangle, or $\frac{6 \cdot 7}{2}$.

 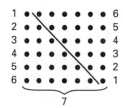

The sum is 21.

42. The number of games would be $\frac{6 \cdot 5}{2} = 15$.

43. $4^2 \cdot 16[2 + 3(2 \cdot 4 + 7)] - 26$
$= 16 \cdot 16[2 + 3(8 + 7)] - 26$
$= 16 \cdot 16[2 + 3(15)] - 26$
$= 16 \cdot 16(2 + 45) - 26$
$= 16 \cdot 16(47) - 26$
$= 256(47) - 26$
$= 12{,}032 - 26$
$= 12{,}006$

44. $(7 - 3y) - (8 + 2y)$
$7 - 3y - 8 - 2y$
$(7 - 8) + (-3y - 2y)$
$-1 + (-5y)$
$-1 - 5y$

PAGE 293, LOOK BEYOND

45. $\quad 2x + 3y > 18$
$2x + 3y - 2x > 18 - 2x$
$\quad\quad 3y > 18 - 2x$
$\quad\quad \frac{3y}{3} > \frac{18 - 2x}{3}$
$\quad\quad\quad y > \frac{18 - 2x}{3}$

46. Answers may vary. Sample answer:

When x is 4, $y > \frac{18 - 2(4)}{3}$
$y > \frac{18 - 8}{3}$
$y > \frac{10}{3}$
$y > 3\frac{1}{3}$

so the inequality is true for $y = 4$.

6.4 PAGE 298, GUIDED SKILLS PRACTICE

6. $|5 - 12| = |-7| = 7$ **7.** $|13 - 2| = |1| = 1$ **8.** $|-3 - 3| = |-6| = 6$ **9.** $|4 - 4| = |0| = 0$

10. a. Since you can find the absolute value of any number, the domain is all real numbers. The range is all nonnegative real numbers.

x	−3	−2	−1	0	1	2	3
y	2	1	0	1	2	3	4

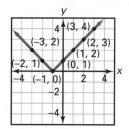

b. The domain is all real numbers. Since the range of $y = |x|$ is all nonnegative real numbers, the range of $y = |x| + 1$ is all real numbers greater than or equal to 1.

x	−3	−2	−1	0	1	2	3
y	4	3	2	1	2	3	4

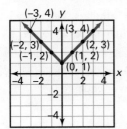

11. a.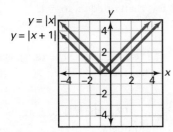

The graph of $y = |x + 1|$ is a horizontal translation of the graph of $y = |x|$ one unit to the left.

b.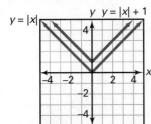

The graph of $y = |x| + 1$ is a vertical translation of the graph of $y = |x|$ 1 unit up.

c.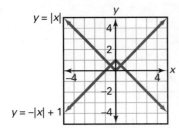

The graph of $y = -|x| + 1$ is a reflection of the graph of $y = |x|$ across the x-axis and a vertical translation 1 unit up.

PAGES 298–299, PRACTICE AND APPLY

12. ABS(17) = 17   **13.** ABS(−33) = 33   **14.** ABS(−7.11) = 7.11   **15.** ABS(8.67) = 8.67

16. ABS$\left(\frac{4}{3}\right) = \frac{4}{3}$ **17.** ABS(−2.5) = 2.5   **18.** ABS$\left(-3\frac{5}{11}\right) = 3\frac{5}{11}$ **19.** ABS(79.2) = 79.2

20. $|13 - 24| = |-11| = 11$ **21.** $|0 - 3| = |-3| = 3$ **22.** $|4 - 12| = |-8| = 8$ **23.** $|1 - 11| = |-10| = 10$

24. $|0 - (-3)| = |0 + 3| = |3| = 3$ **25.** $|1 - 27| = |-26| = 26$ **26.** $|11 - 3| = |8| = 8$

27. $|-14 - (-14)| = |-14 + 14| = |0| = 0$ **28.** $|-13 + 13| = |0| = 0$ **29.** $|-5 - 2| = |-7| = 7$

30. $|5 - (-3)| = |5 + 3| = 8$ **31.** $|-11 - 11| = |-22| = 22$ **32.** $|-5 + (-5)| = |-10| = 10$

33. $|0-5| = |-5| = 5$ **34.** $|5-10| = |-5| = 5$ **35.** $|-5-10| = |-15| = 15$

36. $y = |x+4|$
The domain is all real numbers. The range is all nonnegative real numbers.

37. $y = |x-5|$
The domain is all real numbers. The range is all nonnegative real numbers.

38. $y = |x| + 2$
The domain is all real numbers. The range is all real numbers greater than or equal to 2.

39. $y = |x| - 4$
The domain is all real numbers. The range is all real numbers greater than or equal to -4.

40. $y = -|x+4|$
The domain is all real numbers. The range is all real numbers less than or equal to 0.

41. $y = -|x-5|$
The domain is all real numbers. The range is all real numbers less than or equal to 0.

42. $y = -|x| + 2$
The domain is all real numbers. The range is all real numbers less than or equal to 2.

43. $y = -|x| - 4$
The domain is all real numbers. The range is all real numbers less than or equal to -4.

44. $y = 4|x|$
The domain is all real numbers. The range is all nonnegative real numbers.

45. $y = \frac{1}{2}|x|$
The domain is all real numbers. The range is all nonnegative real numbers.

46. $y = 4|x| - 1$
The domain is all real numbers. The range is all real numbers greater than or equal to -1.

47. $y = 4|x-1|$
The domain is all real numbers. The range is all nonnegative real numbers.

48. $y = |x+4|$

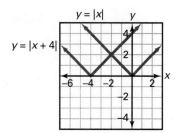

The graph of $y = |x+4|$ is a horizontal translation of the graph of $y = |x|$ 4 units to the left.

49. $y = |x-5|$

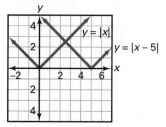

The graph of $y = |x-5|$ is a horizontal translation of the graph of $y = |x|$ 5 units to the right.

50. $y = |x| + 2$

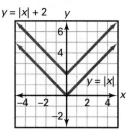

The graph of $y = |x| + 2$ is a vertical translation of the graph of $y = |x|$ 2 units up.

51. $y = |x| - 4$

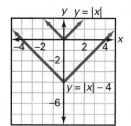

The graph of $y = |x| - 4$ is a vertical translation of the graph of $y = |x|$ 4 units down.

52. $y = -|x + 4|$

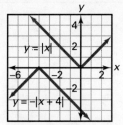

The graph of $y = -|x + 4|$ is a horizontal translation of the graph of $y = |x|$ 4 units left, and a reflection across the x-axis.

53. $y = -|x - 5|$

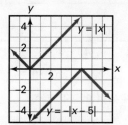

The graph of $y = -|x - 5|$ is a horizontal translation of the graph of $y = |x|$ 5 units to the right, and a reflection across the x-axis.

54. $y = -|x| + 2$

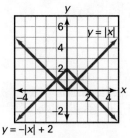

The graph of $y = -|x| + 2$ is a reflection of the graph of $y = |x|$ across the x-axis, and a translation 2 units up.

55. $y = -|x| - 4$

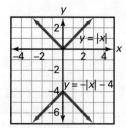

The graph of $y = -|x| - 4$ is a reflection of the graph of $y = |x|$ across the x-axis, and a translation 4 units down.

56. $a = 5, b = 3$
$|a - b| = |5 - 3| = |2| = 2$
$|b - a| = |3 - 5| = |-2| = 2$

57. $a = 5, b = -3$
$|a - b| = |5 - (-3)| = |5 + 3| = 8$
$|b - a| = |-3 - 5| = |-8| = 8$

58. $a = -5, b = 3$
$|a - b| = |-5 - 3| = |-8| = 8$
$|b - a| = |3 - (-5)| = |3 + 5| = |8| = 8$

59. $a = 3, b = 5$
$|a - b| = |3 - 5| = |-2| = 2$
$|b - a| = |5 - 3| = |2| = 2$

60. $|a - b| = |b - a|$

61. **a.** $y = |x + 5| - 2$
b. $y = -(|x| + 5)$
c. $y = -|x| + 2$

62. a. Error $= 8.2 - 8.4 = -0.2$
Absolute error $= |-0.2| = 0.2$
b. Error $= 9.0 - 8.4 = 0.6$
Absolute error $= |0.6| = 0.6$
c. Error $= 8.1 - 8.4 = -0.3$
Absolute error $= |-0.3| = 0.3$
d. Error $= 8.4 - 8.4 = 0$
Absolute error $= |0| = 0$

63. After 2 hours, the train has traveled $80 \cdot 2 = 160$ miles. The train's distance from Dallas is
$y = 80|3 - 2| = y = 80|1| = 80$ miles.
Since the train takes 3 hours to reach Dallas, after 2 hours the train is 80 miles south of Dallas.

64. After 4 hours, the train has traveled $80 \cdot 4 = 320$ miles. The train's distance from Dallas is
$y = 80|3 - 4| = 80|-1| = 80(1) = 80$ miles.
Since the train takes 3 hours to reach Dallas, after 4 hours the train is 80 miles north of Dallas.

PAGE 299, LOOK BACK

65.

Sequence	2		6		10		14		18		22		26		30
First differences		4		4		4		4		4		4		4	

The next three numbers are 22, 26, and 30.

66. Let b represent the number of bookmarks.
$0.38b = 2.00$
$\dfrac{0.38b}{0.38} = \dfrac{2.00}{0.38}$
$b \approx 5.26$
Miguel can buy 5 bookmarks.

67. $-3 + 4 = 1$

68. $-3(0.3) = -0.9$

69. $-15 - (-15) = -15 + 15 = 0$

70. $60 \div -3 = -20$

71. $(-10)\left(\dfrac{1}{2}\right) = -5$

72. $-1.4 - (-3) = -1.4 + 3 = 1.6$

73. $4\left(-1\dfrac{1}{2}\right) = 4\left(-\dfrac{3}{2}\right) = -6$

74. $(-3.2) \div 4 = -0.8$

75.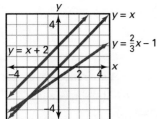

The graph of each function is a line rising from left to right. The graphs of $y = x + 2$ and $y = x$ have the same slope, but different y-intercepts. The graph of $y = \dfrac{2}{3}x - 1$ has less steep slope than the graph of $y = x$.

76. $3x + 2y = 1$
$2y = -3x + 1$
$y = -\dfrac{3}{2}x + \dfrac{1}{2}$

77. $4x = 2y$
$2y = 4x$
$y = 2x$

78. $4y = 0$
$y = 0$

79. $2x - 2y = 17$
$-2y = -2x + 17$
$y = x - \dfrac{17}{2}$

80. $x + 7 \leq 3$
$x \leq -4$

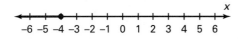

81. $x - 3 \geq 2$
$x \geq 5$

82. $x + 15 \leq -1$
$x \leq -16$

83. $x - 3 > 4$
$x > 7$

PAGE 299, LOOK BEYOND

84. a. $(3, 4)$
$\sqrt{x^2 + y^2} = \sqrt{3^2 + 4^2}$
$= \sqrt{9 + 16}$
$= \sqrt{25}$
$= 5$
The distance from the origin to $(3, 4)$ is 5 units.

b. $(12, 5)$
$\sqrt{x^2 + y^2} = \sqrt{12^2 + 5^2}$
$= \sqrt{144 + 25}$
$= \sqrt{169}$
$= 13$
The distance from the origin to $(12, 5)$ is 13 units.

c. $(-8, 6)$
$$\sqrt{x^2 + y^2} = \sqrt{(-8)^2 + 6^2}$$
$$= \sqrt{64 + 36}$$
$$= \sqrt{100}$$
$$= 10$$
The distance from the origin to $(-8, 6)$ is 10 units.

d. $(-15, -20)$
$$\sqrt{x^2 + y^2} = \sqrt{(-15)^2 + (-20)^2}$$
$$= \sqrt{225 + 400}$$
$$= \sqrt{625}$$
$$= 25$$
The distance from the origin to $(-15, -20)$ is 25 units.

6.5 PAGE 305, GUIDED SKILLS PRACTICE

5. $|x - 5.5| = 0.5$
Case 1:
$x - 5.5 = 0.5$
$x = 6$

Case 2:
$-(x - 5.5) = 0.5$
$-x + 5.5 = 0.5$
$-x = -5$
$x = 5$
The solutions are $x = 5$ or $x = 6$.

6. $|x - 2| = 5$
Case 1:
$x - 2 = 5$
$x = 7$

Case 2:
$-(x - 2) = 5$
$-x + 2 = 5$
$-x = 3$
$x = -3$
The solutions are $x = 7$ or $x = -3$.

7. $|a - 3.3| = 7$
Case 1:
$a - 3.3 = 7$
$a = 10.3$

Case 2:
$-(a - 3.3) = 7$
$-a + 3.3 = 7$
$-a = 3.7$
$a = -3.7$
The solutions are $a = -3.7$ or $a = 10.3$.

8. $|5x - 14.5| = 2.5$
Case 1:
$5x - 14.5 = 2.5$
$5x = 17$
$x = 3.4$

Case 2:
$-(5x - 14.5) = 2.5$
$-5x + 14.5 = 2.5$
$-5x = -12$
$x = 2.4$
The solutions are $x = 2.4$ or $x = 3.4$.

9. $|3z + 5| = 16$
Case 1:
$3z + 5 = 16$
$3z = 11$
$z = \frac{11}{3}$ or $3\frac{2}{3}$

Case 2:
$-(3z + 5) = 16$
$-3z - 5 = 16$
$-3z = 21$
$z = -7$
The solutions are $z = 3\frac{2}{3}$ or $z = -7$.

10. $|2v + 6| = 8$
Case 1:
$2v + 6 = 8$
$2v = 2$
$v = 1$

Case 2:
$-(2v + 6) = 8$
$-2v - 6 = 8$
$-2v = -14$
$v = -7$
The solutions are $v = 1$ or $v = -7$.

11. $|x - 10| \le 4$
Case 1:
$x - 10 \le 4$
$x \le 14$

Case 2:
$-(x - 10) \le 4$
$-x + 10 \le 4$
$-x \le -6$
$x \ge 6$
The solution is $6 \le x \le 14$.

12. $|5x - 14.5| \le 2.5$
Case 1:
$5x - 14.5 \le 2.5$
$5x \le 17$
$x \le 3.4$

Case 2:
$-(5x - 14.5) \le 2.5$
$-5x + 14.5 \le 2.5$
$-5x \le -12$
$x \ge 2.4$
The solution is $2.4 \le x \le 3.4$.

13. $|3x + 2.5| \le 23.5$
Case 1:
$3x + 2.5 \le 23.5$
$3x \le 21$
$x \le 7$

Case 2:
$-(3x + 2.5) \le 23.5$
$-3x - 2.5 \le 23.5$
$-3x \le 26$
$x \ge -\frac{26}{3}$ or $-8\frac{2}{3}$
The solution is $-8\frac{2}{3} \le x \le 7$.

CHAPTER 6

14. $|4x + 5.5| \leq 22.5$
Case 1:
$4x + 5.5 \leq 22.5$
$4x \leq 17$
$x \leq 4.25$

Case 2:
$-(4x + 5.5) \leq 22.5$
$-4x - 5.5 \leq 22.5$
$-4x \leq 28$
$x \geq -7$
The solution is $-7 \leq x \leq 4.25$.

15. $|x - 10| > 3$
Case 1:
$x - 10 > 3$
$x > 13$

Case 2:
$-(x - 10) > 3$
$-x + 10 > 3$
$-x > -7$
$x < 7$
The solution is $x < 7$ or $x > 13$.

16.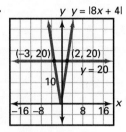

$x \leq -3$ or $x \geq 2$

17.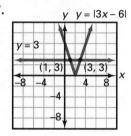

$1 < x < 3$

PAGES 305–307, PRACTICE AND APPLY

18. $|x - 5| = 3$
Case 1:
$x - 5 = 3$
$x = 8$
Check: $|8 - 5| \stackrel{?}{=} 3$
$|3| = 3$ True

Case 2:
$-(x - 5) = 3$
$-x + 5 = 3$
$-x = -2$
$x = 2$
Check: $|2 - 5| \stackrel{?}{=} 3$
$|-3| = 3$ True
The solution is $x = 2$ or $x = 8$.

19. $|x - 1| = 6$
Case 1:
$x - 1 = 6$
$x = 7$
Check: $|7 - 1| \stackrel{?}{=} 6$
$|6| = 6$ True

Case 2:
$-(x - 1) = 6$
$-x + 1 = 6$
$-x = 5$
$x = -5$
Check: $|-5 - 1| \stackrel{?}{=} 6$
$|-6| = 6$ True
The solution is $x = 7$ or $x = -5$.

20. $|x - 2| = 4$
Case 1:
$x - 2 = 4$
$x = 6$
Check: $|6 - 2| \stackrel{?}{=} 4$
$|4| = 4$ True

Case 2:
$-(x - 2) = 4$
$-x + 2 = 4$
$-x = 2$
$x = -2$
Check: $|-2 - 2| \stackrel{?}{=} 4$
$|-4| = 4$ True
The solution is $x = 6$ or $x = -2$.

21. $|x - 8| = 5$
Case: 1
$x - 8 = 5$
$x = 13$
Check: $|13 - 8| \stackrel{?}{=} 5$
$|5| = 5$ True

Case 2:
$-(x - 8) = 5$
$-x + 8 = 5$
$-x = -3$
$x = 3$
Check: $|3 - 8| \stackrel{?}{=} 5$
$|-5| = 5$ True
The solution is $x = 13$ or $x = 3$.

22. $|5x - 1| = 4$
Case 1:
$5x - 1 = 4$
$5x = 5$
$x = 1$
Check: $|5(1) - 1| \stackrel{?}{=} 4$
$|5 - 1| \stackrel{?}{=} 4$
$|4| = 4$ True

Case 2:
$-(5x - 1) = 4$
$-5x + 1 = 4$
$-5x = 3$
$x = -\frac{3}{5}$
Check: $\left|5\left(-\frac{3}{5}\right) - 1\right| \stackrel{?}{=} 4$
$|-3 - 1| \stackrel{?}{=} 4$
$|-4| = 4$ True
The solution is $x = 1$ or $x = -\frac{3}{5}$.

23. $|2x + 4| = 7$
Case 1:
$2x + 4 = 7$
$2x = 3$
$x = \frac{3}{2}$ or $1\frac{1}{2}$
Check: $\left|2\left(\frac{3}{2}\right) + 4\right| \stackrel{?}{=} 7$
$|3 + 4| \stackrel{?}{=} 7$
$|7| = 7$ True

Case 2:
$-(2x + 4) = 7$
$-2x - 4 = 7$
$-2x = 11$
$x = -\frac{11}{2}$ or $-5\frac{1}{2}$
Check: $\left|2\left(-\frac{11}{2}\right) + 4\right| \stackrel{?}{=} 7$
$|-11 + 4| \stackrel{?}{=} 7$
$|-7| = 7$ True
The solution is $x = 1\frac{1}{2}$ or $x = -5\frac{1}{2}$.

24. $|4x + 5| = -1$
There are no solutions since absolute value yields a nonnegative number.

25. $|-1 + x| = -3$
There are no solutions since absolute value yields a nonnegative number.

26. $|7x + 4| = 18$
Case 1:
$7x + 4 = 18$
$7x = 14$
$x = 2$
Check: $|7(2) + 4| \stackrel{?}{=} 18$
$|14 + 4| \stackrel{?}{=} 18$
$|18| = 18$ True

Case 2:
$-(7x + 4) = 14$
$-7x - 4 = 18$
$-7x = 22$
$x = -\frac{22}{7}$ or $-3\frac{1}{7}$
Check: $\left|7\left(\frac{-22}{7}\right) + 4\right| \stackrel{?}{=} 18$
$|-22 + 4| \stackrel{?}{=} 18$
$|-18| = 18$ True
The solution is $x = 2$ or $x = -3\frac{1}{7}$.

For Problems 27–53, check by substituting numbers from the solution into the original inequality. See Teacher's Edition for graphs for Exercises 27–38.

27. $|x - 3| < 7$
Case 1:
$x - 3 < 7$
$x < 10$

Case 2:
$-(x - 3) < 7$
$-x + 3 < 7$
$-x < 4$
$x > -4$
The solution is $-4 < x < 10$.

28. $|x - 12| < 6$
Case 1:
$x - 12 < 6$
$x < 18$

Case 2:
$-(x - 12) < 6$
$-x + 12 < 6$
$-x < -6$
$x > 6$
The solution is $6 < x < 18$.

29. $|x + 4| > 8$
Case 1:
$x + 4 > 8$
$x > 4$

Case 2:
$-(x + 4) > 8$
$-x - 4 > 8$
$-x > 12$
$x < -12$
The solution is $x > 4$ or $x < -12$.

30. $|x + 9| > 1$
Case 1:
$x + 9 > 1$
$x > -8$

Case 2:
$-(x + 9) > 1$
$-x - 9 > 1$
$-x > 10$
$x < -10$
The solution is $x > -8$ or $x < -10$.

31. $|x - 8| \leq -4$
There are no solutions since absolute value always yields a nonnegative value.

32. $|x - 5| \leq -2$
There are no solutions since absolute value always yields a nonnegative value.

33. $|x - 2| > 6$
Case 1:
$x - 2 > 6$
$x > 8$

Case 2:
$-(x - 2) > 6$
$-x + 2 > 6$
$-x > 6 - 2$
$-x > 4$
$x < -4$
The solution is $x < -4$ or $x > 8$.

34. $|x - 2| \leq 10$
Case 1:
$x - 2 \leq 10$
$x \leq 12$

Case 2:
$-(x - 2) \leq 10$
$-x + 2 \leq 10$
$-x \leq 8$
$x \geq -8$
The solution is $-8 \leq x \leq 12$.

35. $|x - 16| \leq 2$
Case 1:
$x - 16 \leq 2$
$x \leq 18$

Case 2:
$-(x - 16) \leq 2$
$-x + 16 \leq 2$
$-x \leq -14$
$x \geq 14$
The solution is $14 \leq x \leq 18$.

36. $|x + 1| < 5$
Case 1:
$x + 1 < 5$
$x < 4$

Case 2:
$-(x + 1) < 5$
$-x - 1 < 5$
$-x < 6$
$x > -6$
The solution is $-6 < x < 4$.

37. $|x + 4| > 2$

Case 1:
$$x + 4 > 2$$
$$x > -2$$

Case 2:
$$-(x + 4) > 2$$
$$-x - 4 > 2$$
$$-x > 6$$
$$x < -6$$

The solution is $x < -6$ or $x > -2$.

38. $|x + 5| \leq 35$

Case 1:
$$x + 5 \leq 35$$
$$x \leq 30$$

Case 2:
$$-(x + 5) \leq 35$$
$$-x - 5 \leq 35$$
$$-x \leq 40$$
$$x \geq -40$$

The solution is $-40 \leq x \leq 30$.

39. $|3d + 7| > 5$

Case 1:
$$3d + 7 > 5$$
$$3d > -2$$
$$d > -0.667$$

Case 2:
$$-(3d + 7) > 5$$
$$-3d - 7 > 5$$
$$-3d > 12$$
$$d < -4$$

The solution is $d > -0.667$ or $d < -4$.

40. $|2b - 5| > 8$

Case 1:
$$2b - 5 > 8$$
$$2b > 13$$
$$b > 6.5$$

Case 2:
$$-(2b - 5) > 8$$
$$-2b + 5 > 8$$
$$-2b > 3$$
$$b < -1.5$$

The solution is $b > 6.5$ or $b < -1.5$.

41. $|4 - 7y| \leq 2$

Case 1:
$$4 - 7y \leq 2$$
$$-7y \leq -2$$
$$y \geq 0.286$$

Case 2:
$$-(4 - 7y) \leq 2$$
$$-4 + 7y \leq 2$$
$$7y \leq 6$$
$$y \leq 0.857$$

The solution is $0.286 \leq y \leq 0.857$.

42. $|7 - 9w| \leq 6$

Case 1:
$$7 - 9w \leq 6$$
$$-9w \leq -1$$
$$w \geq 0.111$$

Case 2:
$$-(7 - 9w) \leq 6$$
$$-7 + 9w \leq 6$$
$$9w \leq 13$$
$$w \leq 1.444$$

The solution is $0.111 \leq w \leq 1.444$.

43. $\left|\frac{3}{4} - x\right| \geq \frac{7}{8}$

Case 1:
$$\frac{3}{4} - x \geq \frac{7}{8}$$
$$-x \geq \frac{1}{8}$$
$$x \leq -0.125$$

Case 2:
$$-\left(\frac{3}{4} - x\right) \geq \frac{7}{8}$$
$$-\frac{3}{4} + x \geq \frac{7}{8}$$
$$x \geq 1.625$$

The solution is $x \leq -0.125$ or $x \geq 1.625$.

44. $\left|\frac{4}{9} - t\right| \geq \frac{2}{3}$

Case 1:
$$\frac{4}{9} - t \geq \frac{2}{3}$$
$$-t \geq 0.222$$
$$t \leq -0.222$$

Case 2:
$$-\left(\frac{4}{9} - t\right) \geq \frac{2}{3}$$
$$-\frac{4}{9} + t \geq \frac{2}{3}$$
$$t \geq 1.111$$

The solution is $t \geq 1.111$ or $t \leq -0.222$.

45. $\left|\frac{2}{3}x + \frac{3}{4}\right| < 4$

Case 1:
$\frac{2}{3}x + \frac{3}{4} < 4$
$\frac{2}{3}x < \frac{13}{4}$
$x < 4.875$

Case 2:
$-\left(\frac{2}{3}x + \frac{3}{4}\right) < 4$
$-\frac{2}{3}x - \frac{3}{4} < 4$
$-\frac{2}{3}x < \frac{19}{4}$
$x > -7.125$

The solution is $-7.125 < x < 4.875$.

46. $\left|\frac{7}{9}h + \frac{2}{3}\right| < \frac{1}{2}$

Case 1:
$\frac{7}{9}h + \frac{2}{3} < \frac{1}{2}$
$\frac{7}{9}h < -\frac{1}{6}$
$h < -0.214$

Case 2:
$-\left(\frac{7}{9}h + \frac{2}{3}\right) < \frac{1}{2}$
$-\frac{7}{9}h - \frac{2}{3} < \frac{1}{2}$
$-\frac{7}{9}h < \frac{7}{6}$
$h > -1.5$

The solution is $-1.5 < h < -0.214$.

47. $\left|\frac{1}{2}x - \frac{4}{5}\right| < 0.6$

Case 1:
$\frac{1}{2}x - \frac{4}{5} < 0.6$
$\frac{1}{2}x < 1.4$
$x < 2.8$

Case 2:
$-\left(\frac{1}{2}x - \frac{4}{5}\right) < 0.6$
$-\frac{1}{2}x + \frac{4}{5} < 0.6$
$-\frac{1}{2}x < -0.2$
$x > 0.4$

The solution is $0.4 < x < 2.8$.

48. $\left|\frac{1}{3}d + \frac{5}{6}\right| \leq 0.3$

Case 1:
$\frac{1}{3}d + \frac{5}{6} \leq 0.3$
$\frac{1}{3}d \leq -0.53$
$d \leq -1.6$

Case 2:
$-\left(\frac{1}{3}d + \frac{5}{6}\right) \leq 0.3$
$-\frac{1}{3}d - \frac{5}{6} \leq 0.3$
$-\frac{1}{3}d \leq 1.13$
$d \geq -3.4$

The solution is $-3.4 \leq d \leq -1.6$.

49. $|0.5 - 0.75| > 0.42$

Case 1:
$0.5y - 0.75 > 0.42$
$0.5y > 1.17$
$y > 2.34$

Case 2:
$-(0.5y - 0.75) > 0.42$
$-0.5y + 0.75 > 0.42$
$-0.5y > -0.33$
$y < 0.66$

The solution is $y < 0.66$ or $y > 2.34$.

50. $|0.002x - 0.14| > 0.0065$

Case 1:
$0.002x - 0.14 > 0.0065$
$0.002x > 0.1465$
$x > 73.25$

Case 2:
$-(0.002x - 0.14) > 0.0065$
$-0.002 + 0.14 > 0.0065$
$-0.002x > -0.1335$
$x < 66.75$

The solution is $x < 66.75$ or $x > 73.25$.

51. $|0.001 - 5.2x| > 2.1$

Case 1:
$0.001 - 5.2x > 2.1$
$-5.2x > 2.099$
$x < -0.404$

Case 2:
$-(0.001 - 5.2x) > 2.1$
$-0.001 + 5.2x > 2.1$
$5.2x > 2.101$
$x > 0.404$

The solution is $x < -0.404$ or $x > 0.404$.

52. $|0.005 - 0.3x| > 0.002$

Case 1:
$0.005 - 0.3x > 0.002$
$-0.3x > -0.003$
$x < 0.01$

Case 2:
$-(0.005 - 0.3x) > 0.002$
$-0.005 + 0.3x > 0.002$
$0.3x > 0.007$
$x > 0.023$

The solution is $x > 0.023$ or $x < 0.01$.

53. $|5.2 - 0.001x| > 2.1$

Case 1:
$5.2 - 0.001x > 2.1$
$-0.001x > -3.1$
$x < 3100$

Case 2:
$-(5.2 - 0.001x) > 2.1$
$-5.2 + 0.001x > 2.1$
$0.001x > 7.3$
$x > 7300$

The solution is $x < 3100$ or $x > 7300$.

54. $|0.3 - 0.005x| > 0.002$

Case 1:
$0.3 - 0.005x > 0.002$
$-0.005x > -0.298$
$x < 59.6$

Case 2:
$-(0.3 - 0.005x) > 0.002$
$-0.3 + 0.005x > 0.002$
$0.005x > 0.302$
$x > 60.4$

The solution is $x < 59.6$ or $x > 60.4$.

55. a.

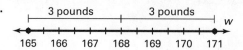

b. $|x - (-2)| = 7$

56. The distance between x and 3 is less than 4 units.

57.

```
 ←—+—+—+—○—+—+—+—+—+—○—+—→  x
   -4 -3 -2 -1  0  1  2  3  4  5  6  7  8
```

58. If the distance between x and 3 is less than 4 units, then x is a real number greater than -1 and less than 7.

59. Answers may vary. Sample answer: 0, 1, 2, 3, 4

60. $|x - (-7)| \leq 3, |-7 - x| \leq 3, |x + 7| \leq 3$

61. a.

```
   ←3 pounds→ ←3 pounds→
 ●—+—+—+—+—+—+—●  w
 165 166 167 168 169 170 171
```

The boundary values are 165 and 171 pounds. The acceptable weights are all real numbers w such that $165 \leq w \leq 171$.

b. $|w - 168| = 3$

Case 1:
$w - 168 = 3$
$w = 171$

Case 2:
$-(w - 168) = 3$
$-w + 168 = 3$
$-w = -165$
$w = 165$

The solution is $w = 171$ or $w = 165$.

c. $|w - 168| \leq 3$

Case 1:
$w - 168 \leq 3$
$w \leq 171$

Case 2:
$-(w - 168) \leq 3$
$-w + 168 \leq 3$
$-w \leq -165$
$w \geq 165$

The solution is $165 \leq w \leq 171$.

62. a. Let d represent the diameter of the valve in millimeters.
Then $|d - 5| = 0.001$ describes the boundary values.
Case 1:
$d - 5 = 0.001$
$d = 5.001$
Case 2:
$-(d - 5) = 0.001$
$-d + 5 = 0.001$
$-d = -4.999$
$d = 4.999$
The boundary values are 4.999 millimeters and 5.001 millimeters.

b. $|d - 5| \leq 0.001$
Case 1:
$d - 5 \leq 0.001$
$d \leq 5.001$
Case 2:
$-(d - 5) \leq 0.001$
$-d + 5 \leq 0.001$
$-d \leq -4.999$
$d \geq 4.999$
The acceptable diameters are between 4.999 and 5.001 millimeters, inclusive.

c. The absolute value inequality for the diameter is $|d - 5| \leq 0.001$.

63. a. The upper boundary is $(52 + 3)\%$ or 55%.
The lower boundary is $(52 - 3)\%$ or 49%.

b. Let A represent the percentage of voters favoring candidate A.
$|A - 52| = 3$

c. Given the error margin of ±3%, candidate A could be preferred by as few as 49% of the voters. This percentage does not represent a majority.

PAGE 307, LOOK BACK

64. $pqr - q = 4(-1)(-2) - (-1)$
$= 8 + 1$
$= 9$

65. $\frac{pq}{r} = \frac{4(-1)}{-2}$
$= \frac{-4}{-2}$
$= 2$

66. $\frac{pqr}{q} + pqr$
$= \frac{4(-1)(-2)}{-1} + 4(-1)(-2)$
$= \frac{8}{-1} + 8$
$= -8 + 8$
$= 0$

67. $-5(8c + 3) = -40c - 15$

68. $9(7b + 2) = 63b + 18$

69. $-4(-5k + 8) = 20k - 32$

70. $x + 7 = 4$
$x = -3$

71. $2x + 3 = 3x + 1$
$(2x - 2x) + (3 - 1) = (3x - 2x) + (1 - 1)$
$2 = x$
$x = 2$

72. $m - 7 = 2m + 3$
$(m - m) + (-7 - 3) = (2m - m) + (3 - 3)$
$-10 = m$
$m = -10$

73. $\frac{y}{7} = 2$
$(7)\left(\frac{y}{7}\right) = (7)(2)$
$y = 14$

74. $3x = -21$
$\frac{3x}{3} = \frac{-21}{3}$
$x = -7$

75. $-14p = -28$
$\frac{-14p}{-14} = \frac{-28}{-14}$
$p = 2$

76. $4x + 5 < 25$
$4x < 20$
$x < 5$

77. $6y - 10 > 5$
$6y > 15$
$y > \frac{15}{6}$
$y > \frac{5}{2}$ or $2\frac{1}{2}$

78. $9m - 8 < 4 + 8m$
$m - 8 < 4$
$m < 12$

PAGE 307, LOOK BEYOND

79. a. $|x| = |-5|$
$|x| = 5$

Case 1:
$x = 5$

Case 2:
$-x = 5$
$x = -5$

The solutions are $x = 5$ or $x = -5$.

b. $|x| = |a|$
If $a \geq 0$, then $|a| = a$.
Then either $x = a$ or $-x = a$ so $x = -a$.
If $a < 0$, then $|a| = -a$.
Then either $x = -a$ or $-x = -a$ so $x = a$.
Either way, the solutions are $x = a$ or $x = -a$.

c. $|4x + 1| = |3x + 2|$
Solve by graphing.

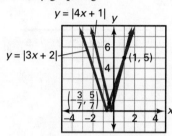

The solutions are $x = -\frac{3}{7}$ or $x = 1$.

CHAPTER 6 REVIEW AND ASSESSMENT   PAGES 310–312

1. $x + 5 > 10$
$x + 5 - 5 > 10 - 5$
$x > 5$

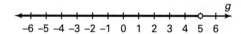

2. $n - 15 \leq 3$
$n - 15 + 15 \leq 3 + 15$
$n \leq 18$

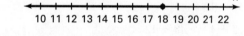

3. $g + 6 < 11$
$g + 6 - 6 < 11 - 6$
$g < 5$

4. $11 \geq b + 4$
$11 - 4 \geq b + 4 - 4$
$7 \geq b$
$b \leq 7$

5. $y + 0.09 < 3.09$
$y + 0.09 - 0.09 < 3.09 - 0.09$
$y < 3.00$

6. $d - \frac{2}{3} \geq \frac{3}{9}$
$d - \frac{2}{3} + \frac{2}{3} \geq \frac{3}{9} + \frac{2}{3}$
$d \geq \frac{3}{9} + \frac{6}{9}$
$d \geq 1$

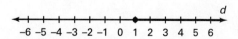

7.
$$\frac{4}{5} \le x - \frac{1}{5}$$
$$\frac{4}{5} + \frac{1}{5} \le x - \frac{1}{5} + \frac{1}{5}$$
$$1 \le x$$
$$x \ge 1$$

8.
$$x - 3.2 \le 2.7$$
$$x - 3.2 + 3.2 \le 2.7 + 3.2$$
$$x \le 5.9$$

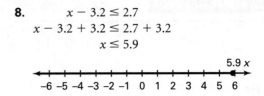

9.
$$x + 3.5 \le 7$$
$$x + 3.5 - 3.5 \le 3.5$$
$$x \le 3.5$$

10.
$$17 \le x - 2.6$$
$$17 + 2.6 \le x - 2.6 + 2.6$$
$$19.6 \le x$$
$$x \ge 19.6$$

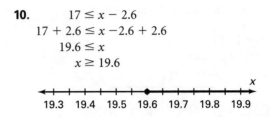

11.
$$m + 3 > 0$$
$$m + 3 - 3 > 0 - 3$$
$$m > -3$$

12.
$$m - 3.6 < 6$$
$$m - 3.6 + 3.6 < 6 + 3.6$$
$$m < 9.6$$

13.
$$2x + 4 < 6$$
$$2x + 4 - 4 < 6 - 4$$
$$2x < 2$$
$$\frac{2x}{2} < \frac{2}{2}$$
$$x < 1$$

14.
$$8 - 3y \ge 2$$
$$8 - 3y - 8 \ge 2 - 8$$
$$-3y \ge -6$$
$$\frac{-3y}{-3} \le \frac{-6}{-3}$$
$$y \le 2$$

15.
$$5r - 12 > 48$$
$$5r - 12 + 12 > 48 + 12$$
$$5r > 60$$
$$\frac{5r}{5} > \frac{60}{5}$$
$$r > 12$$

16.
$$\frac{-p}{8} \le -3$$
$$8\left(\frac{-p}{8}\right) \le (8)(-3)$$
$$-p \le -24$$
$$p \ge 24$$

17.
$$7 < \frac{-b}{4}$$
$$4(7) < 4\left(\frac{-b}{4}\right)$$
$$28 < -b$$
$$-1(28) > -1(-b)$$
$$-28 > b$$
$$b < -28$$

18.
$$t + 3 \ge 9 - t$$
$$t + 3 - 3 \ge 9 - t - 3$$
$$t \ge 6 - t$$
$$t + t \ge 6 - t + t$$
$$2t \ge 6$$
$$\frac{2t}{2} \ge \frac{6}{2}$$
$$t \ge 3$$

19.
$$11m - 17 \geq 13$$
$$11m - 17 + 17 \geq 13 + 17$$
$$11m \geq 30$$
$$\frac{11m}{11} \geq \frac{30}{11}$$
$$m \geq 2\frac{8}{11}$$

20.
$$5y + 2 > 7$$
$$5y + 2 - 2 > 7 - 2$$
$$5y > 5$$
$$\frac{5y}{5} > \frac{5}{5}$$
$$y > 1$$

21.
$$8x + 7 \leq 2x + 2$$
$$8x + 7 - 7 \leq 2x + 2 - 7$$
$$8x \leq 2x - 5$$
$$6x \leq -5$$
$$\frac{6x}{6} \leq \frac{-5}{6}$$
$$x \leq -\frac{5}{6}$$

22.
$$4x + 1 > 7x - 14$$
$$4x + 1 - 7x > 7x - 14 - 7x$$
$$-3x + 1 - 1 > -14 - 1$$
$$-3x > -15$$
$$\frac{-3x}{-3} < \frac{-15}{-3}$$
$$x < 5$$

23.
$$k + \frac{1}{2} < \frac{k}{4} + 2$$
$$k + \frac{1}{2} - \frac{1}{2} < \frac{k}{4} + 2 - \frac{1}{2}$$
$$k < \frac{k}{4} + \frac{3}{2}$$
$$4(k) < 4\left(\frac{k}{4} + \frac{3}{2}\right)$$
$$4k < k + 6$$
$$3k < 6$$
$$k < 2$$

24.
$$\frac{3}{5}k - 4 \leq \frac{1}{5}k + 7$$
$$\frac{3}{5}k - 4 - \frac{1}{5}k \leq \frac{1}{5}k + 7 - \frac{1}{5}k$$
$$\frac{2}{5}k - 4 + 4 \leq 7 + 4$$
$$\frac{5}{2}\left(\frac{2}{5}k\right) \leq \frac{5}{2}(11)$$
$$k \leq 27.5$$

25.
$$-\frac{3}{5}k + 4 \leq -\frac{1}{5}k$$
$$-\frac{3}{5}k + 4 + \frac{1}{5}k \leq -\frac{1}{5}k + \frac{1}{5}k$$
$$-\frac{2}{5}k + 4 - 4 \leq 0 - 4$$
$$\left(-\frac{5}{2}\right)\left(-\frac{2}{5}\right)k \geq \left(-\frac{5}{2}\right)(-4)$$
$$k \geq 10$$

26. $-5 \leq 4x \leq 12$
$$\frac{1}{4}(-5) \leq \frac{1}{4}(4x) \leq \frac{1}{4}(12)$$
$$-\frac{5}{4} \leq x \leq 3$$

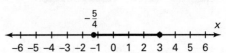

27. $3 < 2x + 1 \leq 9$

$3 < 2x + 1$ $2x + 1 \leq 9$
$2 < 2x$ $2x \leq 8$
$1 < x$ $x \leq 4$

The solution is $1 < x \leq 4$.

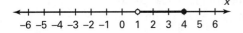

28. $-13 < 3x + 5 \leq 26$

$-13 < 3x + 5$ $3x + 5 \leq 26$
$-18 < 3x$ $3x \leq 21$
$-6 < x$ $x \leq 7$

The solution is $-6 < x \leq 7$.

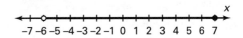

29. $12 \leq -4y + 8 < 16$
$$12 - 8 \leq -4y + 8 - 8 < 16 - 8$$
$$4 \leq -4y < 8$$
$$-\frac{1}{4}(4) \geq -\frac{1}{4}(-4y) > -\frac{1}{4}(8)$$
$$-1 \geq y > -2$$
$$-2 < y \leq -1$$

30. $-5 \geq x + 2 \geq -7$
$$-5 - 2 \geq x + 2 - 2 \geq -7 - 2$$
$$-7 \geq x \geq -9$$
$$-9 \leq x \leq -7$$

31. $-5 \leq 2 - x \leq 7$
$-5 - 2 \leq 2 - x - 2 \leq 7 - 2$
$-7 \leq -x \leq 5$
$-1(-7) \geq -1(-x) \geq -1(5)$
$7 \geq x \geq -5$
$-5 \leq x \leq 7$

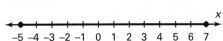

32. $\quad 3x + 2 > 11 \quad$ OR $\quad -(3x - 2) > 4$
$\quad 3x + 2 - 2 > 11 - 2 \quad\quad\quad -3x + 2 > 4$
$\quad \frac{3x}{3} > \frac{9}{3} \quad\quad\quad\quad\quad -3x + 2 - 2 > 4 - 2$
$\quad x > 3 \quad\quad\quad\quad\quad\quad\quad -3x > 2$
$\quad\quad\quad\quad\quad\quad\quad\quad\quad\quad \frac{-3x}{-3} < \frac{2}{-3}$
$\quad\quad\quad\quad\quad\quad\quad\quad\quad\quad x < -\frac{2}{3}$
$\quad x > 3 \quad$ OR $\quad x < -\frac{2}{3}$

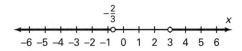

33. $2x < 12 \quad$ OR $\quad 3x \geq 27$
$x < 6 \quad\quad\quad\quad\quad x \geq 9$
$x < 6 \quad$ OR $\quad x \geq 9$

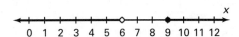

34. $-3x \geq 12 \quad$ OR $\quad 2x > 6$
$x \leq -4 \quad\quad\quad\quad\quad x > 3$
$x \leq -4 \quad$ OR $\quad x > 3$

35. $3a + 2 \geq -2 \quad\quad\quad$ OR $\quad\quad -4a + 1 \geq -3$
$3a + 2 - 2 \geq 2 - 2 \quad\quad\quad\quad -4a + 1 - 1 \geq -3 - 1$
$\frac{3a}{3} \geq \frac{-4}{3} \quad\quad\quad\quad\quad\quad\quad -4a \geq -4$
$a \geq -\frac{4}{3} \quad\quad\quad\quad\quad\quad\quad\quad \frac{-4a}{-4} \leq \frac{-4}{-4}$
$\quad\quad\quad\quad\quad\quad\quad\quad\quad\quad\quad a \leq -1$

All real numbers

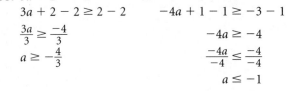

36. $x + 3 \geq 4 \quad$ OR $\quad 3x + 7 \leq 22$
$x + 3 - 3 \geq 4 - 3 \quad\quad 3x + 7 - 7 \leq 22 - 7$
$x \geq 1 \quad\quad\quad\quad\quad\quad \frac{3x}{3} \leq \frac{15}{3}$
$\quad\quad\quad\quad\quad\quad\quad\quad x \leq 5$

All real numbers

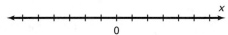

37. $|4 - 6| = |-2| = 2$
38. $|3 - 10| = |-7| = 7$
39. $|14 - 18| = |-4| = 4$
40. $|18 - 14| = |4| = 4$
41. $|3 - 20| = |-17| = 17$
42. $|13 - 6| = |7| = 7$
43. $|17 - 3| = |14| = 14$
44. $|3 - 17| = |-14| = 14$

45. $y = 5|x|$
The domain is all real numbers. The range is all nonnegative real numbers.

46. $y = \frac{1}{2}|x|$
The domain is all real numbers. The range is all nonnegative real numbers.

47. $y = |x - 2|$
The domain is all real numbers. The range is all nonnegative real numbers.

48. $y = |x - 3|$
The domain is all real numbers. The range is all nonnegative real numbers.

49. $y = |x| - 2$
The domain is all real numbers. The range is all real numbers greater than or equal to -2.

50. $y = |x| + 3$
The domain is all real numbers. The range is all real numbers greater than or equal to 3.

51. $y = -|x|$
The domain is all real numbers. The range is all real numbers less than or equal to 0.

52. $y = |x| - 4$
The domain is all real numbers. The range is all real numbers greater than or equal to -4.

53. $y = 4|x| + 3$
The domain is all real numbers. The range is all real numbers greater than or equal to 3.

54. $y = -4|x| + 3$
The domain is all real numbers. The range is all real numbers less than or equal to 3.

55. $|n - 4| = 8$
Case 1:
$n - 4 = 8$
$n = 12$

Case 2:
$-(n - 4) = 8$
$-n + 4 = 8$
$-n = 4$
$n = -4$

The solutions are $n = 12$ and $n = -4$.

56. $|3t + 2| = 6$
Case 1:
$3t + 2 = 6$
$3t + 2 - 2 = 6 - 2$
$3t = 4$
$t = \frac{4}{3}$ or $1\frac{1}{3}$

Case 2:
$-(3t + 2) = 6$
$-3t - 2 = 6$
$-3t = 8$
$t = -\frac{8}{3}$ or $-2\frac{2}{3}$

The solutions are $t = 1\frac{1}{3}$ and $t = -2\frac{2}{3}$.

57. $|2d - 5| = 15$
Case 1:
$2d - 5 = 15$
$2d = 20$
$d = 10$

Case 2:
$-(2d - 5) = 15$
$-2d + 5 = 15$
$-2d = 10$
$d = -5$

The solutions are $d = 10$ and $d = -5$.

58. $|x + 7| = 3$
Case 1:
$x + 7 = 3$
$x = -4$

Case 2:
$-(x + 7) = 3$
$-x - 7 = 3$
$-x = 10$
$x = -10$

The solutions are $x = -4$ and $x = -10$.

59. $|3x + 2| = 4$
Case 1:
$3x + 2 = 4$
$3x = 2$
$x = \frac{2}{3}$

Case 2:
$-(3x + 2) = 4$
$-3x - 2 = 4$
$-3x = 6$
$x = -2$

The solutions are $x = \frac{2}{3}$ and $x = -2$.

60. $|y - 7| = 16$
Case 1:
$y - 7 = 16$
$y = 23$

Case 2:
$-(y - 7) = 16$
$-y + 7 = 16$
$-y = 9$
$y = -9$

The solutions are $y = 23$ and $y = -9$.

61. $|k - 3| \leq 1$
Case 1:
$k - 3 \leq 1$
$k \leq 4$

Case 2:
$-(k - 3) \leq 1$
$-k + 3 \leq 1$
$-k \leq -2$
$k \geq 2$

The solution is $2 \leq k \leq 4$.

62. $|h - 6| < 2$
Case 1:
$h - 6 < 2$
$h < 8$

Case 2:
$-(h - 6) < 2$
$-h + 6 < 2$
$-h < -4$
$h > 4$

The solution is $4 < h < 8$.

63. $|2 - m| \leq 2$
Case 1:
$2 - m \leq 2$
$-m \leq 0$
$m \geq 0$

Case 2:
$-(2 - m) \leq 2$
$-2 + m \leq 2$
$m \leq 4$

The solution is $0 \leq m \leq 4$.

64. $|7 - x| \leq 4$
Case 1:
$7 - x \leq 4$
$-x \leq -3$
$x \geq 3$

Case 2:
$-(7 - x) \leq 4$
$-7 + x \leq 4$
$x \leq 11$

The solution is $3 \leq x \leq 11$.

65. $|x + 2| \leq -1$
There is no solution, because the absolute value of any real number is a nonnegative real number.

66. $|3x + 3| < 0$
There is no solution, because the absolute value of any real numbers is a nonnegative real number.

67. $|2r + 4| \geq 6$
Case 1:
$2r + 4 \geq 6$
$2r \geq 2$
$r \geq 1$
Case 2:
$-(2r + 4) \geq 6$
$-2r - 4 \geq 6$
$-2r \geq 10$
$r \leq -5$
The solution is $r \leq -5$ or $r \geq 1$.

68. $|p - 13| \geq 3$
Case 1:
$p - 13 \geq 3$
$p \geq 16$
Case 2:
$-(p - 13) \geq 3$
$-p + 13 \geq 3$
$-p \geq -10$
$p \leq 10$
The solution is $p \leq 10$ or $p \geq 16$.

69. $5 \leq |3 + 2m|$
Case 1:
$5 \leq 3 + 2m$
$2 \leq 2m$
$1 \leq m$
Case 2:
$5 \leq -(3 + 2m)$
$5 \leq -3 - 2m$
$8 \leq -2m$
$-4 \geq m$
The solution is $m \leq -4$ or $m \geq 1$.

70. $6 \leq |6x + 3|$
Case 1:
$6 \leq 6x + 3$
$3 \leq 6x$
$\frac{1}{2} \leq x$
$x \geq \frac{1}{2}$
Case 2:
$6 \leq -(6x + 3)$
$6 \leq -6x - 3$
$9 \leq -6x$
$-\frac{3}{2} \geq x$
$x \leq -\frac{3}{2}$
The solution is $x \geq \frac{1}{2}$ or $x \leq -\frac{3}{2}$.

71. $|x - 7| \geq 0$
Case 1:
$x - 7 \geq 0$
$x \geq 7$
Case 2:
$-(x - 7) \geq 0$
$-x + 7 \geq 0$
$-x \geq -7$
$x \leq 7$
The solution is all real numbers.

72. $|x - 7| > -5$
The solution is all real numbers, because the absolute value of any real number is a nonnegative real number.

73. Let x represent the amount of money that Tamara could have had.
$x - 5.45 < 5$
$x < 10.45$
Tamara had less than $10.45 before paying her lunch bill.

74. Let x represent the amount of money that Randy could have had.
$x + 50 \geq 180$
$x \geq 130$
Randy had at least $130 in his savings account before the deposit.

75. Let x represent the amount of money Rhonda needs to save.
$x + 90 \geq 280$
$x \geq 190$
Rhonda needs to save at least $190.

76. Let x represent the amount Rita has to spend on other cards.
$x + 3 \leq 15$
$x \leq 12$
Rita can spend at most $12 on other baseball cards.

Chapter 6 Chapter Test

PAGE 313

1. $x + 4 < 7$
$x + 4 - 4 < 7 - 4$
$x < 3$

2. $m - 3 \geq 5$
$m - 3 + 3 \geq 5 + 3$
$m \geq 8$

3. $y - 2.72 \leq 1.62$
$y - 2.72 + 2.7 \leq 1.62 + 2.72$
$y \leq 4.34$

4. $\frac{1}{2} + f < 2\frac{1}{8}$
$f < 1\frac{5}{8}$

5. $x \geq -3$

6. $x < 1$

7. $4r < 16$
$\frac{4r}{4} < \frac{16}{4}$
$r < 4$

8. $8 > \frac{g}{3}$
$3 \cdot 8 > \frac{g}{3} \cdot 3$
$24 > g$
$g < 24$

9. $7 - 3x \geq 22$
$7 - 3x - 7 \geq 22 - 7$
$-3x \geq 15$
$x \leq -5$

10. $4 - 5q < -24$
$4 - 5q - 4 < -24 - 4$
$-5q < -28$
$q > \frac{28}{5}$

11. $2(x - 3) \leq -26$
$2x - 6 \leq -26$
$2x \leq -20$
$x \leq -10$

12. $-5x + 4 > -2x + 31$
$-5x + 4 + 2x > -2x + 31 + 2x$
$-3x + 4 > 31$
$-3x > 27$
$x < -9$

13. Let x = one side
$4x \geq x + 15$
$4x - x \geq x + 15 - x$
$3x \geq 15$
$x \geq 5$
The length of one side is at least 5.

14.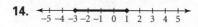

15.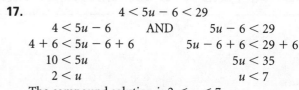

16. $-8 \leq 3x \leq 12$
$-8 \leq 3x$ AND $3x \leq 12$
$-\frac{8}{3} \leq x$ $\quad x \leq 4$
The compound solution is $-\frac{8}{3} \leq x \leq 4$.

17. $4 < 5u - 6 < 29$
$4 < 5u - 6$ AND $5u - 6 < 29$
$4 + 6 < 5u - 6 + 6$ $\quad 5u - 6 + 6 < 29 + 6$
$10 < 5u$ $\quad 5u < 35$
$2 < u$ $\quad u < 7$
The compound solution is $2 < u < 7$.

18. $3p \leq 12$ OR $7p > 35$
$p \leq 4$ $\quad p > 5$
$p \leq 4$ OR $p > 5$

19. Let t = test scores
$64 \leq t \leq 97$

20. Let x = number of points each scored
$18 < 3x < 33$
$18 < 3x$ AND $3x < 33$
$6 < x$ $\quad x < 11$
$6 < x < 11$
Each person scored between 6 and 11 points.

21. $|3 - 5|$
$= |-2|$
$= 2$

22. $|-10 - 12|$
$= |-22|$
$= 22$

23. $|18 - (-23)|$
$= |18 + 23|$
$= 41$

24. The domain is all real numbers. The range is all non-negative real numbers.

25. The domain is all real numbers. The range is all non-negative real numbers.

26. The domain is all real numbers.
The range is all negative real numbers.

27. The domain is all real numbers.
The range is all real numbers greater than or equal to -6.

28. $|x + 3| = 7$
$x + 3 = 7$ or $-(x + 3) = 7$
$x = 4$ $\quad\quad -x - 3 = 7$
$\quad\quad\quad\quad\quad x = -10$
The solutions are $x = 5$ or $x = -10$.

29. $|x - 4| > 3$
$x - 4 > 3$ or $-(x - 4) > 3$
$x > 7$ $\quad\quad -x + 4 > 3$
$\quad\quad\quad\quad\quad x < 1$
The solutions are $x < 1$ or $x > 7$.

30. $|8 - x| = 21$
$8 - x = 21$ or $-(8 - x) = 21$
$x = -13$ $\quad\quad -8 + x = 21$
$\quad\quad\quad\quad\quad x = 29$
The solutions are $x = -13$ or $x = 29$.

31. $|-2x + x| = -9$
There are no solutions since absolute value yields non-negative numbers.

32. $|x + 4| - 2 > 10$
$|x + 4| > 12$
$x + 4 > 12$ or $-(x + 4) > 12$
$x > 8$ $\quad\quad -x - 4 > 12$
$\quad\quad\quad\quad\quad x < -16$
The solutions are $x < -16$ or $x > 8$.

33. $|5x + 3| \leq -2$
There are no solutions since absolute value yields non-negative numbers.

34. $|8 + 6x| < 5$
$8 - 6x < 5$ and $-(8 + 6x) < 5$
$-6x < -3$ $\quad\quad -8 + 6x < 5$
$x > \frac{1}{2}$ $\quad\quad\quad 6x < 13$
$\quad\quad\quad\quad\quad x < \frac{13}{6}$
The solution is $\frac{1}{2} < x < \frac{13}{6}$.

35. Let $x =$ the number
$|x - 7| < 5$
$x - 7 < 5$ and $-(x - 7) < 5$
$x < 12$ $\quad\quad -x + 7 < 5$
$\quad\quad\quad\quad\quad x > 2$
The number is between 2 and 12.

36. Let $x =$ the circumference
$|x - 2.35| \leq 0.001$
$x \leq 2.351$ and $x \geq 2.349$
The largest circumference is 2.351 mm and the smallest is 2.349 mm.

CHAPTERS 1–6 CUMULATIVE ASSESSMENT

PAGES 314–315

1. Choose a.

2. $0.45 = \frac{45}{100}$
Choose c.

3. $x + 5 \geq 3 \quad\quad x - 7 < -4$
$\quad x \geq -2 \quad\quad\quad x < 3$
$\quad -2 \quad\quad\quad\quad\quad 2$
Choose b.

4. $\frac{7-3}{4-2} = \frac{4}{2} = 2$
$3x + 5y = 12$
$5y = -3x + 12$
$y = -\frac{3}{5}x + \frac{12}{5}$
Choose a.

5. a. $3 \cdot 4 + 2 \div 5 = 12\frac{2}{5}$
b. $2^7 \div 2^6 = 2^{7-6} = 2^1 = 2$
c. $4(3 - 2) \div 0$ is undefined
d. $2^4 - 2^3 = 16 - 8 = 8$
Choose b.

6. $23y = 115$
$\frac{23y}{23} = \frac{115}{23}$
$y = 5$
Choose b.

7. $-2x + 3 \leq 7$
$\quad -2x \leq 4$
$\quad\quad x \geq -2$
Choose c.

8. $y + 4 = 2x - 7$
$2x - y = 11$
Choose d.

9. $\frac{m}{2.3} = 5$
$m = 11.5$
Choose d.

10. $-25 + 35 = 10$

11. $-36 + 7 + (-23) = -29 + (-23) = -52$

12. $323 + (-233) = 90$

13. $690 - (-235) = 690 + 235 = 925$

14. $-34 - (-34) = -34 + 34 = 0$

15. $45 + (-23) = 22$

16. $-3.4 + (-2.34) = -5.74$

17. $7.8 - 19.2 = -11.4$

18. $y + 6.5 = 7$
$y + 6.5 - 6.5 = 7 - 6.5$
$y = 0.5$

19. $3x + 7 = x - 4$
$3x + 7 - x = x - 4 - x$
$2x + 7 - 7 = -4 - 7$
$2x = -11$
$x = -\frac{11}{2}$

20. $3(y + 4) - 23 = 5y$
$3y + 12 - 23 = 5y$
$3y - 11 - 5y = 5y - 5y$
$-2y - 11 + 11 = 0 + 11$
$-2y = 11$
$y = -\frac{11}{2}$

21. $y + 7 < 3$
$y + 7 - 7 < 3 - 7$
$y < -4$

22. $-2x - 3 \geq 4x + 7$
$-2x - 3 - 4x \geq 4x + 7 - 4x$
$-6x - 3 + 3 \geq 7 + 3$
$-6x \geq 10$
$x \leq -\frac{5}{3}$

23. $\frac{10}{40} = 0.25$ or 25%

24. $\frac{24}{72} = 0.33\overline{3}$ or $33\frac{1}{3}\%$

25. $0.30(150) = 45$

26.
Sequence	5	10	20	35	55	80	110
First differences		5	10	15	20	25	30
Second differences			5	5	5	5	5

The next three terms of the sequence are 55, 80, and 110.

27. $(7x + 2) - (3x - 2y + 2)$
$= 7x + 2 - 3x + 2y - 2$
$= (7x - 3x) + 2y + (2 - 2)$
$= 4x + 2y$

28. $\frac{6 - 5}{4 - 3} = \frac{1}{1} = 1$

29. $\frac{-2 - (-10)}{3 - 9} = \frac{-2 + 10}{3 - 9}$
$= \frac{8}{-6} = -\frac{4}{3}$

30. $\frac{5 - 5}{-5 - 5} = \frac{0}{-10} = 0$

31. $\frac{-50 - (-4)}{4 - 3} = \frac{-50 + 4}{4 - 3} = \frac{-46}{1} = -46$

32. $\frac{8 - 0}{0 - 9} = -\frac{8}{9}$

33. $3y - 2x = 14$
$3y = 2x + 14$
$y = \frac{2}{3}x + \frac{14}{3}$

34. $y - 3x = 2$
$y = 3x + 2$

35. $4x = 3y + 2$
$4x - 2 = 3y$
$\frac{4}{3}x - \frac{2}{3} = y$
$y = \frac{4}{3}x - \frac{2}{3}$

36. $(4, 6)$ and $(3, 7)$
$\frac{7 - 6}{3 - 4} = \frac{1}{-1} = -1$
$y - 6 = -1(x - 4)$ or $y - 7 = -1(x - 3)$
$y - 6 = -x + 4$ $y - 7 = -x + 3$
$x + y = 10$ $x + y = 10$

37. $(-2, -3)$ and $(3, 2)$
$\frac{2 - (-3)}{3 - (-2)} = \frac{2 + 3}{3 + 2} = \frac{5}{5} = 1$
$y - (-3) = 1(x - (-2))$ or $y - 2 = 1(x - 3)$
$y + 3 = x + 2$ $y - 2 = x - 3$
$x - y = 1$ $x - y = 1$

38. $(-3, -3)$ and $(3, 3)$
$\frac{3 - (-3)}{3 - (-3)} = \frac{3 + 3}{3 + 3} = \frac{6}{6} = 1$
$y - (-3) = 1(x - (-3))$ or $y - 3 = 1(x - 3)$
$y + 3 = x + 3$ $y - 3 = x - 3$
$x - y = 0$ $x - y = 0$

39. $(-2, 0)$ and $(-3, -1)$
$\frac{-1 - 0}{-3 - (-2)} = \frac{-1 - 0}{-3 + 2} = \frac{-1}{-1} = 1$
$y - 0 = 1(x - (-2))$ or $y - (-1) = 1(x - (-3))$
$y = x + 2$ $y + 1 = x + 3$
$x - y = -2$ $x - y = -2$

40. $(3, -5)$ and $(7, -3)$
$\frac{-3 - (-5)}{7 - 3} = \frac{-3 + 5}{7 - 3} = \frac{2}{4} = \frac{1}{2}$
$y - (-5) = \frac{1}{2}(x - 3)$ or $y - (-3) = \frac{1}{2}(x - 7)$
$2y + 10 = x - 3$ $2y + 6 = x - 7$
$x - 2y = 13$ $x - 2y = 13$

41. $\{1, 3, 3, 4, 5, 6, 6, 7, 8, 9, 10\}$

mean $= \frac{1 + 3 + 3 + 4 + 5 + 6 + 6 + 7 + 8 + 9 + 10}{11}$

$= \frac{62}{11} = 5.\overline{63}$

median: 6
modes: 3 and 6

42. {300, 320, 120, 125, 126, 129} = {120, 125, 126, 129, 300, 320}

mean: $\frac{300 + 320 + 120 + 125 + 126 + 129}{6} = \frac{1120}{6} = 186.\overline{6}$

median: $\frac{126 + 129}{2} = 127.5$

mode: none

43. {12, 12, 14, 14, 15, 11, 10, 10, 10, 15, 12} = {10, 10, 10, 11, 12, 12, 12, 14, 14, 15, 15}

mean: $\frac{12 + 12 + 14 + 14 + 15 + 11 + 10 + 10 + 10 + 15 + 12}{11} = \frac{135}{11} = 12.\overline{27}$

median: 12
modes: 10 and 12

44. {1, 2, 3, 4, 5, 5, 6, 5, 4, 3, 10} = {1, 2, 3, 3, 4, 4, 5, 5, 5, 6, 10}

mean: $\frac{1 + 2 + 3 + 4 + 5 + 5 + 6 + 5 + 4 + 3 + 10}{11} = \frac{48}{11} = 4.\overline{36}$

median: 4
mode: 5

45. $(9w - 5) - (3w - 4) = 9w - 5 - 3w + 4 = (9w - 3w) + (-5 + 4) = 6w - 1$

46. $4x^2 - 4(3x^2 + 7) = 4x^2 - 12x^2 - 28 = -8x^2 - 28$

47. $(9m - 5n) + (-3m - 4n) = 9m - 5n - 3m - 4n = (9m - 3m) - (5n + 4n)$
$= 6m - 9n$

48. $(3x + 7y) - (4x + 5y) = 3x + 7y - 4x - 5y = (3x - 4x) + (7y - 5y)$
$= -x + 2y$

49. $\frac{x}{5} = \frac{10}{2}$
$2x = 50$
$x = 25$

50. $\frac{3}{m} = \frac{27}{45}$
$27m = 135$
$m = 5$

51. $\frac{2}{5} = \frac{m}{27}$
$5m = 54$
$m = 10\frac{4}{5}$

52. $4^2 \div 8 + 5(8 - 2) \cdot 2 = 16 \div 8 + 5(6) \cdot 2$
$= 2 + 30 \cdot 2$
$= 2 + 60$
$= 62$

53. $\frac{5}{8} - x = \frac{1}{2}$
$-x = -\frac{1}{8}$
$x = \frac{1}{8}$

54. Let x represent the score Maurice needs.
$\frac{88 + 90 + 80 + x}{4} = 85$
$\frac{258 + x}{4} = 85$
$258 + x = 340$
$x = 82$
Maurice needs a score of 82 on his next test.

55. $(0, 0)$ and $(4, 2)$
$\frac{2 - 0}{4 - 0} = \frac{2}{4} = \frac{1}{2}$

CHAPTER 7
Systems of Equations and Inequalities

7.1 PAGE 323, GUIDED SKILLS PRACTICE

4. $\begin{cases} -2x + y = 1 \\ y = -x + 4 \end{cases}$

$\begin{cases} y = 2x + 1 \\ y = -x + 4 \end{cases}$

Solution: $(1, 3)$

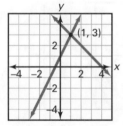

5. $\begin{cases} y + 2x = 0 \\ 2y = -x - 6 \end{cases}$

$\begin{cases} y = -2x \\ y = -\frac{1}{2}x - 3 \end{cases}$

Solution: $(2, -4)$

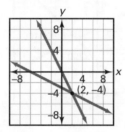

6. $\begin{cases} 2x + 3y = -12 \\ 4x - 4y = 4 \end{cases}$

$\begin{cases} y = -\frac{2}{3}x - 4 \\ y = x - 1 \end{cases}$

Solution $\left(-\frac{9}{5}, -\frac{14}{5}\right)$

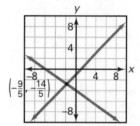

7. $\begin{cases} \frac{1}{2}x - y = 2 \\ y = -\frac{2}{3}x \end{cases}$

$\begin{cases} y = \frac{1}{2}x - 2 \\ y = -\frac{2}{3}x \end{cases}$

Solution: $(1.7, -1.1)$

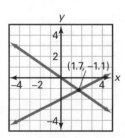

8. $\begin{cases} 2y - x = 6 \\ 3x + y = -5 \end{cases}$

$\begin{cases} y = \frac{1}{2}x + 3 \\ y = -3x - 5 \end{cases}$

Solution: $(-2.3, 1.9)$

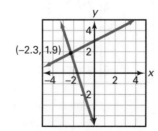

9. Let n = number of nickels
q = number of quarters

$\begin{cases} n + q = 36 \\ 0.05n + 0.25q = 4 \end{cases}$

$\begin{cases} n = -q + 36 \\ n = -5q + 80 \end{cases}$

$n = 25, q = 11$

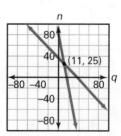

PAGES 323–325, PRACTICE AND APPLY

10. $\begin{cases} y = -\frac{1}{3}x + 2 \\ y = 2x + 12 \end{cases}$

    Solution: $(-4.3, 3.4)$

    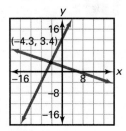

11. $\begin{cases} y = \frac{3}{4}x + 3 \\ y = \frac{2}{3}x + 1 \end{cases}$

    Solution: $(-24, -15)$

    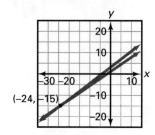

12. $\begin{cases} y = x \\ y = -x \end{cases}$

    Solution: $(0, 0)$

    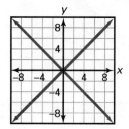

13. $\begin{cases} x + 7 = y \\ -4x + 2 = y \end{cases}$

    $\begin{cases} y = x + 7 \\ y = -4x + 2 \end{cases}$

    Solution: $(-1, 6)$

    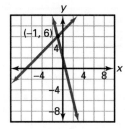

14. $\begin{cases} a = 400 - 2b \\ a = b + 100 \end{cases}$

    $\begin{cases} b = -\frac{1}{2}a + 200 \\ b = a - 100 \end{cases}$

    Solution: $(200, 100)$

    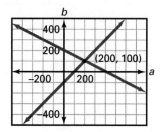

15. $\begin{cases} 3y = 4x - 2 \\ y = 2x - 2 \end{cases}$

    $\begin{cases} y = \frac{4}{3}x - \frac{2}{3} \\ y = 2x - 2 \end{cases}$

    Solution: $(2, 2)$

    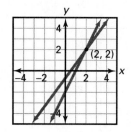

16. $\begin{cases} x - 2y = 10 \\ 3y = 30 - 2x \end{cases}$

    $\begin{cases} y = \frac{1}{2}x - 5 \\ y = -\frac{2}{3}x + 10 \end{cases}$

    Solution: $(12.9, 1.4)$

    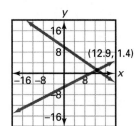

17. $\begin{cases} x = 2 \\ 2y = 4x + 2 \end{cases}$

    $\begin{cases} x = 2 \\ y = 2x + 1 \end{cases}$

    Solution: $(2, 5)$

    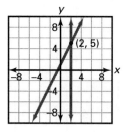

18. $\begin{cases} -7m + 14n = -21 \\ 3m + 15 = 2n \end{cases}$

    $\begin{cases} n = \frac{1}{2}m - \frac{3}{2} \\ n = \frac{3}{2}m + \frac{15}{2} \end{cases}$

    Solution: $(-9, -6)$

    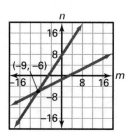

19. $\begin{cases} 9x - y = -7 \\ 6y - 2x = 15 \end{cases}$

$\begin{cases} y = 9x + 7 \\ y = \frac{1}{3}x + \frac{5}{2} \end{cases}$

Solution: $(-0.5, 2.3)$

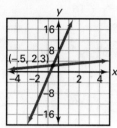

20. $\begin{cases} x + 2 = y + 13 \\ 5 - x = y - 4 \end{cases}$

$\begin{cases} y = x - 11 \\ y = -x + 9 \end{cases}$

Solution: $(10, -1)$

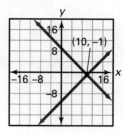

21. $\begin{cases} x - 3 = y - 3 \\ 2x + 3y = 10 \end{cases}$

$\begin{cases} y = x \\ y = -\frac{2}{3}x + \frac{10}{3} \end{cases}$

Solution: $(2, 2)$

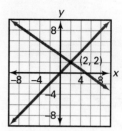

22. $\begin{cases} 25y - 0.4x = 0.8 \\ 0.5x + 0.75y = 1 \end{cases}$

$\begin{cases} y = 0.016x + 0.032 \\ y = -\frac{2}{3}x + \frac{4}{3} \end{cases}$

Solution: $(1.9, 0.1)$

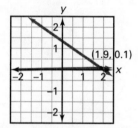

23. $\begin{cases} 3c + 2d = -6 \\ -3c + 2d = 6 \end{cases}$

$\begin{cases} d = -\frac{3}{2}c - 3 \\ d = \frac{3}{2}c + 3 \end{cases}$

Solution: $(-2, 0)$

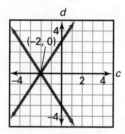

24. $\begin{cases} 2x + 10y = -5 \\ 6x + 4y = 2 \end{cases}$

$\begin{cases} y = -\frac{1}{5}x - \frac{1}{2} \\ y = -\frac{3}{2}x + \frac{1}{2} \end{cases}$

Solution: $(0.8, -0.7)$

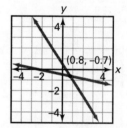

25. $\begin{cases} 5x + 6y = 14 \\ 3x + 5y = 7 \end{cases}$

$\begin{cases} y = -\frac{5}{6}x + \frac{7}{3} \\ y = -\frac{3}{5}x + \frac{7}{5} \end{cases}$

Solution: $(4, -1)$

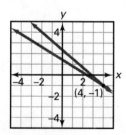

26. $\begin{cases} 3x + 5y = 12 \\ 7x - 5y = 8 \end{cases}$

$\begin{cases} y = -\frac{3}{5}x + \frac{12}{5} \\ y = \frac{7}{5}x - \frac{8}{5} \end{cases}$

Solution: $(2, 1.2)$

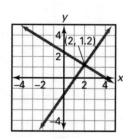

27. $\begin{cases} 7x - 9y = 13 \\ \frac{3}{4}y = \frac{1}{2}x + \frac{4}{3} \end{cases}$

$\begin{cases} y = \frac{7}{9}x - \frac{13}{9} \\ y = \frac{2}{3}x + \frac{16}{9} \end{cases}$

Solution: $(29, 21.1)$

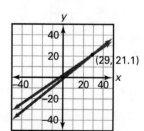

28. $y = 2x - 4$
$(10) \stackrel{?}{=} 2(2) - 4$
$10 = 4 - 4$
$10 \neq 0$
$(2, 10)$ is not a solution.

29. $y = -x + 12$ $x = -y + 16$
$10 \stackrel{?}{=} -2 + 12$ $2 \stackrel{?}{=} -10 + 16$
$10 = 10$ $2 \neq 6$
$(2, 10)$ is not a solution.

30. $y = x + 8$ $y = -3x + 16$
  $(10) \stackrel{?}{=} (2) + 8$ $(10) \stackrel{?}{=} -3(2) + 16$
  $10 = 10$ $10 \stackrel{?}{=} -6 + 16$
              $10 = 10$

(2, 10) is a solution.

31. $x + 3y = 6$
  $(2) + 3(10) \stackrel{?}{=} 6$
  $2 + 30 \stackrel{?}{=} 6$
  $32 \neq 6$

(2, 10) is not a solution.

32. a. $\begin{cases} y = 2x - 4 \\ y = x + 8 \end{cases}$

b. $\begin{cases} y = -x + 12 \\ x = -y + 16 \end{cases}$

$\begin{cases} y = -x + 12 \\ x = -y + 16 \end{cases}$

c. $\begin{cases} y = x + 8 \\ y = -3x + 16 \end{cases}$

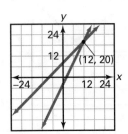
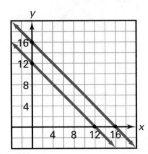
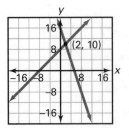

d. $\begin{cases} x + 3y = 6 \\ -6 = 2x + 12 \end{cases}$

$\begin{cases} y = -\frac{1}{3}x + 2 \\ x = -9 \end{cases}$

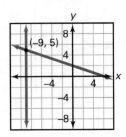

33. $\begin{cases} y = x - 8 \\ y = -2x + 6 \end{cases}$

Solution: $\left(4\frac{2}{3}, -3\frac{1}{3}\right)$

34. $\begin{cases} y = -x + 12 \\ y = 2x - 4 \end{cases}$

Solution: $\left(5\frac{1}{3}, 6\frac{2}{3}\right)$

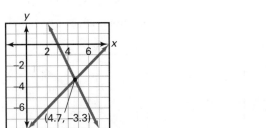
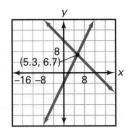

35. $m = \dfrac{-1-5}{4-3} = \dfrac{-6}{1} = -6$

$y - y_1 = m(x - x_1)$
$y - 5 = -6(x - 3)$
$y - 5 = -6x + 18$
$y = -6x + 23$

36. $m = \dfrac{3-5}{9-3} = \dfrac{-2}{6} = -\dfrac{1}{3}$

$y - y_1 = m(x - x_1)$
$y - 5 = -\dfrac{1}{3}(x - 3)$
$y - 5 = -\dfrac{1}{3}x + 1$
$y = -\dfrac{1}{3}x + 6$

37.
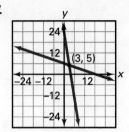

38. The point of intersection is (3, 5).

$y = -6x + 23$ $\qquad$ $y = -\dfrac{1}{3}x + 6$
$(5) \stackrel{?}{=} -6(3) + 23$ $\qquad$ $(5) \stackrel{?}{=} -\dfrac{1}{3}(3) + 6$
$5 \stackrel{?}{=} -18 + 23$ $\qquad$ $5 \stackrel{?}{=} -1 + 6$
$5 = 5$ $\qquad\qquad$ $5 = 5$

39.
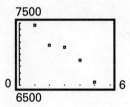

40.
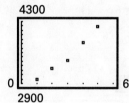

41.

$y = -210x + 7667.4$

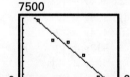

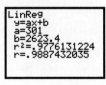

$y = 301x + 2623.4$

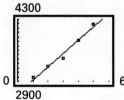

42.
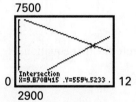

about 5 years beyond the given data

43. Let A = altitude
m = minutes

$\begin{cases} A = -1800m + 28{,}000 \\ A = 2300m + 1500 \end{cases}$

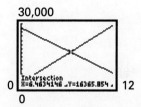

about 6.5 minutes

PAGE 325, LOOK BACK

44. $21 \div (3 - 4) + 0 + 6 \cdot (-3) = -39$

45. little or no correlation

46. $-3 + \left(-\frac{1}{4}\right) = -\frac{12}{4} + \left(-\frac{1}{4}\right)$
$= -\frac{13}{4}$ or $-3\frac{1}{4}$

47. $1.5 - (-1.5) = 1.5 + 1.5$
$= 3$

48. $3\frac{1}{2} - 5\frac{2}{3} = 3\frac{3}{6} - 5\frac{4}{6}$
$= \frac{21}{6} - \frac{34}{6}$
$= \frac{21}{6} - \frac{34}{6}$
$= -\frac{13}{6}$ or $-2\frac{1}{6}$

49. $(-3)(2) = -6$

50. $(-1.7)(-2.5) = 4.25$

51. $(4)\left(-2\frac{1}{3}\right) = (4)\left(-\frac{7}{3}\right)$
$= -\frac{28}{3}$ or $-9\frac{1}{3}$

52. $-4x + 2x = -2x$

53. $3y + (-2x) - 3y = -2x$

54. $x - y + x = 2x - y$

55. $3(5 - 2x) - (8 - 6x) = -9 + 2(3x + 4) - 10$
$15 - 6x - 8 + 6x = -9 + 6x + 8 - 10$
$7 = 6x - 11$
$6x = 18$
$x = 3$

PAGE 325, LOOK BEYOND

56. $-2x + 4y = 12$
$-2(-6) + 4y = 12$
$12 + 4y = 12$
$4y = 0$
$y = 0$

57. $-2x + 4y = 12$
$-2(8y) + 4y = 12$
$-16y + 4y = 12$
$-12y = 12$
$y = -1$

58. $-2x + 4y = 12$
$-2(y - 3) + 4y = 12$
$-2y + 6 + 4y = 12$
$2y + 6 = 12$
$2y = 6$
$y = 3$

59. $-2x + 4y = 12$
$-2(3y + 1) + 4y = 12$
$-6y - 2 + 4y = 12$
$-2y - 2 = 12$
$-2y = 14$
$y = -7$

7.2 PAGE 329, GUIDED SKILLS PRACTICE

4. $\begin{cases} 5x = 3y + 12 \\ x = 5 \end{cases}$

Substitute $x = 5$ into the first equation.
$5(5) = 3y + 12$
$25 = 3y + 12$
$13 = 3y$
$\frac{13}{3} = y$
Solution: $\left(5, \frac{13}{3}\right)$ or $\left(5, 4\frac{1}{3}\right)$

5. $\begin{cases} 3x - 2y = 2 \\ y = 2x + 8 \end{cases}$

Substitute $y = 2x + 8$ into the first equation.
$3x - 2(2x + 8) = 2$
$3x - 4x - 16 = 2$
$-x = 18$
$x = -18$

Substitute $x = -18$ into the second equation.
$y = 2(-18) + 8$
$y = -36 + 8$
$y = -28$
Solution: $(-18, -28)$

6. $\begin{cases} 5x - y = 1 \\ 3x + y = 1 \end{cases}$

Solve the second equation for y.
$y = -3x + 1$
Substitute $y = -3x + 1$ into the first equation.
$5x - (-3x + 1) = 1$
$5x + 3x - 1 = 1$
$8x = 2$
$x = \frac{2}{8} = \frac{1}{4}$

Substitute $x = \frac{1}{4}$ into the second equation.
$3\left(\frac{1}{4}\right) + y = 1$
$\frac{3}{4} + y = 1$
$y = \frac{1}{4}$

Solution: $\left(\frac{1}{4}, \frac{1}{4}\right)$ or $(0.25, 0.25)$

7. $\begin{cases} 2x + y = 1 \\ 10x = 4y + 2 \end{cases}$

Solve the first equation for y.
$y = 1 - 2x$
Substitute $y = 1 - 2x$ into the second equation.
$10x = 4(1 - 2x) + 2$
$10x = 4 - 8x + 2$
$18x = 6$
$x = \frac{1}{3}$

Substitute $x = \frac{1}{3}$ into the first equation.
$2\left(\frac{1}{3}\right) + y = 1$
$y = \frac{1}{3}$

Solution: $\left(\frac{1}{3}, \frac{1}{3}\right)$

8. Let $x =$ larger number
$y =$ smaller number

$\begin{cases} x + y = 27 \\ x = 3 + y \end{cases}$

Substitute $x = 3 + y$ into the first equation.
$(3 + y) + y = 27$
$2y = 24$
$y = 12$

Substitute $y = 12$ into the second equation.
$x = 3 + (12) = 15$

Solution: larger number is 15, smaller number is 12

PAGES 329–330, PRACTICE AND APPLY

9. $\begin{cases} 2x + 8y = 1 \\ x = 2y \end{cases}$

Substitute $x = 2y$ into the first equation.
$2(2y) + 8y = 1$
$4y + 8y = 1$
$y = \frac{1}{12}$

Substitute $y = \frac{1}{12}$ into the second equation.
$x = 2\left(\frac{1}{12}\right) = \frac{1}{6}$

Solution: $\left(\frac{1}{6}, \frac{1}{12}\right)$

10. $\begin{cases} x = 7 \\ 2x + y = 5 \end{cases}$

Substitute $x = 7$ into the second equation.
$2(7) + y = 5$
$14 + y = 5$
$y = -9$

Solution: $(7, -9)$

11. $\begin{cases} 3x + y = 5 \\ 2x - y = 10 \end{cases}$

Solve the first equation for y.
$y = 5 - 3x$
Substitute $y = 5 - 3x$ into the second equation.
$2x - (5 - 3x) = 10$
$5x - 5 = 10$
$x = 3$

Substitute $x = 3$ into the first equation.
$3(3) + y = 5$
$y = -4$
Solution: $(3, -4)$

12. $\begin{cases} y = 5 - x \\ 1 = 4x + 3y \end{cases}$

Substitute $y = 5 - x$ into the second equation.
$1 = 4x + 3(5 - x)$
$1 = 4x + 15 - 3x$
$x = -14$

Substitute $x = -14$ into the first equation.
$y = 5 - (-14) = 19$
Solution: $(-14, 19)$

13. $\begin{cases} 2x + y = -92 \\ 2x + 2y = -98 \end{cases}$

Solve the first equation for y.
$y = -92 - 2x$
Substitute $y = -92 - 2x$ into the second equation.
$2x + 2(-92 - 2x) = -98$
$2x - 184 - 4x = -98$
$-2x = 86$
$x = -43$

Substitute $x = -43$ into the first equation.
$2(-43) + y = -92$
$y = -6$
Solution: $(-43, -6)$

14. $\begin{cases} 4x + 3y = 13 \\ x + y = 4 \end{cases}$

Solve the second equation for y.
$y = 4 - x$
Substitute $y = 4 - x$ into the first equation.
$4x + 3(4 - x) = 13$
$4x + 12 - 3x = 13$
$x = 1$

Substitute $x = 1$ into the second equation.
$(1) + y = 4$
$y = 3$
Solution: $(1, 3)$

15. $\begin{cases} 6y = x + 18 \\ 2y - x = 6 \end{cases}$

Solve the second equation for x.
$x = 2y - 6$
Substitute $x = 2y - 6$ into the first equation.
$6y = (2y - 6) + 18$
$4y = 12$
$y = 3$

Substitute $y = 3$ into the first equation.
$6(3) = x + 18$
$x = 0$
Solution: $(0, 3)$

16. $\begin{cases} 2x + y = 1 \\ 10x - 4y = 2 \end{cases}$

Solve the first equation for y.
$y = 1 - 2x$
Substitute $y = 1 - 2x$ into the second equation.
$10x - 4(1 - 2x) = 2$
$10x - 4 + 8x = 2$
$18x = 6$
$x = \frac{1}{3}$

Substitute $x = \frac{1}{3}$ into the first equation.
$2\left(\frac{1}{3}\right) + y = 1$
$y = \frac{1}{3}$
Solution: $\left(\frac{1}{3}, \frac{1}{3}\right)$

17. $\begin{cases} 2x + 3y = 7 \\ x + 4y = 9 \end{cases}$

Solve the second equation for x.
$x = 9 - 4y$
Substitute $x = 9 - 4y$ into the first equation.
$2(9 - 4y) + 3y = 7$
$18 - 8y + 3y = 7$
$-5y = -11$
$y = \frac{11}{5}$

Substitute $y = \frac{11}{5}$ into the second equation.
$x + 4\left(\frac{11}{5}\right) = 9$
$x + \frac{44}{5} = \frac{45}{5}$
$x = \frac{1}{5}$
Solution: $\left(\frac{1}{5}, \frac{11}{5}\right)$ or $(0.2, 2.2)$

18. $\begin{cases} 4x - y = 15 \\ -2x + 3y = 12 \end{cases}$

Solve the first equation for y.
$y = 4x - 15$
Substitute $y = 4x - 15$ into the second equation.
$-2x + 3(4x - 15) = 12$
$-2x + 12x - 45 = 12$
$10x = 57$
$x = 5.7$

Substitute $x = 5.7$ into the first equation.
$4(5.7) - y = 15$
$y = 22.8 - 15 = 7.8$
Solution: $(5.7, 7.8)$

19. $\begin{cases} 2y + x = 4 \\ y - x = -7 \end{cases}$

Solve the second equation for y.
$y = -7 + x$
Substitute $y = -7 + x$ into the first equation.
$2(-7 + x) + x = 4$
$-14 + 2x + x = 4$
$3x = 18$
$x = 6$

Substitute $x = 6$ into the second equation.
$y - (6) = -7$
$y = -1$
Solution: $(6, -1)$

20. $\begin{cases} 4y - x = 4 \\ y + x = 6 \end{cases}$

Solve the second equation for y.
$y = 6 - x$
Substitute $y = 6 - x$ into the first equation.
$4(6 - x) - x = 4$
$24 - 4x - x = 4$
$-5x = -20$
$x = 4$

Substitute $x = 4$ into the second equation.
$y + (4) = 6$
$y = 2$
Solution: $(4, 2)$

21. $\begin{cases} y = x - 3 \\ x + y = 5 \end{cases}$

Substitute $y = x - 3$ into the second equation.
$x + x - 3 = 5$
$2x - 3 = 5$
$2x = 8$
$x = 4$
Substitute $x = 4$ into the first equation.
$y = 4 - 3$
$y = 1$
Solution: $(4, 1)$

22. $\begin{cases} 2x + 3y = 21 \\ -3x - 6y = -24 \end{cases}$

Solve the second equation for x.
$x = -2y + 8$
Substitute $x = -2y + 8$ into the first equation.
$2(-2y + 8) + 3y = 21$
$-4y + 16 + 3y = 21$
$y = -5$

Substitute $y = -5$ into the first equation.
$2x + 3(-5) = 21$
$x = 18$
Solution: $(18, -5)$

23. $\begin{cases} 5x - 7y = 31 \\ -4x + 2y = -14 \end{cases}$

Solve the second equation for y.
$y = 2x - 7$
Substitute $y = 2x - 7$ into the first equation.
$5x - 7(2x - 7) = 31$
$5x - 14x + 49 = 31$
$\qquad\qquad 9x = 18$
$\qquad\qquad\; x = 2$

Substitute $x = 2$ into the first equation.
$5(2) - 7y = 31$
$\qquad -7y = 21$
$\qquad\quad y = -3$
Solution: $(2, -3)$

24. $\begin{cases} 3x + y = 21 \\ 10x + 5y = 65 \end{cases}$

Solve the first equation for y.
$y = 21 - 3x$
Substitute $y = 21 - 3x$ into the second equation.
$10x + 5(21 - 3x) = 65$
$10x + 105 - 15x = 65$
$\qquad\qquad\quad 5x = 40$
$\qquad\qquad\quad\; x = 8$

Substitute $x = 8$ into the first equation.
$3(8) + y = 21$
$\qquad\; y = -3$
Solution: $(8, -3)$

25. $\begin{cases} -3y = 9x + 24 \\ 6y + 2x = 32 \end{cases}$

Solve the first equation for y.
$y = -3x - 8$
Substitute $y = -3x - 8$ into the second equation.
$6(-3x - 8) + 2x = 32$
$-18x - 48 + 2x = 32$
$\qquad\qquad 16x = -80$
$\qquad\qquad\; x = -5$

Substitute $x = -5$ into the first equation.
$-3y = 9(-5) + 24$
$\quad y = 7$
Solution: $(-5, 7)$

26. $\begin{cases} 12x + 4y = 22 \\ 3x - 8y = -10 \end{cases}$

Solve the first equation for y.
$y = -3x + \frac{11}{2}$
Substitute $y = -3x + \frac{11}{2}$ into the second equation.
$3x - 8\left(-3x + \frac{11}{2}\right) = -10$
$3x + 24x - 44 = -10$
$\qquad\qquad 27x = 34$
$\qquad\qquad\; x = \frac{34}{27}$

Substitute $x = \frac{34}{27}$ into the second equation.
$3\left(\frac{34}{27}\right) - 8y = -10$
$\frac{34}{9} - 8y = -10$
$\qquad 8y = \frac{34}{9} + \frac{90}{9}$
$\qquad\; y = \frac{31}{18}$
Solution: $\left(\frac{34}{27}, \frac{31}{18}\right)$ or $\left(1\frac{7}{27}, 1\frac{13}{18}\right)$

27. $\begin{cases} 11x + 4y = -17 \\ -6x + y = 22 \end{cases}$

Solve the second equation for y.
$y = 6x + 22$
Substitute $y = 6x + 22$ into the first equation.
$11x + 4(6x + 22) = -17$
$11x + 24x + 88 = -17$
$\qquad\qquad 35x = -105$
$\qquad\qquad\; x = -3$

Substitute $x = -3$ into the second equation.
$-6(-3) + y = 22$
$\qquad\qquad y = 4$
Solution: $(-3, 4)$

28. $\begin{cases} -5x + 7y = -41 \\ 7x + y = 25 \end{cases}$

Solve the second equation for y.
$y = 25 - 7x$
Substitute $y = 25 - 7x$ into the first equation.
$-5x + 7(25 - 7x) = -41$
$-5x + 175 - 49x = -41$
$\qquad\qquad 54x = 216$
$\qquad\qquad\; x = 4$

Substitute $x = 4$ into the second equation.
$7(4) + y = 25$
$\qquad\; y = -3$
Solution: $(4, -3)$

29. $\begin{cases} L = 2W \\ 2W + 2L = 208 \end{cases}$

Substitute $L = 2W$ into the second equation.
$2W + 2(2W) = 208$
$6W = 208$
$W = 34\frac{2}{3}$

Substitute $W = 34\frac{2}{3}$ into the first equation.
$L = 2\left(34\frac{2}{3}\right)$
$L = 69\frac{1}{3}$

30. $\begin{cases} A + B = 90 \\ A = 2B - 30 \end{cases}$

Substitute $A = 2B - 30$ into the first equation.
$(2B - 30) + B = 90$
$3B = 120$
$B = 40$

Substitute $B = 40$ into the second equation.
$A = 2(40) - 30$
$A = 50$
Solution: $m \angle A = 50°, m \angle B = 40°$

31. Let A be the first number and let B be the second number.
$\begin{cases} A = 3B - 4 \\ 2A + 3 - 2B = 11 \end{cases}$

Substitute $A = 3B - 4$ into the second equation.
$2(3B - 4) + 3 - 2B = 11$
$6B - 8 + 3 - 2B = 11$
$4B = 16$
$B = 4$

Substitute $B = 4$ into the first equation.
$A = 3(4) - 4$
$A = 8$
Solution: 8 and 4

32. Let A represent the altitude and let s represent the number of seconds.
$\begin{cases} A = 4s \\ A = 756 - 3s \end{cases}$

Substitute $A = 4s$ into the second equation.
$4s = 756 - 3s$
$7s = 756$
$s = 108$ seconds

33. a. Let C represent the number of children and let A represent the number of adults.
$6A + 3.50C = 935$

b. $C + A = 210$

c. $C = 210 - A$
Substitute $C = 210 - A$ into part **a**.
$6A + 3.50(210 - A) = 935$
$6A + 735 - 3.50A = 935$
$2.5A = 200$
$A = 80$

Substitute $A = 80$ into part **b**.
$C + 80 = 210$
$C = 130$
80 adults and 130 children were served.

34. Let P represent the number of people and let A represent the cost of the tool.
$\begin{cases} 8P = A + 3 \\ 7P = A - 4 \end{cases}$

Solve the first equation for A.
$A = 8P - 3$
Substitute $A = 8P - 3$ into the second equation.
$7P = (8P - 3) - 4$
$P = 7$

Substitute $P = 7$ into the first equation.
$8(7) = A + 3$
$A = 53$
There were 7 people, and the farm tool cost 53 coins.

PAGE 330, LOOK BACK

35. Tom, Sam, Rob, Mark, Joe

36. $\frac{x}{15} = 3$
$x = 3 \cdot 15$
$x = 45$

37. $\frac{3}{x} = 15$
$3 = 15x$
$x = \frac{3}{15} = \frac{1}{5}$

38. $\frac{15}{x} = 3$
$15 = 3x$
$x = 5$

39. $\frac{x}{3} = 15$
$x = 45$

40. $\frac{42}{100} = \frac{12.6}{x}$
$42x = 100 \cdot 12.6$
$42x = 1260$
$x = 30$

41. $\begin{cases} 3y = 2x - 15 \\ 3x + 2y = 24 \end{cases}$

$\begin{cases} y = \frac{2}{3}x - 5 \\ y = -\frac{3}{2}x + 12 \end{cases}$

The slopes are negative reciprocals of each other so the lines are perpendicular.

42. $\begin{cases} 2y = x - 12 \\ 2y - x = 12 \end{cases}$

$\begin{cases} y = \frac{1}{2}x - 6 \\ y = \frac{1}{2}x + 6 \end{cases}$

The slopes are the same so the lines are parallel.

43. $\begin{cases} y = x - 1 \\ y = -x + 3 \end{cases}$

The slopes are negative reciprocals of each other so the lines are perpendicular.

PAGE 330, LOOK BEYOND

44. $\begin{cases} x + 2y + 3z = 8 \\ y + 2z = 3 \\ z = 2 \end{cases}$

Substitute $z = 2$ into the second equation.
$y + 2(2) = 3$
$y = -1$

Substitute $y = -1, z = 2$ into the first equation.
$x + 2(-1) + 3(2) = 8$
$x = 4$

Solution: $x = 4, y = -1$

45. $\begin{cases} 2x + 3y + 5z = 44 \\ 2y - 6z = 4 \\ z = 4 \end{cases}$

Substitute $z = 4$ into the second equation.
$2y - 6(4) = 4$
$2y = 28$
$y = 14$

Substitute $y = 14, z = 4$ into the first equation.
$2x + 3(14) + 5(4) = 44$
$2x = -18$
$x = -9$

Solution: $x = -9, y = 14$

7.3 PAGE 335, GUIDED SKILLS PRACTICE

10. $\quad 3x + 2y = 5$
$\underline{+\ 5x - 2y = 7}$
$\qquad 8x = 12$
$\qquad x = \frac{12}{8} = \frac{3}{2}$

Substitute $x = \frac{3}{2}$ into the first equation.
$3\left(\frac{3}{2}\right) + 2y = 5$
$\frac{9}{2} + 2y = 5$
$2y = \frac{1}{2}$
$y = \frac{1}{4}$

Solution: $\left(\frac{3}{2}, \frac{1}{4}\right)$ or $(1.5, 0.25)$

11. $\begin{cases} 4m + 3n = 13 \\ 2m - 4n = 1 \end{cases}$

$\quad 4m + 3n = 13$
$\underline{+\ -4m + 8n = -2}$
$\qquad 11n = 11$
$\qquad n = 1$

Substitute $n = 1$ into the second equation.
$2m - 4(1) = 1$
$2m - 4 = 1$
$2m = 5$
$m = 2.5$

Solution: $(2.5, 1)$

12. $\begin{cases} 2j - 2k = 4 \\ 3j + 5k = -10 \end{cases}$

$\begin{cases} 5(2j) - 5(2k) = 5(4) \\ 2(3j) + 2(5k) = 2(-10) \end{cases}$

$10j - 10k = 20$
$\underline{+\ 6j + 10k = -20}$
$16j = 0$
$j = 0$

Substitute $j = 0$ into the first equation.
$2(0) - 2k = 4$
$0 - 2k = 4$
$-2k = 4$
$k = -2$
Solution: $(0, -2)$

13. $\begin{cases} 2x + 3y = 1 \\ -3x - 4y = 0 \end{cases}$

$\begin{cases} 3(2x) + 3(3y) = 3(1) \\ 2(-3x) - 2(4y) = 2(0) \end{cases}$

$6x + 9y = 3$
$\underline{+ -6x - 8y = 0}$
$y = 3$

Substitute $y = 3$ into the first equation.
$2x + 3(3) = 1$
$2x = -8$
$x = -4$
Solution: $(-4, 3)$

PAGES 335–337, PRACTICE AND APPLY

14. $-x + 2y = 12$
$\underline{+\ x + 6y = 20}$
$8y = 32$
$y = 4$

Substitute $y = 4$ into the second equation.
$x + 6(4) = 20$
$x + 24 = 20$
$x = -4$
Solution: $(-4, 4)$

15. $\begin{cases} 2p + 3q = 18 \\ 5p - q = 11 \end{cases}$

$2p + 3q = 18$
$\underline{+15p - 3q = 33}$
$17p = 51$
$p = 3$

Substitute $p = 3$ into the first equation.
$2(3) + 3q = 18$
$3q = 12$
$q = 4$
Solution: $(3, 4)$

16. $\begin{cases} -4x + 3y = -1 \\ 8x + 6y = 10 \end{cases}$

$-8x + 6y = -2$
$\underline{+8x + 6y = 10}$
$12y = 8$
$y = \frac{8}{12} = \frac{2}{3}$

Substitute $y = \frac{2}{3}$ into the first equation.
$-4x + 3\left(\frac{2}{3}\right) = -1$
$-4x + 2 = -1$
$-4x = -3$
$x = \frac{3}{4}$
Solution: $\left(\frac{3}{4}, \frac{2}{3}\right)$

17. $\begin{cases} 2m - 3n = 5 \\ 5m - 3n = 11 \end{cases}$

$-2m + 3n = -5$
$\underline{+\ 5m - 3n = 11}$
$3m = 6$
$m = 2$

Substitute $m = 2$ into the first equation.
$2(2) - 3n = 5$
$-3n = 1$
$n = -\frac{1}{3}$
Solution: $\left(2, -\frac{1}{3}\right)$

CHAPTER 7 **183**

18. $\begin{cases} 6x - 5y = 3 \\ -12x + 8y = 5 \end{cases}$

$12x - 10y = 6$
$\underline{+ (-12x) + 8y = 5}$
$-2y = 11$
$y = -\frac{11}{2}$

Substitute $y = -\frac{11}{2}$ into the first equation.

$6x - 5\left(-\frac{11}{2}\right) = 3$
$6x + \frac{55}{2} = 3$
$6x = -\frac{49}{2}$
$x = -\frac{49}{12}$

Solution: $\left(-\frac{49}{12}, -\frac{11}{2}\right)$

19. $\begin{cases} 4s + 3t = 6 \\ -2s + 6t = 7 \end{cases}$

$4s + 3t = 6$
$\underline{+ (-4s) + 12t = 14}$
$15t = 20$
$t = \frac{20}{15} = \frac{4}{3}$

Substitute $t = \frac{4}{3}$ into the first equation.

$4s + 3\left(\frac{4}{3}\right) = 6$
$4s + 4 = 6$
$4s = 2$
$s = \frac{1}{2}$

Solution: $\left(\frac{1}{2}, \frac{4}{3}\right)$

20. $\begin{cases} 2x + 4y = 40 \\ 7x - 3y = 4 \end{cases}$

$\begin{cases} 3(2x) + 3(4y) = 3(40) \\ 4(7x) + 4(-3y) = 4(4) \end{cases}$

$6x + 12y = 120$
$\underline{+28x - 12y = 16}$
$34x = 136$
$x = 4$

Substitute $x = 4$ into the first equation.
$2(4) + 4y = 40$
$4y = 32$
$y = 8$
Solution: $(4, 8)$

21. $\begin{cases} 13x - 3y = -50 \\ 12x + 5y = 16 \end{cases}$

$\begin{cases} 5(13x) + 5(-3y) = 5(-50) \\ 3(12x) + 3(5y) = 3(16) \end{cases}$

$65x - 15y = -250$
$\underline{+ 36x + 15y = 48}$
$101x = -202$
$x = -2$

Substitute $x = -2$ into the first equation.
$13(-2) - 3y = -50$
$-26 - 3y = -50$
$-3y = -24$
$y = 8$
Solution: $(-2, 8)$

22. $\begin{cases} 2x - 7y = 20 \\ 5x + 8y = -1 \end{cases}$

$\begin{cases} 8(2x) + 8(-7y) = 8(20) \\ 7(5x) + 7(8y) = 7(-1) \end{cases}$

$16x - 56y = 160$
$\underline{+ 35x + 56y = -7}$
$51x = 153$
$x = 3$

Substitute $x = 3$ into the first equation.
$2(3) - 7y = 20$
$-7y = 14$
$y = -2$
Solution: $(3, -2)$

23. $\begin{cases} 3x - 2y = 2 \\ 4x - 7y = 33 \end{cases}$

$\begin{cases} -4(3x) + (-4)(-2y) = -4(2) \\ 3(4x) + 3(-7y) = 3(33) \end{cases}$

$-12x + 8y = -8$
$\underline{+12x - 21y = 99}$
$-13y = 91$
$y = -7$

Substitute $y = -7$ into the first equation.
$3x - 2(-7) = 2$
$3x + 14 = 2$
$3x = -12$
$x = -4$
Solution: $(-4, -7)$

24. $\begin{cases} -7x - 3y = 10 \\ 2x + 2y = -8 \end{cases}$

$\begin{cases} 2(-7x) + 2(-3y) = 2(10) \\ 3(2x) + 3(2y) = 3(-8) \end{cases}$

$-14x - 6y = 20$
$\underline{+6x + 6y = -24}$
$-8x = -4$
$x = \frac{1}{2}$

Substitute $x = \frac{1}{2}$ into the second equation.

$2\left(\frac{1}{2}\right) + 2y = -8$

$\phantom{2\left(\frac{1}{2}\right)+\,}2y = -9$

$\phantom{2\left(\frac{1}{2}\right)+2\,}y = -\frac{9}{2}$

Solution: $\left(\frac{1}{2}, -\frac{9}{2}\right)$

25. $\begin{cases} 2x - 5y = -14 \\ -7x + 4y = -5 \end{cases}$

$\begin{cases} 4(2x) - 4(5y) = 4(-14) \\ 5(-7x) + 5(4y) = 5(-5) \end{cases}$

$8x - 20y = -56$
$\underline{+ (-35x) + 20y = -25}$
$-27x = -81$
$x = 3$

Substitute $x = 3$ into the first equation.
$2(3) - 5y = -14$
$6 - 5y = -14$
$-5y = -20$
$y = 4$
Solution: $(3, 4)$

26. $\begin{cases} \frac{3}{2}x + 3y = 2 \\ 3x - 4y = -16 \end{cases}$

$\begin{cases} 4\left(\frac{3}{2}x\right) + 4(3y) = 4(2) \\ 3(3x) + 3(-4y) = 3(-16) \end{cases}$

$6x + 12y = 8$
$\underline{+ 9x - 12y = -48}$
$15x = -40$
$x = -\frac{8}{3}$

Substitute $x = -\frac{8}{3}$ into the first equation.

$\frac{3}{2}\left(-\frac{8}{3}\right) + 3y = 2$

$\phantom{\frac{3}{2}\left(-\frac{8}{3}\right)}-4 + 3y = 2$

$\phantom{\frac{3}{2}\left(-\frac{8}{3}\right)-4+\,}3y = 6$

$\phantom{\frac{3}{2}\left(-\frac{8}{3}\right)-4+3\,}y = 2$

Solution: $\left(-\frac{8}{3}, 2\right)$

27. $\begin{cases} 11x + 2y = -8 \\ 8x + 3y = 5 \end{cases}$

$\begin{cases} -3(11x) + (-3)(2y) = -3(-8) \\ 2(8x) + 2(3y) = 2(5) \end{cases}$

$-33x - 6y = 24$
$\underline{+16x + 6y = 10}$
$-17x = 34$
$x = -2$

Substitute $x = -2$ into the first equation.
$11(-2) + 2y = -8$
$-22 + 2y = -8$
$2y = 14$
$y = 7$
Solution: $(-2, 7)$

28. $\begin{cases} 3x - 2y = -0.3 \\ 5x + 3y = 4.25 \end{cases}$

$\begin{cases} 3(3x) - 3(2y) = 3(-0.3) \\ 2(5x) + 2(3y) = 2(4.25) \end{cases}$

$9x - 6y = -0.9$
$\underline{+ 10x + 6y = 8.5}$
$19x = 7.6$

$x = 0.4$

Substitute $x = 0.4$ into the first equation.

$3(0.4) - 2y = -0.3$

$1.2 - 2y = -0.3$

$-2y = -1.5$

$y = 0.75$

Solution: $(0.4, 0.75)$

29. $\begin{cases} -x - 7 = 3y \\ 6y = 2x - 14 \end{cases}$

$\begin{cases} 2(-x) - 2(7) = 2(3y) \\ 6y = 2x - 14 \end{cases}$

$\begin{cases} -2x - 14 = 6y \\ 2x - 14 = 6y \end{cases}$

$-2x - 14 = 6y$
$\underline{+2x - 14 = 6y}$
$-28 = 12y$

$-\frac{28}{12} = 7$

$y = -\frac{7}{3}$

Substitute $y = -\frac{7}{3}$ into the first equation.

$x - 7 = 3\left(-\frac{7}{3}\right)$

$x - 7 = -7$

$x = 0$

Solution: $\left(0, -\frac{7}{3}\right)$

30. $\begin{cases} 2m = 2 - 9n \\ 21n = 4 - 6m \end{cases}$

$\begin{cases} 2m + 9n = 2 \\ 6m + 21n = 4 \end{cases}$

$-6m - 27n = -6$
$\underline{+6m + 21n = 4}$
$-6n = -2$

$n = \frac{1}{3}$

Substitute $n = \frac{1}{3}$ into the first equation.

$2m = 2 - 9\left(\frac{1}{3}\right)$

$2m = 2 - 3$

$m = -\frac{1}{2}$

Solution: $\left(-\frac{1}{2}, \frac{1}{3}\right)$

31. $\begin{cases} 2x = 3y - 12 \\ \frac{1}{3}x = 4y + 5 \end{cases}$

Solve the second equation for x.
$x = 12y + 15$
Substitute $x = 12y + 15$ into the first equation.
$2(12y + 15) = 3y - 12$
$24y + 30 = 3y - 12$
$21y = -42$
$y = -2$

Substitute $y = -2$ into the second equation.

$\frac{1}{3}x = 4(-2) + 5$

$\frac{1}{3}x = -3$

$x = -9$

Solution: $(-9, -2)$

32. $\begin{cases} \frac{2}{3}x = \frac{2}{3} - \frac{1}{6}y \\ y = 3x - 38 \end{cases}$

Substitute $y = 3x - 38$ into the first equation.

$\frac{2}{3}x = \frac{2}{3} - \frac{1}{6}(3x - 38)$

$\frac{2}{3}x = \frac{2}{3} - \frac{1}{2}x + \frac{19}{3}$

$4x = 4 - 3x + 38$

$7x = 42$

$x = 6$

Substitute $x = 6$ into the second equation.
$y = 3(6) - 38$
$ = 18 - 38$
$ = -20$

Solution: $(6, -20)$

33. $\begin{cases} 0.6a = 3.2b + 4.48 \\ 2.9b = 0.3a + 4.91 \end{cases}$

$\begin{cases} b = \frac{0.6}{3.2}a - \frac{4.48}{3.2} \\ b = \frac{0.3}{2.9}a + \frac{4.91}{2.9} \end{cases}$

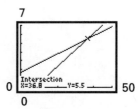

Solution: $(36.8, 5.5)$

186   CHAPTER 7

34. $\begin{cases} p = 1.5b + 4 \\ 0.8p + 0.4b = 0 \end{cases}$

Substitute $p = 1.5b + 4$ into the second equation.
$0.8(1.5b + 4) + 0.4b = 0$
$1.2b + 3.2 + 0.4b = 0$
$1.6b = -3.2$
$b = -2$

Substitute $b = -2$ into the first equation.
$p = 1.5(-2) + 4$
$= -3 + 4$
$= 1$
Solution: $(-2, 1)$

35. $\begin{cases} \frac{2}{3}x - \frac{3}{5}y = -\frac{17}{15} \\ \frac{8}{5}x - \frac{7}{6}y = -\frac{3}{10} \end{cases}$

Multiply the first equation by 15 and multiply the second equation by 30.

$\begin{cases} 10x - 9y = -17 \\ 48x - 35y = -9 \end{cases}$

$\begin{cases} -48(10x) + (-48)(-9y) = -48(-17) \\ 10(48x) + 10(-35y) = 10(-9) \end{cases}$

$\begin{aligned} -480x + 432y &= 816 \\ + 480x - 350y &= -90 \\ \hline 82y &= 726 \end{aligned}$

$y = \frac{726}{82} = \frac{363}{41}$

Substitute $y = \frac{363}{41}$ into the third equation.
$10x - 9\left(\frac{363}{41}\right) = -17$
$10x = -\frac{697}{41} + \frac{3267}{41}$
$10x = \frac{2570}{41}$
$x = \frac{2570}{410} = \frac{257}{41}$
Solution: $\left(\frac{257}{41}, \frac{363}{41}\right)$

36. Let L = length
W = width

$\begin{cases} L = 3W \\ 2L + 2W = 24 \end{cases}$

Substitute $L = 3W$ into the second equation.
$2(3W) + 2W = 24$
$8W = 24$
$W = 3$

Substitute $W = 3$ into the first equation.
$L = 3(3) = 9$
Solution: length = 9, width = 3

37.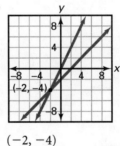

$(-2, -4)$

38. $\begin{cases} y = x - 2 \\ y = 2x \end{cases}$

Substitute $y = 2x$ into the first equation.
$2x = x - 2$
$x = -2$

Substitute $x = -2$ into the second equation.
$y = 2(-2) = -4$
Solution: $(-2, -4)$

39. Answers may vary. Sample answer:
Substitution, since both equations are solved for y.

40. Let p = cost of pizza
s = cost of soda

$$\begin{cases} 3p + 3s = 23.34 \\ 4p + 6s = 32.70 \end{cases}$$

$$\begin{aligned} -6p - 6s &= -46.68 \\ + 4p + 6s &= 32.70 \\ \hline -2p &= -13.98 \\ p &= 6.99 \end{aligned}$$

Substitute $p = 6.99$ into the first equation.
$3(6.99) + 3s = 23.34$
$20.97 + 3s = 23.34$
$3s = 2.37$
$s = 0.79$

Each pizza cost $6.99, and each bottle of soda cost $0.79.

41. Let s = weekly salary
t = overtime rate

$$\begin{cases} s + 10t = 240 \\ s + 7.5t = 213.75 \end{cases}$$

$$\begin{aligned} s + 10t &= 240 \\ +(-s) - 7.5t &= -213.75 \\ \hline 2.5t &= 26.25 \\ t &= 10.5 \end{aligned}$$

Substitute $t = 10.5$ into the first equation.
$s + 10(10.5) = 240$
$s = 135$
John's weekly salary is $135, plus $10.50 per hour for overtime.

42. Let x = amount invested at 5%
y = amount invested at 9%

$$\begin{cases} 0.05x + 0.09y = 380 \\ x + y = 6000 \end{cases}$$

$$\begin{aligned} 0.05x + 0.09y &= 380 \\ +(-0.05x) - 0.05y &= -300 \\ \hline .04y &= 80 \\ y &= 2000 \end{aligned}$$

Substitute $y = 2000$ into the second equation.
$x + 2000 = 6000$
$x = 4000$
Solution: $4000 at 5%
$2000 at 9%

43. Let s = number of single tapes
c = number of concert tapes

$$\begin{cases} s + c = 25 \\ 6.99s + 10.99c = 230.75 \end{cases}$$

$$\begin{aligned} -6.99s - 6.99c &= -174.75 \\ + 6.99s + 10.99c &= 230.75 \\ \hline 4c &= 56 \\ c &= 14 \end{aligned}$$

Substitute $c = 14$ into the first equation.
$s + (14) = 25$
$s = 11$
Solution: 11 single tapes
14 concert tapes

44. Let D = deposit
r = rent

$$\begin{cases} D + 12r = 6950 \\ D + r = 900 \end{cases}$$

$$\begin{aligned} D + 12r &= 6950 \\ +(-D) - r &= -900 \\ \hline 11r &= 6050 \\ r &= 550 \end{aligned}$$

Substitute $r = 550$ into the second equation.
$D + 550 = 900$
$D = 350$
Solution: rent = $550
deposit = $350

45. Let n = room rate
m = cost of a meal

$$\begin{cases} 2n + 4m = 205 \\ 3n + 8m = 342.50 \end{cases}$$

$$\begin{aligned} -4n - 8m &= -410.00 \\ + 3n + 8m &= 342.50 \\ \hline -n &= -67.5 \\ n &= 67.5 \end{aligned}$$

Substitute $n = 67.5$ into the first equation.
$2(67.5) + 4m = 205$
$135 + 4m = 205$
$4m = 70$
$m = 17.5$
Rooms cost $67.50 per night, and meals cost $17.50 each.

46. Let s = number of shirts
p = number of pants

$\begin{cases} 3s + 2p = 85.5 \\ 4s + 3p = 123 \end{cases}$

$\begin{cases} -3(3s) + (-3)(2p) = -3(85.5) \\ 2(4s) + 2(3p) = 2(123) \end{cases}$

$-9s - 6p = -256.5$
$+\ 8s + 6p = 246$
$\overline{}$
$-s = -10.5$
$s = 10.5$

Substitute $s = 10.5$ into the first equation.
$3(10.5) + 2p = 85.5$
$2p = 54$
$p = 27$

Shirts cost $10.50 each, and pants cost $27 each.

47. Let s = number of single-crust pies
d = number of double-crust pies

$\begin{cases} s + d = 25 \\ 5.99s + 9.99d = 189.75 \end{cases}$

$-5.99s + (-5.99d) = -149.75$
$+\ \ 5.99s + \ \ \ 9.99d = 189.75$
$\overline{}$
$4d = 40$
$d = 10$

Substitute $d = 10$ into the first equation.
$s + 10 = 25$
$s = 15$

15 single-crust pies and 10 double-crust pies were sold.

48. Let s = number of ounces of seeds
n = number of ounces of nuts

$\begin{cases} s + n = 42 \\ 0.20s + 0.30n = 11 \end{cases}$

$-0.20s - 0.20n = -8.4$
$+\ 0.20s + 0.30n = 11$
$\overline{}$
$0.10n = 2.6$
$n = 26$

Substitute $n = 26$ into the first equation.
$s + 26 = 42$
$s = 16$

There were 16 ounces of seeds and 26 ounces of nuts in the mixture.

PAGE 337, LOOK BACK

49. $7x - 3y = 22$
$3y = 7x - 22$
$y = \frac{7}{3}x - \frac{22}{3}$
slope $= \frac{7}{3}$

50. $3x + 2y = 6$
$2y = -3x + 6$
$y = -\frac{3}{2}x + 3$
slope $= -\frac{3}{2}$

51. $y = 2x$
slope $= 2$

52. Let w = weight
$6w + 12w + 5w = 84$
$23w = 84$
$w = 3\frac{15}{23}$ deben

53. $-5 = -x + 7$
$x = 5 + 7$
$x = 12$

54. $3x - 6 = 2x + 1$
$x - 6 = 1$
$x = 7$

55. $\frac{1}{2}x + 3 = 2$
$\frac{1}{2}x = -1$
$x = -2$

56. $y = 3x$
slope = 3

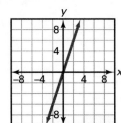

57. $y = -3x + 7$
slope = -3

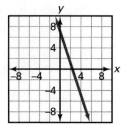

58. $3y + 2x = 7$

$3y = -2x + 7$

$y = -\frac{2}{3}x + \frac{7}{3}$

slope = $-\frac{2}{3}$

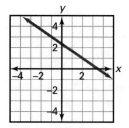

59. $7y = 2x$

$y = \frac{2}{7}x$

slope = $\frac{2}{7}$

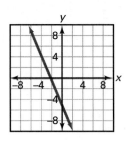

60. $2x + 8y = 24$

$8y = -2x + 24$

$y = -\frac{1}{4}x + 3$

slope = $-\frac{1}{4}$

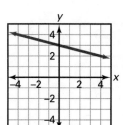

61. $-7x = 3y + 9$

$3y = -7x - 9$

$y = -\frac{7}{3}x - 3$

slope = $-\frac{7}{3}$

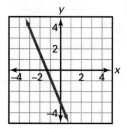

62. $-3y = 7x + 15$

$y = -\frac{7}{3} - 5$

slope = $-\frac{7}{3}$

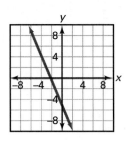

63. $18x + 15y = 45$

$15y = -18x + 45$

$y = -\frac{6}{5}x + 3$

slope = $-\frac{6}{5}$

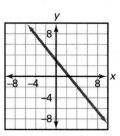

64. slope = 0.8
$y - y_1 = m(x - x_1)$
$y - 8 = 0.8(x - (-3))$
$y - 8 = 0.8x + 2.4$
$y = 0.8x + 10.4$

PAGE 337, LOOK BEYOND

65.

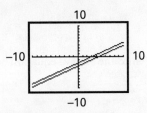

The lines are parallel.

7.4 PAGE 342, GUIDED SKILLS PRACTICE

6. $\begin{cases} y = -4x + 6 \\ 2y = -8x - 8 \end{cases}$

Substitute $y = -4x + 6$ into the second equation.
$2(-4x + 6) = -8x - 8$
$-8x + 12 = -8x - 8$
$12 \neq -8$
inconsistent

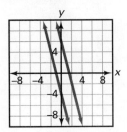

7. $\begin{cases} c + d = 7 \\ 2c + 3d = 7 \end{cases}$

$-2c - 2d = -14$
$\underline{+\ 2c + 3d = 7}$
$d = -7$

Substitute $d = -7$ into the first equation.
$c + (-7) = 7$
$c = 14$
Solution: $(14, -7)$
consistent

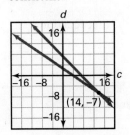

8. $\begin{cases} y = 0.34x + 0.45 \\ y = 0.34x + 4.5 \end{cases}$

$-y = -0.34x - 0.45$
$\underline{y = 0.34 + 4.5}$
$0 \neq 4.05$
inconsistent

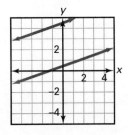

9. Answers may vary. Sample answer:

$\begin{cases} y = 4x + 3 \\ 2y = 8x + 6 \end{cases}$

Any answer in which the second equation is a multiple of the first equation is acceptable.

10. Answers may vary. Sample answer:

$\begin{cases} y = -2x + 7 \\ y = \frac{1}{2}x + 7 \end{cases}$

Any answer in which the second equation is not a multiple of the first equation is acceptable.

11. $\begin{cases} x + y = 7 \\ x + y = -5 \end{cases}$

$x + y = 7$
$\underline{+\ -x - y = 5}$
$0 \neq 12$
no solution, inconsistent

12. $\begin{cases} y = \frac{1}{2}x + 9 \\ 2y - x = 1 \end{cases}$

Substitute $y = \frac{1}{2}x + 9$ into the second equation.
$2\left(\frac{1}{2}x + 9\right) - x = 1$
$x + 18 - x = 1$
$18 \neq 1$

no solution, inconsistent

13. $\begin{cases} 3b = 2a - 24 \\ 4b = 3a - 3 \end{cases}$

Solve the first equation for b,
$b = \frac{2}{3}a - 8$

Substitute $b = \frac{2}{3}a - 8$ into the second equation.
$4\left(\frac{2}{3}a - 8\right) = 3a - 3$
$\frac{8}{3}a - 32 = 3a - 3$
$-\frac{1}{3}a = 29$
$a = -87$

Substitute $a = -87$ into the first equation.
$3b = 2(-87) - 24$
$3b = -198$
$b = -66$
Solution: $(-87, -66)$
consistent and independent

14. $\begin{cases} y = -2x - 4 \\ 2x + y = 6 \end{cases}$

Substitute $y = -2x - 4$ into the second equation.
$2x + (-2x - 4) = 6$
$-4 \neq 6$
no solution, inconsistent

15. $\begin{cases} 2f + 3g = 11 \\ f - g = -7 \end{cases}$

$2f + 3g = 11$
$\underline{+\ (-2f) + 2g = 14}$
$5g = 25$
$g = 5$

Substitute $g = 5$ into the second equation.
$f - 5 = -7$
$f = -2$
Solution: $(-2, 5)$
consistent and independent

16. $\begin{cases} 4x = y + 5 \\ 6x + 4y = -9 \end{cases}$

$16x - 4y = 20$
$\underline{+\ 6x + 4y = -9}$
$22x = 11$
$x = \frac{1}{2}$

Substitute $x = \frac{1}{2}$ into the first equation.
$4\left(\frac{1}{2}\right) = y + 5$
$2 = y + 5$
$y = -3$
Solution: $\left(\frac{1}{2}, -3\right)$
consistent and independent

17. $\begin{cases} 4r + t = 8 \\ t = 4 - 2r \end{cases}$

Substitute $t = 4 - 2r$ into the first equation.
$$4r + (4 - 2r) = 8$$
$$2r = 4$$
$$r = 2$$

Substitute $r = 2$ into the second equation.
$$t = 4 - 2(2)$$
$$t = 0$$
Solution: $(2, 0)$
consistent and independent

18. $\begin{cases} y = \frac{3}{2}x - 4 \\ 2y - 8 = 3x \end{cases}$

Substitute $y = \frac{3}{2}x - 4$ into the second equation.
$$2\left(\frac{3}{2}x - 4\right) - 8 = 3x$$
$$3x - 8 - 8 = 3x$$
$$-16 \neq 0$$
no solution, inconsistent

19. $\begin{cases} 3p = 3m - 6 \\ p = m + 2 \end{cases}$

Substitute $p = m + 2$ into the first equation.
$$3(m + 2) = 3m - 6$$
$$3m + 6 = 3m - 6$$
$$6 \neq -6$$
no solution, inconsistent

20. $\begin{cases} 2y + x = 8 \\ y = 2x + 4 \end{cases}$

Substitute $y = 2x + 4$ into the first equation.
$$2(2x + 4) + x = 8$$
$$4x + 8 + x = 8$$
$$5x = 0$$
$$x = 0$$

Substitute $x = 0$ into the second equation.
$$y = 2(0) + 4$$
$$y = 4$$
Solution: $(0, 4)$
consistent and independent

21. $\begin{cases} k + 6h = 8 \\ k = -6h + 8 \end{cases}$

The equations are identical.
infinitely many solutions,
consistent and dependent

22. $\begin{cases} x - 5y = 10 \\ -5 = -x + 6 \end{cases}$

Solve the second equation for x,
$$x = 11$$

Substitute $x = 11$ into the first equation.
$$11 - 5y = 10$$
$$5y = 1$$
$$y = \frac{1}{5}$$
Solution: $\left(11, \frac{1}{5}\right)$
consistent and independent

23. $\begin{cases} 8x + 3y = 7 \\ 3x + 2y = 7 \end{cases}$

$\begin{cases} -2(8x) + -2(3y) = -2(7) \\ 3(3x) + 3(2y) = 3(7) \end{cases}$

$-16x - 6y = -14$
$+\ 9x + 6y = 21$
$\overline{-7x = 7}$
$x = -1$

Substitute $x = -1$ into the first equation.
$8(-1) + 3y = 7$
$3y = 15$
$y = 5$
Solution: $(-1, 5)$
consistent and independent

24. $\begin{cases} 2x - \frac{3}{4}y = 17 \\ -3x - \frac{5}{8}y = -11 \end{cases}$

$\begin{cases} 3(2x) + 3\left(-\frac{3}{4}y\right) = 3(17) \\ 2(-3x) - 2\left(\frac{5}{8}y\right) = 2(-11) \end{cases}$

$6x - \frac{9}{4}y = 51$
$+\ -6x - \frac{5}{4}y = -22$
$\overline{-\frac{14}{4}y = 29}$
$y = -\frac{58}{7}$

Substitute $y = -\frac{58}{7}$ into the first equation.
$2x - \frac{3}{4}\left(-\frac{58}{7}\right) = 17$
$2x = 17 - \frac{174}{28}$
$x = \frac{151}{28}$
Solution: $\left(\frac{151}{28}, -\frac{58}{7}\right)$
consistent and independent

25. $\begin{cases} -6x + 8y = -16 \\ -2x - 3y = -28 \end{cases}$

$-6x + 8y = -16$
$+\ 6x + 9y = 84$
$\overline{17y = 68}$
$y = 4$

Substitute $y = 4$ into the second equation.
$-2x - 3(4) = -28$
$-2x = -16$
$x = 8$
Solution: $(8, 4)$
consistent and independent

26. $\begin{cases} 8x - 3y = -42 \\ \frac{2}{3}x + \frac{1}{3}y = 0 \end{cases}$

$8x - 3y = -42$
$+\ 6x + 3y = 0$
$\overline{14x = -42}$
$x = -3$

Substitute $x = -3$ into the first equation.
$8(-3) - 3y = -42$
$-3y = -18$
$y = 6$
Solution: $(-3, 6)$
consistent and independent

27. $\begin{cases} \frac{3}{5}x - \frac{8}{3}y = -105 \\ \frac{2}{3}x - \frac{4}{9}y = -26 \end{cases}$

Multiply the first equation by 15 and the second equation by -90.
$9x - 40y = -1575$
$+\ (-60x) + 40y = 2340$
$\overline{-51x = 765}$
$x = -15$

Substitute $x = -15$ into the second equation.
$\frac{2}{3}(-15) - \frac{4}{9}y = -26$
$-\frac{4}{9}y = -16$
$y = 36$
Solution: $(-15, 36)$
consistent and independent

28. $\begin{cases} \frac{5}{7}x - \frac{2}{3}y = 6 \\ \frac{3}{14}x - 2y = -9 \end{cases}$

Multiply the first equation by -42 and the second equation by 14.
$-30x + 28y = -252$
$+\ 3x - 28y = -126$
$\overline{-27x = -378}$
$x = 14$

Substitute $x = 14$ into the first equation.
$\frac{5}{7}(14) - \frac{2}{3}y = 6$
$-\frac{2}{3}y = -4$
$y = 6$
Solution: $(14, 6)$
consistent and independent

29. TU and UV are the same line, so they have the same slope, -3.

slope $= \dfrac{y_2 - y_1}{x_2 - x_1} = \dfrac{2 - p - p}{5 - (-3)} = \dfrac{2 - 2p}{8}$

So we have the system $\begin{cases} m = -3 \\ m = \dfrac{2 - 2p}{8} \end{cases}$.

Substitute $m = -3$ into the second equation.
$-3 = \dfrac{2 - 2p}{8}$
$-24 = 2 - 2p$
$-26 = -2p$
$13 = p$
$p = 13$

30. Let x = first number
y = second number
$\begin{cases} x + 24 = y \\ x + y = 260 \end{cases}$

Substitute $y = x + 24$ into the second equation.
$x + x + 24 = 260$
$2x = 236$
$x = 118$

Substitute $x = 118$ into the first equation.
$118 + 24 = y$
$142 = y$
Solution: 118 and 142

31. Let x = first angle
y = second angle
$\begin{cases} x + y = 180 \\ x = 2y + 30 \end{cases}$

Substitute $x = 2y + 30$ into the first equation.
$2y + 30 + y = 180$
$3y = 150$
$y = 50$

Substitute $y = 50$ into the second equation.
$x = 2(50) + 30$
$x = 130$
Solution: 50° and 130°

32. line AB

$m = \dfrac{4 - (-2)}{4 - 8} = \dfrac{6}{-4} = -\dfrac{3}{2}$
$y - y_1 = m(x - x_1)$
$y - 4 = -\dfrac{3}{2}(x - 4)$
$y = -\dfrac{3}{2}x + 10$

line CD

$m = \dfrac{3 - (-3)}{0 - 4} = \dfrac{6}{-4} = -\dfrac{3}{2}$
$y - y_1 = m(x - x_1)$
$y - 3 = -\dfrac{3}{2}(x - 0)$
$y = -\dfrac{3}{2}x + 3$

33. The lines are parallel so they form an inconsistent system.

34. Answers may vary. The new equation should not be a multiple of the given line, and it should pass through the point (4, 4). Sample answer:
Let slope = 0
$y - y_1 = m(x - x_1)$
$y - 4 = 0(x - 4)$
$y = 4$

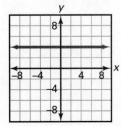

35. Answers may vary. The new equation can be any multiple of the given line,
$y = -\dfrac{3}{2}x + 3$.
Sample answer:
Multiply $y = -\dfrac{3}{2}x + 3$ by 2 on both sides.
$2y = -3x + 6$

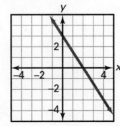

36. $\begin{cases} y = -\dfrac{3}{2}x + 10 \\ y = 6 \end{cases}$

$6 = -\dfrac{3}{2}x + 10$
$\dfrac{3}{2}x = 4$
$x = \dfrac{8}{3}$
Solution: $\left(\dfrac{8}{3}, 6\right)$

$\begin{cases} y = -\dfrac{3}{2}x + 3 \\ y = 6 \end{cases}$

$6 = -\dfrac{3}{2}x + 3$
$\dfrac{3}{2}x = -3$
$x = -2$
Solution: $(-2, 6)$

37. Answers may vary. Answers should be of the form $y = c$, where c is a real number.
Sample answer: $y = 8$

38. $\begin{cases} x - 3 + x - 3 + y = 21 \\ 2x + 2(2y) = 48 \end{cases}$

$\begin{cases} 2x + y = 27 \\ 2x + 4y = 48 \end{cases}$

$\begin{aligned} -2x - y &= -27 \\ +\ 2x + 4y &= 48 \\ \hline 3y &= 21 \\ y &= 7 \end{aligned}$

Substitute $y = 7$ into the third equation.
$2x + 7 = 27$
$2x = 20$
$x = 10$

The dimensions of the rectangle are $x = 10$ and $2y = 14$.

39. Let y = total sales
x = year
Vegiland: $y = 40{,}070 + 500(x - 1980)$
$y = 500x - 949{,}930$

Megaveggies: $y = 43{,}750 + 500(x - 1980)$
$y = 500x - 946{,}250$

40. Never, the system is inconsistent.

41. $\begin{cases} \text{Job } 1 = 2500(12) + 800 + 750(12) \\ \text{Job } 2 = 3250(12) + 2(350) \end{cases}$

Job 1 = \$39,800
Job 2 = \$39,700
Choose Job 1; it pays \$100 more per year.

PAGE 344, LOOK BACK

42. $abc = (-1)(-3)(4)$
$= 3(4)$
$= 12$

43. $-abc = -(-1)(-3)(4)$
$= (1)(-3)(4)$
$= -12$

44. $-(a + b) = -((-1) + (-3))$
$= -(-4)$
$= 4$

45. $-a + bc = -(-1) + (-3)(4)$
$= 1 + -12$
$= -11$

46. $a^2 + b^2 = (-1)^2 + (-3)^2$
$= 1 + 9$
$= 10$

47. $a + b + c = (-1) + (-3) + (4)$
$= -4 + 4$
$= 0$

48. $-(a + b + c) = -((-1) + (-3) + 4)$
$= -(0)$
$= 0$

49. $2c - 5 = 15$
$2c = 20$
$c = 10$

50. $-3c + 4 = -14$
$-3c = -18$
$c = 6$

51. $4c + 7 = -5$
$4c = -12$
$c = -3$

52. $ac + b = d$
$ac = d - b$
$c = \dfrac{d - b}{a}$

53. $\dfrac{a + c}{d} = 3$
$a + c = 3d$
$c = 3d - a$

54. $ad - c = -b$
$-c = -b - ad$
$c = b + ad$

55. $-b(a - c) = d$
$a - c = -\dfrac{d}{b}$
$-c = -\dfrac{d}{b} - a$
$c = \dfrac{d}{b} + a$
$c = \dfrac{d + ab}{b}$

56. $c(b - d) = a$

$c = \dfrac{a}{b - d}$

57. $2x + 5y = 7$

$5y = -2x + 7$

$y = -\dfrac{2}{5}x + \dfrac{7}{5}$

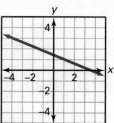

slope $= -\dfrac{2}{5}$

y-intercept $= \dfrac{7}{5}$

58. $3x + 2y = 6x + 9$

$-3x + 2y = 9$

$3x - 2y = -9$

59. $\begin{cases} 2x + 3y = 6 \\ x + y = 4 \end{cases}$

$2x + 3y = 6$
$+(-2x) - 2y = -8$
$\overline{y = -2}$

Substitute $y = -2$ into the second equation.
$x + (-2) = 4$
$x = 6$
Solution: $(6, -2)$

60. $-t + 3v = 9$
$+ t - v = 12$
$\overline{2v = 21}$

$v = \dfrac{21}{2}$

Substitute $v = \dfrac{21}{2}$ into the second equation.

$t - \left(\dfrac{21}{2}\right) = 12$

$t = \dfrac{45}{2}$

Solution: $\left(\dfrac{45}{2}, \dfrac{21}{2}\right)$

61. $\begin{cases} -4p - 8q = 24 \\ p - 5q = 2 \end{cases}$

$-4p - 8q = 24$
$+ 4p - 20q = 8$
$\overline{-28q = 32}$

$q = -\dfrac{32}{28} = -\dfrac{8}{7}$

Substitute $q = -\dfrac{8}{7}$ into the second equation.

$p - 5\left(-\dfrac{8}{7}\right) = 2$

$p + \dfrac{40}{7} = 2$

$p = -\dfrac{26}{7}$

Solution: $\left(-\dfrac{26}{7}, -\dfrac{8}{7}\right)$

62. $\begin{cases} x + y = 3 \\ 2x = 7y + 7 \end{cases}$

$-2x - 2y = -6$
$+ 2x - 7y = 7$
$\overline{-9y = 1}$

$y = -\dfrac{1}{9}$

Substitute $y = -\dfrac{1}{9}$ into the first equation.

$x - \dfrac{1}{9} = 3$

$x = \dfrac{28}{9}$

Solution: $\left(\dfrac{28}{9}, -\dfrac{1}{9}\right)$

63. $\begin{cases} y = 2x + 1 \\ x = 2y + 1 \end{cases}$

Substitute $y = 2x + 1$ into the second equation.
$x = 2(2x + 1) + 1$
$x = 4x + 2 + 1$
$3x = -3$
$x = -1$

Substitute $x = -1$ into the first equation.
$y = 2(-1) + 1$
$y = -1$
Solution: $(-1, -1)$

64. $\begin{cases} 2y + 3x = 7 \\ -3y + 2x = -3 \end{cases}$

$\begin{cases} 3(2y) + 3(3x) = 3(7) \\ 2(-3y) + 2(2x) = 2(-3) \end{cases}$

$6y + 9x = 21$
$+ (-6y) + 4x = -6$
$\overline{\qquad\qquad\qquad\qquad}$
$13x = 15$
$x = \frac{15}{13}$

Substitute $x = \frac{15}{13}$ into the first equation.
$2y + 3\left(\frac{15}{13}\right) = 7$
$2y = \frac{46}{13}$
$y = \frac{23}{13}$
Solution: $\left(\frac{15}{13}, \frac{23}{13}\right)$

PAGE 344, LOOK BEYOND

65. number of hours $= \frac{15}{60} + \frac{12}{40}$
$= \frac{30}{120} + \frac{36}{120}$
$= \frac{66}{120}$
$= \frac{33}{60}$

Solution: 33 minutes

7.5 PAGE 350, GUIDED SKILLS PRACTICE

7. $x - 3y < 12$
$3y > x - 12$
$y > \frac{1}{3}x - 4$

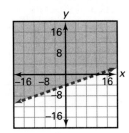

8. $4x - y \leq 7$
$-y \leq -4x + 7$
$y \geq 4x - 7$

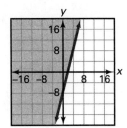

9. $-2y > 3x - 1$
$y < -\frac{3}{2}x + \frac{1}{2}$

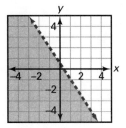

10. $-3r - 5t \geq 10$

$-5t \geq 3r + 10$

$t \leq -\frac{3}{5}r - 2$

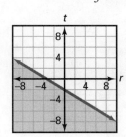

11. $\begin{cases} 3x + y > 3 \\ 4x + 3y \leq 9 \end{cases}$

$\begin{cases} y > -3x + 3 \\ 3y \leq -4x + 9 \end{cases}$

$\begin{cases} y > -3x + 3 \\ y \leq -\frac{4}{3}x + 3 \end{cases}$

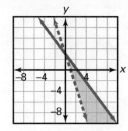

12. $\begin{cases} y > \frac{3}{4}x - 2 \\ -x + 6y \leq 12 \end{cases}$

$\begin{cases} y > \frac{3}{4}x - 2 \\ 6y \leq x + 12 \end{cases}$

$\begin{cases} y > \frac{3}{4}x - 2 \\ y \leq \frac{1}{6}x + 2 \end{cases}$

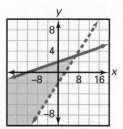

13. $\begin{cases} -2c + 6 < d \\ c - d < 5 \end{cases}$

$\begin{cases} d > -2c + 6 \\ -d < -c + 5 \end{cases}$

$\begin{cases} d > -2c + 6 \\ d > c - 5 \end{cases}$

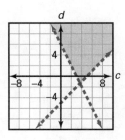

14. $\begin{cases} x > -2 \\ 5y - 3x \geq -20 \end{cases}$

$\begin{cases} x > -2 \\ 5y \geq 3x - 20 \end{cases}$

$\begin{cases} x > -2 \\ y \geq \frac{3}{5}x - 4 \end{cases}$

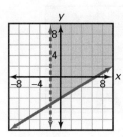

15. Let p = number of perennials
a = number of annuals

$\begin{cases} 4.00p + 1.50a \leq 100 \\ a + p \geq 30 \\ a \geq 0 \\ p \geq 0 \end{cases}$

$\begin{cases} 4.00p \leq -1.50a + 100 \\ p \geq -a + 30 \\ a \geq 0 \\ p \geq 0 \end{cases}$

$\begin{cases} p \leq -\frac{3}{8}a + 25 \\ p \geq -a + 30 \\ a \geq 0 \\ p \geq 0 \end{cases}$

The shaded region contains all the possible combinations.

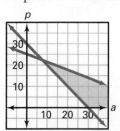

CHAPTER 7 **199**

PAGES 350–351, PRACTICE AND APPLY

16. $y \geq \frac{1}{2}x + 2$

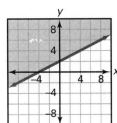

17. $-2x + 3y < -15$
$3y < 2x - 15$
$y < \frac{2}{3}x - 5$

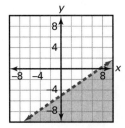

18. $4y + x > -1$
$4y > -x - 1$
$y > -\frac{1}{4}x - \frac{1}{4}$

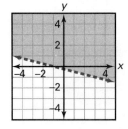

19. $2x - 7y \leq -14$
$-7y \leq -2x - 14$
$y \geq \frac{2}{7}x + 2$

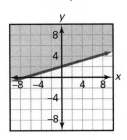

20. $6y \leq -4x - 24$
$y \leq -\frac{2}{3}x - 4$

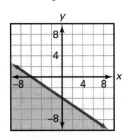

21. $10x - 15y < 30$
$-15y < -10x + 30$
$y > \frac{2}{3}x - 2$

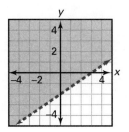

22. $7x - y < 3$
$-y < -7x + 3$
$y > 7x - 3$

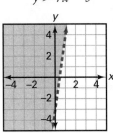

23. $y < 2x$

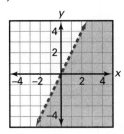

24. $3x + 5y \leq 25$
$5y \leq -3x + 25$
$y \leq -\frac{3}{5}x + 5$

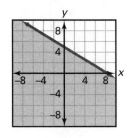

25. $5x - 4y < -24$
$-4y < -5x - 24$
$y > \frac{5}{4}x + 6$

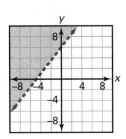

26. $2m - 7n \geq 14$
$-7n \geq -2m + 14$
$n \leq \frac{2}{7}m - 2$

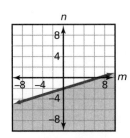

27. $-3r - 5t < 10$
$-5t < 3r + 10$
$t > -\frac{3}{5}r - 2$

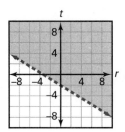

28. $k > \frac{5}{7}h - 9$

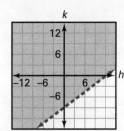

29. $8c - 2f > 10$
$-2f > -8c + 10$
$f < 4c - 5$

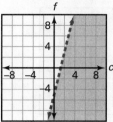

30. $4m - 3p < 9$
$-3p < -4m + 9$
$p > \frac{4}{3}m - 3$

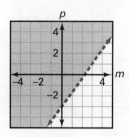

31. $j - k < -1$
$-k < -j - 1$
$k > j + 1$

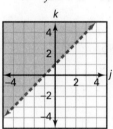

32. $\begin{cases} 2x - 3y > 6 \\ 5x + 4y < 12 \end{cases}$

$\begin{cases} -3y > -2x + 6 \\ 4y < -5x + 12 \end{cases}$

$\begin{cases} y < \frac{2}{3}x - 2 \\ y < -\frac{5}{4}x + 3 \end{cases}$

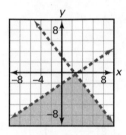

33. $\begin{cases} x - 4y \leq 12 \\ 4y + x \leq 12 \end{cases}$

$\begin{cases} -4y \leq -x + 12 \\ 4y \leq -x + 12 \end{cases}$

$\begin{cases} y \geq \frac{1}{4}x - 3 \\ y \leq -\frac{1}{4}x + 3 \end{cases}$

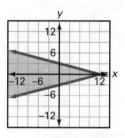

34. $\begin{cases} y < x - 5 \\ y \leq 3 \end{cases}$

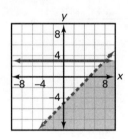

35. $\begin{cases} 2x + y \leq 4 \\ 2y + x \geq 8 \end{cases}$

$\begin{cases} y \leq -2x + 4 \\ 2y \geq -x + 8 \end{cases}$

$\begin{cases} y \leq -2x + 4 \\ y \geq -\frac{1}{2}x + 4 \end{cases}$

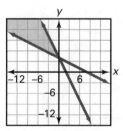

36. $\begin{cases} 5y < 2x - 5 \\ 4x + 3y \leq 9 \end{cases}$

$\begin{cases} y < \frac{2}{5}x - 1 \\ 3y \leq -4x + 9 \end{cases}$

$\begin{cases} y < \frac{2}{5}x - 1 \\ y \leq -\frac{4}{3}x + 3 \end{cases}$

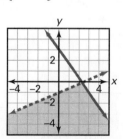

37. $\begin{cases} 4y < 3x + 8 \\ y \leq 1 \end{cases}$

$\begin{cases} y < \frac{3}{4}x + 2 \\ y \leq 1 \end{cases}$

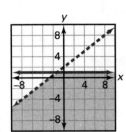

38. $\begin{cases} x \geq 4 \\ 0 < y \end{cases}$

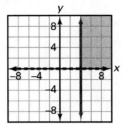

39. $\begin{cases} x - 2y < 8 \\ x + y \geq 5 \end{cases}$

$\begin{cases} -2y < -x + 8 \\ y \geq -x + 5 \end{cases}$

$\begin{cases} y > \frac{1}{2}x - 4 \\ y \geq -x + 5 \end{cases}$

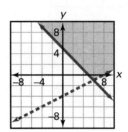

40. $\begin{cases} 3x - y > -2 \\ x - y > -1 \end{cases}$

$\begin{cases} -y > -3x - 2 \\ -y > -x - 1 \end{cases}$

$\begin{cases} y < 3x + 2 \\ y < x + 1 \end{cases}$

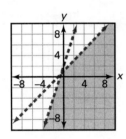

41. $\begin{cases} 2y \leq -x + 6 \\ -3x + 4y < -8 \end{cases}$

$\begin{cases} y \leq -\frac{1}{2}x + 3 \\ 4y < 3x - 8 \end{cases}$

$\begin{cases} y \leq -\frac{1}{2}x + 3 \\ y < \frac{3}{4}x - 2 \end{cases}$

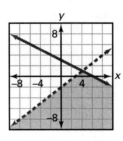

42. $\begin{cases} -5a + b < -1 \\ -a + 5b > -5 \end{cases}$

$\begin{cases} b < 5a - 1 \\ 5b > a - 5 \end{cases}$

$\begin{cases} b < 5a - 1 \\ b > \frac{1}{5}a - 1 \end{cases}$

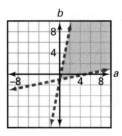

43. $\begin{cases} 4w - z \geq 2 \\ 3w + z \geq 7 \end{cases}$

$\begin{cases} -z \geq -4w + 2 \\ z \geq -3w + 7 \end{cases}$

$\begin{cases} z \leq 4w - 2 \\ z \geq -3w + 7 \end{cases}$

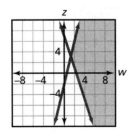

44. $\begin{cases} y < x \\ y > -x \end{cases}$

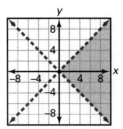

45. $\begin{cases} 7q - 5r < 30 \\ 5q + 7r \leq 42 \end{cases}$

$\begin{cases} -5r < -7q + 30 \\ 7r \leq -5q + 42 \end{cases}$

$\begin{cases} r > \frac{7}{5}q - 6 \\ r \leq -\frac{5}{7}q + 6 \end{cases}$

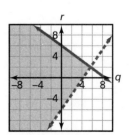

46. $\begin{cases} 5c > 4b \\ c \leq 3 \end{cases}$

$\begin{cases} c > \frac{4}{5}b \\ c \leq 3 \end{cases}$

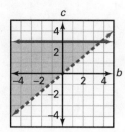

47. $\begin{cases} t < 5 \\ -3t - 7v > 14 \end{cases}$

$\begin{cases} t < 5 \\ -7v > 3t + 14 \end{cases}$

$\begin{cases} t < 5 \\ v < -\frac{3}{7}t - 2 \end{cases}$

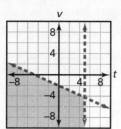

48. $\begin{cases} z - x > 3 \\ z + x < 3 \end{cases}$

$\begin{cases} z > x + 3 \\ z < -x + 3 \end{cases}$

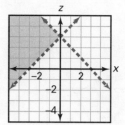

49. $\begin{cases} y - 2x \leq 2 \\ y + 2x \geq 2 \end{cases}$

$\begin{cases} y \leq 2x + 2 \\ y \geq -2x + 2 \end{cases}$

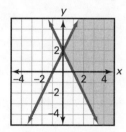

50. $\begin{cases} 3m - 2n > 0 \\ 2m + 3n < -3 \end{cases}$

$\begin{cases} -2n > -3m \\ 3n < -2m - 3 \end{cases}$

$\begin{cases} n < \frac{3}{2}m \\ n < -\frac{2}{3}m - 1 \end{cases}$

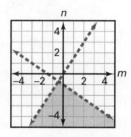

51. $\begin{cases} 8x + 2y \geq 1 \\ x - 3y < 4 \end{cases}$

$\begin{cases} 2y \geq -8x + 1 \\ -3y < -x + 4 \end{cases}$

$\begin{cases} y \geq -4x + \frac{1}{2} \\ y > \frac{1}{3}x - \frac{4}{3} \end{cases}$

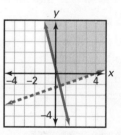

52. $\begin{cases} 2l + 3m < 4 \\ -\frac{1}{2}l + \frac{1}{3}m > -5 \end{cases}$

$\begin{cases} 3m < -2l + 4 \\ \frac{1}{3}m > \frac{1}{2}l - 5 \end{cases}$

$\begin{cases} m < -\frac{2}{3}l + \frac{4}{3} \\ m > \frac{3}{2}l - 15 \end{cases}$

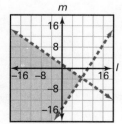

53. $\begin{cases} x - 2y < 2 \\ 3x + \frac{1}{2}y \leq -2 \end{cases}$

$\begin{cases} -2y < -x + 2 \\ \frac{1}{2}y \leq -3x - 2 \end{cases}$

$\begin{cases} y > \frac{1}{2}x - 1 \\ y \leq -6x - 4 \end{cases}$

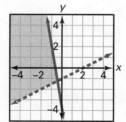

54. $\begin{cases} w + v < 2 \\ v - w \geq -3 \end{cases}$

$\begin{cases} w < -v + 2 \\ -w \geq -v - 3 \end{cases}$

$\begin{cases} w < -v + 2 \\ w \leq v + 3 \end{cases}$

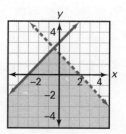

55. $\begin{cases} 8x + 5y \leq -2 \\ -5x \leq -3y + 2 \end{cases}$

$\begin{cases} 5y \leq -8x - 2 \\ 3y \leq 5x + 2 \end{cases}$

$\begin{cases} y \leq -\frac{8}{5}x - \frac{2}{5} \\ y \leq \frac{5}{3}x + \frac{2}{3} \end{cases}$

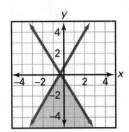

56. $\begin{cases} 8x + 4y \leq 30 \\ 2x + 2y \geq 12 \end{cases}$

$\begin{cases} 4y \leq -8x + 30 \\ 2y \geq -2x + 12 \end{cases}$

$\begin{cases} y \leq -2x + 7.5 \\ y \geq -x + 6 \end{cases}$

Since x and y are lengths, we must also consider $x > 0$ and $y > 0$.

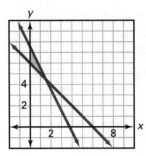

57. Let x = number of field goals
    y = number of free throws
    $2x + y \leq 16$

field goals	free throws
0	16
1	14
2	12
3	10
4	8
5	6
6	4
7	2
8	0

58. Let m = time spent on math
    s = time spent on science

$\begin{cases} m + s \leq 2 \\ m = 2s \end{cases}$

Substitute $m = 2s$ into the first equation.

$2s + s \leq 2$
$3s \leq 2$
$s \leq \frac{2}{3}$ hour

$\frac{2}{3}$ hour is the maximum time Anna usually spends on science.

59. Boundary on left:
slope = $\frac{4-2}{-1-(-2)} = \frac{2}{1} = 2$
y-intercept = 6
$y = 2x + 6$

Boundary on right:
slope = $\frac{4-0}{2-0} = \frac{4}{2} = 2$
y-intercept = 0
$y = 2x$
So $y \geq 2x$ and $y \leq 2x + 6$, or
$2x \leq y \leq 2x + 6$.

PAGE 352, LOOK BACK

60. Sequence   5   17   37   65   101
    First differences   12   20   28   36

61. First differences   12   20   28   36
    Second differences   8   8   8
    The second differences are a constant 8.

62. $-8 - 2\left[3 + 6\left(5 - \frac{4}{2}\right) + 7\right] = -8 - 2[3 + 6(3) + 7]$
    $= -8 - 2[3 + 18 + 7]$
    $= -8 - 2[28]$
    $= -8 - 56$
    $= -64$

63. $\frac{\$1200}{20} = \$60$

64. $2x^2 + 4 + 3y - x^2 + 2 = (2x^2 - x^2) + 3y + (4 + 2)$
    $= x^2 + 3y + 6$

65. $3a + a + z + 4a + 2b^2 - b = (3a + a + 4a) + 2b^2 - b + z$
    $= 8a + 2b^2 - b + z$

66. $\begin{cases} x + y = 7 \\ x + 3y = 9 \end{cases}$

$\begin{cases} y = -x + 7 \\ y = -\frac{1}{3}x + 3 \end{cases}$

first slope $= -1$
second slope $= -\frac{1}{3}$
neither

67. $\begin{cases} -2x + y = -5 \\ -2x - y = 5 \end{cases}$

$\begin{cases} y = 2x - 5 \\ y = -2x - 5 \end{cases}$

first slope $= 2$
second slope $= -2$
neither

68. $\begin{cases} -x + 2y = 6 \\ -x + 2y = -3 \end{cases}$

$\begin{cases} y = \frac{1}{2}x + 3 \\ y = \frac{1}{2}x - \frac{3}{2} \end{cases}$

first slope $= \frac{1}{2}$
second slope $= \frac{1}{2}$
parallel

69. $\begin{cases} x - 2y = 4 \\ 2x + y = 1 \end{cases}$

$\begin{cases} y = \frac{1}{2}x - 2 \\ y = -2x + 1 \end{cases}$

first slope $= \frac{1}{2}$
second slope $= -2$
perpendicular

70. $\begin{cases} 3x = 2y \\ 3x - 2y = 0 \end{cases}$

$\begin{cases} y = \frac{3}{2}x \\ y = \frac{3}{2}x \end{cases}$

first slope $= \frac{3}{2}$
second slope $= \frac{3}{2}$
parallel

71. $\begin{cases} x - y = 4 \\ y + x = 2 \end{cases}$

$\begin{cases} y = x - 4 \\ y = -x + 2 \end{cases}$

first slope $= 1$
second slope $= -1$
perpendicular

72. $\begin{cases} 3x = 4 \\ 3y = 2 \end{cases}$

first slope is undefined
second slope is 0
perpendicular

73. $\begin{cases} 8x + 2y = 5 \\ x + y = -4 \end{cases}$

$\begin{cases} 2y = -8x + 5 \\ y = -x - 4 \end{cases}$

$\begin{cases} y = -4x + \frac{5}{2} \\ y = -x - 4 \end{cases}$

first slope $= -4$
second slope $= -1$
neither

PAGE 352, LOOK BEYOND

74. $f(x) = 2x + 4$
$f(3) = 2(3) + 4$
$ = 6 + 4$
$ = 10$

75. $f(x) = 2x + 4$
$f(-2) = 2(-2) + 4$
$ = -4 + 4$
$ = 0$

76. $f(x) = 2x + 4$
$f\left(-\frac{1}{2}\right) = 2\left(-\frac{1}{2}\right) + 4$
$\phantom{f\left(-\frac{1}{2}\right)} = -1 + 4$
$\phantom{f\left(-\frac{1}{2}\right)} = 3$

PAGE 358, GUIDED SKILLS PRACTICE

5. Let G = Gabriel's age now
S = Sam's age now
$$\begin{cases} G = S + 16 \\ G + 4 = 2(S + 4) \end{cases}$$
Substitute $G = S + 16$ into the second equation.
$S + 16 + 4 = 2(S + 4)$
$S + 20 = 2S + 8$
$S = 12$
Substitute $S = 12$ into the first equation.
$G = 12 + 16 = 28$
Gabriel is 28 and Sam is 12.

6. Let r = rate of boat in still water
c = rate of current
since distance = rate × time
$$\begin{cases} 20 = (r + c)2.5 \\ 20 = (r - c)3 \end{cases}$$
$$\begin{cases} 2.5r + 2.5c = 20 \\ 3r - 3c = 20 \end{cases}$$
$-7.5r - 7.5c = -60$
$+ 7.5r - 7.5c = 50$
$\overline{}$
$-15c = -10$
$c = \frac{10}{15} = \frac{2}{3}$
rate of current = $\frac{2}{3}$ mph

7. Let x = the tens digit
y = the ones digit
$$\begin{cases} x + y = 8 \\ 10x + y + 16 = 3(10y + x) \end{cases}$$
$$\begin{cases} x + y = 8 \\ 7x - 29y = -16 \end{cases}$$
$-7x - 7y = -56$
$+ 7x - 29y = -16$
$\overline{}$
$-36y = -72$
$y = 2$
Substitute $y = 2$ into the first equation.
$x + 2 = 8$
$x = 6$
original number = 62

8. Let n = number of nickels
q = number of quarters
$$\begin{cases} n + q = 20 \\ 0.05n + 0.25q = 2.60 \end{cases}$$
$-0.05n - 0.05q = -1$
$+ 0.05n + 0.25q = 2.60$
$\overline{}$
$0.20q = 1.60$
$q = 8$
8 quarters

9. Let x = amount of 15% glucose solution
y = amount of 35% glucose solution
$$\begin{cases} x + y = 35 \\ 0.15x + 0.35y = 0.19(35) \end{cases}$$
$-0.15x - 0.15y = -5.25$
$+ 0.15x + 0.35y = 6.65$
$\overline{}$
$0.2y = 1.4$
$y = 7$
Substitute $y = 7$ into the first equation.
$x + 7 = 35$
$x = 28$
28 liters of 15% glucose solution and
7 liters of 35% glucose solution

PAGES 358–359, PRACTICE AND APPLY

10. Let r = rate of canoe in still water
  c = rate of current

$\begin{cases} 1.5(r - c) = 6 \\ (r + c) = 6 \end{cases}$

$\begin{cases} 1.5r - 1.5c = 6 \\ r + c = 6 \end{cases}$

$1.5r - 1.5c = 6$
$\underline{+\ 1.5r + 1.5c = 9}$
$3r = 15$
$\ r = 5$

Substitute $r = 5$ into the second equation.
$5 + c = 6$
$c = 1$

rate of canoe = 5 mph
rate of current = 1 mph

11. Let d = number of dimes
  q = number of quarters

$\begin{cases} q = 6d \\ 0.10d + 0.25q = 28.80 \end{cases}$

Substitute $q = 6d$ into the second equation.
$0.10d + 0.25(6d) = 28.80$
$1.6d = 28.80$
$d = 18$

Substitute $d = 18$ into the first equation.
$q = 6(18) = 108$
18 dimes, 108 quarters

12. Let x = tens digit
  y = units digit

$\begin{cases} x = y - 4 \\ 10x + y = 3(x + y) + 2 \end{cases}$

Substitute $x = y - 4$ into the second equation.
$10(y - 4) + y = 3(y - 4 + y) + 2$
$11y - 40 = 6y - 10$
$5y = 30$
$y = 6$

Substitute $y = 6$ into the first equation.
$x = 6 - 4 = 2$
The original number is 26.

13. Let M = Maya's age now
  D = David's age now

$\begin{cases} M + 15 = 2D \\ D + 15 = M + 10 \end{cases}$

$M - 2D = -15$
$\underline{+\ -M + D = -5}$
$-D = -20$
$D = 20$

Substitute $D = 20$ into the first equation.
$M + 15 = 2(20)$
$M = 25$
Maya is 25 and David is 20.

14. Let A = Anjie's age now
  C = Carol's age now

$\begin{cases} A + C = 66 \\ C = 3A + 2 \end{cases}$

Substitute $C = 3A + 2$ into the first equation.
$A + 3A + 2 = 66$
$4A = 64$
$A = 16$

Substitute $A = 16$ into the first equation.
$16 + C = 66$
$C = 50$
Carol is 50 and Anjie is 16.

15. Let W = Wymon's age now
  S = Sabrina's age now

$\begin{cases} W = S + 20 \\ W + 8 = 2(S + 8) \end{cases}$

Substitute $W = S + 20$ into the second equation.
$S + 20 + 8 = 2(S + 8)$
$S + 28 = 2S + 16$
$S = 12$

Substitute $S = 12$ into the first equation.
$W = 12 + 20 = 32$
Wymon is 32 and Sabrina is 12.

16. Let p = number of pennies
n = number of nickels

$$\begin{cases} 0.01p + 0.05n = 17.00 \\ p + n = 1140 \end{cases}$$

$$\begin{aligned} 0.01p + 0.05n &= 17.00 \\ -0.01p - 0.01n &= -11.40 \\ \hline 0.04n &= 5.60 \\ n &= 140 \end{aligned}$$

There are 140 nickels.

17. Let x = tens digit
y = ones digit

$$\begin{cases} x + y = 13 \\ 2x = y - 1 \end{cases}$$

Solve the second equation for y.
$y = 2x + 1$

Substitute $y = 2x + 1$ into the first equation.
$$\begin{aligned} x + 2x + 1 &= 13 \\ 3x + 1 &= 13 \\ 3x &= 12 \\ x &= 4 \end{aligned}$$

Substitute $x = 4$ into the first equation.
$$\begin{aligned} 4 + y &= 13 \\ y &= 9 \end{aligned}$$
The original number is 49.

18. Let x = amount of 20% salt solution
y = amount of 10% salt solution

$$\begin{cases} 0.20x + 0.10y = 0.14(45) \\ x + y = 45 \end{cases}$$

Solve the second equation for y.
$y = 45 - x$

Substitute $y = 45 - x$ into the first equation.
$$\begin{aligned} 0.20x + 0.10(45 - x) &= 0.14(45) \\ 0.20x + 4.5 - 0.10x &= 6.3 \\ 0.10x &= 1.8 \\ x &= 18 \end{aligned}$$

Substitute $x = 18$ into the second equation.
$$\begin{aligned} 18 + y &= 45 \\ y &= 27 \end{aligned}$$
18 ounces of the 20% salt solution and 27 ounces of the 10% salt solution

19. Let x = amount of 4% salt solution
y = amount of 16% salt solution

$$\begin{cases} 0.04x + 0.16y = 0.10(600) \\ x + y = 600 \end{cases}$$

Solve the second equation for y.
$y = 600 - x$

Substitute $y = 600 - x$ into the first equation.
$$\begin{aligned} 0.04x + 0.16(600 - x) &= 0.10(600) \\ 0.04x + 96 - 0.16x &= 60 \\ -0.12x &= -36 \\ x &= 300 \end{aligned}$$

Substitute $x = 300$ into the second equation.
$$\begin{aligned} 300 + y &= 600 \\ y &= 300 \end{aligned}$$
300 ml of the 4% salt solution and 300 ml of the 16% salt solution

20. Let J = jet's speed
W = wind speed

$$\begin{cases} 4(J + W) = 2000 \\ 5(J - W) = 2000 \end{cases}$$

$$\begin{aligned} J + W &= 500 \\ + J - W &= 400 \\ \hline 2J &= 900 \\ J &= 450 \end{aligned}$$

Substitute $J = 450$ into the third equation.
$$\begin{aligned} 450 + W &= 500 \\ W &= 50 \end{aligned}$$
The jet's speed is 450 mph and wind speed is 50 mph.

21. Let P = pounds of peanuts
R = pounds of raisins

$$\begin{cases} P + R = 1 \\ 1.25P + 2.75R = 1.75 \end{cases}$$

Solve the first equation for P.
$P = 1 - R$

Substitute $P = 1 - R$ into the second equation.
$$\begin{aligned} 1.25(1 - R) + 2.75R &= 1.75 \\ 1.25 - 1.25R + 2.75R &= 1.75 \\ 1.5R &= 0.5 \\ R &= \tfrac{1}{3} \end{aligned}$$

Substitute $R = \tfrac{1}{3}$ into the first equation.
$$\begin{aligned} P + \tfrac{1}{3} &= 1 \\ P &= \tfrac{2}{3} \end{aligned}$$
$\tfrac{2}{3}$ lb of peanuts and $\tfrac{1}{3}$ lb of raisins

PAGE 359, LOOK BACK

22. $2x + 4y - 3z = 2(2) + 4(1) - 3(1)$
$= 4 + 4 - 3$
$= 5$

23. $\dfrac{2x - z}{5} = \dfrac{2(2) - (1)}{5}$
$= \dfrac{4 - 1}{5}$
$= \dfrac{3}{5}$

24. $\dfrac{x + y}{z} = \dfrac{2 + 1}{1}$
$= 3$

25. $3xyz = 3(2)(1)(1)$
$= 6$

26. $(29 + 1) \div 3 \cdot 2 - 4 = 30 \div 3 \cdot 2 - 4$
$= 10 \cdot 2 - 4$
$= 20 - 4$
$= 16$

27. $-[2(a + b)] = -[2a + 2b]$
$= -2a - 2b$

28. $-[-11(x - y)] = -[-11x + 11y]$
$= 11x - 11y$

29. $2(x - y) + 3[-2(x + y)] = 2x - 2y + 3[-2x - 2y]$
$= 2x - 2y - 6x - 6y$
$= -4x - 8y$

30. $3x + 4y = 12$
$4y = -3x + 12$
$y = -\dfrac{3}{4}x + 3$
slope $= -\dfrac{3}{4}$

31. $5y = 10x - 20$
$y = 2x - 4$
slope $= 2$

PAGE 359, LOOK BEYOND

32. $\sqrt{\dfrac{25}{625}} = \dfrac{\sqrt{25}}{\sqrt{625}}$
$= \dfrac{5}{25}$
$= \dfrac{1}{5}$

33. $\sqrt{a^2} = a$ if $a \geq 0$,
$\sqrt{a^2} = -a$ if $a < 0$

CHAPTER 7 REVIEW AND ASSESSMENT   PAGES 362–364

1. $\begin{cases} x - y = 6 \\ x + 2y = -9 \end{cases}$

$\begin{cases} y = x - 6 \\ y = -\dfrac{1}{2}x - \dfrac{9}{2} \end{cases}$

Solution: $(1, -5)$

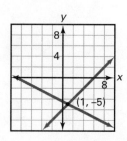

2. $\begin{cases} y = -x \\ y = 2x \end{cases}$

Solution: $(0, 0)$

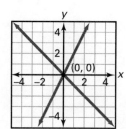

3. $\begin{cases} x + 6y = 3 \\ 3x + y = -8 \end{cases}$

$\begin{cases} y = -\dfrac{1}{6}x + \dfrac{1}{2} \\ y = -3x - 8 \end{cases}$

Solution: $(-3, 1)$

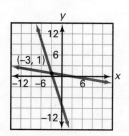

CHAPTER 7   **209**

4. $\begin{cases} 3x + y = 6 \\ y + 2 = x \end{cases}$

$\begin{cases} y = -3x + 6 \\ y = x - 2 \end{cases}$

Solution: $(2, 0)$

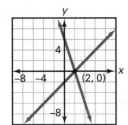

5. $\begin{cases} 8x + 6y = 2 \\ x + 2y = -3 \end{cases}$

$\begin{cases} y = -\frac{4}{3}x + \frac{1}{3} \\ y = -\frac{1}{2}x - \frac{3}{2} \end{cases}$

Solution: $\left(2\frac{1}{5}, -2\frac{3}{5}\right)$

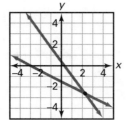

6. $\begin{cases} -x + 2y = 1 \\ x - 2y = 3 \end{cases}$

$\begin{cases} y = \frac{1}{2}x + \frac{1}{2} \\ y = \frac{1}{2}x - \frac{3}{2} \end{cases}$

no solution

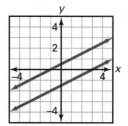

7. $\begin{cases} y = 3x + 7 \\ y = 2x - 6 \end{cases}$

Solution: $(-13, -32)$

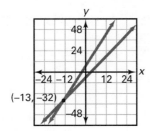

8. $\begin{cases} y = -3x + 1 \\ y = -2x \end{cases}$

Solution: $(1, -2)$

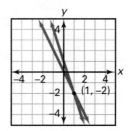

9. $\begin{cases} 2x + y = 1 \\ x + y = 2 \end{cases}$

Solve the second equation for x.
$x = 2 - y$

Substitute $x = 2 - y$ into the first equation.
$2(2 - y) + y = 1$
$4 - 2y + y = 1$
$y = 3$

Substitute $y = 3$ into the second equation.
$x + 3 = 2$
$x = -1$
Solution: $(-1, 3)$

10. $\begin{cases} x - y = 6 \\ 2x - 4y = 28 \end{cases}$

Solve the first equation for x.
$x = y + 6$

Substitute $x = y + 6$ into the second equation.
$2(y + 6) - 4y = 28$
$2y + 12 - 4y = 28$
$-2y = 16$
$y = -8$

Substitute $y = -8$ into the first equation.
$x - (-8) = 6$
$x = -2$
Solution: $(-2, -8)$

11. $\begin{cases} x + 2y = 1 \\ 2x - 8y = -1 \end{cases}$

Solve the first equation for x.
$x = 1 - 2y$
Substitute $x = 1 - 2y$ into the second equation.
$2(1 - 2y) - 8y = -1$
$2 - 4y - 8y = -1$
$2 - 12y = -1$
$-12y = -3$
$y = \frac{1}{4}$

Substitute $y = \frac{1}{4}$ into the first equation.
$x + 2\left(\frac{1}{4}\right) = 1$
$x = \frac{1}{2}$
Solution: $\left(\frac{1}{2}, \frac{1}{4}\right)$

12. $\begin{cases} 4x = 3y + 44 \\ x + y = -3 \end{cases}$

Solve the second equation for x.
$x = -3 - y$
Substitute $x = -3 - y$ into the first equation.
$4(-3 - y) = 3y + 44$
$-12 - 4y = 3y + 44$
$7y = -56$
$y = -8$

Substitute $y = -8$ into the second equation.
$x - 8 = -3$
$x = 5$
Solution: $(5, -8)$

13. $\begin{cases} y = \frac{1}{2}x + 2 \\ 3x + y = 7 \end{cases}$

Substitute $y = \frac{1}{2}x + 2$ into the second equation.
$3x + \frac{1}{2}x + 2 = 7$
$\frac{7}{2}x = 5$
$x = \frac{10}{7}$

Substitute $x = \frac{10}{7}$ into the first equation.
$y = \frac{1}{2}\left(\frac{10}{7}\right) + 2$
$y = \frac{19}{7}$
Solution: $\left(\frac{10}{7}, \frac{19}{7}\right)$

14. $\begin{cases} \frac{3}{5}x - 2y = 5 \\ x = \frac{4}{5}y + 2 \end{cases}$

Substitute $x = \frac{4}{5}y + 2$ into the first equation.
$\frac{3}{5}\left(\frac{4}{5}y + 2\right) - 2y = 5$
$\frac{12}{25}y + \frac{6}{5} - 2y = 5$
$-\frac{38}{25}y = \frac{19}{5}$
$y = -\frac{5}{2}$

Substitute $y = -\frac{5}{2}$ into the second equation.
$x = \frac{4}{5}\left(-\frac{5}{2}\right) + 2$
$x = 0$
Solution: $\left(0, -\frac{5}{2}\right)$

15. $\begin{cases} 4m + 5n = 6 \\ -3m - 2n = -4 \end{cases}$

Solve the first equation for m.
$m = -\frac{5}{4}n + \frac{3}{2}$
Substitute $m = -\frac{5}{4}n + \frac{3}{2}$ into the second equation.
$-3\left(-\frac{5}{4}n + \frac{3}{2}\right) - 2n = -4$
$\frac{15}{4}n - \frac{9}{2} - 2n = -4$
$15n - 18 - 8n = -16$
$7n = 2$
$n = \frac{2}{7}$

Substitute $n = \frac{2}{7}$ into the first equation.
$4m + 5\left(\frac{2}{7}\right) = 6$
$4m + \frac{10}{7} = 6$
$4m = \frac{32}{7}$
$m = \frac{32}{28} = \frac{8}{7}$
Solution: $\left(\frac{8}{7}, \frac{2}{7}\right)$

16. $\begin{cases} 8a - \frac{1}{2}b = \frac{3}{4} \\ b = \frac{1}{2}a + 7 \end{cases}$

Substitute $b = \frac{1}{2}a + 7$ into the first equation.
$8a - \frac{1}{2}\left(\frac{1}{2}a + 7\right) = \frac{3}{4}$
$8a - \frac{1}{4}a - \frac{7}{2} = \frac{3}{4}$
$32a - a - 14 = 3$
$31a = 17$
$a = \frac{17}{31}$

Substitute $a = \frac{17}{31}$ into the second equation.
$b = \frac{1}{2}\left(\frac{17}{31}\right) + 7$
$b = \frac{17}{62} + \frac{434}{62}$
$b = \frac{451}{62}$
Solution: $\left(\frac{17}{31}, \frac{451}{62}\right)$

17. $\begin{cases} 4x + 5y = 3 \\ 2x + 5y = -11 \end{cases}$

$4x + 5y = 3$
$\underline{+ (-2x) - 5y = 11}$
$2x = 14$
$x = 7$

Substitute $x = 7$ into the second equation.
$2(7) + 5y = -11$
$5y = -25$
$y = -5$
Solution: $(7, -5)$

18. $\begin{cases} 2x + 3y = -6 \\ -5x - 9y = 14 \end{cases}$

$6x + 9y = -18$
$\underline{+ (-5x) - 9y = 14}$
$x = -4$

Substitute $x = -4$ into the first equation.
$2(-4) + 3y = -6$
$3y = 2$
$y = \frac{2}{3}$
Solution: $\left(-4, \frac{2}{3}\right)$

19. $\begin{cases} 0.5x + y = 0 \\ 0.9x - 0.2y = -2 \end{cases}$

$0.1x + 0.2y = 0$
$\underline{+ 0.9x - 0.2y = -2}$
$x = -2$

Substitute $x = -2$ into the first equation.
$0.5(-2) + y = 0$
$y = 1$
Solution: $(-2, 1)$

20. $\begin{cases} -2x + 4y = 12 \\ 3x - 2y = -10 \end{cases}$

$-2x + 4y = 12$
$\underline{+ 6x - 4y = -20}$
$4x = -8$
$x = -2$

Substitute $x = -2$ into the first equation.
$-2(-2) + 4y = 12$
$4y = 8$
$y = 2$
Solution: $(-2, 2)$

21. $\begin{cases} 0.7m + 3n = 2.5 \\ 0.7m + 2n = 3 \end{cases}$

$0.7m + 3n = 2.5$
$\underline{+ (-0.7m) - 2n = -3}$
$n = -0.5$

Substitute $n = -0.5$ into the first equation.
$0.7m + 3(-0.5) = 2.5$
$0.7m = 4$
$m = \frac{40}{7}$
Solution: $\left(\frac{40}{7}, -\frac{1}{2}\right)$

22. $\begin{cases} 5x + 7y = 4 \\ 10x - 2y = -2 \end{cases}$

$-10x - 14y = -8$
$\underline{+ 10x - 2y = -2}$
$-16y = -10$
$y = \frac{10}{16} = \frac{5}{8}$

Substitute $y = \frac{5}{8}$ into the first equation.
$5x + 7\left(\frac{5}{8}\right) = 4$
$5x = -\frac{3}{8}$
$x = -\frac{3}{40}$
Solution: $\left(-\frac{3}{40}, \frac{5}{8}\right)$

23. $\begin{cases} 4x - 2y = 3 \\ x + 3y = 1 \end{cases}$

$4x - 2y = 3$
$\underline{+ (-4x) - 12y = -4}$
$-14y = -1$
$y = \frac{1}{14}$

Substitute $y = \frac{1}{14}$ into the first equation.
$4x - 2\left(\frac{1}{14}\right) = 3$
$4x = \frac{22}{7}$
$x = \frac{11}{14}$
Solution: $\left(\frac{11}{14}, \frac{1}{14}\right)$

24. $\begin{cases} -7x - 3y = 3 \\ -5x + 6y = 2 \end{cases}$

$-14x - 6y = 6$
$\underline{+ -5x + 6y = 2}$
$-19x = 8$
$x = -\frac{8}{19}$

Substitute $x = -\frac{8}{19}$ into the first equation.
$-7\left(-\frac{8}{19}\right) - 3y = 3$
$-3y = \frac{1}{19}$
$y = -\frac{1}{57}$
Solution: $\left(-\frac{8}{19}, -\frac{1}{57}\right)$

25. $\begin{cases} 3x - 2y = 7 \\ 4y = -14 + 6x \end{cases}$

$\begin{cases} y = \frac{3}{2}x - \frac{7}{2} \\ y = \frac{3}{2}x - \frac{7}{2} \end{cases}$

lines are the same; dependent

26. $\begin{cases} 4y = 2x + 20 \\ 3x - y = -20 \end{cases}$

$\begin{cases} y = \frac{1}{2}x + 5 \\ y = 3x + 20 \end{cases}$

slopes are different; independent

27. $\begin{cases} 2x + 5y = 7 \\ 3y = 2x + 17 \end{cases}$

$\begin{cases} y = -\frac{2}{5}x + \frac{7}{5} \\ y = \frac{2}{3}x + \frac{17}{3} \end{cases}$

slopes are different; independent

28. $\begin{cases} x + y = 7 \\ 28 - 2y = 2x \end{cases}$

$\begin{cases} y = -x + 7 \\ y = -x + 14 \end{cases}$

same slopes but different y-intercepts; inconsistent

29. $\begin{cases} 3x + 6y = 2 \\ 6x + 6y = 4 \end{cases}$

$\begin{cases} y = -\frac{1}{2}x + \frac{1}{3} \\ y = -x + \frac{2}{3} \end{cases}$

slopes are different; independent

30. $\begin{cases} 2x = y - 3 \\ y = -2x + y \end{cases}$

$\begin{cases} y = 2x + 3 \\ x = 0 \end{cases}$

slopes are different; independent

31. $\begin{cases} y \geq 4 \\ y \leq x + 1 \end{cases}$

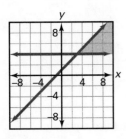

32. $\begin{cases} 4x - y > 1 \\ 2x + y > -2 \end{cases}$

$\begin{cases} -y > -4x + 1 \\ y > -2x - 2 \end{cases}$

$\begin{cases} y < 4x - 1 \\ y > -2x - 2 \end{cases}$

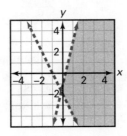

33. $\begin{cases} y - 1 \leq x \\ 4y \geq 2 \end{cases}$

$\begin{cases} y \leq x + 1 \\ y \geq \frac{1}{2} \end{cases}$

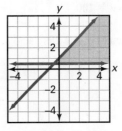

34. $\begin{cases} 2x - y < 3 \\ 2y - 2 \leq 6x \end{cases}$

$\begin{cases} -y < -2x + 3 \\ 2y \leq 6x + 2 \end{cases}$

$\begin{cases} y > 2x - 3 \\ y \leq 3x + 1 \end{cases}$

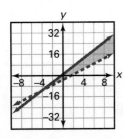

35. $\begin{cases} x \leq 1 \\ y \geq 4 \end{cases}$

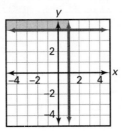

36. $\begin{cases} -x < y + 7 \\ y \geq x - 7 \end{cases}$

$\begin{cases} y > -x - 7 \\ y \geq x - 7 \end{cases}$

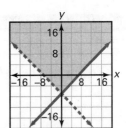

37. Let n = number of nickels
q = number of quarters
$$\begin{cases} n + q = 43 \\ 0.05n + 0.25q = 7.75 \end{cases}$$

$$\begin{aligned} -0.05n - 0.05q &= -2.15 \\ +\ 0.05n + 0.25q &= 7.75 \\ \hline 0.20q &= 5.6 \\ q &= 28 \end{aligned}$$

Substitute $q = 28$ into the first equation.
$n + 28 = 43$
$n = 15$
15 nickels and 28 quarters

38. Let x = amount of 30% glycerin solution
y = amount of pure glycerin
$$\begin{cases} 0.30x + y = 0.5(42) \\ x + y = 42 \end{cases}$$

$$\begin{aligned} 0.30x + y &= 21 \\ +\ (-x) - y &= -42 \\ \hline -0.70x &= -21 \\ x &= 30 \end{aligned}$$

Substitute $x = 30$ into the second equation.
$30 + y = 42$
$y = 12$
30 ml of the 30% glycerin solution and 12 ml of pure glycerin

39. Let x = amount of 25% acid solution
y = amount of 50% acid solution
$$\begin{cases} 0.25x + 0.50y = 0.40(100) \\ x + y = 100 \end{cases}$$

$$\begin{aligned} 0.25x + 0.50y &= 40 \\ +\ (-0.50x) - 0.50y &= -50 \\ \hline -0.25x &= -10 \\ x &= 40 \end{aligned}$$

Substitute $x = 40$ into the second equation.
$40 + y = 100$
$y = 60$
40 ounces of the 25% acid solution

40. $\begin{cases} x + y + z = 180 \\ x = 60 \\ y = 2z + 15 \end{cases}$

Substitute $x = 60$ into the first equation.
$60 + y + z = 180$
$y = -z + 120$
Now solve the following system.
$$\begin{cases} y = -z + 120 \\ y = 2z + 15 \end{cases}$$

$$\begin{aligned} -y &= z - 120 \\ +\ y &= 2z + 15 \\ \hline 0 &= 3z - 105 \\ z &= 35 \end{aligned}$$

Substitute $z = 35$ into the third equation.
$y = 2(35) + 15$
$y = 85$
Solution: $y = 85°$, $z = 35°$

Chapter 7 Chapter Test   PAGE 365

PERFORMANCE ASSESSMENT

See Teacher's Edition for graphs for Problems 1–4, 22–26.

1. $\begin{cases} y = -x + 6 \\ y = 3x - 2 \end{cases}$
Solution: $(2, 4)$

2. $\begin{cases} y = 2x - 4 \\ y = -\frac{1}{2}x + 1 \end{cases}$
Solution: $(2, 0)$

3. $\begin{cases} y = -\frac{1}{4}x + \frac{5}{4} \\ y = \frac{2}{3}x + \frac{1}{3} \end{cases}$
Solution: $(1, 1)$

4. $\begin{cases} y = x + 3 \\ y = -4x \end{cases}$
   Solution: $(-0.6, 2.4)$

5. Let a = arm chair
   s = side chair
   $\begin{cases} 3a + 2s = 18 \\ 2a + s = 10 \end{cases}$
   $3a + 2(10 - 2a) = 18$
   $a = 2$
   $2(2) + s = 10$
   $s = 6$
   Solution: $(2, 6)$
   2 arm chairs and 6 side chairs

6. $\begin{cases} y = 5x - 7 \\ y = -3x + 1 \end{cases}$
   $5x - 7 = -3x + 1$
   $8x = 8$
   $x = 1$
   $y = 5(1) - 7$
   $y = -2$
   Solution: $(1, -2)$

7. $\begin{cases} y = 2x + 3 \\ 3x - y = -1 \end{cases}$
   $3x - (2x + 3) = -1$
   $x = 2$
   $y = 2(2) + 3$
   $y = 7$
   Solution: $(2, 7)$

8. $\begin{cases} 2x + 4y = 0 \\ 3x + y = 5 \end{cases}$
   $2x + 4(-3x + 5) = 0$
   $x = 2$
   $3(2) + y = 5$
   $y = -1$
   Solution: $(2, -1)$

9. $\begin{cases} x - 3y = -1 \\ 2x - 4y = 2 \end{cases}$
   $2(3y - 1) - 4y = 2$
   $y = 2$
   $x - 3(2) = -1$
   $x = 5$
   Solution: $(5, 2)$

10. $\begin{cases} \frac{1}{2}x + 3y = 1 \\ 2x + 7y = -1 \end{cases}$
    $2(-6y + 2) + 7y = -1$
    $-5y = -5$
    $y = 1$
    $2x + 7(1) = -1$
    $x = -4$
    Solution: $(-4, 1)$

11. $\begin{cases} \frac{1}{4}x + \frac{1}{2}y = 3 \\ \frac{1}{2}x - \frac{1}{4}y = 1 \end{cases}$
    $\frac{1}{2}(-2y + 12) - \frac{1}{4}y = 1$
    $-\frac{5}{4}y = -5$
    $y = 4$
    $\frac{1}{2}x - \frac{1}{4}(4) = 1$
    $x = 4$
    Solution: $(4, 4)$

12. $\begin{cases} G = 3H - 5 \\ 12G + 10H = 308 \end{cases}$
    $12(3H - 5) + 10H = 308$
    $46H = 368$
    $H = 8$
    $G = 3(8) - 5$
    $G = 19$
    8 hats and 19 gloves were sold.

13. $\begin{cases} 5x - 4y = 2 \\ -3x + 4y = 2 \end{cases}$
    $2x = 4$
    $x = 2$
    $-3(2) + 4y = 2$
    $4y = 8$
    $y = 2$
    Solution: $(2, 2)$

14. $\begin{cases} 2x + y = -1 \\ -x + 2y = 13 \end{cases}$
    $2x + y = -1$
    $\underline{-2x + 4y = 26}$
    $5y = 25$
    $y = 1$
    $2x + (1) = -1$
    $x = 1$
    Solution: $(-3, 5)$

15. $\begin{cases} 2.3x + 4y = -8.5 \\ -2.3x + 2y = -21.5 \end{cases}$
    $6y = -30$
    $y = -5$
    $2.3x + 4(-5) = -8.5$
    $2.3x = 11.5$
    $x = 5$
    Solution: $(5, -5)$

16. $\begin{cases} 5x + 7y = 4 \\ -5x - 10y = -10 \end{cases}$
    $-3y = -6$
    $y = 2$
    $5x + 7(2) = 4$
    $5x = -10$
    $x = -2$
    Solution: $(-2, 2)$

17. $\begin{cases} x + y = 21 \\ x = 3 + 2y \end{cases}$
    $2x + 2y = 42$
    $\underline{x - 2y = 3}$
    $3x = 45$
    $x = 15$
    $15 + y = 21$
    $y = 6$
    The numbers are 15 and 6.

18. $\begin{cases} y = 3x + 4 \\ 3x - y = 7 \end{cases}$
    $3x - (3x + 4) = 7$
    $3x - 3x - 4 = 7$
    $-4 \neq 7$
    No solution, inconsistent

19. $\begin{cases} 2x + 8y = 6 \\ x = 3 - 4y \end{cases}$
The equations are identical, infinitely many solutions, consistent dependent.

20. $\begin{cases} y = \frac{1}{2}x + 4 \\ y = -2x - \frac{1}{4} \end{cases}$
$\frac{1}{2}x + 4 = -2x - \frac{1}{4}$
$x = -1.7$
$y = \frac{1}{2}(-1.7) + 4$
$y = 3.15$
$(-1.7, 3.15)$ Consistent independent.

21. $\begin{cases} y = 3 - 2x \\ 6x + 3y = 9 \end{cases}$
The equations are identical, infinitely many solutions, consistent dependent.

22–26. See teacher's edition for graphs.

26. $\begin{cases} X + Y \geq 100 \\ Y \leq 20 + 5X \end{cases}$
The shaded region of the graph contains all the possible solutions.

27. $\begin{cases} n + d = 30 \\ 5n + 10d = 235 \end{cases}$
$5n + 10(30 - n) = 235$
$n = 13$
$13 + d = 30$
$d = 17$
13 nickels and 17 dimes

28. $\begin{cases} c + t = 10 \\ 8c + 12t = 100 \end{cases}$
$8c + 12(10 - c) = 100$
$c = 5$
$5 + t = 10$
$t = 5$
5 lbs of coffee, 5 lbs of tea

29. $x + 2 = y$
$0x + 0.40(2) = 0.25y$
$0.40(2) = 0.25y$
$y = 3.2$
$x + 2 = 3.2$
$x = 1.2$
Add 1.2 liters of water.

30. $\begin{cases} 15(r - c) = 135 \\ 10(r + c) = 135 \end{cases}$
$30(r - c) = 270$
$\underline{30(r + c) = 405}$
$60r = 675$
$r = 11.25$
$10(11.25 + c) = 135$
$c = 2.25$
The rate of the ship is 11.25 mph and the current is 2.25 mph.

CHAPTERS 1–7 CUMULATIVE ASSESSMENT PAGES 366–367

1. $\begin{cases} 3x + 2y = 6 \\ x + y = 0 \end{cases}$

$3x + 2y = 6$
$\underline{+ (-3x) - 3y = 0}$
$-y = 6$
$y = -6$

Substitute $y = -6$ into the second equation.
$x + (-6) = 0$
$x = 6$
Choose a.

2. Choose b.

3.
Sequence	2	5	8	11	14	17	20	[23]
First differences		3	3	3	3	3	3	3

Sequence	32	30	28	26	24	22	20	[18]
First differences		−2	−2	−2	−2	−2	−2	−2

Choose a.

4. $x + 3 \geq 4$ $\qquad$ $x - 7 < 10$
   $\quad x \geq 1$ $\qquad\qquad$ $x < 17$
   Choose D.

5. slope $= \frac{3-2}{0-1} = \frac{1}{-1} = -1$
   $\quad 4x + 4y = 12$
   $\quad\quad 4y = -4x + 12$
   $\quad\quad\; y = -x + 3$
   $\quad$ slope $= -1$
   Choose C.

6. $-4g = -64$
   $\quad g = \frac{64}{4}$
   $\quad g = 16$
   Choose d.

7. The reciprocal of $\frac{1}{6}$ is 6.
   Choose c.

8. $\quad\quad$ Sequence $\quad$ [3] $\;$ [9] $\;$ [17] $\;$ 27 $\;$ 39
   $\quad$ First differences $\quad\; 6 \quad 8 \quad 10 \quad 12$
   $\quad$ Second differences $\quad\;\; 2 \quad 2 \quad 2$
   Choose b.

9. $\frac{8 \cdot 7}{2} = \frac{56}{2} = 28$
   Choose a.

10. ABS(8.6) = 8.6
   Choose c.

11. a. $3(7) - 8(-4) \stackrel{?}{=} 1$ $\qquad$ **b.** $3(-2) - 8(-3) \stackrel{?}{=} 1$ $\qquad$ **c.** $3(3) - 8(1) \stackrel{?}{=} 1$
   $\quad\quad 21 + 32 \stackrel{?}{=} 1$ $\qquad\qquad\qquad -6 + 24 \stackrel{?}{=} 1$ $\qquad\qquad\qquad 9 - 8 \stackrel{?}{=} 1$
   $\quad\quad\quad\quad 53 \neq 1$ $\qquad\qquad\qquad\qquad 18 \neq 1$ $\qquad\qquad\qquad\quad 1 = 1 \quad$ True

   d. $3(4) - 8(2) \stackrel{?}{=} 1$
   $\quad\quad 12 - 16 \stackrel{?}{=} 1$
   $\quad\quad\quad\quad -4 \neq 1$

   Choose c.

12. $x - 6 > -4$
   $\quad x > 2$
   Choose d.

13. $\frac{3}{5}p = -3$
   $\quad p = -5$
   Choose c.

14. $0.65(120) = 78$
   Choose a.

15. a. slope $= 0$ $\qquad$ **b.** undefined slope $\qquad$ **c.** slope $= -3$ $\qquad$ **d.** slope $= 2$
   Choose b.

16. $|-2.2| = 2.2$ $\qquad$ **17.** ABS(7) = 7 $\qquad$ **18.** ABS(-9.6) = 9.6 $\qquad$ **19.** $-25 + (-4) = -29$

20. $-36 + 6 + (-6) = -36 + 6 - 6$ $\qquad$ **21.** $452 + (-452) = 0$
   $\quad\quad\quad\quad\quad\quad\quad\quad\quad = -36$

22. $t + \frac{1}{6} = \frac{1}{3}$ $\qquad$ **23.** $2a - 5 = 11$ $\qquad$ **24.** $\frac{r}{4} + 6 = -4$
   $\quad 6t + 1 = 2$ $\qquad\qquad\quad 2a = 16$ $\qquad\qquad\quad \frac{r}{4} = -10$
   $\quad\quad 6t = 1$ $\qquad\qquad\qquad\; a = 8$ $\qquad\qquad\qquad r = -40$
   $\quad\quad\; t = \frac{1}{6}$

25. $2x + 3y = 4$
   $\quad\; 3y = -2x + 4$
   $\quad\;\; y = -\frac{2}{3}x + \frac{4}{3}$
   slope $= -\frac{2}{3}$
   $y = mx + b$
   $-1 = -\frac{2}{3}(3) + b$
   $-1 = -2 + b$
   $\;\; b = 1$
   y-intercept $= 1$

26. $4 - 3t \geq 19$
   $\quad -3t \geq 15$
   $\quad\quad t \leq -5$

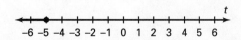

27. $\frac{15 - 36x}{3} = \frac{15}{3} - \frac{36x}{3}$
$= 5 - 12x$

28. slope $= \frac{4 - (-7)}{-2 - 7} = \frac{11}{-9}$
$y - (-7) = -\frac{11}{9}(x - 7)$
$y + 7 = -\frac{11}{9}x + \frac{77}{9}$
$y = -\frac{11}{9}x + \frac{14}{9}$

29. $\frac{5}{3 + 5 + 7} = \frac{5}{15} = \frac{1}{3}$

30. Let L = length. Then width $= L - 6$.
$2L + 2(L - 6) = 52$
$2L + 2L - 12 = 52$
$4L = 64$
$L = 16$
length $= 16$, width $= 10$

31. $\begin{cases} y = 7x \\ 2x - y = -10 \end{cases}$

Substitute $y = 7x$ into the second equation.
$2x - (7x) = -10$
$-5x = -10$
$x = 2$
Substitute $x = 2$ into the first equation.
$y = 7(2)$
$y = 14$
Solution: $(2, 14)$

32. $\begin{cases} 5x + 2y = 8 \\ x + y = 1 \end{cases}$

$5x + 2y = 8$
$\underline{+ (-2x) - 2y = -2}$
$3x = 6$
$x = 2$

Substitute $x = 2$ into the second equation.
$2 + y = 1$
$y = -1$
Solution: $(2, -1)$

33. Let x = tens digit
$\phantom{\text{Let }\ }y$ = units digit
$\begin{cases} x + y = 7 \\ x = y - 1 \end{cases}$

Substitute $x = y - 1$ into the first equation.
$y - 1 + y = 7$
$2y = 8$
$y = 4$
Substitute $y = 4$ into the second equation.
$x = 4 - 1 = 3$
The number is 34.

34. $\frac{c}{16} = \frac{3}{8}$
$8c = 16(3)$
$8c = 48$
$c = 6$

35. $75 - 63.75 = 11.25$
$\frac{11.25}{75} = \frac{x}{100}$
$75x = 1125$
$x = 15$
The markdown was 15%.

36. $4^2 \div 8 + 5(8 - 2) \cdot 2 = 16 \div 8 + 5(6) \cdot 2$
$= 2 + 30 \cdot 2$
$= 2 + 60$
$= 62$

37. $\frac{\$136}{16} = \$8.50$

38. $7(p + 4) = 49$
$p + 4 = 7$
$p = 3$

39. slope $= \frac{y_2 - y_1}{x_2 - x_1}$
$= \frac{2 - 0}{4 - 0}$
$= \frac{2}{4}$
$= \frac{1}{2}$

40. $16 = 20\% \cdot x$
$16 = 0.20x$
$80 = x$
$x = 80$

CHAPTER 8

Exponents and Exponential Functions

8.1 PAGE 374, GUIDED SKILLS PRACTICE

6. $5^4 = 5 \cdot 5 \cdot 5 \cdot 5$
    $= 625$

7. $2^3 = 2 \cdot 2 \cdot 2$
    $= 8$

8. $3^4 = 3 \cdot 3 \cdot 3 \cdot 3$
    $= 81$

9. $11^1 = 11$

10. $2^5 \cdot 2^4 = 2^{5+4}$
     $= 2^9 = 512$

11. $f^5 \cdot f^9 = f^{5+9}$
     $= f^{14}$

12. $t^4 \cdot t^4 = t^{4+4}$
     $= t^8$

13. $x^t \cdot x^r = x^{t+r}$

14. There are 6 half-hours between 10 A.M. and 1 P.M.
    At 1 P.M.
    $2000 \cdot 2^6 = 128{,}000$
    At 2 P.M.
    $(2000 \cdot 2^6) \cdot 2^2 = 2000 \cdot 2^{6+2}$
    $= 2000 \cdot 2^8$
    $= 512{,}000$

15. $(8p^3)(40m^7p^6) = (8)(40)(m^7)(p^3)(p^6)$
    $= 320m^7p^9$

16. $(-4x^3z^2)(-6y^5)(-y^3z^7) = (-1)(-4)(-6)(x^3)(y^5)(y^3)(z^2)(z^7)$
    $= -24x^3y^8z^9$

17. $V = lwh$
    $= (3rt)(5rt)(2rty)$
    $= (2)(3)(5)(r)(r)(r)(t)(t)(t)(y)$
    $= 30r^3t^3y$

PAGES 374–375, PRACTICE AND APPLY

18. $4^5 = 4 \cdot 4 \cdot 4 \cdot 4 \cdot 4$
    $= 1024$

19. $2^6 = 2 \cdot 2 \cdot 2 \cdot 2 \cdot 2 \cdot 2$
    $= 64$

20. $3^6 = 3 \cdot 3 \cdot 3 \cdot 3 \cdot 3 \cdot 3$
    $= 729$

21. $5^3 = 5 \cdot 5 \cdot 5$
    $= 125$

22. $10^4 = 10 \cdot 10 \cdot 10 \cdot 10$
    $= 10{,}000$

23. $10^7 = 10 \cdot 10 \cdot 10 \cdot 10 \cdot 10 \cdot 10 \cdot 10$
    $= 10{,}000{,}000$

24. $100^3 = 100 \cdot 100 \cdot 100$
    $= 1{,}000{,}000$

25. $6^4 = 6 \cdot 6 \cdot 6 \cdot 6$
    $= 1296$

26. $8^3 = 8 \cdot 8 \cdot 8$
    $= 512$

27. $3^7 = 3 \cdot 3 \cdot 3 \cdot 3 \cdot 3 \cdot 3 \cdot 3$
    $= 2187$

28. $10^8 = 10 \cdot 10 \cdot 10 \cdot 10 \cdot 10 \cdot 10 \cdot 10 \cdot 10$
    $= 100{,}000{,}000$

29. $9^4 = 9 \cdot 9 \cdot 9 \cdot 9$
    $= 6561$

30. $2^8 = 2 \cdot 2 \cdot 2 \cdot 2 \cdot 2 \cdot 2 \cdot 2 \cdot 2$
$= 256$

31. $2^4 = 2 \cdot 2 \cdot 2 \cdot 2$
$= 16$

32. $2^5 = 2 \cdot 2 \cdot 2 \cdot 2 \cdot 2$
$= 32$

33. $2^2 = 2 \cdot 2$
$= 4$

34. $10^3 \cdot 10^4 = 10^{3+4}$
$= 10^7$

35. $10^3 \cdot 10^5 = 10^{3+5}$
$= 10^8$

36. $2^3 \cdot 2^4 = 2^{3+4}$
$= 2^7$

37. $3^4 \cdot 3^2 = 3^{4+2}$
$= 3^6$

38. $10^6 \cdot 10^2 = 10^{6+2}$
$= 10^8$

39. $10^4 \cdot 10^8 = 10^{4+8}$
$= 10^{12}$

40. $4^3 \cdot 4^5 = 4^{3+5}$
$= 4^8$

41. $6^2 \cdot 6^4 = 6^{2+4}$
$= 6^6$

42. $2^5 \cdot 2^2 = 32 \cdot 4$
$= 128$

43. $2^5 \cdot 2^2 = 2^{5+2}$
$= 2^7$

44. $(6x^2)(4x^2y^3) = (4)(6)(x^2)(x^2)(y^3)$
$= 24x^4y^3$

45. $(3x^3z^2)(-6y^5) = (3)(-6)(x^3)(y^5)(z^2)$
$= -18x^3y^5z^2$

46. $(5p^3)(-m^8p^2) = (-1)(5)(m^8)(p^2)(p^3)$
$= -5m^8p^5$

47. $(-7n^4m^5)(8n^3) = (-7)(8)(m^5)(n^4)(n^3)$
$= -56m^5n^7$

48. $(10v^6g^3j^8)(11gj^8) = (10)(11)(g)(g^3)(j^8)(j^8)(v^6)$
$= 110g^4j^{16}v^6$

49. $(-13b^7)(2f^4b^2) = (2)(-13)(b^2)(b^7)(f^4)$
$= -26b^9f^4$

50. $(4f^9h^3)(-5f^6)(-3h^2) = (-3)(4)(-5)(f^6)(f^9)(h^2)(h^3)$
$= 60f^{15}h^5$

51. $(3x^ay^bz^c)(-y^fz^g) = (-1)(3)(x^a)(y^b)(y^f)(z^c)(z^g)$
$= -3x^ay^{b+f}z^{c+g}$

52. $10^4 \cdot 10^2 = 10^{4+2}$
$= 10^6$

53. $10^4 + 10^2 = 10{,}000 + 100$
$= 10{,}100$

54. $10^4 - 10^2 = 10{,}000 - 100$
$= 9{,}900$

55. $10^{2+3} = 10^5$

56. $2^{20} = 1{,}048{,}576$

57. $3^{10} = 59{,}049$

58. $0.5^4 = 0.0625$

59. $0.8^5 = 0.32768$

60. $A = \frac{1}{2}(b_1 + b_2)h$
$= \frac{1}{2}(5x + 9x)(8xy)$
$= \frac{1}{2}(14x)(8xy)$
$= \frac{1}{2}(8)(14)(x)(x)(y)$
$= 56x^2y$

61. 10^1

62. $100 \cdot 10 = 10^2 \cdot 10^1$
$= 10^3$ pounds

63. $10 \cdot 100 \cdot 10 = 10^1 \cdot 10^2 \cdot 10^1$
$= 10^4$ pounds

64. $10 \cdot 10 \cdot 100 \cdot 10 = 10^1 \cdot 10^1 \cdot 10^2 \cdot 10^1$
$= 10^5$ pounds

PAGE 376, LOOK BACK

65. $\frac{40}{100} = \frac{25}{x}$
$40x = 100 \cdot 25$
$40x = 2500$
$x = 62.5$

66. $\frac{20}{100} = \frac{16}{x}$
$20x = 100 \cdot 16$
$20x = 1600$
$x = 80$

67. $0.3 \cdot 180 = 54$

68. $0.35 \cdot 160 = 56$

69.

x	y
−9	3
−8	2
−7	1
−6	0
−5	1
−4	2
−3	3

70.

x	y
2	3
3	2
4	1
5	0
6	1
7	2
8	3

71.

x	y
−3	9
−2	6
−1	3
0	0
1	3
2	6
3	9

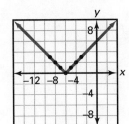
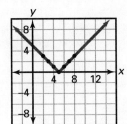

72. $\begin{cases} y = 2x + 11 \\ 3x = 29 - 5y \end{cases}$

Substitute $y = 2x + 11$ into the second equation.
$3x = 29 - 5(2x + 11)$
$3x = 29 - 10x - 55$
$13x = -26$
$x = -2$

Substitute $x = -2$ into the first equation.
$y = 2(-2) + 11$
$y = -4 + 11$
$y = 7$
Solution: $(-2, 7)$

73. $\begin{cases} 2x - 3y = 5 \\ -6x + 7y = -9 \end{cases}$

$6x - 9y = 15$
$\underline{+ (-6x) + 7y = -9}$
$-2y = 6$
$y = -3$

Substitute $y = -3$ into the first equation.
$2x - 3(-3) = 5$
$2x + 9 = 5$
$2x = -4$
$x = -2$
Solution: $(-2, -3)$

PAGE 376, LOOK BEYOND

74. $4^{0.5} = 2$
75. $9^{0.5} = 3$
76. $81^{0.5} = 9$
77. $100^{0.5} = 10$
78. $b^{0.5} = \sqrt{b}$

8.2 PAGE 381, GUIDED SKILLS PRACTICE

6. $(3^5)^2 = 3^{5 \cdot 2}$
$= 3^{10}$
$= 59{,}049$

7. $(10^3)^2 = 10^{3 \cdot 2}$
$= 10^6$
$= 1{,}000{,}000$

8. $(b^4)^9 = b^{4 \cdot 9}$
$= b^{36}$

9. $(z^7)^y = z^{7 \cdot y}$
$= z^{7y}$

10. $(ab)^8 = (ab)(ab)(ab)(ab)(ab)(ab)(ab)(ab)$
$= (a \cdot a \cdot a \cdot a \cdot a \cdot a \cdot a \cdot a)(b \cdot b \cdot b \cdot b \cdot b \cdot b \cdot b \cdot b)$
$= a^8 b^8$

11. $(x^2y^4)^3 = (x^2y^4)(x^2y^4)(x^2y^4)$
    $= (x^2 \cdot x^2 \cdot x^2)(y^4 \cdot y^4 \cdot y^4)$
    $= x^6y^{12}$

12. $(c^2h^7)^4 = (c^2h^7)(c^2h^7)(c^2h^7)(c^2h^7)$
    $= (c^2 \cdot c^2 \cdot c^2 \cdot c^2)(h^7 \cdot h^7 \cdot h^7 \cdot h^7)$
    $= c^8h^{28}$

13. $(m^2n^5)^3 = (m^2n^5)(m^2n^5)(m^2n^5)$
    $= (m^2 \cdot m^2 \cdot m^2)(n^5 \cdot n^5 \cdot n^5)$
    $= m^6n^{15}$

14. $(5 \cdot 5)^3 = 5^3 \cdot 5^3$
    $= 5^6$
    $= 15{,}625$
    or
    $(5 \cdot 5)^3 = 25^3$
    $= 15{,}625$

15. $(3 \cdot 10)^7 = 3^7 \cdot 10^7$
    $= 2187 \cdot 10{,}000{,}000$
    $= 21{,}870{,}000{,}000$
    or
    $(3 \cdot 10)^7 = 30^7$
    $= 21{,}870{,}000{,}000$

16. $(4 \cdot 3)^2 = 4^2 \cdot 3^2$
    $= 16 \cdot 9$
    $= 144$
    or
    $(4 \cdot 3)^2 = 12^2$
    $= 144$

17. $(5 \cdot 11)^2 = 5^2 \cdot 11^2$
    $= 25 \cdot 121$
    $= 3025$
    or
    $(5 \cdot 11)^2 = 55^2$
    $= 3025$

18. $(x^2y^3)^5 = x^{2 \cdot 5}y^{3 \cdot 5}$
    $= x^{10}y^{15}$

19. $(a^4b^4c^4)^{11} = a^{4 \cdot 11}b^{4 \cdot 11}c^{4 \cdot 11}$
    $= a^{44}b^{44}c^{44}$

20. $(qrs)^t = q^t r^t s^t$

21. $(x^2y^5)^3 = x^{2 \cdot 3}y^{5 \cdot 3}$
    $= x^6y^{15}$

22. $(-6)^3 = (-1)^3(6)^3$
    $= (-1)(216) = -216$

23. $(-b)^{10} = (-1)^{10}(b)^{10}$
    $= (1)(b^{10}) = b^{10}$

24. $(-5k)^3 = (-5)^3(k^3)$
    $= -125k^3$

25. $(-1)^{1001} = -1$

PAGES 381–382, PRACTICE AND APPLY

26. $(3x)^2 = 3^2x^2$
    $= 9x^2$

27. $(6^2)^3 = 6^{2 \cdot 3}$
    $= 6^6$
    $= 46{,}656$

28. $(-x^2)^3 = (-1)^3(x^{2 \cdot 3})$
    $= (-1)(x^6)$
    $= -x^6$

29. $(10^2)^3 = 10^{2 \cdot 3}$
    $= 10^6$
    $= 1{,}000{,}000$

30. $(2x^4)^3 = (2^3)(x^{4 \cdot 3})$
    $= 2^3x^{12}$
    $= 8x^{12}$

31. $(-3b^2)^5 = (-3)^5(b^{2 \cdot 5})$
    $= -243b^{10}$

32. $(-2r^3)^2 = (-2)^2(r^{3 \cdot 2})$
    $= 4r^6$

33. $(-3x^6)^5 = (-3)^5(x^{6 \cdot 5})$
    $= -243x^{30}$

34. $(-10m^4)^3 = (-10)^3(m^{4 \cdot 3})$
    $= -1000m^{12}$

35. $(5j^2k^3)^4 = (5^4)(j^{2 \cdot 4})(k^{3 \cdot 4})$
    $= 625j^8k^{12}$

36. $(-6xy^4z^5)^2 = (-6)^2(x^2)(y^{4 \cdot 2})(z^{5 \cdot 2})$
    $= 36x^2y^8z^{10}$

37. $2(3a^2)^3 = (2)(3^3)(a^{2 \cdot 3})$
    $= (2)(27)(a^6)$
    $= 54a^6$

38. $10(-5b^5)^2 = (10)(-5)^2(b^{5 \cdot 2})$
    $= (10)(25)(b^{10})$
    $= 250b^{10}$

39. $(8n^2p)^3 = (8)^3(n^{2 \cdot 3})(p^3)$
    $= 512n^6p^3$

40. $(7j^2)^3 = (7^3)(j^{2 \cdot 3})$
    $= 7^3j^6$
    $= 343j^6$

41. $(-ab^5)(a^3)^2 = (-ab^5)(a^6)$
    $= -a^7b^5$

42. $(-v^4w^3)^2(-v^3)^4 = (-1)^2(v^{4 \cdot 2})(w^{3 \cdot 2})(-1)^4(v^{3 \cdot 4})$
    $= v^8w^6v^{12}$
    $= v^{20}w^6$

43. $(5f^3t^7)^3(d^4f^2)^5 = (5)^3(f^{3 \cdot 3})(t^{7 \cdot 3})(d^{4 \cdot 5})(f^{2 \cdot 5})$
    $= 125f^9t^{21}d^{20}f^{10}$
    $= 125d^{20}f^{19}t^{21}$

44. $(x^2)(y^2)^2 = x^2y^{2 \cdot 2}$
    $= x^2y^4$

45. $(3x^2)^2(12y^3)^3 = (3^2)(x^{2 \cdot 2})(12^3)(y^{3 \cdot 3})$
    $= (9)(1728)(x^4)(y^9)$
    $= 15{,}552x^4y^9$

46. $(y^2)^4(x^3y^5)^6 = (y^{2 \cdot 4})(x^{3 \cdot 6})(y^{5 \cdot 6})$
    $= y^8x^{18}y^{30}$
    $= x^{18}y^{38}$

47. $(-4e^3b^7)^2(-h^3)^3 = (-4)^2(e^{3\cdot 2})(b^{7\cdot 2})(-1)^3(h^{3\cdot 3})$
$= -16b^{14}e^6h^9$

48. $(-x^3)(-y^2)^3 = (-x^3)(-1)^3(y^{2\cdot 3})$
$= x^3y^6$

49. $(xy)^2(x^2y^2)^2 = (x^2)(y^2)(x^{2\cdot 2})(y^{2\cdot 2})$
$= (x^2)(x^4)(y^2)(y^4)$
$= x^6y^6$

50. $\left(\dfrac{1}{3x^2y}\right)^3 = \dfrac{1}{3x^2y}\cdot\dfrac{1}{3x^2y}\cdot\dfrac{1}{3x^2y}$
$= \dfrac{1}{3\cdot 3\cdot 3\cdot x^2\cdot x^2\cdot x^2\cdot y\cdot y\cdot y}$
$= \dfrac{1}{27x^6y^3}$

51. $\left(\dfrac{3x^2}{2y^2}\right)^5 = \dfrac{3x^2}{2y^2}\cdot\dfrac{3x^2}{2y^2}\cdot\dfrac{3x^2}{2y^2}\cdot\dfrac{3x^2}{2y^2}\cdot\dfrac{3x^2}{2y^2}$
$= \dfrac{3\cdot 3\cdot 3\cdot 3\cdot 3\cdot x^2\cdot x^2\cdot x^2\cdot x^2\cdot x^2}{2\cdot 2\cdot 2\cdot 2\cdot 2\cdot y^2\cdot y^2\cdot y^2\cdot y^2\cdot y^2}$
$= \dfrac{243x^{10}}{32y^{10}}$

52. $\left(\dfrac{8x^2}{2x^2}\right)^2 = \dfrac{8x^2}{2x^2}\cdot\dfrac{8x^2}{2x^2}$
$= \dfrac{8\cdot 8\cdot x^2\cdot x^2}{2\cdot 2\cdot x^2\cdot x^2}$
$= \dfrac{64x^4}{4x^4}$
$= 16$

53. $\left(\dfrac{-1}{5x^3y^5}\right)^{11} = \dfrac{-1}{5x^3y^5}\cdot\dfrac{-1}{5x^3y^5}\cdot\dfrac{-1}{5x^3y^5}\cdot\dfrac{-1}{5x^3y^5}\cdot\dfrac{-1}{5x^3y^5}\cdot\dfrac{-1}{5x^3y^5}\cdot\dfrac{-1}{5x^3y^5}\cdot\dfrac{-1}{5x^3y^5}\cdot\dfrac{-1}{5x^3y^5}\cdot\dfrac{-1}{5x^3y^5}\cdot\dfrac{-1}{5x^3y^5}$
$= \dfrac{(-1)^{11}}{(5^{11})(x^3)^{11}(y^5)^{11}}$
$= \dfrac{-1}{48,828,125x^{33}y^{55}}$

54. $2A^3 = 2(10)^3$
$= 2(1000)$
$= 2000$

55. $(2A)^3 = [2(10)]^3$
$= (20)^3$
$= 8000$

56. $-2A^2 = -2(10)^2$
$= -2(100)$
$= -200$

57. $(-2A)^2 = [-2(10)]^2$
$= (-20)^2$
$= 400$

58. $(-1)^1 = -1$

59. $(-1)^2 = (-1)(-1)$
$= 1$

60. $(-1)^3 = (-1)^2(-1)^1$
$= (1)(-1)$
$= -1$

61. $(-1)^4 = (-1)^2(-1)^2$
$= (1)(1)$
$= 1$

62. $(-1)^5 = (-1)^4(-1)^1$
$= 1(-1)$
$= -1$

63. $(-1)^6 = (-1)^5(-1)^1$
$= (-1)(-1)$
$= 1$

64. $V = e^3$
If e is doubled then
$V = (2e)^3$
$= 2^3e^3$
$= 8e^3$

65. $A = $ Length $\cdot$ Width
Width $= 2s$
Length $= 3s$
$A = 3s\cdot 2s$
$= 6s^2$

66. $d = kt$

$k = \dfrac{d}{t}$

$k = \dfrac{195}{3} = 65$

$d = 65t = 65(4)$

$d = 260$ miles

67. $m = \dfrac{y_2 - y_1}{x_2 - x_1} = \dfrac{27 - (-3)}{-5 - 14} = \dfrac{30}{-19}$

Using the point $P(14, -3)$ the equation of the line is
$y - y_1 = m(x - x_1)$
$y - (-3) = -\dfrac{30}{19}(x - 14)$

For the perpendicular line, $m = \dfrac{19}{30}$.

$y - y_1 = m(x - x_1)$
$y - (-3) = \dfrac{19}{30}(x - 14)$

Using the point $Q(-5, 27)$ the equation of the line is
$y - y_1 = m(x - x_1)$
$y - 27 = -\dfrac{30}{19}(x - (-5))$
or $y - 27 = -\dfrac{30}{19}(x + 5)$

For the perpendicular line, $m = \dfrac{19}{30}$.

$y - y_1 = m(x - x_1)$
$y - 27 = \dfrac{19}{30}(x - (-5))$
or $y - 27 = \dfrac{19}{30}(x + 5)$

68. $|x - 3| \leq 7$

Case 1:
$x - 3 \leq 7$
$x \leq 10$

Case 2:
$-(x - 3) \leq 7$
$-x + 3 \leq 7$
$-x \leq 4$
$x \geq -4$
$-4 \leq x \leq 10$

69. $|2x + 4| > 8$

Case 1:
$2x + 4 > 8$
$2x > 4$
$x > 2$

Case 2:
$-(2x + 4) > 8$
$-2x - 4 > 8$
$-2x > 12$
$x < -6$
$x < -6$ or $x > 2$

PAGE 382, LOOK BEYOND

70. $1^2 + 8^2 = 4^2 + 7^2$
$1 + 64 = 16 + 49$
$65 = 65$

The numbers 14, 87, 41, and 78 were chosen by pairing the first numbers and second numbers on each side of the equal sign.

71. $14^2 + 87^2 = 41^2 + 78^2$
$196 + 7569 = 1681 + 6084$
$7765 = 7765$

$17^2 + 84^2 = 71^2 + 48^2$
$289 + 7056 = 5041 + 2304$
$7345 = 7345$

The numbers 17, 84, 71, and 48 were chosen by pairing the outer numbers and inner numbers from the equation $1^2 + 8^2 = 4^2 + 7^2$.

$0^2 + 5^2 = 3^2 + 4^2$
$0 + 25 = 9 + 16$
$25 = 25$

$x = 30$
$y = 45$
$3^2 + 54^2 = 30^2 + 45^2$
$9 + 2916 = 900 + 2025$
$2925 = 2925$

8.3 PAGE 387, GUIDED SKILLS PRACTICE

5. $\dfrac{10^9}{10^3} = 10^{9-3}$
$= 10^6$
$= 1{,}000{,}000$

6. $\dfrac{3^{12}}{3^9} = 3^{12-9}$
$= 3^3$
$= 27$

7. $\dfrac{7^{10}}{7^7} = 7^{10-7}$
$= 7^3$
$= 343$

8. $\dfrac{a^c}{a^d} = a^{c-d}$

9. $\dfrac{d^{12}}{d} = \dfrac{d^{12}}{d^1}$
$= d^{12-1}$
$= d^{11}$

10. $\dfrac{m^{y+1}}{m} = \dfrac{m^{y+1}}{m^1}$
$= m^{y+1-1}$
$= m^y$

11. $\dfrac{-8x^3z^7}{2x^2yz} = \left(\dfrac{-8}{2y}\right)(x^{3-2})(z^{7-1})$
$= -\dfrac{4xz^6}{y}$

12. $\dfrac{h^3k^7}{h^2k^4} = (h^{3-2})(k^{7-4})$
$= hk^3$

13. $\dfrac{p^2r^4s^5}{r^3s^2} = p^2(r^{4-3})(s^{5-2})$
$= p^2rs^3$

14. $\left(\dfrac{5}{8}\right)^2 = \dfrac{5^2}{8^2}$
$= \dfrac{25}{64}$

15. $\left(\dfrac{3}{4}\right)^4 = \dfrac{3^4}{4^4}$
$= \dfrac{81}{256}$

16. $\left(\dfrac{a^3}{4^t}\right)^n = \dfrac{a^{3n}}{4^{tn}}$

PAGES 387–389, PRACTICE AND APPLY

17. $\dfrac{10^{11}}{10^6} = 10^{11-6}$
$= 10^5$
$= 100{,}000$

18. $\dfrac{4^{11}}{4^7} = 4^{11-7}$
$= 4^4$
$= 256$

19. $\dfrac{6^{12}}{6^4} = 6^{12-4}$
$= 6^8$
$= 1{,}679{,}616$

20. $\dfrac{4^3}{4^2} = 4^{3-2}$
$= 4^1$
$= 4$

21. $\dfrac{5^2}{5} = 5^{2-1}$
$= 5^1$
$= 5$

22. $\dfrac{10^5}{10^2} = 10^{5-2}$
$= 10^3$
$= 1000$

23. $\dfrac{3^5}{3^3} = 3^{5-3}$
$= 3^2$
$= 9$

24. $\dfrac{11^{42}}{11^{39}} = 11^{42-39}$
$= 11^3$
$= 1331$

25. $\dfrac{10^{15}}{10^5} = 10^{15-5}$
$= 10^{10}$
$= 10{,}000{,}000{,}000$

26. $\dfrac{7^6}{7^2} = 7^{6-2}$
$= 7^4$
$= 2401$

27. $\dfrac{8^3}{8} = 8^{3-1}$
$= 8^2$
$= 64$

28. $\dfrac{2^{16}}{2^{14}} = 2^{16-14}$
$= 2^2$
$= 4$

29. $\left(\dfrac{a}{b}\right)^3 = \dfrac{a^3}{b^3}$

30. $\left(\dfrac{10^x}{y^3}\right)^2 = \dfrac{10^{x\cdot 2}}{y^{3\cdot 2}}$
$= \dfrac{10^{2x}}{y^6}$

31. $\left(\dfrac{5x}{y^6}\right)^3 = \dfrac{(5^3)(x^3)}{y^{6\cdot 3}}$
$= \dfrac{125x^3}{y^{18}}$

32. $\left(\dfrac{16x^2}{4y^5}\right)^3 = \left(\dfrac{4x^2}{y^5}\right)^3$
$= \dfrac{(4)^3(x^{2\cdot 3})}{y^{5\cdot 3}}$
$= \dfrac{64x^6}{y^{15}}$

33. $\left(\dfrac{a^4}{b^2}\right)^3 = \dfrac{a^{4\cdot 3}}{b^{2\cdot 3}}$
$= \dfrac{a^{12}}{b^6}$

34. $\left(\dfrac{10g^7}{h^3}\right)^6 = \dfrac{(10^6)(g^{7\cdot 6})}{h^{3\cdot 6}}$
$= \dfrac{1{,}000{,}000 g^{42}}{h^{18}}$

35. $\left(\dfrac{9d^4}{e^6}\right)^2 = \dfrac{(9^2)(d^{4\cdot 2})}{e^{6\cdot 2}}$
$= \dfrac{81d^8}{e^{12}}$

36. $\left(\dfrac{8w^7}{16}\right)^3 = \left(\dfrac{w^7}{2}\right)^3$
$= \dfrac{w^{7\cdot 3}}{2^3}$
$= \dfrac{w^{21}}{8}$

37. $\left[\dfrac{c^5 p^4}{(cp)^2}\right]^3 = \left[\dfrac{c^5 p^4}{c^2 p^2}\right]^3$
$= (c^3 p^2)^3$
$= (c^{3\cdot 3})(p^{2\cdot 3})$
$= c^9 p^6$

38. $\left(\dfrac{6x^5}{24x^4}\right)^2 = \left(\dfrac{x}{4}\right)^2$
$= \dfrac{x^2}{4^2}$
$= \dfrac{x^2}{16}$

39. $\left(\dfrac{2w^5}{3f^4}\right)^5 = \dfrac{(2^5)(w^{5\cdot 5})}{(3^5)(f^{4\cdot 5})}$
$= \dfrac{32w^{25}}{243f^{20}}$

40. $\left(\dfrac{4y^7}{40y^2}\right)^2 = \left(\dfrac{y^5}{10}\right)^2$
$= \dfrac{y^{5\cdot 2}}{10^2}$
$= \dfrac{y^{10}}{100}$

41. $\left(\dfrac{7p^q}{f}\right)^d = \dfrac{(7^d)(p^{q\cdot d})}{f^d}$
$= \dfrac{7^d p^{qd}}{f^d}$

42. $\left(\dfrac{ac^5}{b^3}\right)^z = \dfrac{(a^z)(c^{5\cdot z})}{b^{3\cdot z}}$
$= \dfrac{a^z c^{5z}}{b^{3z}}$

43. $\left(\dfrac{wx^t}{w}\right)^t = (x^t)^t$
$= x^{t\cdot t}$
$= x^{t^2}$

44. $\left(\dfrac{c^2 a^3}{b^x}\right)^{xy} = \dfrac{(c^{2\cdot xy})(a^{3\cdot xy})}{b^{x\cdot xy}}$
$= \dfrac{c^{2xy} a^{3xy}}{b^{x^2 y}}$

45. $\dfrac{8r^5}{4r^3} = 2r^{5-3}$
$= 2r^2$

46. $\dfrac{70x^4}{7x^3} = 10x^{4-3}$
$= 10x$

47. $\dfrac{-2a^5}{4a^2} = -\dfrac{a^{5-2}}{2}$
$= -\dfrac{a^3}{2}$

48. $\dfrac{-3z^5}{27z^3} = -\dfrac{z^{5-3}}{9}$
$= -\dfrac{z^2}{9}$

49. $\dfrac{-p^6}{10p^3} = -\dfrac{p^{6-3}}{10}$
$= -\dfrac{p^3}{10}$

50. $\dfrac{-2a^2 b^7}{-5ab} = \dfrac{(2)(a^{2-1})(b^{7-1})}{5}$
$= \dfrac{2ab^6}{5}$

51. $\dfrac{-x^2 y^5}{-xy^2} = (x^{2-1})(y^{5-2})$
$= xy^3$

52. $\dfrac{49a^7 b^2}{7a^5 b} = 7(a^{7-5})(b^{2-1})$
$= 7a^2 b$

53. $\dfrac{48a^4 b^2}{-1.2ac^5} = \dfrac{(-40)(a^{4-1})(b^2)}{c^5}$
$= -\dfrac{40a^3 b^2}{c^5}$

54. $\dfrac{0.08r^{12}}{0.004r^3} = 20r^{12-3}$
$= 20r^9$

55. $\dfrac{4.38 u^2 v^{10} w^5}{0.1 w^2 v^3} = (43.8)(u^2)(v^{10-3})(w^{5-2})$
$= 43.8 u^2 v^7 w^3$

56. $\dfrac{x^4 y^3 z^2}{x^3 y^2 z} = (x^{4-3})(y^{3-2})(z^{2-1})$
$= xyz$

57. $\dfrac{-r^4}{-5r^3} = \dfrac{r^{4-3}}{5}$
$= \dfrac{r}{5}$

58. $\dfrac{-24a^5 b^{14}}{-36a^3 b} = \dfrac{2(a^{5-3})(b^{14-1})}{3}$
$= \dfrac{2a^2 b^{13}}{3}$

59. $\dfrac{-c^5 d^7}{-c^4 y^7} = \dfrac{(c^{5-4})(d^7)}{y^7}$
$= \dfrac{cd^7}{y^7}$

60. $\dfrac{-x^3 y^7}{-x^3 y^4} = y^{7-4}$
$= y^3$

61. $\dfrac{5.6d^{15}e^{13}}{-7(de)^{12}} = \dfrac{5.6d^{15}e^{13}}{-7d^{12}e^{12}}$
$= -0.8(d^{15-12})(e^{13-12})$
$= -0.8d^3e$

62. $\dfrac{0.27p^4}{0.09p^3} = 3p^{4-3}$
$= 3p$

63. $\dfrac{156q^5(r^2s)^7}{12q^2s^3} = \dfrac{156q^5r^{14}s^7}{12q^2s^3}$
$= (13)(q^{5-2})(r^{14})(s^{7-3})$
$= 13q^3r^{14}s^4$

64. $\dfrac{128a^4(bc^2)^3}{32abc} = \dfrac{128a^4b^3c^6}{32abc}$
$= 4(a^{4-1})(b^{3-1})(c^{6-1})$
$= 4a^3b^2c^5$

65. $\dfrac{A^2}{B^3} = \dfrac{10^2}{2^3}$
$= 12.50$

66. $\dfrac{1}{A^2 + B^3} = \dfrac{1}{10^2 + 2^3}$
≈ 0.01

67. $\dfrac{A^2}{B^3 + B} = \dfrac{10^2}{2^3 + 2}$
$= 10$

68. $\dfrac{3}{A^2B - B^3} = \dfrac{3}{10^2(2) - 2^3}$
≈ 0.02

69. $\dfrac{AB^2}{(AB)^2} = \dfrac{10(2)^2}{(10 \cdot 2)^2}$
$= 0.10$

70. $\dfrac{A^2 + B^2}{A^2B^2} = \dfrac{10^2 + 2^2}{10^2 \cdot 2^2}$
$= 0.26$

71. $\dfrac{-A^2}{(-A)^2} = \dfrac{-10^2}{(-10)^2}$
$= -1.00$

72. $\dfrac{B^A}{A^B} = \dfrac{2^{10}}{10^2}$
$= 10.24$

73. $\dfrac{A^2}{B^3} = \dfrac{9.8^2}{(2.1)^3}$
≈ 10.37

74. $\dfrac{1}{A^2 + B^3} = \dfrac{1}{(9.8)^2 + (2.1)^3}$
≈ 0.01

75. $\dfrac{A^2}{B^3 + B} = \dfrac{(9.8)^2}{(2.1)^3 + (2.1)}$
≈ 8.45

76. $\dfrac{3}{A^2B - B^3} = \dfrac{3}{(9.8)^2(2.1) - (2.1)^3}$
≈ 0.02

77. $\dfrac{AB^2}{(AB)^2} = \dfrac{(9.8)(2.1)^2}{(9.8 \cdot 2.1)^2}$
≈ 0.10

78. $\dfrac{A^2 + B^2}{A^2B^2} = \dfrac{(9.8)^2 + (2.1)^2}{(9.8)^2(2.1)^2}$
≈ 0.24

79. $\dfrac{-A^2}{(-A)^2} = \dfrac{-(9.8)^2}{(-9.8)^2}$
$= -1.00$

80. $\dfrac{B^A}{A^B} = \dfrac{(2.1)^{9.8}}{(9.8)^{2.1}}$
≈ 11.92

81. $\dfrac{\frac{4}{3}\pi r^3}{\pi r^2} = \dfrac{4}{3}(r^{3-2})$
$= \dfrac{4}{3}r$

82. $\dfrac{3.7 \times 10^{12}}{2.65 \times 10^8} = \left(\dfrac{3.7}{2.65}\right)(10^{12-8})$
$\approx (1.396226415)(10^4)$
$= 13{,}962.26$ dollars per person

83. surface area of smallest prism $= 2lw + 2lh + 2wh$
$= 2(x^2)(x^2) + 2(x^2)(y) + 2(x^2)(y)$
$= 2x^4 + 4x^2y$

surface area of smallest cylinder $= \pi dh + 2\pi r^2$
$= \pi x^2 y + 2\pi(\tfrac{1}{2}x^2)^2$
$= \pi x^2 y + \tfrac{1}{2}\pi x^4$

$\dfrac{\text{surface area of prism}}{\text{surface area of cylinder}} = \dfrac{2x^4 + 4x^2y}{\pi x^2 y + \tfrac{1}{2}\pi x^4}$

$= \dfrac{2x^2(x^2 + 2y)}{\tfrac{1}{2}\pi x^2(2y + x^2)}$

$= \dfrac{4}{\pi}$

PAGE 389, LOOK BACK

84. $(4n - 20) - n = n + 12$
$3n - 20 = n + 12$
$2n = 32$
$n = 16$

85. $9(n + k) = 5n + 17k + 32$
$9n + 9k = 5n + 17k + 32$
$4n = 8k + 32$
$n = 2k + 8$

86. $\begin{cases} 5x - 3y = 32 \\ 2x = 12.8 \end{cases}$

$2x = 12.8$
$x = 6.4$

Substitute $x = 6.4$ into the first equation.
$5(6.4) - 3y = 32$
$32 - 3y = 32$
$-3y = 0$
$y = 0$
Solution: $(6.4, 0)$

87. $\begin{cases} 7x - 3y = 2 \\ 2x - y = -5 \end{cases}$

$7x - 3y = 2$
$+ (-6x) + 3y = 15$
$ x = 17$

Substitute $x = 17$ into the second equation.
$2(17) - y = -5$
$34 - y = -5$
$-y = -39$
$y = 39$
Solution: $(17, 39)$

88. Let s = speed of canoe
c = speed of current

Distance = rate $\cdot$ time
$7.5 = (s - c)(2.5)$
$7.5 = (s + c)(2.0)$

Since the distance is equivalent in the first equation to the second equation we get
$(s - c)(2.5) = (s + c)(2.0)$
$2.5s - 2.5c = 2s + 2c$
$0.5s = 4.5c$
$s = 9c$

Substitute $s = 9c$ into the second equation.
$7.5 = (9c + c)(2.0)$
$7.5 = 20c$
$c = 0.375$

Substitute $c = 0.375$ into $s = 9c$
$s = 9(0.375) = 3.375$
Speed of canoe = 3.375 mph
Speed of current = 0.375 mph

PAGE 389, LOOK BEYOND

89. $\dfrac{\text{Area of square}}{\text{Area of circle}} = \dfrac{(2r)^2}{\pi r^2}$
$= \dfrac{4r^2}{\pi r^2}$
$= \dfrac{4}{\pi}$

90. Yes. $\dfrac{r^2}{r^2} = r^{2-2} = r^0$.
Also $\dfrac{r^2}{r^2} = 1$,
therefore $r^0 = 1$.

8.4 PAGE 393, GUIDED SKILLS PRACTICE

6. $7^{-5} \cdot 7^2 = 7^{-5+2}$
$= 7^{-3}$
$= \dfrac{1}{7^3}$
$= \dfrac{1}{343}$

7. $\dfrac{10^7}{10^{11}} = 10^{7-11}$
$= 10^{-4}$
$= \dfrac{1}{10^4}$
$= \dfrac{1}{10{,}000}$

8. $\dfrac{6^8}{6^2} = 6^{8-2}$
$= 6^6$
$= 46{,}656$

9. $\dfrac{4^5}{4^7} = 4^{5-7}$
$= 4^{-2}$
$= \dfrac{1}{4^2}$
$= \dfrac{1}{16}$

10. $\dfrac{a^5 \cdot a^{-5}}{a^8} = a^{5+(-5)-8}$
$= a^{-8}$
$= \dfrac{1}{a^8}$

11. $\dfrac{x^6 y^7}{x^6 y^6} = (x^{6-6})(y^{7-6})$
$= x^0 y$
$= y$

12. $\dfrac{r^{-5} s^2}{r^{-3} s^2} = (r^{-5-(-3)})(s^{2-2})$
$= r^{-2} s^0$
$= \dfrac{1}{r^2}$

13. $\dfrac{a^{-3} b^3}{a^3 b^5} = (a^{-3-3})(b^{3-5})$
$= a^{-6} b^{-2}$
$= \dfrac{1}{a^6 b^2}$

14. $-5y^{-6} = -\dfrac{5}{y^6}$

15. $\dfrac{3c^6 d^3}{36 c^4 d^8} = \dfrac{1}{12}(c^{6-4})(d^{3-8})$
$= \dfrac{1}{12} c^2 d^{-5}$
$= \dfrac{c^2}{12 d^5}$

16. $\dfrac{j^3}{h^{-4}} = j^3 h^4$

17. $\dfrac{64 a^7 b^5}{25 a b^{10}} = \dfrac{64}{25}(a^{7-1})(b^{5-10})$
$= \dfrac{64}{25} a^6 b^{-5}$
$= \dfrac{64 a^6}{25 b^5}$

PAGES 393–394, PRACTICE AND APPLY

18. $6^4 \cdot 6^{-2} = 6^{4+(-2)}$
$= 6^2$
$= 36$

19. $\dfrac{11^8}{11^{13}} = 11^{8-13}$
$= 11^{-5}$
$= \dfrac{1}{11^5}$
$= \dfrac{1}{161{,}051}$

20. $\dfrac{9^{12}}{9^3} = 9^{12-3}$
$= 9^9$
$= 387{,}420{,}489$

21. $\dfrac{7^5}{7^{12}} = 7^{-7}$
$= \dfrac{1}{7^7}$
$= \dfrac{1}{823{,}543}$

22. $8^{-6} \cdot 8^3 = 8^{-6+3}$
$= 8^{-3}$
$= \dfrac{1}{8^3}$
$= \dfrac{1}{512}$

23. $\dfrac{13^8}{13^{15}} = 13^{8-15}$
$= 13^{-7}$
$= \dfrac{1}{13^7}$
$= \dfrac{1}{62{,}748{,}517}$

24. $\dfrac{5^3}{5^{10}} = 5^{3-10}$
$= 5^{-7}$
$= \dfrac{1}{5^7}$
$= \dfrac{1}{78{,}125}$

25. $3^4 \cdot 3^{-6} = 3^{4+(-6)}$
$= 3^{-2}$
$= \dfrac{1}{3^2}$
$= \dfrac{1}{9}$

26. $\dfrac{f^7 \cdot f^{-7}}{f^2} = f^{7+(-7)-2}$
$= f^{-2}$
$= \dfrac{1}{f^2}$

27. $\dfrac{a^5 b^8}{a^5 b^3} = (a^{5-5})(b^{8-3})$
$= a^0 b^5$
$= b^5$

28. $\dfrac{s^{-7} t^2}{s^{-3} t^3} = (s^{-7-(-3)})(t^{2-3})$
$= s^{-4} t^{-1}$
$= \dfrac{1}{s^4 t}$

29. $\dfrac{3 x^4 y^8}{27 x^6 y^4} = \dfrac{1}{9}(x^{4-6})(y^{8-4})$
$= \dfrac{1}{9} x^{-2} y^4$
$= \dfrac{y^4}{9 x^2}$

30. $-6 p^{-7} = -\dfrac{6}{p^7}$

31. $\dfrac{4 x^8 y^4}{24 x^3 y^{11}} = \dfrac{1}{6}(x^{8-3})(y^{4-11})$
$= \dfrac{1}{6} x^5 y^{-7}$
$= \dfrac{x^5}{6 y^7}$

32. $\dfrac{r^5}{s^{-12}} = r^5 s^{12}$

33. $\dfrac{8a^4 b^7 c^{-4}}{3a^6 b^{-6} c^{-4}} = \dfrac{8}{3}(a^{4-6})(b^{7-(-6)})(c^{-4-(-4)})$
$= \dfrac{8}{3} a^{-2} b^{13} c^0$
$= \dfrac{8b^{13}}{3a^2}$

34. $-3^2 = -(3 \cdot 3)$
$= -9$

35. $(-3)^2 = (-3)(-3)$
$= 9$

36. $3^{-2} = \dfrac{1}{3^2}$
$= \dfrac{1}{9}$

37. $-(3^{-2}) = -\dfrac{1}{3^2}$
$= -\dfrac{1}{9}$

38.

Decimal notation	1	0.1	0.01
Exponent notation	10^0	10^{-1}	10^{-2}

39. yes

40. $2^{-3} = \dfrac{1}{2^3}$

41. $10^{-5} = \dfrac{1}{10^5}$

42. $a^3 b^{-2} = \dfrac{a^3}{b^2}$

43. $c^{-4} d^3 = \dfrac{d^3}{c^4}$

44. $v^0 w^2 y^{-1} = \dfrac{w^2}{y}$

45. $(a^2 b^{-7})^0 = a^{2 \cdot 0} b^{-7 \cdot 0}$
$= a^0 b^0$
$= 1$

46. $r^6 r^{-2} = r^{6+(-2)}$
$= r^4$

47. $-t^{-1} t^{-2} = -1(t^{-1+-2})$
$= -1(t^{-3})$
$= -\dfrac{1}{t^3}$

48. $\dfrac{m^2}{m^{-3}} = m^{2-(-3)}$
$= m^5$

49. $\dfrac{2a^{-5}}{a^{-6}} = 2(a^{-5-(-6)})$
$= 2a$

50. $\dfrac{(2a^3)(10a^5)}{4a^{-1}} = \left(\dfrac{2 \cdot 10}{4}\right)(a^{3+5-(-1)})$
$= 5a^9$

51. $\dfrac{b^{-2} b^4}{b^{-3} b^4} = \dfrac{b^{-2+4}}{b^{-3+4}}$
$= \dfrac{b^2}{b^1}$
$= b^{2-1}$
$= b$

For problems 52–57, each expression is easier to calculate mentally by using properties of exponents and zero.

52. $\dfrac{2.56^7}{2.56^6} = 2.56^{7-6}$
$= 2.56$

53. $\dfrac{2.56^6}{2.56^7} = 2.56^{6-7}$
$= 2.56^{-1}$
$= \dfrac{1}{2.56}$

54. $0^7 = 0$

55. $7^0 = 1$

56. $(2.992 \times 9.554)^0 = 1$

57. $(19.43 \times 0)^{18} = 0^{18} = 0$

58. You get an error message (overflow), or the answer is in a form called scientifc notation. The number is too large to display in decimal notation.

59. You get an error message because 0^0 is undefined.

60. $5\left(\dfrac{1}{4}\right)^1 \left(\dfrac{3}{4}\right)^4 \approx 0.396$
$10\left(\dfrac{1}{4}\right)^2 \left(\dfrac{3}{4}\right)^3 \approx 0.264$
$10\left(\dfrac{1}{4}\right)^3 \left(\dfrac{3}{4}\right)^2 \approx 0.088$
$5\left(\dfrac{1}{4}\right)^4 \left(\dfrac{3}{4}\right)^1 \approx 0.015$
$\left(\dfrac{1}{4}\right)^5 \left(\dfrac{3}{4}\right)^0 \approx 0.001$

61. 1

62. 5

63. $0.237 + 0.396 + 0.264 + 0.088 + 0.015 + 0.001 = 1.001$
Rounding errors explain the discrepancy.

PAGE 395, LOOK BACK

64. Sequence   8   11   16   23   32   [43]   [56]   [71]
First differences   3   5   7   9   11   13   15
Second differences   2   2   2   2   2   2

65. $5(3y) = 3y - 24$
$15y = 3y - 24$
$12y = -24$
$y = -2$

66. $aby = by - c$
$aby - by = -c$
$y(ab - b) = -c$
$y = \frac{-c}{ab - b}$
The two equations are the same except that the a was replaced with 5, the b was replaced with 3, and the c was replaced with 24.

67. The slope of a vertical line is undefined. The slope of a horizontal line is 0.

68. $3x - 6 > -4x + 12$
$7x - 6 > 12$
$7x > 18$
$x > \frac{18}{7}$
The solution is all real numbers greater than $\frac{18}{7}$.

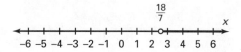

69. $A = 3^5 x^6 y^4$
$B = 2^4 3^3 x^4 y$

70. $A \cdot B = 2 \cdot 2 \cdot 2 \cdot 2 \cdot 3 \cdot 3 \cdot 3 \cdot 3 \cdot 3 \cdot 3 \cdot 3 \cdot 3 \cdot x \cdot x \cdot x \cdot x \cdot x \cdot x \cdot x \cdot x \cdot x \cdot x \cdot y \cdot y \cdot y \cdot y \cdot y$
$A \cdot B = 3^5 x^6 y^4 \cdot 2^4 3^3 x^4 y = 2^4 3^8 x^{10} y^5$

PAGE 395, LOOK BEYOND

71. 6,700,417

8.5   PAGE 401, GUIDED SKILLS PRACTICE

4. $463{,}000{,}000 = 4.63 \times 10^8$ **5.** $25{,}000 = 2.5 \times 10^4$ **6.** $0.000597 = 5.97 \times 10^{-4}$
7. $0.000000165 = 1.65 \times 10^{-7}$ **8.** $0.00000457 = 4.57 \times 10^{-6}$ **9.** $3.667 \times 10^8 = 366{,}700{,}000$
10. $5.28 \times 10^{-5} = 0.0000528$ **11.** $6 \times 10^{14} \div 10^2 = 6 \times 10^{14-2}$
$= 6 \times 10^{12}$

12. $(3.5 \times 10^3)(2.67 \times 10^{-5}) = 3.5 \times 2.67 \times 10^{3+(-5)}$
$= 9.345 \times 10^{-2}$

13. $\frac{2.4 \times 10^4}{6 \times 10^1} = \frac{2.4}{6} \times 10^{4-1}$
$= 0.4 \times 10^3$
$= 4 \times 10^{-1} \times 10^3$
$= 4 \times 10^2$

14. $(2.36 \times 10^{14}) \div (2.98 \times 10^5) \approx 0.792 \times 10^{14-5}$
$\approx 7.92 \times 10^8$
It takes about 792,000,000 seconds, or about 25.1 years.

PAGES 402–403, PRACTICE AND APPLY

15. $2{,}000{,}000 = 2 \times 10^6$ **16.** $8{,}000{,}000{,}000{,}000 = 8 \times 10^{12}$ **17.** $340{,}000 = 3.4 \times 10^5$

18. $58{,}000 = 5.8 \times 10^4$ **19.** $0.00008 = 8 \times 10^{-5}$ **20.** $0.0000005 = 5 \times 10^{-7}$

21. $0.000234 = 2.34 \times 10^{-4}$ **22.** $0.000000082 = 8.2 \times 10^{-8}$ **23.** $1{,}350{,}000{,}000 = 1.35 \times 10^9$

24. $3 \times 10^4 = 30{,}000$ **25.** $4 \times 10^8 = 400{,}000{,}000$ **26.** $6.7 \times 10^{10} = 67{,}000{,}000{,}000$

27. $9.01 \times 10^5 = 901{,}000$ **28.** $4 \times 10^{-7} = 0.0000004$ **29.** $5 \times 10^{-9} = 0.000000005$

30. $8.8 \times 10^{-12} = 0.0000000000088$ **31.** $7.2 \times 10^{-10} = 0.00000000072$

32. $(2 \times 10^4)(3 \times 10^5) = 2 \times 3 \times 10^{4+5}$
$= 6 \times 10^9$

33. $(6 \times 10^8)(1 \times 10^6) = 6 \times 1 \times 10^{8+6}$
$= 6 \times 10^{14}$

34. $(8 \times 10^6)(2 \times 10^{10}) = 8 \times 2 \times 10^{6+10}$
$= 16 \times 10^{16}$
$= 1.6 \times 10^1 \times 10^{16}$
$= 1.6 \times 10^{17}$

35. $(9 \times 10^6)(7 \times 10^6) = 9 \times 7 \times 10^6 \times 10^6$
$= 63 \times 10^{12}$
$= 6.3 \times 10^1 \times 10^{12}$
$= 6.3 \times 10^{13}$

36. $(9 \times 10^6) + (7 \times 10^6) = (9 + 7) \times 10^6$
$= 16 \times 10^6$
$= 1.6 \times 10^1 \times 10^6$
$= 1.6 \times 10^7$

37. $(9 \times 10^6) - (7 \times 10^6) = (9 - 7) \times 10^6$
$= 2 \times 10^6$

38. $(8.2 \times 10^6)(3.1 \times 10^6) = 8.2 \times 3.1 \times 10^{6+6}$
$= 25.42 \times 10^{12}$
$= 2.542 \times 10^1 \times 10^{12}$
$= 2.542 \times 10^{13}$

39. $(1.9 \times 10^8)(2 \times 10^{10}) = 1.9 \times 2 \times 10^{8+10}$
$= 3.8 \times 10^{18}$

40. $\dfrac{(2 \times 10^6)(9 \times 10^4)}{6 \times 10^4} = \dfrac{2 \times 9 \times 10^{6+4}}{6 \times 10^4}$
$= \dfrac{18 \times 10^{10}}{6 \times 10^4}$
$= 3 \times 10^{10-4}$
$= 3 \times 10^6$

41. $(2 \times 10^{10})(6 \times 10^7)(4 \times 10^{-8}) = 2 \times 6 \times 4 \times 10^{10+7+(-8)}$
$= 48 \times 10^9$
$= 4.8 \times 10^1 \times 10^9$
$= 4.8 \times 10^{10}$

42. $\dfrac{6 \times 10^5}{2 \times 10^2} = \dfrac{6}{2} \times 10^{5-2}$
$= 3 \times 10^3$

43. $\dfrac{9 \times 10^8}{2 \times 10^4} = \dfrac{9}{2} \times 10^{8-4}$
$= 4.5 \times 10^4$

44. $\dfrac{3 \times 10^4}{6 \times 10^7} = \dfrac{3}{6} \times 10^{4-7}$
$= 0.5 \times 10^{-3}$
$= 5 \times 10^{-1} \times 10^{-3}$
$= 5 \times 10^{-4}$

45. $\dfrac{16 \times 10^5}{2 \times 10^{12}} = \dfrac{16}{2} \times 10^{5-12}$
$= 8 \times 10^{-7}$

46. $125{,}000 = 1.25 \times 10^5$

47. $5{,}000{,}000{,}000{,}000 = 5 \times 10^{12}$

48. $5{,}400{,}000 = 5.4 \times 10^6$

49. $3{,}700{,}000 = 3.7 \times 10^6$

50. $4{,}064{,}600{,}000{,}000 = 4.0646 \times 10^{12}$

51. 4×10^{12}

52. $\dfrac{4.0646 \times 10^{12}}{250{,}000{,}000} = \dfrac{4.0646 \times 10^{12}}{2.5 \times 10^8}$
$= \dfrac{4.0646}{2.5} \times 10^{12-8}$
$\approx 1.626 \times 10^4$

about $16,260 per person

53. Answers may vary.

Example: $14 \text{ years} \times \dfrac{365 \text{ days}}{1 \text{ year}} \times \dfrac{24 \text{ hours}}{1 \text{ day}} \times \dfrac{60 \text{ minutes}}{1 \text{ hour}} \times \dfrac{60 \text{ seconds}}{1 \text{ minute}} = 441{,}504{,}000$
$= 4.41504 \times 10^8 \text{ seconds}$

54. $248{,}000 = 2.48 \times 10^5$ miles

55. $5.87 \times 10^{12} = 5{,}870{,}000{,}000{,}000$

56. $\dfrac{6 \times 10^{15}}{5.87 \times 10^{12}} = \dfrac{6}{5.87} \times 10^{15-12}$
$\approx 1.02 \times 10^3$ years

57. $\dfrac{2.14 \times 10^{13}}{5.87 \times 10^{12}} = \dfrac{2.14}{5.87} \times 10^{13-12}$
$\approx 0.36 \times 10^1$
$= 3.6$ years

58. 10^{18} seconds $\times \dfrac{1 \text{ minute}}{60 \text{ seconds}} \times \dfrac{1 \text{ hour}}{60 \text{ minutes}} \times \dfrac{1 \text{ day}}{24 \text{ hours}} \times \dfrac{1 \text{ year}}{365 \text{ days}} = \dfrac{10^{18}}{31{,}536{,}000}$
$= \dfrac{1 \times 10^{18}}{3.1536 \times 10^7}$
$= \dfrac{1}{3.1536} \times 10^{18-7}$
$\approx 0.31710 \times 10^{11}$
$= 31{,}710{,}000{,}000$

Approximately 31.7 billion years.

59. 23,000 **60.** 5600 **61.** 0.00722
62. 0.000101 **63.** −280 **64.** −0.0009303
65. Answers may vary. Sample answer: 9,999,999,999
66. Answers may vary. Sample answer: $9.999999999 \times 10^{99}$
67. Answers may vary. Sample answer: $\dfrac{1}{10{,}000}$
68. Answers may vary. Sample answer: 1.0×10^{-99}

PAGE 403, LOOK BACK

69. $3 + (-4) - (-9) - [-8 + 2(3-5)] = 3 + (-4) - (-9) - [-8 + 2(-2)]$
$= 3 + (-4) - (-9) - [-8 - 4]$
$= 3 + (-4) - (-9) - [-12]$
$= 3 + (-4) + 9 + 12$
$= -1 + 9 + 12$
$= 8 + 12$
$= 20$

70. $(5)(-3)[-2(4)](-12) = (-15)(-8)(-12)$
$= -1440$

71. $(6x + 4y - 8) - 5(-7x + y) = 6x + 4y - 8 + 35x - 5y$
$= 6x + 35x + 4y - 5y - 8$
$= 41x - y - 8$

72. slope $= \dfrac{y_2 - y_1}{x_2 - x_1} = \dfrac{12 - 7}{-3 - 3} = \dfrac{5}{-6}$

73. $\begin{cases} x - y > 5 \\ -3x + y \leq 9 \end{cases} \Rightarrow \begin{cases} -y > -x + 5 \\ y \leq 3x + 9 \end{cases} \Rightarrow \begin{cases} y < x - 5 \\ y \leq 3x + 9 \end{cases}$

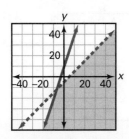

The region describing the solution is all points to the right of $y < x - 5$, excluding the points to the right of $y < x - 5$ and to the left of $y \leq 3x + 9$ simultaneously.

PAGE 403, LOOK BEYOND

74. 0.9, 0.81, 0.729, 0.6561, .59049

75. 1.1, 1.21, 1.331, 1.4641, 1.61051

8.6 PAGE 407, GUIDED SKILLS PRACTICE

5. $A = P(1 + r)^t$
$A = 11{,}000{,}000(1 + 0.019)^{10}$
$A \approx 13{,}278{,}057$
increase $\approx 13{,}278{,}057 - 11{,}000{,}000$
$\approx 2{,}278{,}057$ people

6. $y = 5^x$ $\qquad y = \left(\frac{1}{5}\right)^x$

x	y
−1	0.2
0	1
1	5
2	25

x	y
−1	5
0	1
1	0.2
2	0.04

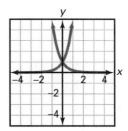

The graphs are mirror images of each other. One increases and the other decreases as x gets larger. They both pass through the point (0, 1).

PAGES 407–408, PRACTICE AND APPLY

7.

8.

9.

10.

11.

12.

13.

14.

15.

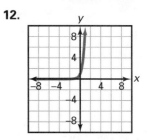

16.

17.

18.

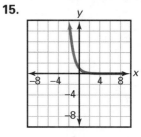

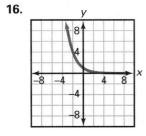

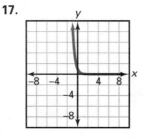

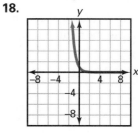

19.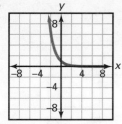
20.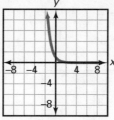
21.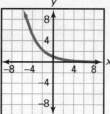
22.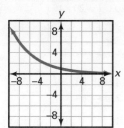
23.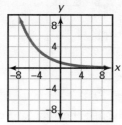
24.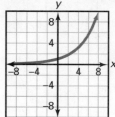
25.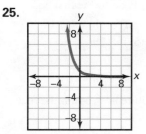
26.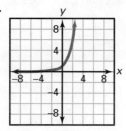
27.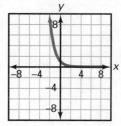
28.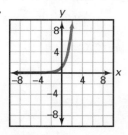
29.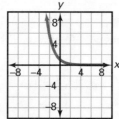
30.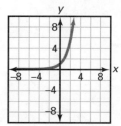

31. 1.003

32. $A = P(1 + r)^t$
$A = 39{,}000{,}000(1.003)^1$
$A \approx 39{,}117{,}000$

33. $A = P(1 + r)^t$
$A = 39{,}000{,}000(1.003)^8$
$A \approx 39{,}945{,}887$

34. $A = P(1 + r)^t$
$A = 58{,}000{,}000(1.001)^1$
$A \approx 58{,}058{,}000$

35. $A = P(1 + r)^t$
$A = 58{,}000{,}000(1.001)^3$
$A \approx 58{,}174{,}174$

36. $A = P(1 + r)^t$
$A = 58{,}000{,}000(1.001)^5$
$A \approx 58{,}290{,}581$

37. $A = P(1 + r)^t$
$A = 57{,}800{,}000(1.004)^1$
$A \approx 58{,}031{,}200$

38. $A = P(1 + r)^t$
$A = 57{,}800{,}000(1.004)^3$
$A \approx 58{,}496{,}378$

39. $A = P(1 + r)^t$
$A = 57{,}800{,}000(1.004)^5$
$A \approx 58{,}965{,}285$

40. Italy: $A = P(1 + r)^t$
$A = 58{,}000{,}000(1.001)^2$
$A \approx 58{,}116{,}058$

France: $A = P(1 + r)^t$
$A = 57{,}800{,}000(1.004)^2$
$A \approx 58{,}263{,}325$

France's population was greater in 1997.

PAGE 408, LOOK BACK

41. slope $= \dfrac{y_2 - y_1}{x_2 - x_1} = \dfrac{-3 - 4}{2 - (-1)} = \dfrac{-7}{3}$

42. $F = kd$
$F = (17)(0.6)$
$F = 10.2$ Newtons

43. slope $= -3$
y-intercept $= -2$

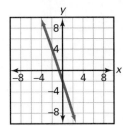

44. slope $= \frac{2}{5}$
y-intercept $= -4$

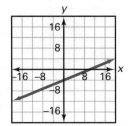

45. slope $= -\frac{1}{5}$
y-intercept $= 7$

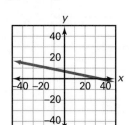

46. $\begin{cases} 2t + 3w = -4 \\ -2t + w = -1 \end{cases}$

$\begin{aligned} 2t + 3w &= -4 \\ -2t + w &= -1 \\ \hline 4w &= -5 \\ w &= -\frac{5}{4} \end{aligned}$

Substitute $w = -\frac{5}{4}$ into the second equation.

$-2t - \frac{5}{4} = -1$
$-2t = \frac{1}{4}$
$t = -\frac{1}{8}$

Solution: $\left(-\frac{1}{8}, -\frac{5}{4}\right)$

47. $\begin{cases} 2x + 2y = 12 \\ -15x + 3y = 9 \end{cases}$

Solve the first equation for x and substitute into the second equation.

$2x + 2y = 12$
$x + y = 6$
$x = 6 - y$

$-15(6 - y) + 3y = 9$
$-90 + 15y + 3y = 9$
$-90 + 18y = 9$
$18y = 99$
$y = \frac{11}{2}$

Substitute $y = \frac{11}{2}$ into the first equation.

$2x + 2\left(\frac{11}{2}\right) = 12$
$2x + 11 = 12$
$2x = 1$
$x = \frac{1}{2}$

Solution: $\left(\frac{1}{2}, \frac{11}{2}\right)$

48. $\begin{cases} 5k + 4m = 10 \\ 5k - 2m = 10 \end{cases}$

Multiply the second equation by -1 and add to the first equation.

$\begin{aligned} 5k + 4m &= 10 \\ +(-5k) + 2m &= -10 \\ \hline 6m &= 0 \\ m &= 0 \end{aligned}$

Substitute $m = 0$ into the first equation.

$5k + 4(0) = 10$
$5k = 10$
$k = 2$

Solution: $(2, 0)$

49. $(x^4 \cdot x^2)^2 + (y^3 \cdot y^2)^3 = (x^{4+2})^2 + (y^{3+2})^3$
$= (x^6)^2 + (y^5)^3$
$= x^{2 \cdot 6} + y^{3 \cdot 5}$
$= x^{12} + y^{15}$

50. $(a^2b^4)^2(a^2b)^3 = (a^{2 \cdot 2})(b^{4 \cdot 2})(a^{3 \cdot 2})(b^3)$
$= (a^{4+6})(b^{8+3})$
$= a^{10}b^{11}$

PAGE 408, LOOK BEYOND

51. $f(x) = \frac{a^3}{x^2 + a^2} = \frac{1^3}{x^2 + 1^2} = \frac{1}{x^2 + 1}$

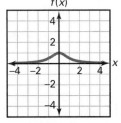

52. $f(x) = \frac{a^3}{x^2 + a^2} = \frac{5^3}{x^2 + 5^2} = \frac{125}{x^2 + 25}$

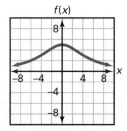

53. The two graphs have the same form. However, the first graph peaks at $(0, 1)$, and the second graph peaks at $(0, 5)$.

8.7 PAGE 413, GUIDED SKILLS PRACTICE

6. $25\% = \frac{1}{4}$
The object is approximately 11,400 years old.

7. $A = P(1 + r)^t$
$2500 = P(1.035)^6$
$P = \frac{2500}{(1.035)^6}$
$P \approx \$2033.75$

8. $A = P(1 + r)^t$
$A = 32,000(1.07)^{-25}$
$A \approx \$5895.97$

9. $P = 100(0.85)^5$
$P \approx 44$ problems

10. The population decreases by a factor of 98.5 percent each year.
So $P = 160,525(0.985)^t$.
Generate a table:

t	P
1	158,117
2	155,745
3	153,409

The population will be below 155,000 three years after 1990, that is 1993.

PAGES 413–414, PRACTICE AND APPLY

11. $3\left(\frac{1}{10}\right)^1 = 0.3$

12. $3\left(\frac{1}{10}\right)^2 = 0.03$

13. $3\left(\frac{1}{10}\right)^3 = 0.003$

14. $3\left(\frac{1}{10}\right)^4 = 0.0003$

15. $5\% = 0.05 = \frac{1}{20}$
$\frac{1}{16} > \frac{1}{20} > \frac{1}{32}$
The age is between 22,800 and 28,500, but much closer to 22,800. A good estimate is approximately 24,000 years old.

16. $28\% = 0.28$
$0.5 > 0.28 > 0.25$
The age is between 5700 and 11,400, but much closer to 11,400. A good estimate is approximately 10,500 years old.

17. $50\% = \frac{1}{2}$
The object is approximately 5700 years old.

18. $100\% = 1$
The object has all of it's original carbon-14 remaining, and is 0 years old.

19. 2^4 and 2^5 are greater than 10. Since these two values only show up 4 times out of 10, the probability that $2^x > 10$ is:
$P = \frac{4}{10} = \frac{2}{5}$.

20. $2^1, 2^2$, and 2^3 are the only values less than 10. These values show up 9 times out of 300. Thus there are 291 values such that $2^x > 10$. So
$P = \frac{291}{300} = \frac{97}{100}$

21. $25\% = \frac{1}{4}$
11,400 years old

22. $1\% = \frac{1}{100}$
$\frac{1}{128} < \frac{1}{100} < \frac{1}{64}$
about 37,500 years old

23. $A = P(1 - r)^t$
$A = 361,280(0.999)^x$

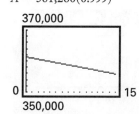

CHAPTER 8 **237**

24.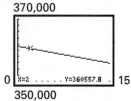
about 360,558

25.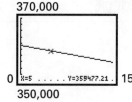
about 359,477

26.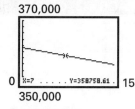
about 358,759

27.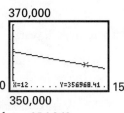
about 356,968

28. $A = P(1 + r)^t$
$A = 8200(1.08)^5$
$A \approx 12,048.49$

29. $A = P(1 + r)^t$
$A = 8200(1.08)^{10}$
$A \approx 17,703.18$

30. $A = P(1 + r)^t$
$A = 8200(1.08)^{-5}$
$A \approx 5580.78$

31. $A = P(1 + r)^t$
$A = 8200(1.08)^{-10}$
$A \approx 3798.19$

32. $A = P(1 + r)^t$
$A = 94,000(0.98)^5$
$A \approx \$84,968.55$

33. $A = P(1 + r)^t$
$A = 94,000(0.98)^{10}$
$A \approx \$76,804.84$

34. $A = P(1 + r)^t$
$A = 94,000(0.98)^{-5}$
$A \approx \$103,991.41$

35. $A = P(1 + r)^t$
$A = 94,000(0.98)^{-10}$
$A \approx \$115,044.83$

36. $58\% = 0.58$
$0.5 < 0.58 < 1$
about 5200 years old

37. $A = P(1 + r)^t$
$1800 = P(1.065)^3$

$P = \dfrac{1800}{(1.065)^3}$

$P \approx \$1490.13$

38. $A = P(1 + r)^t$
$A = 3000(1.075)^5$
$A \approx \$4306.89$;

$A = P(1 + r)^t$
$A = 3000(1.075)^{10}$
$A \approx \$6183.09$

39. $A = P(1 + r)^t$
$125,000 = 100,000(1.025)^t$
$(1.025)^t = \dfrac{125,000}{100,000}$
$(1.025)^t = 1.25$
Make a table.

t	$(1.025)^t$
1	1.025
2	1.051
3	1.076
⋮	
9	1.248
10	1.280

The population will exceed 125,000 when $t = 10$ which is 10 years from now.

PAGE 415, LOOK BACK

40. $y = 18x$

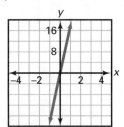

41. $\begin{cases} 4x + 2y = 15 \\ 6x - y = 3 \end{cases}$

$4x + 2y = 15$
$+12x - 2y = 6$
$\overline{}$
$16x = 21$
$x = \frac{21}{16}$

Substitute $x = \frac{21}{16}$ into the first equation.

$4\left(\frac{21}{16}\right) + 2y = 15$
$\frac{21}{4} + 2y = 15$
$2y = \frac{39}{4}$
$y = \frac{39}{8}$
$x = \frac{21}{16}, y = \frac{39}{8}$

42. $\begin{cases} 12x + 3y = 36 \\ 2x - 6y = -20 \end{cases}$

$24x + 6y = 72$
$+2x - 6y = -20$
$\overline{}$
$26x = 52$
$x = 2$

Substitute $x = 2$ into the second equation.
$2(2) - 6y = -20$
$4 - 6y = -20$
$-6y = -24$
$y = 4$
$x = 2, y = 4$

43. $\begin{cases} 1.6x + 0.7y = 2.8 \\ 8x - 5.6y = 1.7 \end{cases}$

$\begin{cases} y = -\frac{1.6}{0.7}x + 4 \\ y = \frac{8}{5.6}x - \frac{1.7}{5.6} \end{cases}$

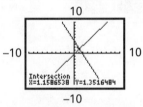

The approximate solutions are $x \approx 1.159$ and $y \approx 1.352$.

44. $\begin{cases} 2x + 8y < 10 \\ 4x - 3y \geq -4 \end{cases}$

$\begin{cases} 8y < -2x + 10 \\ -3y \geq -4x - 4 \end{cases}$

$\begin{cases} y < -\frac{1}{4}x + \frac{5}{4} \\ y \leq \frac{4}{3}x + \frac{4}{3} \end{cases}$

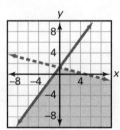

The shaded region represents all possible coordinates (x, y) that satisfy the system of inequalities.

45. $\begin{cases} 2b + 6d > -4 \\ b - 5d \geq 6 \end{cases}$

$\begin{cases} 2b > -6d - 4 \\ b \geq 5d + 6 \end{cases}$

$\begin{cases} b > -3d - 2 \\ b \geq 5d + 6 \end{cases}$

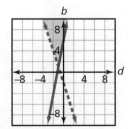

The shaded region represents all possible coordinates (d, b) that satisfy the system of inequalities

46. $\begin{cases} 3x - 2y \geq 5 \\ 3x + 2y \leq -4 \end{cases}$

$\begin{cases} -2y \geq -3x + 5 \\ 2y \leq -3x - 4 \end{cases}$

$\begin{cases} y \leq \frac{3}{2}x + \frac{5}{2} \\ y \leq -\frac{3}{2}x - 2 \end{cases}$

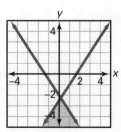

The shaded region represents all possible coordinates (x, y) that satisfy the system of inequalities.

CHAPTER 8 **239**

47. 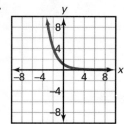 **48.** 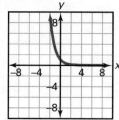 **49.**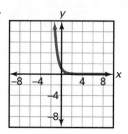

PAGE 415, LOOK BEYOND

50. $e \approx 2.7182818$

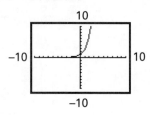

Chapter 8 Review and Assessment   PAGES 418–420

1. $(5a^2)(4a^3) = (5)(4)(a^{2+3})$
$= 20a^5$

2. $(3m^2)(-2m^2n) = (3)(-2)(m^{2+2})(n)$
$= -6m^4n$

3. $(7s^4t^3)(4t) = (7)(4)(s^4)(t^{3+1})$
$= 28s^4t^4$

4. $(-p^2)(6pq^2) = (-1)(6)(p^{2+1})(q^2)$
$= -6p^3q^2$

5. $(4m^3)(3mn^2) = (4)(3)(m^{3+1})(n^2)$
$= 12m^4n^2$

6. $(2a^2bc^2)(5b^2c) = (2)(5)(a^2)(b^{1+2})(c^{2+1})$
$= 10a^2b^3c^3$

7. $(-4xy)(-3x^2z)(2y^2z^2) = (-4)(-3)(2)(x^{1+2})(y^{1+2})(z^{1+2})$
$= 24x^3y^3z^3$

8. $(2x^ay^b)(-3x^my) = (2)(-3)(x^{a+m})(y^{b+1})$
$= -6x^{a+m}y^{b+1}$

9. $(c^4)^2 = c^{4 \cdot 2}$
$= c^8$

10. $(s^3)^a = s^{3a}$

11. $(4x^2y)^3 = 4^3x^{2 \cdot 3}y^3$
$= 64x^6y^3$

12. $2(r^2)^5 = 2r^{2 \cdot 5}$
$= 2r^{10}$

13. $(-p^2)^3(p) = (-1)^3(p^{2 \cdot 3})(p)$
$= -1p^6p^1$
$= -1p^{6+1}$
$= -p^7$

14. $(-xy^2)^6 = (-1)^6(x^6)(y^{2 \cdot 6})$
$= x^6y^{12}$

15. $(-3mn^2)(2m^3)^3 = (-3mn^2)(2^3)(m^{3 \cdot 3})$
$= (-3mn^2)(8)(m^9)$
$= (-3)(8)(m^{1+9})(n^2)$
$= -24m^{10}n^2$

16. $(5b^3c^2)^4(2d^4) = (5^4)(b^{3 \cdot 4})(c^{2 \cdot 4})(2d^4)$
$= (625)(b^{12})(c^8)(2d^4)$
$= 1250b^{12}c^8d^4$

17. $\left(\dfrac{x}{y}\right)^4 = \dfrac{x^4}{y^4}$

18. $\left(\dfrac{2a^2}{b}\right)^3 = \dfrac{(2)^3(a^{2 \cdot 3})}{b^3}$
$= \dfrac{8a^6}{b^3}$

19. $\left(\dfrac{4w^2}{6w^4}\right)^3 = \left(\dfrac{2}{3w^2}\right)^3$
$= \dfrac{2^3}{(3^3)(w^{2 \cdot 3})}$
$= \dfrac{8}{27w^6}$

20. $\left(\dfrac{12fg^2}{6g}\right)^2 = (2fg)^2$
$= 2^2 f^2 g^2$
$= 4f^2 g^2$

21. $\left(\dfrac{y^4}{5xy^2}\right)^3 = \left(\dfrac{y^2}{5x}\right)^3$
$= \dfrac{y^{2 \cdot 3}}{(5)^3 (x^3)}$
$= \dfrac{y^6}{125x^3}$

22. $\left(\dfrac{7p^2 q}{21q}\right)^2 = \left(\dfrac{p^2}{3}\right)^2$
$= \dfrac{p^{2 \cdot 2}}{3^2}$
$= \dfrac{p^4}{9}$

23. $\left(\dfrac{-15(ab)^2}{5a^2 b}\right)^5 = \left(\dfrac{-15a^2 b^2}{5a^2 b}\right)^5$
$= (-3b)^5$
$= (-3)^5 b^5$
$= -243 b^5$

24. $\left(\dfrac{st^2}{s^4}\right)^r = \left(\dfrac{t^2}{s^3}\right)^r$
$= \dfrac{t^{2r}}{s^{3r}}$

25. $3^{-2} = \dfrac{1}{3^2}$

26. $a^2 b^{-3} = \dfrac{a^2}{b^3}$

27. $a^0 b^{-2} c^3 = \dfrac{c^3}{b^2}$

28. $5x^{-3} y^2 = \dfrac{5y^2}{x^3}$

29. $\dfrac{12p^{-3}}{4p} = 3p^{-4}$
$= \dfrac{3}{p^4}$

30. $\left(\dfrac{4a^{-2}}{3b^{-3}}\right)^3 = \left(\dfrac{4b^3}{3a^2}\right)^3$
$= \dfrac{4^3 b^9}{3^3 a^6}$
$= \dfrac{64 b^9}{27 a^6}$

31. $\dfrac{(15t^{-4})(t^3)}{-3t^{-2}} = \left(\dfrac{15}{-3}\right)(t^{-4+3-(-2)})$
$= -5t$

32. $(8b^2)(2b^{-8})(2b^6) = (8)(2)(2)(b^{2+(-8)+6})$
$= 32 b^0$
$= 32$

33. 5.9×10^6

34. 7.5×10^{-6}

35. $(3 \times 10^2)(5 \times 10^5) = 3 \times 5 \times 10^{2+5}$
$= 15 \times 10^7$
$= 1.5 \times 10^8$

36. $(2.1 \times 10^5)(3 \times 10^{-3}) = 2.1 \times 3 \times 10^{5+(-3)}$
$= 6.3 \times 10^2$

37. $(8 \times 10^2) + (2 \times 10^2) = (8 + 2) \times 10^2$
$= 10 \times 10^2$
$= 1 \times 10^3$

38. $(9 \times 10^5) - (3 \times 10^5) = (9 - 3) \times 10^5$
$= 6 \times 10^5$

39. $\dfrac{9 \times 10^7}{3 \times 10^4} = 3 \times 10^{7-4}$
$= 3 \times 10^3$

40. $\dfrac{8 \times 10^4}{2 \times 10^{-2}} = 4 \times 10^{4-(-2)}$
$= 4 \times 10^6$

41. $A = P(1 + r)^t$
$A = 3{,}300{,}000(1.008)^9$
$A \approx 3{,}545{,}347$

42. $A = P(1 + r)^t$
$A = 3{,}300{,}000(1.008)^{12}$
$A \approx 3{,}631{,}118$

43. $A = P(1 + r)^t$
$A = 3{,}300{,}000(1.008)^{19}$
$A \approx 3{,}839{,}406$

44. $A = P(1 + r)^t$
$A = 3{,}300{,}000(1.008)^{29}$
$A \approx 4{,}157{,}855$

45.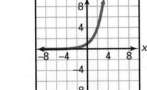

46.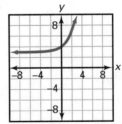

47.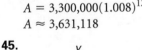

48.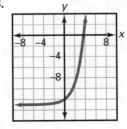

49.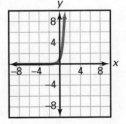

50. $A = P(1 + r)^t$
$A = 6300(1.055)^5$
$A \approx \$8,233.85$

51. $A = P(1 + r)^t$
$A = 6300(1.055)^{-5}$
$A \approx \$4820.35$

52. $A = P(1 + r)^t$
$A = 6300(1.055)^{10}$
$A \approx \$10,761.31$

53. $A = P(1 + r)^t$
$A = 6300(1.055)^{-10}$
$A \approx \$3688.21$

54. 8.64×10^5

55. $A = P(1 + r)^t$
$A = 800,000(1.06)^5$
$A \approx \$1,070,580.46$

Chapter 8 Chapter Test

PAGE 421

PERFORMANCE ASSESSMENT

1. $3^4 = 3 \cdot 3 \cdot 3 \cdot 3$
$= 81$

2. $7^3 = 7 \cdot 7 \cdot 7$
$= 343$

3. $10^5 = 10 \cdot 10 \cdot 10 \cdot 10 \cdot 10$
$= 100,000$

4. $(3p^2)(2p^3)$
$= (3)(2)(p^2)(p^3)$
$= 6p^5$

5. $(-2r^3)(7r^2s)$
$= (-2)(7)(r^3)(r^2)(s)$
$= -14r^5s$

6. $(b^2c^4)(3b^4c^2)$
$= (3)(b^2)(b^4)(c^4)(c^2)$
$= 3b^6c^6$

7. $(4xy^2)(2x^3y)(x^2y^3) = (4)(2)(x)(x^3)(x^2)(y^2)(y)(y^3)$
$= 8x^6y^6$

8. $(g^2)^3 = g^{2 \cdot 3}$
$= g^6$

9. $(2x^2)^3 = (2^3)(x^{2 \cdot 3})$
$= 8x^6$

10. $(a^5)^b = a^{5 \cdot b}$
$= a^{5b}$

11. $(r^2s)^3(rs^2) = (r^{2 \cdot 3})(s^{1 \cdot 3})(r)(s^2)$
$= r^6s^3rs^2$
$= r^7s^5$

12. $(-3pq^4)^2(2p^2q) = ((-3)^{1 \cdot 2})(p^{1 \cdot 2})(q^{4 \cdot 2})(2p^2q)$
$= (9p^2q^8)(2p^2q)$
$= 18p^4q^9$

13. $(5m^2n^3)^4(2m^3n^2) = (5^4)(m^{2 \cdot 4})(n^{3 \cdot 4})(2m^3n^2)$
$= (625m^8n^{12})(2m^3n^2)$
$= 1250m^{11}n^{14}$

14. $V = lwh$
$V = (2l)(2w)(2h)$
$V = 12lwh$
The volume increases by a factor of 12.

15. $\left(\dfrac{p}{q}\right)^3 = \dfrac{p^3}{q^3}$

16. $\left(\dfrac{5a^3}{3b^6}\right)^3 = \dfrac{(5^3)(a^{3 \cdot 3})}{(3^3)(b^{6 \cdot 3})}$
$= \dfrac{125a^9}{27b^{18}}$

17. $\dfrac{-3x^4yz^2}{9x^2z} = \dfrac{-x^2yz}{3}$

18. $\left(\dfrac{3a^4b}{a^2}\right)^c = (3a^2b)^c$
$= 3^c a^{2c} b^c$

19. $\dfrac{A}{C} = \dfrac{\pi r^2}{2\pi r} = \dfrac{r}{2}$
$\dfrac{A}{C} = \dfrac{\pi(4r)^2}{2\pi(4r)} = 2r$
The ratio increases by a factor of 4.

20. $5^4 \cdot 5^{-3} = 5^{4+(-3)}$
$= 5$

21. $\dfrac{6^5}{6^2} = 6^{5+(-2)}$
$= 6^3 = 216$

22. $\dfrac{9^2}{9^5} = 9^{2+(-5)}$
$= 9^{-3} = \dfrac{1}{729}$

23. $5^{-3} = \dfrac{1}{5^3}$
$= \dfrac{1}{125}$

24. $12x^{-5} = \dfrac{12}{x^5}$

25. $\dfrac{25h^{-2}}{5h^2} = \dfrac{5}{h^4}$

26. $\dfrac{(24a^{-2})(3a^5)}{9a^{-7}} = 8\left(a^{-2+5-(-7)}\right)$
$= 8a^{10}$

27. $\left(5t^{-6}\right)\left(2t^4\right)\left(3t^{-3}\right) = 30\left(t^{-6+4-3}\right)$
$= 30t^{-5} = \dfrac{30}{t^5}$

28. $520{,}000{,}000 = 5.2 \times 10^8$

29. $0.0000037 = 3.7 \times 10^{-6}$

30. $(9.8 \times 10^3)(2.5 \times 10^7) = 9.8 \times 2.5 \times 10^{(3+7)}$
$= 24.5 \times 10^{10} = 2.45 \times 10^{11}$

31. $\dfrac{7.29 \times 10^{12}}{2.7 \times 10^{-3}} = \dfrac{7.29}{2.7} \times 10^{12-(-3)}$
$= 2.7 \times 10^{15}$

32. $(2.4 \times 10^2) + (5.7 \times 10^2) = (2.4 + 5.7) \times 10^2$
$= 8.1 \times 10^2$

33. $y = 3^x - 4$

34. $y = \left(\dfrac{1}{3}\right)^x + 1$

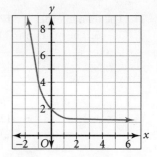

35. $A = P(1 + r)^t$
$A = 6100(1 + 0.032)^5$
$A = 6100(1.032)^5$
$A = 7140$

36. $A = P(1 + r)^t$
$A = 6100(1 + 0.032)^{17}$
$A = 6100(1.032)^{17}$
$A = 10{,}420$

37. $A = P(1 + r)^t$
$A = 2400(1 + 0.062)^3$
$A = \$2874.65$

38. $A = P(1 + r)^t$
$2750 = P(1.054)^5$
$P = \$2114.14$

39. $A = P(1 + r)^t$
$750{,}000 = 503{,}247(1.071)^t$
Enter **Y1** $= 503{,}247(1.071)^x$
and **Y2** $= 750{,}000$
Use the table feature to find when **Y1** and **Y2** are the same. x will be between 5 and 6. The population will be 750,000 between 2002 and 2003.

CHAPTERS 1–8 CUMULATIVE ASSESSMENT   PAGES 422–423

1. $6 + 5^2 \cdot 2 = 6 + 25 \cdot 2$
$= 6 + 50$
$= 56$

$(3 + 7)^2 \div 2 = (10)^2 \div 2$
$= 100 \div 2$
$= 50$
Choose a.

2. Choose b.

3. Choose a.

4. Choose a.

5. Choose c.

6. $x - 8 - y = (3) - 8 - (-4)$
$= -1$
Choose d.

7. $\begin{cases} 2x - 4 = -12 \\ y = x + 3 \end{cases}$

Solve the first equation for x.
$2x = -8$
$x = -4$
Substitute $x = -4$ into the second equation.
$y = -4 + 3 = -1$
The solution is $(-4, -1)$.
Choose d.

8. $5x + 5 = 10$
$5x = 5$
$x = 1$
Choose b.

CHAPTER 8   **243**

9. Choose b.

10. $\begin{cases} y = 1 - 4x \\ 3y = 2x + 2 \end{cases}$

Substitute $y = 1 - 4x$ into the second equation.
$3(1 - 4x) = 2x + 2$
$3 - 12x = 2x + 2$
$14x = 1$
$x = \frac{1}{14}$
Choose d.

11. The data in order are 17, 24, 33, 36, 45. The median is 33.
Choose a.

12. slope $= \frac{-3 - 9}{4 - 2}$
$= \frac{-12}{2}$
$= -6$
Choose d.

13. $y = 3^x$
$y = 3^3 = 27$
Choose c.

14. $3x^2 + 2y = 3(3)^2 + 2(2)$
$= 3(9) + 2(2)$
$= 27 + 4$
$= 31$
Choose c.

15. $6x - 3 \leq 12$
$6x \leq 15$
$x \leq \frac{15}{6}$
$x \leq 2.5$
Choose b.

16. $\frac{15x - 6}{3} = \frac{15}{3}x - \frac{6}{3}$
$= 5x - 2$

17. $x - \frac{2}{3} = 1\frac{1}{3}$
$x = 1\frac{1}{3} + \frac{2}{3}$
$= \frac{4}{3} + \frac{2}{3}$
$= \frac{6}{3}$
$= 2$

18. range $= 45 - 17 = 28$

19. independent variable: x

20. mean $= \frac{28 + 29 + 31 + 34 + 36}{5} = 31.6$

21. $\begin{cases} x + y = 5 \\ y + 1 = x \end{cases}$

$x + y = 5$
$\underline{+ (-x) + y = -1}$
$2y = 4$
$y = 2$

Substitute $y = 2$ into the first equation.
$x + (2) = 5$
$x = 3$
Solution: (3, 2)

22.
Sequence	5	6	8	11	[15]	[20]
First differences		1	2	3	4	5
Second differences			1	1	1	1

23. $m = \frac{0 - 3}{-1 - 0} = \frac{-3}{-1} = 3$
$y - y_1 = m(x - x_1)$
$y - 3 = 3(x - 0)$
$y - 3 = 3x$
$y = 3x + 3$

24. $\frac{5x^2 - 10}{-5} = \frac{5(x^2 - 2)}{-5}$
$= -(x^2 - 2)$
$= -x^2 + 2$

25. $(3x + 4) - (8x - 12) = 3x - 8x + 4 + 12$
$= -5x + 16$

26. $P = 2l + 2w$
$= 2(3a + 2b) + 2(4a - 3b)$
$= 6a + 4b + 8a - 6b$
$= 14a - 2b$

27. $x - 7 \geq -4$
$x \geq 3$

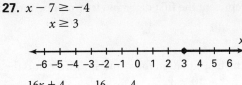

28. $3a - 5 \leq 16$
$3a \leq 21$
$a \leq 7$

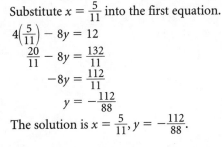

29. $\frac{16x + 4}{-2} = -\frac{16}{2}x - \frac{4}{2}$
$= -8x - 2$

30. $|x - 4| = 7$
Case 1:
$x - 4 = 7$
$x = 11$

Case 2:
$-(x - 4) = 7$
$-x + 4 = 7$
$-x = 3$
$x = -3$

$x = -3$ or $x = 11$

31. $|a + 4| \leq 12$
Case 1:
$a + 4 \leq 12$
$a \leq 8$

Case 2:
$-(a + 4) \leq 12$
$-a - 4 \leq 12$
$-a \leq 16$
$a \geq -16$

$-16 \leq a \leq 8$

32. slope $= \frac{13 - 5}{5 - 3} = \frac{8}{2} = 4$
$y - y_1 = m(x - x_1)$
$y - 5 = 4(x - 3)$
or $y - 13 = 4(x - 5)$

33. $y - y_1 = m(x - x_1)$
$y - 3 = -2(x - 5)$

34. Let x represent the original price of the car.
$x - 0.25x = 30{,}000$
$(1 - 0.25)x = 30{,}000$
$0.75x = 30{,}000$
$x = \$40{,}000$

35. $\begin{cases} 4x - 8y = 12 \\ 6x + 10y = -10 \end{cases}$

$\begin{cases} 20x - 40y = 60 \\ 24x + 40y = -40 \end{cases}$

$\begin{aligned} 20x - 40y &= 60 \\ + 24x + 40y &= -40 \\ 44x &= 20 \\ x &= \frac{20}{44} \\ x &= \frac{5}{11} \end{aligned}$

Substitute $x = \frac{5}{11}$ into the first equation.
$4\left(\frac{5}{11}\right) - 8y = 12$
$\frac{20}{11} - 8y = \frac{132}{11}$
$-8y = \frac{112}{11}$
$y = -\frac{112}{88}$

The solution is $x = \frac{5}{11}, y = -\frac{112}{88}$.

36. $\begin{cases} 2x - 4y \leq 4 \\ -3x - 6y > 6 \end{cases}$

$\begin{cases} -4y \leq -2x + 4 \\ -6y > 3x + 6 \end{cases}$

$\begin{cases} y \geq \frac{1}{2}x - 1 \\ y < -\frac{1}{2}x - 1 \end{cases}$

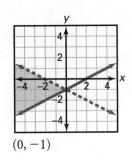

$(0, -1)$

37. Let x represent the first digit, and let y represent the second digit.
$$\begin{cases} x + y = 10 \\ 2x = y + 2 \end{cases}$$

Solve the first equation for x, and substitute into the second equation.
$$x = 10 - y$$
$$2(10 - y) = y + 2$$
$$20 - 2y = y + 2$$
$$18 = 3y$$
$$y = 6$$

Substitute $y = 6$ into the first equation.
$$x = 10 - 6$$
$$x = 4$$

The number is 46.

38. $\dfrac{24a^7b^3}{48a^9} = \left(\dfrac{24}{48}\right)(a^{7-9})(b^3)$
$= \dfrac{1}{2}a^{-2}b^3$
$= \dfrac{b^3}{2a^2}$

39. $\dfrac{x+y}{2} + \dfrac{x-y}{2} = \dfrac{8+2}{2} + \dfrac{8-2}{2}$
$= \dfrac{10}{2} + \dfrac{6}{2}$
$= 5 + 3$
$= 8$

40. $3x^2 + 4y^2 = 3(0.5)^2 + 4(1)^2$
$= 3(0.25) + 4(1)$
$= 0.75 + 4$
$= 4.75$

41. $\dfrac{18}{a} = \dfrac{21}{14}$
$21a = 18 \cdot 14$
$21a = 252$
$a = 12$

42. $\dfrac{2^3 \cdot 2^5}{2^4} = 2^{3+5-4}$
$= 2^4$
$= 16$

43. $F = kd$
$6 = k(12)$
$\dfrac{6}{12} = k$
$k = 0.5$

44. $\dfrac{55 \cdot 56}{2} = 1540$

45. $4a + 6 = -2a + 12$
$6a = 6$
$a = 1$

46. $\dfrac{x}{12} = \dfrac{9}{36}$
$36x = 108$
$x = 3$

47. $0.30(180) = 54$

CHAPTER 9
Polynomials and Factoring

9.1 PAGE 430, GUIDED SKILLS PRACTICE

6. $x + 3x^3 - 2 = 3x^3 + x - 2$

7. $15 + 2x - 3x^2 = -3x^2 + 2x + 15$

8. $3x^4 + 23 - 2x + 2x^2 = 3x^4 + 2x^2 - 2x + 23$

9. a. $(3x^3 + 2x - 5) + (x^3 - 4)$
$= (3x^3 + x^3) + 2x + (-5 - 4)$
$= 4x^3 + 2x - 9$

b. $3x^3 + 2x - 5$
$\underline{+ x^3 + 0x - 4}$
$4x^3 + 2x - 9$

10. a. $(15x^2 + 5x) + (3x^2 - 3)$
$= (15x^2 + 3x^2) + 5x - 3$
$= 18x^2 + 5x - 3$

b. $15x^2 + 5x + 0$
$\underline{+ 3x^2 + 0x - 3}$
$18x^2 + 5x - 3$

11. a. $(12x^3 + 7x + 2) + (4x^2 + 3x - 6)$
$= 12x^3 + 4x^2 + (7x + 3x) + (2 - 6)$
$= 12x^3 + 4x^2 + 10x - 4$

b. $12x^3 + 0x^2 + 7x + 2$
$\underline{+ 0x^3 + 4x^2 + 3x - 6}$
$12x^3 + 4x^2 + 10x - 4$

12. a. $(10x^4 - 3x^2 + 2) + (3x^3 + 2x^2 - 13)$
$= 10x^4 + 3x^3 + (-3x^2 + 2x^2) + (2 - 13)$
$= 10x^4 + 3x^3 - x^2 - 11$

b. $10x^4 + 0x^3 - 3x^2 + 2$
$\underline{+ 0x^4 + 3x^3 + 2x^2 - 13}$
$10x^4 + 3x^3 - x^2 - 11$

13. $(3x) + (3x + 2) + (2x) = (3x + 3x + 2x) + 2$
$= 8x + 2$

14. $(4x + 1) + (3x - 1) + (4x + 1) + (3x - 1)$
$= (4x + 3x + 4x + 3x) + (1 - 1 + 1 - 1) = 14x$

15. a. $(12x^2 + 5x + 11) - (10x^2 + 3x + 2)$
$= 12x^2 + 5x + 11 - 10x^2 - 3x - 2$
$= (12x^2 - 10x^2) + (5x - 3x) + (11 - 2)$
$= 2x^2 + 2x + 9$

b. $12x^2 + 5x + 11$
$\underline{- (10x^2 + 3x + 2)}$
$2x^2 + 2x + 9$

16. a. $(3x^4 + 2x^2) - (2x^4 + 3)$
$= 3x^4 + 2x^2 - 2x^4 - 3$
$= (3x^4 - 2x^4) + 2x^2 - 3$
$= x^4 + 2x^2 - 3$

b. $3x^4 + 2x^2 + 0$
$\underline{- (2x^4 + 0x^2 + 3)}$
$x^4 + 2x^2 - 3$

PAGES 430–431, PRACTICE AND APPLY

17.

18.

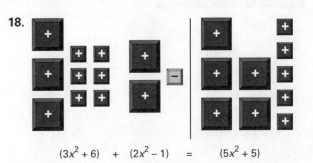

$(3x^2 + 6) \;+\; (2x^2 - 1) \;=\; (5x^2 + 5)$

19. $6 + c + c^3$
$= c^3 + c + 6$

20. $5x^3 - 1 + 5x^4 + 5x^2$
$= 5x^4 + 5x^3 + 5x^2 - 1$

21. $10 + p^7$
$= p^7 + 10$

22. binomial; linear

23. polynomial; quartic

24. binomial; cubic

25. binomial; linear

26. binomial; quadratic

27. trinomial; quadratic

28. Answers may vary. 3 terms, highest being x^2 Sample answer: $x^2 + x + 1$

29. Answers may vary. 2 terms, highest being x Sample answer: $x + 5$

30. Answers may vary. Sample answer: x^3 (or other variable cubed)

31. $4x^4 + 3x^2 - x + 1$
$\underline{+\ 3x^4 + x^2 - 0x - 6}$
$7x^4 + 4x^2 - x - 5$

32. $2y^3 + y^2 + 1$
$\underline{+\ 3y^3 - y^2 + 2}$
$5y^3 + 3$

33. $4r^4 + r^3 + 0r^2 - 6$
$\underline{+\ 0r^4 + r^3 + r^2 + 0}$
$4r^4 + 2r^3 + r^2 - 6$

34. $0c^2 + 2c - 3$
$\underline{+\ c^2 + c + 4}$
$c^2 + 3c + 1$

35. $x^3 + x^2 + 0x + 7$
$\underline{-(0x^3 + x^2 + x + 0)}$
$x^3 - x + 7$

36. $4y^2 - y + 6$
$\underline{-(3y^2 - 0y - 4)}$
$y^2 - y + 10$

37. $5c^3 + 0c^2 + 10c + 5$
$\underline{-(4c^3 - c^2 - 0c - 1)}$
$c^3 + c^2 + 10c + 6$

38. $x^3 - x + 4$
$\underline{-(8x^3 + 0x + 0)}$
$-7x^3 - x + 4$

39. $(y^3 - 4) + (y^2 - 2)$
$= y^3 + y^2 + (-4 + -2)$
$= y^3 + y^2 - 6$

40. $(x^3 + 2x - 1) + (3x^2 + 4)$
$= x^3 + 3x^2 + 2x + (-1 + 4)$
$= x^3 + 3x^2 + 2x + 3$

41. $(3s^2 + 7s - 6) + (s^3 + s^2 - s - 1)$
$= s^3 + (3s^2 + s^2) + (7s - s) + (-6 - 1)$
$= s^3 + 4s^2 + 6s - 7$

42. $(w^3 + w - 2) + (4w^3 - 7w + 2)$
$= (w^3 + 4w^3) + (w - 7w) + (-2 + 2)$
$= 5w^3 - 6w$

43. $(y^2 + 3y + 2) - (3y - 2)$
$= y^2 + 3y + 2 - 3y + 2$
$= y^2 + (3y - 3y) + (2 + 2)$
$= y^2 + 4$

44. $(3x^2 - 2x + 10) - (2x^2 + 4x - 6)$
$= 3x^2 - 2x + 10 - 2x^2 - 4x + 6$
$= (3x^2 - 2x^2) + (-2x - 4x) + (10 + 6)$
$= x^2 - 6x + 16$

45. $(3x^2 - 5x + 3) - (2x^2 - x - 4)$
$= 3x^2 - 5x + 3 - 2x^2 + x + 4$
$= (3x^2 - 2x^2) + (-5x + x) + (3 + 4)$
$= x^2 - 4x + 7$

46. $(2x^2 + 5x) - (x^2 - 3)$
$= 2x^2 + 5x - x^2 + 3$
$= (2x^2 - x^2) + 5x + 3$
$= x^2 + 5x + 3$

47. $(1 - 4x - x^4) + (x - 3x^2 + 9)$
$= -x^4 - 3x^2 + (-4x + x) + (1 + 9)$
$= -x^4 - 3x^2 - 3x + 10$

48. $(5 - 3x - 1.4x^2) - (13.7x - 62 + 5.6x^2)$
$= 5 - 3x - 1.4x^2 - 13.7x + 62 - 5.6x^2$
$= (-1.4x^2 - 5.6x^2) + (-3x - 13.7x) + (5 + 62)$
$= -7x^2 - 16.7x + 67$

49. $(4x^5 - 3x^3 - 3x - 5) - (x - 2x^2 + 3x + 5)$
$= 4x^5 - 3x^3 - 3x - 5 - x + 2x^2 - 3x - 5$
$= 4x^5 - 3x^3 + 2x^2 + (-3x - x - 3x) + (-5 - 5)$
$= 4x^5 - 3x^3 + 2x^2 - 7x - 10$

50. $(3x + 2) + (5x + 4) + (3x + 2) + (5x + 4)$
$= (3x + 5x + 3x + 5x) + (2 + 4 + 2 + 4)$
$= 16x + 12$

51. $(3x) + (2x + 5) + (3x) + (2x + 5)$
$= (3x + 2x + 3x + 2x) + (5 + 5)$
$= 10x + 10$

52. $(16x + 12) - (10x + 10)$
$= 16x + 12 - 10x - 10$
$= (16x - 10x) + (12 - 10) = 6x + 2$

53. width: $2x + 3$
length: $3x + 4$

54. $(2x + 3) + (3x + 4) + (2x + 3) + (3x + 4)$
$= (2x + 3x + 2x + 3x) + (3 + 4 + 3 + 4)$
$= 10x + 14$ feet

PAGE 431, LOOK BACK

55. $6(x^2 - 4x)$
$= 6x^2 - 24x$

56. $8(m^2 + 6m)$
$= 8m^2 + 48m$

57. $\frac{6x - 12x + 18}{3} = 1$
$6x - 12x + 18 = 3$
$-6x = -15$
$x = \frac{15}{6}$
$x = \frac{5}{2}$ or $2\frac{1}{2}$

58. $-2(a + 3) = 5 - 6(2a - 7)$
$-2a - 6 = 5 - 12a + 42$
$10a = 53$
$a = 5.3$

59. $\begin{cases} 6x = 4 - 2y \\ 12x - 4y = 16 \end{cases}$

Solve the first equation for y.
$y = -3x + 2$

Substitute $y = -3x + 2$ into the second equation.
$12x - 4(-3x + 2) = 16$
$12x + 12x - 8 = 16$
$24x = 24$
$x = 1$

Substitute $x = 1$ into the first equation.
$6(1) = 4 - 2y$
$y = -1$
Solution: $(1, -1)$

60. 7.1×10^6

61. 8.9×10^9

PAGE 431, LOOK BEYOND

62.  The length of one side is $x + 3$.

9.2 PAGE 435, GUIDED SKILLS PRACTICE

5. a.

$(x + 1)(2x + 3) = 2x^2 + 5x + 3$
Check: $[(4) + 1][2(4) + 3] \stackrel{?}{=} 2(4)^2 + 5(4) + 3$
$(5)(11) \stackrel{?}{=} 32 + 20 + 3$
$55 = 55$

b.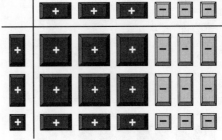

$(2x + 1)(3x - 3) = 6x^2 - 3x - 3$
Check: $[2(5) + 1][3(5) - 3] \stackrel{?}{=} 6(5)^2 - 3(5) - 3$
$(11)(12) \stackrel{?}{=} 150 - 15 - 3$
$132 = 132$

6. $(x + 5)(x - 3) = (x + 5)x + (x + 5)(-3)$
$= x^2 + 5x - 3x - 15$
$= x^2 + 2x - 15$

c.

$(x + 2)(x - 4) = x^2 - 2x - 8$
Check: $[(3) + 2][(3) - 4] \stackrel{?}{=} (3)^2 - 2(3) - 8$
$(5)(-1) \stackrel{?}{=} 9 - 6 - 8$
$-5 = -5$

7. $(x+1)(x+2) = x^2 + 3x + 2$ **8.** $(x+1)(x+1) = x^2 + 2x + 1$ **9.** $(x+1)(x-1) = x^2 - 1$

10. $(x-1)(x-3) = x^2 - 4x + 3$ **11.** $(x+2)(x-4) = x^2 - 2x - 8$ **12.** $(x+2)(2x-1) = 2x^2 + 3x - 2$

13.

$x^2 + 7x + 10$

14.

$x^2 + x - 2$

15.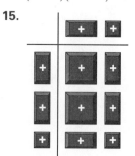

$2x^2 + 3x + 1$

16.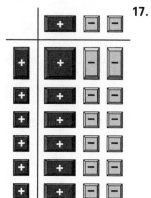

$x^2 + 3x - 10$

17.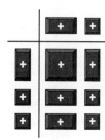

$x^2 + 3x + 2$

18.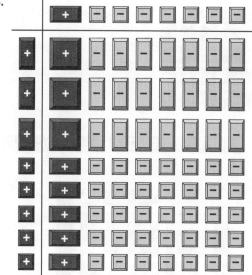

$3x^2 - 16x - 35$

19.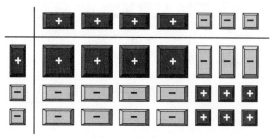

$4x^2 - 11x + 6$

20.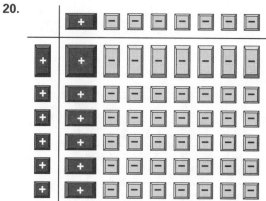

$x^2 - 2x - 35$

250 CHAPTER 9

21.

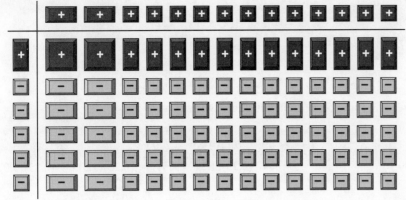

$2x^2 + 2x - 60$

22. $4(x + 2) = 4x + 8$

23. $6(2x + 7) = 12x + 42$

24. $5(x + 10) = 5x + 50$

25. $4(x - 4) = 4x - 16$

26. $3(x + 8) = 3x + 24$

27. $-2(x - 3) = -2x - (-2)(3)$
$= -2x + 6$

28. $8(3x^2 - 4x) = 24x^2 - 32x$

29. $-3x(x^2 + 4x)$
$= -3x(x^2) + -3x(4x)$
$= -3x^3 - 12x^2$

30. $x(1-x) = x - x^2$

31. $-x(2 - x) = -2x - (-x)(x)$
$= -2x + x^2$
$= x^2 - 2x$

32. $x(-x + 5) = -x^2 + 5x$

33. $4x(3 - x) = 12x - 4x^2$
$= -4x^2 + 12x$

34. $(x + 2)(x + 5)$
$= (x + 2)x + (x + 2)(5)$
$= x^2 + 2x + 5x + 10$
$= x^2 + 7x + 10$

35. $(a - 3)(a + 4)$
$= (a - 3)a + (a - 3)(4)$
$= a^2 - 3a + 4a - 12$
$= a^2 + a - 12$

36. $(b - 1)(b - 3)$
$= (b - 1)b + (b - 1)(-3)$
$= b^2 - b - 3b + 3$
$= b^2 - 4b + 3$

37. $(y + 3)(y - 2)$
$= (y + 3)y + (y + 3)(-2)$
$= y^2 + 3y - 2y - 6$
$= y^2 + y - 6$

38. $(c + 5)(c + 5)$
$= (c + 5)c + (c + 5)(5)$
$= c^2 + 5c + 5c + 25$
$= c^2 + 10c + 25$

39. $(d + 5)(d - 5)$
$= (d + 5)d + (d + 5)(-5)$
$= d^2 + 5d - 5d - 25$
$= d^2 - 25$

40. $2y(y + 3) = 2y^2 + 6y$

41. $w^2(w + 1) = w^3 + w^2$

42. $3b(b + 3) = 3b^2 + 9b$

43.
$x(2x) = 2x^2$
$(10)[2(10)] \stackrel{?}{=} 2(10)^2$
$10(20) \stackrel{?}{=} 2(100)$
$200 = 200$

$x(2x) = 2x^2$
$(1)[2(1)] \stackrel{?}{=} 2(1)^2$
$1(2) \stackrel{?}{=} 2(1)$
$2 = 2$

True

44.
$x(2x + 1) = 2x^2 + 2$
$(10)[2(10) + 1] \stackrel{?}{=} 2(10)^2 + 2$
$10(20 + 1) \stackrel{?}{=} 2(100) + 2$
$10(21) \stackrel{?}{=} 200 + 2$
$210 \neq 202$

$x(2x + 1) = 2x^2 + 2$
$(1)[2(1) + 1] \stackrel{?}{=} 2(1)^2 + 2$
$1(2 + 1) \stackrel{?}{=} 2(1) + 2$
$1(3) \stackrel{?}{=} 2 + 2$
$3 \neq 4$

False

45.
$x(2x - 1) = 2x^2 - x$
$(10)[2(10) - 1] \stackrel{?}{=} 2(10)^2 - (10)$
$10(20 - 1) \stackrel{?}{=} 2(100) - 10$
$10(19) \stackrel{?}{=} 200 - 10$
$190 = 190$

$x(2x - 1) = 2x^2 - x$
$(1)[2(1) - 1] \stackrel{?}{=} 2(1)^2 - (1)$
$1(2 - 1) \stackrel{?}{=} 2(1) - 1$
$1(1) \stackrel{?}{=} 2 - 1$
$1 = 1$

True

46.
$(x+3)(x+1) = 2x^2 + 3x + 3$
$[(10)+3][(10)+1] \stackrel{?}{=} 2(10)^2 + 3(10) + 3$
$(13)(11) \stackrel{?}{=} 2(100) + 30 + 3$
$143 \stackrel{?}{=} 200 + 30 + 3$
$143 \neq 233$

$(x+3)(x+1) = 2x^2 + 3x + 3$
$[(2)+3][(2)+1] \stackrel{?}{=} 2(2)^2 + 3(2) + 3$
$(5)(3) \stackrel{?}{=} 2(4) + 6 + 3$
$15 \neq 17$

False

47. When $x = 10$, $x - 10 = 0$ thus the product is zero on both sides. When $x \neq 10$ the products will not be equal.

48. $10(x)$ yd^2

49. $(20)(10)$ yd$^2 = 200$ yd^2

50. $(10)(x + 20)$ yd$^2 = 10x + 200$ yd^2

51. $(0.25)(1.5x + 2.5y) = (0.25)(1.5)x + (0.25)(2.5)y$
$= 0.375x + 0.625y$

PAGE 437, LOOK BACK

52. $|x - 2| = 5$

Case 1	Case 2
$x - 2 = 5$	$-(x - 2) = 5$
$x = 7$	$-x + 2 = 5$
	$-x = 3$
	$x = -3$

$x = 7$ or $x = -3$

53. $|2x - 1| = -1$
no solution

54. $|x| \leq 5$

Case 1	Case 2
$x \leq 5$	$-x \leq 5$
	$x \geq -5$

$-5 \leq x \leq 5$

55. $\begin{cases} 6y = 8x - 2 \\ 2x + 3y = 2 \end{cases}$

$\begin{cases} y = \frac{4}{3}x - \frac{1}{3} \\ y = -\frac{2}{3}x + \frac{2}{3} \end{cases}$

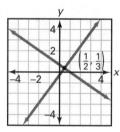

Solution: $\left(\frac{1}{2}, \frac{1}{3}\right)$

56. $\begin{cases} x + y = 7 \\ 4x + 2y = 10 \end{cases}$

Solve the first equation for y.
$y = 7 - x$
Substitute $y = 7 - x$ into the second equation.
$4x + 2(7 - x) = 10$
$4x + 14 - 2x = 10$
$x = -2$
Substitute $x = -2$ into the first equation.
$(-2) + y = 7$
$y = 9$
Solution: $(-2, 9)$

57. $\begin{cases} -4x + 3y = -1 \\ -8x - 6y = -10 \end{cases}$

$\begin{array}{r} -8x + 6y = -2 \\ + (-8x) - 6y = -10 \\ \hline -16x = -12 \end{array}$

$x = \frac{3}{4}$

Substitute $x = \frac{3}{4}$ into the first equation.
$-4\left(\frac{3}{4}\right) + 3y = -1$
$-3 + 3y = -1$
$y = \frac{2}{3}$

Solution: $\left(\frac{3}{4}, \frac{2}{3}\right)$

58. $(x^2 + 2x) + (x + 1)$
$= x^2 + (2x + x) + 1$
$= x^2 + 3x + 1$

59. $(x^2 + 2x) - (x + 1)$
$= x^2 + 2x - x - 1$
$= x^2 + (2x - x) - 1$
$= x^2 + x - 1$

60. $(2x^2 + x) - (2x^2 - x)$
$= 2x^2 + x - 2x^2 + x$
$= (2x^2 - 2x^2) + (x + x)$
$= 2x$

PAGE 437, LOOK BEYOND

61. $y = x^2 - 9$
$y = (3)^2 - 9$
$y = 9 - 9$
$y = 0$

$y = x^2 - 9$
$y = (-3)^2 - 9$
$y = 9 - 9$
$y = 0$

3 and -3

62. $y = x^2 - 16$
$y = (4)^2 - 16$
$y = 16 - 16$
$y = 0$

$y = x^2 - 16$
$y = (-4)^2 - 16$
$y = 16 - 16$
$y = 0$

4 and -4

63. $y = x^2 - 25$
$y = (5)^2 - 25$
$y = 25 - 25$
$y = 0$

$y = x^2 - 25$
$y = (-5)^2 - 25$
$y = 25 - 25$
$y = 0$

5 and -5

64.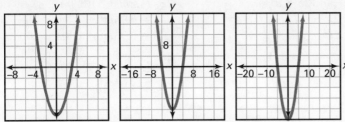

The zeros are where the graph crosses the x-axis since this is where $y = 0$.

9.3 PAGE 441, GUIDED SKILLS PRACTICE

5. **a.** $(x + 3)(x + 6) = x^2 + 6x + 3x + 18$
   $= x^2 + 9x + 18$

   b. $(a - 4)(a - 9) = a^2 - 9a - 4a + 36$
   $= a^2 - 13a + 36$

   c. $(m - 3)(m + 9) = m^2 + 9m - 3m - 27$
   $= m^2 + 6m - 27$

6. **a.** $(x + 5)(x - 5) = x^2 - 5^2 = x^2 - 25$

   b. $(3x + 2)(3x + 2) = (3x)^2 + 2(3x)(2) + (2)^2$
   $= 9x^2 + 12x + 4$

   c. $(2x - 8)(2x - 8) = (2x)^2 - 2(2x)(8) + (8)^2$
   $= 4x^2 - 32x + 64$

7. $156 = [(x + 3)(x + 4)] - [(x + 2)(x - 2)]$
   $156 = (x^2 + 4x + 3x + 12) - (x^2 - 4)$
   $156 = x^2 - x^2 + 7x + 12 + 4$
   $156 = 7x + 16$
   $140 = 7x$
   $20 = x$

   The length of the outer rectangle is 24 and the width is 23.

PAGES 441–442, PRACTICE AND APPLY

8. $(3y - 2)(y - 1)$
   $= 3y^2 - 3y - 2y + 2$
   $= 3y^2 - 5y + 2$

9. $(5p + 3)(p + 1)$
   $= 5p^2 + 5p + 3p + 3$
   $= 5p^2 + 8p + 3$

10. $(2q - 1)(2q + 1)$
    $= 4q^2 + 2q - 2q - 1$
    $= 4q^2 - 1$

11. $(2x + 5)(2x - 3)$
    $= 4x^2 - 6x + 10x - 15$
    $= 4x^2 + 4x - 15$

12. $(4m + 1)(5m - 3)$
    $= 20m^2 - 12m + 5m - 3$
    $= 20m^2 - 7m - 3$

13. $(2w - 9)(3w - 8)$
    $= 6w^2 - 16w - 27w + 72$
    $= 6w^2 - 43w + 72$

14. $(3x - 5)(3x - 5)$
    $= 9x^2 - 15x - 15x + 25$
    $= 9x^2 - 30x + 25$

15. $(7s + 2)(2s - 3)$
    $= 14s^2 - 21s + 4s - 6$
    $= 14s^2 - 17s - 6$

16. $\left(y - \frac{1}{2}\right)\left(y + \frac{1}{2}\right)$
    $= y^2 + \frac{1}{2}y - \frac{1}{2}y - \frac{1}{4}$
    $= y^2 - \frac{1}{4}$

17. $\left(y - \frac{1}{3}\right)\left(y + \frac{5}{9}\right)$
    $= y^2 + \frac{5}{9}y - \frac{1}{3}y - \frac{5}{27}$
    $= y^2 + \frac{5}{9}y - \frac{3}{9}y - \frac{5}{27}$
    $= y^2 + \frac{2}{9}y - \frac{5}{27}$

18. $(c^2 + 1)(c^2 + 2)$
    $= c^4 + 2c^2 + c^2 + 2$
    $= c^4 + 3c^2 + 2$

19. $(2a^2 + 3)(2a^2 + 3)$
    $= 4a^4 + 6a^2 + 6a^2 + 9$
    $= 4a^4 + 12a^2 + 9$

20. $(a + c)(a + 2c)$
    $= a^2 + 2ac + ac + 2c^2$
    $= a^2 + 3ac + 2c^2$

21. $(p + q)(p + q)$
    $= p^2 + pq + pq + q^2$
    $= p^2 + 2pq + q^2$

22. $(a^2 + b)(a^2 - b)$
    $= a^4 - a^2b + a^2b - b^2$
    $= a^4 - b^2$

CHAPTER 9   253

23. $(x^2 + y)(x + y)$
$= x^3 + x^2y + xy + y^2$

24. $(c + d)(2c + d)$
$= 2c^2 + cd + 2cd + d^2$
$= 2c^2 + 3cd + d^2$

25. $(1.2m + 5)(0.8m - 4)$
$= 0.96m^2 - 4.8m + 4m - 20$
$= 0.96m^2 - 0.8m - 20$

26. $(2x + 2)(2x - 2)$
$= (2x)^2 - (2)^2$
$= 4x^2 - 4$

27. $(5x - 1)(5x + 1)$
$= (5x)^2 - (1)^2$
$= 25x^2 - 1$

28. $(x + 4)(x - 4)$
$= (x)^2 - (4)^2$
$= x^2 - 16$

29. $(x + 1)^2$
$= (x + 1)(x + 1)$
$= (x)^2 + 2(x)(1) + (1)^2$
$= x^2 + 2x + 1$

30. $(x + 6)(x - 6)$
$= (x)^2 - (6)^2$
$= x^2 - 36$

31. $(3x - 4)^2$
$= (3x - 4)(3x - 4)$
$= (3x)^2 - 2(3x)(4) + (4)^2$
$= 9x^2 - 24x + 16$

32. $(x + 8)^2$
$= (x + 8)(x + 8)$
$= (x)^2 + 2(x)(8) + (8)^2$
$= x^2 + 16x + 64$

33. $(x - 7)^2$
$= (x - 7)(x - 7)$
$= (x)^2 - 2(x)(7) + (7)^2$
$= x^2 - 14x + 49$

34. $(5x + 9)^2$
$= (5x + 9)(5x + 9)$
$= (5x)^2 + 2(5x)(9) + (9)^2$
$= 25x^2 + 90x + 81$

35. Area $= (y + 6)(y + 6)$
$= y^2 + 6y + 6y + 36$
$= y^2 + 12y + 36$ square units

36. Area of square
$(x + 1)(x + 1)$
$= x^2 + x + x + 1$
$= x^2 + 2x + 1$

Area of rectangle
$x(x + 2)$
$= x^2 + 2x$

The area of the square is larger.
The difference is $x^2 + 2x + 1 - (x^2 + 2x)$
$= x^2 + 2x + 1 - x^2 - 2x$
$= 1$ square unit

37. Area of square
$(x - 1)(x - 1)$
$= x^2 - x - x + 1$
$= x^2 - 2x + 1$

Area of rectangle
$x(x - 2)$
$= x^2 - 2x$

The area of the square is larger.
The difference is $x^2 - 2x + 1 - (x^2 - 2x)$
$= x^2 - 2x + 1 - x^2 + 2x$
$= 1$ square unit

38.

$x - 4$ by $x + 8$

$A = (x + 8)(x - 4)$
$= x^2 - 4x + 8x - 32$
$= x^2 + 4x - 32$ square units

PAGE 442, LOOK BACK

39. $4x + 3y = 12$
$3y = -4x + 12$
$y = -\frac{4}{3}x + 4$
Slope $= -\frac{4}{3}$

40. $y = 4x$
Slope $= 4$

41. $3y - 7x = 10$
$3y = 7x + 10$
$y = \frac{7}{3}x + \frac{10}{3}$
slope $= \frac{7}{3}$

42. $\begin{cases} 2y = x + 6 \\ 2y = x - 3 \end{cases}$

$\begin{cases} y = \frac{1}{2}x + 3 \\ y = \frac{1}{2}x - \frac{3}{2} \end{cases}$

Both slopes $= \frac{1}{2}$
Lines are parallel

43. $\begin{cases} x - 2y = 4 \\ 2x + y = 1 \end{cases}$

$\begin{cases} y = \frac{1}{2}x - 2 \\ y = -2x + 1 \end{cases}$

Slopes are $\frac{1}{2}, -2$
Lines are perpendicular

44. $x = 7$ has undefined slope
$y = 7$ has zero slope
Lines are perpendicular

45. Slope $= -2$
$y - y_1 = m(x - x_1)$
$y - (-1) = -2(x - (-2))$
$y + 1 = -2(x + 2)$
$y + 1 = -2x - 4$
$y = -2x - 5$

46. $\begin{cases} 2x + y = 9 \\ x - 2y = 2 \end{cases}$
$\begin{cases} y = -2x + 9 \\ y = \frac{1}{2}x - 1 \end{cases}$

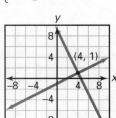

Solution: (4, 1)

47. $\begin{cases} x + y = 4 \\ x + y = 10 \end{cases}$
$\begin{cases} y = -x + 4 \\ y = -x + 10 \end{cases}$

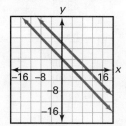

no solution

48. $\begin{cases} 3x + 2y = 7 \\ x + 5y = -10 \end{cases}$
$\begin{cases} y = -\frac{3}{2}x + \frac{7}{2} \\ y = -\frac{1}{5}x - 2 \end{cases}$

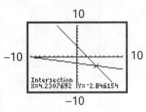

Solution: $\left(\frac{55}{13}, \frac{-37}{13}\right)$, or about $(4.2, -2.8)$

49. Let t represent the tens digit, and let u represent the units digit.
$\begin{cases} t = u - 2 \\ 10t + u = 4(t + u) \end{cases}$

Substitute $t = u - 2$ into the second equation.
$10(u - 2) + u = 4[(u - 2) + u]$
$10u - 20 + u = 4(2u - 2)$
$11u - 20 = 8u - 8$
$3u = 12$
$u = 4$

Substitute $u = 4$ into the first equation
$t = 4 - 2$
$t = 2$

The number is 24.

50. $\left(\frac{x^4}{y^2}\right)^3 = \frac{x^{4 \cdot 3}}{y^{2 \cdot 3}} = \frac{x^{12}}{y^6}$

51. $\left(\frac{c^3 b^4}{b^2}\right)^2 = (c^3 b^2)^2 = (c^{3 \cdot 2})(b^{2 \cdot 2}) = c^6 b^4$

52. $\left[\frac{x^3 y^5}{(x^2)^3}\right]^4 = \left(\frac{x^3 y^5}{x^6}\right)^4 = \left(\frac{y^5}{x^3}\right)^4 = \frac{y^{20}}{x^{12}}$

PAGE 442, LOOK BEYOND

53. $y = (x + 3)(x - 2)$
$0 = (x + 3)(x - 2)$
$(x + 3) = 0$ and $(x - 2) = 0$
$x = -3 \qquad x = 2$

54. $y = (x + 2)^2 = (x + 2)(x + 2)$
$0 = (x + 2)(x + 2)$
$(x + 2) = 0$
$x = -2$

55. $y = x^2 - 4 = (x + 2)(x - 2)$
$0 = (x + 2)(x - 2)$
$(x + 2) = 0$ and $(x - 2) = 0$
$x = -2$ and $x = 2$

9.4 PAGE 446, GUIDED SKILLS PRACTICE

4. $V = lwh$
$= (20)(15)(25)$
$= 7500 \text{ cm}^3$

5. $V = \pi r^2 h$
$= \pi \cdot 10^2 \cdot 20$
$= 2000\pi$ or about 6283
Original volume ≈ 6283 cm^3

New volume $= 1.20 \cdot 6283$
≈ 7540 cm^3

New height $= \dfrac{\text{New volume}}{\pi \cdot r^2}$
$= \dfrac{7540}{\pi(10)^2}$
≈ 24 cm

6.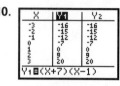

PAGES 446–447, PRACTICE AND APPLY

7. 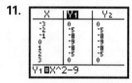   **8.**   **9.** 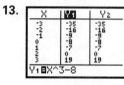   **10.**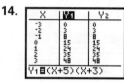

11.   **12.**   **13.**   **14.**

15.   **16.** 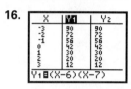   **17.** 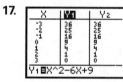   **18.**

19. $V = (2x)^3 = 8x^3$ cm^3 **20.** $S = 6x^2$ cm^2 **21.** $S = 2(7 \cdot 3) + 2(3 \cdot x) + 2(7 \cdot x)$
$S = 42 + 6x + 14x$
$S = (20x + 42)$ cm^2

22. $V = 5\pi x^2$ m^3

23. $C = 2\pi r$ $S = 4\pi r^2$ $V = \dfrac{4\pi r^3}{3}$ **24.** $C = 2\pi r$ $S = 4\pi r^2$ $V = \dfrac{4\pi r^3}{3}$
   $= 2\pi(18)$ $= 4\pi(18)^2$ $= \dfrac{4\pi(18)^3}{3}$ $= 2\pi(8)$ $= 4\pi(8)^2$ $= \dfrac{4\pi(8)^3}{3}$
   ≈ 113.1 in. ≈ 4071.5 in^2 $\approx 24{,}429.0$ in^3 ≈ 50.3 in. ≈ 804.2 in^2 ≈ 2144.7 in^3

25. $C = 2\pi r$ $S = 4\pi r^2$ $V = \dfrac{4\pi r^3}{3}$ **26.** $C = 2\pi r$ $S = 4\pi r^2$ $V = \dfrac{4\pi r^3}{3}$
   $= 2\pi(5)$ $= 4\pi(5)^2$ $= \dfrac{4\pi(5)^3}{3}$ $= 2\pi(2)$ $= 4\pi(2)^2$ $= \dfrac{4\pi(2)^3}{3}$
   ≈ 31.4 in. ≈ 314.2 in^2 ≈ 523.6 in^3 ≈ 12.6 in ≈ 50.3 in^2 ≈ 33.5 in^3

27. $C = 2\pi r$ $S = 4\pi r^2$ $V = \dfrac{4\pi r^3}{3}$ **28.** $C = 2\pi r$ $S = 4\pi r^2$ $V = \dfrac{4\pi r^3}{3}$
   $= 2\pi(1)$ $= 4\pi(1)^2$ $= \dfrac{4\pi(1)^3}{3}$ $= 2\pi(0.5)$ $= 4\pi(0.5)^2$ $= \dfrac{4\pi(0.5)^3}{3}$
   ≈ 6.3 in. ≈ 12.6 in^2 ≈ 4.2 in^3 ≈ 3.1 in. ≈ 3.1 in^2 ≈ 0.5 in^3

PAGE 447, LOOK BACK

29. $-2(-3) + 4(-8)$
$= 6 - 32$
$= -26$

30. $-11(7) - (-12)(-3)$
$= -77 - 36$
$= -113$

31. $22(-2) + (-9)(-7)$
$= -44 + 63$
$= 19$

32. $m = \frac{3-3}{-2-2} = \frac{0}{-4} = 0$
$y - y_1 = m(x - x_1)$
$y - 3 = 0(x - 2)$
$y = 3$

33. $m = \frac{3-(-1)}{4-0} = \frac{4}{4} = 1$
$y - y_1 = m(x - x_1)$
$y - (-1) = 1(x - 0)$
$y + 1 = x$
$y = x - 1$

34. $m = \frac{2-1}{-2-(-1)} = \frac{1}{-1} = -1$
$y - y_1 = m(x - x_1)$
$y - 1 = -1(x - (-1))$
$y - 1 = -x - 1$
$y = -x$

PAGE 447, LOOK BEYOND

35.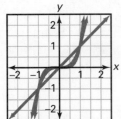
Answers may vary.
Sample answer:
$y = x$ is linear but $y = x^3$, $y = x^5$ are both "S" shaped. All three graphs pass through $(-1, -1)$, $(0, 0)$, $(1, 1)$.

36.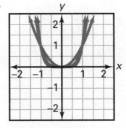
Answers may vary.
Sample answer:
All three graphs are "U" shaped and pass through $(-1, 1)$, $(0, 0)$, $(1, 1)$.

37.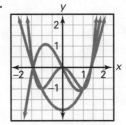
Answers may vary.
Sample answer:
One is "U" shaped, one is "S" shaped, and one is "W" shaped. All three graphs pass through $(-\sqrt{2}, 0)$, $(\sqrt{2}, 0)$, $(1, -1)$.

9.5 PAGE 450, GUIDED SKILLS PRACTICE

6. $10bc + 5b$
$= 5b(2c + 1)$

7. cannot be factored

8. $4x^2y + 12xy^2 - 20xy$
$= 4xy(x + 3y - 5)$

9. $x(y + 1) - 2(y + 1)$
$= (x - 2)(y + 1)$

10. $m(n^2 + 3) + 4(n^2 + 3)$
$= (m + 4)(n^2 + 3)$

11. $m^2 + m - 4m - 4$
$= (m^2 + m) - (4m + 4)$
$= m(m + 1) - 4(m + 1)$
$= (m - 4)(m + 1)$

12. $x^2 - 2ax + 3ax - 6a^2$
$= (x^2 - 2ax) + (3ax - 6a^2)$
$= x(x - 2a) + 3a(x - 2a)$
$= (x + 3a)(x - 2a)$

PAGES 450–451, PRACTICE AND APPLY

13. $4x - 16 = 4(x - 4)$

14. $5r(r + 2)$

15. $2n^2 + 4 = 2(n^2 + 2)$

16. $5m^2 - 35 = 5(m^2 - 7)$

17. $3p^2 + 12p = 3p(p + 4)$

18. $4f^2 + 4f = 4f(f + 1)$

19. $2x^2 - 4$
$= 2(x^2 - 2)$

20. $5n^2 - 10$
$= 5(n^2 - 2)$

21. $3x^2 + 6x$
$= 3x(x + 2)$

22. $x^9 - x^2$
$= x^2(x^7 - 1)$

23. $k^5 + k^2$
$= k^2(k^3 + 1)$

24. $4a^8 - 20a^6 + 8a^4$
$= 4a^4(a^4 - 5a^2 + 2)$

25. $4x^2 + 2x - 6$
$= 2(2x^2 + x - 3)$

26. $7x^2 - 28x - 14$
$= 7(x^2 - 4x - 2)$

27. $27y^3 + 18y^2 - 81y$
$= 9y(3y^2 + 2y - 9)$

28. $4n^3 - 16n^2 + 8n$
$= 4n(n^2 - 4n + 2)$

29. $100 + 25s^5 - 50s$
$= 25(4 + s^5 - 2s)$

30. $2p^4r - 8p^3r^2 + 16p^2r^3$
$= 2p^2r(p^2 - 4pr + 8r^2)$

31. $3m^3 - 9m^2 + 3m$
$= 3m(m^2 - 3m + 1)$

32. $90 + 15a^5 - 45a$
$= 15(6 + a^5 - 3a)$

33. $2x^3y - 8x^2y^2 + 17xy^3$
    $= xy(2x^2 - 8xy + 17y^2)$
34. $4x^4 - 24x^2$
    $= 4x^2(x^2 - 6)$
35. $7y^3 - 21y^2 + 14y$
    $= 7y(y^2 - 3y + 2)$
36. $42r - 14r^3$
    $= 14r(3 - r^2)$
37. $3x^2 + 21x^4$
    $= 3x^2(1 + 7x^2)$
38. $8a^4 + 4a^3 - 12a^2$
    $= 4a^2(2a^2 + a - 3)$
39. $2t^3 - 130t^5$
    $= 2t^3(1 - 65t^2)$
40. $x^{n+3} + x^n$
    $= x^n(x^3 + 1)$
41. $9w^{2n} + 21w^{2n+1}$
    $= 3w^{2n}(3 + 7w)$
42. $x^{3n+21} + 2x^{2n+14}$
    $= x^{2n+14}(x^{n+7} + 2)$
43. $x(x+1) + 2(x+1)$
    $= (x + 1)(x + 2)$
44. $5(y + 3) - x(y + 3)$
    $= (y + 3)(5 - x)$
45. $a(x + y) + b(x + y)$
    $= (x + y)(a + b)$
46. $(4 + p)3q - 4(4 + p)$
    $= (4 + p)(3q - 4)$
47. $x(x - 1) + 2(x - 1)$
    $= (x - 1)(x + 2)$
48. $r(x - 4) + t(x - 4)$
    $= (x - 4)(r + t)$
49. $5a(a - 3) + 4(a - 3)$
    $= (a - 3)(5a + 4)$
50. $2w(w + 4) - 3(w + 4)$
    $= (w + 4)(2w - 3)$
51. $2(x - 2) + x(2 - x)$
    $= 2(x - 2) - x(x - 2)$
    $= (x - 2)(2 - x)$
52. $8(y - 1) - x(y - 1)$
    $= (y - 1)(8 - x)$
53. $2r(r - s)^2 - 3(r - s)^2$
    $= (r - s)^2(2r - 3)$
54. $3(m + 7) - n(m + 7)$
    $= (m + 7)(3 - n)$
55. $2x + 2y + ax + ay$
    $= (2x + 2y) + (ax + ay)$
    $= 2(x + y) + a(x + y)$
    $= (x + y)(2 + a)$
56. $12ab - 15a - 8b + 10$
    $= (12ab - 8b) - (15a - 10)$
    $= 4b(3a - 2) - 5(3a - 2)$
    $= (3a - 2)(4b - 5)$
57. $3(x + y) + 12(x + y)$
    $= (x + y)(3 + 12)$
    $= 15(x + y)$
58. $x^2 + 3x + 4x + 12$
    $= (x^2 + 3x) + (4x + 12)$
    $= x(x + 3) + 4(x + 3)$
    $= (x + 3)(x + 4)$
59. $\pi R^2 - \pi r^2$
    $= \pi(R^2 - r^2)$
60. $\pi(R^2 - r^2)$
    $= \pi(8^2 - 5^2)$
    $= \pi(39)$
    ≈ 122.5

PAGE 451, LOOK BACK

61. $8 - 5(2 - 6) - 3^2$
    $= 8 - 5(2 - 6) - 9$
    $= 8 - 5(-4) - 9$
    $= 8 + 20 - 9$
    $= 19$
62. $A = \frac{1}{2}h(b_1 + b_2)$
    $2A = h(b_1 + b_2)$
    $h = \frac{2A}{b_1 + b_2}$
63. $3(x - 5) - 2(x + 8) = 7x + 3$
    $3x - 15 - 2x - 16 = 7x + 3$
    $x - 31 = 7x + 3$
    $6x = -34$
    $x = -\frac{34}{6}$
    $x = -\frac{17}{3}$

64. $x - 4y = 8$
    $y = \frac{1}{4}x - 2$

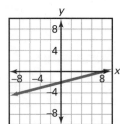

65. $\begin{cases} 4x = 11 + 15y \\ 6x + 5y = 0 \end{cases}$

    $4x - 15y = 11$
    $\underline{+\ 18x + 15y = 0}$
    $22x = 11$
    $x = \frac{1}{2}$

    Substitute $x = \frac{1}{2}$ into the second equation.
    $6\left(\frac{1}{2}\right) + 5y = 0$
    $3 + 5y = 0$
    $y = -\frac{3}{5}$
    Solution: $\left(\frac{1}{2}, -\frac{3}{5}\right)$

66. Sequence 3 6 12 24 48
First differences   3 6 12 24

The sequence is not linear because the first differences are not constant. The sequence is exponential, and the pattern is $3(2^0)$, $3(2^1)$, $3(2^2)$, $3(2^3)$, etc.

67. $P = A(1 + r)^t$
$6000 = A(1 + 0.08)^3$
$\dfrac{6000}{(1.08)^3} = A$
$A \approx \$4763$

PAGE 451, LOOK BEYOND

68. 5 and 15 seconds,

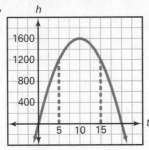

9.6 PAGE 455, GUIDED SKILLS PRACTICE

4. Yes; The first and last terms are perfect squares, and the middle term is twice the product of the square roots of the first and last terms.

5. Yes; The first and last terms are perfect squares, and the middle term is the opposite of twice the product of the square roots of the first and last terms.

6. No; The first and last terms are not perfect squares.

7. $x^2 + 10x + 25 = (x + 5)^2$

8. $36a^2 - 60a + 25 = (6a - 5)^2$

9. $16x^2 + 8xy + y^2 = (4x + y)^2$

10. Yes; both terms are perfect squares.

11. Yes; both terms are perfect squares.

12. No; $5y^2$ is not a perfect square.

13. $a^2 - b^2 = (a + b)(a - b)$

14. $36x^2 - 49y^2 = (6x + 7y)(6x - 7y)$

15. $4m^2 - 144n^2 = (2m + 12n)(2m - 12n)$

16. $47 \cdot 53 = (50 - 3)(50 + 3)$
$= 2500 - 9$
$= 2491$

17. $97 \cdot 103 = (100 - 3)(100 + 3)$
$= 10{,}000 - 9$
$= 9991$

PAGES 455–456, PRACTICE AND APPLY

18. $y^2 + 8y + 16 = (y + 4)^2$

19. $x^2 + 4x + 4 = (x + 2)^2$

20. $r^2 - 18r + 81 = (r - 9)^2$

21. $x^2 - 4 = (x + 2)(x - 2)$

22. $36d^2 + 12d + 1 = (6d + 1)^2$

23. $4t^2 - 1 = (2t + 1)(2t - 1)$

24. $81 - 4m^2 = (9 + 2m)(9 - 2m)$

25. $25x^2 - 9 = (5x + 3)(5x - 3)$

26. $y^2 - 100 = (y + 10)(y - 10)$

27. $4x^2 - 20x + 25$
$= (2x - 5)^2$

28. $100 - 36q^2$
$= (10 + 6q)(10 - 6q)$

29. $16c^2 - 25$
$= (4c + 5)(4c - 5)$

30. $p^2 - q^2$
$= (p + q)(p - q)$

31. $9c^2 - 4d^2$
$= (3c + 2d)(3c - 2d)$

32. $16x^2 + 72xy + 81y^2$
$= (4x + 9y)^2$

33. $9a^2 - 12a + 4$
$= (3a - 2)^2$

34. $49x^2 - 42xy + 9y^2$
$= (7x - 3y)^2$

35. $a^2x^2 + 2axb + b^2$
$= (ax + b)^2$

36. $4m^2 + 4mn + n^2$
$= (2m + n)^2$

37. $81a^4 - 9b^2$
$= (9a^2 + 3b)(9a^2 - 3b)$

38. $x^4 - y^4$
$= (x^2 + y^2)(x^2 - y^2)$
$= (x^2 + y^2)(x + y)(x - y)$

39. $x^2(25 - x^2) - 4(25 - x^2)$
$= (x^2 - 4)(25 - x^2)$
$= (x + 2)(x - 2)(5 + x)(5 - x)$

40. $(x - 1)x^2 - 2x(x - 1) + (x - 1)$
$= (x - 1)(x^2 - 2x + 1)$
$= (x - 1)(x - 1)^2 = (x - 1)^3$

41. $(3x + 5)(x^2 - 3) - (3x + 5)$
$= (3x + 5)(x^2 - 3 - 1)$
$= (3x + 5)(x^2 - 4)$
$= (3x + 5)(x + 2)(x - 2)$

42. $(x^2 - y^2)(x^2 + 2xy) + (x^2 - y^2)(y^2)$
$= (x^2 - y^2)(x^2 + 2xy + y^2)$
$= (x + y)(x - y)(x + y)^2$
$= (x - y)(x + y)^3$

43. $(14 \div 2)^2 = 7^2 = 49$

44. $2(\sqrt{16y^2} \cdot \sqrt{9}) = 2(4y \cdot 3) = 24y$

45. $\left(\frac{60}{2 \cdot 5}\right)^2 = 6^2 = 36$

46. $2(\sqrt{9x^2} \cdot \sqrt{25}) = 2(3x \cdot 5) = 30x$

47. $(12 \div 2)^2 = 6^2 = 36$

48. $\left(\frac{36y}{2 \cdot 9}\right)^2 = (2y)^2 = 4y^2$

49. The rectangle formed has dimensions $(a + b)(a - b)$, therefore, by comparing areas, $a^2 - b^2 = (a + b)(a - b)$

50. $n^2 - 12n + 36 = (n - 6)(n - 6)$
side length $= n - 6$

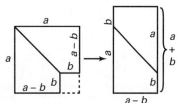

51. $P = 4(n - 6) = 4n - 24$

52. πR^2; $\pi R^2 - \pi r^2$;
$\pi(R^2 - r^2) = \pi(R + r)(R - r)$

53. $(x + 4)(x + 4) = x^2 + 4x + 4x + 16$
$= x^2 + 8x + 16$ square units

54. $(x - 1)(x - 1) = x^2 - x - x + 1$
$= x^2 - 2x + 1$ square units

55. $(x^2 + 8x + 16) - (x^2 - 2x + 1)$
$= x^2 + 8x + 16 - x^2 + 2x - 1$
$= (x^2 - x^2) + (8x + 2x) + (16 - 1)$
$= 10x + 15$ square units

56. $10x + 15 = 5(2x + 3)$

57.

(rectangle: width 5, height $2x + 3$)

58.
$x^2 + 8x + 16$ area of large square
$- (x^2 - 2x + 1)$ area of water square
$10x + 15$ area of stone surface

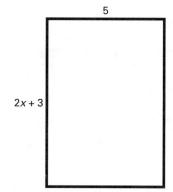

area $= 5(2x + 3)$
$= 10x + 15$, which is also the area of the stone surface.

PAGE 457, LOOK BACK

59. Let x = next test score
$$\frac{78 + 83 + 92 + x}{4} = 87$$
$$\frac{253 + x}{4} = 87$$
$$253 + x = 348$$
$$x = 95$$

60. $3y = 5 - 4x$
$y = -\frac{4}{3}x + \frac{5}{3}$
slope $= -\frac{4}{3}$

61. The negative reciprocal of $-\frac{4}{3}$ is $\frac{3}{4}$.
slope $= \frac{3}{4}$

62. $|x| < 4$

Case 1	Case 2
$x < 4$	$-x < 4$
	$x > -4$

63.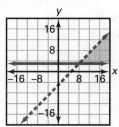

PAGE 457, LOOK BEYOND

64. $(-1, 42), (1, -42), (-2, 21), (2, -21), (-3, 14), (3, -14), (-6, 7), (6, -7)$; $(-6, 7)$; The sign before the last term determines whether the signs of the factors will be the same or different.

9.7 PAGE 462, GUIDED SKILLS PRACTICE

5. $x^2 + 7x + 12$
$= (x + 3)(x + 4)$

6. $x^2 - 7x + 12$
$= (x - 3)(x - 4)$

7. $x^2 + x - 12$
$= (x - 3)(x + 4)$

8. $x^2 - x - 12$
$= (x + 3)(x - 4)$

9. $3x^4 + 18x^3 + 27x$
$= (3x)(x^3 + 6x^2 + 9)$, or
$(3x)(x + 3)^2$

PAGES 462–463, PRACTICE AND APPLY

10. $x^2 + 5x + 6$
$= (x + 2)(x + 3)$

11. $x^2 - x - 12$
$= (x + 3)(x - 4)$

12. $x^2 - 6x + 5$
$= (x - 5)(x - 1)$

13. $x^2 - 6x + 9$
$= (x - 3)(x - 3)$
$= (x - 3)^2$

14. $a^2 - 2a - 35$
$= (a + 5)(a - 7)$

15. $p^2 + 4p - 12$
$= (p - 2)(p + 6)$

16. $y^2 - 5y + 6$
$= (y - 2)(y - 3)$

17. $b^2 - 5b - 24$
$= (b + 3)(b - 8)$

18. $n^2 - 11n + 18$
$= (n - 2)(n - 9)$

19. $z^2 + z - 20$
$= (z - 4)(z + 5)$

20. prime

21. prime

22. $3x^2 - 17x - 28$
$= (3x + 4)(x - 7)$

23. $2s^2 - 27s + 63$
$= (s - 3)(2s - 21)$

24. $5x^2 + 31x - 28$
$= (5x - 4)(x + 7)$

25. prime

26. $4x^3y - 20x^2y + 16xy$
$= 4xy(x^2 - 5x + 4)$
$= 4xy(x - 1)(x - 4)$

27. $12y^3 - 30y^2 + 12y$
$= 6y(2y^2 - 5y + 2)$
$= 6y(2y - 1)(y - 2)$

28. $x^2 - 18x + 81$
$= (x - 9)(x - 9)$
$= (x - 9)^2$

29. $(a + 3)(a^2 + 5a) - 6(a + 3)$
$= (a + 3)(a^2 + 5a - 6)$
$= (a + 3)(a - 1)(a + 6)$

30. $5x^3 - 50x^2 + 45x$
$= 5x(x^2 - 10x + 9)$
$= 5x(x - 1)(x - 9)$

31. $x^3 + 2x^2 - 36x - 72$
$= (x^3 + 2x^2) - (36x + 72)$
$= x^2(x + 2) - 36(x + 2)$
$= (x^2 - 36)(x + 2)$
$= (x + 6)(x - 6)(x + 2)$

32. $-x^4 + 2x^2 + 8$
$= (-x^2 + 4)(x^2 + 2)$
$= -(x^2 - 4)(x^2 + 2)$
$= -(x^2 + 2)(x + 2)(x - 2)$

33. $64p^4 - 16$
$= 16(4p^4 - 1)$,
$= 16(2p^2 + 1)(2p^2 - 1)$

34. $4xz^2 - 2xz - 72x$
$2x(2z^2 - z - 36)$
$= 2x(2z - 9)(z + 4)$

35. $x^2 - 2x + 1$
$= (x - 1)(x - 1)$
$= (x - 1)^2$

36. $125x^2y - 5x^4$
$= 5x^2(25y - x^2)$

37. $2ax + ay + 2bx + by$
$= (2ax + ay) + (2bx + by)$
$= a(2x + y) + b(2x + y)$
$= (a + b)(2x + y)$

38. The factor pairs of 12 are: $(1, 12), (-1, -12), (2, 6), (-2, -6), (3, 4), (-3, -4)$.
The values of b will be the possible sums of the factor pairs. They are: $13, -13, 8, -8, 7, -7$.

39. The factor pairs of -12 are: $(-1, 12), (1, -12), (-2, 6), (2, -6), (-3, 4), (3, -4)$.
The values of b will be the possible sums of the factor pairs. They are: $11, -11, 4, -4, 1, -1$.

40. $49x^2 - 64 = (7x + 8)(7x - 8)$ so the height is $(7x - 8)$ units. The sides are not equal so it could not be a square.

PAGE 463, LOOK BACK

41. $\frac{3}{4}a = 163$
$a = \frac{4}{3} \cdot \frac{163}{1}$
$a = 217\frac{1}{3}$

42. $\frac{z}{-8} = \frac{11}{12}$
$12z = (-8)(11)$
$12z = -88$
$z = -7\frac{1}{3}$

43. $w - \frac{7}{9} = 93$
$w = 93 + \frac{7}{9}$
$w = 93\frac{7}{9}$

44. 139 + (0.055)(139)
 = 139(1 + 0.055)
 = 139(1.055)
 ≈ $146.65

45. $m = \frac{1}{2}$
$y - y_1 = m(x - x_1)$
$y - (-1) = \frac{1}{2}(x - 4)$
$y + 1 = \frac{1}{2}x - 2$
$y = \frac{1}{2}x - 3$

46.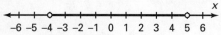

PAGE 463, LOOK BEYOND

47. Let x = first number
 y = second number

$\begin{cases} y = 3x \\ xy + 4y = 420 \end{cases}$

Substitute $y = 3x$ into the second equation.
$x(3x) + 4(3x) = 420$
$3x^2 + 12x = 420$
$3x^2 + 12x - 420 = 0$
$3(x^2 + 4x - 140) = 0$
$3(x - 10)(x + 14) = 0$
$x = 10$ or -14

so $y = 3(10)$ or $y = 3(-14)$
 $y = 30$ $y = -42$

Solutions: 10, 30; $-14, -42$
The numbers are 10 and 30 or -14 and -42

9.8 PAGE 468, GUIDED SKILLS PRACTICE

6. $x + 5 = 0$ and $x + 2 = 0$
 $x = -5$ and $x = -2$

7. $x + 2 = 0$ and $x - 10 = 0$
 $x = -2$ and $x = 10$

8. $y = (x + 7)(x - 6)$
 $x + 7 = 0$ and $x - 6 = 0$
 $x = -7$ and $x = -6$

9. $-25x^2 + 5x = 0$
$5x(-5x + 1) = 0$
$5x = 0$ or $-5x + 1 = 0$
$x = 0$ or $x = \frac{1}{5}$

10. $12x^2 - 3x = 0$
$3x(4x - 1) = 0$
$3x = 0$ or $4x - 1 = 0$
$x = 0$ or $x = \frac{1}{4}$

11. $-15x^2 + 30x = 0$
$-15x(x - 2) = 0$
$-15x = 0$ or $x - 2 = 0$
$x = 0$ or $x = 2$

12. $x^2 + 7x + 10 = 0$
$(x + 2)(x + 5) = 0$
$x + 2 = 0$ or $x + 5 = 0$
$x = -2$ or $x = -5$

13. $x^2 - 7x + 10 = 0$
$(x - 2)(x - 5) = 0$
$x - 2 = 0$ or $x - 5 = 0$
$x = 2$ or $x = 5$

14. $2x^2 + x - 10 = 0$
$(x - 2)(2x + 5) = 0$
$x - 2 = 0$ or $2x + 5 = 0$
$x = 2$ or $x = -\frac{5}{2}$

PAGE 468, PRACTICE AND APPLY

15. $x + 5 = 0$ and $x - 2 = 0$
 $x = -5$ and $x = 2$

16. $x + 15 = 0$ and $x - 7 = 0$
 $x = -15$ and $x = 7$

17. $x + 6 = 0$
 $x = -6$

18. $x + 4 = 0$ and $x - 3 = 0$
 $x = -4$ and $x = 3$

19. $y = (x + 10)(x - 3)$
 $x + 10 = 0$ and $x - 3 = 0$
 $x = -10$ and $x = 3$

20. $y = (2x + 2)(2x - 2)$
 $2x + 2 = 0$ and $2x - 2 = 0$
 $2x = -2$ $2x = 2$
 $x = -1$ and $x = 1$

21. $x^2 - 6x + 9 = 0$
$(x - 3)(x - 3) = 0$
$x - 3 = 0$
$x = 3$

22. $x^2 - 6x - 7 = 0$
$(x + 1)(x - 7) = 0$
$x + 1 = 0 \text{ or } x - 7 = 0$
$x = -1 \text{ or } x = 7$

23. $x^2 - 10x + 9 = 0$
$(x - 1)(x - 9) = 0$
$x - 1 = 0 \text{ or } x - 9 = 0$
$x = 1 \text{ or } x = 9$

24. $x^2 - 9x + 18 = 0$
$(x - 3)(x - 6) = 0$
$x - 3 = 0 \text{ or } x - 6 = 0$
$x = 3 \text{ or } x = 6$

25. $x^2 + 3x - 18 = 0$
$(x - 3)(x + 6) = 0$
$x - 3 = 0 \text{ or } x + 6 = 0$
$x = 3 \text{ or } x = -6$

26. $2x^2 - 3x + 1 = 0$
$(2x - 1)(x - 1) = 0$
$2x - 1 = 0 \text{ or } x - 1 = 0$
$x = \frac{1}{2} \text{ or } x = 1$

27. $2x^2 - x - 1 = 0$
$(2x + 1)(x - 1) = 0$
$2x + 1 = 0 \text{ or } x - 1 = 0$
$x = -\frac{1}{2} \text{ or } x = 1$

28. $x^2 - 5x - 36 = 0$
$(x + 4)(x - 9) = 0$
$x + 4 = 0 \text{ or } x - 9 = 0$
$x = -4 \text{ or } x = 9$

29. $x^2 - 15x + 36 = 0$
$(x - 3)(x - 12) = 0$
$x - 3 = 0 \text{ or } x - 12 = 0$
$x = 3 \text{ or } x = 12$

30. $x^2 - 16x = 36$
$x^2 - 16x - 36 = 0$
$(x + 2)(x - 18) = 0$
$x + 2 = 0 \text{ or } x - 18 = 0$
$x = -2 \text{ or } x = 18$

31. $x^2 - 9x = 36$
$x^2 - 9x - 36 = 0$
$(x + 3)(x - 12) = 0$
$x + 3 = 0 \text{ or } x - 12 = 0$
$x = -3 \text{ or } x = 12$

32. $x^2 + x = 12$
$x^2 + x - 12 = 0$
$(x - 3)(x + 4) = 0$
$x - 3 = 0 \text{ or } x + 4 = 0$
$x = 3 \text{ or } x = -4$

33. $x^2 - 7x = -12$
$x^2 - 7x + 12 = 0$
$(x - 3)(x - 4) = 0$
$x - 3 = 0 \text{ or } x - 4 = 0$
$x = 3 \text{ or } x = 4$

34. $x^2 + 7x = -12$
$x^2 + 7x + 12 = 0$
$(x + 3)(x + 4) = 0$
$x + 3 = 0 \text{ or } x + 4 = 0$
$x = -3 \text{ or } x = -4$

35. $x^2 - x = 12$
$x^2 - x - 12 = 0$
$(x + 3)(x - 4) = 0$
$x + 3 = 0 \text{ or } x - 4 = 0$
$x = -3 \text{ or } x = 4$

36.

Fixed Perimeter	Length	Width	Area
250	25	100	2500
250	50	75	3750
250	100	25	2500

37. 3750 ft²

38. Let w = width
l = length
p = perimeter

$w = \frac{\text{perimeter} - 2(l)}{2}$
$= \frac{250 - 2l}{2}$
$= \frac{2(125 - l)}{2}$
$= 125 - l$

Area $= l \times w$
$= l(125 - l)$

This is the same equation as
$y = x(125 - x)$ where y is the area and x is the length.

39. $x(125 - x) = 0$

$x = 0$ and $125 - x = 0$
$x = 0$ and $x = 125$

These are the values of the width that will make the area equal zero.

40.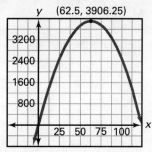

Width = 62.5
Length = 62.5

41. $2500 = x(125 - x)$
$2500 = 125x - x^2$
$x^2 - 125x + 2500 = 0$
$(x - 25)(x - 100) = 0$

$x - 25 = 0$ or $x - 100 = 0$
$x = 25$ or $x = 100$

x represents the width, $(125 - x)$ represents the length and 2500 represents the area.

PAGE 469, LOOK BACK

42. $C = 2\pi r$
$r = \dfrac{C}{2\pi}$

43. $m = 4rt$
$m = 4t \cdot r$
$r = \dfrac{m}{4t}$

44. $rs = 4t$
$r = \dfrac{4t}{s}$

45. $2.5x - 2 = 1$
$2.5x = 3$
$x = 1.2$

46. $5x = 2x + 16$
$3x = 16$
$x = \dfrac{16}{3}$ or $5\dfrac{1}{3}$

47. $x - 1 \leq 2x + 5$
$-1 \leq x + 5$
$-6 \leq x$
$x \geq -6$

48. $\dfrac{23}{50}$

49. $\dfrac{21}{50}$

50. $\dfrac{50 - (23 + 21)}{50} = \dfrac{6}{50} = \dfrac{3}{25}$

PAGE 469, LOOK BEYOND

51. $x = -6$ or $x = 1$

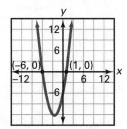

52. $x \approx -1.6$ or $x \approx 0.6$

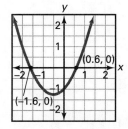

53. no solution

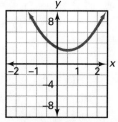

CHAPTER 9 REVIEW AND ASSESSMENT   PAGES 472–474

1. $(3x^2 - 4x + 2) + (2x^2 + 3x - 2)$
$= (3x^2 + 2x^2) + (-4x + 3x) + (2 - 2)$
$= 5x^2 - x$

2. $(c^3 + 4c^2 + 6) + (c^2 + 3c - 5)$
$= c^3 + (4c^2 + c^2) + 3c + (6 - 5)$
$= c^3 + 5c^2 + 3c + 1$

3. $(8d^2 - d) - (2d^2 + 4d - 5)$
$= 8d^2 - d - 2d^2 - 4d + 5$
$= (8d^2 - 2d^2) + (-d - 4d) + 5$
$= 6d^2 - 5d + 5$

4. $(w^3 - 3w + 9) - (8w^3)$
$= w^3 - 3w + 9 - 8w^3$
$= (w^3 - 8w^3) - 3w + 9$
$= -7w^3 - 3w + 9$

5. $(10m^2 - m + 4) - (2m^2 + m)$
$= 10m^2 - m + 4 - 2m^2 - m$
$= (10m^2 - 2m^2) + (-m - m) + 4$
$= 8m^2 - 2m + 4$

6. $(7c + 3) + (3c^2 - 7c - 2)$
$= 3c^2 + (7c - 7c) + (3 - 2)$
$= 3c^2 + 1$

7. $(8x^2 + x) - (2x^2 - 3x)$
$= 8x^2 + x - 2x^2 + 3x$
$= (8x^2 - 2x^2) + (x + 3x)$
$= 6x^2 + 4x$

8. $(5x^3 + 2x^2 - x) + (5x^3 + 3x^2 - 2)$
$= (5x^3 + 5x^3) + (2x^2 + 3x^2) - x - 2$
$= 10x^3 + 5x^2 - x - 2$

9. $(7t^5 + 2t^3 - t^2) - (3t^5 - 4t^4 + 3t^2)$
$= 7t^5 + 2t^3 - t^2 - 3t^5 + 4t^4 - 3t^2$
$= (7t^5 - 3t^5) + 4t^4 + 2t^3 + (-t^2 - 3t^2)$
$= 4t^5 + 4t^4 + 2t^3 - 4t^2$

10. $5(x - 5) = 5x - 25$

11. $4y(y + 2) = 4y^2 + 8y$

12. $-x(2x - 3) = -2x^2 + 3x$

13. $(y + 9)(y - 2)$
$= (y + 9)y - (y + 9)2$
$= y^2 + 9y - 2y - 18$
$= y^2 + 7y - 18$

14. $(2p - 9)(p + 5)$
$= (2p - 9)p + (2p - 9)5$
$= 2p^2 - 9p + 10p - 45$
$= 2p^2 + p - 45$

15. $(x + 3)(x - 4)$
$= x^2 - 4x + 3x - 12$
$= x^2 - x - 12$

16. $(5d - 8)(d - 1)$
$= 5d^2 - 5d - 8d + 8$
$= 5d^2 - 13d + 8$

17. $(4w + 3z)(w + z)$
$= 4w^2 + 4wz + 3wz + 3z^2$
$= 4w^2 + 7wz + 3z^2$

18. $(3m + 5)(m + 5)$
$= 3m^2 + 15m + 5m + 25$
$= 3m^2 + 20m + 25$

19. $(x + 7)(x - 7) = x^2 - 49$

20. $(x - 4)(x + 4) = x^2 - 16$

21. $(x + 1)(x + 1) = x^2 + 2x + 1$

22. $(5x - 2)^2 = (5x - 2)(5x - 2)$
$= 25x^2 - 10x - 10x + 4$
$= 25x^2 - 20x + 4$

23. $(3x - 8)(3x + 8) = 9x^2 - 64$

24. $V = \frac{1}{3}Bh$
$V = \frac{1}{3}\pi r^2 (9)$
$V = 3\pi r^2$

25.

x	$(x + 2)(x - 2)$	$x^2 - 4$
-3	$((-3) + 2)((-3) - 2) = (-1)(-5) = 5$	$(-3)^2 - 4 = 9 - 4 = 5$
-2	$((-2) + 2)((-2) - 2) = (0)(-4) = 0$	$(-2)^2 - 4 = 4 - 4 = 0$
-1	$((-1) + 2)((-1) - 2) = (1)(-3) = -3$	$(-1)^2 - 4 = 1 - 4 = -3$
0	$(0 + 2)(0 - 2) = (2)(-2) = -4$	$(0)^2 - 4 = 0 - 4 = -4$
1	$(1 + 2)(1 - 2) = (3)(-1) = -3$	$(1)^2 - 4 = 1 - 4 = -3$
2	$(2 + 2)(2 - 2) = (4)(0) = 0$	$(2)^2 - 4 = 4 - 4 = 0$
3	$(3 + 2)(3 - 2) = (5)(1) = 5$	$(3)^2 - 4 = 9 - 4 = 5$

26. $x^3 + 3x^2 = x^2(x + 3)$

27. $b^4 + 15b^3 + 5b$
$= b(b^3 + 15b^2 + 5)$

28. $24m^5 + 16m^4 - 8m^3$
$= 8m^3(3m^2 + 2m - 1)$

29. $2a^4y - 4a^3y^2 + 8a^2y$
$= 2a^2y(a^2 - 2ay + 4)$

30. $a(x + 1) + b(x + 1)$
$= (a + b)(x + 1)$

31. $x^2 + 2x + 4x + 8$
$= (x^2 + 2x) + (4x + 8)$
$= x(x + 2) + 4(x + 2)$
$= (x + 4)(x + 2)$

32. $s^2 - s + 4s - 4$
$= (s^2 - s) + (4s - 4)$
$= s(s - 1) + 4(s - 1)$
$= (s + 4)(s - 1)$

33. $2m^2 + 3m - 10m - 15$
$= (2m^2 + 3m) - (10m + 15)$
$= m(2m + 3) - 5(2m + 3)$
$= (m - 5)(2m + 3)$

34. $x^2 - 25 = (x + 5)(x - 5)$

35. $4x^2 + 4x + 1 = (2x + 1)^2$

36. $9x^2 - 6x + 1 = (3x - 1)^2$

37. $3s^2 - 6s + 3 = 3(s^2 - 2s + 1)$
$= 3(s - 1)^2$

38. $c^2 + 8c + 15 = (c + 3)(c + 5)$

39. $m^2 - 2m - 8$
$= (m + 2)(m - 4)$

40. $t^2 + 8t + 12 = (t + 2)(t + 6)$

41. $r^2 + r - 56 = (r - 7)(r + 8)$

42. prime

43. $b^2 + 11b + 28 = (b + 4)(b + 7)$

44. $x^2 - 8x + 12 = 0$
$(x - 2)(x - 6) = 0$
$x - 2 = 0$ or $x - 6 = 0$
$x = 2$ or $\quad x = 6$

45. $x^2 + 2x - 15 = 0$
$(x - 3)(x + 5) = 0$
$x - 3 = 0$ or $x + 5 = 0$
$x = 3$ or $\quad x = -5$

46. $x^2 - 5x - 24 = 0$
$(x + 3)(x - 8) = 0$
$x + 3 = 0 \quad$ or $\quad x - 8 = 0$
$x = -3 \quad$ or $\quad\quad x = 8$

47. $x^2 + 7x + 12 = 0$
$(x + 3)(x + 4) = 0$
$x + 3 = 0 \quad$ or $\quad x + 4 = 0$
$x = -3 \quad$ or $\quad\quad x = -4$

48. $x^2 - 14x + 40 = 0$
$(x - 4)(x - 10) = 0$
$x - 4 = 0 \quad$ or $\quad x - 10 = 0$
$x = 4 \quad$ or $\quad\quad x = 10$

49. $(x + 1)(x - 3) = 117$
$x^2 - 3x + x - 3 = 117$
$x^2 - 2x - 120 = 0$
$(x - 12)(x + 10) = 0$
$x - 12 = 0 \quad$ or $\quad x + 10 = 0$
$x = 12$ or $\quad\quad x = -10$

$x = -10$ cannot be used since it would produce negative dimensions.
length $= x + 1 = 12 + 1$
$\quad\quad\quad = 13$ cm
width $\; = x - 3 = 12 - 3$
$\quad\quad\quad = 9$ cm

50. Let l = length
$\quad\quad w$ = width
$\begin{cases} l = 2w \\ 2l + 2w = lw \end{cases}$

Substitute $l = 2w$ into the second equation.
$2(2w) + 2w = (2w)w$
$6w = 2w^2$
$2w^2 - 6w = 0$
$2w(w - 3) = 0$

$2w = 0 \quad$ or $\quad w - 3 = 0$
$w = 0 \quad$ or $\quad\quad w = 3$

The width can't be zero so $w = 3$ feet, $l = 6$ feet.

Chapter 9 Chapter Test

PAGE 475

1. $(2a^2 - 5) + (4a + 7)$
$= 2a^2 + 4a + 2$

2. $(12x^2 - 5x + 3) - (6x^2 + 2x - 4)$
$= 12x^2 - 5x + 3 - 6x^2 - 2x + 4$
$= (12x^2 - 6x^2) + (-5x - 2x) + (3 + 4)$
$= 6x^2 - 7x + 7$

3. $(z - 5) + (2z^2 - 3z - 4)$
$= (2z^2) + (z - 3z) + (-5 - 4)$
$= 2z^2 - 2z - 9$

4. $(4v^5 - 8v^3 + 5v) - (3v^5 + 2v^4 + 7v^2 - 5v)$
$= 4v^5 - 8v^3 + 5v - 3v^5 - 2v^4 - 7v^2 + 5v$
$= (4v^5 - 3v^5) + (-2v^4) + (-8v^3) + (-7v^2) + (5v + 5v)$
$= v^5 - 2v^4 - 8v^3 - 7v^2 + 10v$

5. $3p(p - 4) = 3p^2 - 12p$

6. $-r(5r + 9) = -5r^2 - 9r$

7. $(m + 4)(m - 4) = (m)^2 - (4)^2$
$= m^2 - 16$

8. $(2b - 5)(2b + 5)$
$= (2b)^2 - (5)^2$
$= 4b^2 - 25$

9. $(3x - 5)^2$
$= (3x - 5)(3x - 5)$
$= (3x)^2 - 2(3x)(5) + 5^2$
$= 9x^2 - 30x + 25$

10. $(2w + 3)(2w + 3)$
$= (2w)^2 + 2(2w)(3) + 3^2$
$= 4w^2 + 12w + 9$

11. $(10 - x)(10 + x)$
$= (10)^2 - (x)^2$
$= 100 - x^2$

12. $(t + 4)(t + 5)$
$= t^2 + 5t + 4t + 20$
$= t^2 + 9t + 20$

13. $(3u - 7)(2u + 4)$
$= 6u^2 + 12u - 14u - 28$
$= 6u^2 - 2u - 28$

14. $(2y + 3)(2y - 3)$
$= 4y^2 - 6y + 6y - 9$
$= 4y^2 - 9$

15. $(5c - 1)(c + 4)$
$= 5c^2 + 20c - c - 4$
$= 5c^2 + 19c - 4$

16. $(k + 1)(5k - 5)$
$= 5k^2 - 5k + 5k - 5$
$= 5k^2 - 5$

17. $(3n - 2)(2n - 3)$
$= 6n^2 - 9n - 4n + 6$
$= 6n^2 - 13n + 6$

18. $V = l \cdot w \cdot h$
$V = x(x - 3)(x + 2)$
$= x^3 - x^2 - 6x$

Let $l = 12$, $V = 12^3 - 12^2 - 6(12)$
$= 1512 \text{ in}^3$

19. $(x + 5)^3 = x^3 + 15x^2 + 75x + 125$
$x = -3$:
$(-3 + 5)^3 = (-3)^3 + 15(-3)^2 + 75(-3) + 125$
$8 = 8$
$x = -1$:
$(-1 + 5)^3 = (-1)^3 + 15(-1)^2 + 75(-1) + 125$
$64 = 64$
$x = 1$:
$(1 + 5)^3 = (1)^3 + 15(1)^2 + 75(1) + 125$
$216 = 216$
$x = 3$:
$(3 + 5)^3 = (3)^3 + 15(3)^2 + 75(3) + 125$
$512 = 512$

$x = -2$:
$(-2 + 5)^3 = (-2)^3 + 15(-2)^2 + 75(-2) + 125$
$27 = 27$
$x = 0$:
$(0 + 5)^3 = (0)^3 + 15(0)^2 + 75(0) + 125$
$125 = 125$
$x = 2$:
$(2 + 5)^3 = (2)^3 + 15(2)^2 + 75(2) + 125$
$343 = 343$

20. $3x + 18 = 3(x + 6)$

21. $9p^3 + 4p^2 = p^2(9p + 4)$

22. $3c^4 + 15c^3 - 12c^2 = 3c^2(c^2 + 5c - 4)$

23. $7m^2n - 21mn + 49mn^2$
$= 7mn(m - 3 + 7n)$

24. $3p(k - 3) - 2q(k - 3)$
$= (k - 3)(3p - 2q)$

25. $y^2 - 81$
$= (y + 9)(y - 9)$

26. $4t^2 + 8t + 4$
$= 4(t^2 + 2t + 1)$
$= 4(t + 1)^2$

27. $27b^2 - 18b + 3$
$= 3(9b^2 - 6b + 1)$
$= 3(3b - 1)^2$

28. $72 - 8z^2$
$= 8(9 - z^2)$
$= 8(3 + z)(3 - z)$

29. $4x^2 + \underline{20x} + 25$

30. $16y^2 - 40y + \underline{25}$

31. $\underline{16z^2} + 8z + 1$

32. $9w^2 - \underline{24w} + 16$

33. $a^2 + 12a + 27$
$= (a + 3)(a + 9)$

34. $b^2 - 5b - 14$
$= (b + 2)(b - 7)$

35. $c^2 + 4c - 4$
not factorable

36. $r^2 + 4r - 12$
$= (r - 2)(r + 6)$

37. $s^2 - 15s + 36$
$= (s - 3)(s - 12)$

38. $t^3 - t^2 - 2t$
$= t(t^2 - t - 2)$
$= t(t + 1)(t - 2)$

39. $x^2 + 3x + 2 = 0$
$(x + 1)(x + 2) = 0$
$x + 1 = 0$ or $x + 2 = 0$
$x = -1$ or $x = -2$

40. $x^2 - x - 12 = 0$
$(x + 3)(x - 4) = 0$
$x + 3 = 0$ or $x - 4 = 0$
$x = -3$ or $x = 4$

41. $x^2 - 8x + 15 = 0$
$(x - 3)(x - 5) = 0$
$x - 3 = 0$ or $x - 5 = 0$
$x = 3$ or $x = 5$

42. $2x^2 + 3x + 1 = 0$
$(x + 1)(2x + 1) = 0$
$x + 1 = 0$ or $2x + 1 = 0$
$x = -1$ or $x = -\frac{1}{2}$

43. Let $x =$ the number
$(x + 3)(x - 5) = 9$
$x^2 - 2x - 15 - 9 = 0$
$x^2 - 2x - 24 = 0$
$(x + 4)(x - 6) = 0$
$x = -4$ or $x = 6$
The number is either -4 or 6.

44. $A = l \cdot w$
$180 = w(w + 3)$
$180 = w^2 + 3w$
$0 = w^2 + 3w - 180$
$0 = (w - 12)(w + 15)$
$w = 12$ or $w = -15$
Length cannot be negative, so the length $= 15$ft and the width $= 12$ft.

Chapters 1–9 Cumulative Assessment

PAGES 476–477

1. Choose b. **2.** Choose c. **3.** $|-5.2| = 5.2$
$|4.9| = 4.9$
Choose a. **4.** Choose c.

5. $2 \cdot 3^2 = 18$
$3 \cdot 2^2 = 12$

Choose a.

6. Sequence   6   12   24   48   [96]   [192]   [384]
First differences   6   12   24   48   96   192

Choose b.

7. $16y = -120$
$y = -7.5$

Choose d.

8. slope = 2
$y - 2 = 2(x - (-1))$
$y - 2 = 2(x + 1)$
$y = 2x + 2 + 2$
$y = 2x + 4$

9. $\begin{cases} 2x + 3y = 9 \\ x - 4y = -23 \end{cases}$

$2x + 3y = 9$
$\underline{+ (-2x) + 8y = 46}$
$11y = 55$
$y = 5$

Substitute $y = 5$ into the second equation.
$x - 4(5) = -23$
$x = -3$

Choose b.

10. $198 + (0.075)(198) = 198 + 14.85$
$= \$212.85$

Choose a.

11. $\dfrac{4x^3y^4}{2x^5y^2} = \left(\dfrac{4}{2}\right)(x^{3-5})(y^{4-2})$
$= 2x^{-2}y^2$
Choose c.

12. $(2x - 1)(x + 3) = 2x^2 + 6x - x - 3$
$= 2x^2 + 5x - 3$
Choose c.

13. $2(x + 2) = 12$
$x + 2 = 6$
$x = 4$
Choose a.

14. $|2x + 3| = 7$

Case 1	Case 2
$2x + 3 = 7$	$-(2x + 3) = 7$
$2x = 4$	$-2x - 3 = 7$
$x = 2$	$-2x = 10$
	$x = -5$

Choose c.

15. a. $|2(-2) + 1| < 5$
$|-4 + 1| < 5$
$|-3| < 5$
$3 < 5$ True

b. $|2(0) + 1| < 5$
$|0 + 1| < 5$
$1 < 5$ True

c. $|2(1) + 1| < 5$
$|2 + 1| < 5$
$3 < 5$ True

d. $|2(-3) + 1| < 5$
$|-6 + 1| < 5$
$|-5| < 5$
$5 < 5$ False

Choose d.

16. slope between A and $B = \dfrac{4 - 2}{1 - (-2)} = \dfrac{2}{3}$
slope between A and $C = \dfrac{0 - 2}{-4 - (-2)} = \dfrac{-2}{-2} = 1$

These points are not in a straight line since the slope between A and C is different from the slope between A and B.

17. $x = 4$ is a vertical line, so the slope is undefined.

18. $4 - 3t \geq 19$
$-3t \geq 15$
$t \leq -5$

19. $a - b$

20. Discount $= 85 - 59.90 = 25.10$
$\dfrac{x}{100} = \dfrac{25.10}{85}$
$85x = 100(25.10)$
$85x = 2510$
$x \approx 30$
The jacket has been marked down about 30%.

21. Let l = length
$l - 6$ = width
$2l + 2(l - 6) = 52$
$2l + 2l - 12 = 52$
$4l = 64$
$l = 16$
length = 16 in., width = 10 in.

22. $0.0000025 = 2.5 \times 10^{-6}$

23. $5xy^2 + 10x^2y^2 - 5xy$
$= 5xy(y + 2xy - 1)$

24. 17

25. $(3x^2 + 2x + 1) - (x^2 - 5x + 3)$
$= 3x^2 + 2x + 1 - x^2 + 5x - 3$
$= (3x^2 - x^2) + (2x + 5x) + (1 - 3)$
$= 2x^2 + 7x - 2$

26. $\dfrac{8x^2y^3}{2xy} = \left(\dfrac{8}{2}\right)(x^{2-1})(y^{3-1})$
$= 4xy^2$

27. $\begin{cases} 2x + y = 24 \\ y + 3 = x \end{cases}$

Substitute $x = y + 3$ into the first equation.
$2(y + 3) + y = 24$
$2y + 6 + y = 24$
$3y = 18$
$y = 6$

Substitute $y = 6$ into the second equation.
$6 + 3 = x$
$9 = x$

Solution: $(9, 6)$

28. $\left[\left(\dfrac{x^3 y^4}{y^2}\right)^3 \left(\dfrac{xy^2}{x^2}\right)^4\right]^2$
$= \left[(x^3 y^2)^3 \left(\dfrac{y^2}{x}\right)^4\right]^2$
$= \left[(x^9 y^6)\left(\dfrac{y^8}{x^4}\right)\right]^2$
$= [(x^{9-4})(y^{6+8})]^2$
$= (x^5 y^{14})^2$
$= x^{10} y^{28}$

29. slope $= \dfrac{y_2 - y_1}{x_2 - x_1} = \dfrac{-4 - (-8)}{-4 - 7} = \dfrac{4}{-11}$
$y - y_1 = m(x - x_1)$
$y - (-8) = -\dfrac{4}{11}(x - 7)$
or $y - (-4) = -\dfrac{4}{11}(x - (-4))$

30. 1.07

31. $4^2 \div 8 + 5(8 - 2) \cdot 2 = 16 \div 8 + 5(8 - 2) \cdot 2$
$= 16 \div 8 + 5(6) \cdot 2$
$= 2 + 5(6) \cdot 2$
$= 2 + 30 \cdot 2$
$= 2 + 60$
$= 62$

32. $m = \dfrac{2 - 0}{4 - 0} = \dfrac{1}{2}$
$y - y_1 = m(x - x_1)$
$y - 0 = \dfrac{1}{2}(x - 0)$
$y = \dfrac{1}{2}x$
(The slope is $\dfrac{1}{2}$.)

33. $7(p + 4) = 49$
$7p + 28 = 49$
$7p = 21$
$p = 3$

34. $54 - 68 + |80| = 54 - 68 + 80$
$= -14 + 80$
$= 66$

35. $\dfrac{x + y}{3} + \dfrac{x - y}{2} = \dfrac{(14) + (10)}{3} + \dfrac{(14) - (10)}{2}$
$= \dfrac{24}{3} + \dfrac{4}{2}$
$= 8 + 2$
$= 10$

36. $\begin{cases} y = 3 + 2x \\ 2y = 5x + 4 \end{cases}$

Substitute $y = 3 + 2x$ into the second equation.
$2(3 + 2x) = 5x + 4$
$6 + 4x = 5x + 4$
$2 = x$

Substitute $x = 2$ into the first equation.
$y = 3 + 2(2)$
$y = 7$

Solution: $(2, 7)$

37. slope $= \dfrac{y_2 - y_1}{x_2 - x_1} = \dfrac{5 - 3}{4 - (-1)} = \dfrac{2}{5}$

38. $\dfrac{x}{12} = 13$
$x = 12(13)$
$x = 156$

39.
Sequence	3		5		8		13		21		33		[50]
First differences		2		3		5		8		12		17		
Second differences			1		2		3		4		5			
Third differences				1		1		1		1				

40. $x^2 + 3y = (4)^2 + 3(0.5)$
$= 16 + 1.5$
$= 17.5$

41. $\dfrac{15}{d} = \dfrac{5}{2}$
$5d = 30$
$d = 6$

42. $\dfrac{20}{80} = \dfrac{x}{100}$
$80x = 2000$
$x = 25$
20 is 25% of 80.

43. $2x - 3y = 15$
$-3y = -2x + 15$
$y = \frac{-2x}{-3} + \frac{15}{-3}$
$y = \frac{2}{3}x - 5$
slope $= \frac{2}{3}$
Slope of perpendicular line $= -\frac{3}{2}$.

44. $2^3 - 3^4 = 8 - 81$
$= -73$

45. $3(p - 5) = 30$
$p - 5 = 10$
$p = 15$

CHAPTER 10 Quadratic Functions

10.1 PAGE 484, GUIDED SKILLS PRACTICE

5. vertex: $(-6, -4)$
axis of symmetry: $x = -6$

6. vertex: $(3, -8)$
axis of symmetry: $x = 3$

7. vertex: $(-3, 6)$
axis of symmetry: $x = -3$

8. $x^2 - 12x + 20 = 0$
$(x - 2)(x - 10) = 0$
$x - 2 = 0$ or $x - 10 = 0$
$\quad x = 2$ or $\quad x = 10$
$h = \frac{2 + 10}{2} = 6$
$k = x^2 - 12x + 20$
$\quad = 6^2 - 12(6) + 20$
$\quad = -16$
vertex: $(6, -16)$
$y = (x - 6)^2 - 16$

9. $x^2 - 3x - 10 = 0$
$(x + 2)(x - 5) = 0$
$x + 2 = 0$ or $x - 5 = 0$
$\quad x = -2$ or $\quad x = 5$
$h = \frac{-2 + 5}{2} = \frac{3}{2}$
$k = x^2 - 3x - 10$
$\quad = \left(\frac{3}{2}\right)^2 - 3\left(\frac{3}{2}\right) - 10$
$\quad = \frac{9}{4} - \frac{9}{2} - 10$
$\quad = \frac{9}{4} - \frac{18}{4} - \frac{40}{4}$
$\quad = -\frac{49}{4}$
vertex: $\left(\frac{3}{2}, -\frac{49}{4}\right)$
$y = \left(x - \frac{3}{2}\right)^2 - \frac{49}{4}$

10. $x^2 + 11x + 18 = 0$
$(x + 2)(x + 9) = 0$
$x + 2 = 0$ or $x + 9 = 0$
$\quad x = -2$ or $\quad x = -9$
$h = \frac{-2 + (-9)}{2} = -\frac{11}{2}$
$k = x^2 + 11x + 18$
$\quad = \left(-\frac{11}{2}\right)^2 + 11\left(-\frac{11}{2}\right) + 18$
$\quad = \frac{121}{4} - \frac{121}{2} + 18$
$\quad = \frac{121}{4} - \frac{242}{4} + \frac{72}{4}$
$\quad = -\frac{49}{4}$
vertex: $\left(-\frac{11}{2}, -\frac{49}{4}\right)$
$y = \left(x + \frac{11}{2}\right)^2 - \frac{49}{4}$

PAGES 484–485, PRACTICE AND APPLY

11. The graph is shifted two units to the right and three units up.

12. The graph is shifted five units to the right and two units down.

13. The graph is shifted two units to the right, reflected over the *x*-axis, and shifted one unit up.

14. The graph is shifted six units to the left, reflected over the *x*-axis, and shifted two units down.

15. The graph is shifted three units to the right, reflected over the *x*-axis, and shifted two units down.

16. The graph is shifted four units to the left and seven units down.

17. The graph is shifted four units to the left and five units down.

18. The graph is shifted seven units to the left and fourteen units up.

19. The graph is shifted two units to the left and eight units down.

20. vertex: $(-4, -3)$; axis of symmetry: $x = -4$

21. vertex: $(2, 3)$; axis of symmetry: $x = 2$

22. vertex: $(3, -7)$; axis of symmetry: $x = 3$

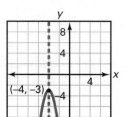 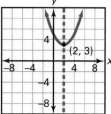 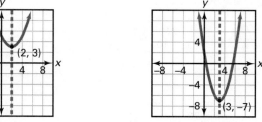

23. vertex: $(-2, -4)$; axis of symmetry: $x = -2$

24. vertex: $(3, -8)$; axis of symmetry: $x = 3$

25. vertex: $(4, 5)$; axis of symmetry: $x = 4$

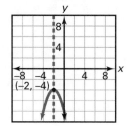 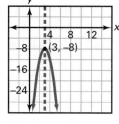 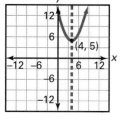

26. vertex: $(-6, -3)$; axis of symmetry: $x = -6$

27. vertex: $(-5, -7)$; axis of symmetry: $x = -5$

28. vertex: $(2, 9)$; axis of symmetry: $x = 2$

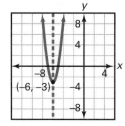 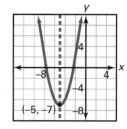 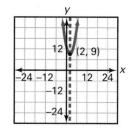

29. vertex: $(5, 2)$;
axis of symmetry: $x = 5$

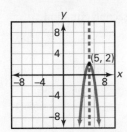

30. vertex: $(-3, -2)$;
axis of symmetry: $x = -3$

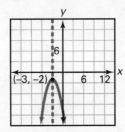

31. vertex: $(-5, 7)$;
axis of symmetry: $x = -5$

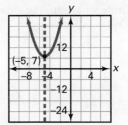

32. $x^2 + 8x - 9 = 0$
$(x - 1)(x + 9) = 0$
$x - 1 = 0$ or $x + 9 = 0$
$x = 1$ or $x = -9$

33. $x^2 - 20x + 100 = 0$
$(x - 10)(x - 10) = 0$
$x - 10 = 0$
$x = 10$

34. $x^2 - x - 72 = 0$
$(x + 8)(x - 9) = 0$
$x + 8 = 0$ or $x - 9 = 0$
$x = -8$ or $x = 9$

35. $x^2 + 6x - 7 = 0$
$(x - 1)(x + 7) = 0$
$x - 1 = 0$ or $x + 7 = 0$
$x = 1$ or $x = -7$

36. $x^2 + 4x - 5 = 0$
$(x - 1)(x + 5) = 0$
$x - 1 = 0$ or $x + 5 = 0$
$x = 1$ or $x = -5$

37. $x^2 + 2x - 24 = 0$
$(x - 4)(x + 6) = 0$
$x - 4 = 0$ or $x + 6 = 0$
$x = 4$ or $x = -6$

38. $x^2 + 18x + 81 = 0$
$(x + 9)(x + 9) = 0$
$x + 9 = 0$
$x = -9$

39. $x^2 + 2x - 63 = 0$
$(x + 9)(x - 7) = 0$
$x + 9 = 0$ or $x - 7 = 0$
$x = -9$ or $x = 7$

40. $x^2 - 5x + 6 = 0$
$(x - 2)(x - 3) = 0$
$x - 2 = 0$ or $x - 3 = 0$
$x = 2$ or $x = 3$

41. Let a and b represent the two numbers.
$\begin{cases} a - b = 5 \\ ab = 24 \end{cases}$

Solve the first equation for a and substitute into the second equation.
$a = 5 + b$
$(5 + b)b = 24$
$5b + b^2 = 24$
$b^2 + 5b - 24 = 0$
$(b + 8)(b - 3) = 0$
$b + 8 = 0$ or $b - 3 = 0$
$b = -8$ or $b = 3$

If $b = -8$, then $a = 5 + (-8) = -3$.
If $b = 3$, then $a = 5 + 3 = 8$.
There are two solutions: -3 and -8, or 3 and 8.

42. 400 feet **43.** 5 seconds **44.** 10 seconds **45.** $x = 5$

46. $h = 40t - 5t^2$
$h = 40(5) - 5(5)^2$
$h = 200 - 125$
$h = 75.0$ m

PAGE 485, LOOK BACK

47. subtraction inside parentheses, $(x - 3)$

48. exponent, $(x - 3)^2$

49. multiplication, $2(x^2 - 6x + 9)$

50. $\begin{cases} x = y \\ 2x + 3y = 2 \end{cases}$

Substitute $x = y$ into the second equation.
$2y + 3y = 2$
$5y = 2$
$y = \frac{2}{5}$
$x = \frac{2}{5}$
Solution: $\left(\frac{2}{5}, \frac{2}{5}\right)$

51. $\begin{cases} y = 4 \\ 2x = 3y \end{cases}$

Substitute $y = 4$ into the second equation.
$2x = 3(4)$
$2x = 12$
$x = 6$
Solution: $(6, 4)$

52. Let $x =$ tens digit
$y =$ units digit

$\begin{cases} x = y - 4 \\ 10x + y = 3(x + y) + 2 \end{cases}$

Substitute $x = y - 4$ into the second equation.
$10(y - 4) + y = 3(y - 4 + y) + 2$
$10y - 40 + y = 6y - 12 + 2$
$5y = 30$
$y = 6$
Substitute $y = 6$ into the first equation.
$x = 6 - 4$
$x = 2$
original number: 26

53. $x^2 + 10x + 25 = (x + 5)^2$

54. $x^2 - 14x + 49 = (x - 7)^2$

PAGE 485, LOOK BEYOND

55. Circumference $= 2\pi r$
$21 = 2\pi r$
$r = \frac{21}{2\pi}$

Volume $= \pi r^2 h$
$= \pi \left(\frac{21}{2\pi}\right)^2 (12.5)$

Total volume $= \pi \left(\frac{21}{2\pi}\right)^2 (12.5)(100,000)$
$= \frac{\pi(441)}{4\pi^2}(1,250,000)$
$= \frac{137,812,500}{\pi}$
$\approx 43{,}867{,}081$ cm^3 or 43.9 m^3

10.2 PAGE 489, GUIDED SKILLS PRACTICE

6. $x^2 = 64$
$x = \pm\sqrt{64} = \pm 8$

7. $x^2 = \frac{16}{25}$
$x = \pm\sqrt{\frac{16}{25}} = \pm\frac{4}{5}$

8. $x^2 = 17$
$x = \pm\sqrt{17} \approx \pm 4.12$

9. $h = -16t^2 + 600$
$0 = -16t^2 + 600$
$16t^2 = 600$
$t^2 = 37.5$
$t = \pm\sqrt{37.5}$
$t \approx \pm 6.12$
about 6.12 seconds

10. $h = -16t^2 + 800$
$0 = -16t^2 + 800$
$16t^2 = 800$
$t^2 = 50$
$t = \pm\sqrt{50}$
$t \approx \pm 7.07$
about 7.07 seconds

11. $(x + 2)^2 - 144 = 0$
$(x + 2)^2 = 144$
$x + 2 = \pm\sqrt{144}$
$x + 2 = \pm 12$
$x = -2 \pm 12$
$x = 10$ or -14

12. $(x - 3)^2 - 400 = 0$
$(x - 3)^2 = 400$
$x - 3 = \pm\sqrt{400}$
$x - 3 = \pm 20$
$x = 3 \pm 20$
$x = 23$ or -17

PAGE 490, PRACTICE AND APPLY

13. $\sqrt{121} = 11$
14. $\sqrt{144} = 12$
15. $\sqrt{625} = 25$
16. $\sqrt{36} = 6$
17. $\sqrt{44} \approx 6.63$
18. $\sqrt{90} \approx 9.49$
19. $\sqrt{88} \approx 9.38$
20. $\sqrt{19} \approx 4.36$

21. $x^2 = 25$
$x = \pm\sqrt{25} = \pm 5$

22. $x^2 = 169$
$x = \pm\sqrt{169} = \pm 13$

23. $x^2 = 81$
$x = \pm\sqrt{81} = \pm 9$

24. $x^2 = 625$
$x = \pm\sqrt{625} = \pm 25$

25. $x^2 = 12$
$x = \pm\sqrt{12} \approx \pm 3.46$

26. $x^2 = 24$
$x = \pm\sqrt{24} \approx \pm 4.90$

27. $x^2 = 18$
$x = \pm\sqrt{18} \approx \pm 4.24$

28. $x^2 = 54$
$x = \pm\sqrt{54} = \pm 7.35$

29. $x^2 = \frac{25}{81}$
$x = \pm\sqrt{\frac{25}{81}} = \pm\frac{5}{9}$

30. $x^2 = \frac{49}{121}$
$x = \pm\sqrt{\frac{49}{121}} = \pm\frac{7}{11}$

31. $x^2 = \frac{36}{49}$
$x = \pm\sqrt{\frac{36}{49}} = \pm\frac{6}{7}$

32. $x^2 = \frac{4}{100}$
$x = \pm\sqrt{\frac{4}{100}} = \pm\frac{2}{10} = \pm\frac{1}{5}$

33. $x^2 = 32$
$x = \pm\sqrt{32} \approx \pm 5.66$

34. $3x^2 = 135$
$x^2 = 45$
$x = \pm\sqrt{45} \approx \pm 6.71$

35. $2x^2 = 56$
$x^2 = 28$
$x = \pm\sqrt{28} \approx \pm 5.29$

36. $x^2 = 63$
$x = \pm\sqrt{63} \approx \pm 7.94$

37. $(x + 4)^2 - 25 = 0$
$(x + 4)^2 = 25$
$x + 4 = \pm 5$
$x = -4 \pm 5$
$x = 1$ or -9

38. $(x - 5)^2 - 9 = 0$
$(x - 5)^2 = 9$
$x - 5 = \pm 3$
$x = 5 \pm 3$
$x = 8$ or 2

39. $(x + 1)^2 - 1 = 0$
$(x + 1)^2 = 1$
$x + 1 = \pm 1$
$x = -1 \pm 1$
$x = 0$ or -2

40. $(x - 2)^2 - 6 = 0$
$(x - 2)^2 = 6$
$x - 2 = \pm\sqrt{6}$
$x = 2 \pm \sqrt{6}$
$x \approx 4.45$ or -0.45

41. $(x + 7)^2 - 5 = 0$
$(x + 7)^2 = 5$
$x + 7 = \pm\sqrt{5}$
$x = -7 \pm \sqrt{5}$
$x \approx -4.76$ or -9.24

42. $6(x - 3)^2 - 12 = 0$
$6(x - 3)^2 = 12$
$(x - 3)^2 = 2$
$x - 3 = \pm\sqrt{2}$
$x = 3 \pm \sqrt{2}$
$x \approx 4.41$ or 1.59

43. $(x + 3)^2 = 36$
$x + 3 = \pm 6$
$x = -3 \pm 6$
$x = 3$ or -9

44. $(x - 2)^2 = 144$
$x - 2 = \pm 12$
$x = 2 \pm 12$
$x = 14$ or -10

45. $(x - 8)^2 = 81$
$x - 8 = \pm 9$
$x = 8 \pm 9$
$x = 17$ or -1

46. $(x - 1)^2 = 11$
$x - 1 = \pm\sqrt{11}$
$x = 1 \pm \sqrt{11}$
$x \approx 4.32$ or -2.32

47. $(x + 5)^2 = 10$
$x + 5 = \pm\sqrt{10}$
$x = -5 \pm \sqrt{10}$
$x \approx -1.84$ or -8.16

48. $7(x + 6)^2 = 105$
$(x + 6)^2 = 15$
$x + 6 = \pm\sqrt{15}$
$x = -6 \pm \sqrt{15}$
$x \approx -2.13$ or -9.87

49. vertex: $(4, -3)$
axis of symmetry: $x = 4$
$(x - 4)^2 - 3 = 0$
$(x - 4)^2 = 3$
$x - 4 = \pm\sqrt{3}$
$x = 4 \pm \sqrt{3}$
$x \approx 5.73$ and 2.27

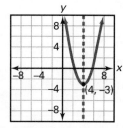

50. vertex: $(-2, -1)$
axis of symmetry: $x = -2$
$(x + 2)^2 - 1 = 0$
$(x + 2)^2 = 1$
$x + 2 = \pm 1$
$x = -2 \pm 1$
$x = -1$ and -3

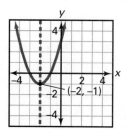

51. vertex: $(4, -2)$
axis of symmetry: $x = 4$
$(x - 4)^2 - 2 = 0$
$(x - 4)^2 = 2$
$x - 4 = \pm \sqrt{2}$
$x = 4 \pm \sqrt{2}$
$x \approx 5.41$ and 2.59

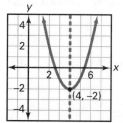

52. vertex: $(-4, -4)$

53. axis of symmetry: $x = -4$

54. $(x + 4)^2 - 4 = 0$
$(x + 4)^2 = 4$
$x + 4 = \pm 2$
$x = -4 \pm 2$
$x = -2$ and -6

55.

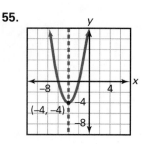

56. $x^2 + 100 = 0$ has no real solutions because otherwise $x^2 = -100$, which is not true for any real number. The square of any real number can never be negative.

57. $S = 4\pi r^2$
$90 = 4(3.14)r^2$
$r^2 = \dfrac{90}{4(3.14)}$
$r = \sqrt{\dfrac{90}{4(3.14)}}$
$r \approx 2.68$ meters

58. $-16t^2 + 700 = 0$
$-16t^2 = -700$
$t^2 = 43.75$
$t = \sqrt{43.75}$ seconds,
or approximately 6.61 seconds

59. $-16t^2 + 700 = 100$
$-16t^2 = -600$
$t = \sqrt{37.5}$ seconds,
or approximately 6.12 seconds

PAGE 491, LOOK BACK

60. $y = 2x + 3$
slope $= 2$

61. $2x + 3y = 4$
$3y = -2x + 4$
$y = -\dfrac{2}{3}x + \dfrac{4}{3}$
slope $= -\dfrac{2}{3}$

62. $x = y$
$y = 1x$
slope $= 1$

63. $4x + 7 = 5y$
$y = \frac{4}{5}x + \frac{7}{5}$
slope $= \frac{4}{5}$

64. $y - 2x = 3$
$y = 2x + 3$
slope $= 2$

65. $y = 10$
slope $= 0$

66. $2x - y = 5$
$y = 2x - 5$
slope $= -\frac{1}{2}$

$y - y_1 = m(x - x_1)$
$y - (-4) = -\frac{1}{2}(x - 2)$
$y + 4 = -\frac{1}{2}x + 1$
$y = -\frac{1}{2}x - 3$

67. $\frac{-6x^2y^2}{2x} = \left(-\frac{6}{2}\right)(x^{2-1})(y^2)$
$= -3xy^2$

68. $\frac{b^3c^4}{bc} = (b^{3-1})(c^{4-1})$
$= b^2c^3$

69. $(p^2)^4(2a^2b^3)^2 = p^8 4a^4b^6 = 4a^4b^6p^8$

70. $(3x^2 - 2x + 1) + (2x^2 + 4x + 6)$
$= (3x^2 + 2x^2) + (-2x + 4x) + (1 + 6)$
$= 5x^2 + 2x + 7$

71. $(x^2 + 2x - 1) - (2x^2 - 5x + 7)$
$= x^2 + 2x - 1 - 2x^2 + 5x - 7$
$= (x^2 - 2x^2) + (2x + 5x) + (-1 - 7)$
$= -x^2 + 7x - 8$

PAGE 491, LOOK BEYOND

72. $\sqrt{5^2 - 4 \cdot 1 \cdot 2}$
$= \sqrt{25 - 4 \cdot 1 \cdot 2}$
$= \sqrt{25 - 8}$
$= \sqrt{17}$
≈ 4.12

73. $\sqrt{6^2 - 4(1)(9)}$
$= \sqrt{36 - 4(1)(9)}$
$= \sqrt{36 - 36}$
$= \sqrt{0}$
$= 0$

10.3 PAGE 496, GUIDED SKILLS PRACTICE

6. $\left(\frac{19}{2}\right)^2 = \frac{361}{4} = 90\frac{1}{4}$

7. $\left(-\frac{3}{2}\right)^2 = \frac{9}{4} = 2\frac{1}{4}$

8. $y = x^2 + 6x + 18$
$y = (x^2 + 6x) + 18$
$y = (x^2 + 6x + 9) + 18 - 9$
$y = (x + 3)^2 + 9$

PAGES 496–497, PRACTICE AND APPLY

9.

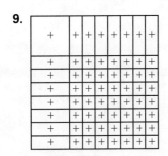

$x^2 + 14x + 49$

10.

$x^2 - 14x + 49$

11.
$x^2 + 8x + 16$

12.
$x^2 - 8x + 16$

13.
$x^2 + 4x + 4$

14.
$x^2 - 10x + 25$

15.
$x^2 + 12x + 36$

16.
$x^2 + 10x + 25$

17. $y = x^2 + 8x + 16 - 16$
$y = (x^2 + 8x + 16) - 16$
$y = (x + 4)^2 - 16$

18. $y = x^2 - 4x + 4 - 4$
$y = (x^2 - 4x + 4) - 4$
$y = (x - 2)^2 - 4$

19. $y = x^2 - 10x + 25 - 25$
$y = (x^2 - 10x + 25) - 25$
$y = (x - 5)^2 - 25$

20. $y = x^2 + 14x + 49 - 49$
$y = (x^2 + 14x + 49) - 49$
$y = (x + 7)^2 - 49$

21. $y = x^2 - 16x + 64 - 64$
$y = (x^2 - 16x + 64) - 64$
$y = (x - 8)^2 - 64$

22. $y = x^2 + 20x + 100 - 100$
$y = (x^2 + 20x + 100) - 100$
$y = (x + 10)^2 - 100$

23. $x^2 + 6x$
$\left(\frac{6}{2}\right)^2 = 3^2 = 9$
$x^2 + 6x + 9$
or $(x + 3)^2$

24. $x^2 - 2x$
$\left(-\frac{2}{2}\right)^2 = 1$
$x^2 - 2x + 1$
or $(x - 1)^2$

25. $x^2 + 12x$
$\left(\frac{12}{2}\right)^2 = 6^2 = 36$
$x^2 + 12x + 36$
or $(x + 6)^2$

26. $x^2 - 12x$
$\left(-\frac{12}{2}\right)^2 = (-6)^2 = 36$
$x^2 - 12 + 36$
or $(x - 6)^2$

27. $x^2 + 7x$
$\left(\frac{7}{2}\right)^2 = \frac{49}{4}$
$x^2 + 7x + \frac{49}{4}$ or $\left(x + \frac{7}{2}\right)^2$

28. $x^2 - 10x$
$\left(-\frac{10}{2}\right)^2 = (-5)^2 = 25$
$x^2 - 10x + 25$ or $(x - 5)^2$

29. $x^2 + 15x$
$\left(\frac{15}{2}\right)^2 = \frac{225}{4}$
$x^2 + 15x + \frac{225}{4}$ or $\left(x + \frac{15}{2}\right)^2$

30. $x^2 - 5x$
$\left(-\frac{5}{2}\right)^2 = \frac{25}{4}$
$x^2 - 5x + \frac{25}{4}$ or $\left(x - \frac{5}{2}\right)^2$

31. $x^2 + 16x$
$\left(\frac{16}{2}\right)^2 = 8^2 = 64$
$x^2 + 16x + 64$ or $(x + 8)^2$

32. $x^2 + 20x$
$\left(\frac{20}{2}\right)^2 = 10^2 = 100$
$x^2 + 20x + 100$ or $(x + 10)^2$

33. $x^2 - 9x$
$\left(-\frac{9}{2}\right)^2 = \frac{81}{4}$
$x^2 - 9x + \frac{81}{4}$ or $\left(x - \frac{9}{2}\right)^2$

34. $x^2 + 40x$
$\left(\frac{40}{2}\right)^2 = 20^2 = 400$
$x^2 + 40x + 400$ or $(x + 20)^2$

35. $x^2 - 36x$
$\left(-\frac{36}{2}\right)^2 = (-18)^2 = 324$
$x^2 - 36x + 324$ or $(x - 18)^2$

36. $x^2 + 44x$
$\left(\frac{44}{2}\right)^2 = 22^2 = 484$
$x^2 + 44x + 484$ or $(x + 22)^2$

37. $x^2 - 17x$
$\left(-\frac{17}{2}\right)^2 = \frac{289}{4}$
$x^2 - 17x + \frac{289}{4}$ or $\left(x - \frac{17}{2}\right)^2$

38. $x^2 + 30x$
$\left(\frac{30}{2}\right)^2 = 15^2 = 225$
$x^2 + 30x + 225$ or $(x + 15)^2$

39. $x^2 - 13x$
$\left(-\frac{13}{2}\right)^2 = \frac{169}{4}$
$x^2 - 13x + \frac{169}{4}$ or $\left(x - \frac{13}{2}\right)^2$

40. $x^2 + 13x$
$\left(\frac{13}{2}\right)^2 = \frac{169}{4}$
$x^2 + 13x + \frac{169}{4}$ or $\left(x + \frac{13}{2}\right)^2$

41. $x^2 + 22x$
$\left(\frac{22}{2}\right)^2 = 11^2 = 121$
$x^2 + 22x + 121$ or $(x + 11)^2$

42. $x^2 - 44x$
$\left(-\frac{44}{2}\right)^2 = (-22^2) = 484$
$x^2 - 44x + 484$ or $(x - 22)^2$

43. $y = x^2 + 10x$
$\left(\frac{10}{2}\right)^2 = 5^2 = 25$
$y = (x^2 + 10x + 25) - 25$
$y = (x + 5)^2 - 25$

44. vertex: $(-5, -25)$

45. Minimum value is the y-coordinate of the vertex, -25

46. $y = x^2 + 3$
$y = (x - 0)^2 + 3$
vertex: $(0, 3)$

47. $y = x^2 - 4$
$y = (x - 0)^2 - 4$
vertex: $(0, -4)$

48. $y = -x^2 + 2$
$y = -(x - 0)^2 + 2$
vertex: $(0, 2)$

49. $y = x^2 - 1$
$y = (x - 0)^2 - 1$
vertex: $(0, -1)$

50. $y = -x^2 + 6$
$y = -(x - 0)^2 + 6$
vertex: $(0, 6)$

51. $y = x^2 - 5$
$y = (x - 0)^2 - 5$
vertex: $(0, -5)$

52. $y = (x^2 - 4x + 4) + 7 - 4$
$y = (x - 2)^2 + 3$
vertex: $(2, 3)$

53. $y = (x^2 + 6x + 9) + 5 - 9$
$y = (x + 3)^2 - 4$
vertex: $(-3, -4)$

54. $y = (x^2 - 4x + 4) + 6 - 4$
$y = (x - 2)^2 + 2$
vertex: $(2, 2)$

55. $y = (x^2 - 12x + 36) + 35 - 36$
$y = (x - 6)^2 - 1$
vertex: $(6, -1)$

56. $y = (x^2 + 6x + 9) + 15 - 9$
$y = (x + 3)^2 + 6$
vertex: $(-3, 6)$

57. $y = (x^2 - 4x + 4) - 1 - 4$
$y = (x - 2)^2 - 5$
vertex: $(2, -5)$

58. $y = x^2 + 4x - 1$
$y = (x^2 + 4x) - 1$
$y = (x^2 + 4x + 4) - 1 - 4$
$y = (x + 2)^2 - 5$
vertex: $(-2, -5)$

59. $y = x^2 - 2x - 3$
$y = (x^2 - 2x) - 3$
$y = (x^2 - 2x + 1) - 3 - 1$
$y = (x - 1)^2 - 4$
vertex: $(1, -4)$

60. $y = x^2 + 10x - 12$
$y = (x^2 + 10x) - 12$
$y = (x^2 + 10x + 25) - 12 - 25$
$y = (x + 5)^2 - 37$
vertex: $(-5, -37)$

61. $y = x^2 - x + 2$
$y = (x^2 - x) + 2$
$y = \left(x^2 - x + \frac{1}{4}\right) + 2 - \frac{1}{4}$
$y = \left(x - \frac{1}{2}\right)^2 + \frac{7}{4}$
vertex: $\left(\frac{1}{2}, \frac{7}{4}\right)$

62. $y = -5 - 6x + x^2$
$y = (x^2 - 6x) - 5$
$y = (x^2 - 6x + 9) - 5 - 9$
$y = (x - 3)^2 - 14$
vertex: $(3, -14)$

63. $y = x^2 + \frac{1}{3}x - 3$
$y = \left(x^2 + \frac{1}{3}x\right) - 3$
$y = \left(x^2 + \frac{1}{3}x + \frac{1}{36}\right) - 3 - \frac{1}{36}$
$y = \left(x + \frac{1}{6}\right)^2 - 3\frac{1}{36}$
vertex: $\left(-\frac{1}{6}, -3\frac{1}{36}\right)$

64. $3y = 3x^2 - 24x + 18$
$y = x^2 - 8x + 6$
$y = (x^2 - 8x) + 6$
$y = (x^2 - 8x + 16) + 6 - 16$
$y = (x - 4)^2 - 10$
vertex: $(4, -10)$

65.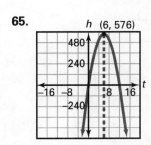

66. $h = -16t^2 + 192t$
$h = -16(t^2 - 12t)$
$h = -16(t^2 - 12t + 36) + 16(36)$
$h = -16(t - 6)^2 + 576$
vertex: (6, 576)

67. 576 feet

68. 6 seconds

PAGE 497, LOOK BACK

69.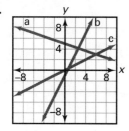

b. $4x - 2y = 2$
$-2y = -4x + 2$
$y = 2x - 1$

c. $x = 2y$
$y = \frac{1}{2}x$

70. $\begin{cases} x - 3y = 3 \\ 2x - y = -4 \end{cases}$
Solve the second equation for y.
$y = 2x + 4$
Substitute $y = 2x + 4$ into the first equation.
$x - 3(2x + 4) = 3$
$x - 6x - 12 = 3$
$-5x = 15$
$x = -3$
Substitute $x = -3$ into the second equation.
$2(-3) - y = -4$
$y = -6 + 4$
$y = -2$
Solution: $(-3, -2)$

71. $\begin{cases} x - 2y = 0 \\ x + y = 3 \end{cases}$
$x - 2y = 0$
$\underline{+ (-x) - y = -3}$
$-3y = -3$
$y = 1$
Substitute $y = 1$ into the first equation.
$x - 2(1) = 0$
$x = 2$
Solution: (2, 1)

72. $a^2 b^{-3} = \dfrac{a^2}{b^3}$

73. $\dfrac{m^5}{m^{-2}} = m^{5-(-2)}$
$= m^7$

74. $\dfrac{2n^{-6}}{n^{-4}} = 2n^{-6-(-4)}$
$= 2n^{-2}$
$= \dfrac{2}{n^2}$

PAGE 497, LOOK BEYOND

75. a.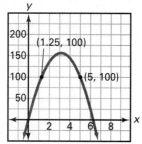
5 or 1.25 seconds

b. $h = -16t^2 + 100t$
$100 = -16t^2 + 100t$
$-16t^2 + 100t - 100 = 0$
$-16(t^2 - 6.25t) - 100 = 0$
$-16(t^2 - 6.25t + 9.765625) - 100 + 156.25 = 0$
$-16(t - 3.125)^2 + 56.25 = 0$
$(t - 3.125)^2 = 3.515625$
$t - 3.125 = \pm\sqrt{3.515625}$
$t = 3.125 \pm \sqrt{3.515625}$
$t = 5$ or 1.25 seconds

76. $2x^2 + 8x + 1$
$= 2(x^2 + 4x) + 1$
$= 2(x^2 + 4x + 4) + 1 - 8$
$= 2(x + 2)^2 - 7$

77. $3x^2 + 5x - 4$
$= 3\left(x^2 + \frac{5}{3}x\right) - 4$
$= 3\left(x^2 + \frac{5}{3}x + \frac{25}{36}\right) - 4 - \frac{25}{12}$
$= 3\left(x + \frac{5}{6}\right)^2 - 6\frac{1}{12}$

10.4 PAGE 502, GUIDED SKILLS PRACTICE

6. $x^2 - 7x - 8 = 0$
$(x + 1)(x - 8) = 0$
$x + 1 = 0$ or $x - 8 = 0$
$x = -1$ and $x = 8$

7. $x^2 + 4x + 2 = 0$
$(x^2 + 4x + 4) + 2 - 4 = 0$
$(x + 2)^2 - 2 = 0$
$(x + 2)^2 = 2$
$x + 2 = \pm\sqrt{2}$
$x = -2 \pm \sqrt{2}$

8. $x^2 - 8x - 8 = 0$
$(x^2 - 8x + 16) - 8 - 16 = 0$
$(x - 4)^2 - 24 = 0$
$(x - 4)^2 = 24$
$x - 4 = \pm\sqrt{24}$
$x = 4 \pm \sqrt{24}$
$x = 4 \pm 2\sqrt{6}$

9. Complete the square:
$x^2 + 12x = -27$
$x^2 + 12x + 36 = -27 + 36$
$(x + 6)^2 = 9$
$x + 6 = \pm 3$
$x = -6 \pm 3$
$x = -3$ or $x = -9$

Factor:
$x^2 + 12x = -27$
$(x^2 + 12x + 27) = 0$
$(x + 3)(x + 9) = 0$
$x + 3 = 0$ or $x + 9 = 0$
$x = -3$ or $x = -9$

10. $x^2 - 4x - 3 = 0$
$x^2 - 4x + 4 = 3 + 4$
$(x - 2)^2 = 7$
$x - 2 = \pm\sqrt{7}$
$x = 2 \pm \sqrt{7}$
$x \approx 4.65$ or $x \approx -0.65$

11. $3 = x^2 - 8x + 15$
$-12 = x^2 - 8x$
$-12 + 16 = x^2 - 8x + 16$
$4 = (x - 4)^2$
$\pm 2 = x - 4$
$4 \pm 2 = x$
$x = 6$ or 2

12. $-1 = x^2 - 8x + 15$
$-16 = x^2 - 8x$
$-16 + 16 = x^2 - 8x + 16$
$0 = (x - 4)^2$
$0 = x - 4$
$4 = x$
$x = 4$

13. $8 = x^2 - 8x + 15$
$-7 = x^2 - 8x$
$-7 + 16 = x^2 - 8x + 16$
$9 = (x - 4)^2$
$\pm 3 = x - 4$
$4 \pm 3 = x$
$x = 7$ or 1

14. $\begin{cases} y = x^2 - 9x + 25 \\ y = 3x - 11 \end{cases}$

Substitute $y = 3x - 11$ into the first equation.
$3x - 11 = x^2 - 9x + 25$
$x^2 - 12x + 36 = 0$
$(x - 6)^2 = 0$
$x - 6 = 0$
$x = 6$

Substitute $x = 6$ into the second equation.
$y = 3(6) - 11$
$y = 7$
The graphs intersect at $(6, 7)$.

15. $\begin{cases} y = x^2 + 4x - 12 \\ y = 9x + 2 \end{cases}$

Substitute $y = 9x + 2$ into the first equation.
$9x + 2 = x^2 + 4x - 12$
$x^2 - 5x - 14 = 0$
$(x + 2)(x - 7) = 0$
$x + 2 = 0$ or $x - 7 = 0$
$x = -2$ or $x = 7$

Substitute both values for x into the second equation.
$y = 9(-2) + 2$ $\quad y = 9(7) + 2$
$y = -16$ $\quad\quad y = 65$
The graphs intersect at $(-2, -16)$ and $(7, 65)$.

PAGES 502–503, PRACTICE AND APPLY

16. $x^2 - 2x - 8 = 0$
$(x + 2)(x - 4) = 0$
$x + 2 = 0$ or $x - 4 = 0$
$x = -2$ or $x = 4$

17. $x^2 + 6x + 5 = 0$
$(x + 1)(x + 5) = 0$
$x + 1 = 0$ or $x + 5 = 0$
$x = -1$ or $x = -5$

18. $x^2 - 4x + 4 = 0$
$(x - 2)^2 = 0$
$x - 2 = 0$
$x = 2$

19. $x^2 - 2x - 3 = 0$
$(x + 1)(x - 3) = 0$
$x + 1 = 0$ or $x - 3 = 0$
$x = -1$ or $x = 3$

20. $x^2 + 4x - 5 = 0$
$(x - 1)(x + 5) = 0$
$x - 1 = 0$ or $x + 5 = 0$
$x = 1$ or $x = -5$

21. $x^2 + 7x + 12 = 0$
$(x + 4)(x + 3) = 0$
$x + 4 = 0$ or $x + 3 = 0$
$x = -4$ or $x = -3$

22. $x^2 - 10x + 24 = 0$
$(x - 4)(x - 6) = 0$
$x - 4 = 0$ or $x - 6 = 0$
$x = 4$ or $x = 6$

23. $x^2 - 3x = 10$
$x^2 - 3x - 10 = 0$
$(x + 2)(x - 5) = 0$
$x + 2 = 0$ or $x - 5 = 0$
$x = -2$ or $x = 5$

24. $x^2 - 8x = -15$
$x^2 - 8x + 15 = 0$
$(x - 5)(x - 3) = 0$
$x - 5 = 0$ or $x - 3 = 0$
$x = 5$ or $x = 3$

25. $x^2 - 6x + 9 = 0$
$(x - 3)^2 = 0$
$x - 3 = 0$
$x = 3$

26. $x^2 + 10x = -25$
$x^2 + 10x + 25 = 0$
$(x + 5)^2 = 0$
$x + 5 = 0$
$x = -5$

27. $x^2 - 2x + 1 = 0$
$(x - 1)^2 = 0$
$x - 1 = 0$
$x = 1$

28. $x^2 - 2x - 15 = 0$
$(x^2 - 2x + 1) - 15 - 1 = 0$
$(x - 1)^2 - 16 = 0$
$(x - 1)^2 = 16$
$x - 1 = \pm 4$
$x = 1 \pm 4$
$x = 5$ or -3

29.
$$x^2 + 4x - 5 = 0$$
$$(x^2 + 4x + 4) - 5 - 4 = 0$$
$$(x + 2)^2 - 9 = 0$$
$$(x + 2)^2 = 9$$
$$x + 2 = \pm 3$$
$$x = -2 \pm 3$$
$$x = 1 \text{ or } -5$$

30.
$$x^2 - x - 20 = 0$$
$$\left(x^2 - x + \tfrac{1}{4}\right) - 20 - \tfrac{1}{4} = 0$$
$$\left(x - \tfrac{1}{2}\right)^2 - 20\tfrac{1}{4} = 0$$
$$\left(x - \tfrac{1}{2}\right)^2 = \tfrac{81}{4}$$
$$x - \tfrac{1}{2} = \pm\tfrac{9}{2}$$
$$x = \tfrac{1}{2} \pm \tfrac{9}{2}$$
$$x = 5 \text{ or } -4$$

31.
$$x^2 + 2x - 6 = 0$$
$$(x^2 + 2x + 1) - 6 - 1 = 0$$
$$(x^2 + 2x + 1) - 7 = 0$$
$$(x + 1)^2 = 7$$
$$x + 1 = \pm\sqrt{7}$$
$$x = -1 \pm \sqrt{7}$$
$$x \approx 1.65 \text{ or } -3.65$$

32.
$$x^2 - 4x = 12$$
$$(x^2 - 4x + 4) = 12 + 4$$
$$(x - 2)^2 = 16$$
$$x - 2 = \pm 4$$
$$x = 2 \pm 4$$
$$x = 6 \text{ or } -2$$

33.
$$x^2 + x - 6 = 0$$
$$\left(x^2 + x + \tfrac{1}{4}\right) - 6 - \tfrac{1}{4} = 0$$
$$\left(x + \tfrac{1}{2}\right)^2 - 6\tfrac{1}{4} = 0$$
$$\left(x + \tfrac{1}{2}\right)^2 = \tfrac{25}{4}$$
$$x + \tfrac{1}{2} = \pm\tfrac{5}{2}$$
$$x = 2 \text{ or } -3$$

34.
$$x^2 + 2x = 5$$
$$x^2 + 2x + 1 = 5 + 1$$
$$(x + 1)^2 = 6$$
$$x + 1 = \pm\sqrt{6}$$
$$x = -1 \pm \sqrt{6}$$
$$x \approx 1.45 \text{ or } -3.45$$

35.
$$x^2 + 4x = 1$$
$$x^2 + 4x + 4 = 1 + 4$$
$$(x + 2)^2 = 5$$
$$x + 2 = \pm\sqrt{5}$$
$$x = -2 \pm \sqrt{5}$$
$$x \approx 0.24 \text{ or } -4.24$$

36.
$$x^2 + 8x + 13 = 0$$
$$(x^2 + 8x + 16) + 13 - 16 = 0$$
$$(x^2 + 8x + 16) - 3 = 0$$
$$(x + 4)^2 = 3$$
$$x + 4 = \pm\sqrt{3}$$
$$x = -4 \pm \sqrt{3}$$
$$x \approx -2.27 \text{ or } -5.73$$

37.
$$b^2 + 10b = 0$$
$$b(b + 10) = 0$$
$$b = 0 \text{ or } b + 10 = 0$$
$$b = 0 \quad \text{or} \quad b = -10$$

38.
$$r^2 - 10r + 24 = 0$$
$$(r - 4)(r - 6) = 0$$
$$r - 4 = 0 \text{ or } r - 6 = 0$$
$$r = 4 \quad \text{or} \quad r = 6$$

39.
$$x^2 - x - 3 = 0$$
$$\left(x^2 - x + \tfrac{1}{4}\right) - 3 - \tfrac{1}{4} = 0$$
$$\left(x^2 - x - \tfrac{1}{4}\right) - 3\tfrac{1}{4} = 0$$
$$\left(x - \tfrac{1}{2}\right)^2 = \tfrac{13}{4}$$
$$x - \tfrac{1}{2} = \pm\sqrt{\tfrac{13}{4}}$$
$$x = \tfrac{1}{2} \pm \sqrt{\tfrac{13}{4}}$$
$$x \approx 2.30 \text{ or } -1.30$$

40.
$$x^2 + 4x - 12 = 0$$
$$(x - 2)(x + 6) = 0$$
$$x - 2 = 0 \text{ or } x + 6 = 0$$
$$x = 2 \quad \text{or} \quad x = -6$$

41.
$$s^2 + 3s - 5 = 0$$
$$\left(s^2 + 3s + \tfrac{9}{4}\right) - 5 - \tfrac{9}{4} = 0$$
$$\left(s + \tfrac{3}{2}\right)^2 - 7\tfrac{1}{4} = 0$$
$$\left(s + \tfrac{3}{2}\right)^2 = \tfrac{29}{4}$$
$$s + \tfrac{3}{2} = \pm\sqrt{\tfrac{29}{4}}$$
$$s = -\tfrac{3}{2} \pm \sqrt{\tfrac{29}{4}}$$
$$s \approx 1.19 \text{ or } -4.19$$

42.
$$t^2 - 3t - 1 = 0$$
$$\left(t^2 - 3t + \tfrac{9}{4}\right) - 1 - \tfrac{9}{4} = 0$$
$$\left(t - \tfrac{3}{2}\right)^2 - 3\tfrac{1}{4} = 0$$
$$\left(t - \tfrac{3}{2}\right)^2 = \tfrac{13}{4}$$
$$t - \tfrac{3}{2} = \pm\sqrt{\tfrac{13}{4}}$$
$$t = \tfrac{3}{2} \pm \sqrt{\tfrac{13}{4}}$$
$$t \approx 3.30 \text{ or } -0.30$$

43.
$$p^2 - 5p - 3 = 0$$
$$\left(p^2 - 5p + \tfrac{25}{4}\right) - 3 - \tfrac{25}{4} = 0$$
$$\left(p - \tfrac{5}{2}\right)^2 - \tfrac{37}{4} = 0$$
$$\left(p - \tfrac{5}{2}\right)^2 = \tfrac{37}{4}$$
$$p - \tfrac{5}{2} = \pm\sqrt{\tfrac{37}{4}}$$
$$p = \tfrac{5}{2} \pm \sqrt{\tfrac{37}{4}}$$
$$p \approx 5.54 \text{ or } -0.54$$

44.
$$x^2 - x = 0$$
$$x(x - 1) = 0$$
$$x = 0 \text{ or } x - 1 = 0$$
$$x = 0 \quad \text{or} \quad x = 1$$

45.
$$q^2 + 4q - 17 = 0$$
$$(q^2 + 4q + 4) - 17 - 4 = 0$$
$$(q + 2)^2 - 21 = 0$$
$$(q + 2)^2 = 21$$
$$q + 2 = \pm\sqrt{21}$$
$$q = -2 \pm \sqrt{21}$$
$$q \approx 2.58 \text{ or } -6.58$$

46. $\begin{cases} y = 9 \\ y = x^2 \end{cases}$

Substitute $y = 9$ into the second equation.
$9 = x^2$
$x = 3 \text{ or } -3$
Graphs intersect at $(3, 9)$ and $(-3, 9)$.

47. $\begin{cases} y = 4 \\ y = x^2 - 2x + 1 \end{cases}$

Substitute $y = 4$ into the second equation.
$4 = x^2 - 2x + 1$
$x^2 - 2x - 3 = 0$
$(x + 1)(x - 3) = 0$
$x + 1 = 0 \text{ or } x - 3 = 0$
$x = -1 \quad \text{or} \quad x = 3$
Graphs intersect at $(-1, 4)$ and $(3, 4)$.

48. $\begin{cases} y = x - 1 \\ y = x^2 - 3x + 3 \end{cases}$

Substitute $y = x - 1$ into the second equation.
$x - 1 = x^2 - 3x + 3$
$x^2 - 4x + 4 = 0$
$(x - 2)^2 = 0$
$x - 2 = 0$
$x = 2$
Substitute $x = 2$ into the first equation.
$y = 2 - 1 = 1$
Graphs intersect at $(2, 1)$.

49. $\begin{cases} y = x + 3 \\ y = x^2 - 4x + 3 \end{cases}$

Substitute $y = x + 3$ into the second equation.
$x + 3 = x^2 - 4x + 3$
$x^2 - 5x = 0$
$x(x - 5) = 0$
$x = 0 \text{ or } x = 5$
Substitute $x = 0$ and $x = 5$ into the first equation.
$y = 0 + 3 = 3$
$y = 5 + 3 = 8$
Graphs intersect at $(0, 3)$ and $(5, 8)$.

50. Let x represent the first integer.
$$x(x+2) = 224$$
$$x^2 + 2x - 224 = 0$$
$$(x-14)(x+16) = 0$$
$$x = 14 \text{ or } x = -16$$
Solutions: 14, 16 or $-16, -14$

51. Let w represent the width.
$$w(w+4) = 140$$
$$w^2 + 4w - 140 = 0$$
$$(w+14)(w-10) = 0$$
$$w = -14 \text{ or } w = 10$$
The width cannot be negative so width = 10 yards, length = 14 yards.

52.
$$h = -5t^2 + 25t$$
$$10 = -5t^2 + 25t$$
$$5t^2 - 25t = -10$$
$$5(t^2 - 5t) = -10$$
$$t^2 - 5t = -2$$
$$t^2 - 5t + \frac{25}{4} = -2 + \frac{25}{4}$$
$$\left(t - \frac{5}{2}\right)^2 = \frac{17}{4}$$
$$t - \frac{5}{2} = \pm\sqrt{\frac{17}{4}}$$
$$t = \frac{5}{2} \pm \sqrt{\frac{17}{4}}$$
$t \approx 4.6$ seconds or 0.4 seconds

53. Let w represent the width.
$$2w + 2(w+4) = 80$$
$$2w + 2w + 8 = 80$$
$$4w = 72$$
$$w = 18$$
width = 18 cm, length = 22 cm

54. Let x = number of rows and columns added.
The original formation was for $8 \times 10 = 80$ members.
$$(x+10)(x+8) = 80 + 40$$
$$x^2 + 18x + 80 = 120$$
$$x^2 + 18x - 40 = 0$$
$$(x-2)(x+20) = 0$$
$$x - 2 = 0 \text{ or } x + 20 = 0$$
$$x = 2 \quad \text{or} \quad x = -20$$
2 rows and 2 columns were added.

PAGE 503, LOOK BACK

55. $\quad x - 2y = 1$
$\quad\underline{+\ 4x + 2y = -1}$
$\qquad\quad 5x = 0$
$\qquad\quad\ \ x = 0$
Substitute $x = 0$ into the second equation.
$$4(0) + 2y = -1$$
$$2y = -1$$
$$y = -\frac{1}{2}$$
Solution: $\left(0, -\frac{1}{2}\right)$

56. $\begin{cases} 5x - 2y = 11 \\ 3x + 5y = 19 \end{cases}$
$\qquad 25x - 10y = 55$
$\underline{+\ 6x + 10y = 38}$
$\qquad\ \ 31x = 93$
$\qquad\qquad x = 3$
Substitute $x = 3$ into the first equation.
$$5(3) - 2y = 11$$
$$-2y = -4$$
$$y = 2$$
Solution: $(3, 2)$

57. $4 \times 10^4 = 40{,}000$

58. $6.5 \times 10^7 = 65{,}000{,}000$

59. $9.6 \times 10^{-5} = 0.000096$

60. $2b^2 + 6b - 36$
$= 2(b^2 + 3b - 18)$
$= 2(b + 6)(b - 3)$

61. $6w(w^2 - w)$
$= 6w(w)(w - 1)$
$= 6w^2(w - 1)$

62. $8p^4 - 16p$
$= 8p(p^3 - 2)$

PAGE 503, LOOK BEYOND

63. not always true

a. $\sqrt{a+b} = \sqrt{a} + \sqrt{b}$
Let $a = 9$
$b = 16$
$\sqrt{9+16} \stackrel{?}{=} \sqrt{9} + \sqrt{16}$
$\sqrt{25} \stackrel{?}{=} 3 + 4$
$5 \neq 7$
False
However,
$\sqrt{1+0} \stackrel{?}{=} \sqrt{1} + \sqrt{0}$
$\sqrt{1} \stackrel{?}{=} 1 + 0$
$1 = 1$ True

b. Let $a = 9$
$b = 16$
$\sqrt{a \cdot b} \stackrel{?}{=} \sqrt{a} \cdot \sqrt{b}$
$\sqrt{9 \cdot 16} \stackrel{?}{=} \sqrt{9} \cdot \sqrt{16}$
$\sqrt{144} \stackrel{?}{=} 3 \cdot 4$
$12 = 12$
True

10.5 PAGE 509, GUIDED SKILLS PRACTICE

4. $a = 1, b = -7, c = -8$
$x = \dfrac{-(-7) \pm \sqrt{(-7)^2 - 4(1)(-8)}}{2(1)}$
$= \dfrac{7 \pm \sqrt{81}}{2}$
$= \dfrac{7 \pm 9}{2}$
$x = \dfrac{7+9}{2}$ or $x = \dfrac{7-9}{2}$
$x = 8$ or $x = -1$

5. $a = 2, b = 4, c = 2$
$x = \dfrac{-4 \pm \sqrt{4^2 - 4(2)(2)}}{2(2)}$
$= \dfrac{-4 \pm \sqrt{0}}{4}$
$= -1$

6. $a = 4, b = 4, c = -5$
$x = \dfrac{-4 \pm \sqrt{4^2 - 4(4)(-5)}}{2(4)}$
$= \dfrac{-4 \pm \sqrt{96}}{8}$
$x = \dfrac{-4 + \sqrt{96}}{8}$ or $x = \dfrac{-4 - \sqrt{96}}{8}$
$x \approx 0.72$ $\qquad x \approx -1.72$

7. $2x^2 - 8x - 8 = 0$
$a = 2, b = -8, c = -8$
$x = \dfrac{-(-8) \pm \sqrt{(-8)^2 - 4(2)(-8)}}{2(2)}$
$= \dfrac{8 \pm \sqrt{128}}{4}$
$x = \dfrac{8 + \sqrt{128}}{4}$ or $x = \dfrac{8 - \sqrt{128}}{4}$
$x \approx 4.83$ $\qquad x \approx -0.83$

8. $3x^2 - 2x + 5 = 0$
$a = 3, b = -2, c = 5$
$x = \dfrac{-(-2) \pm \sqrt{(-2)^2 - 4(3)(5)}}{2(3)}$
$= \dfrac{2 \pm \sqrt{-56}}{6}$
No real solutions

9. $x^2 + 7x - 3 = 0$
$a = 1, b = 7, c = -3$
$x = \dfrac{-7 \pm \sqrt{7^2 - 4(1)(-3)}}{2(1)}$
$= \dfrac{-7 \pm \sqrt{61}}{2}$
$x = \dfrac{-7 + \sqrt{61}}{2}$ or $x = \dfrac{-7 - \sqrt{61}}{2}$
$x \approx 0.41$ $\qquad x \approx -7.41$

10. $a = 3, b = 6, c = 3$
$6^2 - 4(3)(3)$
$= 36 - 36$
$= 0$
1 real solution

11. $a = 1, b = -2, c = 3$
$(-2)^2 - 4(1)(3)$
$= 4 - 12$
$= -8$
No real solutions

12. $-2x^2 + 7x = 5$
$-2x^2 + 7x - 5 = 0$
$a = -2, b = 7, c = -5$
$7^2 - 4(-2)(-5)$
$= 49 - 40$
$= 9$
2 real solutions

13. $a = 6, b = -8, c = -14$

$x = \dfrac{-(-8) \pm \sqrt{(-8)^2 - 4(6)(-14)}}{2(6)}$

$= \dfrac{8 \pm \sqrt{400}}{12}$

$x = \dfrac{8 + 20}{12}$ or $x = \dfrac{8 - 20}{12}$

$x = \dfrac{28}{12} = \dfrac{7}{3}$ or $x = -1$

Work backward to find factors.

$x = \dfrac{7}{3}$ $\qquad x = -1$
$3x = 7$ $\qquad x + 1 = 0$
$3x - 7 = 0$ $\qquad x + 1 = 0$

Factored form: $2(3x - 7)(x + 1)$

14. $a = -15, b = -21, c = -6$

$x = \dfrac{-(-21) \pm \sqrt{(-21)^2 - 4(-15)(-6)}}{2(-15)}$

$= \dfrac{-21 \pm \sqrt{81}}{-30}$

$x = \dfrac{21 + 9}{-30}$ or $x = \dfrac{21 - 9}{-30}$

$x = -1$ or $x = -\dfrac{12}{30} = -\dfrac{2}{5}$

Work backward to find factors.

$x = -1$ $\qquad x = -\dfrac{2}{5}$
$x + 1 = 0$ $\qquad 5x = -2$
$x + 1 = 0$ $\qquad 5x + 2 = 0$

Factored form: $-3(x + 1)(5x + 2)$

15. $a = 14, b = 37, c = -42$

$x = \dfrac{-37 \pm \sqrt{37^2 - 4(14)(-42)}}{2(14)}$

$= \dfrac{-37 \pm \sqrt{3721}}{28}$

$x = \dfrac{-37 + 61}{28}$ or $x = \dfrac{-37 - 61}{28}$

$x = \dfrac{24}{28} = \dfrac{6}{7}$ or $x = -\dfrac{98}{28} = -\dfrac{7}{2}$

Work backward to find factors.

$x = \dfrac{6}{7}$ $\qquad x = -\dfrac{7}{2}$
$7x = 6$ $\qquad 2x = -7$
$7x - 6 = 0$ $\qquad 2x + 7 = 0$

Factored form: $(7x - 6)(2x + 7)$

PAGE 510, PRACTICE AND APPLY

16. $a = 1, b = -1, c = -3$
$(-1)^2 - 4(1)(-3)$
$= 1 - (-12)$
$= 13$
2 real solutions

17. $a = 1, b = 2, c = -8$
$2^2 - 4(1)(-8)$
$= 4 - (-32)$
$= 36$
2 real solutions

18. $a = 1, b = 8, c = 13$
$8^2 - 4(1)(13)$
$= 64 - 52$
$= 12$
2 real solutions

19. $a = 1, b = 4, c = -21$
$4^2 - 4(1)(-21)$
$= 16 - (-84)$
$= 100$
2 real solutions

20. $2y^2 - 8y = 8$
$2y^2 - 8y - 8 = 0$
$a = 2, b = -8, c = -8$
$(-8)^2 - 4(2)(-8)$
$= 64 - (-64)$
$= 128$
2 real solutions

21. $a = 8, b = 0, c = -2$
$(0)^2 - 4(8)(-2)$
$= 0 - (-64)$
$= 64$
2 real solutions

22. $a = 1, b = -4, c = -21$

$\dfrac{-(-4) \pm \sqrt{(-4)^2 - 4(1)(-21)}}{2(1)}$

$= \dfrac{4 \pm \sqrt{100}}{2}$

$= \dfrac{4 + 10}{2}$ or $\dfrac{4 - 10}{2}$

$= 7$ or -3

23. $a = 1, b = 6, c = -16$

$t = \dfrac{-6 \pm \sqrt{6^2 - 4(1)(-16)}}{2(1)}$

$= \dfrac{-6 \pm \sqrt{100}}{2}$

$t = \dfrac{-6 + 10}{2}$ or $t = \dfrac{-6 - 10}{2}$

$t = 2$ or $t = -8$

24. $a = 1, b = 4, c = -5$

$$m = \frac{-4 \pm \sqrt{(4)^2 - 4(1)(-5)}}{2(1)}$$

$$= \frac{-4 \pm \sqrt{36}}{2}$$

$m = \frac{-4 + 6}{2}$ or $m = \frac{-4 - 6}{2}$

$m = 1$ or $\quad m = -5$

25. $a = 1, b = -4, c = 0$

$$w = \frac{-(-4) \pm \sqrt{(-4)^2 - 4(1)(0)}}{2(1)}$$

$$= \frac{4 \pm \sqrt{16}}{2}$$

$w = \frac{4 + 4}{2}$ or $w = \frac{4 - 4}{2}$

$w = 4 \quad$ or $\quad w = 0$

26. $a = 1, b = 9, c = 0$

$$x = \frac{-9 \pm \sqrt{9^2 - 4(1)(0)}}{2(1)}$$

$$= \frac{-9 \pm \sqrt{81}}{2}$$

$x = \frac{-9 + 9}{2}$ or $x = \frac{-9 - 9}{2}$

$x = 0 \quad$ or $\quad x = -9$

27. $a = 1, b = 0, c = -9$

$$x = \frac{-(0) \pm \sqrt{0^2 - 4(1)(-9)}}{2(1)}$$

$$= \frac{\pm\sqrt{36}}{2}$$

$x = \frac{6}{2} = 3$ or $x = -\frac{6}{2} = -3$

28. $a = 1, b = 2, c = 0$

$$x = \frac{-2 \pm \sqrt{2^2 - 4(1)(0)}}{2(1)}$$

$$= \frac{-2 \pm \sqrt{4}}{2}$$

$x = \frac{-2 + 2}{2}$ or $x = \frac{-2 - 2}{2}$

$x = 0 \quad$ or $\quad x = -2$

29.
$3m^2 = 2m + 1$
$3m^2 - 2m - 1 = 0$
$a = 3, b = -2, c = -1$

$$m = \frac{-(-2) \pm \sqrt{(-2)^2 - 4(3)(-1)}}{2(3)}$$

$$= \frac{2 \pm \sqrt{16}}{6}$$

$m = \frac{2 + 4}{6}$ or $m = \frac{2 - 4}{6}$

$m = 1 \quad$ or $\quad m = -\frac{1}{3}$

30. $a = -1, b = 6, c = -9$

$$x = \frac{-6 \pm \sqrt{6^2 - 4(-1)(-9)}}{2(-1)}$$

$$= \frac{-6 \pm \sqrt{0}}{-2}$$

$$= 3$$

31. $a = 2, b = -14, c = 20$

$$x = \frac{-(-14) \pm \sqrt{(-14)^2 - 4(2)(20)}}{2(2)}$$

$$= \frac{14 \pm \sqrt{36}}{4}$$

$x = \frac{14 + 6}{4}$ or $x = \frac{14 - 6}{4}$

$x = 5 \quad$ or $\quad x = 2$

Factored form: $2(x - 5)(x - 2)$

32. $a = 2, b = 12, c = 16$

$$x = \frac{-12 \pm \sqrt{12^2 - 4(2)(16)}}{2(2)}$$

$$= \frac{-12 \pm \sqrt{16}}{4}$$

$x = \frac{-12 + 4}{4}$ or $x = \frac{-12 - 4}{4}$

$x = -2 \quad$ or $\quad x = -4$

Factored form: $2(x + 2)(x + 4)$

33. $a = 4, b = 8, c = -12$

$$x = \frac{-8 \pm \sqrt{8^2 - 4(4)(-12)}}{2(4)}$$

$$= \frac{-8 \pm \sqrt{256}}{8}$$

$x = \frac{-8 + 16}{8}$ or $x = \frac{-8 - 16}{8}$

$x = 1 \quad$ or $\quad x = -3$

Factored form: $4(x - 1)(x + 3)$

34. $a = 2, b = -18, c = 16$

$$x = \frac{-(-18) \pm \sqrt{(-18)^2 - 4(2)(16)}}{2(2)}$$

$$= \frac{18 \pm \sqrt{196}}{4}$$

$x = \frac{18 + 14}{4}$ or $x = \frac{18 - 14}{4}$

$x = 8 \quad$ or $\quad x = 1$

Factored form: $2(x - 8)(x - 1)$

35. $a = 2, b = -3, c = 1$

$$x = \frac{-(-3) \pm \sqrt{(-3)^2 - 4(2)(1)}}{2(2)}$$

$$= \frac{3 \pm \sqrt{1}}{4}$$

$x = \frac{3 + 1}{4}$ or $x = \frac{3 - 1}{4}$

$x = 1 \quad$ or $\quad x = \frac{1}{2}$

$x = \frac{1}{2}$ means $2x = 1$, or $2x - 1 = 0$

Factored form: $(x - 1)(2x - 1)$

36. $a = 3, b = -3, c = -36$

$x = \frac{-(-3) \pm \sqrt{(-3)^2 - 4(3)(-36)}}{2(3)}$

$= \frac{3 \pm \sqrt{441}}{6}$

$x = \frac{3 + 21}{6}$ or $x = \frac{3 - 21}{6}$

$x = 4$ or $x = -3$

Factored form: $3(x - 4)(x + 3)$

37. $x^2 + 4x - 12 = 0$
$(x - 2)(x + 6) = 0$
$x - 2 = 0$ or $x + 6 = 0$
$x = 2$ or $x = -6$

38. $x^2 - 13 = 0$
$x^2 = 13$
$x = \pm\sqrt{13}$
$x \approx \pm 3.61$

39. $2x^2 + 5x - 3 = 0$
$(2x - 1)(x + 3) = 0$
$2x - 1 = 0$ or $x + 3 = 0$
$2x = 1$
$x = \frac{1}{2}$ or $x = -3$

40. $x^2 + 7x + 10 = 0$
$(x + 2)(x + 5) = 0$
$x + 2 = 0$ or $x + 5 = 0$
$x = -2$ or $x = -5$

41. $2a^2 - 5a - 12 = 0$
$a = 2, b = -5, c = -12$

$x = \frac{-(-5) \pm \sqrt{(-5)^2 - 4(2)(-12)}}{2(2)}$

$= \frac{5 \pm \sqrt{121}}{4}$

$x = \frac{5 + 11}{4}$ or $x = \frac{5 - 11}{4}$

$x = 4$ or $x = -\frac{6}{4} = -\frac{3}{2}$

42. $3x^2 + 10x - 5 = 0$
$a = 3, b = 10, c = -5$

$x = \frac{-10 \pm \sqrt{10^2 - 4(3)(-5)}}{2(3)}$

$= \frac{-10 \pm \sqrt{160}}{6}$

$x = \frac{-10 + \sqrt{160}}{6}$ or $x = \frac{-10 - \sqrt{160}}{6}$

$x \approx 0.44$ or $x \approx -3.77$

43. Let r = number of rows
$r - 16$ = number of seats in each row
$r(r - 16) = 1161$
$r^2 - 16r = 1161$
$r^2 - 16r - 1161 = 0$
$(r + 27)(r - 43) = 0$
$r + 27 = 0$ or $r - 43 = 0$
$r = -27$ or $r = 43$

There cannot be a negative number of rows, so $r = 43$. Since there are 43 rows, the number of seats in each row is $43 - 16 = 27$.

44. $-x^2 + 50x - 350 = 0$
$a = -1, b = 50, c = -350$

$x = \frac{-50 \pm \sqrt{50^2 - 4(-1)(-350)}}{2(-1)}$

$= \frac{-50 \pm \sqrt{1100}}{-2}$

$x \approx 8.4$ or $x \approx 41.6$

If whole numbers of cases must be sold, she will break even when she sells 9 cases or 42 cases. To find the maximum profit, find the vertex of the graph by completing the square.

$-x^2 + 50x - 350 = -(x^2 - 50x) - 350$
$= -(x^2 - 50x + 625) - 350 + 625$
$= -(x - 25)^2 + 275$

The vertex is $(25, 275)$.

Mrs. Howe will make the maximum profit when she sells 25 cases. The maximum profit is $275.

PAGE 510, LOOK BACK

45. $32{,}000{,}000 = 3.2 \times 10^7$
46. $67{,}000 = 6.7 \times 10^4$
47. $0.00654 = 6.54 \times 10^{-3}$
48. $0.00000091 = 9.1 \times 10^{-7}$
49. $y = 2^x$
50. $y = 0.3^x$
51. $y = \left(\frac{2}{3}\right)^x$

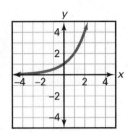
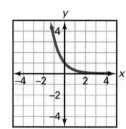
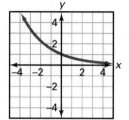

52. $(x - 5)(x + 3) = x^2 + 3x - 5x - 15$
$= x^2 - 2x - 15$

53. $(2x + 4)(2x - 2) = 4x^2 - 4x + 8x - 8$
$= 4x^2 + 4x - 8$

PAGE 510, LOOK BEYOND

54. Answers may vary. Sample answer: A parabola with the points below shaded.

10.6 PAGE 514, GUIDED SKILLS PRACTICE

5. $x^2 + 6x + 9 > 0$
$x^2 + 6x + 9 = 0$
$(x + 3)(x + 3) = 0$
$x + 3 = 0$
$x = -3$
Test a point to the right of -3, such as $x = 0$.
$0^2 + 6(0) + 9 \stackrel{?}{>} 0$
$9 > 0$ True
Test a point to the left of -3, such as $x = -4$.
$(-4)^2 + 6(-4) + 9 \stackrel{?}{>} 0$
$16 - 24 + 9 \stackrel{?}{>} 0$
$1 > 0$ True
Solution: $x > -3$ or $x < -3$

6. $x^2 - 4 < 0$
$x^2 - 4 = 0$
$(x + 2)(x - 2) = 0$
$x + 2 = 0$ or $x - 2 = 0$
$x = -2$ $\quad$ $x = 2$

Test a point to the left of -2, such as $x = -3$.
$(-3)^2 - 4 \stackrel{?}{<} 0$
$9 - 4 \stackrel{?}{<} 0$
$5 < 0$ False

Test a point between -2 and 2, such as $x = 0$.
$(0)^2 - 4 \stackrel{?}{<} 0$
$-4 < 0$ True

Test a point to the right of 2, such as $x = 3$.
$(3)^2 - 4 \stackrel{?}{<} 0$
$9 - 4 \stackrel{?}{<} 0$
$5 < 0$ False

Solution: $-2 < x < 2$

7. $x^2 + 7x + 12 = 0$
$(x + 3)(x + 4) = 0$
$x + 3 = 0$ $\quad$ or $\quad$ $x + 4 = 0$
$x = -3$ $\quad$ or $\quad$ $x = -4$
Test a point between the solutions, such as -3.5.
$(-3.5)^2 + 7(-3.5) + 12 \stackrel{?}{>} 0$
$12.25 - 24.5 + 12 \stackrel{?}{>} 0$
$-0.25 > 0$ False
Solution: $x < -4$ or $x > -3$

8. Test a point inside, (0, 0)
$0 \stackrel{?}{>} -(0)^2 + 4$
$0 > 4$ False
Solution region is outside.

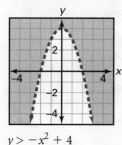

$y > -x^2 + 4$

9. Test a point inside, (2, 2)
$2 \stackrel{?}{<} (2)^2 - 4(2) + 4$
$2 < 0$ False
Solution region is outside.

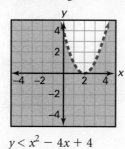

$y < x^2 - 4x + 4$

10. Test a point inside, (−1, 1)
$1 \stackrel{?}{<} (-1)^2 + 3(-1) + 2$
$1 < 0$ False
Solution region is outside.

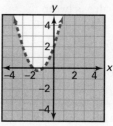

$y < x^2 + 3x + 2$

PAGES 514–515, PRACTICE AND APPLY

11. $x^2 - 6x + 8 = 0$
$(x - 2)(x - 4) = 0$
$x - 2 = 0$ or $x - 4 = 0$
$x = 2$ or $x = 4$
Test a value between the solutions, such as 3.
$(3)^2 - 6(3) + 8 \stackrel{?}{>} 0$
$9 - 18 + 8 \stackrel{?}{>} 0$
$-1 > 0$ False
$x < 2$ or $x > 4$

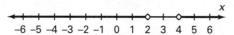

12. $x^2 + 3x + 2 = 0$
$(x + 1)(x + 2) = 0$
$x + 1 = 0$ or $x + 2 = 0$
$x = -1$ or $x = -2$
Test a value between the solutions, such as −1.5.
$(-1.5)^2 + 3(-1.5) + 2 \stackrel{?}{<} 0$
$2.25 - 4.5 + 2 \stackrel{?}{<} 0$
$-0.25 < 0$ True
$-2 < x < -1$

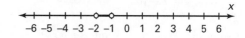

13. $x^2 - 9x + 14 = 0$
$(x - 2)(x - 7) = 0$
$x - 2 = 0$ or $x - 7 = 0$
$x = 2$ or $x = 7$
Test a value between the solutions, such as 3.
$(3)^2 - 9(3) + 14 \stackrel{?}{\leq} 0$
$9 - 27 + 14 \stackrel{?}{\leq} 0$
$-4 \leq 0$ True
$2 \leq x \leq 7$

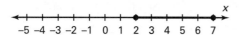

14. $x^2 + 2x - 15 = 0$
$(x - 3)(x + 5) = 0$
$x - 3 = 0$ or $x + 5 = 0$
$x = 3$ or $x = -5$
Test a value between the solutions, such as 0.
$(0)^2 + 2(0) - 15 \stackrel{?}{>} 0$
$-15 > 0$ False
$x < -5$ or $x > 3$

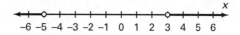

15. $x^2 - 7x + 6 = 0$
$(x - 1)(x - 6) = 0$
$x - 1 = 0$ or $x - 6 = 0$
$x = 1$ or $x = 6$
Test a value between the solutions, such as 2.
$(2)^2 - 7(2) + 6 \stackrel{?}{<} 0$
$4 - 14 + 6 \stackrel{?}{<} 0$
$-4 < 0$ True
$1 < x < 6$

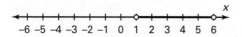

16. $x^2 - 8x - 20 = 0$
$(x + 2)(x - 10) = 0$
$x + 2 = 0$ or $x - 10 = 0$
$x = -2$ or $x = 10$
Test a value between the solutions, such as 0.
$(0)^2 - 8(0) - 20 \stackrel{?}{<} 0$
$-20 < 0$ True
$-2 < x < 10$

17. $x^2 - 8x + 15 = 0$
$(x - 3)(x - 5) = 0$
$x - 3 = 0$ or $x - 5 = 0$
$\quad x = 3$ or $\quad x = 5$
Test a value between the solutions, such as 4.
$(4)^2 - 8(4) + 15 \overset{?}{\geq} 0$
$16 - 32 + 15 \overset{?}{\geq} 0$
$\qquad -1 > 0$ False
$x < 3$ or $x > 5$

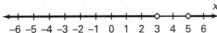

18. $x^2 - 3x - 18 = 0$
$(x + 3)(x - 6) = 0$
$x + 3 = 0$ or $x - 6 = 0$
$\quad x = -3$ or $\quad x = 6$
Test a value between the solutions, such as 0.
$(0)^2 - 3(0) - 18 \overset{?}{\leq} 0$
$\qquad -18 \leq 0$ True
$-3 \leq x \leq 6$

19. $x^2 - 11x + 30 = 0$
$(x - 6)(x - 5) = 0$
$x - 6 = 0$ or $x - 5 = 0$
$\quad x = 6$ or $\quad x = 5$
Test a value between the solutions, such as 5.5.
$(5.5)^2 - 11(5.5) + 30 \overset{?}{\geq} 0$
$30.25 - 60.5 + 30 \overset{?}{\geq} 0$
$\qquad -0.25 \geq 0$ False
$x \leq 5$ or $x \geq 6$

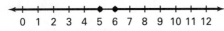

20. $x^2 - 4x - 12 = 0$
$(x + 2)(x - 6) = 0$
$x + 2 = 0$ or $x - 6 = 0$
$\quad x = -2$ or $\quad x = 6$
Test a value between the solutions, such as 0.
$(0)^2 - 4(0) - 12 \overset{?}{\geq} 0$
$\qquad -12 \geq 0$ False
$x \geq 6$ or $x \leq -2$

21. $x^2 + 5x - 14 = 0$
$(x - 2)(x + 7) = 0$
$x - 2 = 0$ or $x + 7 = 0$
$\quad x = 2$ or $\quad x = -7$
Test a value between the solutions, such as 0.
$(0)^2 + 5(0) - 14 \overset{?}{\geq} 0$
$\qquad -14 > 0$ False
$x < -7$ or $x > 2$

22. $x^2 + 10x + 24 = 0$
$(x + 4)(x + 6) = 0$
$x + 4 = 0$ or $x + 6 = 0$
$\quad x = -4$ or $\quad x = -6$
Test a value between the solutions, such as -5.
$(-5)^2 + 10(-5) + 24 \overset{?}{\geq} 0$
$25 - 50 + 24 \overset{?}{\geq} 0$
$\qquad -1 \geq 0$ False
$x \leq -6$ or $x \geq -4$

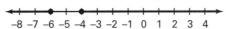

23. Test a point inside, $(0, 1)$
$1 \overset{?}{\geq} (0)^2$
$1 \geq 0 \quad$ True
Solution region is inside.

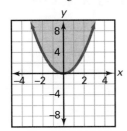

24. Test a point inside, $(0, 5)$
$5 \overset{?}{\geq} (0)^2 + 4$
$5 \geq 4 \quad$ True
Solution region is inside.

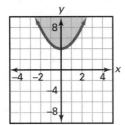

25. Test a point inside, $(0, -1)$
$-1 \overset{?}{<} -(0)^2$
$-1 < 0 \quad$ True
Solution region is inside.

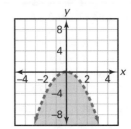

26. Test a point inside, $(0, 1)$
$1 \overset{?}{>} (0)^2$
$1 > 0$ True
Solution region is inside.

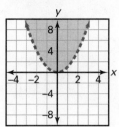

27. Test a point inside, $(0, 1)$
$1 \overset{?}{>} (0)^2 - 2(0)$
$1 > 0$ True
Solution region is inside.

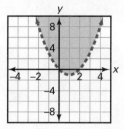

28. Test a point inside, $(0, 0)$
$0 \overset{?}{\geq} 1 - (0)^2$
$0 \geq 1$ False
Solution region is outside.

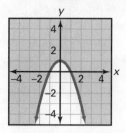

29. Test a point inside, $(0, -1)$
$-1 \overset{?}{>} -2(0)^2$
$-1 > 0$ False
Solution region is outside.

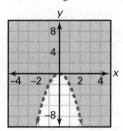

30. Test a point inside, $(1, 0)$
$0 \overset{?}{\leq} (1)^2 - 3(1)$
$0 \leq -2$ False
Solution region is outside.

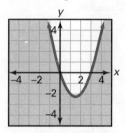

31. Test a point inside, $(0, 0)$
$0 \overset{?}{\leq} (0)^2 + 2(0) - 8$
$0 \leq -8$ False
Solution region is outside.

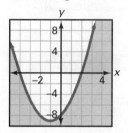

32. Test a point inside, $(1, 1)$
$1 \overset{?}{\geq} (1)^2 - 2(1) + 1$
$1 \geq 0$ True
Solution region is inside.

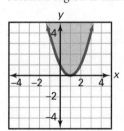

33. Test a point inside, $(2, 1)$
$1 \overset{?}{\leq} (2)^2 - 4(2) + 4$
$1 \leq 0$ False
Solution region is outside.

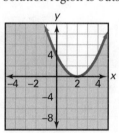

34. Test a point inside, $(0, 0)$
$0 \overset{?}{\leq} (0)^2 - 5(0) - 6$
$0 \leq -6$ False
Solution region is outside.

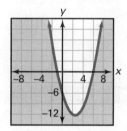

35. $y \geq x^2 - 9$
Test a point inside, $(0, 0)$
$0 \overset{?}{\geq} (0)^2 - 9$
$0 \geq -9$ False
Solution region is outside

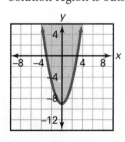

$y \leq -x^2 + 9$
Test a point inside, $(0, 0)$
$0 \overset{?}{\leq} -(0)^2 + 9$
$0 \leq 9$ True
Solution region is inside.

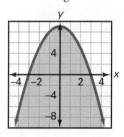

The solution region for the system of inequalities is the region where the shading overlaps.

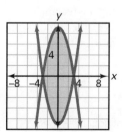

36. $-16t^2 + 320t < 1024$
First solve $-16t^2 + 320t - 1024 = 0$
$-16(t^2 - 20t + 64) = 0$
$(t - 16)(t - 4) = 0$
$t - 16 = 0$ or $t - 4 = 0$
$t = 16$ or $t = 4$
Test a value which is not between 4 and 16, such as 0.
$-16(0)^2 + 320(0) \overset{?}{<} 1024$
$0 < 1024$ True
$t < 4$ or $t > 16$

37. Using the solution from Exercise 36, $4 < t < 16$.

38.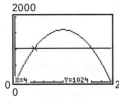

PAGE 515, LOOK BACK

39. $(-ab^2c)(a^2bc^3)$
$= -a^{1+2} \cdot b^{2+1} \cdot c^{1+3}$
$= -a^3b^3c^4$

40. $(3p^2q^3r^4)(-2pqr)$
$= -6p^{2+1} \cdot q^{3+1} \cdot r^{4+1}$
$= -6p^3q^4r^5$

41. $0.825 = 8.25 \times 10^{-1}$

42. $0.000001 = 1.0 \times 10^{-6}$

43. $0.0000074 = 7.4 \times 10^{-6}$

44. $12y^2 - 2y$
$= 2y(6y - 1)$

45. $2ax + 6x + ab + 3b$
$= (2ax + 6x) + (ab + 3b)$
$= 2x(a + 3) + b(a + 3)$
$= (2x + b)(a + 3)$

46. $4x^2 - 24x + 32$
$= 4(x^2 - 6x + 8)$
$= 4(x - 2)(x - 4)$

PAGE 515, LOOK BEYOND

47. Let $L =$ length of a rectangle. Since perimeter $P = 2L + 2W$,
then width $W = \dfrac{P - 2L}{2}$
$= \dfrac{24 - 2L}{2}$
$= 12 - L$
Assuming the rectangles are placed in the same direction, side by side, so that a square is formed, and assuming the width of the rectangles is less than the length of the rectangles, then
$3W = L$
$3(12 - L) = L$
$36 - 3L = L$
$36 = 4L$
$L = 9$
Area of square $= 9 \times 9 = 81$ in^2

Chapter 10 Review and Assessment PAGES 518–520

1. vertex: $(-1, -4)$
   axis of symmetry: $x = -1$
   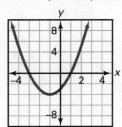

2. vertex: $(3, -2)$
   axis of symmetry: $x = 3$
   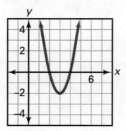

3. $x^2 - 4x + 4 = 0$
   $(x - 2)^2 = 0$
   $x - 2 = 0$
   $x = 2$

4. $x^2 - 3x - 10 = 0$
   $(x + 2)(x - 5) = 0$
   $x + 2 = 0$ or $x - 5 = 0$
   $x = -2$ or $x = 5$

5. $x^2 + 8x + 16 = 0$
   $(x + 4)^2 = 0$
   $x + 4 = 0$
   $x = -4$

6. $x^2 - 25 = 0$
   $(x + 5)(x - 5) = 0$
   $x + 5 = 0$ or $x - 5 = 0$
   $x = -5$ or $x = 5$

7. $2x^2 - 2x - 24 = 0$
   $2(x^2 - x - 12) = 0$
   $2(x + 3)(x - 4) = 0$
   $x + 3 = 0$ or $x - 4 = 0$
   $x = -3$ or $x = 4$

8. $2x^2 - 6x = 0$
   $2x(x - 3) = 0$
   $2x = 0$ or $x - 3 = 0$
   $x = 0$ or $x = 3$

9. $x^2 = 25$
   $x = \pm\sqrt{25}$
   $x = \pm 5$

10. $x^2 = \frac{9}{144}$
    $x = \pm\sqrt{\frac{9}{144}}$
    $x = \pm\frac{3}{12} = \pm\frac{1}{4}$

11. $x^2 - 4 = 0$
    $x^2 = 4$
    $x = \pm\sqrt{4}$
    $x = \pm 2$

12. $x^2 = 12$
    $x = \pm\sqrt{12}$
    $x \approx \pm 3.46$

13. $(x + 1)^2 - 4 = 0$
    $(x + 1)^2 = 4$
    $x + 1 = \pm\sqrt{4}$
    $x = -1 + 2$ or $x = -1 - 2$
    $x = 1$ or $x = -3$

14. $(x + 7)^2 - 81 = 0$
    $(x + 7)^2 = 81$
    $x + 7 = \pm\sqrt{81}$
    $x = -7 + 9$ or $x = -7 - 9$
    $x = 2$ or $x = -16$

15. $(x - 3)^2 - 3 = 0$
    $(x - 3)^2 = 3$
    $x - 3 = \pm\sqrt{3}$
    $x = 3 + \sqrt{3}$ or $x = 3 - \sqrt{3}$
    $x \approx 4.73$ or $x \approx 1.27$

16. $(x + 5)^2 - 16 = 0$
    $(x + 5)^2 = 16$
    $x + 5 = \pm\sqrt{16}$
    $x = -5 + 4$ or $x = -5 - 4$
    $x = -1$ or $x = -9$

17. $\left(\frac{8}{2}\right)^2 = 4^2 = 16$

18. $\left(-\frac{3}{2}\right)^2 = \frac{9}{4}$

19. $y = x^2 - 8x + 18$
    $y = (x^2 - 8x + 16) + 18 - 16$
    $y = (x - 4)^2 + 2$
    vertex: $(4, 2)$

20. $y = x^2 - 14x + 50$
    $y = (x^2 - 14x + 49) + 50 - 49$
    $y = (x - 7)^2 + 1$
    vertex: $(7, 1)$

21. $y = x^2 + 12 + 16$
    $y = (x^2 + 12x + 36) + 16 - 36$
    $y = (x + 6)^2 - 20$
    vertex: $(-6, -20)$

22. $y = x^2 - 2x + 5$
    $y = (x^2 - 2x + 1) + 5 - 1$
    $y = (x - 1)^2 + 4$
    vertex: $(1, 4)$

23. $y = x^2 - 5x + 2$
    $y = \left(x^2 - 5x + \frac{25}{4}\right) + 2 - \frac{25}{4}$
    $y = \left(x - \frac{5}{2}\right)^2 - \frac{17}{4}$
    vertex: $\left(\frac{5}{2}, -\frac{17}{4}\right)$

24. $x^2 + 2x = 24$
    $x^2 + 2x - 24 = 0$
    $(x - 4)(x + 6) = 0$
    $x - 4 = 0$ or $x + 6 = 0$
    $x = 4$ or $x = -6$

25. $x^2 + 5x + 6 = 0$
$(x + 2)(x + 3) = 0$
$x + 2 = 0$ or $x + 3 = 0$
$\quad x = -2$ or $\quad x = -3$

26. $x^2 - 8x + 16 = 0$
$(x - 4)^2 = 0$
$x - 4 = 0$
$x = 4$

27. $x^2 - 2x - 35 = 0$
$(x + 5)(x - 7) = 0$
$x + 5 = 0$ or $x - 7 = 0$
$\quad x = -5$ or $\quad x = 7$

28. $\quad x^2 + 6x - 12 = 0$
$(x^2 + 6x + 9) - 12 - 9 = 0$
$(x + 3)^2 = 21$
$x + 3 = \pm\sqrt{21}$
$x = -3 + \sqrt{21}$ or $\quad x = -3 - \sqrt{21}$
$x \approx 1.58$ or $\quad x \approx -7.58$

29. $a = 1, b = 3, c = -6$
$(3)^2 - 4(1)(-6)$
$= 9 - (-24)$
$= 33$
2 solutions

30. $a = 5, b = -6, c = 2$
$(-6)^2 - 4(5)(2)$
$= 36 - 40$
$= -4$
No real solutions

31. $a = 1, b = -2, c = -9$
$x = \dfrac{-(-2) \pm \sqrt{(-2)^2 - 4(1)(-9)}}{2(1)}$
$= \dfrac{2 \pm \sqrt{40}}{2}$
$= \dfrac{2 \pm 2\sqrt{10}}{2}$
$= 1 \pm \sqrt{10}$
$x = 1 + \sqrt{10}$ or $x = 1 - \sqrt{10}$
$x \approx 4.16$ or $x \approx -2.16$

32. $a = 4, b = -5, c = -4$
$x = \dfrac{-(-5) \pm \sqrt{(-5)^2 - 4(4)(-4)}}{2(4)}$
$= \dfrac{5 \pm \sqrt{89}}{8}$
$x = \dfrac{5 + \sqrt{89}}{8}$ or $x = \dfrac{5 - \sqrt{89}}{8}$
$x \approx 1.80$ or $\quad x \approx -0.55$

33. $a = 4, b = -4, c = 1$
$x = \dfrac{-(-4) \pm \sqrt{(-4)^2 - 4(4)(1)}}{2(4)}$
$= \dfrac{4 \pm \sqrt{0}}{8}$
$x = \dfrac{4}{8} = \dfrac{1}{2}$

34. $a = 6, b = -7, c = -3$
$x = \dfrac{-(-7) \pm \sqrt{(-7)^2 - 4(6)(-3)}}{2(6)}$
$= \dfrac{7 \pm \sqrt{121}}{12}$
$x = \dfrac{7 + 11}{12}$ or $x = \dfrac{7 - 11}{12}$
$x = \dfrac{18}{12} = \dfrac{3}{2}$ or $x = -\dfrac{4}{12} = -\dfrac{1}{3}$

35. $a = 8, b = 2, c = -1$
$x = \dfrac{-2 \pm \sqrt{2^2 - 4(8)(-1)}}{2(8)}$
$= \dfrac{-2 \pm \sqrt{36}}{16}$
$x = \dfrac{-2 + 6}{16}$ or $x = \dfrac{-2 - 6}{16}$
$x = \dfrac{4}{16} = \dfrac{1}{4}$ or $x = -\dfrac{8}{16} = -\dfrac{1}{2}$

36. $\quad x^2 + 6x + 8 = 0$
$(x + 4)(x + 2) = 0$
$x + 4 = 0$ or $x + 2 = 0$
$\quad x = -4$ or $\quad x = -2$

Test a value between the solutions, such as -3.
$(-3)^2 + 6(-3) + 8 \overset{?}{\geq} 0$
$9 - 18 + 8 \overset{?}{\geq} 0$
$-1 \geq 0$ False
$x \leq -4$ or $x \geq -2$

37. $\quad x^2 - 3x - 10 = 0$
$(x - 5)(x + 2) = 0$
$x - 5 = 0$ or $x + 2 = 0$
$\quad x = 5$ or $\quad x = -2$

Test a value between the solutions, such as 0.
$(0)^2 - 3(0) - 10 \overset{?}{\geq} 0$
$0 - 0 - 10 \overset{?}{\geq} 0$
$-10 < 0$ True
$-2 < x < 5$

38. $x^2 + 9x + 18 = 0$
$(x + 6)(x + 3) = 0$
$x + 6 = 0$ or $x + 3 = 0$
$\quad x = -6$ or $x = -3$

Test a value between the solutions, such as -4.
$(-4)^2 + 9(-4) + 18 \stackrel{?}{\geq} 0$
$\quad 16 - 36 + 18 \stackrel{?}{\geq} 0$
$\quad\quad\quad\quad\quad -2 > 0$ False
$x < -6$ or $x > -3$

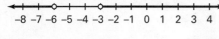

39. $x^2 + 2x - 15 = 0$
$(x + 5)(x - 3) = 0$
$x + 5 = 0$ or $x - 3 = 0$
$\quad x = -5$ or $x = 3$

Test a value between the solutions, such as 0.
$(0)^2 + 2(0) - 15 \stackrel{?}{\leq} 0$
$\quad 0 + 0 - 15 \stackrel{?}{\leq} 0$
$\quad\quad\quad\quad -15 \leq 0$ True
$-5 \leq x \leq 3$

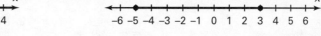

40. $x^2 - 3x - 28 = 0$
$(x - 7)(x + 4) = 0$
$x - 7 = 0$ or $x + 4 = 0$
$\quad x = 7$ or $x = -4$

Test a value between the solutions, such as 0.
$(0)^2 - 3(0) - 28 \stackrel{?}{\geq} 0$
$\quad 0 - 0 - 28 \stackrel{?}{\geq} 0$
$\quad\quad\quad\quad -28 \geq 0$ False
$x \leq -4$ or $x \geq 7$

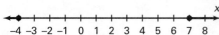

41. Test a point, (0, 1), inside.
$1 \stackrel{?}{\leq} (0)^2$
$1 \leq 0$ False
Solution region is outside.

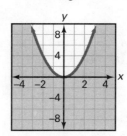

42. Test a point, (1, 0), inside.
$0 \stackrel{?}{>} (1)^2 - 4(1)$
$0 > -3$ True
Solution region is inside.

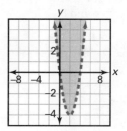

43. Test a point, (0, 0), inside.
$0 \stackrel{?}{\geq} (0)^2 - (0) - 10$
$0 \geq -10$ True
Solution region is inside.

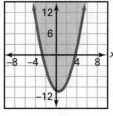

44. Test a point, (0, 0), outside.
$0 \stackrel{?}{>} (0)^2 + 5(0) + 6$
$0 > 6$ False
Solution region is inside.

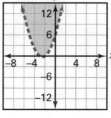

45. Test a point, (0, 0), inside.
$0 \stackrel{?}{<} (0)^2 + 4(0) - 12$
$0 < -12$ False
Solution region is outside.

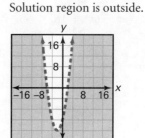

46. About 12 feet

47. 15 yards

48. About 5 feet

49. Area of square $= 480 - 455 = 25$ in^2
Let $s =$ length of one side of the square.
$s^2 = 25$
$\quad s = 5$ in

Chapter 10 Chapter Test — Page 521

1. Vertex: $(4, -2)$
Axis of symmetry: $x = 4$
See Teacher's Edition for graph.

2. Vertex: $(-3, 1)$
Axis of symmetry: $x = -3$
See Teacher's Edition for graph.

3. $x^2 + 3x + 2 = 0$
$(x + 1)(x + 2) = 0$
$x = -1$ or $x = -2$

4. $x^2 + 3x - 10 = 0$
$(x - 2)(x + 5) = 0$
$x = 2$ or $x = -5$

5. The graph is shifted four units to the right and 10 units down.

6. The graph is shifted six units left, reflected over the x-axis, and shifted 2 units up.

7. Let $x = $ the number
$x + y = 14$; $xy = 48$
$y = 14 - x$
$x(14 - x) = 48$
$0 = x^2 - 14x + 48$
$0 = (x - 6)(x - 8)$
$x = 6$ and 8

8. $x^2 = 49$
$x = \pm\sqrt{49}$
$x = \pm 7$

9. $81x^2 = 16$
$x^2 = \frac{16}{81}$
$x = \pm\sqrt{\frac{16}{81}}$
$x = \pm\frac{4}{9}$

10. $x^2 - 36 = 0$
$x^2 = 36$
$x = \pm\sqrt{36}$
$x = \pm 6$

11. $x^2 - 50 = 0$
$x^2 = 50$
$x^2 = \pm\sqrt{50}$
$x = \pm 5\sqrt{2}$
$x \approx \pm 7.07$

12. $(x - 4)^2 - 15 = 0$
$(x - 4)^2 = 25$
$x - 4 = \pm 5$
$x = 4 \pm 5$
$x = -1$ or 9

13. $(x + 3)^2 - 9 = 0$
$(x + 3)^2 = 9$
$x + 3 = \pm 3$
$x = -3 \pm 3$
$x = 0$ or -6

14. $h = -16t^2 + 480$
$0 = -16t^2 + 480$
$16t^2 = 480$
$t^2 = 30$
$t = \pm\sqrt{30} \approx 5.48$ sec

15. $x^2 + 6x + \underline{9}$

16. $x^2 - 5x + \underline{6.25}$

17. $y = x^2 + 4x - 9$
$y = (x^2 + 4x) - 9$
$y = (x^2 + 4x + 4) - 9 - 4$
$y = (x + 2)^2 - 13$
Vertex: $(-2, -13)$

18. $y = x^2 - 6x + 16$
$y = (x^2 - 6x) + 16$
$y = (x^2 - 6x + 9) + 16 - 9$
$y = (x - 3)^2 + 7$
Vertex: $(3, 7)$

19. $y = x^2 - 8x - 1$
$y = (x^2 - 8x + 16) - 1 - 16$
$y = (x - 4)^2 - 17$
Vertex: $(4, -17)$

20. $y = x^2 + 5x + 2$
$y = \left(x^2 + 5x + \frac{25}{4}\right) + 2 - \frac{25}{4}$
$y = \left(x + \frac{5}{2}\right)^2 - \frac{17}{4}$
Vertex: $\left(-\frac{5}{2}, -\frac{17}{4}\right)$

21. $x^2 - 4x = 5$
$x^2 - 4x - 5 = 0$
$(x + 1)(x - 5) = 0$
$x = -1$ or $x = 5$

22. $x^2 + 6x = 16$
$x^2 + 6x - 16 = 0$
$(x - 2)(x + 8) = 0$
$x = 2$ or $x = -8$

23. $x^2 - 4x + 3 = 0$
$(x - 1)(x - 3) = 0$
$x = 1$ or $x = 3$

24. $x^2 - 7x + 12 = 0$
$(x - 3)(x - 4) = 0$
$x = 3$ or $x = 4$

25. $x^2 + x - 2 = 0$
$(x - 1)(x + 2) = 0$
$x = 1$ or $x = -2$

26. $x^2 + 2x - 15 = 0$
$(x - 3)(x + 5) = 0$
$x = 3$ or $x = -5$

27. $a = 1$ $b = -5$ $c = 4$
$(-5)^2 - 4(1)(4)$
$= 25 - 16$
$= 9$
2 real solutions

28. $a = 1$ $b = 7$ $c = -18$
$(7)^2 - 4(1)(-18)$
$= 49 + 72$
$= 121$
2 real solutions

29. $a = 1$ $b = 1$ $c = -1$
$\frac{-1 \pm \sqrt{1^2 - 4(1)(-1)}}{2(1)}$
$= \frac{-1 \pm \sqrt{5}}{2}$
$= \frac{-1 + \sqrt{5}}{2}$ or $\frac{-1 - \sqrt{5}}{2}$
≈ 0.62 or -1.62

30. $a = 4$ $b = 4$ $c = 1$
$$\frac{-4 \pm \sqrt{(4)^2 - 4(4)(1)}}{2(4)}$$
$$= \frac{-4 \pm \sqrt{0}}{8}$$
$$= \frac{-1}{2}$$

31. $a = 6$ $b = -5$ $c = 1$
$$\frac{-(-5) \pm \sqrt{(-5)^2 - 4(6)(1)}}{2(6)}$$
$$= \frac{5 \pm \sqrt{1}}{12}$$
$$= \frac{1}{2} \text{ or } \frac{1}{3}$$

32. $a = 4$ $b = 7$ $c = -2$
$$\frac{-7 \pm \sqrt{(7)^2 - 4(4)(-2)}}{2(4)}$$
$$= \frac{-7 \pm \sqrt{81}}{8}$$
$$= -2 \text{ or } \frac{1}{4}$$

33. Let x = width of print
$(x + 6)(x + 9) = 306$
$x^2 + 15x - 252 = 0$
$$\frac{-15 \pm \sqrt{15^2 - 4(1)(-252)}}{2(1)}$$
≈ 10.0 or -25
The width is 10 in and the length is 12 in.

34. $x^2 + 3x - 18 > 0$
$(x - 3)(x + 6) = 0$
$x = 3$ or $x = -6$
Test values, such as $-7, 0, 4$.
$x < -6$ or $x > 3$
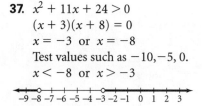

35. $x^2 - x - 6 \leq 0$
$(x + 2)(x - 3) = 0$
$x = -2$ or $x = 3$
Test values such as $-3, 0$ and 5.
$-2 \leq x \leq 3$

36. $x^2 - 5x - 14 \geq 0$
$(x + 2)(x - 7) = 0$
$x = -2$ or $x = 7$
Test values such as $-3, 0, 8$.
$x \leq -2$ or $x \geq 7$

37. $x^2 + 11x + 24 > 0$
$(x + 3)(x + 8) = 0$
$x = -3$ or $x = -8$
Test values such as $-10, -5, 0$.
$x < -8$ or $x > -3$

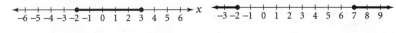

38.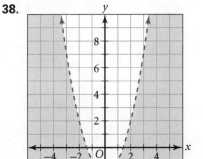

39.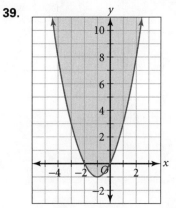

40. Let x = width of border
$(18 + x)(15 + x) \geq 378$
$x^2 + 33x - 108 = 0$
$(x - 3)(x + 36) = 0$
$x = 3$ or $x = -36$
The width must be at least 3 feet.

Chapters 1–10 Cumulative Assessment   PAGES 522–523

1. $3(-2)(-2 + 1) = -6(-1) = 6$
$3(-2)^2 + 3(-2) = 12 + (-6) = 6$
Choose c.

2. Choose a.

3. Choose d.

4. Choose a.

5. Choose b.

6. vertex: (5, 8)
Choose c.

7. $\frac{24}{x} = \frac{80}{100}$
$80x = 2400$
$x = 30$
The shirt was $30.
Choose a.

8. $8 + 6 \cdot 4 \div 2 + 2 = 8 + 24 \div 2 + 2$
$= 8 + 12 + 2$
$= 20 + 2$
$= 22$
Choose c.

9. $5x^3 + x - 1 - (x^2 + x + 3)$
$= 5x^3 + x - 1 - x^2 - x - 3$
$= 5x^3 - x^2 + (x - x) + (-1 - 3)$
$= 5x^3 - x^2 - 4$
Choose a.

10. $\frac{1}{2}$
Choose c.

11. slope $= \frac{y_2 - y_1}{x_2 - x_1} = \frac{-4 - 2}{3 - 3} = \frac{-6}{0}$, undefined
Choose d.

12. $(2) - [(-3) - (4)]$
$= 2 - (-7)$
$= 9$
Choose a.

13. $(x + 3)^2 - 16 = 0$
$(x + 3)^2 = 16$
$x + 3 = \pm 4$
$x = -3 \pm 4$
$x = 1 \text{ or } -7$
Choose b.

14. $4^{-3} \cdot 4^3 = \frac{4^3}{4^3} = 1$
Choose d.

15. $\begin{cases} x + y = 5 \\ 2x - 3y = 0 \end{cases}$

$3x + 3y = 15$
$\underline{+\ 2x - 3y = 0}$
$5x = 15$
$x = 3$

Substitute $x = 3$ into the first equation.
$3 + y = 5$
$y = 2$
Solution: (3, 2)
Choose b.

16. $4x^2 - 4x + 1 = (2x - 1)(2x - 1)$
$= (2x - 1)^2$

17. $36 = t - 24$
$60 = t$
$t = 60$

18. $\begin{cases} y = 2x + 3 \\ y = -3x + 2 \end{cases}$

Substitute $y = 2x + 3$ into the second equation.
$2x + 3 = -3x + 2$
$5x = -1$
$x = -\frac{1}{5}$

Substitute $x = -\frac{1}{5}$ into the first equation.
$y = 2\left(-\frac{1}{5}\right) + 3$
$y = -\frac{2}{5} + \frac{15}{5}$
$y = \frac{13}{5}$
Solution: $\left(-\frac{1}{5}, \frac{13}{5}\right)$

19. $\begin{cases} 2x - 2y = -2 \\ 3x + 3y = 9 \end{cases}$

$6x - 6y = -6$
$\underline{+\ 6x + 6y = 18}$
$12x = 12$
$x = 1$
$2(1) - 2y = -2$
$y = 2$
Solution: $(1, 2)$

20. $|x - 8| = 12$

Case 1
$x - 8 = 12$
$x = 20$

Case 2
$-(x - 8) = 12$
$-x + 8 = 12$
$-x = 4$
$x = -4$

Solution: $x = 20$ or $x = -4$

21. $3y = 5 - 2x$
$2x + 3y = 5$

22. $\frac{n}{6} = \frac{15}{18}$
$18n = 6(15)$
$18n = 90$
$n = 5$

23. $2x + 9 \le 23$
$2x \le 14$
$x \le 7$

24. $A = P(1 + r)^t$
$A = 3{,}000{,}000(1.015)^5$
$A \approx 3{,}231{,}852$

25.
Sequence	[5] [9]	15	23	[33]	[45]	[59]
First differences	4	6	8	10	12	14
Second differences	2	2	2	2	2	

26. $\frac{-100a^8b^{10}}{-20a^5b^9} = \left(\frac{-100}{-20}\right)(a^{8-5})(b^{10-9})$
$= 5a^3b$

27. slope $= \frac{1}{2}$
$y - 0 = \frac{1}{2}(x - (-1))$
$y = \frac{1}{2}(x + 1)$

28. Let t represent the number of tickets.
$24t + 7 = 199$
$24t = 192$
$t = 8$
You could order 8 tickets.

29. $4x^2 - 25 = (2x + 5)(2x - 5)$

30. Let $x =$ score on third test.
$\frac{86 + 100 + x}{3} = 92$
$86 + 100 + x = 276$
$186 + x = 276$
$x = 90$

31. This function is in the form $y = a(x - h)^2 + k$. Since a is negative in this example, the parabola opens downward, and the vertex is the maximum point: $(h, k) = (5, 345)$
maximum height $= 345$ ft

32. $-7.5 + (-1.8) = -9.3$

33. Let L = cost of lunch
D = cost of dinner
$$\begin{cases} 3L + 4D = 60 \\ 5L + 2D = 44 \end{cases}$$
$$\begin{aligned} 3L + 4D &= 60 \\ + (-10L) - 4D &= -88 \\ \hline -7L &= -28 \\ L &= 4 \end{aligned}$$
Substitute $L = 4$ into the first equation.
$$\begin{aligned} 3(4) + 4D &= 60 \\ 4D &= 48 \\ D &= \$12 \end{aligned}$$

34. $y = kx$
$35 = k7$
$k = 5$
so $y = 5x$
$55 = 5x$
$x = 11$

35. mean $= \dfrac{38 + 48 + 52 + 62}{4}$
$= \dfrac{200}{4}$
$= 50$

36. $(3x^2y^3)^0 = 1$

37.
Sequence   1 2 6 13 23
First differences   1 4 7 10
Second differences   3 3 3
The second differences are a constant 3.

38. $\dfrac{2x}{3} = 12$
$2x = 36$
$x = 18$

39. $a = 1, b = -6, c = 9$
$(-6)^2 - 4(1)(9) = 36 - 36$
$ = 0$

40. 1 real solution

CHAPTER 11
Rational Functions

11.1 PAGE 530, GUIDED SKILLS PRACTICE

5. $y = \dfrac{k}{x}$
$12 = \dfrac{k}{60}$
$k = 720$
$y = \dfrac{720}{x}$

6. $y = \dfrac{k}{x}$
$3 = \dfrac{k}{4}$
$k = 12$
$y = \dfrac{12}{x}$

7. $y = \dfrac{k}{x}$
$8 = \dfrac{k}{4}$
$k = 32$
$y = \dfrac{32}{x}$

8. $p \cdot q = 24$
The relationship is an inverse variation.

9. $p \cdot q = 120$
The relationship is an inverse variation.

10. $p + q = 12$
The relationship is not an inverse variation.

11. $p \cdot q = 225$
The relationship is an inverse variation.

12. $t = \dfrac{72}{r}$
$= \dfrac{72}{8} = 9$ years

13. $t = \dfrac{72}{r}$
$= \dfrac{72}{4} = 18$ years

14. $t = \dfrac{72}{r}$
$= \dfrac{72}{12} = 6$ years

PAGES 530–531, PRACTICE AND APPLY

15. yes; $k = 400$, $rt = 400$

16. yes, $k = -28$

17. No, this is a linear function.

18. $\dfrac{n}{5} = \dfrac{3}{m}$
$mn = 15$; yes, $k = 15$

19. $\dfrac{x}{y} = \dfrac{1}{2}$
$2x = y$
$y - 2x = 0$ No, this is a linear function.

20. $x = 10y$
$y - \dfrac{1}{10}x = 0$ No, this is a linear function.

21. $a = \dfrac{42}{b}$
$ab = 42$;   yes, $k = 42$

22. $r = t$ No, this is a linear function.

23. $xy = k$
$6 \cdot 8 = 48$
$y = \dfrac{k}{x}$
$12 = \dfrac{48}{x}$
$x = \dfrac{48}{12} = 4$

24. $xy = k$
$12 \cdot 9 = 108$
$y = \dfrac{k}{x}$
$y = \dfrac{108}{36} = 3$

25. $xy = k$
$32 \cdot 3 = 96$
$y = \dfrac{k}{x}$
$4 = \dfrac{96}{x}$
$x = \dfrac{96}{4} = 24$

26. $xy = k$
$-8 \cdot 3 = -24$
$y = \dfrac{k}{x}$
$-4 = \dfrac{-24}{x}$
$x = \dfrac{-24}{-4} = 6$

27. $xy = k$
$-60 \cdot \dfrac{3}{5} = -36$
$y = \dfrac{k}{x}$
$y = \dfrac{-36}{2} = -18$

28. $xy = k$
$12 \cdot \dfrac{3}{4} = 9$
$y = \dfrac{k}{x}$
$y = \dfrac{9}{27} = \dfrac{1}{3}$

29. base × height = k
$22 \cdot 36 = 792$
$b = \dfrac{k}{h}$
$b = \dfrac{792}{24} = 33$

When the height of the triangle is 24 cm the base is 33 cm.

30. $l \times w = 36$
$3l = 36$
$l = 12$

The length is 12 cm. The formula for the area of a rectangle is an inverse variation because as the length increases the width decreases.

31. speed × number of teeth = k
$500 \cdot 16 = 8000$
$\text{speed} = \dfrac{8000}{20} = 400$

A gear with 20 teeth would revolve at 400 rpm.

32. Use the rule of 72.
$t = \dfrac{72}{r}$
$t = \dfrac{72}{5} = 14.4$

In approximately 15 years Harold's money will double since interest is compounded at the end of the year.

33. time × average speed = k
$6 \times 80 = 480$
$\text{time} = \dfrac{480}{90} = 5\dfrac{1}{3}$

When Mike's average speed is 90 km/h his time is 5 hr 20 min.

34. time × average speed = k
$2.7 \times 2200 = 5940$
$\text{time} = \dfrac{5940}{1760} = 3.375$

At an average speed of 1760 km/h the trip would take 3.375 hours.

35. frequency × wavelength = k
$3000 \times 200 = 600{,}000$
$\text{wavelength} = \dfrac{600{,}000}{2000} = 300$

A wave that has a frequency of 2000 kilocycles has a wavelength of 300 m.

36. number of vibrations × length = k
$518 \times 28 = 14{,}504$
$\text{length} = \dfrac{14{,}504}{370} = 39.2$

A string that vibrates 370 times per second is 39.2 cm long.

PAGE 531, LOOK BACK

37. Sequence   1   5   12   [22]   [35]   [51]
First differences   4   7   10   13   16
Second differences   3   3   3   3

The next three terms are 22, 35, and 51.

38. Perimeter = $2(3x) + 2(4x)$
$= 6x + 8x$
$= 14x$

39. Let d represent the number of boxes of discs.
$7.95d + 1.95 = 57.60$
$7.95d = 55.65$
$d = \dfrac{55.65}{7.95} = 7$

The order was for 7 boxes of discs, or 70 discs.

40. $y = -x^2 - 4x$
$y = -(x^2 + 4x)$
$y = -(x+2)^2 + 4$
The vertex is $(-2, 4)$.

PAGE 531, LOOK BEYOND

41. $Id^2 = k$
$30 \cdot 6^2 = 1080$
$I = \dfrac{1080}{3^2}$
$I = 120$ units

11.2 PAGE 535, GUIDED SKILLS PRACTICE

4. $f(x) = \dfrac{2}{x-3}$; $x - 3 = 0$ when $x = 3$
Domain: all real numbers except 3

5. $f(x) = \dfrac{x}{x^2 - 5x}$; $x^2 - 5x = 0$
$x(x - 5) = 0$
$x = 0$ or $x = 5$
Domain: all real numbers except 0 and 5

6. $f(x) = \dfrac{x^2 - 16}{x+4}$; $x + 4 = 0$ when $x = -4$
Domain: all real numbers except -4

7. $y = \dfrac{2 - 3x}{x} = \dfrac{2}{x} - 3$

8. $y = \dfrac{5x + 7x^2}{x^2} = \dfrac{5}{x} + 7$

9. $y = \dfrac{3}{x} - 5$

PAGE 536, PRACTICE AND APPLY

10. $\dfrac{3x + 9}{x}$ is undefined when $x = 0$.

11. $\dfrac{6}{y - 2}$ is undefined when $y = 2$.

12. $\dfrac{2m - 5}{6m^2 - 3m} = \dfrac{2m - 5}{3m(2m - 1)}$ is undefined when $m = \dfrac{1}{2}$ or $m = 0$.

13. $\dfrac{x^2 + 2x - 3}{x^2 + 4x - 5} = \dfrac{x^2 + 2x - 3}{(x - 1)(x + 5)}$ is undefined when $x = 1$ or $x = -5$.

14. $\dfrac{x^2 - 6x + 8}{x^2 - 3x + 2} = \dfrac{x^2 - 6x + 8}{(x - 2)(x - 1)}$ is undefined when $x = 2$ or $x = 1$.

15. $\dfrac{3x^2 + 2x}{x^2}$ is undefined when $x = 0$.

16. $\dfrac{4z - 5}{3z + 4}$ is undefined when $z = -\dfrac{4}{3}$.

17. $\dfrac{2l^2 + 4l}{2l + 5}$ is undefined when $l = -\dfrac{5}{2}$.

18. $y = \dfrac{1}{x - 5}$
$y = \dfrac{1}{1 - 5} = -\dfrac{1}{4}$
$y = \dfrac{1}{-2 - 5} = -\dfrac{1}{7}$

19. $y = \dfrac{2}{x}$
$y = \dfrac{2}{1} = 2$
$y = \dfrac{2}{-2} = -1$

20. $y = \dfrac{-1}{x} + 3$
$y = \dfrac{-1}{1} + 3 = 2$
$y = \dfrac{-1}{-2} + 3 = 3\dfrac{1}{2}$

21. $y = \dfrac{1}{2x + 3}$
$y = \dfrac{1}{2(1) + 3} = \dfrac{1}{5}$
$y = \dfrac{1}{2(-2) + 3} = -1$

22. $y = \frac{1}{x+2} - 5$
$y = \frac{4}{1+2} - 5 = -3\frac{2}{3}$
$y = \frac{4}{-2+2} - 5$ is undefined

23. $y = \frac{-2}{x-1} + 4$
$y = \frac{-2}{1-1} + 4$ is undefined
$y = \frac{-2}{-2-1} + 4 = 4\frac{2}{3}$

24. $y = \frac{3}{x+1} + 2$
$y = \frac{3}{1+1} + 2 = 3\frac{1}{2}$
$y = \frac{3}{-2+1} + 2 = -1$

25. $y = \frac{-6}{2x+5} - 3$
$y = \frac{-6}{2(1)+5} - 3 = -3\frac{6}{7}$
$y = \frac{-6}{2(-2)+5} - 3 = -9$

26. $y = \frac{2}{3x-4} - 7$
$y = \frac{2}{3(1)-4} - 7 = -9$
$y = \frac{2}{3(-2)-4} - 7 = -7\frac{1}{5}$

27. $x = 1$: $\frac{5x-1}{x} = \frac{5(1)-1}{1} = 4$
$x = -2$: $\frac{5x-1}{x} = \frac{5(-2)-1}{-2} = \frac{-11}{-2} = 5.5$

28. $x = 1$: $\frac{4x}{x-1} = \frac{4}{1-1}$, undefined
$x = -2$: $\frac{4x}{x-1} = \frac{4(-2)}{-2-1} = \frac{-8}{-3} = \frac{8}{3}$

29. $x = 1$: $\frac{x^2-1}{x^2-4} = \frac{1-1}{1-4} = 0$
$x = -2$: $\frac{x^2-1}{x^2-4} = \frac{4-1}{4-4}$, undefined

30. $x = 1$: $\frac{x^2+2x}{x^2+x+2} = \frac{1+2}{1+1+2} = \frac{3}{4}$
$x = -2$: $\frac{x^2+2x}{x^2+x+2} = \frac{4-4}{4+(-2)+2} = \frac{0}{4} = 0$

31. $x = 1$: $\frac{x^2-3}{x^2+4} = \frac{1-3}{1+4} = \frac{-2}{5}$
$x = -2$: $\frac{x^2-3}{x^2+4} = \frac{(-2)^2-3}{(-2)^2+4} = \frac{4-3}{4+4} = \frac{1}{8}$

32. $x = 1$: $\frac{x^2-3x+4}{x^2+4x+4} = \frac{1-3(1)+4}{1+4(1)+4} = \frac{2}{9}$
$x = -2$: $\frac{x^2-3x+4}{x^2+4x+4} = \frac{(-2)^2-3(-2)+4}{(-2)^2+4(-2)+4} = \frac{4+6+4}{4-8+4} = \frac{14}{0}$, undefined

33. $x = 1$: $\frac{x^2-5}{x^2-4} = \frac{1-5}{1-4} = \frac{4}{3}$
$x = -2$: $\frac{x^2-5}{x^2-4} = \frac{(-2)^2-5}{(-2)^2-4} = \frac{4-5}{4-4} = \frac{-1}{0}$, undefined

34. $x = 1$: $\frac{3x(x+2)}{x^2-1} = \frac{3(1)(1+2)}{1-1} = \frac{9}{0}$, undefined
$x = -2$: $\frac{3x(x+2)}{x^2-1} = \frac{3(-2)(-2+2)}{(-2)^2-1} = \frac{0}{3} = 0$

35. $x = 1$: $\frac{4x^2+2x-1}{x^2-2x+1} = \frac{4(1)^2+2(1)-1}{(1)^2-2(1)+1} = \frac{4+2-1}{1-2+1} = \frac{5}{0}$, undefined
$x = -2$: $\frac{4x^2+2x-1}{x^2-2x+1} = \frac{4(-2)^2+2(-2)-1}{(-2)^2-2(-2)+1} = \frac{11}{9}$

36. $y = \frac{1}{x}$

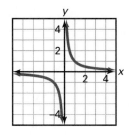

$x \neq 0$

37. $y = \frac{1}{x-2}$

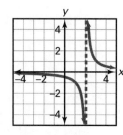

$x - 2 \neq 0$
$x \neq 2$

38. $y = \frac{1}{2(x-2)}$

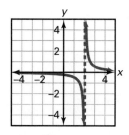

$2(x-2) \neq 0$
$x - 2 \neq 0$
$x \neq 2$

39. $y = \frac{3}{2(x-2)}$

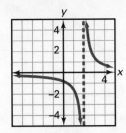

$2(x-2) \neq 0$
$x - 2 \neq 0$
$x \neq 2$

40. $y = \frac{-3}{2(x-2)}$

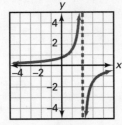

$2(x-2) \neq 0$
$x - 2 \neq 0$
$x \neq 2$

41. $y = \frac{-3}{2(x-2)} + 1$

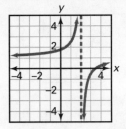

$2(x-2) \neq 0$
$x - 2 \neq 0$
$x \neq 2$

42. $y = \frac{3}{x-1}$

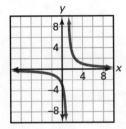

$x - 1 \neq 0$
$x \neq 1$

43. $y = \frac{2}{x-3} + 4$

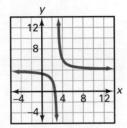

$x - 3 \neq 0$
$x \neq 3$

44. $y = \frac{-2}{x-4} + 3$

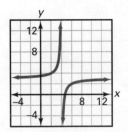

$x - 4 \neq 0$
$x \neq 4$

45. $y = \frac{20 + 30x}{5x}$
$= \frac{20}{5x} + \frac{30x}{5x}$
$= \frac{4}{x} + 6$

46. $y = \frac{3 - x}{3x}$
$= \frac{3}{3x} - \frac{x}{3x}$
$= \frac{1}{x} - \frac{1}{3}$

47. $y = \frac{x - 10x^2}{2x^2}$
$= \frac{x}{2x^2} - \frac{10x^2}{2x^2}$
$= \frac{1}{2x} - 5$

48. $y = \frac{x^{100} - x^{101}}{x^{101}}$
$= \frac{x^{100}}{x^{101}} - \frac{x^{101}}{x^{101}}$
$= \frac{1}{x} - 1$

49. $y = \frac{9}{x} - 2$

is already in simplest form.

50. $y = \frac{1 - 9x}{2x}$
$= \frac{1}{2x} - \frac{9x}{2x}$
$= \frac{1}{2x} - \frac{9}{2}$

51. y is undefined at $x = -2$

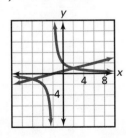

$\frac{x+2}{4} = \frac{4}{x+2}$
$(x+2)^2 = 16$
$x + 2 = \pm 4$
$x = 2$ or $x = -6$

$y = \frac{4}{x+2}$
$y = \frac{4}{-6+2} = \frac{4}{-4} = -1$
$y = \frac{4}{2+2} = \frac{4}{4} = 1$

Points of intersection: $(-6, -1)$ and $(2, 1)$

52. $P = \frac{24{,}495}{m}$

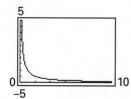

53. $P = \frac{24{,}495}{m}$

$250 = \frac{24{,}495}{m}$

$m = \frac{24{,}495}{250}$

$m = 97.78$

The shortest possible term is 98 months.

PAGE 537, LOOK BACK

54. $\frac{356}{500} = \frac{x}{100}$

$500x = 35{,}600$

$x = 71.2$

The first week 71.2% were sold.

55. $m = \frac{y_2 - y_1}{x_2 - x_1} = \frac{5 - 1}{-3 - 2} = -\frac{4}{5}$

$y - y_1 = m(x - x_1)$

$y - 1 = -\frac{4}{5}(x - 2)$

or $y - 5 = -\frac{4}{5}(x + 3)$

56. $y = x^2 - 4x + 6$
$y = (x^2 - 4x) + 6$
$y = (x^2 - 4x + 4) + 6 - 4$
$y = (x - 2)^2 + 2$

57. $y = x^2 + 14x + 39$
$y = (x^2 + 14x) + 39$
$y = (x^2 + 14x + 49) + 39 - 49$
$y = (x + 7)^2 - 10$

58. $y = x^2 - 10x + 32$
$y = (x^2 - 10x) + 32$
$y = (x^2 - 10x + 25) + 32 - 25$
$y = (x - 5)^2 + 7$

59. $y = x^2 + 4x + 5$
$y = (x^2 + 4x) + 5$
$y = (x^2 + 4x + 4) + 5 - 4$
$y = (x + 2)^2 + 1$

60. $y = x^2 - 2x - 3$
$y = (x^2 - 2x) - 3$
$y = (x^2 - 2x + 1) - 3 - 1$
$y = (x - 1)^2 - 4$

61. $y = x^2 + 6x - 8$
$y = (x^2 + 6x) - 8$
$y = (x^2 + 6x + 9) - 8 - 9$
$y = (x + 3)^2 - 17$

62. $x^2 - 20 = -x$
$x^2 + x - 20 = 0$
$(x + 5)(x - 4) = 0$
$x = -5$ or $x = 4$

PAGE 537, LOOK BEYOND

63.

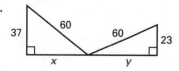

Using the Pythagorean Theorem,

$\begin{cases} x^2 + (37)^2 = (60)^2 \\ y^2 + (23)^2 = (60)^2 \end{cases}$

$\begin{cases} x^2 + 1369 = 3600 \\ y^2 + 529 = 3600 \end{cases}$

$\begin{cases} x^2 = 2231 \\ y^2 = 3071 \end{cases}$

$\begin{cases} x \approx 47.23 \\ y \approx 55.42 \end{cases}$

The width of the street is $x + y = 102.65$ ft.

64. 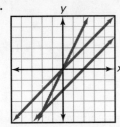 Answers may vary. Sample answer: All three lines have a positive slope. $f(x)$ and $g(x)$ have a slope of 1, and $h(x)$ has a slope of 2.
$y = x$ is the parent function. The graph of the line shifts 2 to the right for $y = x - 2$; $y = x$ and $y = x - 2$ are parallel; $y = x$ and $y = 2x$ pass through the origin.

11.3 PAGE 542, GUIDED SKILLS PRACTICE

6. $\dfrac{6b - 18}{3} = \dfrac{6(b - 3)}{3} = 2(b - 3)$

7. $\dfrac{4x + 16}{8x} = \dfrac{4(x + 4)}{8x} = \dfrac{x + 4}{2x}, x \neq 0$

8. $\dfrac{30n^2 - 18n}{12n} = \dfrac{6n(5n - 3)}{12n} = \dfrac{5n - 3}{2}, n \neq 0$

9. $\dfrac{24}{16x + 32} = \dfrac{24}{16(x + 2)} = \dfrac{3}{2(x + 2)}, x \neq -2$

10. $\dfrac{14ab}{49ab + 98b} = \dfrac{14ab}{49b(a + 2)} = \dfrac{2a}{7(a + 2)}, a \neq -2$ and $b \neq 0$

11. $\dfrac{2x - 10}{x - 5} = \dfrac{2(x - 5)}{x - 5} = 2, x \neq 5$

12. $\dfrac{a - 6}{a^2 - 6a} = \dfrac{a - 6}{a(a - 6)} = \dfrac{1}{a}, a \neq 0, 6$

13. $\dfrac{x^2 - y^2}{x^2 + 2xy + y^2} = \dfrac{(x + y)(x - y)}{(x + y)^2} = \dfrac{x - y}{x + y}, x \neq -y$

14. $\dfrac{x^2 - 2x + 1}{2x - 2} = \dfrac{(x - 1)(x - 1)}{2(x - 1)} = \dfrac{x - 1}{2}, x \neq 1$

15. $\dfrac{x + 4}{x^2 + x - 12} = \dfrac{x + 4}{(x + 4)(x - 3)} = \dfrac{1}{x - 3}, x \neq -4, 3$

16. $\dfrac{y^2 - 49}{y^2 + 4y - 21} = \dfrac{(y - 7)(y + 7)}{(y + 7)(y - 3)} = \dfrac{y - 7}{y - 3}, y \neq -7, 3$

17. $\dfrac{m^2 + 4m}{m^2 + m - 12} = \dfrac{m(m + 4)}{(m + 4)(m - 3)} = \dfrac{m}{m - 3}, m \neq -4, 3$

PAGE 542, PRACTICE AND APPLY

18. $\dfrac{10x}{x - 3}, x - 3 \neq 0; x \neq 3$

19. $\dfrac{10}{5 - y}, 5 - y \neq 0; y \neq 5$

20. $\dfrac{r - 6}{r}, r \neq 0$

21. $\dfrac{7p}{p - 4}, p - 4 \neq 0; p \neq 4$

22. $\dfrac{k - 3}{3 - k}, 3 - k \neq 0; k \neq 3$

23. $\dfrac{(a + 3)(a + 4)}{(a - 3)(a + 4)}, (a - 3)(a + 4) \neq 0$;
$a - 3 \neq 0$ and $a + 4 \neq 0$;
$a \neq 3, -4$

24. $\dfrac{c - 4}{2c - 10} = \dfrac{c - 4}{2(c - 5)}, c - 5 \neq 0$;
$c \neq 5$

25. $\dfrac{3}{y(y^2 - 5y + 6)} = \dfrac{3}{y(y - 3)(y - 2)}$;
$y(y - 3)(y - 2) \neq 0; y \neq 0, 3, 2$

26. $\dfrac{9}{12} = \dfrac{3 \cdot 3}{2 \cdot 2 \cdot 3}$
The common factor is 3.

27. $\dfrac{3(x + 4)}{6x} = \dfrac{3 \cdot (x + 4)}{3 \cdot 2 \cdot x}$
The common factor is 3.

28. $\dfrac{x - y}{(x + y)(x - y)}$
The common factor is $x - y$.

29. $\dfrac{r + 3}{r^2 + 5r + 6} = \dfrac{r + 3}{(r + 3)(r + 2)}$
The common factor is $r + 3$.

30. $\dfrac{16(x + 1)}{30(x + 2)} = \dfrac{8(x + 1)}{15(x + 2)}, x \neq -2$

31. $\dfrac{3(a + b)}{6(a - b)} = \dfrac{a + b}{2(a - b)}, a \neq b$

32. $\dfrac{4(c + 2)}{10(2 + c)} = \dfrac{2}{5}, c \neq -2$

33. $\dfrac{3(x + y)(x - y)}{6(x + y)} = \dfrac{x - y}{2}, x \neq -y$

34. $\dfrac{6m + 9}{6} = \dfrac{3(2m + 3)}{6} = \dfrac{2m + 3}{2}$

35. $\dfrac{7t + 21}{t + 3} = \dfrac{7(t + 3)}{t + 3} = 7, t \neq -3$

36. $\dfrac{12 + 8x}{4x} = \dfrac{4(3 + 2x)}{4x} = \dfrac{3 + 2x}{x}, x \neq 0$

CHAPTER 11 311

37. $\dfrac{3d^2 + d}{3d + 1} = \dfrac{d(3d + 1)}{3d + 1} = d, d \neq -\dfrac{1}{3}$

38. $\dfrac{b + 2}{b^2 - 4} = \dfrac{b + 2}{(b - 2)(b + 2)} = \dfrac{1}{b - 2}, b \neq 2, -2$

39. $\dfrac{x - 2}{x^2 + 2x - 8} = \dfrac{x - 2}{(x + 4)(x - 2)} = \dfrac{1}{x + 4}, x \neq 2, -4$

40. $\dfrac{-(a + 1)}{a^2 + 8a + 7} = \dfrac{-(a + 1)}{(a + 7)(a + 1)} = \dfrac{-1}{a + 7}, a \neq -1, -7$

41. $\dfrac{4 - k}{k^2 - k - 12} = \dfrac{4 - k}{(k - 4)(k + 3)} = \dfrac{-1}{k + 3}, k \neq 4, -3$

42. $\dfrac{c^2 - 9}{3c + 9} = \dfrac{(c - 3)(c + 3)}{3(c + 3)} = \dfrac{c - 3}{3}, c \neq -3$

43. $\dfrac{3n - 12}{n^2 - 7n + 12} = \dfrac{3(n - 4)}{(n - 4)(n - 3)} = \dfrac{3}{n - 3}, n \neq 3, 4$

44. $\dfrac{y^2 + 2y - 3}{y^2 + 7y + 12} = \dfrac{(y + 3)(y - 1)}{(y + 3)(y + 4)} = \dfrac{y - 1}{y + 4}, y \neq -3, -4$

45. $\dfrac{a^2 - b^2}{(a + b)^2} = \dfrac{(a - b)(a + b)}{(a + b)^2} = \dfrac{a - b}{a + b}, a \neq -b$

46. width $= \dfrac{\text{area}}{\text{length}}$
$= \dfrac{x^2 + 7x + 12}{x + 4} = \dfrac{(x + 4)(x + 3)}{x + 4}$
$= x + 3$

47. Let n represent the original populations. After 5 years,
$\dfrac{\text{Predators}}{\text{Prey}} = \dfrac{3n + 12}{8n + 32}$
$= \dfrac{3(n + 4)}{8(n + 4)}$
$= \dfrac{3}{8}; n \neq -4$
The ratio of prey to predator after the release was 3:8.

PAGE 543, LOOK BACK

48. Let $x =$ original price.
$\dfrac{23.60}{x} = \dfrac{80}{100}$
$80x = 2360$
$x = 29.50$
The sweater's original price was $29.50.

49. $m = \dfrac{y_2 - y_1}{x_2 - x_1} = \dfrac{-2 - \dfrac{10}{3}}{\dfrac{2}{3} - \left(-\dfrac{5}{6}\right)}$
$= \dfrac{\dfrac{-6 - 10}{3}}{\dfrac{4 + 5}{6}} = \dfrac{\dfrac{-16}{3}}{\dfrac{9}{6}}$
$= \dfrac{-16}{3} \cdot \dfrac{6}{9} = \dfrac{-32}{9}$
$y = \dfrac{-32}{9}x + b$
Substitute $x = \dfrac{2}{3}, y = -2$.
$-2 = \dfrac{-32}{9} \cdot \dfrac{2}{3} + b$
$b = \dfrac{-2(27) + 64}{27} = \dfrac{10}{27}$
The equation is
$y = -\dfrac{32}{9}x + \dfrac{10}{27}$

50. $(x + 2)(x - 2) = x^2 - 4$

51. $y = a(x - h)^2 + k$
$y = a(x - 2)^2 + 3, a < 0$

52. **a.** $y = 3x^2 - 8$ opens upward since $a = 3$.
   b. $y = 9 - x^2$ opens downward since $a = -1$.
   c. $y = -x^2 + 4$ opens downward since $a = -1$.
   d. $y = \dfrac{3}{4}x^2 - 6$ opens upward since $a = \dfrac{3}{4}$.

PAGE 543, LOOK BEYOND

53. The top left square is number 2. The squares are numbered counterclockwise, ending with number 8 at the top right.

11.4 PAGE 550, GUIDED SKILLS PRACTICE

6. $\frac{x+3}{x-5} \cdot \frac{x-5}{x-4} = \frac{x+3}{x-4}, x \neq 4, 5$

7. $\frac{k-4}{k+7} \cdot \frac{k+7}{k+8} = \frac{k-4}{k+8}, k \neq -8, -7$

8. $\frac{3k-6}{2k+4} \cdot \frac{2k-8}{k-2} = \frac{3(k-2)}{2(k+2)} \cdot \frac{2(k-4)}{k-2}$
$= \frac{3(k-4)}{(k+2)}, k \neq -2, 2$

9. $\frac{x+4}{3(x-2)} \div \frac{x+1}{4(x-2)} = \frac{x+4}{3(x-2)} \cdot \frac{4(x-2)}{x+1}$
$= \frac{4(x+4)}{3(x+1)}, x \neq -1, 2$

10. $\frac{k+1}{3(k+6)} \div \frac{2k+1}{2(k+6)} = \frac{k+1}{3(k+6)} \cdot \frac{2(k+6)}{2k+1}$
$= \frac{2(k+1)}{3(2k+1)}, k \neq -6, -\frac{1}{2}$

11. $\frac{y+3}{2y-18} \div \frac{y}{y-9} = \frac{y+3}{2(y-9)} \cdot \frac{y-9}{y}$
$= \frac{y+3}{2y}, y \neq 0, 9$

12. $\frac{x}{x^2-1} + \frac{2}{x+1} = \frac{x}{x^2-1} + \frac{x-1}{x-1} \cdot \frac{2}{x+1}$
$= \frac{x+2x-2}{x^2-1} = \frac{3x-2}{x^2-1}, x \neq -1, 1$

13. $\frac{x}{x^2-9} + \frac{4}{x-3} = \frac{x}{x^2-9} + \frac{x+3}{x+3} \cdot \frac{4}{x-3}$
$= \frac{x+4x+12}{x^2-9} = \frac{5x+12}{x^2-9}, x \neq -3, 3$

14. $\frac{k}{k^2-4k+4} + \frac{5}{k-2} = \frac{k}{(k-2)^2} + \frac{k-2}{k-2} \cdot \frac{5}{k-2}$
$= \frac{k+5k-10}{(k-2)^2} = \frac{6k-10}{(k-2)^2}$
$= \frac{(6k-10)}{k^2-4k+4}, k \neq 2$

15. $\frac{z}{z^2+6z+9} + \frac{3}{z+3} = \frac{z}{(z+3)^2} + \frac{z+3}{z+3} \cdot \frac{3}{z+3}$
$= \frac{z+3z+9}{(z+3)^2}$
$= \frac{4z+9}{z^2+6z+9}, z \neq -3$

16. $\frac{y}{y^2-8y+16} + \frac{3}{y-4} = \frac{y}{(y-4)^2} + \frac{y-4}{y-4} \cdot \frac{3}{y-4}$
$= \frac{y+3y-12}{(y-4)^2} = \frac{4y-12}{(y-4)^2}$
$= \frac{4y-12}{y^2-8y+16}, y \neq 4$

17. $\frac{x+4}{x-1} - \frac{x-3}{x-1} = \frac{x+4-x+3}{x-1} = \frac{7}{x-1}, x \neq 1$

18. $\frac{x}{x+3} - \frac{x}{x-2} = \frac{x-2}{x-2} \cdot \frac{x}{x+3} - \frac{x+3}{x+3} \cdot \frac{x}{x-2}$
$= \frac{x^2-2x-x^2-3x}{(x-2)(x+3)}$
$= \frac{-5x}{x^2+x-6}, x \neq -3, 2$

19. $\frac{x}{x+5} - \frac{x}{x-4} = \frac{x-4}{x-4} \cdot \frac{x}{x+5} - \frac{x+5}{x+5} \cdot \frac{x}{x-4}$
$= \frac{x^2-4x-x^2-5x}{(x-4)(x+5)}$
$= \frac{-9x}{x^2+x-20}, x \neq -5, 4$

20. $\frac{a}{a-1} - \frac{a}{a+1} = \frac{a+1}{a+1} \cdot \frac{a}{a-1} - \frac{a-1}{a-1} \cdot \frac{a}{a+1}$
$= \frac{a^2+a-a^2+a}{(a+1)(a-1)}$
$= \frac{2a}{a^2-1}, a \neq -1, 1$

PAGES 550–551, PRACTICE AND APPLY

21. $\frac{5}{3x} + \frac{2}{3x} = \frac{5+2}{3x} = \frac{7}{3x}, x \neq 0$

22. $\frac{8}{x+1} - \frac{5}{x+1} = \frac{8-5}{x+1} = \frac{3}{x+1}, x \neq -1$

CHAPTER 11 **313**

23. $\dfrac{2}{y+4} \div \dfrac{5}{y+4} = \dfrac{2}{y+4} \cdot \dfrac{y+4}{5} = \dfrac{2}{5}, y \neq -4$

24. $\dfrac{5x+4}{x-2} - \dfrac{7+3x}{x-2} = \dfrac{5x+4-(7+3x)}{x-2}$
$= \dfrac{5x+4-7-3x}{x-2}$
$= \dfrac{2x-3}{x-2}, x \neq 2$

25. $\dfrac{2}{a} + \dfrac{3}{a+1} = \dfrac{2(a+1)+3a}{a(a+1)}$
$= \dfrac{2a+2+3a}{a(a+1)} = \dfrac{5a+2}{a^2+a}, a \neq -1, 0$

26. $\dfrac{7}{3t} - \dfrac{8}{2t} = \dfrac{14-24}{6t}$
$= \dfrac{-10}{6t} = \dfrac{-5}{3t}, t \neq 0$

27. $\dfrac{5}{2r} + \dfrac{3}{r} = \dfrac{5+6}{2r} = \dfrac{11}{2r}, r \neq 0$

28. $\dfrac{5}{p} \div \dfrac{3}{p^2} = \dfrac{5}{p} \cdot \dfrac{p^2}{3} = \dfrac{5p^2}{3p} = \dfrac{5p}{3}, p \neq 0$

29. $\dfrac{-2}{x+1} + \dfrac{3}{2(x+1)} = \dfrac{(-2)2+3}{2(x+1)}$
$= \dfrac{-4+3}{2(x+1)} = \dfrac{-1}{2(x+1)}, x \neq -1$

30. $x - \dfrac{x-4}{x+4} = \dfrac{x(x+4)-(x-4)}{x+4}$
$= \dfrac{x^2+4x-x+4}{x+4} = \dfrac{x^2+3x+4}{x+4}, x \neq -4$

31. $\dfrac{-3-d}{d-1} + 2 = \dfrac{-3-d+2(d-1)}{d-1}$
$= \dfrac{-3-d+2d-2}{d-1} = \dfrac{d-5}{d-1}, d \neq 1$

32. $\dfrac{1}{b} + \dfrac{3}{b^2} = \dfrac{b+3}{b^2}, b \neq 0$

33. $\dfrac{5}{3+n} \cdot \dfrac{3+n}{2+n} = \dfrac{5}{2+n}, n \neq -3, -2$

34. $\dfrac{x+2}{x(x+1)} \cdot \dfrac{x^2}{(x+2)(x+3)} = \dfrac{x}{(x+1)(x+3)}$
$= \dfrac{x}{x^2+4x+3}, x \neq 0, -1, -2, -3$

35. $\dfrac{q^2-1}{q^2} \cdot \dfrac{q}{q+1} = \dfrac{(q-1)(q+1)}{q^2} \cdot \dfrac{q}{q+1} = \dfrac{q-1}{q}, q \neq 0, -1$

36. $\dfrac{1}{x+1} \cdot \dfrac{2}{x} = \dfrac{2}{x(x+1)} = \dfrac{2}{x^2+x}, x \neq 0, -1$

37. $\dfrac{3}{x-1} \cdot \dfrac{5}{x} = \dfrac{15}{x(x-1)} = \dfrac{15}{x^2-x}, x \neq 0, 1$

38. $\dfrac{y}{y-4} - \dfrac{1}{y} = \dfrac{y^2-(y-4)}{y(y-4)}$
$= \dfrac{y^2-y+4}{y^2-4y}, y \neq 0, 4$

39. $\dfrac{-2}{x+1} + \dfrac{3}{x} = \dfrac{-2x+3(x+1)}{x(x+1)}$
$= \dfrac{-2x+3x+3}{x(x+1)}$
$= \dfrac{x+3}{x(x+1)}$
$= \dfrac{x+3}{x^2+x}, x \neq 0, -1$

40. $\dfrac{a-2}{a+1} + \dfrac{5}{a+3} = \dfrac{(a-2)(a+3)+5(a+1)}{(a+1)(a+3)}$
$= \dfrac{a^2+a-6+5a+5}{(a+1)(a+3)}$
$= \dfrac{a^2+6a-1}{a^2+4a+3}, a \neq -1, -3$

41. $\dfrac{m+5}{m+2} \cdot \dfrac{m-3}{m-1} = \dfrac{(m+5)(m-3)}{(m+2)(m-1)}$
$= \dfrac{m^2+2m-15}{m^2+m-2}, m \neq 1, -2$

42. $\dfrac{2r}{(r+5)(r+1)} - \dfrac{r}{r+5} = \dfrac{2r-r(r+1)}{(r+5)(r+1)}$
$= \dfrac{2r-r^2-r}{(r+5)(r+1)}$
$= \dfrac{r-r^2}{r^2+6r+5}, r \neq -1, -5$

43. $\dfrac{3}{b^2+b-6} - \dfrac{5}{b-2} = \dfrac{3}{(b+3)(b-2)} - \dfrac{5}{b-2}$
$= \dfrac{3-5(b+3)}{(b+3)(b-2)}$
$= \dfrac{3-5b-15}{(b+3)(b-2)}$
$= \dfrac{-5b-12}{b^2+b-6}, b \neq 2, -3$

44. $\frac{4}{y-2} + \frac{5y}{y^2 - 4y + 4} = \frac{4}{y-2} + \frac{5y}{(y-2)(y-2)}$

$= \frac{4(y-2) + 5y}{(y-2)(y-2)}$

$= \frac{4y - 8 + 5y}{(y-2)(y-2)}$

$= \frac{9y - 8}{y^2 - 4y + 4}, y \neq 2$

45. $\frac{2}{y-5} - \frac{5y-3}{y^2 + y - 30} = \frac{2}{y-5} - \frac{5y-3}{(y+6)(y-5)}$

$= \frac{2(y+6) - (5y-3)}{(y+6)(y-5)}$

$= \frac{2y + 12 - 5y + 3}{(y+6)(y-5)}$

$= \frac{15 - 3y}{(y+6)(y-5)}$

$= \frac{3(5-y)}{(y+6)(y-5)}$

$= \frac{-3}{y+6}, y \neq 5, -6$

46. $\frac{x}{x-1} - \frac{1}{x-1} = \frac{x-1}{x-1} = 1, x \neq 1$

47. $\frac{2}{x^2 - 9} - \frac{1}{2x + 6} = \frac{2}{(x-3)(x+3)} - \frac{1}{2(x+3)}$

$= \frac{2(2) - (x-3)}{2(x-3)(x+3)}$

$= \frac{4 - x + 3}{2(x-3)(x+3)}$

$= \frac{7 - x}{2(x^2 - 9)}$

$= \frac{7 - x}{2x^2 - 18}, x \neq 3, -3$

48. $\frac{13}{3x + 12} + \frac{2x}{x+4} = \frac{13}{3(x+4)} + \frac{2x}{x+4}$

$= \frac{13 + 3(2x)}{3(x+4)}$

$= \frac{6x + 13}{3x + 12}, x \neq -4$

49. $\frac{x+5}{3x-21} \div \frac{x}{x-7} = \frac{x+5}{3(x-7)} \cdot \frac{x-7}{x}$

$= \frac{x+5}{3x}, x \neq 0, 7$

50. $\frac{4p}{p^2 - 2p - 3} \cdot \frac{p-3}{p+1} = \frac{4p}{(p-3)(p+1)} \cdot \frac{p-3}{p+1}$

$= \frac{4p}{(p+1)^2} = \frac{4p}{p^2 + 2p + 1}, p \neq -1, 3$

51.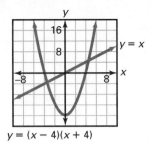

$y = (x-4)(x+4)$

x	$y = x$	$y = (x-4)(x+4)$
-4	-4	0
-3	-3	-7
-2	-2	-12
-1	-1	-15
0	0	-16
1	1	-15
2	2	-12
3	3	-7
4	4	0

$y = x + (x-4)(x+4)$

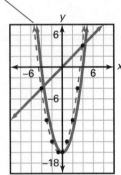

52. Let C represent the concentration.
$$C = \frac{(0.06)(750)}{750 + w}$$
$$C = \frac{45}{750 + w}$$

53.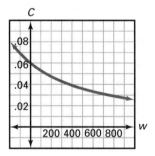

54. In $C = \frac{45}{750 + w}$, substitute $C = 0.04$.
$$0.04 = \frac{45}{750 + w}$$
$$0.04(750 + w) = 45$$
$$750 + w = 1125$$
$$w = 375$$

375 kg of pure water need to be added.

PAGE 551, LOOK BACK

55. Sequence -1 6 15 26 [39]   [54]   [71]
First differences 7 9 11 13 15 17
Second differences 2 2 2 2 2

The second differences are constant 2.
The next three terms are 39, 54, and 71.

56. $0.3(x - 90) = 0.7(2x - 70)$
$0.3x - 27 = 1.4x - 49$
$49 - 27 = 1.4x - 0.3x$
$22 = 1.1x$
$\frac{22}{1.1} = x$
$20 = x$
$x = 20$

57. $y < -2x + 6$ and $y \leq 3x - 4$

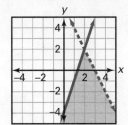

58. $25{,}000{,}000{,}000 = 2.5 \times 10^{10}$

PAGE 551, LOOK BEYOND

59. $\frac{26}{39} = \frac{x}{9}$
$39x = 26 \cdot 9$
$x = \frac{26 \cdot 9}{39} = 6$
$\frac{6}{9} = \frac{2}{3}$ is the constant

60. $\frac{14}{x} = \frac{49}{28}$
$49x = 14 \cdot 28$
$x = \frac{14 \cdot 28}{49} = 8$
$\frac{14}{8} = \frac{7}{4}$ is the constant

61. $\frac{15}{40} = \frac{27}{x}$
$15x = 27 \cdot 40$
$x = \frac{27 \cdot 40}{15} = 72$
$\frac{27}{72} = \frac{3}{8}$ is the constant

11.5 PAGE 556, GUIDED SKILLS PRACTICE

6. $\frac{10}{x+2} - 1 = \frac{9}{x^2 - 4}$
$(x+2)(x-2) \cdot \left(\frac{10}{x+2} - 1\right) = \frac{9}{(x+2)(x-2)} \cdot (x+2)(x-2)$
$10(x-2) - (x+2)(x-2) = 9$
$10x - 20 - x^2 + 4 = 9$
$x^2 - 10x + 25 = 0$
$(x-5)(x-5) = 0$
$x = 5$

Graph each side of the equation and find the point(s) of intersection. $x = 5$

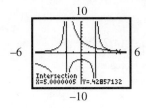

7. $\frac{7}{x+1} - 1 = \frac{-20}{x^2 - 1}$
$(x+1)(x-1) \cdot \left(\frac{7}{x+1} - 1\right) = \frac{-20}{(x+1)(x-1)} \cdot (x+1)(x-1)$
$7(x-1) - (x+1)(x-1) = -20$
$7x - 7 - x^2 + 1 = -20$
$x^2 - 7x - 14 = 0$
$a = 1, b = -7, c = -14$
$x = \frac{-(-7) \pm \sqrt{(-7)^2 - 4(1)(-14)}}{2(1)}$
$= \frac{7 \pm \sqrt{105}}{2}$
$x \approx 8.62$ or $x \approx -1.62$

Graph each side of the equation and find the point(s) of intersection.
$x \approx 8.62$ or $x \approx -1.62$

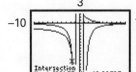 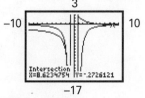

8.
$$\frac{3}{x-2} - 3 = \frac{24}{x^2 - 4}$$
$$(x-2)(x+2) \cdot \left(\frac{3}{x-2} - 3\right) = \frac{24}{(x-2)(x+2)} \cdot (x-2)(x+2)$$
$$3(x+2) - 3(x-2)(x+2) = 24$$
$$3x + 6 - 3x^2 + 12 = 24$$
$$3x^2 - 3x + 6 = 0$$
$$3(x^2 - x + 2) = 0$$
$$x^2 - x + 2 = 0$$
$a = 1, b = -1, c = 2$
$$x = \frac{-(-1) \pm \sqrt{(-1)^2 - 4(1)(2)}}{2(1)}$$
$$= \frac{1 \pm \sqrt{-7}}{2}$$

There are no real solutions.
Graph each side of the equation. The graphs do not intersect.

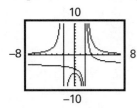

9. Let x represent the time to do the job together. Dan's part is $\frac{x}{6}$ and Joan's part is $\frac{x}{9}$.
$$\frac{x}{6} + \frac{x}{9} = 1$$
$$3x + 2x = 18$$
$$5x = 18$$
$$x = \frac{18}{5} = 3.6 \text{ days}$$

10. Let x represent the time it takes Ed to do the job alone. Ed's part is $\frac{7}{x}$ and Sue's part is $\frac{7}{15}$.
$$\frac{7}{x} + \frac{7}{15} = 1$$
$$15 \cdot 7 + 7x = 15x$$
$$105 = 8x$$
$$x = \frac{105}{8} = 13\frac{1}{8} \text{ hours}$$

PAGES 556–557, PRACTICE AND APPLY

11.
$$\frac{x-1}{x} + \frac{7}{3x} = \frac{9}{4x}$$
$$12x\left(\frac{x-1}{x} + \frac{7}{3x}\right) = \left(\frac{9}{4x}\right)12x$$
$$12(x-1) + 28 = 27$$
$$12x - 12 + 28 = 27$$
$$12x = 11$$
$$x = \frac{11}{12}$$

12.
$$\frac{10}{2x} + \frac{4}{x-5} = 4$$
$$2x(x-5)\left(\frac{10}{2x} + \frac{4}{x-5}\right) = (4)2x(x-5)$$
$$10(x-5) + 4(2x) = 8x(x-5)$$
$$10x - 50 + 8x = 8x^2 - 40x$$
$$0 = 8x^2 - 58x + 50$$
$$0 = 4x^2 - 29x + 25$$
$$0 = (4x - 25)(x - 1)$$
$$x = 6.25 \text{ or } x = 1$$

13.
$$\frac{x-3}{x-4} = \frac{x-5}{4+x}$$
$$(x-4)(x+4)\left(\frac{x-3}{x-4}\right) = \left(\frac{x-5}{4+x}\right)(x-4)(x+4)$$
$$(x+4)(x-3) = (x-5)(x-4)$$
$$x^2 + x - 12 = x^2 - 9x + 20$$
$$10x = 32$$
$$x = 3.2$$

14.
$$\frac{x+3}{x} + \frac{6}{5x} = \frac{7}{2x}, x \neq 0$$
$$10x\left(\frac{x+3}{x} + \frac{6}{5x}\right) = \left(\frac{7}{2x}\right)10x$$
$$10(x+3) + 12 = 35$$
$$10x + 30 + 12 = 35$$
$$10x = -7$$
$$x = -0.7$$

15.
$$\frac{x}{x-3} = 5 + \frac{x}{x-3}$$
$$(x-3)\left(\frac{x}{x-3}\right) = \left(5 + \frac{x}{x-3}\right)(x-3)$$
$$x = 5(x-3) + x$$
$$x = 5x - 15 + x$$
$$-5x = -15$$
$$x = 3$$

Since x cannot equal 3, there is no solution.

16.
$$\frac{x+3}{x^2-9} - \frac{6}{x-3} = 5$$
$$(x+3)(x-3)\left(\frac{x+3}{(x+3)(x-3)} - \frac{6}{x-3}\right) = 5(x+3)(x-3)$$
$$x + 3 - 6(x+3) = 5(x+3)(x-3)$$
$$x + 3 - 6x - 18 = 5x^2 - 45$$
$$0 = 5x^2 + 5x - 30$$
$$0 = x^2 + x - 6$$
$$0 = (x+3)(x-2)$$
$$x = -3 \text{ or } x = 2$$

Since x cannot equal -3, $x = 2$ is the only solution.

17.
$$\frac{4}{y-2} + \frac{5}{y+1} = \frac{1}{y+1}$$
$$(y-2)(y+1)\left(\frac{4}{y-2} + \frac{5}{y+1}\right) = \left(\frac{1}{y+1}\right)(y-2)(y+1)$$
$$4(y+1) + 5(y-2) = y - 2$$
$$4y + 4 + 5y - 10 = y - 2$$
$$8y = 4$$
$$y = \frac{1}{2}$$

18.
$$\frac{10}{x+3} - \frac{3}{5} = \frac{10x+1}{3x+9}$$
$$15(x+3)\left(\frac{10}{x+3} - \frac{3}{5}\right) = \left(\frac{10x+1}{3(x+3)}\right)15(x+3)$$
$$150 - 9(x+3) = 5(10x+1)$$
$$150 - 9x - 27 = 50x + 5$$
$$118 = 59x$$
$$2 = x$$
$$x = 2$$

19.
$$\frac{3}{x-2} - \frac{6}{x^2-2x} = 1$$
$$x(x-2)\left(\frac{3}{x-2} - \frac{6}{x(x-2)}\right) = (1)x(x-2)$$
$$3x - 6 = x(x-2)$$
$$3x - 6 = x^2 - 2x$$
$$0 = x^2 - 5x + 6$$
$$0 = (x-3)(x-2)$$
$$x = 3 \text{ or } x = 2$$

Since x cannot equal 2, $x = 3$ is the only solution.

20. $\frac{2}{x} + \frac{1}{3} = \frac{4}{x}$

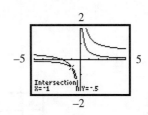

$x = 6$

21. $\frac{1}{2} + \frac{1}{x} = \frac{1}{2x}$

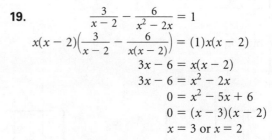

$x = -1$

22. $\frac{20-x}{x} = x$

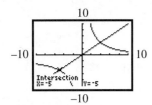

$x = -5, 4$

23. $\frac{12x-7}{x} = \frac{17}{x}$

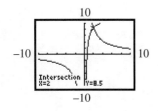

$x = 2$

24. $\frac{3}{7x + x^2} = \frac{9}{x^2 + 7x}$

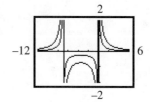

no solution

25. $\frac{x-3}{x-4} = \frac{x-5}{x-4}$

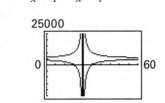

no solution

26. $\frac{3}{x-2} - \frac{6}{x^2 - 2x} = 1$

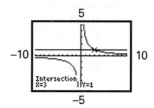

$x = 3$

27. $\frac{1}{x-2} + \frac{16}{x^2 + x - 6} = -3$

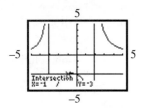

$x = -1, -\frac{1}{3}$

28. $\frac{1}{x-2} + 3 = \frac{-16}{x^2 + x - 6}$

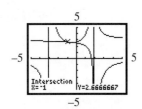

$x = -1, -\frac{1}{3}$

29. Let x represent the larger number and y represent the smaller number.
$$\begin{cases} x + y = 56 \\ \dfrac{x}{y} = 1 + \dfrac{16}{y} \end{cases}$$

Solve the first equation for x and substitute into the second equation.
$$x = 56 - y$$
$$y\left(\dfrac{56 - y}{y}\right) = \left(1 + \dfrac{16}{y}\right)y$$
$$56 - y = y + 16$$
$$40 = 2y$$
$$20 = y$$

Substitute $y = 20$ into the first equation.
$$x + 20 = 56$$
$$x = 36$$
The numbers are 20 and 36.

30. Graph each function and find their intersections:

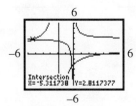 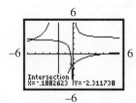

The graphs intersect at about $(-5.31, 2.81)$ and $(-0.19, -2.31)$.

31. Let c represent the speed of the current, d represent distance, and r represent the rate she pedalled.

	d	r
down	500	$20 + c$
up	300	$20 - c$

time downstream $= \dfrac{500}{20 + c}$

time upstream $= \dfrac{300}{20 - c}$

32.
$$\dfrac{500}{20 + c} = \dfrac{300}{20 - c}$$
$$500(20 - c) = 300(20 + c)$$
$$10{,}000 - 500c = 6000 + 300c$$
$$4000 = 800c$$
$$\dfrac{4000}{800} = c$$
$$5 = c$$

The speed of the current is 5 m/min.

33. Let x represent the time to do the job together. Then Kayla's part is $\dfrac{x}{5}$ and Emily's part is $\dfrac{x}{7}$.

34.
$$\dfrac{x}{5} + \dfrac{x}{7} = 1$$
$$7x + 5x = 35$$
$$12x = 35$$
$$x = 2\dfrac{11}{12}$$

Together it would take them 2 hours 55 minutes.

PAGE 557, LOOK BACK

35.
$$x - 4 = -\tfrac{3}{4}(x + 2)$$
$$4x - 16 = -3x - 6$$
$$7x = 10$$
$$x = \dfrac{10}{7}$$

36. $|2x - 7| \leq 7$

Case 1:
$$2x - 7 \leq 7$$
$$2x \leq 14$$
$$x \leq 7$$

Case 2:
$$-(2x - 7) \leq 7$$
$$2x - 7 \geq -7$$
$$2x \geq 0$$
$$x \geq 0$$

$$0 \leq x \leq 7$$

37. $x + 5y = 9, 3x - 2y = 10$

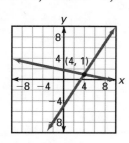

(4, 1)

38. $(3x - 8)(5x + 2)$
$= 15x^2 + 6x - 40x - 16$
$= 15x^2 - 34x - 16$

39. $y = -2(x + 1)^2 + 7$
vertex: $(-1, 7)$

PAGE 557, LOOK BEYOND

40. Rate of climb $= \frac{6-4}{5} = \frac{2}{5}$

Antonio climbs 2 steps up every 5 seconds.

To reach step 100 he will take $\frac{100}{2} \times 5$ seconds or 250 seconds.

11.6 PAGE 564, GUIDED SKILLS PRACTICE

4.
$\frac{2}{3} = \frac{x}{9}$	Given
$(9)\frac{2}{3} = (9)\frac{x}{9}$	Multiplicative Property of Equality
$6 = x$	Simplified form

5.
a is an even number	Given
b is an odd number	Given
$a = 2k$	Definition of even numbers
$b = 2p + 1$	Definition of odd numbers
$a + b = 2k + 2p + 1$	Addition of real numbers
$= 2(k + p) + 1$	Distributive property

$2(k + p) + 1$ is in the form $2n + 1$ where n is equal to $k + p$, and $k + p$ is an integer. Thus $2(k + p) + 1$ is an odd number.

6.
k is an integer	Given
$k + 1$ is an integer	Definition of integer
$2(k + 1)$ is even	Definition of even numbers
$2k + 2$ is even	Distributive Property
$2(2k + 2)$ is even	Definition of even numbers
$4k + 4$ is even	Distributive Property

Therefore, if k is an integer, $4k + 4$ is an even integer.

7. This is impossible, since the product of any two odd integers is odd.

8. $ab = |a| \cdot |b|$

Sometimes true. If a and b are both negative or both positive, it is true. If a or b, but not both, are negative, the equation will be false. For example,

$(-1) \cdot 2 = -2$
$|-1| \cdot |2| = 1 \cdot 2 = 2; -2 \neq 2$

9. Yes, since the product of two integers is always an integer, the set of integers is closed under multiplication.

PAGES 564–565, PRACTICE AND APPLY

10. Addition Property of Equality
11. Inverse Property of Addition
12. Identity Property of Addition
13. Division Property of Equality
14. Equivalent form of 1.
15. Identity Property of Multiplication
16. Given
17. Commutative Property of Addition
18. Associative Property of Addition
19. Inverse Property of Addition
20. Identity Property of Addition

For Exercises 21–26, proofs and reasons may vary.

21. $5x - 3x$ Given
$5x - 3x = x(5 - 3)$ Distributive Property
$= x(2)$ Simplified form
$= 2x$ Commutative Property of Multiplication

22. $(ax + b) + ay$ Given
$= (ax + ay) + b$ Commutative and Associative Properties of Addition
$= a(x + y) + b$ Distributive Property

23. $a = b$ Given
$a + c = b + c$ Addition Property of Equality

24. $a = 2n$ Definition of even numbers
$a(2n) = (2n)(2n)$ Multiplication Property of Equality
$a \cdot a = (2n)(2n)$ Definition of a
$a \cdot a = 2(n \cdot 2n)$ Associative Property of Multiplication
$a^2 = 2(2n^2)$ Simplified form

a^2 is the equivalent of $2(2n^2)$ which has the form $2k$ of an even number, where $k = 2n^2$. $2n^2$ is an integer since n is an integer by definition. Therefore, a^2 is even.

25. $(a - b) + (b - a) = a + (-b + b) + (-a)$ Associative Property for Addition
$ = a + 0 + (-a)$ Inverse Property of Addition
$ = a + (-a)$ Identity for Addition
$ = 0$ Inverse Property of Addition

Therefore, by the definition of opposites, $a-b$ and $b-a$ are opposites.

26. $\frac{a}{b} + \frac{c}{d} = 1\left(\frac{a}{b}\right) + 1\left(\frac{c}{d}\right)$ Identity for Multiplication
$= \frac{d}{d}\left(\frac{a}{b}\right) + \frac{b}{b}\left(\frac{c}{d}\right)$ Equivalent form of 1
$= \frac{da}{db} + \frac{bc}{bd}$ Simplified form
$= \frac{da}{bd} + \frac{bc}{bd}$ Commutative Property for Multiplication
$= \frac{da + bc}{bd}$ Addition of Rationals

27. The sum of 2 odd integers is even. The sum of that even integer and an odd integer is odd. Therefore, the sum of three odd integers must be odd, and cannot be 50.

28. The sum of any number of even integers is even, so the sum of 5 even integers must be even, and cannot be 105.

29. Sometimes true: $(-3)^2 = 9$
$3^2 = 9$
$9 = 9$
but $(-3)^3 = -27$
$3^3 = 27$
$-27 \neq 27$

30. Sometimes true: $1(-1) = -1$ but $3(-3) = -9$
31. Always true   A number squared is always positive.
32. Never true   The product of a number and its reciprocal is always 1.
33. The set $\{-2, -1, 0, 1, 2\}$ is not closed under subtraction. For example, $(-2) - (2) = -4$, which is not in the set.
34. All of the numbers are multiples of 3. The sum of any of the numbers must be a multiple of 3, and therefore cannot add up to 100, because 100 is not a multiple of 3.

PAGE 565, LOOK BACK

35.
$$x = 16x + 45$$
$$x - 16x = 45$$
$$-15x = 45$$
$$x = \frac{45}{-15}$$
$$x = -3$$

36. average $= \frac{16.2 + 18.5 + 23.0 + 21.2 + 22.9 + 21.1 + 20.6 + 19.2}{8} \approx 20.3$ centimeters

37. $2x - 3y = 9$
$2x - 9 = 3y$
$\frac{2}{3}x - 3 = y$

The slope is $\frac{2}{3}$; the slope of the perpendicular line is $-\frac{3}{2}$.

$y = -\frac{3}{2}x + b$

Substitute $x = -6, y = 12$.
$12 = -\frac{3}{2}(-6) + b$
$12 - 9 = b$
$3 = b$

The equation is $y = -\frac{3}{2}x + 3$.

38.
$$x^2 - 8 = 2x$$
$$x^2 - 2x - 8 = 0$$
$$(x - 4)(x + 2) = 0$$
$$x = 4 \text{ or } x = -2$$

PAGE 565, LOOK BEYOND

39. If $a = b$, then $a - b = 0$.
The proof divides by $a - b$, which means it is dividing by 0, which is invalid.

Chapter 11 Review and Assessment   PAGES 568–570

1. $x = \frac{k}{y}$
$75 = \frac{k}{20}$
$k = 1500$
$y = \frac{1500}{25} = 60$

2. $p = \frac{k}{q}$
$15 = \frac{k}{36}$
$k = 540$
$p = \frac{540}{24} = 22.5$

3. $m = \frac{k}{n}$
$0.5 = \frac{k}{5}$
$2.5 = k$
$m = \frac{2.5}{50} = 0.05$

4. $y = \dfrac{k}{x}$
$\dfrac{1}{2} = \dfrac{k}{20}$
$k = 10$
$5 = \dfrac{10}{x}$
$x = 2$

5. $\dfrac{4}{x}$
$x = -1: \dfrac{4}{-1} = -4$
$x = 2: \dfrac{4}{2} = 2$

6. $\dfrac{3}{x+1}$
$x = -1: \dfrac{3}{-1+1} = \dfrac{3}{0}$, undefined
$x = 2: \dfrac{3}{2+1} = \dfrac{3}{3} = 1$

7. $\dfrac{-12}{2x-4}$
$x = -1: \dfrac{-12}{2(-1)-4} = \dfrac{-12}{-2-4} = \dfrac{-12}{-6} = 2$
$x = 2: \dfrac{-12}{2(2)-4} = \dfrac{-12}{4-4} = \dfrac{-12}{0}$, undefined

8. $\dfrac{-12}{x^2 - x - 2}$
$x = -1: \dfrac{-12}{(-1)^2 - (-1) - 2} = \dfrac{-12}{1+1-2} = \dfrac{-12}{0}$, undefined
$x = 2: \dfrac{-12}{(2)^2 - 2 - 2} = \dfrac{-12}{4-2-2} = \dfrac{-12}{0}$, undefined

9. $y = \dfrac{-2}{x} + 4, x \neq 0$

10. $y = \dfrac{-3}{x+4} - 1, x \neq -4$

11. $y = \dfrac{2}{x-2} + 5, x \neq 2$

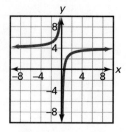
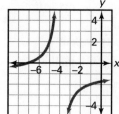
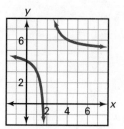

12. $\dfrac{2x(x+3)}{8x^2} = \dfrac{x+3}{4x}, x \neq 0$

13. $\dfrac{8(x+1)}{10(x+1)^2} = \dfrac{4}{5(x+1)}, x \neq -1$

14. $\dfrac{2x^2 + 6x}{6x - 30} = \dfrac{2(x^2 + 3x)}{6(x-5)} = \dfrac{x^2 + 3x}{3x - 15}, x \neq 5$

15. $\dfrac{2x^2 - x - 1}{1 - x^2} = \dfrac{(2x+1)(x-1)}{(1-x)(1+x)} = \dfrac{(2x+1)(x-1)}{-(x-1)(1+x)}$
$= \dfrac{2x+1}{-1-x}, x \neq -1, 1$

16. $\dfrac{8mt}{3s} \cdot \dfrac{s^2}{16t} = \dfrac{ms}{6}, s \neq 0, t \neq 0$

17. $\dfrac{2}{5x} + \dfrac{5}{10y} = \dfrac{2y}{2y} \cdot \dfrac{2}{5x} + \dfrac{5}{10y} \cdot \dfrac{x}{x}$
$= \dfrac{4y + 5x}{10xy}, x \neq 0, y \neq 0$

18. $\dfrac{16}{y^2 - 16} - \dfrac{2}{y+4} = \dfrac{16}{y^2 - 16} - \dfrac{(y-4)}{(y-4)} \cdot \dfrac{2}{y+4}$
$= \dfrac{16 - 2(y-4)}{y^2 - 16} = \dfrac{24 - 2y}{y^2 - 16}, y \neq -4, 4$

19. $\dfrac{t^2 - 9}{6} \div \dfrac{3-t}{9} = \dfrac{t^2 - 9}{6} \cdot \dfrac{9}{3-t} = \dfrac{-(3-t)(t+3)}{6} \cdot \dfrac{9}{3-t}$
$= \dfrac{-3(t+3)}{2} = \dfrac{-3t - 9}{2}, t \neq 3$

20. $\dfrac{3}{4x} + \dfrac{5}{2} = \dfrac{3}{4x} + \dfrac{2x}{2x} \cdot \dfrac{5}{2} = \dfrac{3 + 10x}{4x}, x \neq 0$

21. $\dfrac{a^2 - 2a - 15}{6} \cdot \dfrac{4}{3a + 9} = \dfrac{(a-5)(a+3)}{6} \cdot \dfrac{4}{3(a+3)}$
$= \dfrac{2(a-5)}{9}, a \neq -3$

22. $\dfrac{5x}{6} - \dfrac{3}{2x} = \dfrac{x}{x}\left(\dfrac{5x}{6}\right) - \dfrac{3}{3}\left(\dfrac{3}{2x}\right) = \dfrac{5x^2 - 9}{6x}, x \neq 0$

23. $\dfrac{5r^2 q}{6q} \div \dfrac{3r}{q^2 r} = \dfrac{5r^2}{6} \cdot \dfrac{q^2}{3} = \dfrac{5r^2 q^2}{18}, q \neq 0, r \neq 0$

24. $\dfrac{1}{2} + \dfrac{10}{5x} = \dfrac{1}{2} + \dfrac{2}{x} = \dfrac{x+4}{2x}, x \neq 0$

25. $\dfrac{x^2 + x - 12}{x - 3} \cdot \dfrac{x^2 - 25}{x^2 - x - 20} = \dfrac{(x+4)(x-3)}{x-3} \cdot \dfrac{(x-5)(x+5)}{(x-5)(x+4)}$
$= x + 5, \; x \neq -4, 3, 5$

26. $\quad \dfrac{5}{2y} - \dfrac{3}{10} = \dfrac{1}{y}$
$10y \cdot \left(\dfrac{5}{2y} - \dfrac{3}{10}\right) = \dfrac{1}{y} \cdot 10y$
$25 - 3y = 10$
$-3y = -15$
$y = 5$

27. $\quad \dfrac{z+2}{2z} + \dfrac{z+3}{z} = 5$
$2z\left(\dfrac{z+2}{2z} + \dfrac{z+3}{z}\right) = 2z \cdot 5$
$z + 2 + 2(z + 3) = 10z$
$z + 2 + 2z + 6 = 10z$
$8 = 7z$
$z = \dfrac{8}{7}$

28. $\quad \dfrac{6-x}{x} = \dfrac{4}{x+1}$
$x(x+1) \cdot \dfrac{6-x}{x} = x(x+1) \cdot \dfrac{4}{x+1}$
$(x+1)(6-x) = 4x$
$6x - x^2 + 6 - x = 4x$
$x^2 - x - 6 = 0$
$(x-3)(x+2) = 0$
$x = 3 \text{ or } x = -2$

29. $\quad \dfrac{5}{w+6} - \dfrac{2}{w} = \dfrac{9w+6}{w^2+6w}$
$w(w+6)\left(\dfrac{5}{w+6} - \dfrac{2}{w}\right) = w(w+6)\left(\dfrac{9w+6}{w^2+6w}\right)$
$5w - 2(w+6) = 9w + 6$
$5w - 2w - 12 = 9w + 6$
$6w = -18$
$w = -3$

30.
$2a + 3 = 5$	Given
$2a + 3 - 3 = 5 - 3$	Subtraction Property of Equality
$2a + 0 = 2$	Simplified form
$2a = 2$	Addition Property of Zero
$\dfrac{2a}{2} = \dfrac{2}{2}$	Division Property of Equality
$a = 1$	Simplified form

31.
$x = (a - b) - (b - a)$	Given
$= a - b - b + a$	Distributive Property
$= a + [-b + (-b)] + a$	Definition of Subtraction
$= a + (-2b) + a$	Simplified form
$= a + a + (-2b)$	Commutative Property of Addition
$= 2a + (-2b)$	Simplified form
$= 2a - 2b$	Definition of Subtraction

32.
$3x - 9 = 6$	Given
$\dfrac{3x}{3} - \dfrac{9}{3} = \dfrac{6}{3}$	Division Property of Equality
$x - 3 = 2$	Simplified form
$x - 3 + 3 = 2 + 3$	Addition Property of Equality
$x = 5$	Simplified form

33.
$n = (2x + y) - (x - 3y)$	Given
$= 2x + y - x + 3y$	Distributive Property
$= 2x - x + y + 3y$	Commutative Property of Addition
$= x + 4y$	Simplified form

34.
$-6a - 5 = -95$	Given
$-6a - 5 + 5 = -95 + 5$	Addition Property of Equality
$-6a = -90$	Simplified form
$\dfrac{-6a}{-6} = \dfrac{-90}{-6}$	Division Property of Equality
$a = 15$	Simplified form

35. Let x represent the number of months
$$\text{cost} = 300 + 20x$$
$$\text{average monthly cost} = \frac{300 + 20x}{x}, x \neq 0$$

36.
$$\text{Area} = \tfrac{1}{2} \cdot \text{base} \cdot \text{height}$$
$$x^2 - 2x - 15 = \tfrac{1}{2} \cdot \text{base} \cdot (x - 5)$$
$$\frac{2(x^2 - 2x - 15)}{x - 5} = \text{base}$$
$$\frac{2(x - 5)(x + 3)}{x - 5} = \text{base}, x \neq 5$$
$$2(x + 3) = \text{base}$$
The base length is $2x + 6$, where x cannot equal 5.

37. Let s represent his original speed, then $s + 12$ represents his increased speed. Use $d = 189$ and $\frac{d}{s} = t$ to write an equation relating time.
$$\frac{189}{s} = \frac{189}{s + 12} + 1$$
$$s(s + 12)\left(\frac{189}{s}\right) = \left(\frac{189}{s + 12} + 1\right)(s)(s + 12)$$
$$(s + 12)189 = 189s + s(s + 12)$$
$$189s + 2268 = 189s + s^2 + 12s$$
$$0 = s^2 + 12s - 2268$$
$$0 = (s + 54)(s - 42); s \neq -54$$
$$s = 42$$
Gerald's original average speed was 42 mph.

38. Area = length · width
$$6x^2 + x - 35 = (2x + 5) \cdot \text{width}$$
$$\text{width} = \frac{6x^2 + x - 35}{2x + 5}$$
$$= \frac{(2x + 5)(3x - 7)}{2x + 5}$$
$$= 3x - 7, x \neq \frac{5}{2}$$

Chapter 11 Chapter Test

1. $xy = k$
$30 \cdot 12 = k$
$360 = k$
$15y = 360$
$y = 24$

2. $xy = k$
$12 \cdot 25 = k$
$300 = k$
$60y = 300$
$y = 5$

3. $xy = k$
$10 \cdot 20 = k$
$200 = k$
$25y = 200$
$y = 8$

4. $xy = k$
$48 \cdot 4 = k$
$192 = k$
$3y = 192$
$y = 64$

5. $D = r \cdot t$
$D = 60 \cdot 8$
$D = 480$
$45t = 480$
$t = 10\tfrac{2}{3} = 10$ hrs 40 min

6. $y = \frac{3x}{x - 1}$
$y = \frac{3(-1)}{-1 - 1} = \frac{-3}{-2} = \frac{3}{2}$
$y = \frac{3(3)}{3 - 1} = \frac{9}{2}$

7. $y = \frac{2x + 1}{x - 3}$
$y = \frac{2(-1) + 3}{-1 - 3} = \frac{1}{-4}$
$y = \frac{2(3) + 1}{3 - 3} = \frac{7}{0}$ undefined

8. $y = \frac{x + 1}{5x}$
$y = \frac{-1 + 1}{5(-1)} = \frac{0}{-5} = 0$
$y = \frac{3 + 1}{5(3)} = \frac{4}{15}$

9. $\frac{x - 1}{x^2 - 4x + 3}$
$x = -1; \frac{-1 - 1}{} = \frac{-2}{8} = \frac{-1}{4}$
$x = 3; \frac{3 - 1}{3^2 - 4(3) + 3} = \frac{2}{0}$ undefined

10. $y = \frac{3}{x + 2}$
$x \neq -2$

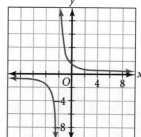

11. $y = \frac{5}{x - 1} + 2, x \neq 1$

12. $\frac{-3x(x - 1)}{9x^2} = \frac{-(x - 1)}{3x}, x \neq 0$

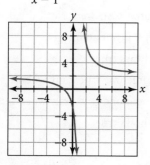

13. $\dfrac{x(x+2)}{x^2+4x+4} = \dfrac{x(x+2)}{(x+2)(x+2)} = \dfrac{x}{x+2}, x \neq -2$

14. $\dfrac{2x(x-4)}{4x^2-64} = \dfrac{2x(x-4)}{4(x+4)(x-4)} = \dfrac{x}{2(x+4)}, x \neq -4, 4$

15. $\dfrac{m^2-n^2}{3(m+n)^2} = \dfrac{(m+n)(m-n)}{3(m+n)(m+n)} = \dfrac{m-n}{3(m+n)}, m \neq -n$

16. $\dfrac{x^2-3x-10}{x+2} = \dfrac{(x+2)(x-5)}{x+2} = x-5, x \neq -2$

17. $\dfrac{3}{r} + \dfrac{4}{r-1} = \dfrac{r-1}{r-1} \cdot \dfrac{3}{r} + \dfrac{4}{r-1} \cdot \dfrac{r}{r}$
$= \dfrac{3r-3+4r}{r(r-1)}$
$= \dfrac{7r-3}{r(r-1)}, r \neq 0, 1$

18. $\dfrac{q+1}{q-3} - q = \dfrac{q+1}{q-3} - \dfrac{q}{1} \cdot \dfrac{q-3}{q-3}$
$= \dfrac{q+1-q^2+3q}{q-3}$
$= \dfrac{-q^2+4q+1}{q-3}, q \neq 3$

19. $\dfrac{2p}{p-4} \cdot \dfrac{3p-12}{8p^2} = \dfrac{2p}{p-4} \cdot \dfrac{3(p-4)}{8p^2}$
$= \dfrac{3}{4p}, p \neq 0, 4$

20. $\dfrac{a^2-b^2}{(a-b)^2} \div \dfrac{(a+b)^2}{a^2-ab} = \dfrac{(a+b)(a-b)}{(a-b)(a-b)} \cdot \dfrac{a(a-b)}{(a+b)(a+b)}$
$= \dfrac{a}{a+b}, a \neq b, -b, 0$

21. $\dfrac{3t}{t+2} + \dfrac{6}{t+2} = \dfrac{3t+6}{t+2}$
$= \dfrac{3(t+2)}{t+2}$
$= 3, t \neq -2$

22. $\dfrac{-9z}{3z+12} \div \dfrac{3}{z+4} = \dfrac{-9z}{3(z+4)} \cdot \dfrac{z+4}{3}$
$= -z, z \neq -4$

23. $\dfrac{3}{x-4} - \dfrac{1}{x^2-16} = \dfrac{x+4}{x+4} \cdot \dfrac{3}{x-4} + \dfrac{-1}{(x+4)(x-4)}$
$= \dfrac{3x+12-1}{(x+4)(x-4)}$
$= \dfrac{3x+11}{x^2-16}, x \neq -4, 4$

24. $\dfrac{6w+12}{w^2+5w+6} \cdot \dfrac{w+3}{3} = \dfrac{6(w+2)}{(w+2)(w+3)} \cdot \dfrac{w+3}{3}$
$= 2, w \neq -2, -3$

25. $\dfrac{2}{x+4} - \dfrac{1}{2} = \dfrac{-1}{3}$
$6(x+4)\left(\dfrac{2}{x+4} - \dfrac{1}{2}\right) = \dfrac{-1}{3}(6)(x+4)$
$12 - 3(x+4) = -2(x+4)$
$12 - 3x - 12 = -2x - 8$
$x = 8$

26. $\dfrac{x+1}{x+3} = \dfrac{x+4}{x+2}$
$(x+3)(x+2)\left(\dfrac{x+1}{x+3}\right) = \left(\dfrac{x+4}{x+2}\right)(x+3)(x+2)$
$(x+2)(x+1) = (x+4)(x+3)$
$x^2 + 3x + 2 = x^2 + 7x + 12$
$-4x = 10$
$x = -\dfrac{5}{2}$

27. $\dfrac{a+2}{a} - \dfrac{3}{2a} = \dfrac{1}{3a}$
$6a\left(\dfrac{a+2}{a} - \dfrac{3}{2a}\right) = \dfrac{1}{3a}(6a)$
$6(a+2) - 3(3) = 2$
$6a + 12 - 9 = 2$
$6a = -1$
$a = -\dfrac{1}{6}$

28. $\dfrac{h}{h+4} - 3 = \dfrac{2}{h+4}$
$(h+4)\left(\dfrac{h}{h+4} - 3\right) = \left(\dfrac{2}{h+4}\right)(h+4)$
$h - 3(h+4) = 2$
$h - 3h - 12 = 2$
$-2h = 14$
$h = -7$

29. $\begin{cases} x - y = 23 \\ \dfrac{x}{y} = 2 + \dfrac{1}{y} \end{cases}$
$x = 23 + y$
$y\left(\dfrac{23+y}{y}\right) = \left(2 + \dfrac{1}{y}\right)y$
$23 + y = 2y + 1$
$22 = y$
$45 = x$

30. Given
31. Subtraction Property of Equality
32. Inverse Property of Addition
33. Identity for Addition
34. Division Property of Equality
35. Equivalent form of 1

36. Sample Answer: No, 1 divided by 2 is not an integer.
37. Always true
38. Sometime true, only when $x = 0$
39. Sometime true, only when $n \leq 0$
40. Always true

Chapters 1–11 Cumulative Assessment   PAGES 572–573

1. Choose c.

2. $x + y = 3$
$\underline{+x - y = 1}$
$2x = 4$
$x = 2$

Substitute $x = 2$ into the second equation.
$2 - y = 1$
$y = 1$
Choose a.

3. rising means slope is positive, slope of a horizontal line is zero.
Choose a.

4. Choose d.

5. $\dfrac{5 \times 10^{-2}}{7 \times 10^{-5}} = \dfrac{5}{7} \times 10^{3}$
$\dfrac{5 \times 10^{2}}{7 \times 10^{5}} = \dfrac{5}{7} \times 10^{-3}$
Choose a.

6. $2x + y = 1$
$\underline{x - y = -7}$
$3x = -6$
$x = -2$

Substitute $x = -2$ into the second equation.
$-2 - y = -7$
$-y = -5$
$y = 5$
Choose b.

7. $4x^2 - 25 = (2x + 5)(2x - 5)$
Choose b.

8. $-4 - (-3 - 2) = -4 - (-5) = -4 + 5 = 1$
Choose c.

9. $y = (x - 2)^2 - 3;\ x = 2$
Choose c.

10. $4 \cdot 3\ \text{cm} = 12\ \text{cm}$
Choose b.

11. $\dfrac{n}{12} = \dfrac{12}{18}$
$18n = 12 \cdot 12$
$18n = 144$
$n = 8$
Choose b.

12. $\dfrac{x^2 - 1}{x - 1} = \dfrac{(x - 1)(x + 1)}{x - 1} = x + 1$
Choose b.

13. $-3x - 5 > -11$
$-3x > -6$
$x < 2$
Choose d.

14. $(5x^2 y)(2xy^{-1})^2 = 5x^2 y(4x^2 y^{-2})$
$= 20x^4 y^{-1}$
Choose d.

15. $3(x + 1)^2 + 1,\ x = 2$
$3(2 + 1)^2 + 1 = 3(3)^2 + 1 = 27 + 1 = 28$

16. $x^2 + 4x + 4 = (x+2)^2$; 4

17. $(0, 0)$ and $(3, -4)$
$$m = \frac{y_2 - y_1}{x_2 - x_1} = \frac{-4 - 0}{3 - 0} = -\frac{4}{3}$$
$$y - y_1 = m(x - x_1)$$
$$y - 0 = -\frac{4}{3}(x - 0)$$
$$y = -\frac{4}{3}x$$

18. $\frac{199 - 7}{24} = \frac{192}{24} = 8$

19. $\frac{-100a^8b^{10}}{-20a^5b^9} = 5a^3b$

20. 78, 86, 86, 90
median = 86

21. $y - y_1 = m(x - x_1)$
$y - 0 = -2(x - (-1))$
$y = -2(x + 1)$
$y = -2x - 2$

22. $3a(2c + d)^2 - 5(2c + d)^2 = (3a - 5)(2c + d)^2$

23.
$$\frac{2}{x+1} = \frac{x}{6}$$
$$6(x+1) \cdot \frac{2}{x+1} = 6(x+1) \cdot \frac{x}{6}$$
$$6 \cdot 2 = (x+1)x$$
$$12 = x^2 + x$$
$$0 = x^2 + x - 12$$
$$(x - 3)(x + 4) = 0$$
$$x = 3 \text{ or } x = -4$$

24. $\begin{cases} 3x + y = -2 \\ 2x + 3y = 8 \end{cases}$

Solve the first equation for y and substitute into the second equation.
$$y = -2 - 3x$$
$$2x + 3(-2 - 3x) = 8$$
$$2x - 6 - 9x = 8$$
$$-7x = 14$$
$$x = -2$$

Substitute $x = -2$ into the first equation.
$$3(-2) + y = -2$$
$$-6 + y = -2$$
$$y = 4$$

Solution: $(-2, 4)$

25. $(3x^2y^3)^0 = 1$

26. $|x - 5| = 17$

Case 1:
$x - 5 = 17$
$x = 22$

Case 2:
$-(x - 5) = 17$
$-x + 5 = 17$
$-x = 12$
$x = -12$

$x = -12$ or 22

27. $\frac{7}{9} = \frac{x}{27}$
$7 \cdot 27 = x \cdot 9$
$189 = 9x$
$x = 21$

28. $0.6 \cdot 240 = 144$

29. $\frac{16}{x} = \frac{20}{100}$
$20x = 1600$
$x = 80$

30. $(x + 3)^2 = 25$
$x^2 + 6x + 9 = 25$
$x^2 + 6x - 16 = 0$
$(x + 8)(x - 2) = 0$
$x = -8$ or $x = 2$

31. $P = A(1 + r)^t = 2000(1 + 0.05)^5 \approx 2552.56$
$\$2552.56$

32. $5x + 2y = 10$
$2y = -5x + 10$
$y = -\frac{5}{2}x + 5$
$m = \frac{2}{5}$

$y - y_1 = m(x - x_1)$
$y - (-7) = \frac{2}{5}(x - 3)$
$y + 7 = \frac{2}{5}x - \frac{6}{5}$
$y = \frac{2}{5}x - \frac{41}{5}$

33. $x^2 - 3x - 18 = 0$
$(x - 6)(x + 3) = 0$
$x - 6 = 0$ or $x + 3 = 0$
$x = 6$ or $x = -3$

34. $\begin{cases} 3x - 4y = -18 \\ 2x + 6y = 14 \end{cases}$

Solve the second equation for x and substitute into the first equation.

$2x = 14 - 6y$
$x = 7 - 3y$
$3(7 - 3y) - 4y = -18$
$21 - 9y - 4y = -18$
$-13y = -39$
$y = 3$

Substitute $y = 3$ into the second equation.

$2x + 6(3) = 14$
$2x + 18 = 14$
$2x = -4$
$x = -2$

Solution: $(-2, 3)$

35. $\begin{cases} x = y \\ 2x + 3y = 7 \end{cases}$

Substitute $x = y$ into the second equation.

$2x + 3x = 7$
$5x = 7$
$x = \frac{7}{5}$
$y = \frac{7}{5}$

Solution: $\left(\frac{7}{5}, \frac{7}{5}\right)$

36. $2x^2 + 7x - 20$
$2(5)^2 + 7(5) - 20$
$= 2 \cdot 25 + 35 - 20$
$= 50 + 35 - 20$
$= 65$

37. $\frac{2x}{3} = 12$
$3 \cdot \frac{2x}{3} = 3 \cdot 12$
$2x = 36$
$x = 18$

38. slope $= 2$

39. Let x be the score on the third test.

$85 + 89 + x \geq 270$
$174 + x \geq 270$
$x \geq 96$

Tim must score at least 96 points on the third test.

40. $(4, 3)$ and $(-2, -3)$
$m = \frac{y_2 - y_1}{x_2 - x_1} = \frac{-3 - 3}{-2 - 4} = \frac{-6}{-6} = 1$
$y - y_1 = m(x - x_1)$
$y - 3 = 1(x - 4)$
$y - 3 = x - 4$
$y = x - 1$
The slope is 1.

41. $3x^2 - 6x = -3$
$3x^2 - 6x + 3 = 0$
$3(x^2 - 2x + 1) = 0$
$x^2 - 2x + 1 = 0$
$(x - 1)^2 = 0$
$x - 1 = 0$
$x = 1$

42. $\frac{x}{7} = \frac{12}{42}$
$42x = 84$
$x = 2$

43. $2x + 3y = 5$
$3y = -2x + 5$
$y = -\frac{2}{3}x + \frac{5}{3}$
Slope $= -\frac{2}{3}$

44. $\frac{5}{11} = \frac{15}{w}$
$5w = 165$
$w = 33$

45. $0.15(260) = 39$

CHAPTER 12
Radicals, Functions & Coordinate Geometry

12.1 PAGE 581, GUIDED SKILLS PRACTICE

6. $\sqrt{36} = \sqrt{6 \cdot 6} = 6$

7. $-\sqrt{64} = -\sqrt{8 \cdot 8} = -8$

8. $\pm\sqrt{81} = \pm\sqrt{9 \cdot 9} = \pm 9$

9. $-\sqrt{121} = -\sqrt{11 \cdot 11}$
$= -11$

10. $8\sqrt{3} - 6\sqrt{3} = (8-6)\sqrt{3}$
$= 2\sqrt{3}$

11. $9 + 3\sqrt{7} - 5\sqrt{7} + 4$
$= (9+4) + (3-5)\sqrt{7}$
$= 13 - 2\sqrt{7}$

12. $\sqrt{32} = \sqrt{16 \cdot 2}$
$= \sqrt{16} \cdot \sqrt{2}$
$= 4\sqrt{2}$

13. $\sqrt{x^2 y^7} = \sqrt{x^2 y^6 y}$
$= \sqrt{x^2}\sqrt{y^6}\sqrt{y}$
$= |x|y^3\sqrt{y}$

14. $\sqrt{27x^6} = \sqrt{9 \cdot 3 \cdot x^6}$
$= \sqrt{9}\sqrt{3}\sqrt{x^6}$
$= 3|x^3|\sqrt{3}$

15. $\sqrt{19a^7 b^3} = \sqrt{19a^6 ab^2 b}$
$= \sqrt{19}\sqrt{a^6}\sqrt{a}\sqrt{b^2}\sqrt{b}$
$= a^3 b\sqrt{19ab}$

16. $(7\sqrt{11})^2 = (7\sqrt{11})(7\sqrt{11})$
$= (7 \cdot 7)(\sqrt{11}\sqrt{11})$
$= 49 \cdot 11$
$= 539$

17. $\sqrt{2}\sqrt{10} = \sqrt{2 \cdot 10}$
$= \sqrt{20}$
$= \sqrt{4 \cdot 5}$
$= \sqrt{4} \cdot \sqrt{5}$
$= 2\sqrt{5}$

18. $(2 - \sqrt{3})(5 + \sqrt{3}) = 10 + 2\sqrt{3} - 5\sqrt{3} - 3$
$= (10 - 3) + (2 - 5)\sqrt{3}$
$= 7 - 3\sqrt{3}$

19. $\sqrt{\dfrac{9}{4}} = \dfrac{\sqrt{9}}{\sqrt{4}} = \dfrac{3}{2}$

20. $\sqrt{\dfrac{6}{49}} = \dfrac{\sqrt{6}}{\sqrt{49}} = \dfrac{\sqrt{6}}{7}$

21. $\sqrt{\dfrac{225}{18}} = \sqrt{\dfrac{25}{2}}$
$= \dfrac{\sqrt{25}}{\sqrt{2}}$
$= \dfrac{5}{\sqrt{2}}$
$= \dfrac{5 \cdot \sqrt{2}}{\sqrt{2} \cdot \sqrt{2}}$
$= \dfrac{5\sqrt{2}}{2}$

22. $\sqrt{\dfrac{x^7 y^{14}}{z^3}} = \dfrac{\sqrt{x^7 y^{14}}}{\sqrt{z^3}}$
$= \dfrac{\sqrt{x^6 \cdot x \cdot y^{14}}}{\sqrt{z^2 \cdot z}}$
$= \dfrac{x^3 |y^7|\sqrt{x}}{z\sqrt{z}}$
$= \dfrac{x^3 |y^7|\sqrt{x} \cdot \sqrt{z}}{z\sqrt{z} \cdot \sqrt{z}}$
$= \dfrac{x^3 |y^7|\sqrt{xz}}{z^2}$

PAGES 581–582, PRACTICE AND APPLY

23. $\sqrt{225} = 15$

24. $-\sqrt{169} = -13$

25. $\pm\sqrt{11} \approx \pm 3.32$

26. $\sqrt{\frac{4}{9}} = \frac{2}{3}$

27. $-\sqrt{40} \approx -6.32$

28. $-\sqrt{27} \approx -5.20$

29. $\sqrt{1000} \approx 31.62$

30. $\sqrt{10,000} = 100$

31. $-\sqrt{0.04} = -0.2$

32. $\sqrt{0.059} \approx 0.24$

33. $\sqrt{49} = \sqrt{7 \cdot 7} = 7$

34. $196 = \sqrt{4 \cdot 49}$
$= \sqrt{4} \cdot \sqrt{49}$
$= 2 \cdot 7$
$= 14$

35. $\sqrt{576} = \sqrt{16 \cdot 36}$
$= \sqrt{16} \cdot \sqrt{36}$
$= 4 \cdot 6$
$= 24$

36. $\sqrt{3600} = \sqrt{36 \cdot 100}$
$= \sqrt{36} \cdot \sqrt{100}$
$= 6 \cdot 10$
$= 60$

37. $\sqrt{192} = \sqrt{64 \cdot 3}$
$= \sqrt{64} \cdot \sqrt{3}$
$= 8\sqrt{3}$

38. $\sqrt{75} = \sqrt{25 \cdot 3}$
$= \sqrt{25} \cdot \sqrt{3}$
$= 5\sqrt{3}$

39. $\sqrt{98} = \sqrt{49 \cdot 2}$
$= \sqrt{49} \cdot \sqrt{2}$
$= 7\sqrt{2}$

40. $\sqrt{1620} = \sqrt{36 \cdot 9 \cdot 5}$
$= \sqrt{36} \cdot \sqrt{9} \cdot \sqrt{5}$
$= 6 \cdot 3 \cdot \sqrt{5}$
$= 18\sqrt{5}$

41. $\sqrt{264} = \sqrt{4 \cdot 66}$
$= \sqrt{4} \cdot \sqrt{66}$
$= 2\sqrt{66}$

42. $\sqrt{648} = \sqrt{36 \cdot 9 \cdot 2}$
$= \sqrt{36} \cdot \sqrt{9} \cdot \sqrt{2}$
$= 6 \cdot 3 \cdot \sqrt{2}$
$= 18\sqrt{2}$

43. $\sqrt{a+b} = \sqrt{a} + \sqrt{b}$
false; true only if $a = 0$ and/or $b = 0$

44. $\sqrt{ab} = \sqrt{a}\sqrt{b}$; true

45. $\sqrt{\frac{a}{b}} = \frac{\sqrt{a}}{\sqrt{b}}, b \neq 0$; true

46. $\sqrt{3}\sqrt{12} = \sqrt{36} = 6$

47. $\sqrt{8}\sqrt{18} = \sqrt{144} = 12$

48. $\sqrt{48}\sqrt{3} = \sqrt{144} = 12$

49. $\sqrt{54}\sqrt{6} = \sqrt{9 \cdot 6 \cdot 6}$
$= 3 \cdot 6$
$= 18$

50. $\sqrt{\frac{64}{16}} = \sqrt{4} = 2$

51. $\sqrt{\frac{96}{2}} = \sqrt{48}$
$= \sqrt{16 \cdot 3}$
$= 4\sqrt{3}$

52. $\frac{\sqrt{50}}{\sqrt{8}} = \sqrt{\frac{50}{8}}$
$= \sqrt{\frac{25}{4}}$
$= \frac{\sqrt{25}}{\sqrt{4}}$
$= \frac{5}{2}$

53. $\frac{\sqrt{150}}{\sqrt{6}} = \sqrt{\frac{150}{6}}$
$= \sqrt{25}$
$= 5$

54. $\sqrt{5}\sqrt{15} = \sqrt{75}$
$= \sqrt{25 \cdot 3}$
$= 5\sqrt{3}$

55. $\sqrt{98}\sqrt{14} = \sqrt{49 \cdot 2 \cdot 2 \cdot 7}$
$= 7 \cdot 2\sqrt{7}$
$= 14\sqrt{7}$

56. $\sqrt{\frac{56}{8}} = \sqrt{7}$

57. $\frac{\sqrt{96}}{\sqrt{8}} = \sqrt{\frac{96}{8}}$
$= \sqrt{12}$
$= \sqrt{4 \cdot 3}$
$= 2\sqrt{3}$

58. $\sqrt{a^4 b^6} = \sqrt{a^2 \cdot a^2 \cdot b^2 \cdot b^2 \cdot b^2}$
$= a \cdot a \cdot |b| \cdot |b| \cdot |b|$
$= a^2|b^3|$

59. $\sqrt{x^8 y^9} = \sqrt{x^4 \cdot x^4 \cdot y^4 \cdot y^4 \cdot y}$
$= x^4 y^4 \sqrt{y}$

60. $\sqrt{\dfrac{p^9}{q^{10}}} = \dfrac{\sqrt{p^9}}{\sqrt{q^{10}}}$
$= \dfrac{\sqrt{p^4 \cdot p^4 \cdot p}}{\sqrt{q^5 \cdot q^5}}$
$= \dfrac{p^4 \sqrt{p}}{|q^5|}$

61. $\sqrt{\dfrac{x^3}{y^6}} = \dfrac{\sqrt{x^3}}{\sqrt{y^6}}$
$= \dfrac{\sqrt{x^2 \cdot x}}{\sqrt{y^3 \cdot y^3}}$
$= \dfrac{x\sqrt{x}}{|y^3|}$

62. $3\sqrt{5} + 4\sqrt{5} = (3 + 4)\sqrt{5}$
$= 7\sqrt{5}$

63. $4\sqrt{5} + 2\sqrt{5} - 5\sqrt{5} = (4 + 2 - 5)\sqrt{5}$
$= \sqrt{5}$

64. $\sqrt{6} + 2\sqrt{3} - \sqrt{6} = (\sqrt{6} - \sqrt{6}) + 2\sqrt{3}$
$= 2\sqrt{3}$

65. $(4 + \sqrt{3}) + (1 - \sqrt{2}) = 4 + 1 + \sqrt{3} - \sqrt{2}$
$= 5 + \sqrt{3} - \sqrt{2}$

66. $\dfrac{6 + \sqrt{18}}{3} = \dfrac{6 + \sqrt{9 \cdot 2}}{3}$
$= \dfrac{6 + 3\sqrt{2}}{3}$
$= \dfrac{3(2 + \sqrt{2})}{3}$
$= 2 + \sqrt{2}$

67. $\dfrac{\sqrt{15} + \sqrt{10}}{\sqrt{5}} = \dfrac{\sqrt{5}\sqrt{3} + \sqrt{5}\sqrt{2}}{\sqrt{5}}$
$= \dfrac{\sqrt{5}(\sqrt{3} + \sqrt{2})}{\sqrt{5}}$
$= \sqrt{3} + \sqrt{2}$

68. $(3\sqrt{5})^2 = 3^2(\sqrt{5})^2$
$= 9 \cdot 5$
$= 45$

69. $(4\sqrt{25})^2 = (4 \cdot 5)^2$
$= (20)^2$
$= 400$

70. $\sqrt{12}\sqrt{6} = \sqrt{72}$
$= \sqrt{36 \cdot 2}$
$= 6\sqrt{2}$

71. $\sqrt{72}\sqrt{32} = \sqrt{36 \cdot 2}\sqrt{16 \cdot 2}$
$= 6\sqrt{2} \cdot 4\sqrt{2}$
$= 24 \cdot 2$
$= 48$

72. $3(\sqrt{5} + 9) = 3\sqrt{5} + 3 \cdot 9$
$= 3\sqrt{5} + 27$

73. $\sqrt{5}(6 - \sqrt{15}) = 6\sqrt{5} - \sqrt{75}$
$= 6\sqrt{5} - \sqrt{25 \cdot 3}$
$= 6\sqrt{5} - 5\sqrt{3}$

74. $\sqrt{6}(6 + \sqrt{18}) = 6\sqrt{6} + \sqrt{6}\sqrt{6}\sqrt{3}$
$= 6\sqrt{6} + 6\sqrt{3}$

75. $(\sqrt{5} - 2)(\sqrt{5} + 2) = (\sqrt{5})^2 - 2^2$
$= 5 - 4$
$= 1$

76. $(\sqrt{3} - 4)(\sqrt{3} + 2) = \sqrt{3} \cdot \sqrt{3} + 2\sqrt{3} - 4\sqrt{3} - 8$
$= 3 - 2\sqrt{3} - 8$
$= -5 - 2\sqrt{3}$

77. $\sqrt{3}(\sqrt{3} + 2)^2 = \sqrt{3}[(\sqrt{3})^2 + 2(2)(\sqrt{3}) + 2^2]$
$= \sqrt{3}(3 + 4\sqrt{3} + 4)$
$= \sqrt{3}(7 + 4\sqrt{3})$
$= 7\sqrt{3} + 12$

78. $\sqrt{12}(\sqrt{3} + 8)^2 = \sqrt{12}[(\sqrt{3})^2 + 2(8)(\sqrt{3}) + 64]$
$= \sqrt{12}(3 + 16\sqrt{3} + 64)$
$= \sqrt{12}(67 + 16\sqrt{3})$
$= 67\sqrt{12} + 16\sqrt{36}$
$= 67 \cdot 2\sqrt{3} + 16 \cdot 6$
$= 134\sqrt{3} + 96$

79.
$$\sqrt{5}(\sqrt{5} - 4)^2 = \sqrt{5}[(\sqrt{5})^2 + 2(-4)(\sqrt{5}) + 16]$$
$$= \sqrt{5}(5 - 8\sqrt{5} + 16)$$
$$= \sqrt{5}(21 - 8\sqrt{5})$$
$$= 21\sqrt{5} - 8 \cdot 5$$
$$= 21\sqrt{5} - 40$$

80. $\sqrt{250} \approx 15.81$

The side is approximately 15.81 m.

81. $\sqrt{144} = 12$

The side is 12 in.

82. $\sqrt{28} \approx 5.29$

The side is approximately 5.29 mi.

83. Let A represent the area of the square in square feet, and s the length of the square's side in feet.

$$A = s^2$$
$$676 = s^2$$
$$\sqrt{676} = \sqrt{s^2}$$
$$26 = s$$

The side length is 26 ft.

PAGE 582, LOOK BACK

For Exercises 84–86, if $f(x) = |x - h| + k$, then the vertex is (h, k).

84. $(-a^2b^2)^3(a^4b)^2 = (-a^6b^6)(a^8b^2)$
$$= -a^{14}b^8$$

85. $\dfrac{x^5y^7}{x^2y^3} = x^{5-2} \cdot y^{7-3}$
$$= x^3y^4$$

86. $\left(\dfrac{20x^3}{-4x^2}\right)^3 = (-5x)^3$
$$= -125x^3$$

87. $(2x - 4)(2x - 4) = 4x^2 - 8x - 8x + 16$
$$= 4x^2 - 16x + 16$$

88. $(3a + 5)(2a - 6) = 6a^2 - 18a + 10a - 30$
$$= 6a^2 - 8a - 30$$

89. $(6b + 1)(3b - 1) = 18b^2 - 6b + 3b - 1$
$$= 18b^2 - 3b - 1$$

PAGE 582, LOOK BEYOND

90. since $5^3 = 125$, $\sqrt[3]{125} = 5$

91. since $2^5 = 32$, $\sqrt[5]{32} = 2$

92. since $4^4 = 256$, $\sqrt[4]{256} = 4$

93. since $10^5 = 100{,}000$, $\sqrt[5]{100{,}000} = 10$

94. $(x^{\frac{1}{3}})^4(x^5)^{\frac{1}{3}} = (x^{\frac{4}{3}})(x^{\frac{5}{3}}) = x^{\frac{9}{3}} = x^3$

95. $(xy)^{\frac{1}{2}}(x^{\frac{1}{3}})^6(y^{\frac{1}{2}})^2 = (x^{\frac{1}{2}}y^{\frac{1}{2}})(x^{\frac{6}{3}})(y^{\frac{2}{2}})$
$$= (x^{\frac{1}{2}})(x^2)(y^{\frac{1}{2}})(y^1)$$
$$= x^{\frac{5}{2}}y^{\frac{3}{2}}$$

96. $(x^3y^{\frac{3}{2}})^6(xy)^{\frac{1}{2}} = (x^{18}y^9)(x^{\frac{1}{2}}y^{\frac{1}{2}})$
$$= x^{\frac{37}{2}}y^{\frac{19}{2}}$$

12.2 PAGE 588, GUIDED SKILLS PRACTICE

For Exercises 5–12, use the pendulum formula, $t = 2\pi\sqrt{\dfrac{l}{980}}$

5. $t = 2\pi\sqrt{\dfrac{60}{980}}$
$t \approx 1.55$

One swing of a 60-centimeter pendulum takes about 1.55 seconds.

6. $t = 2\pi\sqrt{\dfrac{150}{980}}$
$t \approx 2.46$

One swing of a 150-centimeter pendulum takes about 2.46 seconds.

7. $t = 2\pi\sqrt{\dfrac{100}{980}}$
$t \approx 2.01$

One swing of a 100-centimeter pendulum takes about 2.01 seconds.

8. $t = 2\pi\sqrt{\dfrac{45}{980}}$
$t \approx 1.35$

One swing of a 45-centimeter pendulum takes about 1.35 seconds.

9. $2 = 2\pi\sqrt{\dfrac{l}{980}}$
$2\sqrt{980} = 2\pi\sqrt{l}$
$\dfrac{\sqrt{980}}{\pi} = \sqrt{l}$
$\left(\dfrac{\sqrt{980}}{\pi}\right)^2 \approx l$
$99.29 \approx l$

The length of the pendulum is about 99.29 centimeters.

10. $2.5 = 2\pi\sqrt{\dfrac{l}{980}}$
$2.5\sqrt{980} = 2\pi\sqrt{l}$
$\dfrac{2.5\sqrt{980}}{2\pi} = \sqrt{l}$
$\left(\dfrac{2.5\sqrt{980}}{2\pi}\right)^2 = l$
$155.15 \approx l$

The length of the pendulum is about 155.15 centimeters.

11. $3.5 = 2\pi\sqrt{\dfrac{l}{980}}$
$3.5\sqrt{980} = 2\pi\sqrt{l}$
$\dfrac{3.5\sqrt{980}}{2\pi} = \sqrt{l}$
$\left(\dfrac{3.5\sqrt{980}}{2\pi}\right)^2 = l$
$304.09 \approx l$
$l \approx 304.09$

The length of the pendulum is about 304.09 centimeters.

12. $4 = 2\pi\sqrt{\dfrac{l}{980}}$
$4\sqrt{980} = 2\pi\sqrt{l}$
$\dfrac{2\sqrt{980}}{\pi} = \sqrt{l}$
$\left(\dfrac{2\sqrt{980}}{\pi}\right)^2 = l$
$397.18 \approx l$
$l \approx 397.18$

The length of the pendulum is about 397.18 centimeters.

13. $\sqrt{x-2} = 3$
$(\sqrt{x-2})^2 = 3^2$
$x - 2 = 9$
$x = 11$

14. $\sqrt{x+3} = 1$
$(\sqrt{x+3})^2 = 1^2$
$x + 3 = 1$
$x = -2$

15. $\sqrt{x-1} = 2$
$(\sqrt{x-1})^2 = 2^2$
$x - 1 = 4$
$x = 5$

16. $\sqrt{x+5} = 3$
$(\sqrt{x+5})^2 = 3^2$
$x + 5 = 9$
$x = 4$

17. $\sqrt{x-1} = x$
$(\sqrt{x-1})^2 = x^2$
$x - 1 = x^2$
$0 = x^2 - x + 1$

No real number solutions.

18. $\sqrt{4x-4} = x$
$(\sqrt{4x-4})^2 = x^2$
$4x - 4 = x^2$
$0 = x^2 - 4x + 4$
$0 = (x-2)(x-2)$
$x = 2$

Check: $\sqrt{4(2) - 4} = \sqrt{8-4} = \sqrt{4} = 2$, so 2 is a solution.

19. $\sqrt{3x-2} = x$
$(\sqrt{3x-2})^2 = x^2$
$3x - 2 = x^2$
$0 = x^2 - 3x + 2$
$0 = (x-1)(x-2)$
$x = 1$ or $x = 2$

Check: For $x = 1$, $\sqrt{3(1)-2} = \sqrt{3-2}$
$= \sqrt{1}$
$= 1$,
so 1 is a solution.
For $x = 2$, $\sqrt{3(2)-2} = \sqrt{6-2}$
$= \sqrt{4}$
$= 2$,
so 2 is a solution.

20. $\sqrt{2x+24} = x$
$(\sqrt{2x+24})^2 = x^2$
$2x + 24 = x^2$
$0 = x^2 - 2x - 24$
$0 = (x-6)(x+4)$
$x = 6$ or $x = -4$

Check: For $x = 6$, $\sqrt{2(6)+24} = \sqrt{12+24}$
$= \sqrt{36}$
$= 6$,
so 6 is a solution.
For $x = -4$, $\sqrt{2(-4)+24} = \sqrt{-8+24}$
$= \sqrt{16}$
$= 4$,
so -4 is not a solution.

21. $x^2 = 800$
$x = \pm\sqrt{800}$
$= \pm\sqrt{400 \cdot 2}$
$= \pm 20\sqrt{2}$
$x = 20\sqrt{2}$ or $x = -20\sqrt{2}$

22. $x^2 = 250$
$x = \pm\sqrt{250}$
$= \pm\sqrt{25 \cdot 10}$
$= \pm 5\sqrt{10}$
$x = 5\sqrt{10}$ or $x = -5\sqrt{10}$

23. $x^2 = 8^2 + 6^2$
$x = \pm\sqrt{8^2 + 6^2}$
$= \pm\sqrt{100}$
$= \pm 10$
$x = 10$ or $x = -10$

24. $x^2 = v^2 - t^2$
$x = \pm\sqrt{v^2 - t^2}$
$x = \sqrt{v^2 - t^2}$ or
$x = -\sqrt{v^2 - t^2}$

25. Let A represent the area of the garden and r the radius.
$A = \pi r^2$
$18 = \pi r^2$
$\frac{18}{\pi} = r^2$
$\sqrt{\frac{18}{\pi}} = r$
$r \approx 2.39$ yards

26. $x^2 - 8x + 16 = 25$
$(x-4)^2 = 25$
$x - 4 = \pm 5$
$x = 4 \pm 5$
$x = 9$ or -1

27. $x^2 + 8x + 16 = 4$
$(x+4)^2 = 4$
$x + 4 = \pm 2$
$x = -4 \pm 2$
$x = -2$ or -6

28. $x^2 + 4x + 4 = 16$
$(x+2)^2 = 16$
$x + 2 = \pm 4$
$x = -2 \pm 4$
$x = -6$ or 2

PAGES 588–589, PRACTICE AND APPLY

29. $\sqrt{x-5} = 2$ Check: $\sqrt{x-5} = 2$
$(\sqrt{x-5})^2 = 2^2$ $\sqrt{9-5} = 2$
$x - 5 = 4$ $\sqrt{4} = 2$
$x = 9$ $2 = 2$

30. $\sqrt{x+7} = 5$ Check: $\sqrt{x+7} = 5$
$(\sqrt{x+7})^2 = 5^2$ $\sqrt{18+7} = 5$
$x + 7 = 25$ $\sqrt{25} = 25$
$x = 18$ $5 = 5$

31. $\sqrt{2x} = 6$ Check: $\sqrt{2x} = 6$
$(\sqrt{2x})^2 = 6^2$ $\sqrt{2(18)} = 6$
$2x = 36$ $\sqrt{36} = 6$
$x = 18$ $6 = 6$

32. $\sqrt{10-x} = 3$ Check: $\sqrt{10-x} = 3$
$(\sqrt{10-x})^2 = 3^2$ $\sqrt{10-1} = 3$
$10 - x = 9$ $\sqrt{9} = 3$
$-x = -1$ $3 = 3$
$x = 1$

33. $\sqrt{2x+9} = 7$ Check: $\sqrt{2x+9} = 7$
$(\sqrt{2x+9})^2 = 7^2$ $\sqrt{2(20)+9} = 7$
$2x + 9 = 49$ $\sqrt{40+9} = 7$
$2x = 40$ $\sqrt{49} = 7$
$x = 20$ $7 = 7$

34. $\sqrt{2x-1} = 4$ Check: $\sqrt{2x-1} = 4$
$(\sqrt{2x-1})^2 = 4^2$ $\sqrt{2\left(\frac{17}{2}\right)-1} = 4$
$2x - 1 = 16$ $\sqrt{17-1} = 4$
$2x = 17$ $\sqrt{16} = 4$
$x = \frac{17}{2}$ $4 = 4$

35. $\sqrt{x+2} = x$ Check: $x = 2$ $x = -1$
$(\sqrt{x+2})^2 = x^2$ $\sqrt{x+2} = x$ $\sqrt{x+2} = x$
$x + 2 = x^2$ $\sqrt{2+2} = 2$ $\sqrt{-1+2} = -1$
$0 = x^2 - x - 2$ $\sqrt{4} = 2$ $\sqrt{1} = -1$
$0 = (x-2)(x+1)$ $2 = 2$ $1 \neq -1$
$x = 2$ or $x = -1$
Solution: $x = 2$

36. $\sqrt{6-x} = x$ Check: $x = 2$ $x = -3$
$(\sqrt{6-x})^2 = x^2$ $\sqrt{6-x} = x$ $\sqrt{6-x} = x$
$6 - x = x^2$ $\sqrt{6-2} = 2$ $\sqrt{6-(-3)} = -3$
$0 = x^2 + x - 6$ $\sqrt{4} = 2$ $\sqrt{9} = -3$
$0 = (x+3)(x-2)$ $2 = 2$ $3 \neq -3$
$x = 2$ or $x = -3$
Solution: $x = 2$

37. $\sqrt{5x-6} = x$ Check: $x = 3$ $x = 2$
$(\sqrt{5x-6})^2 = x^2$ $\sqrt{5x-6} = 3$ $\sqrt{5x-6} = 2$
$5x - 6 = x^2$ $\sqrt{5(3)-6} = 3$ $\sqrt{5(2)-6} = 2$
$0 = x^2 - 5x + 6$ $\sqrt{9} = 3$ $\sqrt{4} = 2$
$0 = (x-3)(x-2)$ $3 = 3$ $2 = 2$
$x = 3$ or $x = 2$
Solution: $x = 3$ or $x = 2$

38. $\sqrt{x-1} = x - 7$ Check: $x = 5$ $x = 10$
$(\sqrt{x-1})^2 = (x-7)^2$ $\sqrt{x-1} = x - 7$ $\sqrt{x-1} = x - 7$
$x - 1 = x^2 - 14x + 49$ $\sqrt{5-1} = 5 - 7$ $\sqrt{10-1} = 10 - 7$
$0 = x^2 - 15x + 50$ $\sqrt{4} = -2$ $\sqrt{9} = 3$
$0 = (x-5)(x-10)$ $2 \neq -2$ $3 = 3$
$x = 10$ or $x = 5$
Solution: $x = 10$

39. $\sqrt{x+3} = x + 1$ Check: $x = -2$ $x = 1$
$(\sqrt{x+3})^2 = (x+1)^2$ $\sqrt{x+3} = x + 1$ $\sqrt{x+3} = x + 1$
$x + 3 = x^2 + 2x + 1$ $\sqrt{-2+3} = -2 + 1$ $\sqrt{1+3} = 1 + 1$
$0 = x^2 + x - 2$ $\sqrt{1} = -1$ $\sqrt{4} = 2$
$0 = (x+2)(x-1)$ $1 \neq -1$ $2 = 2$
$x = 1$ or $x = -2$
Solution: $x = 1$

40. $\sqrt{2x+6} = x-1$ Check: $x = 5$ $x = -1$
$(\sqrt{2x+6})^2 = (x-1)^2$ $\sqrt{2x+6} = x-1$ $\sqrt{2x+6} = x-1$
$2x+6 = x^2 - 2x + 1$ $\sqrt{2(5)+6} = 5-1$ $\sqrt{2(-1)+6} = -1-1$
$0 = x^2 - 4x - 5$ $\sqrt{16} = 4$ $\sqrt{4} = -2$
$0 = (x-5)(x+1)$ $4 = 4$ $2 \neq -2$
$x = 5$ or $x = -1$

Solution: $x = 5$

41. $\sqrt{x^2 + 3x - 6} = x$ Check: $x = 2$
$(\sqrt{x^2 + 3x - 6})^2 = x^2$ $\sqrt{x^2 + 3x - 6} = x$
$x^2 + 3x - 6 = x^2$ $\sqrt{2^2 + 3(2) - 6} = 2$
$3x - 6 = 0$ $\sqrt{4 + 6 - 6} = 2$
$3x = 6$ $\sqrt{4} = 2$
$x = 2$ $2 = 2$

Solution: $x = 2$

42. $\sqrt{x-1} = x-1$ Check: $x = 2$ $x = 1$
$(\sqrt{x-1})^2 = (x-1)^2$ $\sqrt{x-1} = x-1$ $\sqrt{x-1} = x-1$
$x - 1 = x^2 - 2x + 1$ $\sqrt{2-1} = 2-1$ $\sqrt{1-1} = 1-1$
$0 = x^2 - 3x + 2$ $\sqrt{1} = 1$ $\sqrt{0} = 0$
$0 = (x-2)(x-1)$ $1 = 1$ $0 = 0$
$x = 2$ or $x = 1$

Solution: $x = 2$ or $x = 1$

43. $\sqrt{x^2 + 5x + 11} = x + 3$ Check: $x = 2$
$(\sqrt{x^2 + 5x + 11})^2 = (x+3)^2$ $\sqrt{x^2 + 5x + 11} = x + 3$
$x^2 + 5x + 11 = x^2 + 6x + 9$ $\sqrt{2^2 + 5(2) + 11} = 2 + 3$
$2 = x$ $\sqrt{4 + 10 + 11} = 5$
$\sqrt{25} = 5$
$5 = 5$

Solution: $x = 2$

44. $x^2 = 90$ **45.** $4x^2 = 7$ **46.** $3x^2 - 27 = 0$
$x = \pm\sqrt{90}$ $x^2 = \frac{7}{4}$ $3x^2 = 27$
$x = \pm 3\sqrt{10}$ $x = \pm\sqrt{\frac{7}{4}}$ $x^2 = 9$
$x = \pm\frac{\sqrt{7}}{2}$ $x = \pm 3$

47. $2x^2 = 48$ **48.** $x^2 - 8x + 16 = 0$ **49.** $x^2 - 12x + 36 = 0$
$x^2 = 24$ $(x-4)(x-4) = 0$ $(x-6)(x-6) = 0$
$x = \pm\sqrt{24}$ $x - 4 = 0$ $x - 6 = 0$
$x = \pm 2\sqrt{6}$ $x = 4$ $x = 6$

50. $x^2 = 9$ **51.** $\sqrt{x} = 9$ **52.** $|x| = 9$
$x = \pm 3$ $(\sqrt{x})^2 = 9^2$ $x = \pm 9$
$x = 81$

53. $x^2 = -9$
Cannot solve: it is not possible to square a number and get a negative result.

54.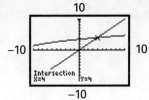

The intersection point is (4, 4) so the solution to the equation is $x = 4$.

55.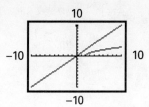

There is no intersection point, so the equation has no solution.

56.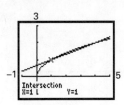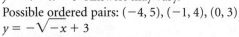

The intersection points are (1, 1) and (4, 2), so the equation has two solutions: $x = 1$ and $x = 4$.

57. a. $y = \sqrt{4 - x}$ Answers may vary.
Possible ordered pairs: $(-5, 3), (0, 2), (4, 0)$
$y = -\sqrt{4 - x}$
Possible ordered pairs: $(-5, -3), (0, -2), (4, 0)$

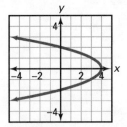

Domain: $x \leq 4$
Range: all real numbers

b. $y = \sqrt{-x} + 3$ Answers may vary.
Possible ordered pairs: $(-4, 5), (-1, 4), (0, 3)$
$y = -\sqrt{-x} + 3$
Possible ordered pairs: $(-4, 1), (-1, 2), (0, 3)$

Domain: $x \leq 0$
Range: all real numbers

58.
$t = 2\pi\sqrt{\dfrac{l}{32}}$
$1 = 2\pi\sqrt{\dfrac{l}{32}}$
$\sqrt{32} = 2\pi\sqrt{l}$
$\dfrac{\sqrt{32}}{2\pi} = \sqrt{l}$
$\dfrac{32}{4\pi^2} = l$
$\dfrac{8}{\pi^2} = l$
$0.81 \approx l$
The length is about 0.81 ft.

59. For $t = 1, l = \dfrac{8}{\pi^2}$ (from Ex. 61).
$t = 2\pi\sqrt{\dfrac{l}{32}}$
$2 = 2\pi\sqrt{\dfrac{l}{32}}$
$2\sqrt{32} = 2\pi\sqrt{l}$
$\dfrac{2\sqrt{32}}{2\pi} = \sqrt{l}$
$\dfrac{32}{\pi^2} = l$
So for $t = 2, l = \dfrac{32}{\pi^2} = 4\left(\dfrac{8}{\pi^2}\right)$.
If the time required for 1 complete swing is doubled, the length of the pendulum is multiplied by 4.

60. If t is multiplied by c, l is multiplied by c^2.
$\left(ct = \dfrac{\sqrt{c^2 \, 4\pi^2 l}}{32}\right)$

61. a. $E = \frac{1}{2}mv^2$
$2E = mv^2$
$\frac{2E}{m} = v^2$
$\sqrt{\frac{2E}{m}} = v$
$\frac{\sqrt{2E}}{\sqrt{m}} \cdot \frac{\sqrt{m}}{\sqrt{m}} = v$
$\frac{\sqrt{2Em}}{m} = v$

b. $v = \sqrt{\frac{2E}{m}}$
$= \sqrt{\frac{2(50)}{0.14}}$
$= \sqrt{\frac{100}{0.14}}$
≈ 26.73

The velocity is about 26.73 meters per second.

PAGE 590, LOOK BACK

62. $-2x + 3 < 11$
$-2x < 8$
$x > -4$

63. $4x^4 - 16y^4 = 4(x^4 - 4y^4)$
$= 4(x^2 - 2y^2)(x^2 + 2y^2)$

64. A quadratic has no real solution when the value of the discriminant is *less than zero*. Answers may vary. Sample answer: $x^2 + x + 1 = 0$ has a discriminant value of -3 and has no real solutions.

65. $x^2 - x - 12 > 0$
$x^2 - x - 12 = 0$
$(x - 4)(x + 3) = 0$
$x = 4$ or $x = -3$
Test $x = 0$:
$(0)^2 - (0) - 12 \stackrel{?}{>} 0$
$-12 > 0$ False
Solution: $x > 4$ or $x < -3$

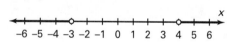

66. $y^2 + 5y + 6 < 0$
$y^2 + 5y + 6 = 0$
$(y + 3)(y + 2) = 0$
$y = -3$ or $y = -2$
Test $y = -\frac{5}{2}$:
$\left(-\frac{5}{2}\right)^2 + 5\left(-\frac{5}{2}\right) + 6 \stackrel{?}{<} 0$
$\frac{25}{4} - \frac{25}{2} + 6 \stackrel{?}{<} 0$
$\frac{25 - 50 + 24}{4} \stackrel{?}{<} 0$
$-\frac{1}{4} < 0$ True

Solution: $-3 < y < -2$

67. $a^2 - 6a - 16 < 0$
$a^2 - 6a - 16 = 0$
$(a - 8)(a + 2) = 0$
$a = 8$ or $a = -2$
Test $a = 0$:
$(0)^2 - 6(0) - 16 \stackrel{?}{<} 0$
$-16 < 0$ True
Solution: $-2 < a < 8$

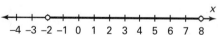

PAGE 590, LOOK BEYOND

68.

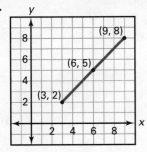

The midpoint is (6, 5).

69.

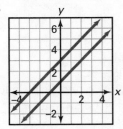

$y = (x - 2) + 3$ is a shift of $y = x + 3$ by 2 units to the right. The lines are parallel.

70.

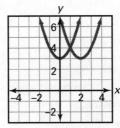

$y = x^2 + 3$ is a parabola, vertex (0, 3) and opening upward. $y = (x - 2)^2 + 3$ is a parabola opening upward with vertex (2, 3) and is a shift of the previous graph 2 units to the right. The graphs intersect at (1, 4).

71.

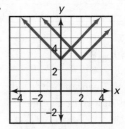

$y = |x| + 3$ is an absolute value function with vertex (0, 3). $y = |x - 2| + 3$ is the same shape, shifted 2 units to the right. Its vertex is at (2, 3). The graphs intersect at (1, 4).

12.3 PAGE 595, GUIDED SKILLS PRACTICE

6. $x^2 = 3^2 + 4^2$
$x^2 = 9 + 16$
$x^2 = 25$
$x = \sqrt{25}$
$x = 5$

7. $y^2 = 12^2 + 16^2$
$y^2 = 400$
$y = \sqrt{400}$
$y = 20$

8. $z^2 = 6^2 + 6^2$
$z^2 = 72$
$z = \sqrt{72}$
$z = \sqrt{36 \cdot 2}$
$z = 6\sqrt{2}$

9. $c^2 = a^2 + b^2$
$c^2 = 6^2 + 10^2$
$c^2 = 136$
$c = 2\sqrt{34}$ units

10. $\left(\frac{1}{2} \cdot 30\right)^2 + h^2 = 25^2$
$15^2 + h^2 = 25^2$
$h^2 = 25^2 - 15^2$
$h^2 = 400$
$h = \sqrt{400}$
$h = 20$

The height of the pyramid is 20 meters.

PAGES 595–596, PRACTICE AND APPLY

11. hypotenuse $= c = \overline{AB}$
leg $= a = \overline{CB}$
leg $= b = \overline{AC}$

12. hypotenuse $= y = \overline{XZ}$
leg $= x = \overline{YZ}$
leg $= z = \overline{XY}$

13. hypotenuse $= r = \overline{ST}$
leg $= s = \overline{RT}$
leg $= t = \overline{RS}$

	Leg	Leg	Hypotenuse
14.	24	45	51
15.	10	24	26
16.	15	8	17
17.	5	9	10.3
18.	12	21.9	25
19.	24.3	6	25
20.	30	40	50
21.	0.75	1	1.25

22. $3^2 + 7^2 \stackrel{?}{=} 9^2$
$9 + 49 \stackrel{?}{=} 81$
$58 \neq 81$
No, 3, 9, 7 cannot be the side lengths of a right triangle.

23. $6^2 + 8^2 \stackrel{?}{=} 10^2$
$36 + 64 \stackrel{?}{=} 100$
$100 = 100$
Yes, 10, 6, 8 can be the side lengths of a right triangle.

24. $5^2 + 9^2 \stackrel{?}{=} 11^2$
$25 + 81 \stackrel{?}{=} 121$
$106 \neq 121$
No, 5, 9, 11 cannot be the side lengths of a right triangle.

25. $(\sqrt{5})^2 + (\sqrt{6})^2 \stackrel{?}{=} (\sqrt{11})^2$
$5 + 6 \stackrel{?}{=} 11$
$11 = 11$
Yes, $\sqrt{5}, \sqrt{6}, \sqrt{11}$ can be the side lengths of a right triangle.

26. $4^2 + (4\sqrt{3})^2 \stackrel{?}{=} 8^2$
$16 + 48 \stackrel{?}{=} 64$
$64 = 64$
Yes, 4, $4\sqrt{3}$, 8 can be the side lengths of a right triangle.

27. $(\sqrt{3})^2 + (\sqrt{4})^2 \stackrel{?}{=} (\sqrt{5})^2$
$3 + 4 \stackrel{?}{=} 5$
$7 \neq 5$
No, $\sqrt{3}, \sqrt{4}, \sqrt{5}$ cannot be the side lengths of a right triangle.

28. a. $a^2 + \left(\dfrac{n}{2}\right)^2 = n^2$
$a^2 + \dfrac{n^2}{4} = n^2$
$a^2 = n^2 - \dfrac{n^2}{4}$
$a^2 = \dfrac{3n^2}{4}$
$a = \dfrac{|n|\sqrt{3}}{2}$

b.

Side	4	6	8	10	12	20	n	34
Half of a side	2	3	4	5	6	10	$\dfrac{n}{2}$	17
Altitude	$2\sqrt{3}$	$3\sqrt{3}$	$4\sqrt{3}$	$5\sqrt{3}$	$6\sqrt{3}$	$10\sqrt{3}$	$\dfrac{|n|\sqrt{3}}{2}$	$17\sqrt{3}$

29. $x^2 + (10)^2 = (14)^2$
$x^2 = 196 - 100$
$x = \sqrt{96}$
$x \approx 9.8$ feet

30. $14 + 10 + 9.8 = 33.8$
34 ft of fencing must be bought.

31. Let C represent the cost of the fencing, and f represent the length of the fencing.
$C = 4.98f$
$ = 4.98(34)$
$ = 169.32$
The cost is $169.32.

32. Let s represent the length of each side in feet, and x represent the distance from 3rd to 1st base.
$x^2 = s^2 + s^2$
$x^2 = 2s^2$
$x^2 = 2(90)^2$
$x^2 = 2(8100)$
$x^2 = 16{,}200$
$x \approx 127.28$
The distance is approximately 127 ft.

PAGE 597, LOOK BACK

33.

Number of lamps sold	0	10	20	30	40	50
Week's pay	$20	$45	$70	$95	$120	$145

34. $w = 20 + 2.50l$

35. $w = 20 + 2.50(29)$
$ = 20 + 72.50$
$ = 92.50$
He will make $92.50.

36. $149 = 20 + 2.50t$
$129 = 2.50t$
$51.60 = t$
He must sell 52 lamps.

37. $y = \frac{1}{2}x + 3$, slope $= \frac{1}{2}$
$y = 4x + 3$, slope $= 4$
neither

38. $y = 3x - 4$, slope $= 3$
$y = -\frac{1}{3}x + 2$, slope $= -\frac{1}{3}$
Slopes are negative reciprocals; the lines are perpendicular.

39. Write each equation in $y = mx + b$ form.
$-2x + y = 8 \qquad -6x + 3y = 15$
$ y = 2x + 8 \qquad 3y = 6x + 15$
slope $= 2 \qquad\qquad\quad y = 2x + 5$
$\qquad\qquad\qquad\qquad\quad$ slope $= 2$
Slopes are the same; y-intercepts are different; the lines are parallel.

PAGE 597, LOOK BEYOND

40. Answers may vary. Sample answer:

$p = 3$ and $q = 2$
$p^2 - q^2 = 3^2 - 2^2 = 5$
$2pq = 2 \cdot 3 \cdot 2 = 12$
$p^2 + q^2 = 3^2 + 2^2 = 13$
$\{5, 12, 13\}$

$p = 4$ and $q = 3$
$p^2 - q^2 = 4^2 - 3^2 = 7$
$2pq = 2 \cdot 4 \cdot 3 = 24$
$p^2 + q^2 = 4^2 + 3^2 = 25$
$\{7, 24, 25\}$

$p = 4$ and $q = 1$
$p^2 - q^2 = 4^2 - 1^2 = 15$
$2pq = 2 \cdot 4 \cdot 1 = 8$
$p^2 + q^2 = 4^2 + 1^2 = 17$
$\{15, 8, 17\}$

$p = 5$ and $q = 4$
$p^2 - q^2 = 5^2 - 4^2 = 9$
$2pq = 2 \cdot 5 \cdot 4 = 40$
$p^2 + q^2 = 5^2 + 4^2 = 41$
$\{9, 40, 41\}$

$p = 5$ and $q = 2$
$p^2 - q^2 = 5^2 - 2^2 = 21$
$2pq = 2 \cdot 5 \cdot 2 = 20$
$p^2 + q^2 = 5^2 + 2^2 = 29$
$\{21, 20, 29\}$

$p = 6$ and $q = 5$
$p^2 - q^2 = 6^2 - 5^2 = 11$
$2pq = 2 \cdot 6 \cdot 5 = 60$
$p^2 + q^2 = 6^2 + 5^2 = 61$
$\{11, 60, 61\}$

41. Since there are infinitely many integers, the three expressions will generate infinitely many Pythagorean triples.

12.4 PAGE 603, GUIDED SKILLS PRACTICE

6. $d = \sqrt{(5-2)^2 + (7-3)^2}$
$d = \sqrt{3^2 + 4^2}$
$d = \sqrt{9 + 16}$
$d = \sqrt{25}$
$d = 5$

7. $d = \sqrt{(7-(-5))^2 + (1-6)^2}$
$d = \sqrt{12^2 + (-5)^2}$
$d = \sqrt{144 + 25}$
$d = \sqrt{169}$
$d = 13$

8. $d = \sqrt{(-3-(-5))^2 + (-2-(-8))^2}$
$d = \sqrt{(-8)^2 + 6^2}$
$d = \sqrt{64 + 36}$
$d = \sqrt{100}$
$d = 10$

9. $AB = \sqrt{(1-3)^2 + (2-6)^2} = \sqrt{(-2)^2 + (-4)^2} = \sqrt{20}$
$AC = \sqrt{(-3-3)^2 + (4-6)^2} = \sqrt{(-6)^2 + (-2)^2} = \sqrt{40}$
$BC = \sqrt{(-3-1)^2 + (4-2)^2} = \sqrt{(-4)^2 + (2)^2} = \sqrt{20}$
Is $(\sqrt{20})^2 + (\sqrt{20})^2 = (\sqrt{40})^2$ true?
$20 + 20 = 40$, so the triangle is a right triangle.

10. $DE = \sqrt{(-2-2)^2 + (9-3)^2} = \sqrt{(-4)^2 + 6^2} = \sqrt{52}$
$DF = \sqrt{(-5-2)^2 + (7-3)^2} = \sqrt{(-7)^2 + 4^2} = \sqrt{65}$
$EF = \sqrt{(-5-(-2))^2 + (7-9)^2} = \sqrt{(-3)^2 + (-2)^2} = \sqrt{13}$
Is $(\sqrt{13})^2 + (\sqrt{52})^2 = (\sqrt{65})^2$ true?
Since $13 + 52 = 65$, the triangle is a right triangle.

11. $GH = \sqrt{(-1-4)^2 + (0-(-2))^2} = \sqrt{(-5)^2 + 2^2} = \sqrt{29}$
$GI = \sqrt{(6-4)^2 + (-2-(-2))^2} = \sqrt{2^2 + 0} = 2$
$HI = \sqrt{(6-(-1))^2 + (-2-0)^2} = \sqrt{7^2 + (-2)^2} = \sqrt{53}$
Is $(\sqrt{29})^2 + 2^2 = (\sqrt{53})^2$ true?
Since $29 + 4 \neq 53$, the triangle is not a right triangle.

12. $JK = \sqrt{(3-6)^2 + (0-4)^2} = \sqrt{(-3)^2 + (-4)^2} = 5$
$JL = \sqrt{(2-6)^2 + (7-4)^2} = \sqrt{(-4)^2 + (3)^2} = 5$
$KL = \sqrt{(2-3)^2 + (7-0)^2} = \sqrt{(-1)^2 + (7)^2} = \sqrt{50}$
Is $5^2 + 5^2 = (\sqrt{50})^2$ true?
Since $25 + 25 = 50$, the triangle is a right triangle.

13. $\bar{x} = \frac{5 + (-3)}{2} = \frac{2}{2} = 1$
$\bar{y} = \frac{-1 + 7}{2} = \frac{6}{2} = 3$
The midpoint is $(1, 3)$.

14. $\bar{x} = \frac{-3 + 4}{2} = \frac{1}{2}$
$\bar{y} = \frac{-6 + (-2)}{2} = \frac{-8}{2} = -4$
The midpoint is $\left(\frac{1}{2}, -4\right)$.

15. $\bar{x} = \frac{-18 + 44}{2} = \frac{26}{2} = 13$
$\bar{y} = \frac{13 + (-13)}{2} = \frac{0}{2} = 0$
The midpoint is $(13, 0)$.

16. $\bar{x} = \frac{17 + 14}{2} = \frac{31}{2} = 15\frac{1}{2}$
$\bar{y} = \frac{12 + (-13)}{2} = \frac{-1}{2} = -\frac{1}{2}$
The midpoint is $\left(15\frac{1}{2}, -\frac{1}{2}\right)$.

17. $\frac{7 + x}{2} = 4$ $\quad$ $\frac{-7 + y}{2} = -3$
$7 + x = 8$ $\quad$ $-7 + y = -6$
$x = 1$ $\quad$ $y = 1$
The other endpoint is $(1, 1)$.

18. $\frac{4 + x}{2} = -6$ $\quad$ $\frac{8 + y}{2} = -2$
$4 + x = -12$ $\quad$ $8 + y = -4$
$x = -16$ $\quad$ $y = -12$
The other endpoint is $(-16, -12)$.

19. $\frac{4+x}{2} = \frac{3}{2}$ $\frac{2+y}{2} = \frac{7}{2}$
  $4 + x = 3$ $2 + y = 7$
  $x = -1$ $y = 5$
  The other endpoint is $(-1, 5)$.

20. $\frac{-4+x}{2} = \frac{9}{2}$ $\frac{3+y}{2} = \frac{1}{2}$
  $-4 + x = 9$ $3 + y = 1$
  $x = 13$ $y = -2$
  The other endpoint is $(13, -2)$.

PAGES 603–604, PRACTICE AND APPLY

21. $A(4, 7)$, $B(1, 3)$
$$AB = \sqrt{(x_2 - x_1)^2 + (y_2 - y_1)^2}$$
$$= \sqrt{(4 - 1)^2 + (7 - 3)^2}$$
$$= \sqrt{3^2 + 4^2}$$
$$= \sqrt{9 + 16}$$
$$= \sqrt{25} = 5$$

22. $P(5, 6)$, $Q(17, 11)$
$$PQ = \sqrt{(17 - 5)^2 + (11 - 6)^2}$$
$$= \sqrt{12^2 + 5^2}$$
$$= \sqrt{144 + 25}$$
$$= \sqrt{169}$$
$$= 13$$

23. $R(-5, -2)$, $S(-9, 3)$
$$RS = \sqrt{(-9 - (-5))^2 + (3 - (-2))^2}$$
$$= \sqrt{(-9 + 5)^2 + (3 + 2)^2}$$
$$= \sqrt{(-4)^2 + 5^2}$$
$$= \sqrt{16 + 25}$$
$$= \sqrt{41}$$
$$\approx 6.40$$

24. $T(5, -2)$, $U(-6, 3)$
$$TU = \sqrt{(-6 - 5)^2 + (3 - (-2))^2}$$
$$= \sqrt{(-11)^2 + 5^2}$$
$$= \sqrt{121 + 25}$$
$$= \sqrt{146}$$
$$\approx 12.08$$

25. $P(-3, 8)$, $Q(4, 8)$
$$PQ = \sqrt{(4 - (-3))^2 + (8 - 8)^2}$$
$$= \sqrt{7^2 + 0^2}$$
$$= \sqrt{49 + 0}$$
$$= \sqrt{49}$$
$$= 7$$

26. $J(5, -3)$, $K(5, 6)$
$$JK = \sqrt{(5 - 5)^2 + (6 - (-3))^2}$$
$$= \sqrt{0^2 + 9^2}$$
$$= \sqrt{0 + 81}$$
$$= \sqrt{81}$$
$$= 9$$

27. $F(7, 2)$, $G(-1, -1)$
$$FG = \sqrt{(-1 - 7)^2 + (-1 - 2)^2}$$
$$= \sqrt{(-8)^2 + (-3)^2}$$
$$= \sqrt{64 + 9}$$
$$= \sqrt{73}$$
$$\approx 8.54$$

28. $M(3, -2)$, $N(5, 4)$
$$MN = \sqrt{(5 - 3)^2 + (4 - (-2))^2}$$
$$= \sqrt{2^2 + 6^2}$$
$$= \sqrt{4 + 36}$$
$$= \sqrt{40}$$
$$\approx 6.32$$

29. $S(5, 6)$, $T(4, -3)$
$$ST = \sqrt{(4 - 5)^2 + (-3 - 6)^2}$$
$$= \sqrt{(-1)^2 + (-9)^2}$$
$$= \sqrt{1 + 81}$$
$$= \sqrt{82}$$
$$\approx 9.06$$

30. $K(4, 2)$, $L(7, 1)$
$$KL = \sqrt{(7 - 4)^2 + (1 - 2)^2}$$
$$= \sqrt{3^2 + (-1)^2}$$
$$= \sqrt{9 + 1}$$
$$= \sqrt{10}$$
$$\approx 3.16$$

31. $C(-1, -5)$, $D(3, -3)$
$$CD = \sqrt{(3 - (-1))^2 + (-3 - (-5))^2}$$
$$= \sqrt{4^2 + 2^2}$$
$$= \sqrt{16 + 4}$$
$$= \sqrt{20}$$
$$\approx 4.47$$

32. $Y(-4, 2)$, $Z(10, 6)$
$$YZ = \sqrt{(10-(-4))^2 + (6-2)^2}$$
$$= \sqrt{14^2 + 4^2}$$
$$= \sqrt{196 + 16}$$
$$= \sqrt{212}$$
$$\approx 14.56$$

33. $P(15, 2)$, $Q(-1, 2)$
$$PQ = \sqrt{(-1-15)^2 + (2-2)^2}$$
$$= \sqrt{(-16)^2 + 0^2}$$
$$= \sqrt{256 + 0}$$
$$= \sqrt{256}$$
$$= 16$$

34. $T(5, 7)$, $U(5, -10)$
$$TU = \sqrt{(5-5)^2 + (-10-7)^2}$$
$$= \sqrt{0^2 + (-17)^2}$$
$$= \sqrt{0 + 289}$$
$$= \sqrt{289}$$
$$= 17$$

35. $V(4, 8)$, $W(-7, 12)$
$$VW = \sqrt{(-7-4)^2 + (12-8)^2}$$
$$= \sqrt{(-11)^2 + 4^2}$$
$$= \sqrt{121 + 16}$$
$$= \sqrt{137}$$
$$\approx 11.70$$

36. $P(-1, 3)$, $Q(4, 6)$, $R(4, 0)$

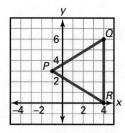

$$PQ = \sqrt{(4-(-1))^2 + (6-3)^2}$$
$$= \sqrt{5^2 + 3^2}$$
$$= \sqrt{25 + 9}$$
$$= \sqrt{34}$$
$$QR = \sqrt{(4-4)^2 + (0-6)^2}$$
$$= \sqrt{(-6)^2}$$
$$= \sqrt{36}$$
$$= 6$$
$$PR = \sqrt{(4-(-1))^2 + (0-3)^2}$$
$$= \sqrt{5^2 + (-3)^2}$$
$$= \sqrt{25 + 9}$$
$$= \sqrt{34}$$

$PQ = PR$, so $\triangle PQR$ is isosceles; it cannot be scalene. $\overline{QR}$ has a different length than $\overline{PQ}$ and $\overline{PR}$, so $\triangle PQR$ is not equilateral. Isosceles triangles may be right triangles, so use the Pythagorean Right Triangle Theorem to test it. $\overline{QR}$ has the longest length, so it corresponds to c.
$$a^2 + b^2 = c^2$$
$$(\sqrt{34})^2 + (\sqrt{34})^2 = 6^2$$
$$34 + 34 = 36$$
$$68 \neq 36$$
$\triangle PQR$ is not a right triangle.
It is an isosceles triangle.

37. $P(-2, 2)$, $Q(2, 5)$, $R(8, -3)$

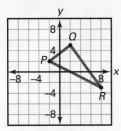

$PQ = \sqrt{(2-(-2))^2 + (5-2)^2}$
$= \sqrt{4^2 + 3^2}$
$= \sqrt{16 + 9}$
$= \sqrt{25}$
$= 5$
$QR = \sqrt{(8-2)^2 + (-3-5)^2}$
$= \sqrt{6^2 + (-8)^2}$
$= \sqrt{36 + 64}$
$= \sqrt{100}$
$= 10$
$PR = \sqrt{(-2-8)^2 + (2-(-3))^2}$
$= \sqrt{(-10)^2 + 5^2}$
$= \sqrt{100 + 25}$
$= \sqrt{125}$
$= 5\sqrt{5}$

$PQ \neq QR \neq PR$. Test for the right triangle with the longest side, $\overline{PR}$, corresponding to c.

$$c^2 = a^2 + b^2$$
$$(PR)^2 = (PQ)^2 + (QR)^2$$
$$(\sqrt{125})^2 = (5)^2 + (10)^2$$
$$125 = 25 + 100$$
$$125 = 125$$

$\triangle PQR$ is a scalene right triangle.

38. $P(1, -1)$, $Q(-3, 2)$, $R(-3, -4)$

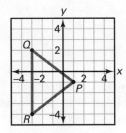

$PQ = \sqrt{(-3-1)^2 + (2-(-1))^2}$
$= \sqrt{(-4)^2 + 3^2}$
$= \sqrt{16 + 9}$
$= \sqrt{25}$
$= 5$
$QR = \sqrt{(-3-(-3))^2 + (-4-2)^2}$
$= \sqrt{0^2 + (-6)^2}$
$= \sqrt{0 + 36}$
$= \sqrt{36}$
$= 6$
$PR = \sqrt{(-3-1)^2 + (-4-(-1))^2}$
$= \sqrt{(-4)^2 + (-3)^2}$
$= \sqrt{16 + 9}$
$= \sqrt{25}$
$= 5$

$PQ = PR$, so $\triangle PQR$ is isosceles; it cannot be scalene. $\overline{QR}$ has a different length than $\overline{PQ}$ and $\overline{QR}$ so $\triangle PQR$ is not equilateral.

$5^2 + 5^2 = 6^2$
$25 + 25 = 36$
$50 \neq 36$

$\triangle PQR$ is not a right triangle.

CHAPTER 12

39. $P(5, 2), Q(1, 1), R(6, -2)$

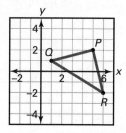

$PQ = \sqrt{(1-5)^2 + (1-2)^2}$
$= \sqrt{(-4)^2 + (-1)^2}$
$= \sqrt{16 + 1}$
$= \sqrt{17}$
$QR = \sqrt{(6-1)^2 + (-2-1)^2}$
$= \sqrt{5^2 + (-3)^2}$
$= \sqrt{25 + 9}$
$= \sqrt{34}$
$PR = \sqrt{(6-5)^2 + (-2-2)^2}$
$= \sqrt{1^2 + (-4)^2}$
$= \sqrt{1 + 16}$
$= \sqrt{17}$

$PQ = PR$, so $\triangle PQR$ is isosceles; it cannot be scalene. $\overline{QR}$ has a different length than $\overline{PQ}$ and $\overline{PR}$ so $\triangle PQR$ is not equilateral.
$(\sqrt{17})^2 + (\sqrt{17})^2 = (\sqrt{34})^2$
$17 + 17 = 34$
$34 = 34$
$\triangle PQR$ is a right triangle.

40. $P(-4, -2), Q(0, -2), R(-2, 0)$

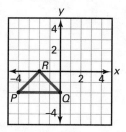

$PQ = \sqrt{(0-(-4))^2 + (-2-(-2))^2}$
$= \sqrt{4^2 + 0^2}$
$= \sqrt{16 + 0}$
$= \sqrt{16}$
$= 4$
$QR = \sqrt{(-2-0)^2 + (0-(-2))^2}$
$= \sqrt{(-2)^2 + 2^2}$
$= \sqrt{4 + 4}$
$= \sqrt{8}$
$= 2\sqrt{2}$
$PR = \sqrt{(-2-(-4))^2 + (0-(-2))^2}$
$= \sqrt{2^2 + 2^2}$
$= \sqrt{4 + 4}$
$= \sqrt{8}$
$= 2\sqrt{2}$

$QR = PR$, so $\triangle PQR$ is isosceles; it cannot be scalene. $\overline{PQ}$ has a different length than $\overline{QR}$ and $\overline{PR}$, so $\triangle PQR$ is not equilateral.
$(2\sqrt{2})^2 + (2\sqrt{2})^2 = 4^2$
$8 + 8 = 16$
$16 = 16$
$\triangle PQR$ is a right triangle.

41. $P(1, -4)$, $Q(2, 1)$, $R(8, 0)$

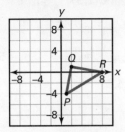

$PQ = \sqrt{(2-1)^2 + (1-(-4))^2}$
$= \sqrt{1^2 + 5^2}$
$= \sqrt{1 + 25}$
$= \sqrt{26}$
$QR = \sqrt{(8-2)^2 + (0-1)^2}$
$= \sqrt{6^2 + (-1)^2}$
$= \sqrt{36 + 1}$
$= \sqrt{37}$
$PR = \sqrt{(8-1)^2 + (0-(-4))^2}$
$= \sqrt{7^2 + 4^2}$
$= \sqrt{49 + 16}$
$= \sqrt{65}$

$PQ \neq QR \neq PR$, so $\triangle PQR$ is scalene.
$(\sqrt{26})^2 + (\sqrt{37})^2 = (\sqrt{65})^2$
$26 + 37 = 65$
$63 \neq 65$
$\triangle PQR$ is not a right triangle.

42.

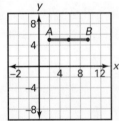

$A(2, 5)$, $B(9, 5)$

midpoint $\overline{AB} = \left(\dfrac{x_1 + x_2}{2}, \dfrac{y_1 + y_2}{2}\right)$
$= \left(\dfrac{2 + 9}{2}, \dfrac{5 + 5}{2}\right)$
$= \left(\dfrac{11}{2}, \dfrac{10}{2}\right)$
$= (5.5, 5)$

43.

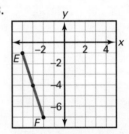

$E(-4, -1)$, $F(-2, -7)$

midpoint $\overline{EF} = \left(\dfrac{-4 + (-2)}{2}, \dfrac{-1 + (-7)}{2}\right)$
$= \left(\dfrac{-6}{2}, \dfrac{-8}{2}\right)$
$= (-3, -4)$

44.

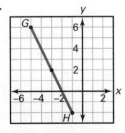

$G(-5, 6)$, $H(-1, -2)$

midpoint $\overline{GH} = \left(\dfrac{-5 + (-1)}{2}, \dfrac{6 + (-2)}{2}\right)$
$= (-3, 2)$

45.

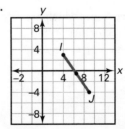

$I(4, 3)$, $J(9, -4)$

midpoint $\overline{IJ} = \left(\dfrac{4 + 9}{2}, \dfrac{3 + (-4)}{2}\right)$
$= \left(\dfrac{13}{2}, -\dfrac{1}{2}\right)$
$= (6.5, -0.5)$

46. $A(2, 3)$

$M = \left(\frac{2+0}{2}, \frac{3+0}{2}\right)$

$= \left(1, \frac{3}{2}\right)$

47. $C(-2, -5)$

$M = \left(\frac{-2+0}{2}, \frac{-5+0}{2}\right)$

$= \left(-1, -\frac{5}{2}\right)$

48. $P(10, 7)$, $Q(2, 3)$

$\bar{x} = \frac{x_1 + x_2}{2} = \frac{10 + 2}{2} = \frac{12}{2} = 6$

$\bar{y} = \frac{y_1 + y_2}{2} = \frac{7 + 3}{2} = \frac{10}{2} = 5$

$M = (6, 5)$

49. $P(a, b)$, $Q(c, d)$

$\bar{x} = \frac{a + c}{2}$

$\bar{y} = \frac{b + d}{2}$

$M = \left(\frac{a+c}{2}, \frac{b+d}{2}\right)$

50. $P(2, -5)$, $Q(6, 7)$, $M(x, y)$

$M = \left(\frac{x_1 + x_2}{2}, \frac{y_1 + y_2}{2}\right)$

$= \left(\frac{2+6}{2}, \frac{-5+7}{2}\right)$

$= \left(\frac{8}{2}, \frac{2}{2}\right)$

$= (4, 1)$

51. $P(4, 8)$, $Q(x_2, y_2)$, $M(10, 7)$

$\bar{x} = \frac{x_1 + x_2}{2}$ $\bar{y} = \frac{y_1 + y_2}{2}$

$10 = \frac{4 + x_2}{2}$ $7 = \frac{8 + y_2}{2}$

$20 = 4 + x_2$ $14 = 8 + y_2$

$16 = x_2$ $6 = y_2$

$Q(x_2, y_2) = (16, 6)$

52. $P(x_1, y_1)$, $Q(6, -2)$, $M(9, 4)$

$\bar{x} = \frac{x_1 + x_2}{2}$ $\bar{y} = \frac{y_1 + y_2}{2}$

$9 = \frac{x_1 + 6}{2}$ $4 = \frac{y_1 + (-2)}{2}$

$18 = x_1 + 6$ $8 = y_1 - 2$

$12 = x_1$ $10 = y_1$

$P(x_1, y_1) = (12, 10)$

53. $P(3, y_1)$, $Q(x_2, 5)$, $M(2, 8)$

$\bar{x} = \frac{x_1 + x_2}{2}$ $\bar{y} = \frac{y_1 + y_2}{2}$

$2 = \frac{3 + x_2}{2}$ $8 = \frac{y_1 + 5}{2}$

$4 = 3 + x_2$ $16 = y_1 + 5$

$1 = x_2$ $11 = y_1$

$P(3, y_1) = (3, 11)$ and
$Q(x_2, 5) = (1, 5)$

54. a.

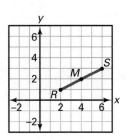

$M = \left(\frac{2+6}{2}, \frac{1+3}{2}\right)$

$= \left(\frac{8}{2}, \frac{4}{2}\right)$

$= (4, 2)$

The coordinates of M, the midpoint of $\overline{RS}$, are $(4, 2)$.

b. $m = \frac{y_2 - y_1}{x_2 - x_1}$

$= \frac{3 - 1}{6 - 2}$

$= \frac{2}{4}$

$= \frac{1}{2}$

The slope of $\overline{RS}$ is $\frac{1}{2}$.

c. Perpendicular lines have slopes which are negative reciprocals of each other. A line perpendicular to $\overline{RS}$ has a slope of -2.

d. A line perpendicular to $\overline{RS}$ has a slope of -2 and has the form $y = -2x + b$. If it passes through M, then substitute $M(4, 2)$ into $y = -2x + b$.

$2 = -2(4) + b$

$2 = -8 + b$

$10 = b$

The equation is $y = -2x + 10$.

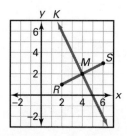

352   CHAPTER 12

e. Answers may vary. Sample answer: Choose $A(5, 0)$ and $B(0, 10)$.
$A(5, 0)$, $R(2, 1)$, $S(6, 3)$

$AR = \sqrt{(5-2)^2 + (0-1)^2}$
$= \sqrt{3^2 + (-1)^2}$
$= \sqrt{9+1}$
$= \sqrt{10}$

$AS = \sqrt{(5-6)^2 + (0-3)^2}$
$= \sqrt{(-1)^2 + (-3)^2}$
$= \sqrt{1+9}$
$= \sqrt{10}$

$B(0, 10)$, $R(2, 1)$, $S(6, 3)$

$BR = \sqrt{(0-2)^2 + (10-1)^2}$
$= \sqrt{(-2)^2 + 9^2}$
$= \sqrt{4+81}$
$= \sqrt{85}$

$BS = \sqrt{(0-6)^2 + (10-3)^2}$
$= \sqrt{(-6)^2 + 7^2}$
$= \sqrt{36+49}$
$= \sqrt{85}$

Note: Any point on the perpendicular bisector of a segment is equidistant from the endpoints of the segment.

55.

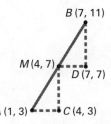

$(AC)^2 + (CM)^2 = (AM)^2$
$3^2 + 4^2 = (AM)^2$
$9 + 16 = (AM)^2$
$\sqrt{25} = AM$
$5 = AM$

$(MD)^2 + (BD)^2 = (MB)^2$
$3^2 + 4^2 = (MB)^2$
$9 + 16 = (MB)^2$
$\sqrt{25} = MB$
$5 = MB$

Since $AM = MB$, M is the midpoint of $\overline{AB}$.

56. $Q(4, 8)$; let R be the point $(4, 4)$ and S be the point $(7, 4)$.
$QR = 8 - 4 = 4$
$RS = 7 - 4 = 3$
$QS = \sqrt{(QR)^2 + (RS)^2}$
$= \sqrt{4^2 + 3^2}$
$= \sqrt{25}$
$= 5$

57. $Q(7, 2)$; let R be the point $(7, 8)$ and S be the point $(2, 2)$.
$QR = 8 - 2 = 6$
$QS = 7 - 2 = 5$
$RS = \sqrt{(QR)^2 + (QS)^2}$
$= \sqrt{6^2 + 5^2}$
$= \sqrt{36 + 25}$
$= \sqrt{61}$
≈ 7.81

58. $Q(1, 6)$; let R be the point $(1, 8)$ and S be the point $(9, 8)$.
$QR = 8 - 6 = 2$
$RS = 9 - 1 = 8$
$QS = \sqrt{(QR)^2 + (RS)^2}$
$= \sqrt{2^2 + 8^2}$
$= \sqrt{4 + 64}$
$= \sqrt{68}$
$= 2\sqrt{17}$
≈ 8.25

59. Let H represent the location of the helicopter, S represent the ship, and HS the distance between the two vehicles.
$H(-3, 2)$ and $S(5, -7)$
$HS = \sqrt{(5-(-3))^2 + (-7-2)^2}$
$= \sqrt{8^2 + (-9)^2}$
$= \sqrt{64 + 81}$
$= \sqrt{145}$
≈ 12.04
The helicopter must fly about 12.04 mi.

PAGE 605, LOOK BACK

60. $y^2 + 35y + 300 = (y + 20)(y + 15)$

61. $x^2 + 30x + 216 = (x + 12)(x + 18)$

62. $y = (x - 2)^2 + 3$
The vertex is (2, 3).

63. $y = (x + 3)^2 - 1$
The vertex is (−3, −1).

64. $y = -2(x - 1)^2 - 4$
The vertex is (1, −4).

65. $y = -(x + 4)^2 + 1$
The vertex is (−4, 1).

66. $y = x^2 - 6x - 10$
For the x-intercepts, y = 0.
Use $a = 1, b = -6, c = -10$.

$$x = \frac{-b \pm \sqrt{b^2 - 4ac}}{2a}$$

$$= \frac{6 \pm \sqrt{(-6)^2 - 4(1)(-10)}}{2(1)}$$

$$= \frac{6 \pm \sqrt{76}}{2}$$

$$= \frac{6 \pm 2\sqrt{19}}{2}$$

$$= 3 \pm \sqrt{19}$$

The x-intercepts are $3 + \sqrt{19}$ and $3 - \sqrt{19}$.

67. $\sqrt{3}(\sqrt{12} - \sqrt{75}) = \sqrt{3} \cdot \sqrt{12} - \sqrt{3} \cdot \sqrt{75}$
$= \sqrt{36} - \sqrt{225}$
$= 6 - 15$
$= -9$

68. $\frac{\sqrt{75}}{\sqrt{3}} = \sqrt{\frac{75}{3}}$
$= \sqrt{25}$
$= 5$

69. $\frac{\sqrt{36} + \sqrt{81}}{\sqrt{9}} = \frac{6 + 9}{3}$
$= \frac{15}{3}$
$= 5$

PAGE 605, LOOK BEYOND

70. $9^{(1/2)} = 3$

71. $16^{(1/2)} = 4$

72. $39^{(1/2)} \approx 6.24$

73. $2^{(1/2)} \approx 1.41$

12.5 PAGE 610, GUIDED SKILLS PRACTICE

5. a. $(x - 0)^2 + (y - 0)^2 = 3^2$
$x^2 + y^2 = 9$

b. $(x + 3)^2 + (y - 4)^2 = 4^2$
$(x + 3)^2 + (y - 4)^2 = 16$

6. Midpoint C
$\bar{x} = \frac{0 + 3}{2} = 1.5$
$\bar{y} = \frac{0 + 4}{2} = 2$
The midpoint is (1.5, 2)

Midpoint D
$\bar{x} = \frac{3 + 3}{2} = 3$
$\bar{y} = \frac{4 + 0}{2} = 2$
The midpoint (3, 2)

Slope of midsegment
$m = \frac{2 - 2}{3 - 1.5} = \frac{0}{1.5} = 0$

Slope of third side
$m = \frac{0 - 0}{3 - 0} = \frac{0}{3} = 0$

The slope is 0 in each case, so the lines are parallel.

Length of Midsegment
$d = 3 - 1.5 = 1.5$

Length of Third Side
$d = 3 - 0 = 3$

The length of the midsegment is one-half the length of the third side.

7. $\sqrt{(x-x)^2+(y-0)^2} = \sqrt{(x-2)^2+(y-3)^2}$
$y^2 = (x-2)^2 + (y-3)^2$
$y^2 = x^2 - 4x + 4 + y^2 - 6y + 9$
$6y = x^2 - 4x + 13$
$y = \frac{1}{6}x^2 - \frac{2}{3}x + \frac{13}{6}$

PAGES 610–612, PRACTICE AND APPLY

8. $r = 6$
$x^2 + y^2 = 6^2$
$x^2 + y^2 = 36$

9. $r = 1.2$
$x^2 + y^2 = 1.2^2$
$x^2 + y^2 = 1.44$

10. $r = \sqrt{3}$
$x^2 + y^2 = (\sqrt{3})^2$
$x^2 + y^2 = 3$

11. $r = 5\sqrt{3}$
$x^2 + y^2 = (5\sqrt{3})^2$
$x^2 + y^2 = 75$

12. $(x-1)^2 + (y-1)^2 = 3^2$
$(x-1)^2 + (y-1)^2 = 9$

13. $(x-(-1))^2 + (y-4)^2 = 4^2$
$(x+1)^2 + (y-4)^2 = 16$

14. $(x-4)^2 + (y-(-2))^2 = 3^2$
$(x-4)^2 + (y+2)^2 = 9$

15. $(x-(-3))^2 + (y-(-6))^2 = 4^2$
$(x+3)^2 + (y+6)^2 = 16$

16. $(x-1)^2 + (y-3)^2 = 9$
center: $(1, 3)$
radius: 3

17. $(x+1)^2 + (y+3)^2 = 9$
center: $(-1, -3)$
radius: 3

18. $(x-5)^2 + (y+3)^2 = 625$
center: $(5, -3)$
radius: 25

19. $(x+6)^2 + (y+4)^2 = 100$
center: $(-6, -4)$
radius: 10

20. $(x-1.5)^2 + (y-3.5)^2 = \frac{625}{36}$
center: $(1.5, 3.5)$
radius: $\frac{25}{6}$

21. $(x+1)^2 + (y+4)^2 = \frac{4}{25}$
center: $(-1, -4)$
radius: $\frac{2}{5}$

22. center: $(0, 0)$
radius: 2
$x^2 + y^2 = 4$

23. center: $(0, 0)$
radius: 5
$x^2 + y^2 = 25$

24. center: $(-2, -2)$
radius: 2
$(x+2)^2 + (y+2)^2 = 4$

25. center: $(2, 2)$
radius: $4 - 2 = 2$
$(x-2)^2 + (y-2)^2 = 4$

26. center: $(0, 0)$
radius: $\sqrt{3^2 + 4^2} = \sqrt{9 + 16}$
$= \sqrt{25}$
$= 5$
$x^2 + y^2 = 25$

27. center: $(5, 4)$
radius: $\sqrt{(7-5)^2 + (9-4)^2}$
$= \sqrt{2^2 + 5^2}$
$= \sqrt{4 + 25}$
$= \sqrt{29}$
$(x-5)^2 + (y-4)^2 = (\sqrt{29})^2$
$(x-5)^2 + (y-4)^2 = 29$

28. a.

x	0	6	-6	8	-8	10	-10
y	± 10	± 8	± 8	± 6	± 6	0	0

b.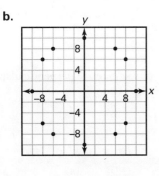

c. The graph is a circle.

d. The x-intercepts are 10 and -10.

e. The y-intercepts are 10 and -10.

29–35.

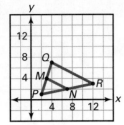

29. $M = \left(\frac{2+4}{2}, \frac{1+7}{2}\right)$
$= \left(\frac{6}{2}, \frac{8}{2}\right)$
$= (3, 4)$

30. $N = \left(\frac{2+12}{2}, \frac{1+3}{2}\right)$
$= \left(\frac{14}{2}, \frac{4}{2}\right)$
$= (7, 2)$

31. $MN = \sqrt{(3-7)^2 + (4-2)^2}$
$= \sqrt{(-4)^2 + (2)^2}$
$= \sqrt{16 + 4}$
$= \sqrt{20}$
$= 2\sqrt{5}$

32. $QR = \sqrt{(4-12)^2 + (7-3)^2}$
$= \sqrt{(-8)^2 + (4)^2}$
$= \sqrt{64 + 16}$
$= \sqrt{80}$
$= 4\sqrt{5}$

33. $MN = \frac{1}{2}QR$ or $QR = 2MN$

34. slope of $\overline{MN} = \frac{2-4}{7-3}$
$= \frac{-2}{4}$
$= -\frac{1}{2}$
slope of $\overline{QR} = \frac{3-7}{12-4}$
$= \frac{-4}{8}$
$= -\frac{1}{2}$
The slopes are the same.

35. $\overline{MN}$ is parallel to $\overline{QR}$.

36. $P(x, y), A(-8, 0), B(8, 0)$
$AP + BP = 20$
$AP = \sqrt{(x+8)^2 + (y-0)^2}$ $BP = \sqrt{(x-8)^2 + (y-0)^2}$
$= \sqrt{(x+8)^2 + y^2}$ $= \sqrt{(x-8)^2 + y^2}$
$AP + BP = \sqrt{(x+8)^2 + y^2} + \sqrt{(x-8)^2 + y^2} = 20$

37. $P(x, y), A(0, -4), B(0, 4)$
$AP + BP = 10$
$AP = \sqrt{(x-0)^2 + (y+4)^2}$ $BP = \sqrt{(x-0)^2 + (y-4)^2}$
$= \sqrt{x^2 + (y+4)^2}$ $= \sqrt{x^2 + (y-4)^2}$
$AP + BP = \sqrt{x^2 + (y+4)^2} + \sqrt{x^2 + (y-4)^2} = 10$

38. Midpoint A: $\left(\frac{4+0}{2}, \frac{2+0}{2}\right) = (2, 1)$
Midpoint B: $\left(\frac{0+4}{2}, \frac{2+0}{2}\right) = (2, 1)$
The midpoints are the same: (2, 1).

39. The diagonals of a rectangle bisect each other at their midpoints.

40. Slope A: $\frac{0-2}{4-0} = \frac{-2}{4} = -\frac{1}{2}$
Slope B: $\frac{2-0}{4-0} = \frac{2}{4} = \frac{1}{2}$
The diagonals are not perpendicular.

41. The two diagonals of a square are perpendicular and have equal length.

PAGE 612, LOOK BACK

42–49. The distance between 2 and 5 is 3 units.

42. $2 + 5 = 7$; no   **43.** $2 - 5 = -3$; no   **44.** $5 + 2 = 7$; no   **45.** $5 - 2 = 3$; yes

46. $|2 + 5| = 7$; no **47.** $|2 - 5| = 3$; yes **48.** $|5 + 2| = 7$; no **49.** $|5 - 2| = 3$; yes

50. $2{,}300{,}000 = 2.3 \times 10^6$ **51.** $0.00000125 = 1.25 \times 10^{-6}$

52. $(x^2 + 3x + 5) + (7x^2 - 5x - 10) = x^2 + 7x^2 + 3x - 5x + 5 - 10$
$$= 8x^2 - 2x - 5$$

53. $(8b^2 - 15) - (2b^2 + b + 1) = 8b^2 - 2b^2 - b - 15 - 1$
$$= 6b^2 - b - 16$$

54. $a = 3, b = -6, c = 3$
$b^2 - 4ac = (-6)^2 - 4(3)(3)$
$\quad\quad\quad = 36 - 36$
$\quad\quad\quad = 0$

55. $a = 2, b = 3, c = -2$
$b^2 - 4ac = 3^2 - 4(2)(-2)$
$\quad\quad\quad = 9 + 16$
$\quad\quad\quad = 25$

56.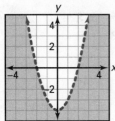

57.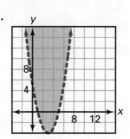

PAGE 612, LOOK BEYOND

58. The figure is a square because the lengths of all four sides are equal.

Slope of Diagonal 1: $\dfrac{0 - a}{a - 0} = \dfrac{-a}{a} = -1$

Slope of Diagonal 2: $\dfrac{a - 0}{a - 0} = \dfrac{a}{a} = 1$

So the slopes are perpendicular.

Length of Diagonal 1:
$\sqrt{(0 - a)^2 + (a - 0)^2} = \sqrt{a^2 + a^2}$
$\quad\quad\quad\quad\quad\quad\quad\quad = \sqrt{2a^2}$
$\quad\quad\quad\quad\quad\quad\quad\quad = a\sqrt{2}$

Length of Diagonal 2:
$\sqrt{(a - 0)^2 + (a - 0)^2} = \sqrt{a^2 + a^2}$
$\quad\quad\quad\quad\quad\quad\quad\quad = \sqrt{2a^2}$
$\quad\quad\quad\quad\quad\quad\quad\quad = a\sqrt{2}$

The lengths of the diagonals are equal.

59.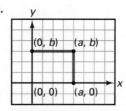

Midpoint of Diagonal 1:
$\left(\dfrac{a + 0}{2}, \dfrac{0 + b}{2}\right) = \left(\dfrac{a}{2}, \dfrac{b}{2}\right)$

Midpoint of Diagonal 2:
$\left(\dfrac{a + 0}{2}, \dfrac{b + 0}{2}\right) = \left(\dfrac{a}{2}, \dfrac{b}{2}\right)$

Since the midpoints of the two diagonals are the same point, the diagonals bisect each other at the point $\left(\dfrac{a}{2}, \dfrac{b}{2}\right)$.

12.6 PAGE 618, GUIDED SKILLS PRACTICE

4. a. $\tan A = \dfrac{\text{opposite}}{\text{adjacent}} = \dfrac{11}{60}$; $\tan B = \dfrac{\text{opposite}}{\text{adjacent}} = \dfrac{60}{11}$

$A = \tan^{-1}\left(\dfrac{11}{60}\right) \approx 10°$ $\quad B = \tan^{-1}\left(\dfrac{60}{11}\right) \approx 80°$

b. $\tan D = \dfrac{\text{opposite}}{\text{adjacent}} = \dfrac{48}{20}$; $\tan E = \dfrac{\text{opposite}}{\text{adjacent}} = \dfrac{20}{48}$

$D = \tan^{-1}\left(\dfrac{48}{20}\right) \approx 67°$ $\quad E = \tan^{-1}\left(\dfrac{20}{48}\right) \approx 23°$

5. $\tan x = \frac{1000}{400}$

$x = \tan^{-1}\left(\frac{1000}{400}\right) \approx 68°$

The angle of the ray of sunlight with the ground is about 68°.

6. $\tan 6° = \frac{300}{x}$

$x = \frac{300}{\tan 6°}$

$x \approx 2854$

The wolf is about 2854 feet from the tower.

PAGES 618–620, PRACTICE AND APPLY

7. $\tan 45° = 1$ **8.** $\tan 30° \approx 0.5774$ **9.** $\tan 60° \approx 1.7321$ **10.** $\tan 0° = 0$

11. $\tan 38° \approx 0.7813$ **12.** $\tan 57° \approx 1.5399$ **13.** $\tan 89° \approx 57.2900$ **14.** $\tan 89.9° \approx 572.9572$

15. $\tan^{-1}(1.7321) \approx 60°$ **16.** $\tan^{-1}(1.1918) \approx 50°$ **17.** $\tan^{-1}(0.2679) \approx 15°$ **18.** $\tan^{-1}(3.7321) \approx 75°$

19. $\tan A = \frac{a}{b}$

$\tan 30° = \frac{a}{12}$

$12(\tan 30°) = a$

$6.93 \approx a$

a is about 6.93 m.

20. $\tan B = \frac{b}{a}$

$\tan 60° = \frac{b}{10}$

$10(\tan 60°) = b$

$17.32 \approx b$

b is about 17.32 ft.

21. $\tan A = \frac{a}{b}$

$0.75 = \frac{3}{b}$

$b = \frac{3}{0.75}$

$b = 4$

b is 4 cm.

22. $\tan A = \frac{a}{b}$

$1 = \frac{a}{23}$

$23 = a$

a is 23 ft.

23. $\tan A = \frac{a}{b}$

$\tan 31° = \frac{6}{b}$

$b = \frac{6}{\tan 31} \approx 9.99$

b is about 9.99 in.

24. $\tan A = \frac{a}{b}$

$\tan 35° = \frac{a}{20}$

$20(\tan 35°) = a$

$14.00 \approx a$

a is about 14 mm.

25. Let h represent the height of the roof above the horizontal line.

$\tan 20° = \frac{h}{14}$

$h = 14(\tan 20°)$

$h \approx 5.1$

The height is a little more than 5 meters.

26. Let $x =$ the angle of depression, and $d =$ distance from the tower.

$\tan x = \frac{200}{d}$

$d = \frac{200}{\tan x}$

Animal	Angle of depression	Distance
bear	3°	$\frac{200}{\tan 3°} \approx 3816$ feet
raccoon	15°	$\frac{200}{\tan 15°} \approx 746$ feet
fox	20°	$\frac{200}{\tan 20°} \approx 549$ feet
moose	2°	$\frac{200}{\tan 2°} \approx 5727$ feet

27. Let x = angle of elevation and l = length of shadow.
$$\tan x = \frac{28}{l}$$
$$x = \tan^{-1}\left(\frac{28}{l}\right)$$

Shadow length in feet	80	48	13
Angle of elevation	$\tan^{-1}\left(\frac{28}{80}\right) \approx 19°$	$\tan^{-1}\left(\frac{28}{48}\right) \approx 30°$	$\tan^{-1}\left(\frac{28}{13}\right) \approx 65°$
Shadow length in feet	8	2	4
Angle of elevation	$\tan^{-1}\left(\frac{28}{8}\right) \approx 74°$	$\tan^{-1}\left(\frac{28}{2}\right) \approx 86°$	$\tan^{-1}\left(\frac{28}{4}\right) \approx 82°$

28. Let a represent the altitude in miles.
$$\tan A = \frac{a}{b}$$
$$\tan 30° = \frac{a}{0.1}$$
$$0.1(\tan 30°) = a$$
$$0.0577 \approx a$$
The altitude is about 0.06 mi, or about 304.84 ft.

29. Slope of $\frac{7}{100}$ gives a rise of 7, run of 100.
The angle of inclination is opposite to the rise and adjacent to the run, so if x is the angle's measure:
$$\tan x = \frac{7}{100}$$
$$x = \tan^{-1}\left(\frac{7}{100}\right)$$
$$\approx 4.0°$$
The angle that the road inclines is about 4°.

30. Total height = height to bottom of water tank + water tank height

Total height: $\tan 28° = \frac{h}{600}$
$$600(\tan 28°) = h$$
$$319.03 \approx h$$

height to water tank bottom: $\tan 26° = \frac{h}{600}$
$$600(\tan 26°) = h$$
$$292.64 \approx h$$

Water tank height = Total height − height to water tank bottom
$$\approx 319.03 - 292.64$$
$$\approx 26.39$$
The water tank is about 26.39 ft high.

PAGE 620, LOOK BACK

31. $4x - 5 = 7(x - 3) + 2$
$4x - 5 = 7x - 21 + 2$
$4x - 5 = 7x - 19$
$14 = 3x$
$\frac{14}{3} = x$

32. $a = 2, b = 1, c = -15$
$b^2 - 4ac = 1 - 4(2)(-15) = 121$
Since the discriminant is greater than zero, the equation has two real solutions. Use the quadratic formula.

$$x = \frac{-1 \pm \sqrt{1^2 - 4(2)(-15)}}{2(2)}$$
$$= \frac{-1 \pm \sqrt{121}}{4}$$
$$= \frac{-1 \pm 11}{4}$$
$$x = \frac{5}{2} \text{ or } x = -3$$

33. $x^2 - 5x + 6 \geq 0$
$x^2 - 5x + 6 = 0$
$(x - 3)(x - 2) = 0$
$x = 3$ or $x = 2$
Test $x = 0$
$(0 - 3)(0 - 2) \overset{?}{\geq} 0$
$6 \geq 0$ True
Solution: $x \geq 3$ or $x \leq 2$

34. $x^2 - 16 = 0$
$x^2 = 16$
$x = \pm 4$
Test $x = 0$.
$0 - 16 \overset{?}{\geq} 0$
$-16 < 0$ True
Solution: $-4 < x < 4$

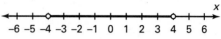

35. $M = \left(\dfrac{4 + 10}{2}, \dfrac{9 + 5}{2}\right)$
$= \left(\dfrac{14}{2}, \dfrac{14}{2}\right)$
$= (7, 7)$

36. $P(4, 9), Q(10, 5)$
$PQ = \sqrt{(10 - 4)^2 + (5 - 9)^2}$
$= \sqrt{6^2 + (-4)^2}$
$= \sqrt{36 + 16}$
$= \sqrt{52}$
$= 2\sqrt{13}$

37. $PM = \sqrt{(7 - 4)^2 + (7 - 9)^2}$
$= \sqrt{3^2 + (-2)^2}$
$= \sqrt{9 + 4}$
$= \sqrt{13}$

38. $MQ = \sqrt{(7 - 10)^2 + (7 - 5)^2}$
$= \sqrt{(-3)^2 + 2^2}$
$= \sqrt{9 + 4}$
$= \sqrt{13}$

PAGE 620, LOOK BEYOND

39. $\tan x = \dfrac{3}{4} = \dfrac{b}{a}; b = 3, a = 4$
To find c:
$a^2 + b^2 = c^2$
$4^2 + 3^2 = c^2$
$25 = c^2$
$5 = c$
$\sin(x) = \dfrac{b}{c} = \dfrac{3}{5}$
$\cos(x) = \dfrac{a}{c} = \dfrac{4}{5}$

40. $(\sin x)^2 + (\cos x)^2 = \left(\dfrac{b}{c}\right)^2 + \left(\dfrac{a}{c}\right)^2$
$= \dfrac{b^2}{c^2} + \dfrac{a^2}{c^2}$
$= \dfrac{b^2 + a^2}{c^2}$
$= \dfrac{c^2}{c^2} = 1$

12.7 PAGE 624, GUIDED SKILLS PRACTICE

5. $\sin 20° = \dfrac{s}{110}$
$110(\sin 20°) = s$
$s \approx 37.6$

6. $\cos X = \dfrac{80}{100}$
$X = \cos^{-1}\left(\dfrac{80}{100}\right)$
$X \approx 36.9°$

7. $\cos^{-1}\left(\dfrac{125}{200}\right) \approx 51°$

The angle of the ride is about 51° which is greater than the maximum allowable angle of 45°.

PAGES 624–626, PRACTICE AND APPLY

8. $\sin 24° \approx 0.4067$ **9.** $\cos 32° \approx 0.8480$ **10.** $\cos 88° \approx 0.0349$ **11.** $\sin 18° \approx 0.3090$
12. $\sin 66.8° \approx 0.9191$ **13.** $\cos 84.2° \approx 0.1011$ **14.** $\cos 27.7° \approx 0.8854$ **15.** $\sin 48.6° \approx 0.7501$

16. $\sin^{-1}(0.56) \approx 34.1°$ **17.** $\sin^{-1}(0.892) \approx 63.1°$ **18.** $\sin^{-1}(0.129) \approx 7.4°$ **19.** $\sin^{-1}(0.759) \approx 49.4°$
20. $\sin^{-1}(0.5) = 30°$ **21.** $\sin^{-1}(0.707) \approx 45.0°$ **22.** $\sin^{-1}(0.563) \approx 34.3°$ **23.** $\sin^{-1}(0.445) \approx 26.4°$
24. $\sin^{-1}(0.26) \approx 15.1°$ **25.** $\sin^{-1}(0.972) \approx 76.4°$ **26.** $\sin^{-1}(0.0) = 0°$ **27.** $\sin^{-1}(1.0) = 90°$
28. $\cos^{-1}(0.126) \approx 82.8°$ **29.** $\cos^{-1}(0.5) = 60°$ **30.** $\cos^{-1}(0.886) \approx 27.6°$ **31.** $\cos^{-1}(0.707) \approx 45.0°$
32. $\cos^{-1}(0.99) \approx 8.1°$ **33.** $\cos^{-1}(0.81) \approx 35.9°$ **34.** $\cos^{-1}(0.54) \approx 57.3°$ **35.** $\cos^{-1}(0.78) \approx 38.7°$
36. $\cos^{-1}(0.612) \approx 52.3°$ **37.** $\cos^{-1}(0.643) \approx 50.0°$ **38.** $\cos^{-1}(0.0) = 90°$ **39.** $\cos^{-1}(1.0) = 0°$

40. $\sin x = \dfrac{9.0}{12.0}$
$x = \sin^{-1}\left(\dfrac{9.0}{12.0}\right)$
$x \approx 48.6°$

41. $\sin x = \dfrac{32.0}{48.0}$
$x = \sin^{-1}\left(\dfrac{32.0}{48.0}\right)$
$x \approx 41.8°$

42. $\cos 42° = \dfrac{x}{19.0}$
$x = 19.0(\cos 42°)$
$x \approx 14.1$

43. $\cos 48° = \dfrac{x}{22.0}$
$x = 22.0(\cos 48°)$
$x \approx 14.7$

44. $\cos x = \dfrac{13.9}{18.7}$
$x = \cos^{-1}\left(\dfrac{13.9}{18.7}\right)$
$x \approx 42.0°$

45. $\sin 65° = \dfrac{x}{73.2}$
$x = 73.2(\sin 65°)$
$x \approx 66.3$

46. $\sin B = \dfrac{b}{c}$
$\sin B = \dfrac{7}{10}$
$B = \sin^{-1}\left(\dfrac{7}{10}\right)$
$B \approx 44.4°$

47. $\cos A = \dfrac{b}{c}$
$\cos A = \dfrac{6}{13}$
$A = \cos^{-1}\left(\dfrac{6}{13}\right)$
$A \approx 62.5°$

48. $\sin B = \dfrac{b}{c}$
$\sin 35° = \dfrac{b}{65}$
$b = 65(\sin 35°)$
$b \approx 37.3$

49. $\cos B = \dfrac{a}{c}$
$\cos 51° = \dfrac{a}{22}$
$a = 22(\cos 51°)$
$a \approx 13.8$

50. $\tan B = \dfrac{b}{a}$
$\tan B = \dfrac{154}{25}$
$B = \tan^{-1}\left(\dfrac{154}{25}\right)$
$B \approx 80.8°$

51. $\cos B = \dfrac{a}{c}$
$\cos B = \dfrac{27}{36}$
$B = \cos^{-1}\left(\dfrac{27}{36}\right)$
$B \approx 41.4°$

52. $\sin B = \dfrac{b}{c}$
$\sin 41° = \dfrac{b}{6}$
$b = 6(\sin 41°)$
$b \approx 6(0.656)$
$b \approx 3.9$

53. $\sin B = \dfrac{b}{c}$
$\sin 30° = \dfrac{11}{c}$
$c = \dfrac{11}{\sin 30°}$
$c = 22$

54. $\cos B = \dfrac{a}{c}$
$\cos B = \dfrac{7}{14}$
$B = \cos^{-1}\left(\dfrac{7}{14}\right)$
$B = 60°$

55. $\sin B = \dfrac{b}{c}$
$\sin 45° = \dfrac{b}{4}$
$b = 4(\sin 45°)$
$b \approx 2.8$

56. $\sin B = \dfrac{b}{c}$
$\sin 60° = \dfrac{b}{100}$
$b = 100(\sin 60°)$
$b \approx 86.6$

$\cos B = \dfrac{a}{c}$
$\cos 60° = \dfrac{a}{100}$
$a = 100(\cos 60°)$
$a = 50$

$A = \dfrac{1}{2}(\text{base})(\text{height})$
$= \dfrac{1}{2}ab$
$\approx \dfrac{1}{2}(50)(86.6)$
≈ 2165 square meters

57. $\sin 4.5° = \dfrac{18}{x}$
$x = \dfrac{18}{\sin 4.5°}$
$x \approx 229.4$ inches

The ramp should be about 229.4 inches long.

58. $\cos 4.5 = \dfrac{x}{229.4}$
$x = 229.4(\cos 4.5)$
$x \approx 228.7$

The ramp should begin about 228.7 inches from the deck.

59. Let x = distance from the ladder to the building.
$\cos 75° = \frac{x}{12}$
$x = 12(\cos 75°)$
$x \approx 3.1$
The base of the ladder is about 3.1 feet from the building.

60. Let x = length of the wire
$\sin 25° = \frac{30}{x}$
$x = \frac{30}{\sin 25°}$
$x \approx 70.99$
The wire is about 70.99 feet long.

61. Let d = distance the plane travels to descend from 30,000 feet to 20,000 feet.
$\sin 3° = \frac{10{,}000}{d}$
$d = \frac{10{,}000}{\sin 3°}$
$d \approx 191{,}073$ feet
$d \approx 36.2$ miles

Let t = time of descent.
$d = (500 \text{ miles/hour})t$
$36.2 = 500t$
$0.0724 = t$
The descent takes about 0.0724 hours or about 261 seconds.

PAGE 626, LOOK BACK

62. $x^2 = 36$
$x = \pm\sqrt{36}$
$x = \pm 6$

63. $x^2 = 144$
$x = \pm\sqrt{144}$
$x = \pm 12$

64. $(x+4)^2 - 36 = 0$
$(x+4)^2 = 36$
$x + 4 = \pm\sqrt{36}$
$x + 4 = \pm 6$
$x = -10$ or $x = 2$

65. $(x-1)^2 = 11$
$x - 1 = \pm\sqrt{11}$
$x = 1 \pm \sqrt{11}$
$x \approx 4.32$ or $x \approx -2.32$

66. $x^2 + 10x + 25 = (x+5)^2$

67. $x^2 - 6x + 9 = (x-3)^2$

68. $x^2 + 9x + \frac{81}{4} = \left(x + \frac{9}{2}\right)^2$

69. $x^2 - 7x + \frac{49}{4} = \left(x - \frac{7}{2}\right)^2$

70. $a = 1, b = 6, c = -22$
$t = \frac{-6 \pm \sqrt{36 - 4(1)(-22)}}{2}$
$= \frac{-6 \pm \sqrt{124}}{2}$
$= \frac{-6 \pm 2\sqrt{31}}{2}$
$= -3 \pm \sqrt{31}$
$t \approx 2.57$ or $t \approx -8.57$

71. $a = 1, b = 6, c = 5$
$h = \frac{-6 \pm \sqrt{36 - 4(1)(5)}}{2}$
$= \frac{-6 \pm \sqrt{16}}{2}$
$= \frac{-6 \pm 4}{2}$
$h = -5$ or $h = -1$

72. $\tan 32° = \frac{x}{32.3}$
$x = 32.3(\tan 32°)$
$x \approx 20.2$

73. $\tan 25° = \frac{x}{13.9}$
$x = 13.9(\tan 25°)$
$x \approx 6.5$

74. $\tan x = \frac{99.2}{50.1}$
$x = \tan^{-1}\left(\frac{99.2}{50.1}\right)$
$x \approx 63.2°$

75. $\tan x = \frac{26.7}{13.3}$
$x = \tan^{-1}\left(\frac{26.7}{13.3}\right)$
$x \approx 63.5°$

PAGE 627, LOOK BEYOND

76. Let h = height of the triangle
$\sin 40° = \frac{h}{6}$
$h = 6(\sin 40°)$
$h \approx 3.9$
$A = \frac{1}{2}bh$
$\approx \frac{1}{2}(10)(3.9)$
≈ 19.3 square units

77. Let h = height of the parallelogram
$\sin 35° = \frac{h}{7}$
$h = 7(\sin 35°)$
$h \approx 4.0$
$A = bh$
$\approx 10 \cdot 4$
≈ 40 square units

78.

x	0°	30°	60°	90°	120°	150°	180°	210°	240°	270°	300°	330°
cos x	0	0.5	0.87	1	0.87	0.5	0	−0.5	−0.87	−1	−0.87	−0.5

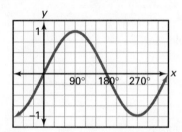

79.

x	0°	30°	60°	90°	120°	150°	180°	210°	240°	270°	300°	330°
cos x	1	0.87	0.5	0	−0.5	−0.87	−1	−0.87	−0.5	0	0.5	0.87

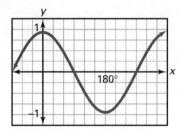

80. The graph of $y = \sin x$, $90 \leq x \leq 180$, is the same as the graph of $y = \cos x$, $0 \leq x \leq 90$. For $0 \leq x \leq 180$, sin x is nonnegative, but cos x is negative for $90 < x < 180$.

12.8 PAGE 633, GUIDED SKILLS PRACTICE

4. Matrices H and J are equivalent because their dimensions are the same and their corresponding entries are equal.

5. $\begin{bmatrix} 7 & 9 \\ -4 & 5 \end{bmatrix} + \begin{bmatrix} 18 & 4 \\ -3 & -16 \end{bmatrix} = \begin{bmatrix} 7+18 & 9+4 \\ -4+(-3) & 5+(-16) \end{bmatrix} = \begin{bmatrix} 25 & 13 \\ -7 & -11 \end{bmatrix}$

6. $\begin{bmatrix} -5 & 6 \\ 12 & 8 \end{bmatrix} - \begin{bmatrix} 4 & -19 \\ 17 & 7 \end{bmatrix} = \begin{bmatrix} -5-4 & 6-(-19) \\ 12-17 & 8-7 \end{bmatrix} = \begin{bmatrix} -9 & 25 \\ -5 & 1 \end{bmatrix}$

7. $\begin{bmatrix} 4 & -6 & 12 \\ -3 & 9 & 8 \\ 2 & 16 & -3 \end{bmatrix} - \begin{bmatrix} 1 & -2 & 3 \\ 27 & 8 & 7 \\ 5 & -3 & 14 \end{bmatrix} = \begin{bmatrix} 4-1 & -6-(-2) & 12-3 \\ -3-27 & 9-8 & 8-7 \\ 2-5 & 16-(-3) & -3-14 \end{bmatrix}$

$= \begin{bmatrix} 3 & -4 & 9 \\ -30 & 1 & 1 \\ -3 & 19 & -17 \end{bmatrix}$

8. $5\begin{bmatrix} 6 & -4 \\ -3 & 5 \end{bmatrix} = \begin{bmatrix} 5(6) & 5(-4) \\ 5(-3) & 5(5) \end{bmatrix} = \begin{bmatrix} 30 & -20 \\ -15 & 25 \end{bmatrix}$

9. $-2\begin{bmatrix} 3 & 9 \\ -6 & -4 \end{bmatrix} = \begin{bmatrix} -2(3) & -2(9) \\ -2(-6) & -2(-4) \end{bmatrix} = \begin{bmatrix} -6 & -18 \\ 12 & 8 \end{bmatrix}$

10. $3\begin{bmatrix} 2 & -5 & 1 \\ 12 & -3 & -8 \\ 14 & 10 & 4 \end{bmatrix} = \begin{bmatrix} 3(2) & 3(-5) & 3(1) \\ 3(12) & 3(-3) & 3(-8) \\ 3(14) & 3(10) & 3(4) \end{bmatrix} = \begin{bmatrix} 6 & -15 & 3 \\ 36 & -9 & -24 \\ 42 & 30 & 12 \end{bmatrix}$

11. $\begin{bmatrix} -6 & 4 \\ -23 & 3 \end{bmatrix}\begin{bmatrix} 9 & -4 \\ 6 & 2 \end{bmatrix} = \begin{bmatrix} -6(9)+4(6) & -6(-4)+4(2) \\ -23(9)+3(6) & -23(-4)+3(2) \end{bmatrix} = \begin{bmatrix} -30 & 32 \\ -189 & 98 \end{bmatrix}$

12. $\begin{bmatrix} 13 & 12 \\ -4 & 3 \end{bmatrix}\begin{bmatrix} 3 & 9 \\ -6 & -4 \end{bmatrix} = \begin{bmatrix} 13(3)+12(-6) & 13(9)+12(-4) \\ -4(3)+3(-6) & -4(9)+3(-4) \end{bmatrix} = \begin{bmatrix} -33 & 69 \\ -30 & -48 \end{bmatrix}$

13. $\begin{bmatrix} 3 & 8 & 7 \\ -3 & 14 & -6 \\ 8 & 3 & -7 \end{bmatrix}\begin{bmatrix} 2 & 5 \\ -7 & 9 \end{bmatrix}$

This product does not exist because the matrices are not compatible.

14. $\begin{bmatrix} 4 \\ 2 \\ 9 \end{bmatrix}\begin{bmatrix} 7 \\ 7 \\ 4 \end{bmatrix}$ This product does not exist because the matrices are not compatible.

15. $\begin{bmatrix} 18 & 4 \\ -5 & -6 \end{bmatrix}$ is a 2 × 2 matrix, so its identity matrix is $\begin{bmatrix} 1 & 0 \\ 0 & 1 \end{bmatrix}$.

16. $\begin{bmatrix} 3 & 2 & 1 \\ 2 & 3 & 1 \\ 4 & 4 & 5 \end{bmatrix}$ is a 3 × 3 matrix, so its identity matrix is $\begin{bmatrix} 1 & 0 & 0 \\ 0 & 1 & 0 \\ 0 & 0 & 1 \end{bmatrix}$.

PAGES 634–635, PRACTICE AND APPLY

17. $\begin{bmatrix} -3 & 4 \\ -4 & 0 \\ 2 & -5 \end{bmatrix} + \begin{bmatrix} 0 & -1 \\ -6 & 9 \\ -7 & 5 \end{bmatrix} = \begin{bmatrix} -3+0 & 4+(-1) \\ -4+(-6) & 0+9 \\ 2+(-7) & -5+5 \end{bmatrix} = \begin{bmatrix} -3 & 3 \\ -10 & 9 \\ -5 & 0 \end{bmatrix}$

18. $\begin{bmatrix} 0.4 & -1.5 & 0.9 \\ 2.6 & 6.9 & 3.7 \end{bmatrix} + \begin{bmatrix} -4.7 & 2.6 & 6.9 \\ -7.3 & 9.8 & -5.5 \end{bmatrix}$

$= \begin{bmatrix} 0.4+(-4.7) & -1.5+2.6 & 0.9+6.9 \\ 2.6+(-7.3) & 6.9+9.8 & 3.7+(-5.5) \end{bmatrix}$

$= \begin{bmatrix} -4.3 & 1.1 & 7.8 \\ -4.7 & 16.7 & -1.8 \end{bmatrix}$

19. $\begin{bmatrix} -25 & 32 & 14 \\ 36 & -42 & -45 \\ -71 & 65 & 29 \end{bmatrix} - \begin{bmatrix} 16 & -34 & -55 \\ 21 & 11 & 22 \\ -43 & -67 & -44 \end{bmatrix} + \begin{bmatrix} 57 & 79 & 64 \\ -38 & -22 & -48 \\ -56 & 88 & 26 \end{bmatrix}$

$= \begin{bmatrix} -25-16+57 & 32-(-34)+79 & 14-(-55)+64 \\ 36-21+(-38) & -42-11+(-22) & -45-22+(-48) \\ -71-(-43)+(-56) & 65-(-67)+88 & 29-(-44)+26 \end{bmatrix}$

$= \begin{bmatrix} 16 & 145 & 133 \\ -23 & -75 & -115 \\ -84 & 220 & 99 \end{bmatrix}$

20. A solution is not possible because the matrices do not have the same dimensions.

21. $\begin{bmatrix} 1 \\ 2 \\ 3 \end{bmatrix} - \begin{bmatrix} 3 \\ 2 \\ 1 \end{bmatrix} = \begin{bmatrix} 1-3 \\ 2-2 \\ 3-1 \end{bmatrix} = \begin{bmatrix} -2 \\ 0 \\ 2 \end{bmatrix}$

22. $\begin{bmatrix} 4 & 2 \\ 6 & -7 \\ 3 & 9 \end{bmatrix} + \begin{bmatrix} -5 & 7 \\ -3 & 9 \\ 3 & -6 \end{bmatrix} - \begin{bmatrix} -11 & 3 \\ 8 & -15 \\ -7 & -2 \end{bmatrix} = \begin{bmatrix} 4+(-5)-(-11) & 2+7-3 \\ 6+(-3)-8 & -7+9-(-15) \\ 3+3-(-7) & 9+(-6)-(-2) \end{bmatrix}$

$= \begin{bmatrix} 10 & 6 \\ -5 & 17 \\ 13 & 5 \end{bmatrix}$

23. $\begin{bmatrix} -2 & 3 \\ 3 & -2 \end{bmatrix} - \begin{bmatrix} 4 & 6 \\ 4 & 6 \end{bmatrix} = \begin{bmatrix} -2-4 & 3-6 \\ 3-4 & -2-6 \end{bmatrix} = \begin{bmatrix} -6 & -3 \\ -1 & -8 \end{bmatrix}$

24. A solution is not possible because the matrices do not have the same dimensions.

25. $\begin{bmatrix} 3 & 2 \\ 6 & 4 \\ 9 & 6 \end{bmatrix} - \begin{bmatrix} -5 & 3 \\ 2 & -2 \\ -1 & 7 \end{bmatrix} = \begin{bmatrix} 3-(-5) & 2-3 \\ 6-2 & 4-(-2) \\ 9-(-1) & 6-7 \end{bmatrix} = \begin{bmatrix} 8 & -1 \\ 4 & 6 \\ 10 & -1 \end{bmatrix}$

26. $5\begin{bmatrix} 3 & -2 \\ 7 & 8 \end{bmatrix} = \begin{bmatrix} 5(3) & 5(-2) \\ 5(7) & 5(8) \end{bmatrix} = \begin{bmatrix} 15 & -10 \\ 35 & 40 \end{bmatrix}$

27. $-3\begin{bmatrix} 5 & 17 & -3 \\ 12 & -8 & 2 \\ -7 & 14 & 12 \end{bmatrix} = \begin{bmatrix} -3(5) & -3(17) & -3(-3) \\ -3(12) & -3(-8) & -3(2) \\ -3(-7) & -3(14) & -3(12) \end{bmatrix} = \begin{bmatrix} -15 & -51 & 9 \\ -36 & 24 & -6 \\ 21 & -42 & -36 \end{bmatrix}$

28. $-7\begin{bmatrix} 5 & -3 \\ 4 & -12 \\ 8 & 6 \end{bmatrix} = \begin{bmatrix} -7(5) & -7(-3) \\ -7(4) & -7(-12) \\ -7(8) & -7(6) \end{bmatrix} = \begin{bmatrix} -35 & 21 \\ -28 & 84 \\ -56 & -42 \end{bmatrix}$

29. $\begin{bmatrix} 4 & -6 \\ 12 & 8 \end{bmatrix}\begin{bmatrix} 3 & -8 \\ 4 & 9 \end{bmatrix} = \begin{bmatrix} 4(3)+(-6)(4) & 4(-8)+(-6)(9) \\ 12(3)+8(4) & 12(-8)+8(9) \end{bmatrix} = \begin{bmatrix} -12 & -86 \\ 68 & -24 \end{bmatrix}$

30. $\begin{bmatrix} 3 & -7 & 18 \end{bmatrix}\begin{bmatrix} 4 \\ 13 \\ 9 \end{bmatrix} = [3(4)+(-7)(13)+18(9)] = [83]$

31. $\begin{bmatrix} 3 & -8 \\ 1 & -3 \\ 4 & 16 \end{bmatrix}\begin{bmatrix} 8 & -6 & 9 \\ 12 & 4 & -2 \end{bmatrix}$

$= \begin{bmatrix} 3(8)+(-8)(12) & 3(-6)+(-8)(4) & 3(9)+(-8)(-2) \\ 1(8)+(-3)(12) & 1(-6)+(-3)(4) & 1(9)+(-3)(-2) \\ 4(8)+16(12) & 4(-6)+16(4) & 4(9)+16(-2) \end{bmatrix}$

$= \begin{bmatrix} -72 & -50 & 43 \\ -28 & -18 & 15 \\ 224 & 40 & 4 \end{bmatrix}$

32. $\begin{bmatrix} 3 & 12 \\ -4 & -7 \end{bmatrix}\begin{bmatrix} -4 & 7 \\ 9 & 12 \end{bmatrix} = \begin{bmatrix} 3(-4)+12(9) & 3(7)+12(12) \\ -4(-4)+(-7)(9) & -4(7)+(-7)(12) \end{bmatrix}$

$= \begin{bmatrix} 96 & 165 \\ -47 & -112 \end{bmatrix}$

33. $\begin{bmatrix} 4 & 12 & 9 \\ -3 & -4 & 6 \\ 3 & 2 & -4 \end{bmatrix}\begin{bmatrix} 3 \\ -3 \\ 14 \end{bmatrix} = \begin{bmatrix} 4(3)+12(-3)+9(14) \\ -3(3)+(-4)(-3)+6(14) \\ 3(3)+2(-3)+(-4)(14) \end{bmatrix} = \begin{bmatrix} 102 \\ 87 \\ -53 \end{bmatrix}$

34. $\begin{bmatrix} 3 & -12 \\ 2 & 4 \end{bmatrix}\begin{bmatrix} 6 \\ 2 \end{bmatrix} = \begin{bmatrix} 3(6)+(-12)(2) \\ 2(6)+4(2) \end{bmatrix} = \begin{bmatrix} -6 \\ 20 \end{bmatrix}$

35. $2(a + 4) = -12$
$\quad a + 4 = -6$
$\quad\quad a = -10$

$77 = 11b$
$b = 7$

$\frac{1}{3}c = 5$
$c = 15$

$-5d - 1 = -(3 - d)$
$-5d - 1 = -3 + d$
$-6d = -2$
$d = \frac{1}{3}$

$0.4g = 30$
$g = 75$

$-\frac{1}{2}k = \frac{3}{4}k - 3$
$-2k = 3k - 12$
$-5k = -12$
$k = \frac{12}{5}$

36. $352 + 392 = 744$ girls;
$389 + 367 = 756$ boys

37. $\begin{bmatrix} 447 & 199 & 514 & 389 \\ 498 & 352 & 432 & 399 \end{bmatrix} + \begin{bmatrix} 387 & 276 & 489 & 367 \\ 505 & 392 & 387 & 437 \end{bmatrix}$

$= \begin{array}{c} \\ \text{Boys} \\ \text{Girls} \end{array} \begin{bmatrix} \text{Mu} & \text{Ar} & \text{Te} & \text{He} \\ 834 & 475 & 1003 & 756 \\ 1003 & 744 & 819 & 836 \end{bmatrix}$

Total enrollment $\begin{array}{cccc} \text{Mu} & \text{Ar} & \text{Te} & \text{He} \\ [1837 & 1219 & 1822 & 1592] \end{array}$

38. $1003 + 819 = 1822$ students

39.
Regular Season
$\begin{array}{c} \text{Alesia} \\ \text{Jennel} \\ \text{Betsy} \\ \text{Katie} \\ \text{Nancy} \end{array} \begin{bmatrix} 3(3) + 2(15) + 1(12) \\ 3(1) + 2(20) + 1(16) \\ 3(3) + 2(17) + 1(13) \\ 3(4) + 2(6) + 1(9) \\ 3(0) + 2(14) + 1(18) \end{bmatrix} = \begin{bmatrix} 51 \\ 59 \\ 56 \\ 33 \\ 46 \end{bmatrix}$

Playoff Series
$\begin{array}{c} \text{Alesia} \\ \text{Jennel} \\ \text{Betsy} \\ \text{Katie} \\ \text{Nancy} \end{array} \begin{bmatrix} 3(2) + 2(10) + 1(3) \\ 3(1) + 2(2) + 1(4) \\ 3(2) + 2(3) + 1(2) \\ 3(1) + 2(6) + 1(3) \\ 3(0) + 2(3) + 1(4) \end{bmatrix} = \begin{bmatrix} 29 \\ 11 \\ 14 \\ 18 \\ 10 \end{bmatrix}$

40. Total Points
$\begin{array}{c} \text{Alesia} \\ \text{Jennel} \\ \text{Betsy} \\ \text{Katie} \\ \text{Nancy} \end{array} \begin{bmatrix} 51 + 29 \\ 59 + 11 \\ 56 + 14 \\ 33 + 18 \\ 46 + 10 \end{bmatrix} = \begin{bmatrix} 80 \\ 70 \\ 70 \\ 51 \\ 56 \end{bmatrix}$

41. Total points scored by the team $= 80 + 70 + 70 + 51 + 56 = 327$

PAGE 635, LOOK BACK

42. $-8 + 6 = -2$
43. $-7 - (-3) = -4$
44. $8 + (-4) = 4$
45. $-5 + (-6) = -11$

46. b. Associative Property for Addition
47. a. Commutative Property for Addition
48. c. Distributive Property

49. $x + 1.4 = -5.6$
$\quad x = -7$

50. $6 = c - (-6)$
$\quad c = 0$

51. $m + (-47) = 31$
$\quad m = 78$

52. slope $= \frac{7 - 5}{-6 - 2} = \frac{2}{-8} = -\frac{1}{4}$

53. slope $= \frac{3 - 4}{-12 - 7} = \frac{-1}{-19} = \frac{1}{19}$

54. $x^2 + x - 12 = 0$
$(x + 4)(x - 3) = 0$
$x + 4 = 0 \quad$ or $\quad x - 3 = 0$
$\quad x = -4 \text{ or} \quad\quad x = 3$

55. $x^2 - 2x - 35 = 0$
$(x - 7)(x + 5) = 0$
$x - 7 = 0$ or $x + 5 = 0$
$\quad x = 7$ or $\quad x = -5$

56. $x^2 - 49 = 0$
$(x + 7)(x - 7) = 0$
$x + 7 = 0 \quad$ or $\quad x - 7 = 0$
$\quad x = -7$ or $\quad\quad x = 7$

57. $a = 2, b = 12, c = 14$

$$x = \frac{-12 \pm \sqrt{12^2 - 4(2)(14)}}{2(2)}$$
$$= \frac{-12 \pm \sqrt{144 - 112}}{4}$$
$$= \frac{-12 \pm \sqrt{32}}{4}$$
$$= \frac{-12 \pm 4\sqrt{2}}{4}$$
$$= -3 \pm \sqrt{2}$$

58. $a = 3, b = -3, c = -36$

$$x = \frac{-(-3) \pm \sqrt{(-3)^2 - 4(3)(-36)}}{2(3)}$$
$$= \frac{3 \pm \sqrt{441}}{6}$$
$$= \frac{3 \pm 21}{6}$$
$$x = 4 \text{ or } x = -3$$

PAGE 635, LOOK BEYOND

59. $\frac{1}{2}(100) = 50$ times
about 50 times

60. $\frac{2}{6}(100) = 33\frac{1}{3} \approx 33$ times

CHAPTER 12 REVIEW AND ASSESSMENT PAGES 638–640

1. $\sqrt{20} \approx 4.47$

2. $\sqrt{\frac{9}{16}} = \frac{3}{4}$

3. $\sqrt{a^2 b^7} = |a|b^3\sqrt{b}$

4. $\sqrt{2} + 3\sqrt{7} - 3\sqrt{2}$
$= -2\sqrt{2} + 3\sqrt{7}$

5. $(2\sqrt{3})^2 = (2\sqrt{3})(2\sqrt{3})$
$= 4 \cdot 3$
$= 12$

6. $\sqrt{3}(2 - \sqrt{12}) = 2\sqrt{3} - \sqrt{36}$
$= 2\sqrt{3} - 6$

7. $(\sqrt{5} - 6)(\sqrt{5} + 6) = (\sqrt{5})^2 - 6^2$
$= 5 - 36$
$= -31$

8. $(\sqrt{17} - 8)(\sqrt{17} + 4) = 17 - 4\sqrt{17} - 32$
$= -15 - 4\sqrt{17}$

9. $\sqrt{x - 7} = 2$ Check: $\sqrt{11 - 7} \stackrel{?}{=} 2$
$(\sqrt{x - 7})^2 = 2^2$ $\sqrt{4} \stackrel{?}{=} 2$
$x - 7 = 4$ $2 = 2$
$x = 11$

10. $\sqrt{3x + 4} = 1$ Check: $\sqrt{3(-1) + 4} \stackrel{?}{=} 1$
$(\sqrt{3x + 4})^2 = 1^2$ $\sqrt{-3 + 4} \stackrel{?}{=} 1$
$3x + 4 = 1$ $\sqrt{1} \stackrel{?}{=} 1$
$3x = -3$ $1 = 1$
$x = -1$

11. $\sqrt{x^2 + 6x - 1} = x + 4$ Check: $\sqrt{\left(-\frac{17}{2}\right)^2 + 6\left(-\frac{17}{2}\right) - 1} \stackrel{?}{=} -\frac{17}{2} + 4$
$(\sqrt{x^2 + 6x - 1})^2 = (x + 4)^2$ $\sqrt{\frac{289}{4} - 52} \stackrel{?}{=} -\frac{9}{2}$
$x^2 + 6x - 1 = x^2 + 8x + 16$ $\frac{9}{2} \neq -\frac{9}{2}$
$-2x = 17$
$x = -\frac{17}{2}$

There is no solution.

12. $\sqrt{x^2 - 2x + 1} = x - 5$ Check: $\sqrt{3^2 - 2(3) + 1} \stackrel{?}{=} 3 - 5$
$(\sqrt{x^2 - 2x + 1})^2 = (x - 5)^2$ $\sqrt{4} \stackrel{?}{=} -2$
$x^2 - 2x + 1 = x^2 - 10x + 25$ $2 \neq -2$
$8x = 24$
$x = 3$

There is no solution.

13. $x^2 = 40$ Check: $(2\sqrt{10})^2 \stackrel{?}{=} 40$ $(-2\sqrt{10})^2 \stackrel{?}{=} 40$
     $x = \pm 2\sqrt{10}$ $40 = 40$ $40 = 40$
     Solution: $x = \pm 2\sqrt{10}$

14. $2x^2 - 32 = 0$ Check: $2(4)^2 - 32 \stackrel{?}{=} 0$ $2(-4)^2 - 32 \stackrel{?}{=} 0$
       $2x^2 = 32$ $2(16) - 32 \stackrel{?}{=} 0$ $2(16) - 32 \stackrel{?}{=} 0$
        $x^2 = 16$ $0 = 0$ $0 = 0$
         $x = \pm 4$
     Solution: $x = \pm 4$

15. $5x^2 + 14 = 139$ Check: $5(5)^2 + 14 \stackrel{?}{=} 139$ $5(-5)^2 + 14 \stackrel{?}{=} 139$
       $5x^2 = 125$ $5(25) + 14 \stackrel{?}{=} 139$ $5(25) + 14 \stackrel{?}{=} 139$
         $x^2 = 25$ $125 + 14 \stackrel{?}{=} 139$ $125 + 14 \stackrel{?}{=} 139$
          $x = \pm 5$ $139 = 139$ $139 = 139$
     Solution: $x = \pm 5$

16. $x = \sqrt{x + 12}$ Check: $4 \stackrel{?}{=} \sqrt{4 + 12}$ $-3 \stackrel{?}{=} \sqrt{-3 + 12}$
           $x^2 = x + 12$ $4 \stackrel{?}{=} \sqrt{16}$ $-3 \stackrel{?}{=} \sqrt{9}$
   $x^2 - x - 12 = 0$ $4 = 4$ $-3 \neq 3$, so -3 is not a solution
   $(x - 4)(x + 3) = 0$
           $x = 4$ or $x = -3$
     Solution: $x = 4$

17. $13^2 + 7^2 = c^2$ **18.** $a^2 + 6^2 = 18^2$
      $169 + 49 = c^2$ $a^2 + 36 = 324$
           $218 = c^2$ $a^2 = 288$
      $\sqrt{218} = c$ $a = \sqrt{288} = 12\sqrt{2}$
       $14.76 \approx c$ $a \approx 16.97$

19. $a^2 + b^2 = c^2$ **20.** $a^2 + b^2 = c^2$ **21.** $a^2 + b^2 = c^2$
     $12^2 + 5^2 = c^2$ $2^2 + (\sqrt{3})^2 \stackrel{?}{=} (\sqrt{5})^2$ $(\sqrt{5})^2 + 2^2 \stackrel{?}{=} 3^2$
      $144 + 25 = c^2$ $4 + 3 \stackrel{?}{=} 5$ $5 + 4 \stackrel{?}{=} 9$
           $169 = c^2$ $7 \neq 5$ $9 = 9$
          $c = \sqrt{169}$
          $c = 13$ A triangle with side lengths 2,   A triangle with side lengths
                                       $\sqrt{3}$ and $\sqrt{5}$ cannot be a right $\sqrt{5}$, 2 and 3 is a right triangle
                                       triangle because it would   because it satisfies the
                                       contradict the Pythagorean   Pythagorean Theorem.
                                       Theorem.

22. $A(0, 3)$, $B(2, 8)$ **23.** $X(-1, 5)$, $Y(3, -8)$
     $AB = \sqrt{(0 - 2)^2 + (3 - 8)^2}$ $XY = \sqrt{(-1 - 3)^2 + (5 - (-8))^2}$
           $= \sqrt{(-2)^2 + (-5)^2}$ $= \sqrt{(-4)^2 + (13)^2}$
           $= \sqrt{4 + 25}$ $= \sqrt{16 + 169}$
           $= \sqrt{29} \approx 5.39$ $= \sqrt{185} \approx 13.60$

24. $M(5, 2)$, $N(3, 6)$ **25.** $S(6, 4)$, $T(9, 0)$
     $MN = \sqrt{(5 - 3)^2 + (2 - 6)^2}$ $ST = \sqrt{(6 - 9)^2 + (4 - 0)^2}$
           $= \sqrt{2^2 + (-4)^2}$ $= \sqrt{(-3)^2 + 4^2}$
           $= \sqrt{4 + 16}$ $= \sqrt{9 + 16}$
           $= \sqrt{20} \approx 4.47$ $= \sqrt{25}$
                                                         $= 5$

26. $M(5, 2)$, $N(3, 6)$ **27.** $P(-3, 4)$, $Q(-7, -1)$ **28.** $R(8, -2)$, $S(-1, 4)$
     $(\bar{x}, \bar{y}) = \left(\dfrac{5 + 3}{2}, \dfrac{2 + 6}{2}\right)$ $(\bar{x}, \bar{y}) = \left(\dfrac{-3 + (-7)}{2}, \dfrac{4 + (-1)}{2}\right)$ $(\bar{x}, \bar{y}) = \left(\dfrac{8 + (-1)}{2}, \dfrac{-2 + 4}{2}\right)$
            $= (4, 4)$ $= \left(\dfrac{-10}{2}, \dfrac{3}{2}\right)$ $= \left(\dfrac{7}{2}, \dfrac{2}{2}\right)$
                                $= (-5, 1.5)$ $= (3.5, 1)$

29. $M(-4, 3), N(5, -2)$
$(\bar{x}, \bar{y}) = \left(\frac{-4+5}{2}, \frac{3+(-2)}{2}\right)$
$= \left(\frac{1}{2}, \frac{1}{2}\right)$

30. $R(5, -7), S(-8, -12)$
$(\bar{x}, \bar{y}) = \left(\frac{5+(-8)}{2}, \frac{-7+(-12)}{2}\right)$
$= \left(-\frac{3}{2}, -\frac{19}{2}\right)$

31. $Q(3, 7), R(-8, -8)$
$(\bar{x}, \bar{y}) = \left(\frac{3+(-8)}{2}, \frac{7+(-8)}{2}\right)$
$= \left(-\frac{5}{2}, -\frac{1}{2}\right)$

32. $A(7, -4), B(8, 4)$
$(\bar{x}, \bar{y}) = \left(\frac{7+8}{2}, \frac{-4+4}{2}\right)$
$= \left(\frac{15}{2}, 0\right)$

33. $A(a, b), B(3a, 2b)$
$(\bar{x}, \bar{y}) = \left(\frac{a+3a}{2}, \frac{b+2b}{2}\right)$
$= \left(\frac{4a}{2}, \frac{3b}{2}\right)$
$= \left(2a, \frac{3}{2}b\right)$

34. center: $(0, 0)$, radius: 2
$(x - 0)^2 + (y - 0)^2 = 2^2$
$x^2 + y^2 = 4$

35. center: $(-2, 5)$, radius: 5
$(x - (-2))^2 + (y - 5)^2 = 5^2$
$(x + 2)^2 + (y - 5)^2 = 25$

36. radius $= \sqrt{(7-3)^2 + (7-7)^2}$
$= \sqrt{4^2 + 0^2}$
$= \sqrt{16}$
$= 4$
$(x - 3)^2 + (y - 7)^2 = 4^2$
$(x - 3)^2 + (y - 7)^2 = 16$

37. radius $= \sqrt{(-3-(-3))^2 + (-8-(-2))^2}$
$= \sqrt{0^2 + (-6)^2}$
$= \sqrt{36}$
$= 6$
$(x - (-3))^2 + (y - (-2))^2 = 6^2$
$(x + 3)^2 + (y + 2)^2 = 36$

38. $(x - 2)^2 + (y - 3)^2 = 36$
center: $(2, 3)$, radius: $\sqrt{36}$, or 6

39. $(x + 0.25)^2 + y^2 = 6.25$
$(x - (-0.25))^2 + (y - 0)^2 = 6.25$
center: $(-0.25, 0)$,
radius: $\sqrt{6.25}$ or 2.5

40. $(MO)^2 + 12^2 = 13^2$
$(MO)^2 + 144 = 169$
$(MO)^2 = 25$
$MO = 5$
$\tan M = \frac{12}{5}$

41. From Exercise 40, $MO = 5$.
$\tan k = \frac{5}{12}$

42. $\tan A = \frac{3}{4}$

43. $\tan B = \frac{8}{6}$
$= \frac{4}{3}$

44. $\tan R = \frac{4}{3}$

45. $\tan T = \frac{6}{8}$
$= \frac{3}{4}$

46. $(HO)^2 + 5^2 = (5\sqrt{2})^2$
$(HO)^2 + 25 = 25 \cdot 2$
$(HO)^2 = 25$
$HO = 5$
$\tan H = \frac{5}{5}$
$= 1$

47. From Exercise 46, $HO = 5$.
$\tan J = \frac{5}{5}$
$= 1$

48. $\cos \angle B = \frac{a}{c}$
$= \frac{5}{9}$
≈ 0.56

49. $\cos \angle A = \frac{b}{c}$
$= \frac{6}{12}$
$= \frac{1}{2}$
$= 0.5$

50. $\sin \angle A = \frac{a}{c}$
$= \frac{1}{2}$
$= 0.5$

51. $\sin \angle B = \frac{b}{c}$
$= \frac{8}{15}$
≈ 0.53

52. $\cos \angle B = \frac{a}{c}$
$= \frac{5}{14}$
≈ 0.36

53. $\cos \angle B = \frac{a}{c}$
$= \frac{6}{10}$
$= \frac{3}{5}$
$= 0.6$

54. $\sin \angle B = \frac{b}{c}$
$= \frac{3}{18}$
$= \frac{1}{6}$
≈ 0.17

55. $\sin \angle A = \frac{a}{c}$
$= \frac{8}{15}$
≈ 0.53

56. $m\angle A = \cos^{-1}\left(\frac{7}{24}\right)$
$\approx 73.04°$

57. $m\angle B = \cos^{-1}\left(\frac{14}{27}\right)$
$\approx 58.77°$

58. $m\angle A = \sin^{-1}\left(\frac{3}{9}\right)$
$\approx 19.47°$

59. $m\angle A = \sin^{-1}\left(\frac{9}{20}\right)$
$\approx 26.74°$

60. $\begin{bmatrix} -2 & 8 \\ -12 & 4 \end{bmatrix} + \begin{bmatrix} 4 & 6 \\ -1 & -7 \end{bmatrix} = \begin{bmatrix} -2+4 & 8+6 \\ -12+(-1) & 4+(-7) \end{bmatrix} = \begin{bmatrix} 2 & 14 \\ -13 & -3 \end{bmatrix}$

61. $\begin{bmatrix} 2 & 14 \\ 3 & -10 \end{bmatrix} + \begin{bmatrix} -4 & 1 \\ -3 & 8 \end{bmatrix} = \begin{bmatrix} 2+(-4) & 14+1 \\ 3+(-3) & -10+8 \end{bmatrix} = \begin{bmatrix} -2 & 15 \\ 0 & -2 \end{bmatrix}$

62. $\begin{bmatrix} 5 & -1 \\ 3 & 8 \end{bmatrix} - \begin{bmatrix} 2 & 4 \\ 7 & -1 \end{bmatrix} = \begin{bmatrix} 5-2 & -1-4 \\ 3-7 & 8-(-1) \end{bmatrix} = \begin{bmatrix} 3 & -5 \\ -4 & 9 \end{bmatrix}$

63. $\begin{bmatrix} 11 & 14 \\ 2 & 16 \end{bmatrix} - \begin{bmatrix} 4 & 3 \\ -2 & -14 \end{bmatrix} = \begin{bmatrix} 11-4 & 14-3 \\ 2-(-2) & 16-(-14) \end{bmatrix} = \begin{bmatrix} 7 & 11 \\ 4 & 30 \end{bmatrix}$

64. $\begin{bmatrix} 253 & 786 \\ 212 & 1452 \end{bmatrix} - \begin{bmatrix} 221 & 753 \\ 819 & 1221 \end{bmatrix} = \begin{bmatrix} 253-221 & 786-753 \\ 212-819 & 1452-1221 \end{bmatrix} = \begin{bmatrix} 32 & 33 \\ -607 & 231 \end{bmatrix}$

65. $4\begin{bmatrix} -3 & 12 \\ 24 & -8 \end{bmatrix} = \begin{bmatrix} 4(-3) & 4(12) \\ 4(24) & 4(-8) \end{bmatrix} = \begin{bmatrix} -12 & 48 \\ 96 & -32 \end{bmatrix}$

66. $-12\begin{bmatrix} 4 & -12 \\ -14 & -11 \end{bmatrix} = \begin{bmatrix} -12(4) & -12(-12) \\ -12(-14) & -12(-11) \end{bmatrix} = \begin{bmatrix} -48 & 144 \\ 168 & 132 \end{bmatrix}$

67. $23\begin{bmatrix} 14 & 2 \\ 13 & -6 \end{bmatrix} = \begin{bmatrix} 23(14) & 23(2) \\ 23(13) & 23(-6) \end{bmatrix} = \begin{bmatrix} 322 & 46 \\ 299 & -138 \end{bmatrix}$

68. $\begin{bmatrix} 4 & 3 \\ 8 & 7 \end{bmatrix} \cdot \begin{bmatrix} 6 & 3 \\ 8 & 9 \end{bmatrix} = \begin{bmatrix} 4(6)+3(8) & 4(3)+3(9) \\ 8(6)+7(8) & 8(3)+7(9) \end{bmatrix} = \begin{bmatrix} 48 & 39 \\ 104 & 87 \end{bmatrix}$

69. $\begin{bmatrix} -3 & 8 \\ -14 & 7 \end{bmatrix} \cdot \begin{bmatrix} -2 & -8 \\ 3 & -6 \end{bmatrix} = \begin{bmatrix} -3(-2)+8(3) & -3(-8)+8(-6) \\ -14(-2)+7(3) & -14(-8)+7(-6) \end{bmatrix} = \begin{bmatrix} 30 & -24 \\ 49 & 70 \end{bmatrix}$

70. $\begin{bmatrix} -6 & -2 \\ 4 & 8 \end{bmatrix} \cdot \begin{bmatrix} -3 & -8 \\ 9 & 10 \end{bmatrix} = \begin{bmatrix} -6(-3)+-2(9) & -6(-8)+-2(10) \\ 4(-3)+8(9) & 4(-8)+8(10) \end{bmatrix} = \begin{bmatrix} 0 & 28 \\ 60 & 48 \end{bmatrix}$

71. $\begin{bmatrix} 1 & 0 \\ 0 & 1 \end{bmatrix} \cdot \begin{bmatrix} 8 & 9 \\ 12 & 356 \end{bmatrix} = \begin{bmatrix} 1(8)+0(12) & 1(9)+0(356) \\ 0(8)+1(12) & 0(9)+1(356) \end{bmatrix} = \begin{bmatrix} 8 & 9 \\ 12 & 356 \end{bmatrix}$

72. $\begin{bmatrix} 1 & 0 \\ 0 & 1 \end{bmatrix} \cdot \begin{bmatrix} 856 & 231 \\ -876 & 329 \end{bmatrix} = \begin{bmatrix} 1(856)+0(-876) & 1(231)+0(329) \\ 0(856)+1(-876) & 0(231)+1(329) \end{bmatrix}$
$= \begin{bmatrix} 856 & 231 \\ -876 & 329 \end{bmatrix}$

73. $\begin{bmatrix} 845 & -765 \\ -156 & -943 \end{bmatrix} \cdot \begin{bmatrix} 1 & 0 \\ 0 & 1 \end{bmatrix} = \begin{bmatrix} 845(1)+(-765)(0) & 845(0)+(-765)(1) \\ -156(1)+(-943)(0) & -156(0)+(-943)(1) \end{bmatrix}$
$= \begin{bmatrix} 845 & -765 \\ -156 & -943 \end{bmatrix}$

74. Let $x = $ distance from the house to the bottom of the ladder.
$\tan 55° = \frac{x}{12}$
$x = 12(\tan 55°)$
$x \approx 17.1$
The bottom of the ladder is about 17.1 feet from the house.

75. a. $\text{cable}^2 = \text{height}^2 + (\text{horizontal distance})^2$
$\text{cable}^2 = 500^2 + 120^2$
$\text{cable}^2 = 250{,}000 + 14{,}400$
$\text{cable}^2 = 264{,}400$
$\text{cable} \approx 514.2$
The cable is about 514.2 ft long.

b. $\tan A = \frac{120}{500}$
$A = \tan^{-1}\left(\frac{120}{500}\right)$
$A \approx 13.5°$
The cable makes an angle of about 13.5° with the ground.

76. 6 miles = 31,680 feet
Let x represent the horizontal distance.
$x^2 + 2000^2 = (31,680)^2$
$x^2 = 1,003,622,400 - 4,000,000$
$x^2 = 999,622,400$
$x \approx 31,617$ feet or about 5.99 miles

Chapter 12 Chapter Test

PAGE 643

1. $\sqrt{400} = \sqrt{20 \cdot 20} = 20$

2. $\sqrt{\frac{49}{225}} = \frac{\sqrt{7 \cdot 7}}{\sqrt{15 \cdot 15}} = \frac{7}{15}$

3. $\sqrt{125} = \sqrt{5 \cdot 5 \cdot 5} = 5\sqrt{5} \approx 11.18$

4. $\sqrt{25}\sqrt{18} = \sqrt{25 \cdot 9 \cdot 2}$
$= 5 \cdot 3\sqrt{2}$
$= 15\sqrt{2}$

5. $\sqrt{5} + 2\sqrt{20} = \sqrt{5} + 4\sqrt{5}$
$= 5\sqrt{5}$

6. $(\sqrt{2} - 1)^2 = (\sqrt{2})^2 - 2(\sqrt{2})(1) + 1^2$
$= 2 - 2\sqrt{2} + 1$
$= 3 - 2\sqrt{2}$

7. $\sqrt{r^3 s^6} = \sqrt{r^2 \cdot r \cdot s^2 \cdot s^2 \cdot s^2}$
$= r|s^3|\sqrt{r}$

8. $a^2 = 45$
$a = \pm\sqrt{45}$
$a = \pm 3\sqrt{5}$

9. $\sqrt{m + 4} = -3$
no solution

10. $\sqrt{z^2 + 4z - 18} = z$
$z^2 + 4z - 18 = z^2$
$4z = 18$
$z = \frac{9}{2}$
Check answers to verify.

11. $x + 2 = \sqrt{x^2 + 2x + 4}$
$(x + 2)^2 = x^2 + 2x + 4$
$x^2 + 4x + 4 = x^2 + 2x + 4$
$2x = 0$
$x = 0$ Check answers to verify.

12. $d = 9800t^2$
$\sqrt{\frac{d}{9800}} = t$
$\sqrt{\frac{22,050}{9800}} = t$
$1.5 \text{ sec} = t$

13. $a^2 + 5^2 = 7^2$
$a^2 + 25 = 49$
$a^2 = 24$
$a = 2\sqrt{6} \approx 4.90$

14. $4^2 + b^2 = 8^2$
$16 + b^2 = 64$
$b^2 = 48$
$b = 4\sqrt{3} \approx 6.93$

15. $2x^2 = 12^2$
$2x^2 = 144$
$x^2 = 72$
$x = 6\sqrt{2} \approx 8.49$

16. $R(5, 7), S(2, 9)$
$RS = \sqrt{(2 - 5)^2 + (9 - 7)^2}$
$= \sqrt{(-3)^2 + (2)^2}$
$= \sqrt{9 + 4}$
$= \sqrt{13} \approx 3.61$

17. $P(-3, 2), Q(4, -5)$
$PQ = \sqrt{(-5 - 2)^2 + (4 - (-3))^2}$
$= \sqrt{(-7)^2 + (7)^2}$
$= \sqrt{49 + 49}$
$= \sqrt{98} = 7\sqrt{2} \approx 9.90$

18. $G(8, 2), H(2, 3)$
$= \left(\frac{8 + 2}{2}, \frac{2 + 3}{2}\right)$
$= \left(5, \frac{5}{2}\right)$

19. $M(-13, -5), N(-3, -4)$
$= \left(\frac{-13 + (-3)}{2}, \frac{-5 + (-4)}{2}\right)$
$= \left(-8, -\frac{9}{2}\right)$

20. $(x - 3)^2 + (y - 4)^2 = 64$

21. Center $(2, -3)$, radius $\sqrt{10}$
$(x - 2)^2 + (y + 3)^2 = 10$

22. Center $(-4, 1)$
radius $= \sqrt{5}$

23. $\tan A = \frac{8}{6}$

24. $\tan R = \frac{15}{8}$

25. $\tan S = \frac{8}{15}$

26. $\tan C = \frac{6}{8}$

27. $\sin A = \frac{8}{10} = 0.8$

28. $\cos R = \frac{8}{17} \approx 0.47$

29. $\tan A = \frac{8}{6}$
$A = \tan^{-1}\left(\frac{8}{6}\right)$
$m\angle A = 53.13°$

30. $\cos R = \frac{8}{17}$
$R = \cos^{-1}\left(\frac{8}{17}\right)$
$m\angle R = 61.93°$

31. $\sin 52° = \frac{40}{x}$
$x = \frac{40}{\sin 52°}$
$x = 50.76$ feet

32. $\begin{bmatrix} 4 & -8 \\ 0 & -3 \end{bmatrix}$

33. $\begin{bmatrix} -2 & -11 \\ -10 & 13 \end{bmatrix}$

34. $\begin{bmatrix} 4 & -4 \\ 0 & 1 \end{bmatrix}$

35. $\begin{bmatrix} 75 & -105 \\ -45 & 60 \end{bmatrix}$

Chapters 1–12 Cumulative Assessment

PAGES 644–645

1. $\frac{16 + 26 + 21 + 23 + 19}{5} = \frac{105}{5}$
$= 21$
The median of 16, 19, 21, 23, 26 is 21. Choose C.

2. $\frac{6}{n} = \frac{9}{15}$ $\quad$ $\frac{n}{15} = \frac{9}{25}$
$9n = 90$ $\quad$ $25n = 135$
$n = 10$ $\quad$ $n = 5.4$
Choose A.

3. $5(x + 4) = 25$ $\quad$ $4(x - 3) = 16$
$5x + 20 = 25$ $\quad$ $4x - 12 = 16$
$5x = 5$ $\quad$ $4x = 28$
$x = 1$ $\quad$ $x = 7$
Choose B.

4. $(2 + \sqrt{3})(2 - \sqrt{3}) = 2^2 - (\sqrt{3})^2$
$= 4 - 3$
$= 1$
Choose B.

5. $\frac{8b - 2}{6} = \frac{8(4) - 2}{6}$ $\quad$ $3(b - 6) = 3(4 - 6)$
$= \frac{32 - 2}{6}$ $\quad$ $= 3(-2)$
$= \frac{30}{6}$ $\quad$ $= -6$
$= 5$
Choose A.

6. $y = kx$
$3 = k8$
$\frac{3}{8} = k$
Choose d.

7. $f(x) = 2^x$
$f(3) = 2^3 = 2 \cdot 2 \cdot 2 = 8$
Choose d.

8. $(x - y) - (y + x) = x - y - y - x$
$= x - x - y - y$
$= -2y$
Choose c.

9. $\begin{cases} y = x + 3 \\ 2x - 3y = -12 \end{cases}$
Substitute $y = x + 3$ into the second equation.
$2x - 3(x + 3) = -12$
$2x - 3x - 9 = -12$
$-x - 9 = -12$
$-x = -3$
$x = 3$

Substitute $x = 3$ into the first equation.
$y = 3 + 3$
$y = 6$

Solution: (3, 6)
Choose c.

10. $|x + 5| < 5$
Case 1: $\quad$ Case 2:
$x + 5 < 5$ $\quad$ $-(x + 5) < 5$
$x < 0$ $\quad$ $-x - 5 < 5$
$\quad$ $\quad$ $-x < 10$
$\quad$ $\quad$ $x > -10$
So $-10 < x < 0$. Choose a.

11. $\frac{x}{50} = \frac{30}{100}$
$100x = 1500$
$x = 15$
Choose d.

12. $M(3, -5), N(-6, 14)$
slope $= \frac{14 - (-5)}{-6 - 3} = \frac{19}{-9} = -\frac{19}{9}$
Choose c.

13. $m = \frac{-2 - 4}{-1 - 3} = \frac{-6}{-4} = \frac{3}{2}$
$y = \frac{3}{2}x + b$
$4 = \frac{3}{2}(3) + b$
$4 = \frac{9}{2} + b$
$\frac{8}{2} - \frac{9}{2} = b$
$-\frac{1}{2} = b$
$y = \frac{3}{2}x - \frac{1}{2}$
Choose d.

14. $(2x + 4)(2x - 4) = (2x)^2 - 4^2$
$= 4x^2 - 16$

Choose a.

15. $2x + 4y = 5$
$4y = -2x + 5$
$y = -\frac{1}{2}x + \frac{5}{4}$
$m = -\frac{1}{2}$

The slope of a perpendicular line is 2.
Choose a.

16. $A(0, 1), B(4, 5)$
$d = \sqrt{(0 - 4)^2 + (1 - 5)^2}$
$= \sqrt{(-4)^2 + (-4)^2}$
$= \sqrt{16 + 16}$
$= \sqrt{32}$
$= 4\sqrt{2}$

Choose d.

17. $5x + 8 \leq 3x$
$2x + 8 \leq 0$
$2x \leq -8$
$x \leq -4$

Choose a.

18. $2x^2 + 12x + 18 = 2(x^2 + 6x + 9)$
$= 2(x + 3)^2$

Choose d.

19. $\begin{bmatrix} 3 & 0 \\ -5 & 1 \end{bmatrix} - \begin{bmatrix} 5 & -1 \\ -9 & -1 \end{bmatrix} = \begin{bmatrix} 3 - 5 & 0 - (-1) \\ -5 - (-9) & 1 - (-1) \end{bmatrix}$
$= \begin{bmatrix} -2 & 1 \\ 4 & 2 \end{bmatrix}$

20. $9x^2 = 1$
$\sqrt{9x^2} = \sqrt{1}$
$3x = \pm 1$
$x = \pm\frac{1}{3}$

21. The domain of
$\{(2, -3), (2, 3), (4, 5), (4, -5)\}$ is $\{2, 4\}$.

22. $\frac{1.2}{7.5} = \frac{n}{2.5}$
$7.5n = (1.2)(2.5)$
$7.5n = 3$
$n = 0.4$

23. $M(3, -4), N(7, 8)$
$(\bar{x}, \bar{y}) = \left(\frac{3 + 7}{2}, \frac{-4 + 8}{2}\right)$
$= (5, 2)$

24. $3x - 2y = 6$
$3(0) - 2y = 6$
$-2y = 6$
$y = -3$
$y-\text{intercept} = (0, -3)$

25. $6x^2 + 9x + 3 = 3(2x^2 + 3x + 1)$
$= 3(2x + 1)(x + 1)$

26. Let x represent the amount of 60% alcohol solution, and y represent the amount of 20% alcohol solution.

$\begin{cases} x + y = 100 \\ 0.60x + 0.20y = 0.52(100) \end{cases}$

Substitute $y = 100 - x$ into the second equation.
$0.60x + 0.20(100 - x) = 0.52(100)$
$0.60x + 20 - 0.20x = 52$
$0.40x + 20 = 52$
$0.40x = 32$
$x = 80$

$y = 100 - x = 20$

Mary should use 80 ml of the 60% solution and 20 ml of the 20% solution.

27. $8 - (3 - 5) - 4 = 8 - (-2) - 4$
$ = 8 + 2 - 4$
$ = 10 - 4$
$ = 6$

28. $x + \frac{1}{2} = \frac{x}{2} + 3$
$x - \frac{x}{2} = 3 - \frac{1}{2}$
$\frac{2x}{2} - \frac{x}{2} = \frac{6}{2} - \frac{1}{2}$
$\frac{x}{2} = \frac{5}{2}$
$x = 5$

29. $g(x) = x^2 - 5x + 6$
$g(3) = 3^2 - 5(3) + 6$
$ = 9 - 15 + 6$
$ = -6 + 6$
$ = 0$

30. $5x - 2y = 8$
$-2y = -5x + 8$
$y = \frac{5}{2}x - 4$
$m = \frac{5}{2}$

31. Let x represent the amount Latoya usually budgets.
$\frac{1}{3}x + 300 = 390$
$\frac{1}{3}x = 90$
$x = 270$
Latoya usually budgets $270.

32. $5 - |-3| - 4 = 5 - 3 - 4$
$ = 2 - 4$
$ = -2$

33. $\left(\frac{2}{3}\right)^{-3} = \left(\frac{3}{2}\right)^{3}$
$\phantom{\left(\frac{2}{3}\right)^{-3}} = \frac{3^3}{2^3}$
$\phantom{\left(\frac{2}{3}\right)^{-3}} = \frac{27}{8}$

34.
Sequence   8   13   21   34   55
First differences   5   8   13   21

The sequence of first differences continues as the original sequence.

The next term is $55 + 34 = 89$.

35. $3x - 5 = 16$
$3x = 21$
$x = 7$

36. $\frac{45}{100} = \frac{x}{60}$
$100x = 2700$
$x = 27$

37. $m = \frac{10 - 4}{6 - 3} = \frac{6}{3} = 2$

38.
Sequence   2   8   14   20   26
First differences   6   6   6   6

The first differences are a constant 6.

39.
Sequence   20   21   26   35   48
First differences   1   5   9   13
Second differences   4   4   4

The second differences are a constant 4.

40. $\frac{9}{60} = \frac{x}{100}$
$60x = 900$
$x = 150$
9 is 15% of 60.

41. $\sqrt{121} = 11$

42. $a^2 + b^2 = c^2$
$5^2 + 12^2 = c^2$
$25 + 144 = c^2$
$169 = c^2$
$c = \sqrt{169}$
$c = 13$

43. $M(5, -6), N(-7, -1)$
$MN = \sqrt{(5 - (-7))^2 + (-6 - (-1))^2}$
$ = \sqrt{12^2 + (-5)^2}$
$ = \sqrt{144 + 25}$
$ = \sqrt{169}$
$ = 13$

CHAPTER 13

Probability

13.1 PAGE 651; GUIDED SKILLS PRACTICE

4. The sample space is: {1-1, 1-2, 1-3, 1-4, 1-5, 1-6, 2-1, 2-2, 2-3, 2-4, 2-5, 2-6, 3-1, 3-2, 3-3, 3-4, 3-5, 3-6, 4-1, 4-2, 4-3, 4-4, 4-5, 4-6, 5-1, 5-2, 5-3, 5-4, 5-5, 5-6, 6-1, 6-2, 6-3, 6-4, 6-5, 6-6}.

5. The sample space is:

First Toss	Second Toss	Third Toss	Fourth Toss
H	H	H	H
H	H	H	T
H	H	T	H
H	H	T	T
H	T	H	H
H	T	H	T
H	T	T	H
H	T	T	T
T	H	H	H
T	H	H	T
T	H	T	H
T	H	T	T
T	T	H	H
T	T	H	T
T	T	T	H
T	T	T	T

6. Find the outcomes where the sum is 7: {1-6, 2-5, 3-4, 4-3, 5-2, 6-1}. There are six favorable outcomes.

7. Find the outcomes where all three tosses are heads: {H H H}. There is one favorable outcome.

8. From Exercise 6, there are 6 outcomes where the sum is 6. There are 36 elements in the sample space. The sample space is: {1-1, 1-2, 1-3, 1-4, 1-5, 1-6, 2-1, 2-2, 2-3, 2-4, 2-5, 2-6, 3-1, 3-2, 3-3, 3-4, 3-5, 3-6, 4-1, 4-2, 4-3, 4-4, 4-5, 4-6, 5-1, 5-2, 5-3, 5-4, 5-5, 5-6, 6-1, 6-2, 6-3, 6-4, 6-5, 6-6}.

$P(E) = \dfrac{f}{n} = \dfrac{6}{36} = \dfrac{1}{6}$

9. From Exercise 7, there is 1 outcome where three tosses of a coin result in 3 heads. There are 8 elements in the sample space.
The sample space is:

First Toss	Second Toss	Third Toss
H	H	H
H	H	T
H	T	H
H	T	T
T	H	H
T	H	T
T	T	H
T	T	T

$P(E) = \dfrac{f}{n} = \dfrac{1}{8}$

10. $P(12 \text{ chances out of } 53) = \dfrac{12}{53}$, or about 23%

    $P(18 \text{ chances out of } 74) = \dfrac{18}{74}$, or about 24%

    18 chances out of 74 has the greater probability.

11. $P(34 \text{ chances out of } 71) = \dfrac{34}{71}$, or about 48%

    $P(53 \text{ chances out of } 117) = \dfrac{53}{117}$, or about 45%

    34 chances out of 71 has the greater probability.

PAGES 651–652, PRACTICE AND APPLY

Sample space for Exercises 12–15: {1, 2, 3, 4, 5, 6, 7, 8, 9, 10, 11, 12, 13, 14, 15, 16, 17, 18, 19, 20, 21, 22, 23, 24, 25}

12. $P(\text{integer is even}) = \dfrac{12}{25} = 48\%$

13. $P(\text{integer is odd}) = \dfrac{13}{25} = 52\%$

14. $P(\text{integer is multiple of } 3) = \dfrac{8}{25} = 32\%$

15. $P(\text{integer is multiple of } 5) = \dfrac{5}{25} = 20\%$

16. From Exercise 4, there are 36 elements in the sample space. There are 2 favorable outcomes: {1-2, 2-1}. The probability that the sum is 3 is $\dfrac{2}{36} = \dfrac{1}{18}$.

17. The sample space, {HH, HT, TH, TT}, has 4 elements. There are 2 favorable outcomes: {HT, TH}. The probability of one head and one tail is $\dfrac{2}{4} = \dfrac{1}{2}$.

18. From Exercise 4, there are 36 elements in the sample space. There are 2 favorable outcomes: {5-6, 6-5}. The probability that the sum is 11 is $\dfrac{2}{36} = \dfrac{1}{18}$.

19. From Exercise 7, there are 8 elements in the sample space. There are 4 favorable outcomes: {HHH, HHT, HTH, THH}. The probability of at least two heads is $\dfrac{4}{8} = \dfrac{1}{2}$.

20. $P(\text{letter is r}) = \dfrac{1}{26}$, or about 4%

21. $P(\text{letter is vowel}) = \dfrac{5}{26}$, or about 19%

22. $P(\text{letter is consonant}) = \dfrac{21}{26}$, or about 81%

23. $P(\text{letter in \underline{mathematics}}) = \dfrac{8}{26}$, or about 31%

24. The sample space is {1, 2, 3, 4, 5, 6, 7, 8, 9}.

    $P(8) = \dfrac{f}{n} = \dfrac{1}{9}$

25. Begin with M = {Maine, Maryland, Massachusetts, Michigan, Minnesota, Mississippi, Missouri, Montana}

    $P(E) = \dfrac{8}{50} = \dfrac{4}{25} = 16\%$

26. Closer to Sun than Earth is = {Mercury, Venus}
$P(E) = \frac{2}{9}$, or about 22%

27. Sample space = {APT, ATP, PAT, PTA, TAP, TPA}
3 outcomes are words: {APT, PAT, TAP}
$P(E) = \frac{3}{6} = \frac{1}{2}$, or 50%

28–29. Sample space:

B = Blank side
D = Decorated side
H = Heads
T = Tails

Rib 1	Rib 2	Rib 3	Chief
B	B	B	H
B	B	B	T
B	B	D	H
B	B	D	T
B	D	B	H
B	D	B	T
B	D	D	H
B	D	D	T
D	B	B	H
D	B	B	T
D	B	D	H
D	B	D	T
D	D	B	H
D	D	B	T
D	D	D	H
D	D	D	T

There are 16 possible outcomes.

28. $P(\text{B B B H}) = \frac{1}{16}$, or about 6%

29. $P(\text{B B B T}) = \frac{1}{16}$, or about 6%

PAGE 653, LOOK BACK

30.
$y = mx + b$
$y - b = mx + b - b$
$y - b = mx$
$\frac{y - b}{x} = \frac{mx}{x}$
$m = \frac{y - b}{x}$

31. Let x represent the sales tax percentage.
$\frac{3.18}{53.00} = \frac{x}{100}$
$53x = 318$
$x = 6$
The rate of sales tax is 6%.

32. Of the speeds, 21 occurs twice while all other speeds occur only once.
The mode is 21.

33. Placing the speeds in numerical order, we have: 19, 21, 21, 26, 27.
The middle number, or median, is 21.

34. $-6 \leq n - 4 < 10$
$-6 \leq n - 4 \qquad n - 4 < 10$
$-2 \leq n \qquad\qquad n < 14$
$-2 \leq n < 14$

35. $y = \frac{1}{x}$; $\frac{1}{4} < x \leq 4$

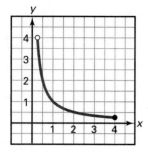

The range is $\frac{1}{4} \leq y < 4$.

PAGE 653, LOOK BEYOND

36. Area of target = $\pi R^2 = 16\pi$ in^2
Area of bull's-eye = $\pi r^2 = \pi$ in^2
P(bull's-eye) = $\frac{1}{16}$

13.2 PAGE 659, GUIDED SKILLS PRACTICE

8. There are 4 queens and 13 hearts, with the queen of hearts in both categories:
$4 + 13 - 1 = 16$

9. There are 13 hearts and 26 red cards, with the 13 hearts in both categories:
$13 + 26 - 13 = 26$

10. There are 4 sevens and 4 eights, with no overlap:
$4 + 4 - 0 = 8$

11. $P(2) = \frac{4}{52}$; $P(\text{club}) = \frac{13}{52}$; $P(\text{2 of clubs}) = \frac{1}{52}$

$P(\text{2 OR club}) = P(2) + P(\text{club}) - P(\text{2 of clubs})$
$= \frac{4}{52} + \frac{13}{52} - \frac{1}{52}$
$= \frac{16}{52}$
$= \frac{4}{13}$

12. $P(\text{spade}) = \frac{13}{52}$; $P(\text{even-numbered}) = \frac{20}{52}$; $P(\text{even-numbered spade}) = \frac{5}{52}$

$P(\text{spade OR even-numbered}) = P(\text{spade}) + P(\text{even-numbered}) - P(\text{even-numbered spade})$
$= \frac{13}{52} + \frac{20}{52} - \frac{5}{52}$
$= \frac{28}{52}$
$= \frac{7}{13}$

13. $P(\text{jack}) = \frac{4}{52}$; $P(\text{eight}) = \frac{4}{52}$

$P(\text{jack OR eight}) = P(\text{jack}) + P(\text{eight})$
$= \frac{4}{52} + \frac{4}{52}$
$= \frac{8}{52}$
$= \frac{2}{13}$

14. $P(\text{even-numbered}) = \frac{20}{52}$; $P(\text{red}) = \frac{26}{52}$; $P(\text{even-numbered red}) = \frac{10}{52}$

$P(\text{even-numbered OR red}) = P(\text{even-numbered}) + P(\text{red}) - P(\text{even-numbered red})$
$$= \frac{20}{52} + \frac{26}{52} - \frac{10}{52}$$
$$= \frac{36}{52}$$
$$= \frac{9}{13}$$

15. $P(\text{face}) = \frac{12}{52}$; $P(\text{black}) = \frac{26}{52}$; $P(\text{black face}) = \frac{6}{52}$

$P(\text{face OR black}) = P(\text{face}) + P(\text{black}) - P(\text{black face})$
$$= \frac{12}{52} + \frac{26}{52} - \frac{6}{52}$$
$$= \frac{32}{52}$$
$$= \frac{8}{13}$$

16. $P(\text{spade}) = \frac{13}{52}$; $P(9) = \frac{4}{52}$; $P(9 \text{ of spades}) = \frac{1}{52}$

$P(\text{spade OR nine}) = P(\text{spade}) + P(9) - P(9 \text{ of spades})$
$$= \frac{13}{52} + \frac{4}{52} - \frac{1}{52}$$
$$= \frac{16}{52}$$
$$= \frac{4}{13}$$

PAGE 659–660, PRACTICE AND APPLY

17. {2, 4, 6, 8, 10}   **18.** {3, 6, 9}

19. {2, 4, 6, 8, 10} ∩ {3, 6, 9} = {6}   **20.** {2, 4, 6, 8, 10} ∪ {3, 6, 9} = {2, 3, 4, 6, 8, 9, 10}

21. 13   **22.** 10   **23.** 17 + 19 − 10 = 26   **24.** 4

25. 13 + 11 − 4 = 20   **26.** {5, 10, 15, 20}   **27.** {3, 6, 9, 12, 15, 18}

28. {5, 10, 15, 20} ∩ {3, 6, 9, 12, 15, 18} = {15}

29. {5, 10, 15, 20} ∪ {3, 6, 9, 12, 15, 18} = {3, 5, 6, 9, 10, 12, 15, 18, 20}

30. 150 − 100 + 1 = 51

31.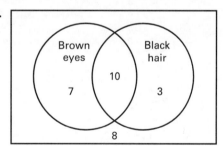

32. brown eyes + black hair − brown eyes and black hair = 17 + 13 − 10 = 20

33. Look up the entry in the "Participated" column and the "Girls" row: 111.

34. Add the number of girls to the number who participated, and subtract the overlap of girls who participated.
361 + 235 − 111 = 485

35. 3 pieces requires 2 cuts, at $7\frac{1}{2}$ min. per cut. 4 pieces requires 3 cuts, and
$3 \times 7\frac{1}{2} = 22\frac{1}{2}$ min.

36. There are 4 aces.   **37.** There are 26 red cards.

38. Add the number of aces to the number of red cards, and subtract the overlap of the 2 red aces: 4 + 26 − 2 = 28.

PAGE 660, LOOK BACK

39. $-[-3 + (-7)] + 23 - 2(7 - 5)$
$= -[-10] + 23 - 2(2)$
$= 10 + 23 - 4 = 29$

40. $4(a + 2b) - 5(b - 3a)$
$= 4a + 8b - 5b + 15a$
$= 19a + 3b$

41. $V = \frac{1}{3}\pi r^2 h$
$3V = \pi r^2 h$
$\frac{3V}{\pi r^2} = h$

42. $3(x + 5) - 23 = 2x - 47$
$3x + 15 - 23 = 2x - 47$
$x - 8 = -47$
$x = -39$

43. $\frac{x}{3} = -3x + 5$
$x = -9x + 15$
$10x = 15$
$x = \frac{15}{10} = \frac{3}{2} = 1\frac{1}{2}$

44. $P = A(1 + r)^t$
$= 150(1 + .05)^5$
≈ 191.44
Chou will have about $191.44.

PAGE 660, LOOK BEYOND

45. Possible outcomes: {HH, HT, TH, TT}; $P(TT) = \frac{1}{4}$

13.3 PAGES 664–665, GUIDED SKILLS PRACTICE

4.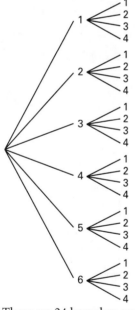

There are 24 branches on the tree, so there are 24 possible choices.

5.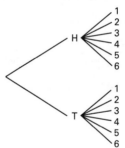

There are 12 branches on the tree, so there are 12 possible choices.

6. There are 2 ways to make the first choice of pasta and 4 ways to make the second choice of sauce, so there are $2 \cdot 4 = 8$ possible choices.

7. There are 6 ways to make the first choice of tie and 3 ways to make the second choice of shirt, so there are $6 \cdot 3 = 18$ possible choices.

8. $2 \cdot 2 \cdot 6 \cdot 2 \cdot 3 = 144$ choices

9. $10 \cdot 5 \cdot 6 = 300$ pairs of shorts

10. There are 4 kings in the first deck and 13 spades in the second deck.
$4 \cdot 13 = 52$ ways

11. There are 26 red cards in the first deck and 12 face cards in the second deck.
$26 \cdot 12 = 312$ ways

PAGE 665, PRACTICE AND APPLY

12. $4 \cdot 5 = 20$ versions   **13.** $2 \cdot 3 = 6$ possibilities   **14.** $4 \cdot 3 \cdot 5 \cdot 6 = 360$ ways

15. The triangle could be named RST, STR, TRS, TSR, RTS, or SRT. It can be named in 6 ways.

16. $9 \cdot 4 = 36$ possible versions   **17.** $20 \cdot 20 = 400$ possibilities

18. There are 10 choices for each digit, so there are
$10 \cdot 10 \cdot 10 \cdot 10 = 10{,}000$ possible phone numbers.

19. There are 9 choices for the first digit and 10 choices for each of the other six digits, so there are $9 \cdot 10^6 = 9{,}000{,}000$ possible phone numbers.

20. tar

21. Possible arrangements are: rat, rta, art, atr, tar, tra. There are 6 ways to arrange the letters in the word rat.

22. Answers may vary. Some possibilities are: steak, takes, skate, teaks, Kates.

23. The first letter in the word could be one of 6 possibilities, leaving one of 5 possibilities for the 2nd letter, one of 4 possibilities for the 3rd letter, one of 3 possibilities for the 4th letter, one of 2 possibilities for the 5th letter, and one possibility for the 6th letter. There are $6 \cdot 5 \cdot 4 \cdot 3 \cdot 2 \cdot 1 = 720$ ways to arrange the six letters of the word foster.

24. Answers may vary. One possible answer is forest and softer.

PAGE 666, LOOK BACK

25. The difference between the numbers increases by 4 for each number in the sequence. The next two numbers are $91 + 25 + 4 = 120$ and $120 + 29 + 4 = 153$.

26. $\frac{3}{2}x = 6$
$3x = 12$
$x = 4$

27. $\frac{x}{-4} = -\frac{5}{8}$
$x = \frac{20}{8} = \frac{5}{2} = 2\frac{1}{2}$

28. $\frac{x}{5} = 10$
$x = 50$

29. $P(7, -4), Q(-2, 5)$
$m = \frac{y_2 - y_1}{x_2 - x_1} = \frac{5 - (-4)}{-2 - 7} = \frac{9}{-9} = -1$

30. If two lines are parallel, their slopes are the same.

31. Let x be the number of milliliters of 9% acid solution.
$x \cdot 0.09 + 450 \cdot 0.016 = (450 + x) \cdot 0.05$
$0.09x + 7.2 = 22.5 + 0.05x$
$0.04x = 15.3$
$x = 382.5$ milliliters

PAGE 666, LOOK BEYOND

32. Abi has 3 choices from cluster 1, so the probability that she will choose band is $\frac{1}{3}$.

33. Abi has 2 choices from cluster 2, so the probability that she will choose woodworking is $\frac{1}{2}$.

34. $P(\text{band OR woodworking}) = P(\text{band}) + P(\text{woodworking}) - P(\text{band and woodworking})$
$$= \frac{1}{3} + \frac{1}{2} - \left(\frac{1}{3} \cdot \frac{1}{2}\right)$$
$$= \frac{5}{6} - \frac{1}{6}$$
$$= \frac{4}{6}$$
$$= \frac{2}{3}$$

35. $P(\text{band and woodworking}) = P(\text{band}) \cdot P(\text{woodworking})$
$$= \frac{1}{3} \cdot \frac{1}{2}$$
$$= \frac{1}{6}$$

13.4 PAGE 671, GUIDED SKILLS PRACTICE

5. $P(\text{both are even}) = P(\text{red is even}) \cdot P(\text{green is even})$
$$= \frac{1}{2} \cdot \frac{1}{2}$$
$$= \frac{1}{4}$$

6. $P(\text{both} > 3) = P(\text{red} > 3) \cdot P(\text{green} > 3)$
$$= \frac{1}{2} \cdot \frac{1}{2}$$
$$= \frac{1}{4}$$

7. $P(\text{green is even AND red} < 4) = P(\text{green is even}) \cdot P(\text{red} < 4)$
$$= \frac{1}{2} \cdot \frac{1}{2}$$
$$= \frac{1}{4}$$

8.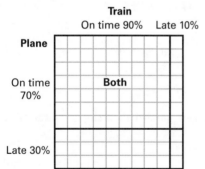

The region marked BOTH contains 9 · 7, or 63 out of 100 squares.
The probability that both will be on time is 63%.

9.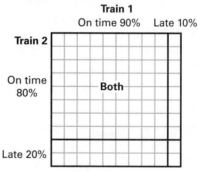

The region marked BOTH contains 9 · 8, or 72 out of 100 squares.
The probability that both will be on time is 72%.

For Exercises 10–12, there are 52 ways of drawing the first card and 52 ways of drawing the second card. There are 52 · 52, or 2704 ways of drawing the two cards.

10. There are 4 ways to draw the first king and 4 ways to draw the second king. There are 4 · 4, or 16 ways to draw two kings.

$P(2 \text{ kings}) = \frac{16}{2704} = \frac{1}{169}$, or about 0.6%

11. There are 13 ways to draw the first spade and 13 ways to draw the second spade. There are 13 · 13, or 169 ways to draw two spades.

$P(2 \text{ spades}) = \frac{169}{2704} = \frac{1}{16}$, or 6.25%

12. There are 2 ways to draw the first red ace and 2 ways to draw the second red ace. There are $2 \cdot 2$, or 4 ways to draw two red aces.

$P(\text{2 red aces}) = \frac{4}{2704} = \frac{1}{676}$, or about 0.15%

13. The probability that at least one card is not a king is the complement of the probability that both cards are kings. From Exercise 10:

$P(\text{at least one not a king}) = 1 - P(\text{both are kings})$
$= 1 - \frac{1}{169}$
$= \frac{168}{169}$, or about 99.4%

14. The probability that at least one card is not a spade is the complement of the probability that both cards are spades. From Exercise 11:

$P(\text{at least one not a spade}) = 1 - P(\text{both are spades})$
$= 1 - \frac{1}{16}$
$= \frac{15}{16}$, or about 93.75%

15. The probability that neither card is a red ace is the complement of the probability that both cards are red aces. From Exercise 12:

$P(\text{neither card a red ace}) = 1 - P(\text{both are red aces})$
$= 1 - \frac{1}{676}$
$= \frac{675}{676}$, or about 99.85%

PAGE 672, PRACTICE AND APPLY

16. independent **17.** independent **18.** independent

19. The grid is 10 units by 10 units for 100 units of area. A covers 80 of those units.
$P(A) = \frac{80}{100} = \frac{4}{5}$
The probability of A occurring is $\frac{4}{5}$, or 80%.

20. B covers 70 of the 100 units.
$P(B) = \frac{70}{100} = \frac{7}{10}$
The probability of B occurring is $\frac{7}{10}$, or 70%.

21. When A and B occur, the area covered is 56 of the 100 units.
$P(A \text{ and } B) = \frac{56}{100} = \frac{14}{25}$
The probability of A AND B occurring is $\frac{14}{25}$, or 56%.

22. $P(A \text{ or } B) = P(A) + P(B) - P(A \text{ and } B)$
$= \frac{80}{100} + \frac{70}{100} - \frac{56}{100}$
$= \frac{94}{100} = \frac{47}{50}$

The probability of A OR B occurring is $\frac{47}{50}$, or 94%.

For Exercises 23–26, there are 4 numbers in List 1 and 3 in List 2. The total possible combinations = $4 \cdot 3$, or 12.

23. There are no even numbers in List 1. The probability of selecting an even number from List 1 and an even number from List 2 is 0.

24. The common numbers between List 1 and 2 are 5 and 7. From List 1, the probability of selecting 5 is $\frac{1}{4}$, of selecting 7 is $\frac{1}{4}$. From List 2, the probability of selecting 5 is $\frac{1}{3}$, of selecting 7 is $\frac{1}{3}$.

    $P(5 \text{ and } 5) = P(5 \text{ from List 1}) \cdot P(5 \text{ from List 2})$
    $= \frac{1}{4} \cdot \frac{1}{3}$
    $= \frac{1}{12}$
    $P(7 \text{ and } 7) = P(7 \text{ from List 1}) \cdot P(7 \text{ from List 2})$
    $= \frac{1}{4} \cdot \frac{1}{3}$
    $= \frac{1}{12}$
    $P(5 \text{ and } 5 \text{ or } 7 \text{ and } 7) = P(5 \text{ and } 5) + P(7 \text{ and } 7) - P(5 \text{ and } 5 \text{ and } 7 \text{ and } 7)$
    $= \frac{1}{12} + \frac{1}{12} - 0$
    $= \frac{2}{12}$
    $= \frac{1}{6}$

    The probability of selecting both the same numbers is $\frac{1}{6}$.

25. There are 4 ways to select a first number. There are 2 out of 3 ways to select the second number for an even sum. There are $4 \cdot 2$, or 8 possible even sums. There are $4 \cdot 3$, or 12 possible sums.
    $s = 8, n = 12$
    $P = \frac{8}{12} = \frac{2}{3}$
    The probability of getting an even sum is $\frac{2}{3}$.

26. From the second list, 5 can be paired with 1 or 3 for 2 pairings, 6 can be paired with 1, 3, or 5 for 3 pairings, and 7 can be paired with 1, 3, or 5 for 3 pairings. The number of desired pairings is 8. The total number of possible pairings is 12.
    $s = 8, n = 12$
    $P = \frac{8}{12} = \frac{2}{3}$
    The probability of the second list number being greater than the first list number is $\frac{2}{3}$.

27. There are 5 chips to select from for the first chip and 5 to select from for the second chip, so the total number of pairs is $5 \cdot 5$, or 25. There are 2 even-numbered chips for $2 \cdot 2$, or 4 possible pairs where both chips are even.
    $s = 4, n = 25$
    $P = \frac{4}{25}$
    The probability of selecting 2 even-numbered chips is $\frac{4}{25}$.

28. There are 3 odd-numbered chips for $3 \cdot 3$, or 9 possible pairs where both chips are odd.
    $s = 9, n = 25$
    $P = \frac{9}{25}$
    The probability of selecting 2 odd-numbered chips is $\frac{9}{25}$.

29. Let $P(e)$ represent the probability of selecting an even-numbered chip for the first chip, and $P(o)$ the probability of selecting an odd-numbered chip for the second chip.
    $P(e \text{ and } o) = P(e) \cdot P(o)$
    $= \frac{2}{5} \cdot \frac{3}{5}$
    $= \frac{6}{25}$
    The probability of selecting an even-numbered and an odd-numbered chip is $\frac{6}{25}$.

30. The probability of getting the first chip even and the second odd is $\frac{6}{25}$. The probability of getting the first chip odd and the second even is also $\frac{6}{25}$. The probability of getting an even and odd in any order is $\frac{6}{25} + \frac{6}{25} = \frac{12}{25}$.

31. Trail 101 is one of 3 possible trails.
    $s = 1, n = 3$
    $P = \frac{1}{3}$
    The probability of selecting trail 101 is $\frac{1}{3}$.

32. Trail 201 is one of 4 possible trails.
    $s = 1, n = 4$
    $P = \frac{1}{4}$
    The probability of selecting trail 201 is $\frac{1}{4}$.

33. Let $P(101)$ represent the probability of taking trail 101, and $P(201)$ the probability of taking trail 201. Since the events are independent:
    $P(101 \text{ and } 201) = P(101) \cdot P(201)$
    $= \frac{1}{3} \cdot \frac{1}{4}$
    $= \frac{1}{12}$
    The probability of taking trail 101 and trail 201 is $\frac{1}{12}$.

34. $P(101 \text{ or } 201) = P(101) + P(201) - P(101 \text{ and } 201)$
    $= \frac{1}{3} + \frac{1}{4} - \frac{1}{12}$
    $= \frac{6}{12}$
    $= \frac{1}{2}$
    The probability of taking trail 101 or trail 201 is $\frac{1}{2}$.

PAGE 673, LOOK BACK

35. $-6(2)\left(\frac{5}{-3}\right) = -12\left(\frac{5}{-3}\right) = \frac{-60}{-3} = 20$

36. $y = 4x$
    $m = 4$

37. $y = 4x - 3$
    $m = 4$

38. $y = -4x$
    $m = -4$

39. $y = \frac{x}{4}$
    $m = \frac{1}{4}$

40. Let t represent the time it takes Tim's mother to catch up to him.
    $12(t + 2) = 40t$
    $12t + 24 = 40t$
    $24 = 28t$
    $\frac{24}{28} = t$
    $t \approx 0.857$
    It takes Tim's mother 0.857 hour or about 51.4 minutes to catch up to him.

41. Let F represent the number of students taking French and S the number taking Spanish.
    $P(F \text{ or } S) = P(F) + P(S) - P(F \text{ and } S)$
    $= 48 + 23 - 12$
    $= 59$
    There were 59 students.

42. Let a represent the number of routes from Birchville to Pine Springs, b the number from Pine Springs to Clearwater, and t the number from Birchville to Clearwater.
    $t = a \cdot b = 3 \cdot 5 = 15$
    There are 15 routes from Birchville to Clearwater.

PAGE 673, LOOK BEYOND

43. You have a $\frac{1}{2000}$ or 0.0005 chance of winning $25 from the second station. You have a $\frac{1}{100,000}$ or 0.00001 chance of winning $1000 from the first station. If you called the first station 100,000 times, you would have a chance of winning once or $1000. If you called the second station 100,000 times, you would have a chance of winning 50 times for a total of $1250. It is more lucrative financially to call the second station.

13.5 PAGE 679, GUIDED SKILLS PRACTICE

7. The class should combine its results to calculate the percent of trials that had rain on all three days.

8. The class should combine its results to calculate the percent of trials that had no rain.

PAGE 680, PRACTICE AND APPLY

9. Amy made 2 successful shots out of 10 in the first trial.

10.

Trial Number	Successes ÷ 10	Percentage (%)
1	2 ÷ 10	20
2	7 ÷ 10	70
3	7 ÷ 10	70
4	4 ÷ 10	40
5	5 ÷ 10	50
6	4 ÷ 10	40
7	6 ÷ 10	60
8	3 ÷ 10	30
9	6 ÷ 10	60
10	6 ÷ 10	60

Out of the 10 trials, 5 had results of more than 50% success.

11. The formula used to generate the value 1 or 0 is INT(RAND*2).

12. The value of 0 means Amy did not make the shot.
The value of 1 means Amy made the shot.

13. Let the numbers 1 to 8 represent the occurrence of rain and the numbers 9 and 10 represent no rain. Generate 2 random numbers, and let the results represent the weather on day 1 and day 2, respectively. Repeat for 10 trials. Divide the number of trials where the rain occurred on at least one day by 10. The quotient is the experimental probability.

14. Write numbers on five slips of paper. Let the numbers 1 to 4 represent the occurrence of rain, and let 5 represent no rain. Draw a slip twice (with replacement), with each draw representing 1 day.
Record the result. Repeat for 10 trials. Divide the number of trials where rain occurred on at least one day by 10. The quotient is the experimental probability.

For Exercises 15–22, answers may vary; examples are given.

15. Use a calculator to generate numbers from 1 to 7; use the command INT(RAND*7) + 1.

16. Use a calculator to generate numbers from 1 to 365; use the command INT(RAND*365) + 1.

17. Use a calculator to generate numbers from 1 to 24; use the command INT(RAND*24) + 1.

18. Use a calculator to generate numbers from 1 to 8; use the command INT(RAND*8) + 1.

19. Use a calculator to generate numbers from 1 to 100; use the command INT(RAND*100) + 1. Generate 2 random numbers; record the result. This represents 1 trial. Repeat for 20 trials. Divide the number of trials where both numbers are less than or equal to 20 by 20. The quotient is the experimental probability. Students' results may vary.

20. Use a calculator to generate numbers from 1 to 10; use the command INT(RAND*10) + 1. Let 1, 2, or 3 represent a win. Generate 5 random numbers; record the result. This represents 1 trial. Repeat for 10 trials. Divide the number of trials where there are 2 wins by 10. The quotient is the experimental probability. Students' results may vary.

21. Use a calculator to generate the numbers 1 and 2; use the command INT(RAND*2) + 1. Let 1 represent a boy and 2 represent a girl. Generate 4 random numbers; record the result. This represents 1 trial. Repeat for 10 trials. Divide the number of trials where there are 2 boys and 2 girls by 10. The quotient is the experimental probability. Students' results may vary.

22. Use a calculator to generate the numbers 0 and 1; use the command INT(RAND*2). Let 0 represent an incorrect response and 1 represent a correct response. Generate 3 random numbers; record the result. This represents 1 trial. Repeat for 10 trials. Divide the number of trials where all three responses are correct by 10. The quotient is the experimental probability. Students' results may vary.

PAGE 681, LOOK BACK

23. Each number is a multiple of 4. The term, t, can be represented by $4n$.
    $t = 4n$, where $n = 1, 2, 3, 4, \ldots$

24. $l = w + 74$

25. $l = w + 74$
    $86 = w + 74$
    $12 = w$
    The width of the fabric is 12 cm.

26. The two points that the original line passes through are $O(0, 0)$ and $A(3, -2)$.

    Use $m = \dfrac{y_2 - y_1}{x_2 - x_1}$ to determine the slope of the original line.

    $m = \dfrac{-2 - 0}{3 - 0} = \dfrac{-2}{3}$

    A perpendicular line has a slope which is the negative reciprocal of the original slope. Here, $-\dfrac{1}{m} = \dfrac{3}{2}$.

    So $y = \dfrac{3}{2}x + b$. Use the point $A(3, -2)$ to substitute and find the value of b.

    $-2 = \dfrac{3}{2}(3) + b$

    $-\dfrac{4}{2} = \dfrac{9}{2} + b$

    $-\dfrac{13}{2} = b$

    The equation is $y = \dfrac{3}{2}x - \dfrac{13}{2}$ or $3x - 2y = 13$.

27. $\begin{bmatrix} -1 & 3 \\ 5 & 2 \end{bmatrix} \begin{bmatrix} 2 & -4 \\ 1 & -3 \end{bmatrix} = \begin{bmatrix} -1(2) + 3(1) & (-1)(-4) + 3(-3) \\ 5(2) + 2(1) & 5(-4) + 2(-3) \end{bmatrix}$

    $= \begin{bmatrix} 1 & -5 \\ 12 & -26 \end{bmatrix}$

    $\begin{bmatrix} 2 & -4 \\ 1 & -3 \end{bmatrix} \begin{bmatrix} -1 & 3 \\ 5 & 2 \end{bmatrix} = \begin{bmatrix} 2(-1) + (-4)(5) & 2(3) + (-4)(2) \\ 1(-1) + (-3)(5) & 1(3) + (-3)(2) \end{bmatrix}$

    $= \begin{bmatrix} -22 & -2 \\ -16 & -3 \end{bmatrix}$

    No: $\begin{bmatrix} -1 & 3 \\ 5 & 2 \end{bmatrix} \begin{bmatrix} 2 & -4 \\ 1 & -3 \end{bmatrix} \neq \begin{bmatrix} 2 & -4 \\ 1 & -3 \end{bmatrix} \begin{bmatrix} -1 & 3 \\ 5 & 2 \end{bmatrix}$

28.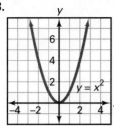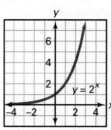

$y = x^2$ is a quadratic equation, and its graph is a parabola.
$y = 2^x$ is an exponential function whose curve increases very rapidly on the right.

Chapter 13 Review and Assessment   PAGES 684–686

For Exercises 1–4, the sample space size, n, is 21.

1. There are 10 negative chips in the bag.
   $P(\text{negative}) = \frac{10}{21}$

2. There are 11 even chips in the bag.
   $P(\text{even}) = \frac{11}{21}$

3. There is one 0 chip in the bag.
   $P(0) = \frac{1}{21}$

4. There are 6 chips in the bag that are less than or equal to -5.
   $P(\leq -5) = \frac{6}{21} = \frac{2}{7}$

For Exercises 5–8, the sample space size, n, is 6.

5. There are 3 even numbers on the cube.
   $P(\text{even}) = \frac{3}{6} = \frac{1}{2}$

6. There are 3 prime numbers on the cube: $\{2, 3, 5\}$.
   $P(\text{prime}) = \frac{3}{6} = \frac{1}{2}$

7. There are 4 numbers not evenly divisible by 3 on the cube: $\{1, 2, 4, 5\}$.
   $P(\text{not evenly divisible by 3}) = \frac{4}{6} = \frac{2}{3}$

8. There are 5 numbers on the cube between 2 and 6: $\{2, 3, 4, 5, 6\}$.
   $P(\text{between 2 and 6}) = \frac{5}{6}$

9. $m = 11$; $n = 15$; $t = 8$
   number of students $= m + n - t$
   $= 11 + 15 - 8$
   $= 18$

10. $m = 245$; $n = 238$; $t = 150$
    number of freshmen $= m + n - t$
    $= 245 + 238 - 150$
    $= 333$

11. Black cards $= m = 26$; face cards $= n = 12$;
    black face cards $= t = 6$
    Black or face cards $= m + n - t$
    $= 26 + 12 - 6$
    $= 32$

12. Red cards $= m = 26$; numbered cards $= n = 36$;
    red numbered cards $= t = 18$
    Red or numbered cards $= m + n - t$
    $= 26 + 36 - 18$
    $= 44$

13. There is one 4 on the cube; $m = 1$.
    There are 3 numbers greater than 3 on the cube: $n = 3$.
    There is one number in the intersection: $t = 1$.
    Successful outcomes $= m + n - t = 1 + 3 - 1 = 3$
    $P(4 \text{ or number} > 3) = \frac{3}{6} = \frac{1}{2}$

14. There are 3 odd numbers on the cube; $m = 3$.
    There are 4 prime numbers on the cube; $n = 4$.
    There are 3 odd prime numbers on the cube; $t = 3$.
    Successful outcomes $= m + n - t = 3 + 4 - 3 = 4$
    $P(\text{odd or prime}) = \frac{4}{6} = \frac{2}{3}$

15. Let a represent the number of ways of selecting the first letter, b the second letter, c the third letter, d the fourth letter, t the total number of arrangements.
$t = a \cdot b \cdot c \cdot d = 4 \cdot 3 \cdot 2 \cdot 1 = 24$
There are 24 arrangements.

16. Let a represent the number of styles available, b the number of sizes available, c the number of colors, and t the number of different selections available.
$t = a \cdot b \cdot c = 6 \cdot 7 \cdot 5 = 210$
There are 210 different selections.

17. Since the choices for each digit are independent, there are 9 ways to choose the first digit, 9 ways to choose the second digit, and 9 ways to choose the third digit.
Total 3-digit numbers $= 9 \cdot 9 \cdot 9 = 729$

18. There are 2 ways to flip a coin and 6 ways to roll a number cube.
There are $2 \cdot 6 = 12$ ways to flip a coin and roll a number cube.

19. There are 4 ways to draw a queen from the first deck and 12 ways to draw a face card from the second deck. There are $4 \cdot 12 = 48$ ways to draw a queen from the first deck and a face card from the second deck.

20. There are 12 ways to draw a face card from the first deck and 26 ways to draw a red card from the second deck. There are $12 \cdot 26 = 312$ ways to draw a face card from the first deck and a red card from the second deck.

21. The probability that the first card is a 4 is $\frac{1}{10}$.
The probability that the second card is a 6 is $\frac{1}{10}$.
$P(\text{first is 4 and second is 6}) = P(4) \cdot P(6) = \frac{1}{10} \cdot \frac{1}{10} = \frac{1}{100}$

22. There are 4 cards less than 5. There are 10 cards in total.
$s = 4, n = 10$
$P(\text{less than 5}) = \frac{4}{10} = \frac{2}{5}$
$P(\text{less than 5 and less than 5}) = P(\text{less than 5}) \cdot P(\text{less than 5})$
$= \frac{2}{5} \cdot \frac{2}{5}$
$= \frac{4}{25}$
The probability of drawing 2 cards less than 5 is $\frac{4}{25}$.

23. There are 3 numbers which are multiples of 3. The total number of numbers is 10.
$s = 3, n = 10$
$P(3) = \frac{3}{10}$
$P(3 \text{ and } 3) = P(3) \cdot P(3)$
$= \frac{3}{10} \cdot \frac{3}{10}$
$= \frac{9}{100}$
The probability of getting two multiples of 3 is $\frac{9}{100}$.

24. There are 10 · 10 or 100 possible pairings.
There are 10 pairings where both numbers are the same.
$s = 10, n = 100$
$P = \frac{10}{100} = \frac{1}{10}$
The probability of getting a pair with both numbers the same is $\frac{1}{10}$.

25. For the first marble, $s = 3$ and $n = 8$.
$P(\text{first red}) = \frac{s}{n} = \frac{3}{8}$
For the second marble, $s = 5$ and $n = 8$.
$P(\text{second blue}) = \frac{s}{n} = \frac{5}{8}$
$P(\text{first marble red and second marble blue}) = P(\text{first red}) \cdot P(\text{second blue})$
$$= \frac{3}{8} \cdot \frac{5}{8}$$
$$= \frac{15}{64}$$

26. For the first marble, $s = 3$ and $n = 8$.
$P(\text{first red}) = \frac{s}{n} = \frac{3}{8}$
For the second marble, $s = 3$ and $n = 8$.
$P(\text{second red}) = \frac{s}{n} = \frac{3}{8}$
$P(\text{first red and second red}) = P(\text{first red}) \cdot P(\text{second red})$
$$= \frac{3}{8} \cdot \frac{3}{8}$$
$$= \frac{9}{64}$$

27. For the first marble, $s = 5$ and $n = 8$.
$P(\text{first blue}) = \frac{s}{n} = \frac{5}{8}$
For the second marble, $s = 5$ and $n = 8$.
$P(\text{second blue}) = \frac{s}{n} = \frac{5}{8}$
$P(\text{first blue and second blue}) = P(\text{first blue}) \cdot P(\text{second blue})$
$$= \frac{5}{8} \cdot \frac{5}{8}$$
$$= \frac{25}{64}$$

28. Answers may vary. Use a calculator and the command INT(RAND*2) to generate the random numbers 0 and 1. Let 0 represent an incorrect response and 1 represent a correct response. Generate 10 numbers; record the results. This represents 1 trial. Repeat for 20 trials. Divide the number of trials where all 10 responses were correct by 20. The quotient represents the experimental probability.

29. Let heads represent a correct response and tails represent an incorrect response. Flip a coin 10 times; record the results. This represents 1 trial. Repeat for 20 trials. Divide the number of trials where all 10 responses were correct by 20. The quotient represents the experimental probability.

30. There are 100 cards for a free hamburger.
There are 1000 cards printed.
$s = 100, n = 1000$
$P = \frac{100}{1000} = \frac{1}{10}$
The probability of getting a free hamburger is $\frac{1}{10}$.

31. There are 750 cards for a free soft drink.
There are 1000 cards printed.
$s = 750, n = 1000$
$P = \frac{750}{1000} = \frac{3}{4}$
The probability of winning a soft drink is $\frac{3}{4}$.

32. $P(\text{hamburger or soft drink}) = P(\text{hamburger}) + P(\text{soft drink})$
$\quad - P(\text{hamburger AND soft drink})$
$\quad = \frac{1}{10} + \frac{3}{4} - \left(\frac{1}{10} \cdot \frac{3}{4}\right)$
$\quad = \frac{4}{40} + \frac{30}{40} - \frac{3}{40} = \frac{31}{40}$

33. $P(\text{hamburger AND soft drink}) = P(\text{hamburger}) \cdot P(\text{soft drink})$
$\quad = \frac{1}{10} \cdot \frac{3}{4} = \frac{3}{40}$

34. Let t represent the probability of Tim getting a loan, m the probability of Mary getting a loan, and p the probability of Paul getting a loan.
$P(t \text{ and } m \text{ and } p) = t \cdot m \cdot p$ if the events are independent
$\quad = (0.75) \cdot (0.80) \cdot (0.625)$
$\quad = 0.375$
The probability of the three loans being approved is 37.5%.

35. The probability of Mary getting a loan is 80%. The probability of Tim not getting a loan is 25%. The probability of Paul not getting a loan is 37.5%.
$P(\text{only Mary's loan is approved}) = (0.80) \cdot (0.25) \cdot (0.375)$
$\quad\quad\quad\quad\quad\quad\quad\quad\quad\quad = 0.075$ if the events are independent
The probability of only Mary's loan being approved is 7.5%.

CHAPTER 13 CHAPTER TEST PAGE 687

1. Sample Space: Toss-Roll:{H-1, H-2, H-3, H-4, H-5, H-6, T-1, T-2, T-3, T-4, T-5, T-6}

2. $\frac{1}{2}$

3. $\frac{1}{2} \cdot \frac{1}{2} = \frac{1}{4}$

4. $\frac{1}{2} \cdot \frac{1}{2} = \frac{1}{4}$

5. January: $\frac{11}{31} = 0.3548$
February: $\frac{9}{28} = 0.3214$
There is a greater probability of being born on a prime number in January.

6. $13 + (4 - 1) = 16$

7. $13 + 13 + (4 - 2) = 28$

8. $20 + 15 = 35$ The smallest number who
$35 - 28 = 7$ could attended both is 7.

9. $\frac{1}{6} + \frac{1}{2} = \frac{1+3}{6} = \frac{4}{6} = \frac{2}{3}$

10. $\frac{1}{6} + \frac{1}{2} = \frac{1+3}{6} = \frac{4}{6} = \frac{2}{3}$

11. $\frac{3000}{5000} = \frac{3}{5}$

12. $26 \cdot 26 \cdot 10 \cdot 10 \cdot 10 \cdot 10$
$= 6{,}760{,}000$

13. $5! = 5 \cdot 4 \cdot 3 \cdot 2 \cdot 1$
$= 120$

14. $4 \cdot 3 \cdot 7 \cdot 2 = 168$

15. $3 \cdot 2 = 6$

16. Independent

17. Dependent

18. $\frac{1}{5} \cdot \frac{1}{10} = \frac{1}{50}$

19. $\frac{2}{5} \cdot \frac{4}{10} = \frac{8}{50} = \frac{4}{25}$

20. $\frac{1}{5} \cdot \frac{2}{10} = \frac{2}{50} = \frac{1}{25}$

21. $\frac{6}{10} \cdot \frac{6}{10} = \frac{36}{100} = \frac{9}{25}$

22. $\frac{6}{10} \cdot \frac{4}{10} = \frac{24}{100} = \frac{6}{25}$

23. Use a calculator to generate the numbers 0 and 1; use the command INT(RAND*2). Let 0 0 represent an A response, 0 1 a B response, 1 0 a C response, and 1 1 a D response. Generate 8 random numbers; record the results in pairs. This represents 1 trial. Repeat for 10 trials.

24. Use a calculator to generate the numbers 0, 1, 2, 3; use the command INT(RAND*4). Let 0 = A, 1 = B, 2 = C, and 3 = D. Generate 1 random number; record the results. This represents 1 trial. Repeat for 10 trials.

Chapters 1–13 Cumulative Assessment

PAGES 688–689

1. Choose b.

2. Choose a.

3. $\frac{2\sqrt{2}}{3} \approx 0.9428$
   $\frac{2\sqrt{10}}{5} \approx 1.2649$
   Choose b.

4. $(9 \times 10^6)(7 \times 10^6) = 3 \times 10^{12}$
   $(1.9 \times 10^8)(3 \times 10^4) = 5.7 \times 10^{12}$
   Choose a.

5. Choose d.

6. $|-3.6| - |4.5| = 3.6 - 4.5 = -0.9$; Choose b.

7. $2x^2 = 288$
   $x^2 = 144$
   $x = 144$
   $x = \pm 12$; Choose c.

8. $2x + 3y = -5$
   $3y = -2x - 5$
   $y = -\frac{2}{3}x - \frac{5}{3}$
   $m = -\frac{2}{3}$; Choose b.

9. $s = 4; n = 7$
   $P(\text{blue}) = \frac{s}{n} = \frac{4}{7}$; Choose c.

10. $3\sqrt{2} - \sqrt{5} + 6\sqrt{2} + 9\sqrt{5} = 9\sqrt{2} + 8\sqrt{5}$;
    Choose d.

11. $65\% \cdot 20 = 0.65 \cdot 20 = 13$;
    Choose c.

12. Choose d.

13. Choose a, which is the same function with different variables.

14. $\frac{x^2 + 5x + 6}{x + 3} = \frac{(x + 3)(x + 2)}{x + 3} = x + 2, x \neq -3$;
    Choose a.

15. $(-2m^2n^4)^2 = 4m^4n^8$; Choose d.

16. Let c be the number of students in the choir, o the number of students in the orchestra, and b the number of students in both.
    total $= c + o - b = 48 + 50 - 15 = 83$

17. $a > 2$

18. $x = \frac{a}{y}$
    $a = x \cdot y = 5 \cdot 7 = 35$
    $35 = x \cdot 10$
    $x = \frac{35}{10} = 3.5$

19. $(x + 3)(x - 3) = x^2 - 9$

20. Let x be one number and y be the other number.
    $x + y = 32$
    $x = 32 - y$
    $x \cdot y = 255$
    $y = \frac{255}{x} = \frac{255}{32 - y}$
    $32y - y^2 = 255$
    $y^2 - 32y + 255 = 0$
    $(y - 15)(y - 17) = 0$
    $y = 15$ or $y = 17$
    $x = 32 - y = 32 - 15 = 17$
    or $32 - 17 = 15$
    The numbers are 15 and 17.

21. $4x^2 - 16 = 4(x^2 - 4) = 4(x - 2)(x + 2)$

22. $(x + 1)^2 - 4 = 0$
    $x^2 + 2x + 1 - 4 = 0$
    $x^2 + 2x - 3 = 0$
    $(x + 3)(x - 1) = 0$
    $x + 3 = 0; x = -3$
    $x - 1 = 0; x = 1$

23.
$4 + 3 = 7$
$7 + 5 = 12$
$12 + 7 = 19$
$19 + 9 = 28$
$28 + 11 = 39$
19, 28, 39

24. $3w(4w + 5) - (w + 10) = 12w^2 + 15w - w - 10$
$= 12w^2 + 14w - 10$

25. Let r be the regular price of the computer.
$\frac{2}{3}r = 1800$
$r = \frac{3}{2} \cdot 1800 = 2700$
The regular price is $2700.

26. $\frac{-15}{-3} = 5$

27. $13 - 3x = -8$
$-3x = -21$
$x = 7$

28. $|5x + 14| < 11$
$5x + 14 < 11 \qquad -(5x + 14) < 11$
$5x < -3 \qquad -5x - 14 < 11$
$x < -\frac{3}{5} \qquad -5x < 25$
$\qquad\qquad\qquad x > -5$
$-5 < x < -\frac{3}{5}$

29. $\frac{60}{160} = 0.375$; 37.5%

30. $s = 3$; $n = 6$
$P(\text{even}) = \frac{3}{6} = \frac{1}{2}$

31. $m = \frac{y_2 - y_1}{x_2 - x_1} = \frac{10 - 4}{-3 - 8} = \frac{6}{-11} = -\frac{6}{11}$

32. $F = kd$
$k = \frac{F}{d} = \frac{5 \text{ Newtons}}{35 \text{ cm}}$
$\frac{5 \text{ Newtons}}{35 \text{ cm}} \cdot \frac{100 \text{ cm}}{\text{meter}} = \frac{500 \text{ Newtons}}{35 \text{ cm}}$
$k = \frac{100}{7}$ N/m, or about 14.3 N/m

33.
$4p + 6q = 36$
$(10p - 2q = 22)3$
$\overline{30p - 6q = 66}$
$34p = 102$
$p = 3$
$4(3) + 6q = 36$
$12 + 6q = 36$
$6q = 24$
$q = 4$

34. $2x - (3y + 4) = 2x - 3y - 4$; $x = -3, y = -2$
$2(-3) - 3(-2) - 4 = -6 + 6 - 4 = -4$

35. There are 6 ways to arrange the first letter, 5 ways to arrange the second letter, 4 ways to arrange the third letter, 3 ways to arrange the fourth letter, 2 ways to arrange the fifth letter, and 1 way to arrange the sixth letter.
Total ways $= 6 \cdot 5 \cdot 4 \cdot 3 \cdot 2 \cdot 1 = 720$

36. Let x be the load capacity of the smaller truck.
$x + 9$ is the load capacity of the larger truck.
$\frac{x + 9}{x} = \frac{5}{2}$
$2x + 18 = 5x$
$3x = 18$
$x = 6$
The smaller truck has a load capacity of 6 tons.

37. $g(x) = x^2 - 4x + 7$; $x = 3$
$g(3) = (3)^2 - 4(3) + 7$
$= 9 - 12 + 7$
$= 4$

38. $m = \frac{y_2 - y_1}{x_2 - x_1} = \frac{4 - (-2)}{3 - (-1)} = \frac{6}{4} = \frac{3}{2}$

CHAPTER 14
Functions and Transformations

14.1 PAGE 697, GUIDED SKILLS PRACTICE

3.
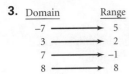

Function; each element in the domain is paired with only one element in the range.

4.
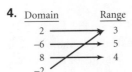

Function; each element in the domain is paired with only one element in the range even though one element of the range is paired with 2 different elements of the domain.

5.
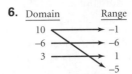

Not a function; an element in the domain is paired with two different elements in the range.

6.

Domain	Range
10 →	−1
−6 →	−6
3 →	1
	−5

Not a function; an element in the domain is paired with two different elements in the range.

7. Function; it passes the vertical line test.

8. Not a function; it fails the vertical line test.

9. $f(x) = 3x^2$
$f(2) = 3(2)^2 = 3 \cdot 4 = 12$
$f(-1) = 3(-1)^2 = 3 \cdot 1 = 3$
$f(4) = 3(4)^2 = 3 \cdot 16 = 48$

10. $f(x) = |2x - 5|$
$f(2) = |2(2) - 5| = |4 - 5| = |-1| = 1$
$f(-1) = |2(-1) - 5| = |-2 - 5| = |-7| = 7$
$f(4) = |2(4) - 5| = |8 - 5| = |3| = 3$

11. $f(x) = |x|$
$f(-3) = |-3| = 3$
$f(-2) = |-2| = 2$
$f(-1) = |-1| = 1$
$f(0) = |0| = 0$
$f(1) = |1| = 1$
$f(2) = |2| = 2$
$f(3) = |3| = 3$
$(-3, 3), (-2, 2), (-1, 1), (0, 0), (1, 1), (2, 2), (3, 3)$

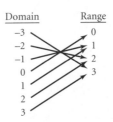

12. $f(x) = x^2$
13. $f(x) = x$
14. $f(x) = |x|$
15. $f(x) = a^x$ $(a > 1)$
16. $f(x) = \frac{1}{x}$
17. $f(x) = \sqrt{x}$

18.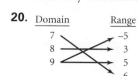

Function; each element of the domain is paired with only one element of the range.

19. Domain Range
    1 ⟶ 1

Function; each element of the domain is paired with only one element of the range.

20.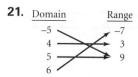

Not a function; one element of the domain is paired with two different elements of the range.

21. Domain   Range
    -5 -7
    4   3
    5   9
    6

Function; each element of the domain is paired with only one element of the range.

22. Not a function; it fails the vertical line test.
23. Not a function; it fails the vertical line test.

24. domain: 3, 4, 5
range: 2, 3, 4

25. domain: 0, 1, 2, 3
range: 1, 3, 5, 7

26. domain: 1, 2, 3, 4
range: $\frac{1}{4}, \frac{1}{3}, \frac{1}{2}$

27. domain: 0.1, 0.2, 0.3
range: 1, 2, 3

28. domain: $-2, 4, 5$
range: $-7, 1, 6$

29. domain: 2.2, 4.1, 5
range: 3, 5.3, 9

30. domain: 14, 17, 23
range: $-12, 54, 100$

31. domain: $-11, 20, 70$
range: 13, 53, 91

32. $y = \frac{1}{-5}$
$\left(-5, -\frac{1}{5}\right)$

33. $h(x) = x + 3$
$h(7) = 7 + 3 = 10$

34. $h(x) = x + 3$
$h(4) = 4 + 3 = 7$

35. $h(x) = x + 3$
$h(-8) = -8 + 3 = -5$

36. $h(x) = x + 3$
$h(-3) = -3 + 3 = 0$

37. $f(x) = 5x$
$f(3) = 5(3) = 15$

38. $f(x) = 5x$
$f(0) = 5(0) = 0$

39. $f(x) = 5x$
$f(-2) = 5(-2) = -10$

40. $f(x) = 5x$
$f(-6) = 5(-6) = -30$

41. $g(x) = x^2$
$g(3) = (3)^2 = 9$

42. $f(x) = 2^x$
$f(3) = (2)^3 = 8$

43. $h(x) = |x|$
$h(3) = |3| = 3$

44. $k(x) = \frac{1}{x}$
$k(3) = \frac{1}{3}$

45. independent variable: x
domain: all real numbers
range: all real numbers

46. independent variable: x
domain: all real numbers
range: $f(x) \geq 0$

47. independent variable: x
domain: all real numbers
range: $f(x) \geq 0$

48. independent variable: x
domain: all real numbers
range: $f(x) \geq 0$

49. independent variable: x
domain: all real numbers
range: $f(x) \leq 0$

50. independent variable: x
domain: all real numbers
range: $f(x) \leq 0$

51. independent variable: x
domain: all real numbers
range: $f(x) \geq 0$

52. independent variable: x
domain: all real numbers
range: $f(x) \geq 0$

53. independent variable: x
domain: all real numbers except 0
range: all real numbers except 0

54. $f(x) = x^2 - 1$
$f(0) = 0^2 - 1 = -1$
$(0, -1)$

55. $f(x) = x^2 - 1$
$f(-9) = (-9)^2 - 1$
$= 81 - 1 = 80$
$(-9, 80)$

56. $f(x) = x^2 - 1$
$f(2) = 2^2 - 1$
$= 4 - 1 = 3$
$(2, 3)$

57. $g(x) = -(3x - 2)^2 - 5$
The parent function is $g(x) = x^2$.

58. $y = \sqrt{2x + 5}$
The parent function is $y = \sqrt{x}$.

59. $h(x) = \dfrac{5}{6 + x}$
The parent function is $h(x) = \dfrac{1}{x}$.

60. Yes, the function is given by $F = \dfrac{9}{5}C + 32$.

For any given value of C, there is only one value for F.

61. Yes, the function is given by $C = \dfrac{5}{9}F - \dfrac{160}{9}$.

For any given value of F, there is only one value for C.

62.

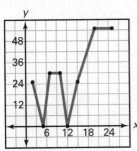

Yes, the relation is a function.

63. Each value of s must be paired with exactly one value of t. That is, the family must drive at each given speed for a different amount of time.

PAGE 699, LOOK BACK

64. Since each person will play the other 4 people, there are 4 games for each of the 5 players to play. This would count each game twice, however, so the solution is $\dfrac{5 \cdot 4}{2} = 10$

65. $3r + 4 = -2 + 6r$
$3r = 6$
$r = 2$

66. $8x - 7 = 3x + 4$
$5x = 11$
$x = \dfrac{11}{5}$ or $2\dfrac{1}{5}$

67. $A = \dfrac{h}{2}(B + b)$
$\dfrac{2A}{h} = B + b$
$B = \dfrac{2A}{h} - b$

68. $\begin{cases} 2x + 3y = 7 \\ 3x - 2y = 5 \end{cases}$

$4x + 6y = 14$
$\underline{+9x - 6y = 15}$
$13x = 29$
$x = \dfrac{29}{13}$

Substitute $\dfrac{29}{13}$ into the first equation.

$2\left(\dfrac{29}{13}\right) + 3y = 7$
$\dfrac{58}{13} - \dfrac{91}{13} = -3y$
$\dfrac{-33}{13} = -3y$
$\dfrac{11}{13} = y$

Solution: $\left(\dfrac{29}{13}, \dfrac{11}{13}\right)$

PAGE 699, LOOK BEYOND

69. If $y = 10^x$, then $y + 1 = 10^x + 1$. So to increase each y-value by one unit, and hence move the graph up by one unit, the function rule must be changed to $f(x) = 10^x + 1$.

70. If $y = 10^x$ then $-y = -(10^x)$. So to reflect each y-value across the x-axis, and hence reflect the graph across the x-axis, the function rule must be changed to $f(x) = -(10^x)$.

71. a. $f(x) = 4 + |x|$

x	−3	−2	−1	0	1	2	3
f(x)	7	6	5	4	5	6	7

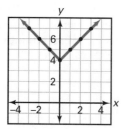

The parent function is $f(x) = |x|$.

b. $g(x) = -2x$

x	−3	−2	−1	0	1	2	3
g(x)	6	4	2	0	−2	−4	−6

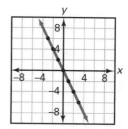

The parent function is $g(x) = x$.

c. $p(s) = \dfrac{1}{s+2}$

s	−4	−3	−2.5	−2	−1.5	−1	0
p(s)	$-\dfrac{1}{2}$	−1	−2	undefined	2	1	$\dfrac{1}{2}$

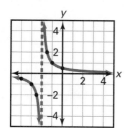

The parent function is $p(s) = \dfrac{1}{s}$.

d. $h(t) = 5t^2$

t	−3	−2	−1	0	1	2	3
h(t)	45	20	5	0	5	20	45

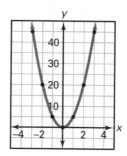

The parent function is $h(t) = t^2$.

e. $z(u) = \dfrac{1}{u} + 3$

u	−4	−3	−2	−1	$-\dfrac{1}{2}$	0	$\dfrac{1}{2}$	1	2	3	4
z(u)	$2\dfrac{3}{4}$	$2\dfrac{2}{3}$	$2\dfrac{1}{2}$	2	1	undefined	5	4	$3\dfrac{1}{2}$	$3\dfrac{1}{3}$	$3\dfrac{1}{4}$

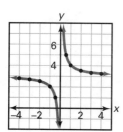

The parent function is $z(u) = \dfrac{1}{u}$.

f. $f(r) = |r - 5|$

r	0	1	2	3	4	5	6	7	8	9
$f(r)$	5	4	3	2	1	0	1	2	3	4

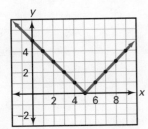

The parent function is $f(r) = |r|$.

14.2 PAGE 705, GUIDED SKILLS PRACTICE

4. $y = x^2 - 2$ contains the parent function $f(x) = x^2$. Therefore, y can be rewritten as $y = f(x) - 2$. This means that each y-value is 2 units less than the corresponding function value of f. Thus the graph of $y = x^2 - 2$ is identical to the graph of the parent function translated 2 units down.

5. $y = x^2 + 3$ contains the parent function $f(x) = x^2$. Therefore, y can be rewritten as $y = f(x) + 3$. This means that each y-value is 3 units more than the corresponding function value of f. Thus the graph of $y = x^2 + 3$ is identical to the graph of the parent function translated 3 units up.

6. $y = 10^x + 1$ contains the parent function $f(x) = 10^x$. Therefore, y can be rewritten as $y = f(x) + 1$. This means that each y-value is 1 unit more than the corresponding function value of f. Thus the graph of $y = 10^x + 1$ is identical to the graph of the parent function translated 1 unit up.

7. $y = \frac{1}{x} - 3$ contains the parent function $f(x) = \frac{1}{x}$. Therefore, y can be rewritten as $y = f(x) - 3$. This means that each y-value is 3 units less than the corresponding function value of f. Thus the graph of $y = \frac{1}{x} - 3$ is identical to the graph of the parent function translated 3 units down.

8. $y = (x - 2)^2$
Because 2 is subtracted from x before the quantity is squared, this is a horizontal translation. The graph of the parent function $y = x^2$ is translated 2 units to the right.

9. $y = 3x^2$
The parent function is $y = x^2$. Since each y-value is multiplied by 3, $y = 3x^2$ is not a translation of the parent function.

10. $y = 10^{x+1}$
Because 1 is added to x within the exponent on 10, this is a horizontal translation. The graph of the parent function $y = 10^x$ is translated 1 unit to the left.

11. $y = \frac{1}{x - 3}$
Because 3 is subtracted from x within the denominator, this is a horizontal translation. The graph of the parent function $y = \frac{1}{x}$ is translated 3 units to the right.

12. a. $b = \frac{c-20}{12}$ represents the number of books purchased when the membership costs $20.
$b = \frac{c-30}{12}$ represents the number of books purchased when the membership costs $30.

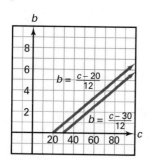

b. The graph of $b = \frac{c-30}{12}$ is a horizontal translation of the graph of $b = \frac{c-20}{12}$ 10 units to the right.

PAGES 705–706, PRACTICE AND APPLY

13. $y = (x-6)^2 - 1$
  a. The parent function is $y = x^2$.
  b. The graph of $y = (x-6)^2 - 1$ is identical to the graph of the parent function translated 6 units to the right and 1 unit down.
  c.
  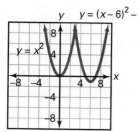

14. $y = x^2 - 6$
  a. The parent function is $y = x^2$.
  b. The graph of $y = x^2 - 6$ is identical to the graph of the parent function translated 6 units down.
  c.
  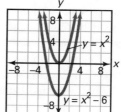

15. $y = |x| - 1$
  a. The parent function is $y = |x|$.
  b. The graph of $y = |x| - 1$ is identical to the graph of the parent function translated 1 unit down.
  c.
  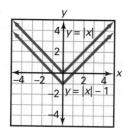

16. $y = |x - 1|$
  a. The parent function is $y = |x|$.
  b. The graph of $y = |x - 1|$ is identical to the graph of the parent function translated 1 unit to the right.
  c.
  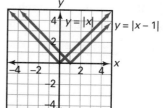

17. The point (3, 14) is a vertical translation of the point (3, 9) 5 units up. Thus the function $g(x) = x^2 + 5$ is a vertical translation of the parent function 5 units up.

18. The point (3, 4) is a vertical translation of the point (3, 9) 5 units down. Thus the function $g(x) = x^2 - 5$ is a vertical translation of the parent function 5 units down.

19. The point $(-2, 9)$ is a horizontal translation of the point $(3, 9)$ 5 units to the left. Thus the function $g(x) = (x + 5)^2$ is a horizontal translation of the parent function 5 units to the left.

20. The point $(8, 9)$ is a horizontal translation of the point $(3, 9)$ 5 units to the right. Thus the function $g(x) = (x - 5)^2$ is a horizontal translation of the parent function 5 units to the right.

21. A vertical translation of 6 means the y-value is increased by 6. Thus the point $(5, 8)$ corresponds to the point $(5, 14)$.

22. A vertical translation of -2 means the y-value is decreased by 2. Thus the point $(5, 8)$ corresponds to the point $(5, 6)$.

23. A vertical translation of -10 means the y-value is decreased by 10. Thus the point $(5, 8)$ corresponds to the point $(5, -2)$.

24. A vertical translation of 3 means the y-value is increased by 3. Thus the point $(5, 8)$ corresponds to the point $(5, 11)$.

25. A horizontal translation of 3 means the x-value is increased by 3. Thus the point $(5, 8)$ corresponds to the point $(8, 8)$.

26. A horizontal translation of -1 means the x-value is decreased by 1. Thus the point $(5, 8)$ corresponds to the point $(4, 8)$.

27. A horizontal translation of -12 means the x-value is decreased by 12. Thus the point $(5, 8)$ corresponds to the point $(-7, 8)$.

28. A horizontal translation of 10 means the x-value is increased by 10. Thus the point $(5, 8)$ corresponds to the point $(15, 8)$.

29. No, $y = \frac{2}{3}|x|$ is not a translation of its parent function $y = |x|$ because the graph of $y = \frac{2}{3}|x|$ is not a vertical or horizontal translation of the graph of $y = |x|$.

30. Yes, $y = \frac{2}{3} + |x|$ is a vertical translation of its parent function $y = |x|$.

31. Since the lower trusses are 22 feet below the upper trusses, the height of the lower trusses can be represented by the equation
$y = -\left(\frac{x}{40}\right)^2 + 230 - 22$ or $y = -\left(\frac{x}{40}\right)^2 + 208$.
The new equation is a vertical translation 22 units down of the original equation.

PAGE 706, LOOK BACK

32. $7x - (24 + 3x) = 0$
    $7x - 24 - 3x = 0$
    $4x = 24$
    $x = 6$

33. $\{\$475, \$490, \$530, \$545, \$550, \$1025\}$

    a. mean $= \dfrac{475 + 490 + 530 + 545 + 550 + 1025}{6}$

    $= \dfrac{3615}{6} = \$602.50$

    median $= \dfrac{530 + 545}{2} = \$537.50$

    mode: none

    b. The mean is higher than the median because the number 1025 is much farther away from the median than 475 is.

PAGE 706, LOOK BEYOND

34.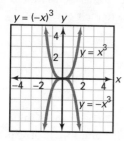

a. The graph of $y = (-x)^3$ is the reflection of $y = x^3$ across the y-axis.
   The graph of $y = -x^3$ is the reflection of the graph of $y = x^3$ across the x-axis.

b. The two reflections coincide; they are the same graph.

c. Answers may vary. Sample answer:
   $y = x^5$; its reflections $y = (-x)^5$ and $y = -x^5$ coincide.
   $y = x^9$; its reflections $y = (-x)^9$ and $y = -x^9$ coincide.
   Any function of the form $y = x^z$, where z is an odd integer, satisfies this property.

14.3 PAGE 711, GUIDED SKILLS PRACTICE

5. Use $y = |x|$ to graph $y = 3|x|$. **6.** Use $y = x^2$ to graph $y = \frac{1}{4}x^2$. **7.** Use $y = \sqrt{x}$ to graph $y = \frac{\sqrt{x}}{3}$.

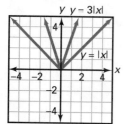 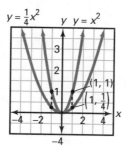

8. Use $y = |x|$ to graph $y = \left|\frac{1}{2}x\right|$. **9.** Use $y = x^2$ to graph $y = (3x)^2$. **10.** Use $y = \frac{1}{x}$ to graph $y = \frac{1}{2x}$.

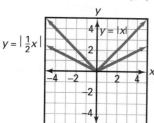 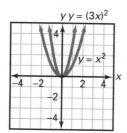 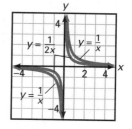

11. 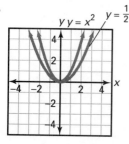 Parent function: $y = x^2$; since x^2 is multiplied by $\frac{1}{2}$, this is a vertical compression by a scale factor of $\frac{1}{2}$. The y-values of this function will be $\frac{1}{2}$ the y-values of the parent function.

12. $y = |x| + 3$ 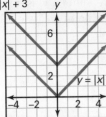   Parent function: $y = |x|$; $y = |x| + 3$ is a vertical translation of the parent function 3 units up. It is neither a stretch nor a compression.

13. 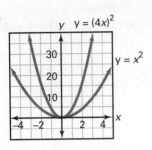   Parent function: $y = x^2$; since $(4x)^2 = 16x^2$, the function $y = (4x)^2$ is a horizontal compression by the scale factor $\frac{1}{16}$th. The x-values of this function will be $\frac{1}{16}$ times the x-values of the parent function.

14. 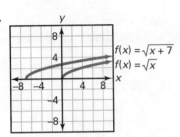   Parent function: $f(x) = \sqrt{x}$; $f(x) = \sqrt{x + 7}$ is a horizontal translation of the parent function 7 units to the left. It is neither a stretch nor a compression.

15. Parent function: $f(x) = \frac{1}{x}$; $f(x) = \frac{1}{52 + x}$ is a horizontal translation of the parent function 52 units to the left. It is neither a stretch nor a compression.

16. 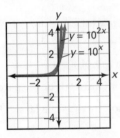   Parent function: $f(x) = 10^x$; since x is multiplied by 2, this is a horizontal compression by the scale factor $\frac{1}{2}$.

PAGES 712–713, PRACTICE AND APPLY

17. 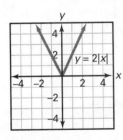   **18.** 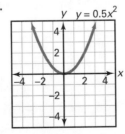   **19.** 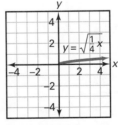   **20.** vertical stretch; scale factor 3

21. neither   **22.** vertical stretch; scale factor 5

CHAPTER 14   **403**

23. a. $y = x^2$

b.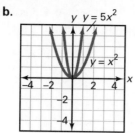

c. Each point (x, y) is transformed to the point $(x, 5y)$ on the new graph.

24. a. $y = \frac{1}{x}$

b.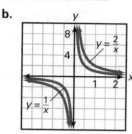

c. Each point (x, y) is transformed to the point $(x, 2y)$ on the new graph.

25. True

26. True

27. The parent function is $y = x^2$. Since $(2, 8)$ is a point on the graph, two possible equations are $y = 2x^2$ and $y = (\sqrt{2}x)^2$.

28. The parent function is $y = x^2$. Since $(2, 1)$ is a point on the graph, two possible equations are $y = \frac{1}{4}x^2$ and $y = \left(\frac{1}{2}x\right)^2$.

29. Parent function $y = |x|$;

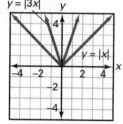

The graph of $|3x|$ is a horizontal compression of the parent function by a factor of $\frac{1}{3}$.

30. Parent function: $y = x^2$;

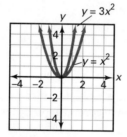

The graph of $y = 3x^2$ is a vertical stretch of the parent function by the scale factor 3.

31. Parent function: $y = x^2$;

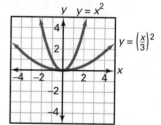

The graph of $y = \left(\frac{x}{3}\right)^2$ is a horizontal stretch of the parent function by the scale factor 3.

32.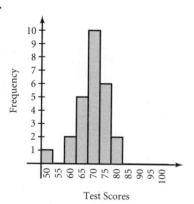

33.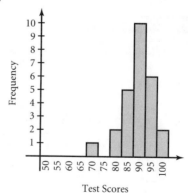

The original graph has been shifted 20 units to the right.

34. Multiply each score by $\frac{5}{4}$, and create a new bar graph.

Original score	50	55	60	65	70	75	80	85	90	95	100
New Score	62.5	68.75	75	81.25	87.5	93.75	100	106.25	112.5	118.75	125
Frequency	1	0	2	5	10	6	2	0	0	0	0

The new bar graph is a horizontal compression of the original bar graph by a factor of $\frac{4}{5}$.

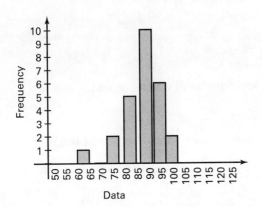

35. a. 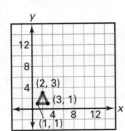   **b.** 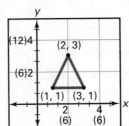   **c.** The sides of the new grid squares are vertically and horizontally stretched by a factor of 3. If the original grid were placed over the enlarged grid, matching the origins, the large triangle would have vertices of (3, 3), (9, 3), and (6, 9).

36. To calculate a worker's new salary, take the original salary x, multiply by 0.05 to compute the raise, then add the original salary. So the new salary y can be found as
$y = 0.05x + x$
$ = (0.05 + 1)x$
$ = 1.05x$
The scale factor is 1.05, or 105%.

PAGE 713, LOOK BACK

37. $5x - (7x + 4) = 3(x + 5) + 4(5 - 2x)$
$5x - 7x - 4 = 3x + 15 + 20 - 8x$
$-2x - 4 = -5x + 35$
$3x = 39$
$x = 13$

38. $\begin{cases} 3x + 7y = -6 \\ x - 2y = 11 \end{cases}$

$3x + 7y = -6$
$\underline{+(-3x) + 6y = -33}$
$13y = -39$
$y = -3$
Substitute $y = -3$ into the second equation.
$x - 2(-3) = 11$
$x = 5$
Solution: $(5, -3)$

39. $\begin{cases} 5y - 3x = -31 \\ 4y = 16 \end{cases}$

Solve the second equation for y.
$y = 4$
Substitute $y = 4$ into the first equation.
$5(4) - 3x = -31$
$-3x = -51$
$x = 17$
Solution: $(17, 4)$

CHAPTER 14   **405**

40. $\begin{cases} 1.25x + 2y = 5 \\ 3.75x + 6y = 15 \end{cases}$

Multiplying the first equation by 3 reveals that the equations are identical. Therefore, there are infinitely many solutions.

41. Let b represent the number of boys in the family and g represent the number of girls.
Since Deanna is a girl, $b = 2(g - 1)$.
Since Dean is a boy, $g = b - 1$.

Substitute $g = b - 1$ into the first equation.
$b = 2((b - 1) - 1)$
$b = 2(b - 2)$
$b = 2b - 4$
$-b = -4$
$b = 4$

Substitute $b = 4$ into the second equation.
$g = 4 - 1$
$g = 3$

There are 3 girls and 4 boys in the family.

42. Not a function; The element 1 in the domain is paired with 2 different elements in the range.

PAGE 713, LOOK BEYOND

43. C, since the point $(1, -1)$ is on this graph and satisfies the equation.

44. B, since the point $\left(1, -\frac{1}{2}\right)$ is on this graph and satisfies the equation.

45. A, since the point $\left(1, -\frac{1}{4}\right)$ is on this graph and satisfies the equation.

14.4 PAGE 718, GUIDED SKILLS PRACTICE

5.
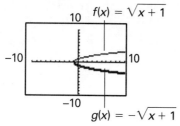
The function $g(x) = -\sqrt{x + 1}$ is the reflection of f across the x-axis.

6.
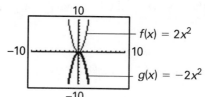
The function $g(x) = -2x^2$ is the reflection of f across the x-axis.

7.
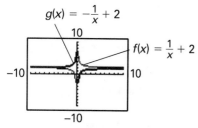
The function $g(x) = \frac{1}{-x} + 2$ is the reflection of f across the y-axis.

8.
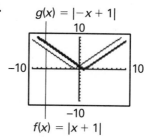
The function $g(x) = |-x + 1|$ is the reflection of f across the y-axis.

9.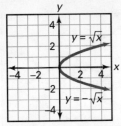

The parent function is $y = \sqrt{x}$. $y = -\sqrt{x}$ is the reflection of the parent function across the x-axis.

10.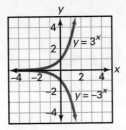

The parent function is $y = 3^x$. $y = -3^x$ is the reflection of the parent function across the x-axis.

11.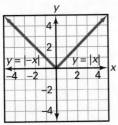

The parent function is $y = |x|$. $y = |-x|$ is the reflection of the parent function across the y-axis. (The graphs are identical.)

12.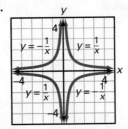

The parent function is $y = \frac{1}{x}$. $y = \frac{1}{-x}$ is the reflection of the parent function across the y-axis.

13.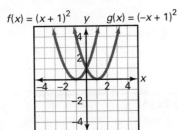

The graph of g is a reflection of the graph of f across the y-axis.

14.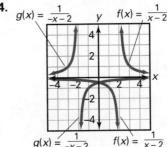

The graph of g is a reflection of the graph of f across the y-axis.

15.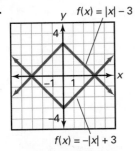

The graph of g is a reflection of the graph of f across the x-axis.

16.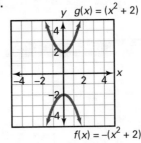

The graph of g is a reflection of the graph of f across the x-axis.

17. $f(x) = 5x + 2$

To reflect the graph of f across the x-axis, graph the function $g(x) = -f(x) = -(5x + 2) = -5x - 2$.

To reflect the graph of f across the y-axis, graph the function $h(x) = f(-x) = 5(-x) + 2 = -5x + 2$.

18.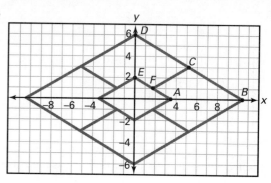

PAGES 718–719, LOOK BACK

19. $7 \times 330 = 2310$ meters

20. $6(3 - 2r) = -(5r + 3)$
$18 - 12r = -5r - 3$
$7r = 21$
$r = 3$

21. $\frac{x}{2} + 5 = \frac{3x - 2}{4}$
$2x + 20 = 3x - 2$
$20 = x - 2$
$x = 22$

22. $3x = -9(x - 4)$
$3x = -9x + 36$
$12x = 36$
$x = 3$

23. Let w = width
$3w$ = length
$2w + 2(3w) = 72$
$8w = 72$
$w = 9$

width = 9 meters, length = 27 meters

24. mean $= \frac{23.5 + 23.9 + 23.6 + 24.0 + 23.7}{5}$
$= \frac{118.7}{5}$
$= 23.74$ cm

25.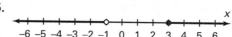

PAGE 719, LOOK BEYOND

26. b   **27.** a   **28.** d   **29.** c

14.5 PAGE 725, GUIDED SKILLS PRACTICE

5. $f(x) = 2(-x - 3)^2 + 1$

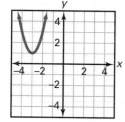

6. $f(x) = -2(-3x + 3)^2 + 1$

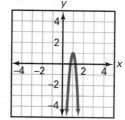

7. $f(t) = \frac{1}{2}\left|\frac{1}{2}t + 1\right| + 3$

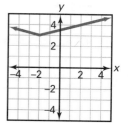

8. $f(t) = -\frac{1}{2}\left|\frac{1}{4}t + 3\right| - 2$

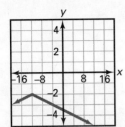

9. $f(g) = -\frac{3}{2g+1} + 2$

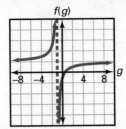

10. $f(x) = \frac{2}{2x-4} - 6$

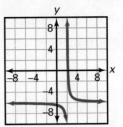

PAGES 725–726, PRACTICE AND APPLY

11.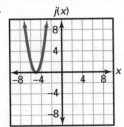

12.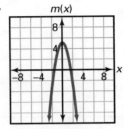

13.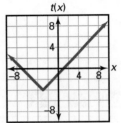

14.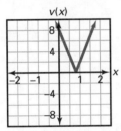

15.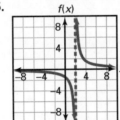

16.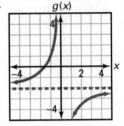

17.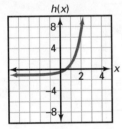

18.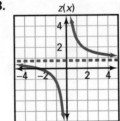

19.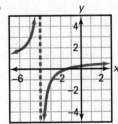

20.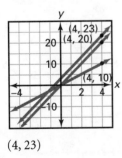

(4, 23)

21.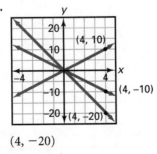

(4, −20)

22.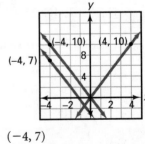

(−4, 7)

23. (12, 15)

24. (−4, 0)

25. Parent function: $y = x$
function that fits the data
$y = -5x + 6$

26. a. The graph has the form of the absolute value function $y = a|x - h| + k$ where $a = -\frac{3}{2}$, $h = 4$, and $k = 2$ so the function is $y = -\frac{3}{2}|x - 4| + 2$.

b. There may be more than one expression to express the function rule, but they are all equivalent.

27. $A'(a, -b)$;
$A''(a - 18, -b)$;
yes; $(x, y)'' = (x - 18, -y)$

28. a. $r = \frac{200}{h - 5}$, $h > 5$ related function

b. parent function: $r = \frac{1}{h}$

c.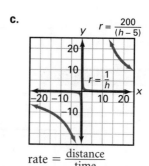

rate = $\frac{\text{distance}}{\text{time}}$

PAGE 726, LOOK BACK

29. Let b = number of boxes
$0.75b = 32$
$b = 42.6$
42 boxes

30. Solve $4x - 5y = 3$ for y.
$-5y = -4x + 3$
$y = \frac{4}{5}x - \frac{3}{5}$

Plot the y-intercept $\left(0, -\frac{3}{5}\right)$. From the y-intercept move 4 units up and then 5 units to the right. Mark the point where you end up. Connect the points to graph the line.

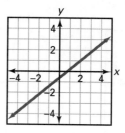

31. slope = $\frac{-9 - 7}{2 - (-3)} = \frac{-16}{5}$

Use the negative reciprocal of this slope.

$y - y_1 = m(x - x_1)$
$y - 7 = \frac{5}{16}(x - (-3))$
$y - 7 = \frac{5}{16}x + \frac{15}{16}$
$y = \frac{5}{16}x + \frac{127}{16}$

32. $|x - 5| \leq 17$

Case 1
$x - 5 \leq 17$
$x \leq 22$

Case 2
$-(x - 5) \leq 17$
$-x + 5 \leq 17$
$-x \leq 12$
$x \geq -12$
$-12 \leq x \leq 22$

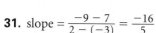

33.

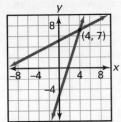

The solution is $x = 4$, $y = 7$.

34. $3x - y = 5$
$x - 2y = -10$

$3x - y = 5$
$\underline{-3x + 6y = 30}$
$5y = 35$
$y = 7$

Substitute $y = 7$ into the first equation.

$3x - 7 = 5$
$3x = 12$
$x = 4$

The solution is $x = 4$, $y = 7$.

PAGE 727, LOOK BEYOND

35. $y = -2x + 1$
$x = -2y + 1$
$x - 1 = -2y$
$-\frac{1}{2}x + \frac{1}{2} = y$
$y = -\frac{1}{2}x + \frac{1}{2}$

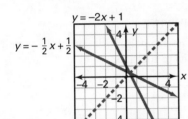

36. $y = \sqrt{x}$
$x = \sqrt{y}$
$x^2 = y, x \geq 0$

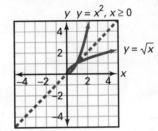

37. $y = \frac{1}{x}$
$x = \frac{1}{y}$
$xy = 1$
$y = \frac{1}{x}$

$y = \frac{1}{x}$ is its own reflection across the line $y = x$.

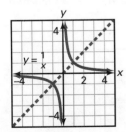

38. $y = |x|$
$x = |y|$

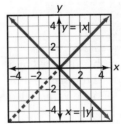

39. $y = x^2$
$x = y^2$

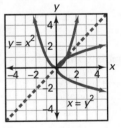

CHAPTER 14 REVIEW AND ASSESSMENT PAGES 730–732

1. Not a function since an element (4) of the domain is paired with two different elements of the range.

2. This is a function since each element in the domain is paired with only one element of the range.

CHAPTER 14 **411**

3. The graph is a function, because it passes the vertical line test.

4. The graph is not a function, because it fails the vertical line test.

5. $f(x) = x - 8$
$f(4) = 4 - 8 = -4$

6. $g(x) = |x + 2|$
$g(4) = |4 + 2| = |6| = 6$

7. $h(x) = 3^x$
$h(4) = 3^4 = 81$

8. $j(x) = 4x^2$
$j(4) = 4(4)^2 = 64$

9. $k(x) = -5|x - 3|$
$k(4) = -5|4 - 3| = -5$

10. $f(x) = \frac{2}{x}$
$f(4) = \frac{2}{4} = \frac{1}{2}$

11. $f(x) = \frac{1}{x}$

12. $f(x) = a^x, a > 1$

13. $y = x^2 + 1$
The parent function is $y = x^2$. The graph is obtained by a vertical translation of the parent function 1 unit up.

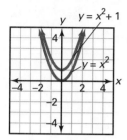

14. $y = (x + 1)^2$
The parent function is $y = x^2$. The graph is obtained by a horizontal translation of the parent function 1 unit to the left.

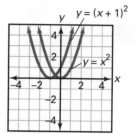

15. $y = |x| - 4$
The parent function is $y = |x|$. The graph is obtained by a vertical translation of the parent function 4 units down.

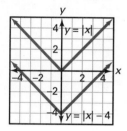

16. $y = \frac{1}{x - 5}$
The parent function is $y = \frac{1}{x}$. The graph is obtained by a horizontal translation of the parent function 5 units to the right.

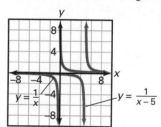

17. $y = \frac{1}{x} + 3$
The parent function is $y = \frac{1}{x}$. The graph is obtained by a vertical translation of the parent function 3 units up.

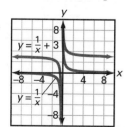

18. $y = (x - 2)^2$
The parent function is $y = x^2$. The graph is obtained by a horizontal translation of the parent function 2 units to the right.

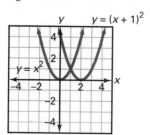

19. $y = 2^{x+3}$
The parent function is $y = 2^x$. The graph is obtained by a horizontal translation of the parent function 3 units to the left.

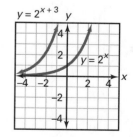

20.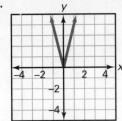

21.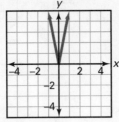

22.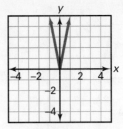

23.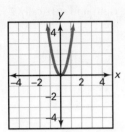

24.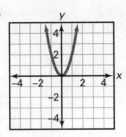

25.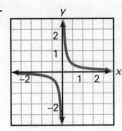

26.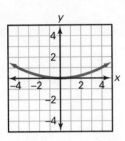

27.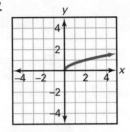

28.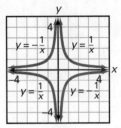

29.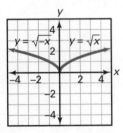

30.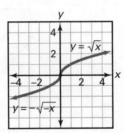

31.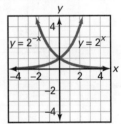

32.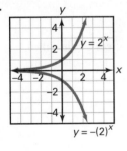

33.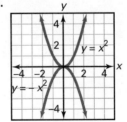

34.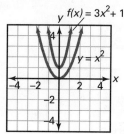

The parent function $f(x) = x^2$ has been stretched vertically by a factor of 3 and translated vertically 1 unit up.

35.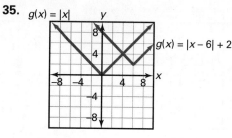

The parent function $g(x) = |x|$ has been translated horizontally 6 units to the right and vertically 2 units up.

36.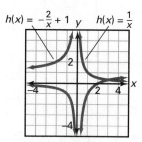

The parent function $h(x) = \frac{1}{x}$ has been reflected across the x-axis (or the y-axis), stretched vertically by a factor of 2, and translated vertically 1 unit up.

37.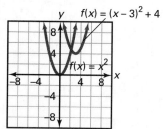

The parent function $f(x) = x^2$ has been translated horizontally 3 units to the right and vertically 4 units up.

38.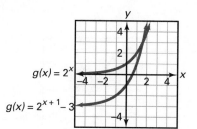

The parent function $g(x) = 2^x$ has been translated horizontally 1 unit to the left and vertically 3 units down.

39.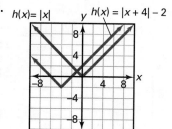

The parent function $h(x) = |x|$ has been translated horizontally 4 units to the left and vertically 2 units down.

40.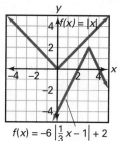

The parent function $f(x) = |x|$ has been translated horizontally 3 units to the right, stretched horizontally by a factor of 3, stretched vertically by a factor of 6, reflected across the x-axis, and translated vertically 2 units up.

41. If C is a temperature in degrees Celsius, then $C + 273.16$ is the equivalent temperature in kelvins. This is a vertical translation.

42. The new prices are 80% of the normal prices, so 0.8 is the scale factor that shows the amount the prices were stretched.

Chapter 14 Chapter Test
PAGE 733

1. function
2. not a function
3. $f(x) = 2x - 5$
   $f(3) = 2(3) - 5$
   $= 1$
4. $g(x) = 4^x$
   $g(3) = 4^3$
   $= 64$
5. $h(x) = 2|3 - x| + 4$
   $h(3) = 2|3 - 3| + 4$
   $= 4$
6. $k(x) = \dfrac{x - 1}{x + 1}$
   $= \dfrac{3 - 1}{3 + 1}$
   $= \dfrac{2}{4} = \dfrac{1}{2}$
7. $y = \sqrt{x}$
8. $y = |x|$

9. The parent graph is $y = \sqrt{x}$ shifted to the left 2 units.
10. The parent graph is $y = 3^x$ shifted down 5 units.
11. The parent graph is $y = \dfrac{1}{x}$ shifted down 1 unit.
12. The parent graph is $y = |x|$ shifted to the left 4 units.
13. The parent graph is $y = x^2$ shifted to the right 2 units and down 2 units.
14. The parent graph is $y = \dfrac{1}{x}$ shifted left 3 units.

15. Vertical translation of 7
16. Horizontal compression
17. Vertical compression
18. Horizontal stretch
19. Vertical stretch
20. Stretch by a factor of 1.45
21. $f(x) = -\sqrt{3x}$
22. $f(x) = 3^{-x}$
23. $f(x) = -|x - 4|$
24. Shifted down 2 units, with a horizontal compression of $\dfrac{1}{2}$.
25. Shifted down 2 units, left 1 unit with a vertical stretch of 2.

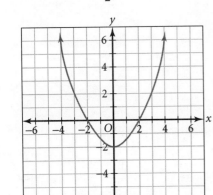
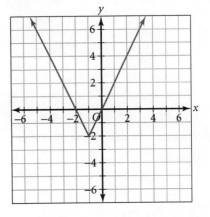

26. Shifted down 4 units, reflected across the y-axis, and shifted right 1 unit.
27. Reflected across the x-axis, and shifted left 3 units.

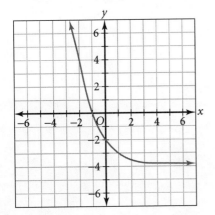
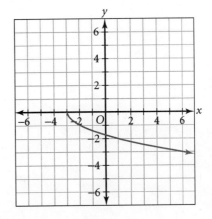

28. $c = 2h + 7$
    parent function: $c = 2h$
29. $(7, 12)$

Chapters 1–14 Cumulative Assessment

PAGES 734–735

1. $(x + y)^2 = x^2 + 2xy + y^2$
Choose d.

2. Choose c.

3. Choose b.

4. $7^0 = 1$
$15(-9 + 9) = 15(0)$
$= 0$
Choose a.

5. $3(x + 9) = 15$
$3x + 27 = 15$
$3x = -12$
$x = -4$

$x^2 = 15$
$x = \pm\sqrt{15}$
$x \approx \pm 3.87$
Choose b.

6. The reciprocal of 4 is $\frac{1}{4}$.
Choose b.

7. $3y + 2x = 5$
$3y = -2x + 5$
$y = -\frac{2}{3}x + \frac{5}{3}$
slope $= -\frac{2}{3}$
Choose b.

8. $5r - (3r + 2)$
$= 5r - 3r - 2$
$= 2r - 2$
Choose c.

9. $6 - 4t > 18$
$-4t > 12$
$t < -3$
Choose a.

10. $(5x + 2) - (x - 4)$
$= 5x + 2 - x + 4$
$= (5x - x) + (2 + 4)$
$= 4x + 6$
Choose c.

11. $y = 2x^2 - 1$
Choose a.

12. slope $= \frac{y_2 - y_1}{x_2 - x_1}$
 $= \frac{-3 - 2}{4 - (-1)}$
 $= \frac{-5}{5}$
 $= -1$
 Choose d.

13. $\begin{cases} 2x - y = -1 \\ 3x + 2y = -5 \end{cases}$

 Solve the first equation for y, and substitute into the second equation.

 $2x - y = -1$
 $2x + 1 = y$

 $3x + 2(2x + 1) = -5$
 $3x + 4x + 2 = -5$
 $7x = -7$
 $x = -1$

 Substitute $x = -1$ into the first equation.

 $2(-1) - y = -1$
 $-2 - y = -1$
 $-y = 1$
 $y = -1$

 Solution: $(-1, -1)$
 Choose d.

14. $\frac{3x + 9}{-3} = \frac{3x}{-3} + \frac{9}{-3}$
 $= -x - 3$

 Since
 $-x - 3 = -(x + 3)$
 and
 $-x - 3 = -3 - x$,
 the correct answer is c since it is not equivalent to $-x - 3$.
 Choose c.

15. $a + 19 = 25$
 $a = 6$

16. $(2^3)^{-2} = 2^{-6} = \frac{1}{2^6} = \frac{1}{64}$

17. Let q = number of quarters
 d = number of dimes

 $\begin{cases} 0.25q + 0.10d = 17.40 \\ q + d = 81 \end{cases}$

 $0.25q + 0.10d = 17.40$
 $\underline{+ (-0.25q) - 0.25d = -20.25}$
 $-0.15d = -2.85$
 $d = 19$

 Substitute $d = 19$ into the second equation.
 $q + 19 = 81$
 $q = 62$

 Solution: 62 quarters and 19 dimes

18. $\frac{x}{-10} = \frac{-3}{5}$
 $5x = -10(-3)$
 $5x = 30$
 $x = 6$

19.
Sequence	2		4		9		[17]		[28]		[42]
First differences		2		5		8		11		14	
Second differences			3		3		3		3			

20. $10{,}924{,}000 = 1.0924 \times 10^7$

21. parent function: $y = \frac{1}{x}$

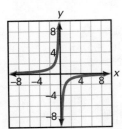

22. $3x + 9 = 6x - 12$
 $-3x + 9 = -12$
 ${-3x} = -21$
 $x = 7$

23. 10% discount: $(0.9)(50) = 45$
$(1.10)(45) = 49.50$
Answer: $49.50

24. $2x^2 + 3x - 2 = 0$
$a = 2, b = 3, c = -2$
$x = \dfrac{-3 \pm \sqrt{3^2 - 4(2)(-2)}}{2(2)} = \dfrac{-3 \pm \sqrt{25}}{4}$
$x = \dfrac{-3 + 5}{4}$ or $x = \dfrac{-3 - 5}{4}$
$x = \dfrac{1}{2}$ or $x = -2$

25. $\begin{cases} 2x + 3y = 16 \\ -3x + y = -2 \end{cases}$

Solve the second equation for y and substitute into the first equation.
$y = 3x - 2$
$2x + 3(3x - 2) = 16$
$2x + 9x - 6 = 16$
$11x = 22$
$x = 2$

Substitute $x = 2$ into the first equation and solve for y.
$2(2) + 3y = 16$
$4 + 3y = 16$
$3y = 12$
$y = 4$
The solution is $x = 2, y = 4$.

26. $\begin{cases} y \geq -x + 3 \\ y \leq 3 \end{cases}$

27. $x^2 + 4x - 32 = (x + 8)(x - 4)$

28. Let w = width
$2w$ = length
$2w + 2(2w) = 30$
$6w = 30$
$w = 5$
length = 10 cm

29. $3(4 + 5) \cdot (4 - 3)2 \div 5 \cdot 3$
$= 3(9) \cdot 1(2) \div 5 \cdot 3$
$= 27 \cdot (1)2 \div 5 \cdot 3$
$= (27)(2) \div 5 \cdot 3$
$= 54 \div 5 \cdot 3$
$= 32.4$

30. slope $= \dfrac{-3 - (-5)}{1 - (-7)} = \dfrac{2}{8} = \dfrac{1}{4}$

31. $4x^2 - 4x + 1 = 0$
$(2x - 1)^2 = 0$
$2x - 1 = 0$
$x = \dfrac{1}{2}$

32. $\dfrac{50 \cdot 51}{2} = 1275$

33. $22x = 125$
$x \approx 5.7$
You can buy 5 tickets.

34. $\dfrac{180}{x} = \dfrac{75}{100}$
$75x = 18{,}000$
$x = \$240$

35. slope $\dfrac{y_2 - y_1}{x_2 - x_1} = \dfrac{7 - 4}{7 - 3}$
$= \dfrac{3}{4}$

36. slope $= \dfrac{y_2 - y_1}{x_2 - x_1} = \dfrac{1 - (-2)}{0 - (-4)}$
$= \dfrac{3}{4}$

37. $5(x + 2) = 3x + 13$
$5x + 10 = 3x + 13$
$2x = 3$
$x = \dfrac{3}{2}$

38. $1.1 \times 10^{-2} = 0.011$

39. $\dfrac{r}{10} = \dfrac{20}{25}$
$25r = 200$
$r = 8$